信源编码原理与应用

田宝玉　贺志强　杨洁　许文俊◎编著

北京邮电大学出版社
www.buptpress.com

内容简介

本书以香农信息理论为基础，较系统全面地介绍该理论的一个重要组成部分——信源编码原理与应用。本书共14章，内容主要包括：信源编码的基本知识、信源特征和常用信源、无损压缩编码理论、熵编码(分组码)、熵编码(算术编码)、通用无损信源编码、有损压缩编码理论、标量量化、矢量量化、预测编码、变换编码、子带编码、小波变换编码以及分布信源编码等。

本书在内容选择方面不仅考虑到基础性和完整性，同时也考虑到先进性和时代性，增加了本学科领域某些重要的新理论和新技术。本书强调教学内容中物理概念与结论的理解和掌握，简化或删除烦琐的数学推导。本书注重理论知识的实际应用，大部分章节都包含例题、基本算法、应用实例以及一定数量的思考题和习题。

本书主要用作信息与通信或相关专业研究生教材，也可作为相关专业工程技术人员或高年级本科生的参考书。

图书在版编目(CIP)数据

信源编码原理与应用 / 田宝玉等编著. -- 北京：北京邮电大学出版社，2015.12

ISBN 978-7-5635-4535-3

Ⅰ.①信… Ⅱ.①田… Ⅲ.①信源编码－教材 Ⅳ.①TN911.21

中国版本图书馆CIP数据核字(2015)第228211号

书　　名：信源编码原理与应用

著作责任者：田宝玉　贺志强　杨洁　许文俊　编著

责任编辑：刘春棠

出版发行：北京邮电大学出版社

社　　址：北京市海淀区西土城路10号(邮编：100876)

发 行 部：电话：010-62282185　传真：010-62283578

E-mail：publish@bupt.edu.cn

经　　销：各地新华书店

印　　刷：北京鑫丰华彩印有限公司

开　　本：787 mm×1 092 mm　1/16

印　　张：24.25

字　　数：632千字

印　　数：1—2 000册

版　　次：2015年12月第1版　2015年12月第1次印刷

ISBN 978-7-5635-4535-3　　定　价：48.00元

· 如有印装质量问题，请与北京邮电大学出版社发行部联系 ·

前　　言

当今社会是一个信息爆炸的社会，每时每刻都产生着海量的信息需要传输或处理。为充分利用有限的时间、空间和频谱资源，提高工作效率，降低处理成本，提高信息传输有效性显得尤其重要，而信源编码就是提高信息传输有效性的基本手段。

信源编码也称信源压缩编码，其基本思想就是压缩信息传输的码率。信源编码理论是对信源进行无损或有损压缩的理论基础，是香农信息论的重要组成部分。信源编码课程也是通信、信号与信息处理专业的重要学位课。学习本课程的目的主要是，掌握压缩编码的基本原理与技术，熟悉某些重要的信源编码方法，了解信源编码的主要应用和最新进展以及有关的新理论与新技术，为今后从事该领域更深入的研究奠定良好的理论和技术基础。

自从信息论产生以来，作为信息论的主干内容，信源编码和信道编码都得到飞速的发展。但与信道编码（纠错码）领域的专著或教材建设呈蓬勃发展的局面相比，关于信源编码的专著或教材数量很少。直到 20 世纪末（1990 年）才有 Robert M. Gray 的《信源编码理论》（Source Coding Theory）一书问世，不过这本书讲述的仅是关于有损压缩的理论，也未涉及信源压缩的基本技术。而后还有一些可以归类于信源编码领域的专著，但大部分都是以信源编码研究的某个侧面作为重点。例如，有的侧重于有损压缩，有的侧重于具体的压缩技术。实际上，随着信息论的普及和信源压缩编码技术的发展，社会需要更多的全面系统介绍信源编码原理与实践的教材。

从 20 世纪 80 年代开始，中国工程院院士周炯槃教授率先在北京邮电大学开设信源编码研究生课程，并在 1996 年出版了《信源编码原理》一书。这是我国第一部全面系统地介绍信源编码理论与技术的专著，该书明确了信源编码领域的主要研究内容和基本框架，填补了我国在信源编码教材建设方面的空白，推动了国内信源编码理论与技术的研究与有关知识的普及。21 世纪初，作者在周先生的指导下在信源编码领域的研究与教学实践中继续探索，经过多年教学和科研实践的积累，在研究和借鉴国内外大量专著和文献的基础上，以《信源编码原理》为主要参考书，进一步优化整合教学内容，并进行改进和补充，写成本书。

本书可视为《信源编码原理》内容的进一步充实和补充，共分为 14 章：第 1 章主要介绍信源编译码器模型、信源编码性能指标和信源编码研究进展；第 2 章介绍信源特征和建模以及四种常用信源：文本信源、音频信源、语音信源、图像信源；

第 3 章介绍无损压缩编码理论基础，主要包括：有根树、模型参数的估计、无失真信源编码定理以及通用无损压缩理论；第 4 章介绍几种重要的分组编码，包括哈夫曼（Huffman）编码、游程长度编码、格伦（Golomb）码、Tunstall 码以及传真压缩技术；第 5 章介绍算术编码，主要包括：积累概率的概念、算术编码的性能以及编译码算法和实现；第 6 章介绍通用信源编码，主要包括：某些简单的通用编码、基于段匹配的编码、基于 BT 变换（BWT）的编码、部分匹配预测（PPM）编码、上下文树加权（CWT）编码；第 7 章介绍有损压缩编码理论基础，主要包括：连续随机变量的 AEP、率失真函数、香农下界和限失真信源编码定理以及高码率量化基本理论；第 8 章介绍标量量化，主要包括：定码率最佳标量量化器、均匀量化和非均匀量化、自适应标量量化以及变码率最佳标量量化；第 9 章介绍矢量量化，主要包括：定码率最佳矢量量化、最佳矢量量化算法、无结构码书矢量量化、有结构码书矢量量化、格型量化、自适应矢量量化和高码率矢量量化；第 10 章介绍预测编码，主要包括：最佳预测基本理论、差值编码以及语音、图像和视频压缩系统中的预测编码；第 11 章介绍变换编码，主要包括：变换编码基本原理、离散正交变换、二维变换等；第 12 章介绍子带编码，主要包括：双通道分析/综合子带编码系统、多通道子带编码系统以及子带编码技术的应用；第 13 章介绍小波变换编码，主要包括：多分辨率分析、离散快速小波变换、小波滤波器的设计以及基于小波变换的图像压缩技术；第 14 章介绍分布信源编码，主要包括：无损 DSC 的理论基础、具有边信息的有损 DSC 理论、SW 编码和 WZ 编码的实现以及 DSC 的应用。

本书遵循与时俱进的原则，坚持教学内容的改革。在内容的选择上既考虑基础性又考虑先进性和时代性，在保证基础理论讲授的前提下，加入信源编码领域的最新研究成果作为补充。本书强调定理中物理概念和结论的理解和掌握，简化而不陷入烦琐的数学推导，注重使用明确或直观的物理概念，增加实例，力求让讲述的内容更适合工科专业学生的学习。

学习本课程需要概率论、信息论基础以及信号处理方面的知识，本书主要用作信息与通信或相关专业研究生教材，也可作为相关专业工程技术人员或高年级本科生的参考书。

本书在写作过程中曾得到我国信息论奠基人之一周炯槃院士的关心与指导以及信息与通信理论专家吴伟陵教授指导；很多教师和同学也为本书的完成作出了贡献，作者在此一并表示感谢。今年是北京邮电大学建校 60 周年，在全校师生共庆北邮甲子生日的时刻，作者也想把此书献给将我们领进信息论神圣殿堂的周炯槃和蔡长年二位先生。

因作者水平所限，错误与疏漏之处在所难免，敬请读者批评指正。

作者

2015 年 6 月于北京邮电大学

目　　录

第1章 绪　　论

传输有效性是通信系统的主要技术指标之一,高的传输有效性必须通过性能良好的信源编码才能实现。本章将简单介绍信源编码的基本概念以及信源编码理论与技术研究的进展。

1.1 概　　述

信源编码是信息与通信系统的重要组成部分之一,本节在简单介绍通信系统模型的基础上,重点介绍与信源、信宿以及信源编码有关的基础知识。

1.1.1 通信系统模型

香农建立的通信系统模型如图 1.1.1 所示,是一个点对点的模型。它包括信源、编码器、信道、译码器、信宿和噪声等组成部分,而在编码器和译码器之中还分别包含信源编码器和信源译码器。所以通信系统模型也是研究传统的信源编码的参考模型。在信源编码领域重点研究的是信源和信宿的特点以及信源编译码方法和性能。

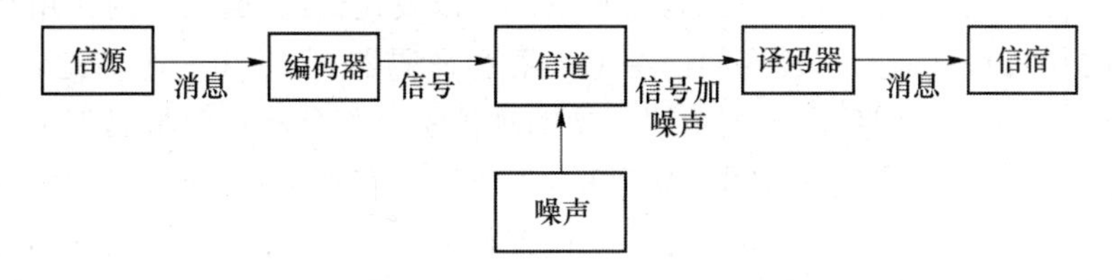

图 1.1.1　通信系统模型

信源是信息的来源,其功能是直接产生可能包含信息的消息。信源按输出符号的取值分类,可分为离散和连续信源两大类。在离散时间发出取值离散符号的信源为离散信源,例如,文件、信件、书报、杂志、电报、电传等都是离散信源。连续信源又分为两种,一种是在离散时间发出取值连续符号的信源,称为离散时间连续信源;另一种是输出为连续时间波形(连续时间,符号取值连续)的信源,称为波形信源或模拟信源。无线广播信号、电视信号、话音信号、图像信号以及多媒体信号等都是模拟信源,而模拟信源在时域或频域的采样以及通过其他变换方式得到的离散时间序列都是离散时间连续信源。

离散信源和离散时间连续信源也有共性,就是它们的输出都是序列,只不过符号的取值范围不同,前者取自可数符号集,而后者取自实数集。

信源按输出符号之间的依赖关系分类,可分为无记忆和有记忆信源。如果信源输出符号的概率与以前输出的符号无关,就称为无记忆信源,否则就称为有记忆信源。离散信源和离散时间连续信源可以是无记忆的，也可以是有记忆的，而模拟信源大多是有记忆的。时间连续信源有多种，其中最重要的是语音、图像、音频、视频等。

信源编码器、信道编码器和调制器构成通信系统模型中的编码器。我们感兴趣的是信源编码器。信源编码器的功能是将信源消息变换成符号，实际上是以更紧凑的形式表示信源输出；通过压缩码率，即传输每个信源符号平均所需代码(通常为二进制代码)的数目(对二进制代码称比特数)，达到提高传输有效性的目的。这种有效性主要体现在：①压缩信息存储占用的空间(有效利用空间资源)；②压缩信息传输花费的时间(有效利用时间资源)。因此信源编码(或信源压缩编码)与数据压缩的基本含义相同，但前者侧重于理论层面，而后者则侧重于实践层面。

解调器、信道译码器和信源译码器构成通信系统模型中的译码器。我们感兴趣的是信源译码器。信源译码器的功能是，进行与信源编码器功能相反的变换，将信道译码器输出符号变成消息，提供给信宿。

根据编码对信源的恢复特性，信源编码可分为无损压缩与有损压缩。无损压缩就是根据编码序列能唯一恢复原信源序列的编码，也称无失真信源编码，从数学上讲，这种编码是一种可逆运算。无损压缩编码主要针对的是离散信源，有时也针对连续信源，例如某些重要的图像信源。有损压缩就是根据编码序列不能完全恢复原信源序列的编码，译码后序列产生失真。通常我们总是要求失真限制在一定范围内，所以也称限失真信源编码。有损压缩编码主要针对的是连续信源。

信宿的功能是接收信息，包括人或设备。研究信宿主要目的就是有效利用传送的信息，也是为了提高传输有效性。

随着通信技术的发展，人们之间的通信方式远远超出点对点的方式，而是利用通信网进行信息传输，因此现代通信系统的模型应该是多点对多点的模型。这种模型是传统通信系统模型的扩展。在这种模型中有多个用户端，这些用户可以发送信息(起信源的作用)，也可以接收信息(起信宿的作用)，它们配有相应的信源编码器和译码器，但共用一个信道，这种信道称为多用户信道。解决它们之间信源压缩编码问题的理论基础是分布信源编码理论。

有效的信源压缩编码通常总是可以实现的，主要原因有两个：首先是因为信源本身具有剩余度，体现在信源符号概率不均匀以及符号间存在相关性，可以通过压缩这种剩余度来实现无损压缩；其次是因为信宿接受信息能力有局限并且可以容忍某种差错，从而可在信息传输中引入适当失真以实现有损压缩。在信源压缩过程中，删除信宿不能识别的信息对于信源是有损的，而对于信宿是无损的。

综上所述，对信源编译码器以及对信源和信宿的研究就构成了信源编码领域的主要研究内容。为此将信源编译码器单独从编译码器中抽出，将信道编译码器和调制与解调器都并入信道且不考虑信道噪声，就得到如图 1.1.2 所示的点对点的信源编码系统模型。

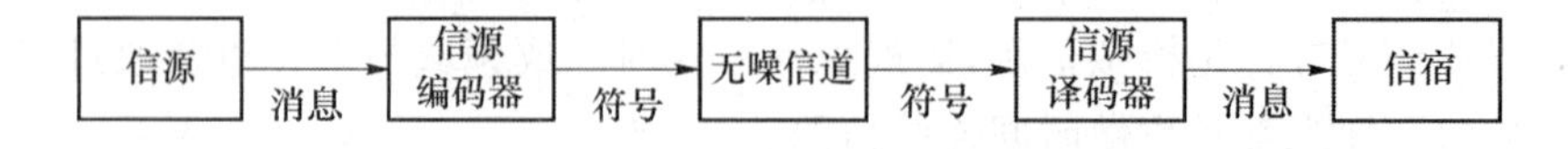

图 1.1.2　信源编码系统模型

实际上，汉语的“信源编码”有两种含义：一种是广义的，是指图 1.1.2 模型中所包括的与信源压缩编码、信息通过信道传输以及信源译码有关的理论与技术，此时“编码”对应的英文为 Coding；另一种是狭义的，仅指从信源消息序列变换到编码符号序列的过程，此时“编码”对应的英文为 Encode。本书的“编码”将使用这两种含义，且不附加说明，但从上下文中能够分辨是哪种含义。

1.1.2　信源编译码器模型

信源编码实际上是一种映射关系，它把信源序列映射成码序列。除非特殊说明，本书总是假定如果是离散信源 X，那么其符号集是有限的，设为 $A=\{a_1,\cdots,a_q\}$，其中 $q=|A|$ 为符号集的大小，产生信源序列 $\cdots x_i x_{i+1} x_{i+2}\cdots$，码符号集为有限符号集 $B=\{b_1,\cdots,b_r\}$，其中 $r=|B|$ 为符号集的大小，码序列为 $\cdots u_j u_{j+1} u_{j+2}\cdots$。

1. 无损压缩信源编译码器模型

在无失真信源编码器中，有两种基本的编码方式。一种是先将信源序列按一定规则分组，每个分组称为消息或信源字(这两个词可以看成同义语，后面将经常使用)，每个信源字用一个由码符号组成的码字代表，码字和信源字是一一对应的关系，这种编码称为分组码。还有一种是信源序列不分组，编码器按一定的规则，将输入的整条信源序列编成一条码序列，这种编码称为非分组码。

最基本的和最简单的分组码是将每个信源符号编成一个码字的编码器，称单符号信源编码器。这里，码字集合为 $C=\{c_1,\cdots,c_q\}$，其中符号 a_i 编成码字 c_i。译码器为编码器的逆运算，即按与编码器相同的规则将码字还原成信源序列。单符号编译码器模型如图 1.1.3 所示，其中，图(a)为编码器，图(b)为译码器。

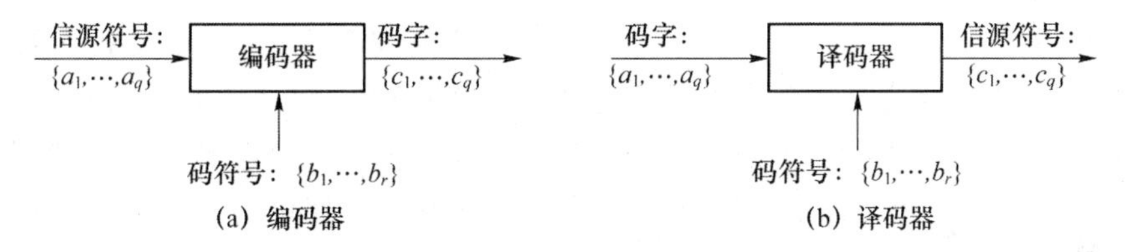

图 1.1.3　单符号信源编码器模型

将 N 个信源符号编成一个码字相当于对原信源的 N 次扩展源的符号进行编码，这种编码称为原信源的 N 次扩展码。例如信源 $X=\{0,1\}$ 的二次扩展源 X^2 的符号集为：$\{00,01,10,11\}$。对 X^2 编码，即为原信源 X 的 2 次扩展码。N 次扩展码的编译码模型与单符号信源编码器模型类似，只是将信源符号扩展成长度为 N 的消息。实际上，还可将信源符号扩展成长度不完全相同的消息，这些内容将在后面介绍。

2. 有损压缩信源编译码器模型

如前所述，有损压缩主要是针对连续信源的，有损压缩编码器对信源 $x(t)$ 量化得到离散序列 y_n，然后再对 y_n 进行无失真编码，输出编码序列 u_n，其模型如图 1.1.4(a)所示。由于信源量化后产生了失真，所以编码是有损的。如果是波形信源，还需要先对信源波形采样，使其变成离散时间序列，再量化。量化既可在时域进行，也可在变换域进行；既可对处理的信号样值本身进行量化，也可对预测的差值进行量化。因此这里量化的含义很广，可能包括多种处理过程。译码器实现编码器相反的功能，先对输入编码序列 $\hat{u}_n$ 进行无失真译码得到译码序列 $\hat{y}_n$，再将其重建成连续取值的消息 $\hat{x}(t)$(重建信号)。重建信号与信源的输出相比会有误差，而我们总是希望这种误差尽量小。有损压缩译码模型如图 1.1.4(b)示。

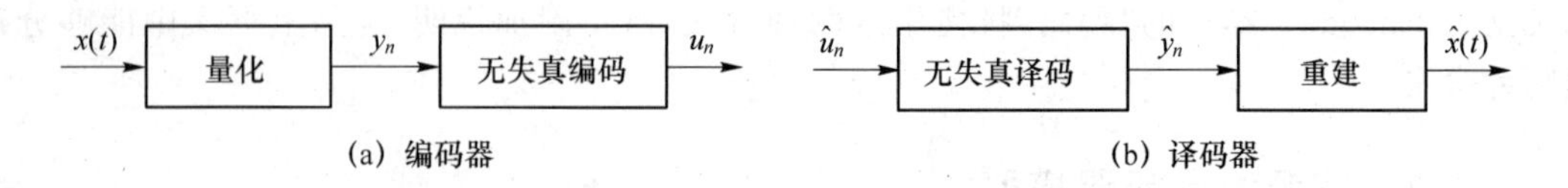

图 1.1.4　有损压缩编译码模型

随着编码技术的发展,还有更复杂的信源编译码器模型,这将在后面的章节介绍。

1.1.3　信源编码的分类

信源编码方法有许多种,从不同的角度出发,可有不同的分类。如前所述,信源编码可分为无损压缩和有损压缩两个大类。除此以外,还可以按以下原则分类。

1. 根据信源的种类分类

一般地说,对不同种类的信源有不同的信源编码方式。信源压缩编码按信源的种类可以分为文本压缩、传真压缩、音频压缩、语音压缩、图像压缩、视频压缩等类型。

2. 根据编译码算法特点分类

如前所述,根据对输入序列是否分组,信源编码可分为分组码和非分组码。分组码还可再细分为等长到等长(信源字等长,码字等长)、等长到变长(信源字等长,码字不等长)、变长到等长(信源字不等长,码字等长)、变长到变长(信源字不等长,码字不等长)四类,其中前两种常简称为等长码和变长码。

根据对信源统计特性的依赖性,信源编码还可分为熵编码(信源符号概率已知的最优码)和通用编码(信源符号概率未知或部分已知的渐近最优码)。

根据对信源统计特性变化的适应性,信源编码还可分为自适应编码和非自适应编码。

以上各类编码可以用于无损压缩,也可以作为有损压缩编码中的一个组成部分。

3. 根据编译码算法中所使用的基本技术分类

根据编译码算法中所使用的基本技术,信源压缩编码还可分成以下多种类型,如预测编码(利用预测技术解除信源序列的相关性)、变换编码(利用变换技术解除信源序列的相关性)、子带编码(将信源信号分成若干子频带,对各子频带分别编码)、空间域方法(统计分块编码)、分形编码(利用分形理论)、基于模型的编码、基于语法的编码、基于语义的编码等。

1.1.4　信源编码的性能指标

衡量无损压缩编码算法性能优劣的首要指标就是编码效率,它在数值上等于信源熵与码率的比。效率高的编码器压缩性能好;反之,压缩性能差。还有一个与编码效率等价的指标就是编码剩余度,它在数值上等于码率与信源熵的差。剩余度小的编码器压缩性能好;反之,压缩性能差。在有损压缩编码系统中,重建数据不同于原始数据,即产生失真,因此评价有损编码算法的优劣不仅要考虑压缩效果,还要考虑失真的大小,通常用保真度或重建质量来描述这种失真。在满足一定编码效率条件下数据重建质量好或相同重建质量而编码效率高的编码器具有好的编码性能。

评价编码算法性能的理论依据是香农的两个信源编码定理,即无失真信源编码定理和限失真信源编码定理。对于无损压缩,如果编码码率达到信源的熵;对于有损压缩,在给定保真度准则下，如果编码码率达到 $R(D)$ 的值，则认为是理论上可达的最佳压缩。编码效率越高，压缩性能越好。

但是计算编码效率需要知道信源的熵或 $R(D)$ 函数的值，而实际信源的这些值可能难以计算，所以信源压缩编码效率的高低也常用压缩比来衡量。所谓压缩比就是被压缩数据在压缩前和压缩后的文件长度（比特数或字节数）之比。编码效率越高，压缩比就越大。因此好的编码器应该有高的压缩比。压缩比的倒数称为压缩率。

实际上，香农信源编码定理的结论是建立在数据无限长基础上的，如果信源数据不够长，就达不到最佳压缩的目标。不过在信源数据有限但高码率条件下，可以利用高码率量化理论作为有损压缩系统性能评价的理论依据。

在设计和选择信源编码器时还要考虑到一些次要的性能指标，这里主要有收敛速率、压缩速率、解压速率、计算复杂度以及编译码器总时延等。收敛速率是指码率收敛到信源熵的速率。通常一个信源编码算法往往是随着处理数据长度的增加，码率渐近收敛到信源的熵。收敛速率快，说明算法处理较短数据时的编码效率高；反之，说明算法处理较短数据时的编码效率低。压缩速率是指编码器对原始数据编码时的处理速度；解压速率是指译码器对压缩数据译码的处理速度；计算复杂度是指实现编译码算法的计算复杂度，这里包括时间复杂度和空间复杂度。编译码总时延是指在不考虑传输时延的情况下从编码器开始输入到译码器开始输出所需要的时间，时延要求对于语音编码显得更为重要。我们总是希望收敛速率、压缩速率、解压速率越快越好，计算复杂度越低越好，编译码总时延越小越好。

一般地说，以上描述的这些性能指标都不能同时达到最佳，往往会有冲突，必须根据实际情况进行权衡。例如，如果忽略算法所需要的时间，那么压缩比越大，算法就越好。如果考虑到时间的因素，就要与其他指标一起综合考虑。例如，一个算法压缩比较高，但运行较慢，而另一个算法压缩比较低，但运行较快，这时究竟选用哪种算法，还需根据实际需要来确定。因为在不同应用场合，各项指标的重要性也有所不同：①对于通信应用，压缩比、压缩速率、解压速率都很重要；②对于发送和存储应用，压缩比、压缩速率是重要的；③对于 DVD 等播放应用，压缩比、解压速率是重要的。

此外，在选用压缩算法时还要考虑其他附加因素，主要包括：①要考虑信源本身的特征，不同性质的信源通常要选择不同的编译码方式。②要考虑编码器的容错能力、灵活性和经济性。编码器的容错能力是指编码器容许传输出差错的能力。由于在设计通信系统时纠错的任务由信道编码器承担，通常不要求信源编码器具有容错能力。但如果两编码器压缩性能相同，通常要考虑使用容错能力强的系统。灵活性强的编译码器便于设计的实现和实际应用，而经济性体现了编码器实现成本的高低。在其他指标满足要求的条件下，应该将灵活性强、性价比高的系统作为优先选择的对象。③要考虑实现编码的系统的软硬件适应能力以及相关的技术标准等。

1.2　信源编码的研究进展

本节在回顾信源编码发展历史的基础上，简单介绍信源编码理论与技术的研究进展，主要包括熵编码、通用无损压缩、有损压缩以及信源编码领域中的某些新技术。

1.2.1 历史回顾

首先回顾一下具有里程碑意义的信源编码理论的建立与实践活动。

- 电报(Morse,1830's):无损信源编码实践的开始;
- 脉码调制(Reeves,1937—1939)和声码器(Dudley,1939):有损信源编码实践的开始;
- 《通信的数学理论》(Shannon,1948):信源编码理论基础的建立;
- 《保真度准则下的离散信源编码定理》(Shannon,1959):有损数据压缩理论基础的建立;
- 《相关信源无噪编码》(D. Slepian,J. Wolf, 1973):无损分布信源编码理论基础;
- 《译码器具有边信息的信源编码率失真函数》(A. D. Wyner,J. Ziv, 1976):译码器具有边信息的有损分布信源编码理论基础。

1.2.2 熵编码进展

熵编码是在已知信源符号概率分布的情况下的最优编码,当信源序列足够长时,无损压缩码率的下限达到信源的熵,主要的熵编码有 Huffman 码、Tunstall 码、游程编码、Golomb 码和算术编码等。

1. Huffman 码

Huffman(1952)解决了从固定长度到可变长度最优编码的构造。Huffman 编码包括如下几个重要的变种:①自适应 Huffman 编码。该算法首先由 Faller 和 Gallager 提出(Faller,1973;Gallager,1978),后由 Knuth 改进(Knuth,1985),简称为 FGK 算法;②修正 Huffman(MH)编码,用于传真压缩。③规范 Huffman(Canonical Huffman)编码,特别适用于大字母表和快速译码的场合。

2. Tunstall 码

Tunstall(1968)提出了变长到定长最优码的设计,但多年来未被注意。理论证明,当码长足够长时,该码的码率接近于熵。Tunstall 码克服了变长码的缺点,在实现上也比 Huffman 编码复杂度小得多。

3. 游程编码

为更好地发挥熵编码的优势,有时需要对信源序列进行游程变换。游程编码提出于 20 世纪 50 年代,基本方法是先进行游程变换再进行熵编码,这是一种变长到变长的编码,特别适合于二元信源的压缩。实际上,游程变换并不实现压缩,而是解除或减弱信源符号之间的相关性,从而提高后续熵编码的效率。

4. Golomb 码

Golomb(1966)提出的格伦码是一种针对二元信源的游程编码,但只对大概率符号游程进行编码。该算法将游程长度变换成两个参数,分别对这两个参数编码。格伦码实际上与规范 Huffman 码等价,特别适用于二元信源某个符号(例如 0)的概率远大于另一个(例如 1)符号概率的情况,现已用作 JPEG-LS 压缩标准中的熵编码。

5. 算术编码

算术编码是一种非分组码,其核心是香农提出的积累概率的概念,由 Elias 得到序列积累概率的递推算法,以后由 Rissanen 等进行了改进,进入实用阶段。不管信源符号集的大小以及符号概率分布如何,也不管信源是否有记忆,算术编码都能够实现高效率的编码。当前,算术编码方法已成为一种广泛实用的压缩编码技术。

1.2.3 通用无损压缩进展

通用信源编码的概念是 Kolmogorov 首先提出的,是指对预先未知或部分已知统计特性信源的压缩编码,可分为无损和有损压缩,本书只研究通用无损压缩。通用信源编码的理论研究起源于20世纪70年代,Fitingof 和 Davisson 的工作奠定了通用无损信源编码的理论基础,Rissanen 将最小描述长度原理(MDL)应用于通用编码中的模型选择,Krichevsky 等提出了若干通用编码方法。很多有代表性的通用信源编码,例如 LZ 码、基于 BW 变换、部分匹配预测(PPM)、上下文树加权(CTW)等算法在文本无损压缩和其他信源的压缩中发挥了重要作用。

1. LZ 编码

Ziv-Lempel(1977—1978)提出了基于字典的通用数据压缩算法,简称 LZ 码。该算法的基本思想是,不估计信源符号的概率,而是在建立的字典里搜索与被压缩数据中相同词组的匹配,再对匹配位置和匹配长度分别进行编码。LZ 码有很多变种,主要有 LZ77、LZ78、LZW 等。LZ 码的主要优点是:编译码速度快,特别是译码速度更快,并容易实现;缺点是:压缩收敛速率慢,所以对于有限长度的被压缩文本,压缩效果要比某些其他方法差。当前,LZ 编码及其变种已经在很多计算机文本压缩和图像压缩中得到应用。

2. 基于 BW 变换的编码(BWT)

Burrows 和 Wheeler(1994)提出了基于 BW 变换的数据压缩算法,简称 BWT 算法。该算法的主要思路是,构建一个矩阵,该矩阵的行存储被压缩序列的所有一字符循环移位,再对这些行按字典序排序,排序后输出最后一列,这个过程称作 BWT;变换的输出经处理后用熵编码器压缩。基于 BWT 压缩算法的主要优点是:高运行速度和较高的压缩比,其压缩比远高于 LZ 算法,仅比最好的 PPM 算法稍差。

3. 部分匹配预测编码(PPM)

Cleary 和 Witten(1984)提出了部分匹配预测(Prediction by Partial Match,PPM)算法,以后由 Moffa 进行了一系列改进,称为 PPMC。PPM 是一种有限上下文统计建模技术,它把若干固定阶数的上下文模型连接起来,预测输入序列中的下一个字符的概率,根据这个预测的概率对该字符用算术码编码。当前,PPM 所达到的压缩效果优于很多现有的实际方法,其主要缺点是:运行慢且需要大的存储量,而运行慢也限制了它的实际应用。

4. 上下文树加权编码(CTW)

Willems 等人(1995)提出了上下文树加权(Context Tree Weighting,CTW)算法,假定数据是由上下文树信源产生的,通过对上下文树中节点的概率进行加权,得到符号序列的概率,然后使用算术编码。该算法的主要优点是:高压缩比,仅比 PPM 稍差,主要缺点是:所需存储量大,编码器处理速度慢。

1.2.4 有损压缩编码进展

1. 有损压缩基本技术

有损压缩基本技术包括量化、预测编码与变换编码,主要用于音频、语音、图像和视频信源的有损压缩编码。

连续信源限失真编码的主要方法是量化，就是把连续的样值离散化成若干离散值。从不同的角度可以将量化分成不同的类，例如，标量量化和矢量量化，固定码率量化和可变码率量化，无记忆量化和有记忆量化，高分辨率量化和低分辨率量化等。多年来，在这些研究领域都有许多重要的成果。

预测编码是基于时域的波形信源压缩技术，通过预测得到的误差序列近似独立且比原序列的方差小得多，从而可以用较低的码率进行编码。20 世纪 70 年代用于语音压缩的 DPCM 和 Δ 调制以及后来的以码激励线性预测为核心技术的语音压缩编码器，都是预测编码用于压缩的成功实例，此外在图像和视频压缩中也广泛使用预测技术。

信源序列经变换后可以完全或部分解除样值之间的相关性，使得变换后的数据能更有效地进行熵编码；变换后的数据能量更集中，更有利于量化和最佳比特分配。因此虽然变换本身并不实现压缩，但变换后的数据却能通过后续的处理而获得显著的压缩效果。子带编码（也可以看成一种变换编码）和使用 DCT 的变换编码已经广泛使用于语音、图像和视频压缩的多种国际标准协议中。

2. 音频压缩编码

音频信号直接采用 PCM 码流进行存储和传输，需要很大的容量。实际上未压缩的音频存在非常大的冗余度，因此有必要也有可能对音频进行压缩。

音频压缩技术可分为无损压缩和有损压缩两大类，而按照压缩方案的不同，又可将其划分为时域压缩、变换压缩、子带压缩，以及多种技术相互融合的混合压缩等。由 Crochiere 等人于 1976 年提出的子带编码是当前音频压缩中主要使用的压缩技术，广泛应用于数字音频节目的存储与制作以及数字化广播中。当前的音频压缩系统中应用心理声学中的声音掩蔽模型，压缩掉强度大的音频分量附近的较弱分量，从而显著降低码率。

当前数字音频压缩在标准化方面取得了很大进展，其中之一就是 MPEG-1 音频压缩标准的制定。在该标准中，规定了三种音频压缩模式，即层Ⅰ、层Ⅱ（即 MUSICAM，又称 MP2）和层Ⅲ（又称 MP3），这三种模式都得到了广泛的应用。

随着社会的进步和人民生活水平的提高，需要更强定位能力和空间效果的三维声音技术，而最具代表性的就是多声道环绕声技术。1992 年 CCIR（ITU-R）规定了多声道声音系统的结构及向下兼容变换的标准，即 CCIR Recommendation 775。其中主要约定了 5.1 声道形式及 7.1 声道形式。Dolby AC-3 技术是主要针对环绕声开发的一种音频压缩技术，目前已成为应用最为广泛的环绕声压缩技术之一；而 MPEG-2BC（后向兼容方式），即 ISO/IEC13818-3，则是另一种多声道环绕声音频压缩技术。

我国于 2009 年颁布了 DRA 数字音频标准（《多声道数字音频编解码技术规范》），是支持立体声和多声道环绕声的具有独立知识产权的数字音频编译码标准，最多可支持 64 个正常声道和 3 个低频效果声道，具有压缩效率高，音质好，译码复杂度低和容错能力强的特点。该算法采用自适应分块标量量化，基于心理声学模型的掩蔽效应进行比特分配。当前 DRA 已被 CMMB 确立为行业必选音频标准。

3. 语音压缩编码

语音压缩编码可分为三大类：波形编码、参数编码和混合编码。在波形编码中，主要有 PCM、DPCM、Δ 调制和 APC（自适应预测编码）。波形编码比较简单，失真最小，但码率比较高。在参数编码中，最重要的是线性预测编码(LPC)声码器，码率可以很低，但音质较差，只能达到合成语音质量，而且复杂度高。混合编码吸收了波形编码和参数编码的优点，其中的代表就是码激励线性预测(CELP)编码器。在CELP系统中使用感知加权滤波器，利用人类听觉系统的频域掩蔽效应进行噪声谱整形，对共振峰频率区域进行去加重处理，从而在较低的比特率上获得较高的语音质量，是具有广阔发展前景的技术。CELP是当今中低速率语音编码技术的主流技术之一，许多国际标准化组织及机构以其作为语音编码标准中的基本技术。

自从20世纪30年代Reeves发明数字语音信号PCM技术以来，语音压缩编码技术的发展十分迅速。近几十年来，国际电联(ITU)(其前身为CCITT)制定了一系列语音压缩编码标准，其中包括：64 kbit/s PCM语音编码G.711建议(1972)，其编码语音质量较好，但占用带宽较大；32 kbit/s ADPCM语音编码G.721建议(1984)，它不仅可以达到与PCM相同的语音质量，而且具有更优良的抗误码性能；16kbit/s低时延码激励线性预测(LD-CELP)G.728建议(1992)，它具有延迟较小、码率较低的特点；共轭代数码激励线性预测(CS-ACELP)8 kbit/s语音编码G.729建议(1996)，该编码延迟小，可提供与32 kbit/s的ADPCM相同的语音质量，广泛应用于个人移动通信、低C/N数字卫星通信等领域。表1.2.1列出了ITU的G系列语音压缩标准的某些参数。

表1.2.1　国际电联G系列典型语音压缩标准的参数比较

算法	类型	码率/($kbit \cdot s^{-1}$)	算法时延/ms
G.711	A-Law/μ-Law(A律/μ律)	64	0
G.722	SB-ADPCM(子带-ADPCM)	64/56/48	0
G.723.1	MP-MLQ/ACELP(多脉冲-最大似然量化/ACELP)	6.3/5.3	37.5
G.726	ADPCM	16/24/32/40	0
G.727	Embedded ADPCM(嵌套-ADPCM)	16/24/32/40	0
G.728	LD-CELP(低时延码激励线性预测)	16	＜2
G.729	CS-ACELP(共轭代数码激励线性预测)	8	15

4. 图像压缩编码

原始图像数据所包含信息量很大，对图像直接进行存储、传输或处理是异常困难的，所以必须将图像数字化，并采用数字图像压缩技术。图像压缩的主要目标就是在给定码率或者压缩比下实现最好的图像质量。但是，有时还要求编码器有一些附加的重要特性，例如：(1)质量渐进或者层渐进编码；(2)分辨率渐进编码；(3)成分渐进编码；(4)感兴趣区域编码等。

图像压缩可以是有损的，也可以是无损的。有损压缩方法非常适合于自然的图像，因为对于图像的某些微小损失，眼睛有时是无法辨别的，但在低码率条件下将会带来较大失真。如医疗图像或者用于存档的扫描图像等这些有价值的内容的压缩则尽量选择无损压缩方法。在图像压缩中使用多种编码技术，如二值图像编码、熵编码、预测编码、变换编码以及使用新技术的编码等。

联合图片专家组(JPEG)1991年制定了《连续色调静止图像的数字编码》的国际标准(即JPEG标准)，它是无损编码DPCM和基于DCT的有损图像编码相结合的压缩算法。JPEG压缩在中端和高端比特率上的图像质量良好，其缺点是：(1)在高压缩比时产生严重的方块效应；(2)压缩比不高。针对JPEG的缺点，后来提出了不少改进方法，例如，DCT零树编码和分层 DCT 零树编码等方法。

为更好地满足在图像压缩领域的各种应用需求，JPEG(2000)提出了新一代静态图像压缩标准——JPEG2000。该编码系统利用 EBCOT 算法，使用小波变换代替原来 JPEG 的 DCT，采用两层编码策略，对压缩比特流分层组织。这样，不仅获得较好的压缩效果，而且压缩码流也具有较大的灵活性，不仅在压缩性能方面明显优于 JPEG，还具有很多 JPEG 无法提供或无法有效提供的新功能。JPEG2000 的优点有：(1)高压缩比，其压缩率比 JPEG 高 30%左右；(2)同时支持有损和无损压缩；(3)能实现渐进传输；(4)能方便实现对码流的随机存取与处理，保证误比特率的鲁棒性；(5)支持"感兴趣区域"的处理。JPEG2000 标准适用于各种图像的压缩编码。其应用领域很广，将成为 21 世纪的主流静态图像压缩标准。

5. 视频压缩编码

视频压缩的目标是在尽可能保证视觉效果的前提下减少视频数据率。视频是连续的静态图像，其压缩算法虽与静态图像的压缩算法有某些共同之处，但是视频还有其自身的特性，因此在压缩时还应考虑其运动特性才能达到高压缩的目标。

视频压缩分为有损和无损压缩，几乎所有高压缩的算法都采用有损压缩。视频压缩还分为帧内压缩和帧间压缩，帧内压缩也称为空间压缩，它仅压缩帧内的冗余度，一般达不到很高的压缩。帧间压缩，也称时间压缩，它压缩相邻帧之间的冗余度。视频压缩还分为对称压缩和非对称压缩。对称意味着压缩和解压缩占用相同的计算处理能力和时间。不对称或非对称意味着以不同的处理能力和时间进行压缩和解压缩。从 20 世纪 90 年代开始，国际上先后制定了一系列视频图像编码标准。目前从事视频压缩标准制定的 ITU-T 的视频编码专家组(VCEG)和 ISO/IEC 的运动图像专家组(MPEG)根据不同的应用需求，分别制定了 H.26X 和 MPEG-X 系列视频压缩标准，虽然它们的应用领域不同，但是均采用了预测编码结合变换量化的混合编码模式。其中这两大标准化组织于 1992 年联合提出的 MPEG-2/H.262 是现有比较成功的国际视频压缩标准，目前又联手推出了 H.264/AVC，即 MPEG-4 第 10 部分。

MPEG 有 MPEG-1、MPEG-2、MPEG-4、MPEG-7、MPEG-21 等多个版本。MPEG 视频压缩算法中包含两种基本技术：一种是基于 16×16 子块的运动补偿，用来减少帧序列的时域冗余；另一种是基于 DCT 的压缩，用于减少帧序列的空域冗余。

MPEG-1(ISO，1991)是针对数据传输率在 1.5 Mbit/s 以下的数字图像及其伴音编码而制定的国际标准，主要用于家用 VCD 的视频压缩。

MPEG-2/H.262(ISO+ITU，1994)是一个直接与数字电视广播有关的高质量图像和音频编码标准，MPEG-2 标准的全称为"运动图像及其伴音的编码"，其中 H.262 就是它的视频编码部分。MPEG-2 在多方面提高了编码参数的灵活性以及编码性能，成为目前在 DVD 存储和数字电视广播方面得到广泛应用的国际标准，码率从 4～100 Mbit/s。

MPEG-4(ISO，1999)最初是针对视频会议、可视电话的超低比特率编码制定的，而新目标是支持多媒体应用，是一个数据速率很低(4.8～32 kbit/s)的多媒体通信标准，在异构网络环境下能可靠地工作，并具有很强的交互功能。

MPEG-7 是媒体内容描述接口，致力于制定一个标准化的框架，用来描述各种类型的多媒体信息以及它们之间的关系，以便更快、更有效地检索信息。

MPEG-21 是一个多媒体框架，允许用户可以透明地使用各种类型网络上的多媒体资源，目前这一标准仍处于开发当中。

H.261 是最早出现的视频编码标准，是由 CCITT 针对可视电话、视频电视和窄带 ISDN

等要求提出的,其全称为"$p\times64$ kbit/s 视听业务视频编解码器",其中 $p=1\sim30$ 的整数。

H.263(ITU, 1996)是为低码率视频压缩提供的新标准,主要支持小于 64 kbit/s 的窄带电信信道视频编码,但实际上其应用范围已经超出了低码率图像编码范围。它共有五种图像格式,也适用于高速率图像编码,性能优于 H.261。H.263+、H.263++扩充了 H.263 的编码可选项和其他的一些附加特性,增强了抗误码性能。

H.264/AVC (JVT, 2003)是 ITU-T 和 ISO/IEC 共同成立的联合视频组(JVT)制定的新标准,作为 MPEG-4 第 10 部分。H.264/AVC 作为面向电视电话、电视会议的新一代编码方式,目标是在同等图像质量条件下,新标准的压缩效率比任何现有的视频编码标准要提高 1 倍以上。整个 H.264/AVC 视频压缩标准还具有开放的特点。

我国于 2006 年颁布了 AVS 数字视频标准,是一套包含系统、视频、音频、媒体版权管理在内的完整标准体系。AVS 采用的主要技术有:自适应运动补偿、帧内预测、多参考帧间预测、1/4 像素插值、整数变换等。AVS 与 MPEG-4、H.264 具有相同的编码框架,但技术取舍不同,编码效率和复杂度也不相同。在编码效率上,AVS 与 AVC 相当,为 MPEG-2 的 2 倍以上;在复杂度上,AVS 大致为 MPEG-2 的 6 倍。

1.2.5　数据压缩中的新技术

在有损数据压缩领域中,除采用量化、预测编码、变换编码(包括子带编码)等这些传统的理论与技术之外,还提出或采用了许多新理论与技术,例如小波变换、基于模型的编码、基于分形的编码、基于语意的编码等。特别是随着信息理论与技术的发展,分布信源编码和信源信道联合编码已成为当前信源编码领域的热门研究课题。

1. 基于小波变换的编码

小波的含义就是一个小的或局部化的波形,它的均值为零,是一个高通或带通信号。一个小波基由一个样板小波通过扩展和位移得到,是一个在时间和频率都局部化的振荡波形。小波变换具有可变分辨率,在高频具有高的时间分辨率,而在低频具有低的分辨率。小波可以有无限多的选择,特别适应在不同频段不同的压缩要求。现在小波变换已有广泛应用,特别是在图像处理技术中,小波变换已有逐渐取代 DCT 的趋势。

小波变换用于图像编码的基本思想就是根据 Mallat 快速小波变换算法将图像进行多分辨率分解,然后对每层的小波系数进行量化,再对量化后的系数进行编码。小波图像压缩是图像压缩编码研究的热点之一,当前已经制定了基于小波变换的图像压缩国际标准,如 JPEG2000 标准和 MPEG-4 标准。

目前主要有 3 种重要的小波图像编码算法,分别是嵌入式零树小波(EZW)图像编码、分层树集合分割(SPIHT)图像编码和优化截断嵌入块编码(EBCOT)。

2. 基于模型的编码

基于模型的编码最早开始于语音参量编码,以后应用于人脸图像的编码中。Jayant 指出,压缩编码的极限结果原则上可通过那些能够反映信号产生过程最早阶段的模型而得到,这就是基于模型编码的思想。人类语音产生模型为很低码率矢量量化语音编码器提供了依据,人脸的线框(Wire-Frame)模型为压缩可视电话这类以人脸为主要景物的序列图像提供了有效的手段。基于模型的图像编码首先由瑞典的 Forchheimer 等人于 1983 年提出,其基本思想是:在发送端,利用图像分析模块对输入图像提取紧凑和必要的描述信息,得到一些数据量不大的模型参数;在接收端,利用图像综合模块实现对图像信息的合成,重建原始图像。

3. 基于语法的编码

Cameron(1988)提出用语法信源模型进行信源编码,1999 以后,Kieffer 和 Yang 发表一系列文章全面系统地提出和总结基于语法的压缩算法和理论。基于语法的编码首先把待压缩的原始数据变换成一个上下文无关语法,根据这个语法原始数据可以通过并行代换实现重建,然后利用熵编码对这个上下文无关语法或对应的划分词组序列进行压缩。已经证明,如果基于语法的编码把数据序列变换成不可约的上下文无关语法,那么该编码对于平稳、遍历的一类信源是通用的。

4. 基于语义的编码

Forchheimer 等人(1983)提出基于语义的图像编码,其基本思想是,采用显示模型(如人物的头肩部分)去分析和合成运动图像,而景物里物体的三维模型为严格已知。由于物体模型的有效性,景物中的物体能够在语义水平描述。所以该方法可以有效地利用景物中已知物体的知识,实现非常高的压缩比,但它仅能够处理已知物体,并需要较复杂的图像分析与识别技术。

5. 基于分形的编码

Barnsley(1988)通过实验证明分形图像压缩可以得到比经典图像编码技术高几个数量级的压缩比。A. E. Jacquin(1990)提出局部迭代函数系统理论,使分形用于图像压缩在计算机上自动实现成为可能。

分形压缩主要利用自相似的特点,通过迭代函数系统(IFS)实现。分形图像压缩把原始图像分割成若干个子图像,然后每一个子图像对应一个迭代函数,子图像以迭代函数存储。同样,译码时只要调出每一个子图像对应的迭代函数反复迭代,就可以恢复出原来的子图像,从而得到原始图像。基于分形的不同特征,可以分成几种主要的分形图像编码方法:尺码编码方法、迭代函数系统方法、A-E-Jacquin 分形方案。

6. 分布信源编码

D. Slepian 和 J. Wolf(1973)提出无损相关信源编码定理,证明了对多个相关信源分别编码但联合译码,所需总的编码速率的下界为它们的联合熵。Wyner 和 Ziv 研究了在译码器具有边信息的有损信源编码问题,提出了具有边信息的有损相关信源编码定理。当前,分布信源编码技术已经成功用于传感器网络和视频有损压缩中。

7. 信源信道联合编码

香农基本定理证明信源编码和信道编码可以独立进行并不影响最佳性,但需要信源序列或编码序列足够长,而对于一般的时变信道,独立地进行信源编码和信道编码可能不能保证最佳性,在这种情况下就要把信源编码和信道编码结合在一起进行设计,这就是信源信道联合编码。与传统的信源和信道独立编码系统相比,信源信道联合编码可以降低实现的复杂度,但是降低了系统的灵活性。在系统的联合设计方面所研究的主要问题是信源与信道编码器中的码率如何随着信道的变化进行最佳分配以及系统如何实现。

本章小结

1. 信源编译码器模型:无损压缩模型、有损压缩模型

2. 信源编码性能指标

- 首要指标：对于无损压缩，编码效率（或压缩比）
  对于有损压缩，编码效率（或压缩比）和失真
- 次要指标：收敛速率、压缩速率、解压速率、计算复杂度等

3. 无损压缩编码进展

- 熵编码进展：Huffman码、Tunstall码、游程编码、Golomb码、算术编码
- 通用无损压缩进展：LZ码、基于BWT的编码、PPM编码、CTW编码

4. 有损压缩编码进展

- 有损压缩基本技术：量化、预测编码与变换编码
- 音频、语音、图像和视频压缩编码进展

5. 数据压缩中的新技术

思 考 题

1.1 提高信息传输有效性的主要手段是什么？

1.2 能够实现对信源进行有效压缩的原因是什么？

1.3 信宿在通信系统中的作用如何？研究信源编码时为什么也要注重研究信宿？

1.4 信源编码主要分成哪几类？

1.5 信源编码的性能指标有哪些？如何根据实际需要对性能指标的要求进行权衡？

1.6 熵编码技术的进展主要包括哪些方面？

1.7 通用无损压缩技术的进展主要包括哪些方面？

1.8 有损压缩的基本技术有哪些？

1.9 简述有损压缩编码的主要进展与有关的技术标准。

1.10 结合实际阐述一种信源编码新技术的基本原理。

第2章 信　　源

现实世界中的信源是多种多样的，信源编码器必须针对所处理信源的特性进行设计，才能达到预期的效果。所以关于信源的研究是信源编码领域中的重要课题之一。

我们知道，描述信源总体统计特性最重要的物理量就是信源的熵。计算信源的熵需要知道其概率分布，但在很多情况下概率分布是未知的，而建立合适的信源模型是估计信源概率、设计有效编码算法的重要手段。

如前所述，信源具有剩余度是对其能够实现无损压缩的前提；信宿接受信息能力有局限和对差错能容忍是对信源能够实现有损压缩的前提，此时压缩对于信宿是“无损”的。所以信源剩余度和信宿的性质也是本章的重要研究内容。

虽然信源种类繁多，但总可以分成几个大类。常见单一种类信源有文本、音频、语音、图像与视频等。多媒体也是一种很重要的信源，它是用多种形式表示的信息（包括文本、音频、语音、图像与视频等），实际上是多种单一信源的组合体。本章在研究信源熵和建模的基础上重点介绍以上单一种类的信源。

2.1　信源特征的描述

2.1.1　离散信源的熵

若具有有限符号集 $A=\{a_1,a_2,\cdots,a_n\}$ 的信源 X 产生随机序列 $\{x_i\}$，$i=\cdots,1,2,\cdots$，且序列中符号互相独立，则称 X 为离散无记忆信源，信源的熵为

$$H(X)=-\sum_{i=1}^{n}p_i\log p_i \tag{2.1.1}$$

其中，$p_1,p_2,\cdots,p_n$ 分别为 $a_1,a_2,\cdots,a_n$ 发生的概率。

熵是信源平均不确定性的度量，也是平均每信源符号所携带的信息量，X 的熵也可表示为 $H(p_1,p_1,\cdots,p_n)$。对信源 X 符号集 A 进行 N 次扩展得到的信源称为 X 的 N 次扩展源，表示为 X^N。实际上，X^N 中的符号是符号集 A 中的符号所构成的长度为 N 的序列，这个序列集合称为消息集。如果 X 是平稳无记忆的，那么 X^N 的熵就等于 X 熵的 N 倍。信源 X 还可以进行不等长扩展，即由信源符号构成长度不完全相同的消息集合，详细的研究见第3章。

N 维信源 $X^N\triangleq(X_1X_2\cdots X_N)$ 的熵称为联合熵，表示为

$$H(\boldsymbol{X}^N)=-\sum_{\boldsymbol{x}\in\boldsymbol{X}^N}p(\boldsymbol{x})\log p(\boldsymbol{x}) \tag{2.1.2}$$

其中，$\boldsymbol{x}\triangleq(x_1,x_2,\cdots,x_N)$ 为 N 维矢量。

若具有有限符号集 $A=\{a_1,a_2,\cdots,a_n\}$ 的信源 X 产生随机序列 $\{x_i\}$，$i=\cdots,1,2,\cdots$，且满足：对所有 $i_1,\cdots,i_N,h,j_1,\cdots,j_N$，及 $x_i\in X$，有

$$p(x_{i_1}=a_{j_1},x_{i_2}=a_{j_2},\cdots,x_{i_N}=a_{j_N})=p(x_{i_1+h}=a_{j_1},x_{i_2+h}=a_{j_2},\cdots,x_{i_N+h}=a_{j_N}) \tag{2.1.3}$$

则称信源 X 为离散平稳信源，所产生的序列为平稳序列。平稳序列的统计特性与时间的推移无关，即序列中符号的任意维联合概率分布与时间起点无关。这种平稳性通常简记为

$$p(x_{i_1},x_{i_2},\cdots,x_{i_N})=p(x_{i_1+h},x_{i_2+h},\cdots,x_{i_N+h})$$

或

$$p(x_i,x_{i+1}\cdots,x_{i+N})=p(x_j,x_{j+1}\cdots,x_{j+N}) \tag{2.1.4}$$

以上这种平稳性在概率论中称为强平稳。

对于平稳信源 X 的 N 次扩展源，定义平均符号熵为

$$H_N(X)=N^{-1}H(X^N)=N^{-1}H(X_1\cdots X_N) \tag{2.1.5}$$

平均符号熵随着 N 的增加而减小，所以

$$H_N(X)\leqslant H_1(X) \tag{2.1.6}$$

在信源 X 熵为有限值的情况下，就可以定义其极限符号熵（假定此极限存在）为

$$H_\infty(X)=\lim_{N\to\infty}N^{-1}H(X^N)=\lim_{N\to\infty}N^{-1}H(X_1\cdots X_N) \tag{2.1.7}$$

极限符号熵简称符号熵，也称熵率。注意：存在信源熵为有限值但其极限符号熵不存在的情况（见习题）。

对任意离散平稳信源，若 $H_1(X)<\infty$，则 $H_\infty(X)$ 存在，且

$$H_\infty(X)=\lim_{N\to\infty}H(X_N|X_1\cdots X_{N-1}) \tag{2.1.8}$$

式(2.1.8)表明计算信源符号熵的另一种方法，有记忆信源的符号熵也可通过计算极限条件熵得到。这样，当信源为有限记忆时，极限条件熵的计算要比极限平均符号熵的计算容易得多。

设信源符号集 $A=\{a_1,\cdots,a_n\}$，状态集合 $\Omega=\{1,2,\cdots,J\}$，信源序列为 $\cdots,x_{l-1},x_l,x_{l+1},\cdots$，所对应的状态序列为 $\cdots s_{l-1},s_l,s_{l+1},\cdots$，那么满足下面两个条件的信源称为马尔可夫信源（简称马氏源）：

(1) $p\{x_l=a_k|s_l=j\}=p\{x_l=a_k|s_l=j,x_{l-1},s_{l-1},\cdots\}$ (2.1.9)

即当前时刻输出符号的概率仅与当前时刻的信源状态有关，与以前的输出符号或状态无关；

(2) $p\{s_l=i|x_{l-1}=a_k,s_{l-1}=j\}=\begin{cases}1\\0\end{cases}$ (2.1.10)

即当前时刻的信源状态由前一时刻信源状态和前一时刻输出符号唯一确定。意即，由状态 j 发出某字母 a_k 后只会转移到某个唯一的状态。

对于一阶马氏源，一个符号就对应一个状态；而对于 m 阶马氏源，m 个符号对应一个状态。所以，符号序列和状态有一一对应的关系。当信源从某状态出发输出一个符号后就转移到一个新状态，因此式(2.1.8)也对应着状态的转移。马氏源可用状态转移来描述，其中每次转移要对应一个输出符号（定义条件 1），而且从某个状态到同一个状态的转移可以有多条支路，但从同一状态转移的不同支路必须对应不同的输出符号（定义条件 2）。

首先，我们定义在给定当前信源状态条件下信源的输出符号熵为

$$H(X\mid s=j)=-\sum_{i=1}^{n}p_j(a_i)\log p_j(a_i) \tag{2.1.11}$$

其中，$p_j(a_i)$为信源在 j 状态下发出符号 a_i 的概率。

平稳马氏源的符号熵为

$$H_\infty(X) = H(X \mid S) = \sum_{j=1}^{J} \pi_j H(X \mid s = j) \tag{2.1.12}$$

其中，$\{\pi_j, j=1,\cdots,J\}$为状态平稳分布，$H(X|s=j)$由式(2.1.11)确定。

2.1.2 连续信源的熵

连续信息度量的研究是以离散信息的度量为基础的，基本方法是：先将连续集合的取值区间离散化(将取值集合划分为离散区间)，得到离散集合，计算此离散集合的信息度量，再令这些离散区间的数目趋近于无限大(即每个离散区间的大小都趋近于零)，把这个无限离散集合信息度量的极限值作为该连续随机变量信息的度量。用这种方法处理后，两个连续集合之间的平均互信息基本保留了与离散情况类似的性质，而连续集合的熵则包含两部分，其中一项趋近无限大，叫作绝对熵，另一项为有限值，叫作差熵或微分熵。

通常我们所说的连续信源(注意后面所指的连续信源除非特别说明都是指离散时间连续信源)的熵就是差熵，用 $h(X)$表示，可以通过下式计算：

$$h(X) = E_{p(x)}\{-\log p(x)\} = -\int_X p(x)\log p(x)\mathrm{d}x \tag{2.1.13}$$

其中，$p(x)$为连续随机变量的概率密度。差熵的单位为比特(奈特)/自由度。

定义 N 维连续随机矢量 $\boldsymbol{X}^N=(X_1,X_2,\cdots,X_N)$的联合差熵为

$$h(\boldsymbol{X}^N) = E_{p(\boldsymbol{x})}\{-\log p(\boldsymbol{x})\} = -\int_{\boldsymbol{X}^N} p(\boldsymbol{x})\log p(\boldsymbol{x})\mathrm{d}\boldsymbol{x} \tag{2.1.14}$$

其中，$p(\boldsymbol{x})$为 $\boldsymbol{X}^N$ 的联合概率密度，积分为在整个概率空间的多重积分，联合差熵的单位为比特(奈特)/N 自由度。应该注意：差熵并未保留离散熵具备的所有性质。

对于平稳随机过程或平稳随机序列$\{X_i, i=1,2,\cdots\}$，定义熵率为

$$\bar{h}(X) = \lim_{N\to\infty} h(X_1X_2\cdots X_N)/N \tag{2.1.15}$$

实际上，熵率表示随机过程每自由度的熵。很明显，平稳序列的熵率不大于其一维分布的熵，即

$$\bar{h}(X) \leqslant h_1(X) \tag{2.1.16}$$

仅当无记忆序列时等号成立。

对于平稳连续信源，与离散情况类似，熵率也可用条件熵定义：

$$\bar{h}(X) = \lim_{N\to\infty} h(X_k \mid X_{k-1}, X_{k-2}, \cdots) \tag{2.1.17}$$

将平稳无记忆高斯随机矢量 $\boldsymbol{X}^N$ 的一维分布记为 $N(m,\sigma_x^2)$，其中 m、σ_x^2 分别为均值和方差，那么信源一维分布的熵为

$$h_1(X) = (1/2)\log(2\pi e\sigma_x^2) \tag{2.1.18}$$

可见，高斯信源的熵仅与方差有关而与均值无关。

设 N 维独立高斯随机矢量 $\boldsymbol{X}^N$ 的各分量为 $N(m_i,\sigma_i^2)$，其中 m_i、σ_i^2 分别为各分量的均值和方差，那么信源的熵为

$$h(X^N) = (N/2)\log[2\pi e(\sigma_1^2\sigma_2^2\cdots\sigma_n^2)^{1/N}] \tag{2.1.19}$$

在一般情况下，N 维高斯随机矢量 $\boldsymbol{X}^N$ 的分布密度为

$$g(\boldsymbol{x}) = (2\pi)^{-N/2}\det(\boldsymbol{\Sigma})^{-1}\exp[-(1/2)(\boldsymbol{x}-\boldsymbol{m})^{\mathrm{T}}\boldsymbol{\Sigma}^{-1}(\boldsymbol{x}-\boldsymbol{m})] \tag{2.1.20}$$

其中，$\boldsymbol{\Sigma}=(\sigma_{ij})$ 为 $\boldsymbol{X}^N$ 的自协方差矩阵，$\sigma_{ij}=\int(x_i-m_i)(x_j-m_j)p(\boldsymbol{x})\mathrm{d}\boldsymbol{x}$ 为矩阵元素，$\det(\boldsymbol{\Sigma})$ 为矩阵行列式的值，$\boldsymbol{m}=(m_1,m_2,\cdots,m_N)^{\mathrm{T}}$ 为 $\boldsymbol{x}$ 的均值矢量，那么$\boldsymbol{X}^N$ 的熵为

$$h(\boldsymbol{X}^N) = (N/2)\log[2\pi e\det(\boldsymbol{\Sigma})^{1/N}] \tag{2.1.21}$$

根据式(2.1.15)，平稳高斯随机序列$\{X_i\}(i=1,2,\cdots)$的熵率为

$$\bar{h}(X) = (1/2)\lim_{N\to\infty}\log[2\pi e\det(\boldsymbol{\Sigma})^{1/N}] \tag{2.1.22}$$

当 $N\to\infty$时，$\boldsymbol{\Sigma}$ 为无限 Toeplitz 矩阵，根据 Szego 定理，可以证明

$$\lim_{N\to\infty}\det(\boldsymbol{\Sigma})^{1/N} = \exp\left[\int_{-1/2}^{1/2}\log S_x(f)\mathrm{d}f\right] \tag{2.1.23}$$

其中，$S_x(f)$为信源的功率谱密度；f 为归一化数字频率，范围为$(-1/2,1/2)$。所以平稳高斯过程的熵率可以通过信源的功率谱来计算，即

$$\bar{h}(X) = (1/2)\log(2\pi e) + (1/2)\int_{-1/2}^{1/2}\log S_x(f)\mathrm{d}f \tag{2.1.24}$$

对于平稳连续信源，熵功率定义为

$$\sigma^2 = (2\pi e)^{-1}e^{2\bar{h}(X)} \tag{2.1.25}$$

从而有

$$\bar{h}(X) = (1/2)\log(2\pi e\sigma^2) \tag{2.1.26}$$

结合式(2.1.24)和式(2.1.25)，可得高斯信源的熵功率为

$$\sigma^2 = \exp\left[\int_{-1/2}^{1/2}\log S_x(f)\mathrm{d}f\right] \tag{2.1.27}$$

设平稳连续信源的熵功率为 σ^2，一维分布平均功率为 σ_x^2，那么根据式(2.1.26)和式(2.1.18)以及连续最大熵定理，有

$$(1/2)\log(2\pi e\sigma^2) \leqslant h_1(X) \leqslant (1/2)\log(2\pi e\sigma_x^2) \tag{2.1.28}$$

仅当信源无记忆时，左边不等式中等号成立；仅当高斯信源时，右边不等式中等号成立。因此，对于平稳连续信源，仅当无记忆高斯信源时，熵功率等于一维分布平均功率(即方差)，即 $\sigma^2=\sigma_x^2$；对于其他情况，有 $\sigma^2<\sigma_x^2$。

2.1.3 信源的剩余度

离散信源的剩余度(冗余度)是信源符号所能携带最大信息量与所含信息量之间差别的相对度量，表示信源中多余成分(即可以被无损压缩掉的)的比例。离散信源的剩余度定义为

$$\gamma = 1 - H_\infty/H_0 \tag{2.1.29}$$

其中，H_∞ 是信源的极限符号熵，也称熵率；$H_0=\log n$ 为符号独立等概时的信源熵(n 为信源符号数)。这就是说，信源每个符号能携带的最大信息量为 H_0，而实际上才携带 H_∞ 的信息，H_∞/H_0 也称信源的效率。信源产生剩余度的基本原因有两点：一是信源各符号概率不等，二是信源符号之间具有相关性。信源压缩编码实际上就是压缩信源的剩余度。信源的剩余度越大，被无失真压缩的比例越高。通过有效的信源编码进行压缩，可以提高传输效率。但大的信源剩余度能提高传输中的抗干扰能力。

根据定义可知，信源符号概率越不平衡，符号熵越小，信源剩余度就越高；反映信源序列中各符号间依赖程度的相关性越强，信源的冗余度越高。应该注意，相关性只反映了冗余度的一

个侧面，而不是它的全部。信源的冗余度高，并不一定表明信源相关性强，例如离散无记忆信源各符号的概率可能相差悬殊，信源的冗余度也很高，但信源符号之间不相关。

在信源压缩时，经常要首先解除信源符号间的相关性。解除相关性是指通过某种变换使有记忆信源序列各符号之间的相关性完全解除或部分解除，以利于实现后续的信源压缩编码。如果将信源的冗余度压缩到零，相关性自然也为零。但如果只解除了信源的相关性，但信源符号概率不等，冗余度仍然保留，还要使用有效的信源编码才能实现冗余度的最终压缩。例如，将有记忆的 0、1 二元序列先进行游程变换，而变成的游程序列是独立的或相关性弱的序列，再利用 Huffman 对游程序列进行编码，就可以实现压缩。实际上，并不是对所有的有记忆信源序列都需要解除相关性这一步，也可以直接对有记忆信源进行压缩编码，例如算术编码。

压缩信源的冗余度是指使用信源编码技术压缩信源序列的码率，使信源编码器的输出冗余度降低，以提高传输有效性。对于在理想情况下的无损编码，将码率压缩到信源的熵，编码器输出的码序列剩余度为零(为独立等概率序列)。

2.1.4 谱的平坦度

为从频域描述信源的可预测性和可压缩性，引入谱平坦度的概念。平稳信源 X 的谱平坦度 γ_x 定义为功率谱密度几何平均与其算术平均的比，即

$$\gamma_x = \frac{\exp\left[\int_{-1/2}^{1/2} \log S_x(f)\mathrm{d}f\right]}{\int_{-1/2}^{1/2} \log S_x(f)\mathrm{d}f} \leqslant 1 \tag{2.1.30}$$

仅当功率谱密度在所处频带内为常数时等号成立，此时信源为白噪声。所以随机过程越接近白噪声，谱密度越平坦，谱平坦度越接近 1。根据几何平均不大于算术平均的原理，很容易证明上面的不等式。实际上，

$$\begin{aligned}\sigma_p^2 &\triangleq \exp\left[\int_{-1/2}^{1/2} \log S_x(f)\mathrm{d}f\right] = \lim_{N\to\infty} \exp\left[\sum_{n=-(N-1)/2}^{(N-1)/2} \log S_x(n/N)/N\right] \\ &= \lim_{N\to\infty} \exp\left[N^{-1}\log \prod_{n=-(N-1)/2}^{(N-1)/2} S_x(n/N)\right] \\ &= \lim_{N\to\infty}\left[\prod_{n=-(N-1)/2}^{(N-1)/2} S_x(n/N)\right]^{1/N} \leqslant \lim_{N\to\infty} \sum_{n=-(N-1)/2}^{(N-1)/2} S_x(n/N)/N \\ &= \int_{-1/2}^{1/2} S_x(f)\mathrm{d}f\end{aligned}$$

在平稳序列中，如果用过去无限个样值的线性组合预测当前的样值，那么最小均方预测误差就等于 σ_p^2，称其为最小一步预测误差。由式 (2.1.30)可知，对于相同平均功率的信源，功率谱越平坦，预测均方误差越大，也就是越难预测，所以白噪声最难预测。

平坦度的倒数定义为无限记忆情况下的预测增益，即

$$G_p^{\infty} = 1/\gamma_x \tag{2.1.31}$$

对于高斯信源，式(2.1.30)的分子即功率谱几何平均实际上是信源的熵功率 σ^2，而分母即功率谱算术平均为信源的平均功率 σ_x^2，所以高斯信源谱平坦度 γ_G 也可视为熵功率和平均功率之比。因此有

$$\gamma_G = \sigma^2/\sigma_x^2 \leqslant 1 \tag{2.1.32}$$

仅当信源为独立高斯(或高斯白噪声)时等式成立，此时谱密度是平坦的。

2.2 信源与信宿的建模

建立数学模型(简称建模)是简化研究一个物理过程的重要方法,就是为实现某一特定目标,根据研究对象的内在规律,运用数学工具对其进行某些合理的简化,得到一个描述研究对象基本特征的简捷、易处理但精确的数学结构。通常,研究对象比较复杂,涉及因素较多,而与其相比,模型应该是简化的,可用较少的参数来描述;其次模型应该是易处理的,即通过不太复杂的运算可以得到比较确切而明显的结果;更重要的是,模型应该是精确的,即由模型得到的结果能够准确反映研究对象的特性和行为。不过,以上对模型的要求互相之间往往会有冲突,一个简单的模型往往不太精确,而一个精确的模型往往又过于复杂。因此,必须根据实际需要进行权衡,力求使各项要求都能得到基本满足。在信源压缩编码领域中,信源建模的内容主要包括信源符号概率的描述或估计、信源输出的产生机制或求解算法等,而信宿建模的内容主要是信宿接收和理解信息的机制,具体的讲就是人的视觉和听觉系统的简化描述。

2.2.1 信源的建模

针对信源建立相应的模型简称信源建模,其中概率模型和物理模型是最基本的模型。

1. 概率模型

概率模型是最简单的描述信源统计特性的模型,它假定每个信源符号都独立地按某概率发生。这种概率可以通过某些合理的假设或经多次反复试验确定。如果概率模型已知,就可以计算信源的熵,从而可采用合适的熵编码方法对信源序列进行编码。

一个离散无记忆信源 X,符号集为 $A=\{a_1,\cdots,a_q\}$,该信源的概率模型为

$$\begin{pmatrix} X \\ P \end{pmatrix}=\begin{pmatrix} a_1 & \cdots & a_q \\ p_1 & \cdots & p_q \end{pmatrix} \tag{2.2.1}$$

其中,p_i 为符号 a_i 的概率。

一个时间离散无记忆连续信源 X,取值区间为(a,b),该信源的概率模型为

$$\begin{pmatrix} X \\ P \end{pmatrix}=\begin{pmatrix} (a,b) \\ p(x) \end{pmatrix} \tag{2.2.2}$$

其中,$p(x)$为 X 的概率密度。

有记忆信源可用马尔可夫模型来描述,对于离散信源就是马尔可夫链。若信源序列$\{x_n\}$满足

$$p(x_n \mid x_{n-k}\cdots x_{n-1})=p(x_n \mid \cdots x_{n-k}\cdots x_{n-1})$$

则称信源序列满足 k 阶马尔可夫模型。集合$\{x_{n-k}\cdots x_{n-1}\}$中元素的取值称为序列的状态。对于有限离散信源,状态数为 $N=q^k$,其中 q 为信源符号集的大小。

一个离散有记忆信源 X,状态数为 N,该马尔可夫信源的概率模型为

$$\begin{pmatrix} X \\ P \end{pmatrix}=\begin{pmatrix} \omega_1 \quad \cdots \quad \omega_N \\ p(\omega_j \mid \omega_i),i,j=1,\cdots,N \end{pmatrix} \tag{2.2.3}$$

其中,$p(\omega_j \mid \omega_i)$为从状态 ω_i 到状态 ω_j 的转移概率。

2. 物理模型

上述的概率模型是一种理想情况，而实际信源的概率分布大多事先未知，需要进行估计，这需要研究信源消息的产生机制。提出一个好的信源消息产生机制的物理模型可以给概率估计工作带来极大方便。例如，一个平稳有记忆信源可以用一个无记忆信源（称为激励源）驱动一个状态机构成的马氏源来描述，模型如图 2.2.1 所示。激励源按已知概率分布输出符号，在时刻 k 的输出为 u_k；状态机在激励源输出的作用下发生状态转移，状态转移函数为 $s_{k+1}=g(u_k,s_k)$，其中，s_k 为状态机在时刻 k 的状态；u_k 在进入状态机的同时，还控制一个输出函数 f 影响信源的输出 x_k，输出函数为 $x_k=f(u_k,s_k)$。

如果激励源是离散无记忆信源，状态机为有限状态，那么马氏源在某状态下输出符号的概率与激励源输出 u_k 有如下关系：

$$p(x_k \mid s_k)=\sum_{k:x_k=f(u_k,s_k)} p(u_k) \tag{2.2.4}$$

通过这种产生模型可以得到离散马氏源的概率模型。

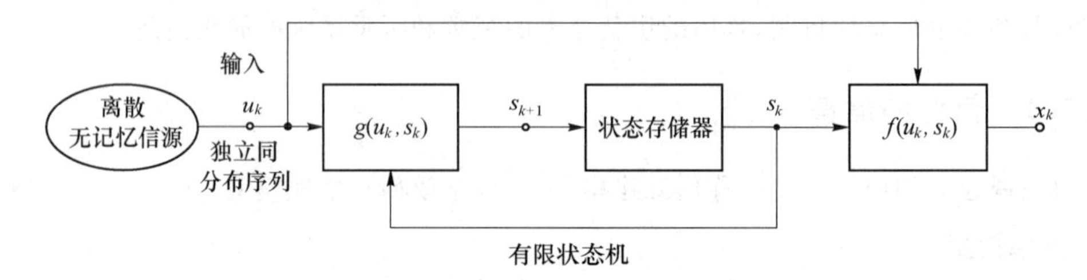

图 2.2.1　离散马氏源的产生模型

如果激励源是离散时间无记忆的高斯信源，那么这种模型就是高斯马尔科夫模型。

一种重要的离散时间有记忆连续信源序列可用自回归（AR）过程来描述。这里假定信源序列$\{x_n\}$是一个由白噪声$\{e_n\}$驱动的线性滤波器的输出，用差分方程表示为

$$x_n=\sum_{i=1}^{r} a_i x_{n-i}+e_n \tag{2.2.5}$$

$\{x_n\}$称为 r 阶 AR 序列。语音参量编码所使用的语音产生模型主要就是这种模型，即线性预测编码（LPC）模型。

利用模型进行信源压缩，实际上并不是直接压缩信源输出本身，而是通过信源的输出提取模型的参数，对模型参数进行压缩编码，再传输，这样可以显著降低编码的码率；在译码端根据模型参数的编码恢复信源的输出。对于不同种类的信源，所对应的模型通常也不同，因此提出适合信源特性的模型也是信源编码研究的课题之一。

2.2.2　信宿的建模

我们知道，人和机器设备都可以作为信宿，但人还是信息的最终获取者。人获取信息的主要途径是，通过视觉接收图像和视频信息，通过听觉接收音频和语音信息。但人的视觉和听觉接受信息的能力是有限的，这种有限性使得信宿不能够完全识别和接受信源产生的信息。在这种情况下，信源消息对于信宿是冗余的。所以为提高传输有效性，除压缩信源本身的剩余度外，还要压缩这种由信宿接受信息能力有限而产生的剩余度，否则就会造成通信资源的浪费。为此就要研究信宿接收和理解信息的机制，主要是研究人的视觉与听觉系统接收和理解信息

的机制，建立合适的信宿模型，主要是心理视觉模型和心理声学模型。这对于实现更有效的压缩编码是非常重要的。

当前我们对人视觉系统与听觉系统机制还没有完全认识清楚，但也取得很多进展。例如，通过对人听觉系统的研究建立的心理声学系统模型可用于音频压缩系统，其中最主要的是利用人听觉的掩蔽效应，压缩与大强度声音在时域或频域相邻的较弱信号而不影响听觉效果。利用人的视觉模型对图像或视频使用合适的编码可进一步压缩码率，而不影响视觉效果。将信宿不能识别的信息压缩掉，对于编码是有损的，但这种损失又是信宿不能察觉的，因此对于信宿来说，又可以认为是"无损"的。

2.3 文本信源

本节介绍文本的概念、文本信源的若干重要模型、英文和中文信源的统计特性以及文本压缩与性能度量。

2.3.1 概述

人们对文本信源的研究始于 20 世纪 40 年代。文本一词来自英文 text(另有正文、课文等多种译法)，这个词广泛应用于语言学和文体学中，其含义丰富但不易界定，给实际应用和理解带来一定困难。文本的基本含义是书面语言的表现形式，通常是具有完整、系统含义的一个句子或多个句子的组合，是根据一定的语言衔接关系和语义连贯规则组成的整体语句或语句系统。从信息论的角度看，文本是一类离散有记忆信源。例如，我们日常所接触的大量用各种语言文字写成的文章、文件，携带某些特殊信息的序列和数据等都属于文本信源。

既然文本信源是有记忆的，就可用马尔可夫模型描述，所以也可用有限状态机来描述。一般地讲，文本是有限记忆的，可用有限阶有限状态机来描述；如果文本信源当前符号的概率仅依赖于由前面的若干符号组成的上下文(Context)，就可用有限记忆模型来描述。实际上，对于一维序列，上下文类似于马氏模型中的状态，也就是在当前符号下所依赖的前面若干符号。

文本文件通常指的是计算机的一种文档类型，是来自一个可识别字符集的印刷字符组成的计算机文件，这类文档主要用于记载和储存文字信息，而不是图像、声音和格式化数据。文本文件存在于计算机文件系统中。一般来说，计算机文件可以分为两类：文本文件和二进制文件。

在文本文件中最重要的是用各种语言写成的文件，其中以英文文本最为广泛。在英文文本文件中，ASCII 字符集是最为常见的格式，而且在许多场合，它也是默认的格式。但是世界上有多种语言，而这些语言之间需要进行文本转换与处理，这就需要建立容纳更多字符的编码，使其能够表达所有已知语言，因此国际组织就制定了 Unicode(称统一码或万国码)字符集。这个字符集非常大，它囊括了大多数已知的字符集，有多种字符编码，大多数是 1 字节编码，不过对于像中文、日文、朝鲜文，需要使用 2 字节字符集。

2.3.2 文本信源模型

1. 有限状态机(FSM)模型

马氏源可以用 FSM 模型描述。具有一个有限符号集 A、一个有限状态集 S、$|S|$个转移概

率和一个次态函数的 FSM 模型就定义了一个单线、遍历的马氏源。给定马氏源和一个初始状态，信源序列$\boldsymbol{x}_N=x_1,\cdots,x_N$ 的条件概率为

$$p(\boldsymbol{x}_N \mid s_1) = \prod_{i=1}^{N} p(x_i \mid s_i) \tag{2.3.1}$$

其中，

$$s_{i+1}=f(s_i,x_i) \tag{2.3.2}$$

2. 有限阶有限状态机(FSMX)模型

如果存在一个整数 M，使得对于每一个 $i\geqslant M$，M 个最近的符号 $x_{i-M+1},\cdots,x_i$ 唯一地确定在时刻 i 的状态 s_i，就称为有限阶有限状态机(FSMX)信源。此时

$$s_{i+1}=f(s_i,x_i)=\mathrm{suf}(s_ix_i) \tag{2.3.3}$$

其中，suf()表示字符串的后缀。FSMX 与 FSM 模型的区别就在于次态函数式(2.3.3)与式(2.3.2)不同，所以 FSMX 信源是 FSM 信源的一个子集。

3. 有限记忆模型

如果存在一个最小的后缀集合和整数 M，使得

$$p(\boldsymbol{x}_N \mid x_{-(M-1)}^{0}) = \prod_{i=1}^{N} p(x_i \mid s_i) \tag{2.3.4}$$

其中，

$$s_i=\mathrm{suf}\,(x_{i-M},\cdots,x_{i-1}) \tag{2.3.5}$$

状态变量$\{s_i\}$是变长的字符串，它描述当前符号所依赖的由前面的若干符号组成的上下文。所以在文本压缩领域中，这种模型也被称作有限上下文模型。基于上下文模型的基本方法就是确定在给定一个上下文 $x_{n-k}\cdots x_{n-1}$条件下当前符号 x_n 的概率。

利用 FSM 或 FSMX 模型精确描述信源，通常需要较高的阶数，从而需要较多的状态数，而对于很多实际信源，状态转移概率中有相当一部分取值很小，可以近似为零。这时使用上下文模型，可以在精确描述信源特性的前提下使有用的状态(上下文)数目显著减少，从而降低了模型的复杂度。应该指出，上下文模型不仅可用于文本信源，还可用于其他类型信源(如图像)的建模。

为实现有效的文本压缩，还有很多描述信源的模型可以使用。例如，在压缩某类文本时，对序列中每个符号使用不同长度上下文估计的条件概率加权和作为最终条件概率的估计，这种模型称为混合上下文模型。对于某些含有递推结构的信源，利用 FSM 模型不能进行有效描述，此时可用基于语法的模型。总之，由于文本种类繁多，所使用的文本模型也很多。由于篇幅所限，此处不再做详细论述。

2.3.3 上下文树模型

用上下文树可以方便地描述有限记忆信源模型，上下文树也称后缀树。一个二元有限记忆信源的统计特性可以用一个后缀集合 S 来描述。这个后缀集合是一个二元字符串 s 的集合。一个树信源可以看成由一个后缀集合 S 构成，每一个后缀 $s\in S$ 就是树叶，对应着一个参数 θ_s，表示信源序列在该树叶代表的后缀条件下输出符号“1”的概率。因此 S 是模型，而 θ_s 是参数。

一个上下文树 S 是这样一个节点集，节点用 s 表示，这里的 s 为一个二进制 0、1 字符串，

长度为 $l(s)$，且 $0\leqslant l(s)\leqslant D$，$D$ 为上下文树 S 的深度。除树叶外，上下文树 S 内的每个节点 s 都会分出两个节点："0"节点和"1"节点，作为 s 的子节点，分别记为 0_s 和 1_s；而节点 s 就被称为子节点 0_s 和 1_s 的父（或母）节点。利用上下文树作为有记忆信源序列产生模型，节点 s 表示序列中的后缀。

对于后缀集合 S，要求其具有适定性和完备性。适定性是指 S 中的任何字符串都不是集合中其他字符串的后缀。完备性是指每个向前无限延伸的半无限信源序列 $\cdots x_1x_2\cdots x_n$ 都有一个属于 S 的后缀。对于有限记忆信源，S 中字符串长度都是有限的。

对于一个深度不大于 D 的树信源，如果要计算在半无限序列为 $x_{-\infty}^{n-1}$ 条件下输出符号 x_n 的概率，只要计算在 x_n 前面 D 个符号条件下的概率即可，即 $p(x_n|x_{-\infty}^{n-1})=p(x_n|x_{n-D}^{n-1})$。这些条件概率中的条件就是后缀集合中的后缀。现计算在 x_{1-D}^{0} 条件下输出序列 x_1^n 的概率，因为

$$p(x_1^n \mid x_{1-D}^0)=\prod_{i=1}^{n}p(x_i \mid x_{i-D}^{i-1})=p(x_1 \mid x_{1-D}^0)p(x_2 \mid x_{2-D}^1)\cdots p(x_n \mid x_{n-D}^{n-1})$$

对于每一个 x_{i-D}^{i-1} 肯定存在某片树叶为其后缀，设为 s_j，所以上式可写成

$$p(x_1^n \mid x_{1-D}^0)=\prod_{j=1}^{|S|}\prod_{m=1}^{|s_j|}p(x_{jm} \mid s_j) \tag{2.3.6}$$

其中，$|s_j|$ 为后缀 s_j 在序列 x_1^n 中的数目；x_{jm} 为在上下文 s_j 中的序号。因此一条有限上下文信源序列的概率可采用如下过程进行计算：①确定每个信源符号的后缀；②令具有相同后缀的符号构成一个无记忆子序列；③根据模型参数计算每个子序列的概率；④所有子序列的概率的乘积就是信源序列的概率。

例 2.3.1 如图 2.3.1 所示，树信源 $S=\{00,10,1\}$，后缀对应的参数分别为 $\theta_1=0.1$，$\theta_{10}=0.3$，$\theta_{00}=0.5$，试确定相应的条件概率。

解 根据参数的含义有：

$$p(x_n=1|\cdots,x_{n-1}=1)=0.1$$
$$p(x_n=1|\cdots,x_{n-2}=1,x_{n-1}=0)=0.3$$
$$p(x_n=1|\cdots,x_{n-2}=0,x_{n-1}=0)=0.5 \blacksquare$$

例 2.3.2 （例 2.3.1 续）确定初始条件为…10 时的序列 0100110 的条件概率 $p(0100110/10)$。

解 $p(0100110/10)$

$=p(0/10)p(1/00)p(0/1)p(0/10)p(1/00)p(1/1)p(0/1)$

$=[p(0/1)p(1/1)p(0/1)][p(0/10)p(0/10)][p(1/00)p(1/00)]$

因此信源序列按 3 个后缀分解成 3 个子序列：010（后缀为 1），00（后缀为 10），11（后缀为 00），所以所求条件概率为

$$(1-\theta_1)^2\theta_1\ (1-\theta_{10})^2\theta_{00}^2=(1-0.1)^2\times0.1\times(1-0.3)^2\times0.5^2$$
$$=0.009\ 922\ 5 \blacksquare$$

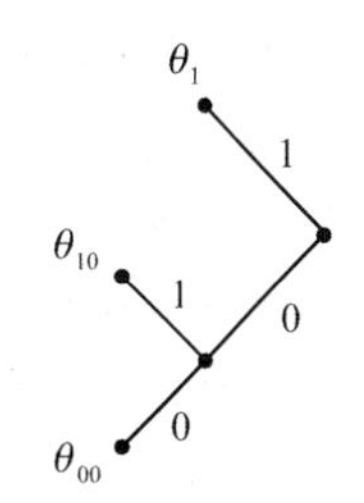

图 2.3.1 模型与参数已知的树信源

具有相同后缀的所有树信源称为具有相同的模型，具有记忆不大于 D 的所有树信源模型称为模型类 C_D。可以采用递推方式对这种模型类中的某一模型进行编码，例如对后缀集合 S 采用对空字符串 λ 的编码，具体原则是：若 $l(s)=D$，则不编码，反之，若 $l(s)\in S$，则编为 0，若 $l(s)\notin S$，则编为 1，后接 0_s 和 1_s 的编码，这是一个从根到叶的迭代过程。用这种编码，描述一个树信源所需比特数等于 $\Gamma_D(S)$，其中 $\Gamma_D(S)$ 称为模型 S 的代价，定义为

$$\Gamma_D(S)\triangleq|S|-1+|\{s:s\in S,l(s)\neq D\}| \tag{2.3.7}$$

例 2.3.3 设树信源 $S=\{00,10,1\}$，若 $D=3$，求模型代价 $\Gamma_D(S)$，并对模型进行编码；若 $D=2$，求模型代价 $\Gamma_D(S)$，并对模型进行编码。

解 对于 $D=3$，$\Gamma_D(S)=3-1+3=5$，

code (S)=code (λ)=1 code(0)code (1)=11 code (00)code (10)0=11000

对于 $D=2$，$\Gamma_D(S)=3-1+1=3$，

code (S)=code (λ)=1 code (0)code (1)=11 code (00)code (10)0=110 ▌

如果信源模型已知，但参数未知，那么可以利用信源序列本身的 0、1 个数对序列概率进行估计。估计过程与参数已知时过程的差别在于③。参数估计过程见第 3 章 3.3 节。

实际上，上下文模型可以视为 FSM 模型的特例。如果 FSM 模型中，在含有相同后缀的若干状态下输出符号的概率相同，就可以将其合并成一种状态，形成一个上下文。例如，FSM 模型状态集合为 $S=\{00,10,01,11\}$，设 $p(1|01)=p(1|11)=0.1$，可将 01 和 11 两状态合并成一个“1”状态，形成一个上下文模型，如例 2.3.1。

2.3.4 文本压缩与性能度量

熵是信源总体特性的集中反映，也是无损压缩码率的下界，所以估计文本信源的熵特别是各语种文本的熵是一件很重要的工作。

香农用高阶马尔可夫模型研究了英文文本信源。他用 2 阶模型得到信源的熵为 $H_3=3.1$ 比特/字母，用词代替字母得到信源的熵为 2.4 比特/字母，用人的预测来估计高阶模型熵的上下界，得到这个界在 0.3～0.6 比特/字母。当然上下文越长，预测越准确。但是存储所有长度上下文模型的概率需要很大的存储量。如果采用固定的模型使信源具有一定的结构，就可能出现存储了很多实际上没有出现的上下文。因此宜采用自适应的模型，不同上下文中不同符号的概率随信源符号的输出而更新，从而可以减少存储量。当前，大多数人比较认可的英文字母的熵大致为 1.4 比特/字母。

汉字文本与其他拼音文字的文本有很大的不同，首先是汉字的符号集很大，超过 50 000 字，常用的有几千字。现行的国家标准 GB 2312—1980《信息交换用汉字编码字符集——基本集》选入了 6 763 个汉字，每个汉字用 16 bit(双字节)表示。汉字的另一个特点是，汉语是一种凝聚语言，无表示词边界的符号，读者应根据语义把文本分解成词。相比之下，对汉语文本的压缩更困难。设常用的汉字约为 10 000 个，如果把汉字看成独立等概的信源得到最大熵值为 $H_0=13.29$ 比特/字；如果把汉字看成统计独立但概率不等的信源符号，计算出汉字的零阶熵为 9.7 比特/字。但实际上汉语文本是有记忆信源，可用高阶马尔可夫模型来描述。有人通过猜字试验，估算出汉字的极限熵约为 $H_\infty=4.1$ 比特/字。

例 2.3.4 根据上面的统计结果，分别计算英语与汉语信源的效率和剩余度。

解 对于英语，信源符号数为 26 个字母加一个空格为 27。信源效率：$\eta_1=1.4/\log_2 27=0.29$，剩余度：$\gamma_1=1-\eta_1=0.71$；对于汉语，信源效率：$\eta_2=4.1/13.29=0.31$，剩余度：$\gamma_2=1-\eta_2=0.69$。▌

为提高信息传输效率，需要对文本进行无损压缩，而且文本信源有较大剩余度，实现有效的无损压缩也是可能的。实际上，现有的大部分无损压缩算法都是针对文本信源设计的。

衡量文本压缩编码性能的主要技术指标是压缩比，即文本压缩前和压缩后文件长度之比。压缩比越大，说明性能越好。对于不同种类文本的压缩，虽然理论和技术基础是相同的，但由于具有不尽相同甚至有时还可能差别很大的统计特性，所使用的压缩算法也不尽相同。

为保证对无损压缩性能测试的可靠性、广泛性和可重复性，使用专门用于评估压缩算法的语料库。要求这些语料库不仅可用于评估文本压缩，还可用于评估其他类型数据的无损压缩。现国际上使用的主要有三种语料库。第一种是1989年提出的卡尔加里语料库(Calgary Corpus)，它覆盖了计算机处理中使用的典型数据类型，例如文本、图像和目标文件，但包含一些废弃的数据类型；第二种是1997年提出的坎特伯雷语料库(Canterbury Corpus)，作为第一种的替代物，其所包含的文件较新，但包含一些怪异的文件；第三种称为大坎特伯雷语料库(Large Canterbury Corpus)，包含前面没有的大文件。2003年针对以上三种语料库存在的某些缺点，例如缺少大文件，缺少医学图像等问题，提出了西里西亚语料库(Silesia Corpus)，它包含当今使用的很多数据类型。

2.4 音频信源

人们对声音的研究可以追溯到很早的年代，但从信息处理的角度来研究声音还是近代的事情。人类能听到的声音通常称为音频(Audio)，根据信宿(人的听觉系统)接受音频信息的机制，可以建立心理声学模型。本节主要介绍音频的基本概念，重点介绍以音频的掩蔽效应为重要内容的心理声学模型，这是有损音频压缩系统中使用的关键技术。

2.4.1 音频的基本概念

音频是我们很熟悉的信源，一个直观的定义就是：音频是人耳所检测并由人脑以某种方式所解释的感觉。音频又是一种物理现象，是在弹性媒质中传播的机械纵波。音频具有三种重要属性：速度、振幅和周期。

人听觉所能感受到的频率范围大致是20 Hz～20 kHz，频率高于20 kHz的称为超声波，频率低于20 Hz的称为次声波。人的听觉灵敏度与年龄和健康状况有关，也随音频频率的不同而变化，其中对2～4 kHz范围内的音频人耳感觉最灵敏。音频振幅的大小是我们通过声强感受到的，人耳的听觉与声强的对数大致成正比，人耳对很宽的声强范围都很灵敏，人能听到响度最小到最大的动态范围约100 dB。

音频样值是通过PCM得到的，样值之间有很大的相关性。实验表明，对于很多类型的音频，相邻样值的差值的分布类似于拉普拉斯分布，其特点是窄峰值的对称分布，实际上图像中相邻像素值的差也类似于这种分布。

2.4.2 心理声学模型

人的听觉系统存在掩蔽效应，以此为基础可建立心理声学模型。我们知道，人在听到的一个大响度声音发生时刻附近或该声音的频率附近，听觉灵敏度会显著降低，甚至感受不到其他较弱的声音，这种现象称为掩蔽效应。这就是日常生活中常见的大信号淹没小信号的现象。有两种掩蔽效应，分别称为频域掩蔽和时域掩蔽。

一个强纯音会掩蔽在其频率附近同时发生的弱纯音，这种特性称为频域掩蔽，也称同时掩蔽，如图2.4.1所示。图中虚线为静态听觉门限曲线，声强处于此曲线下面的声音是听不到的。还可以看到，一个声强稍高于0 dB的声音在频率2 kHz处是可以听得到的，而同样声强的声音在频率 9 kHz 处就听不到。当在 1 kHz 处有一个强度很大的单频时,附近频率处的听觉门限曲线上升,原来在 2 kHz 处可以听到的声音现在也听不到了,而在大于 3 kHz 处同样强度的声音仍然可以听到。

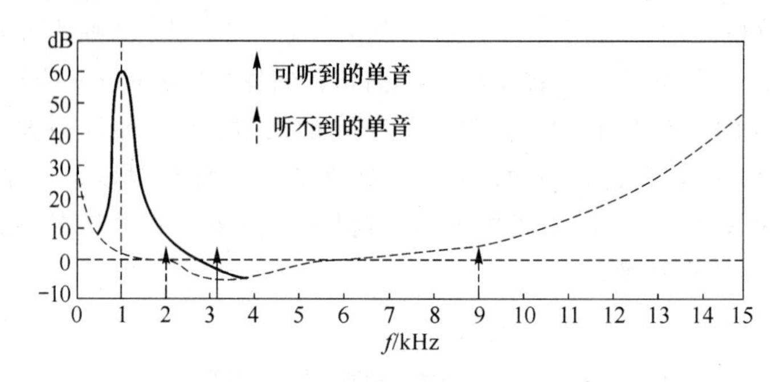

图 2.4.1　频域掩蔽

除了同时发出的声音之间有频域掩蔽现象之外,在时间上相邻的声音之间也有掩蔽现象,即在一个强度大的声音发生前后的短时间内听不到低于听觉门限的强度较小的声音,这种现象称为时域掩蔽。实际上,由于大的声音提高了人的听觉门限,从而掩蔽了较弱的其他声音。如果被掩蔽的声音发生在强度大的声音之前,称为前掩蔽;反之,称为后掩蔽,如图 2.4.2 所示。

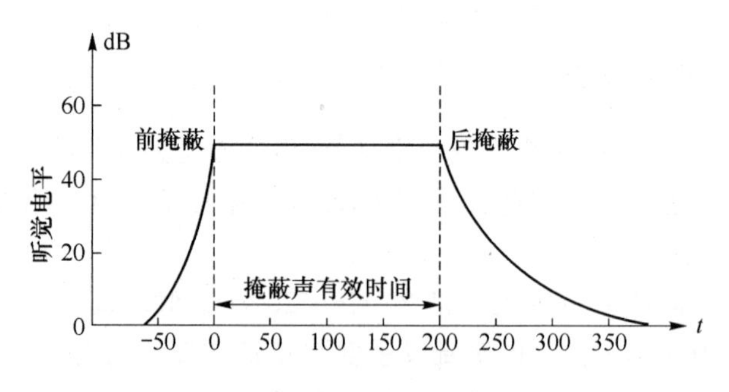

图 2.4.2　时域掩蔽

如果将可听频率的范围划分为表示人耳灵敏度下降的临界带,那么人的听觉系统可以看成一个类似于若干带通滤波器构成的系统,这些通带称为临界带,它们相互重叠,具有不同的带宽,在低频段窄(约 100 Hz),在高频段变宽(4～5 kHz)。实验表明,当掩蔽频率小于 500 Hz 时,带宽近似为常数(约 100 Hz);当掩蔽频率大于 500 Hz 时,带宽随频率近似线性增大。临界带宽度用 Bark 做度量单位,1 Bark 就是一个临界带的宽度,人的听觉频率范围可以大致分成 25 个临界带。图 2.4.3 中的曲线表示具有一定强度的掩蔽音位于某频率时临界带掩蔽门限的大致形状。图中共划出 6 个临界带的掩蔽门限曲线,对应的掩蔽音分别是 250 Hz、500 Hz、1 kHz、2 kHz、4 kHz、8 kHz,图中横坐标表示的是临界带的数目。如果掩蔽音(强度大)存在,那么强度在曲线下的纯音就会被掩蔽。

一个频率的听觉门限只会因所处临界带内存在掩蔽音而升高,就是说,一个强音只能掩蔽其所处临界带内的弱音,而对临界带外的声音无影响。假设一个 1 kHz 掩蔽音的临界带门限曲线如图 2.4.3 中的实线所示,那么当一个声强为 60 dB、频率为 1 kHz 的纯音和另一个 1.1 kHz的纯音同时存在且前者比后者高 18 dB 时,人耳只能听到那个 1 kHz 的强音。如果有一个 1 kHz 的纯音和一个声强比它低 18 dB 的 2 kHz 的纯音同时存在,那么我们将会同时听到这两个声音。要想让 2 kHz 的纯音也听不到，则需要把它降到比 1 kHz 的纯音低 45 dB 才行。一般来说，弱纯音离强纯音越近就越容易被掩蔽。

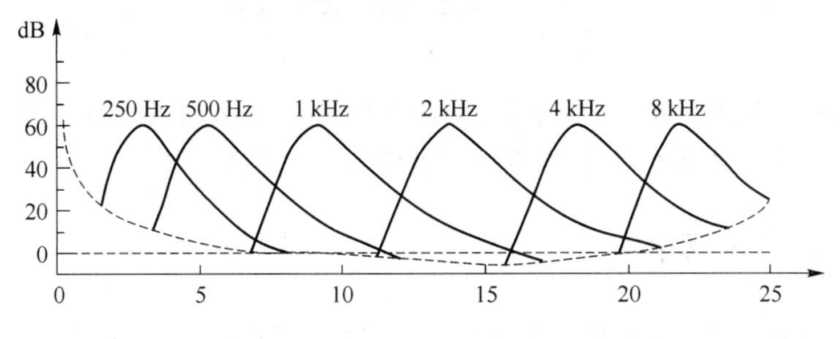

图 2.4.3 临界带与掩蔽门限

2.4.3 音频压缩与质量评价

自然界产生的音频为模拟音频，为对音频进行处理和编码，需要将模拟音频进行采样、量化成为数字音频。在进行高保真度数字化时，采样率为 44.1 kHz，低保真度数字化音频的采样率为 11 kHz。每样值通常为 8 bit 或 16 bit，对某些高质量声卡可选择 32 bit。通过计算机或其他设备也可产生数字音频。为提高数字音频质量，通常需要提高量化码率，码率越高，则音频质量越好，但所占信道的带宽也增加。与单声道相比，立体声所占的带宽通常要加倍。

例 2.4.1 一个采样率为 44.1 kHz、每样值 PCM 编码为 16 bit 的双声道立体声数字音频信号，求其信息传输速率和每小时传送字节数。

解 信息传输速率 $R = 44.1\ \text{k} \times 16 \times 2 = 1\,411.2\ \text{kbit/s}$

每小时传送字节数 $44.1\ \text{k} \times 16 \times 2 \times 3\,600/8 \approx 635\ \text{MB}$ ▌

为提高传输效率，节省资源，必须对音频信号进行压缩。如前所述，为实现更好的压缩，需要研究信源和信宿的特性。但除语音之外，音频信号可由大量性质不同的机制产生，难以建立一个合适的信源模型来描述，因此音频的压缩与后面将要介绍的语音压缩所使用的关键技术不同，后者利用语音信源的产生模型，而前者利用信宿感知声音的机制即心理声学模型，该模型的核心是音频的掩蔽效应。因为声音的作用主要是给人提供信息，而被掩蔽的声音对于信宿也是一种冗余，即使进行传输，人也是听不到的，这就造成资源的浪费。因此掩蔽效应可用于音频和语音的压缩。当前，MPEG 音响压缩的基本思想是子带编码与心理声学模型结合，在第一层和第二层分别利用频域掩蔽和时域掩蔽，删除听不到的信号分量，从而压低码率。

音频压缩编码系统的主要性能指标是码率和重建音频质量，一个好的音频压缩算法应该在满足音频质量要求的前提下有尽可能低的码率或在低码率条件下有好的音频质量。为评价音频压缩系统的性能，需要对重建音频质量进行测试和评价。

模拟音频质量主要通过信噪比评价

$$\text{SNR(dB)} = 10\log_{10}(P_S/P_N) \tag{2.4.1}$$

其中，P_S、P_N 分别为信号功率和量化噪声功率。

数字音频质量通过信号对量化噪声比评价

$$\text{SQNR(dB)} = 10\log_{10}(P_S/P_{QN}) \tag{2.4.2}$$

其中，P_S、P_{QN}分别为信号功率和量化噪声功率。

2.5 语音信源

语音(Speech)是指人所发出的声音,是时间连续信源,是人们进行信息交流的重要工具之一。本节主要介绍语音的基本概念、语音的产生模型以及语音质量等。

2.5.1 语音产生模型

当前人们对语音的研究已经取得了相当多的成果。从语音的产生机理到一系列语音处理和语音压缩编码技术进展,对当代信息技术的发展都起了很大的促进作用。

语音信源产生于声门,人在发声时,气流从声门开始,通过口腔、鼻腔或唇形成语音。这个声门到两唇之间的空间称为声道。根据发声的方式,语音大体上可分成浊音和清音。人在说话时,在声门处气流冲击声带使其振动,通过声道产生的语音,称为浊音;如果声带不振动,在声道形成摩擦音或阻塞音,称为清音。

模拟语音通过采样就变成时间离散取值连续的信源。对离散语音进行量化就得到数字语音。语音功率谱频率范围通常从 500 Hz～4 kHz,按每倍频程 8～10 dB 速率衰减。从音素上分析,韵母属于低频,声母属于高频。

在研究语音产生机制的过程中,提出过若干语音产生模型,最重要的模型是线性时变滤波器模型。因为这种模型具有较好的精确度且比较简单,特别适合于使用现代信号处理技术。如前所述,语音波形的产生过程可以分为三个阶段:声源产生、经声管发声和从唇或鼻孔辐射。这三个阶段可以用等价电路来描述。浊音源可以用周期重复的脉冲或不对称三角波产生器来描述。这个波形的峰值对应声音的响度。清音源可以用白噪声产生器来描述,其平均能量对应声音的响度。若干单谐振或反谐振电路级联构成声道,可以用多级数字滤波器实现。这个滤波器是具有时变系数的数字滤波器,除描述声管外,还描述声源的谱包络和辐射特性。由于在连续发声期间声管的形状变化相对较慢,所以这个时变系数的数字滤波器的传输特性在短时间内(20～40 ms)可以近似认为是恒定的。

线性时变滤波器模型是一个简化的、线性可分离的等价电路模型,它把声源和声道的作用完全分离。声源 $E(z)$ 由脉冲或白噪声近似,声道 $H(z)$ 用全极点或极零点滤波器近似,其中也包含辐射特性。语音信号 $S(z)$ 为声源经声道滤波器的输出,即

$$S(z)=G\cdot E(z)\cdot H(z) \tag{2.5.1}$$

这种语音产生模型如图 2.5.1 所示。在此模型中有一个清浊音开关,选择两种声源 $e_n \leftrightarrow E(z)$。当浊音时,e_n 为准周期脉冲串,此周期是基音周期;当清音时,e_n 为白噪声;G 为电路的增益。全极点滤波器 $H(z)$ 可以表示为

$$H(z)=1/A(z)=1/\left(1+\sum_{i=1}^{p} a_i z^{-i}\right) \tag{2.5.2}$$

其中,$A(z)$ 称为逆滤波器,$a_i(i=1,\cdots,p)$ 为线性滤波器的系数;p 为滤波器的阶数,一般采用 10 阶,由于参数很少,所以线性预测模型能将语音编码器的码率压到 1.2～2.4 kbit/s,甚至更低,而合成语音可懂度仍然较高。

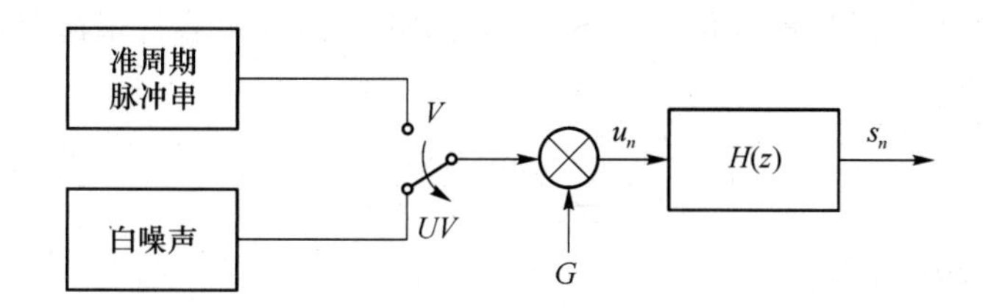

图 2.5.1 线性预测语音产生模型

2.5.2 语音的剩余度

语音信号可以看成一个遍历的随机过程。通过广泛的测试证明,语音样值的概率分布为 Gamma 分布,即

$$p(x)=\left(\frac{\sqrt{3}}{8\pi\sigma_x|x|}\right)^{1/2}\mathrm{e}^{-\frac{\sqrt{3}|x|}{2\sigma_x}} \tag{2.5.3}$$

其中,σ_x 为 x 的标准差。还可进一步近似成更简单的 Laplace 分布,即

$$p(x)=\frac{1}{\sqrt{2}\sigma_x}\mathrm{e}^{-\frac{\sqrt{2}|x|}{\sigma_x}} \tag{2.5.4}$$

语音信号的剩余度表现在如下几方面:(1)语音信号样本间相关性很强。通过研究数字语音的长期自相关函数得知,在相邻语音样值之间具有很高的相关性,样值间距离加大时,这种相关性迅速减小。(2)浊音具有准周期性。(3)声道形状及其变化的速率较慢。(4)数字语音码符号的概率不均匀。

2.5.3 语音压缩与质量评价

语音压缩编码的基本问题就是在给定码率下(单位为 kbit/s)如何获得高质量重建语音,或在满足一定重建语音质量下如何降低码率。压缩语音能够有效地传送信息主要是因为语音具有较大冗余度和人耳的听觉特性。语音编码器的主要性能指标是码率、重建语音质量、编译码时延以及算法复杂度等。一个好的语音编码算法应该在满足重建语音质量的前提下有尽可能低的码率或在低码率条件下有好的重建语音质量。

在语音压缩编码领域,语音质量主要指通过压缩再恢复的语音,即重建语音的质量,而对语音质量的评价也是较困难的问题之一。存在两种评价语音质量的方法:客观测试和主观测试。前者利用数学表达式计算,成本较低;而后者需合适的设备和专门受过训练的试听人员,结果更可靠,但成本也比较高。

1. 客观测试

客观测试是指用于确定语音质量的数学表示,包括信噪比、清晰度指数和对数谱距离。

对波形编码器最常用的测量方法就是信噪比。设原始语音信号和对应的重建信号(语音译码器的输出)分别为 $s(n)$ 和 $\hat{s}(n)$,误差信号为 $e(n)=s(n)-\hat{s}(n)$,原始语音信号和误差信号的经验方差分别为 E_s 和 E_e,那么信噪比定义为

$$\mathrm{SNR(dB)}=10\log_{10}(E_s/E_e) \tag{2.5.5}$$

清晰度指数(AI)起源于 1947 年,现在仍然经常使用,反映语音在频域的信噪比信息,是一种以频率为权重的信噪比计算法。语音从 200～6 100 Hz 范围的频率被分成 20 个宽度不

等的子频段，对每个子频段计算其信噪比 SNR(m)，SNR 最大可容许值限制到 30 dB。清晰度指数按下式计算：

$$\mathrm{AI} = \frac{1}{20}\sum_{m=1}^{20} \frac{\min(\mathrm{SNR}(m), 30)}{30} \tag{2.5.6}$$

AI 的缺点是计算量较大。

对数谱距离适用于参量编码器性能的测量。通常参量编码器在译码后产生的重建语音波形可能与原始语音有很大的不同，但因为人耳对短时语音相位不太敏感，如果重建语音保持原始信号频谱幅度信息，也会感觉两者声音相同。在这种情况下，信噪比不能作为重建语音保真度的度量，必须使用对频谱差别敏感的距离度量，其中一种度量方式就是对数谱距离。

将式(2.5.2)乘以增益 G，再转换到频域，有

$$H(\mathrm{e}^{\mathrm{j}\omega}) = G/A(\mathrm{e}^{\mathrm{j}\omega}) \tag{2.5.7}$$

两个 LPC 模型 $H_1(\mathrm{e}^{\mathrm{j}\omega})$ 和 $H_2(\mathrm{e}^{\mathrm{j}\omega})$ 之间的对数谱距离定义为

$$d = \left[\int_{-\pi}^{\pi} \mid \ln \mid H_1(\mathrm{e}^{\mathrm{j}\omega}) \mid^2 - \ln \mid H_2(\mathrm{e}^{\mathrm{j}\omega}) \mid^2 \mid^2 \mathrm{d}\theta/(2\pi)\right]^{1/2} \tag{2.5.8}$$

2. 主观测试

主观测试可分成两类：可懂度测试和质量测试。两类测试并不是不交叉的。好的语音质量意味着好的可懂度，反之并不一定正确。

可懂度测试是基于测试者区别具有公共属性音素的能力。最常用的方法就是诊断押韵测试(DRT)。测试最后给出评分为

$$P = 100 \times (R - W)/T \tag{2.5.9}$$

其中，R 为正确答案数；W 为错误答案数；T 为测试项总数。还有一种测试叫作改进的押韵测试(MRT)，现在用得不多。

从 20 世纪开始我国就制定了一系列关于语音质量及清晰度评测的中国国家标准和行业标准，其中包括 GB/T 13504—1992 汉语清晰度诊断押韵测试(DRT)法和 GB/T 14476—1993 客观评价厅堂语言可懂度的 RASTI 法等。

质量测试所采用的方法称作诊断可接受测试(DAM)。进行这种测试时用一组专门受过训练的人员听编码后恢复的语音信号。采用平均评价分(Mean Opinion Score，MOS)的方法。试听者要把语音编码器的输出按质量分为优(5 分)、良(4 分)、中(3 分)、差(2 分)、劣(1 分)；也可以根据主观感受到的失真把编码语音分类为下面几类：察觉不到(5 分)、稍稍察觉到但无不适感(4 分)、能察觉且有不适感(3 分)、有不适感但还能忍受(2 分)、很不适且无法忍受(1 分)。表 2.5.1 给出了部分语音编码器的 MOS。

表 2.5.1 部分语音编码器的 MOS

编码方式	比特率/(kbit·s^{-1})	MOS	编码方式	比特率/(kbit·s^{-1})	MOS
G.711 PCM	64	4.3	G.729 CAS-CELP	8	3.92
G.726 ADPCM	32	4.1	G.723.1 MPLPC	6.3	3.9
G.728 LD-CELP	16	4.0	G.723.1 ACELP	6.3	3.8
QCELP13	14.4	4.2	CELP	4.8	3.0
RPE-LTP	13	3.54	LPC	2.4	2.5
QCELP	9.6	3.45			

高品质编码器的 MOS 通常为 4.0～4.5，例如 8 位 $\mu=255$log-PCM 的 MOS 为 4.5，标准差大约为 0.6。对于所有语音编码器性能测试都很重要的因素有：①必须有足够的说话者，他们的声音特征要非常丰富，能够代表用户的绝大部分；②要有足够的数据进行处理，以包括所有的可能性；③对于大部分应用来说，品质和清晰度都很重要，两者都应该测试。但很悦耳的语音可不用评价其清晰度。

2.6 图像信源

图像(Image)信源主要指的是数字图像，包括静止图像和活动图像，而后者又常常称为视频信源。本节介绍静止图像。

2.6.1 概述

图像可以定义为一个二维函数 $f(x,y)$，其中 x 和 y 为空间(平面)坐标。在任何一对坐标 (x,y) 的幅度 f 称作图像在该点的强度或灰度。当 x、y 和 f 都是有限离散值时，我们称图像为数字图像。一幅数字图像就是一个由有限个元素组成的矩形点阵，其中每一个元素都有一个特殊位置和值，这些元素称为像素(pixel 或 pel)。对于有 M 行 N 列像素的数字图像，表达式 $M\times N$ 称为该图像的分辨率。不过有时分辨率也表示每单位长度图像内像素的数目，用每英寸的点数 dpi 表示。

1. 图像形成模型

当一幅图像是由一个物理过程产生时，其值正比于该信源产生的能量，所以

$$0<f(x,y)<\infty$$

此函数可由两个分量描述，一个是光源照射到被观察物体的亮度，另一个是由物体反射的亮度，分别由 $i(x,y)$ 和 $r(x,y)$ 表示，那么两函数的乘积称为图像的幅度，即

$$f(x,y)=i(x,y)r(x,y) \tag{2.6.1}$$

其中，$0<i(x,y)<\infty$ 和 $0<r(x,y)<1$

2. 数字图像

对模拟图像进行采样和量化就得到数字图像，可用实数矩阵表示。设一幅图像 $f(x,y)$ 被采样得到的数字图像有 M 行 N 列，那么数字图像可用如下矩阵表示：

$$f(x,y)=\begin{pmatrix} f(0,0) & f(0,1) & \cdots & f(0,N-1) \\ f(1,0) & f(1,1) & \cdots & f(1,N-1) \\ \vdots & \vdots & & \vdots \\ f(M-1,0) & f(M-1,1) & \cdots & f(M-1,N-1) \end{pmatrix} \tag{2.6.2a}$$

为简便起见，可以写成：

$$\mathbf{A}=\begin{pmatrix} a_{00} & a_{01} & \cdots & a_{0,N-1} \\ a_{10} & a_{11} & \cdots & a_{1,N-1} \\ \vdots & \vdots & & \vdots \\ a_{M-1,0} & a_{M-1,1} & \cdots & a_{M-1,N-1} \end{pmatrix} \tag{2.6.2b}$$

数字图像可以分成如下几类。

(1) 二值图像或黑白图像(Bi-level 或 Nomochromatic)。在这种图像中,像素的值只有两个,通常称为黑、白,可用 1 bit 表示,是最简单的图像。

(2) 灰度图像。在这种图像中,像素取值为 $0\sim2^n-1$,表示 2^n 个灰度,n 通常为 4 或 8 的倍数。一幅灰度图像可以分成 n 个比特平面来表示,其中每个比特平面是不同像素取值二进制表示中相同位置的比特值(0 或 1)。

(3) 连续色调图像。在这种图像中,有很多类似的色彩。当相邻像素只差一个单位时,人的眼睛很难分辨它们的颜色,这种图像包含色彩连续变化的区域。像素可用一个大的数值(灰度图像)或 3 个分量来表示(彩色图像)。例如摄像机等所拍照的自然景象或扫描照片或图画所得到的影像都属于这一类。

(4) 离散色调图像。这种图像通常由人工产生,既无噪声,也无自然景象的模糊区域。

(5) 卡通类图像。这种图像中包含均匀区域的彩色图像,每个区域有均匀的色彩,而相邻区域有不同的色彩。

3. 彩色图像

我们知道,光是一种电磁波,其色彩由波长来描述。人只能看波长在 400～700 nm 的电磁波,这个波长范围中的光称为可见光。其中短波长产生蓝色的视觉,而长波长产生红色视觉。人眼观察物体过程机理就好比把被观测的图像通过透镜聚焦在视网膜上。视网膜由一个杆状体阵列和三种圆锥体组成。当光线弱时杆状体起作用,它感觉到的波长范围很宽,但只能产生一幅灰度(类似于黑白)的图像。而当光线强时,每种圆锥体都产生一种信号,这三种圆锥体分别对红(R,Red)、绿(G,Green)和蓝(B,Blue)三种颜色最敏感。这三种圆锥体数量很多,但占的比例并不相同。

可见光谱分成三段,其主导作用的颜色是红、绿、蓝。这三种颜色是可见光谱的基色。还有三种颜色分别为青色(C,Cyan)、品红(M,Magenta)和黄(Y,Yellow),称为次色或混合色。

一种色彩可以用三维数组来表示,类似于三维空间中的一个点,这种空间称为色彩空间。有两种产生彩色的模型:加性模型(也称为 RGB 模型)和减性模型(也称为 CMY 模型)。

对于直接发光的信源利用 RGB 彩色模型。在 RGB 空间中,三个参数分别是:红(R)、绿(G)和蓝(B)三种颜色的强度,取值范围分别从 0～255,用 8 bit 表示。加性指的是将不同比例的红绿蓝光混合产生其他的彩色。把一个加性基色与另一个加性基色组合产生加性的次色。例如,青、品红和黄就是分别由蓝加绿、红加蓝和红加绿产生的。将三种加性基色全部混合产生白色,没有光的彩色是黑色。电视和计算机显示器就是用加性模型产生彩色。RGB 是使用最多的彩色模型,通常采用单位立方体来表示。在正方体的主对角线上,各原色的强度相等,产生由暗到明的白色,也就是不同的灰度值。(0,0,0)为黑色,(1,1,1)为白色。正方体的其他六个角点分别为红、黄、绿、青、蓝和品红。

对于不发光的物体,人眼、摄像机或光敏设备所观测到的是其反射的光线,所以使用减性模型。如果一个物体反射所有的光,它就是白色的;如果一个物体吸收所有的光,它就是黑色的。在减性模型中,把不发光物体的颜色看成是由白色减去除该物体颜色之外的其他彩色。青在加性模型中相当于蓝和绿的组合,而在减性模型中相当于白减红,或负红。类似地,品红在加性模型中相当于红和蓝的组合,而在减性模型中相当于白减绿,或负绿;黄在加性模型中相当于红和绿的组合,而在减性模型中相当于白减蓝,或负蓝。所以青(C)、品红(M)和黄(Y)就构成减性彩色(CMY)模型的三基色。

RGB 模型与 CMY 模型间的变换关系为

$$\begin{pmatrix} C \\ M \\ Y \end{pmatrix} = \begin{pmatrix} 1 \\ 1 \\ 1 \end{pmatrix} - \begin{pmatrix} R \\ G \\ B \end{pmatrix} \tag{2.6.3}$$

在实际印刷设备中，采用 CMYK 模型，即采用青（C）、品红（M）、黄（Y）、黑（K）四色印刷。虽然理论上只需要 CMY 三种色彩就足够了，三者加在一起应该得到黑色，但由于目前还不能造出高纯度的色彩，CMY 相加的结果实际是一种暗红色，因此还需加入一种专门的黑色来调和。CMYK 颜色模型主要用于打印机输出。

根据 RGB 空间三种颜色的强度恢复模拟图像时，CRT 系统所产生光的强度与电压不是呈线性关系，而是正比于某常数 γ 的幂。因此为保证恢复的模拟信号光的强度与电压呈线性关系，必须对摄像机产生的 RGB 信号进行 γ 矫正，即将相应的信号强度开 γ 次方，矫正后的色彩信号分别用 R′、G′、B′表示。例如，对于红色，摄像时校正过程为：$R \to R' = R^{1/\gamma}$，CRT 显示过程为：$(R')^{\gamma} \to R$。

2.6.2 图像的剩余度

从信息论的观点来看，图像是包含剩余成分的信源。正因为有剩余，才使图像压缩成为可能。图像的剩余有多种，包括数据剩余、心理视觉剩余等。

1. 图像数据剩余

图像数据的剩余包含如下几方面。

（1）空间剩余：图像中相邻像素高度相关，这种相关性称作图像的空间剩余度。实际上这种相关主要体现在相邻像素亮度的相关性。例如，两个相邻像素的亮度非常接近，而它们的颜色却可能不同，但相邻的不同颜色往往具有差不多的亮度。根据这个性质，可以把 RGB 表示转换成另外的表示，其中一个分量代表亮度，而其他两个表示颜色。这就是后面要介绍的 YCbCr 模型。此外灰度级概率分布不均匀也是空间剩余的一种表现。

（2）频谱剩余：在多谱图像的色彩平面或频带之间具有相关性。

2. 心理视觉剩余

心理视觉剩余不属于信源的剩余度，是由于信宿（人）视觉系统的限制而产生的，表现在如下方面。

（1）视觉系统是非线性和非均匀的。

（2）视觉分辨率是有限的，约 26 bit，因此图像量化比特数为 28。

（3）视觉对图像亮度和色彩的灵敏度不同，眼睛对于亮度的微小变化很敏感，但对颜色的微小变化不敏感，可以采用亮度和色彩分别编码的方法（例如 YCbCr 模型），采用不同的压缩比，从而压缩总码率。

2.6.3 图像压缩与质量评价

利用图像本身具有的剩余度可以对其进行无损压缩和有损压缩。对于无损压缩，重建图像与原始等同，无失真；通常压缩比不大于 3∶1。对于有损压缩，允许重建图像有某些恶化，可以达到较高压缩比；压缩比越高，图像恶化越大。除压缩信源剩余度外，还可利用视觉剩余度对图像进行有损压缩，如果在正常观察条件下无明显视觉上的恶化，就可以说，在视觉上是无损的。

图像压缩编码的性能主要用压缩比和图像质量来描述。压缩比 ρ 就是原图像编码每个像素平均所需比特数 n_1 与压缩后像素平均所需比特数 n_2 的比，即

$$\rho = n_1 / n_2 \tag{2.6.4}$$

压缩比的倒数通常称为压缩率。压缩比越大，说明编码器的压缩性能越好，但通常伴随重建图像质量的降低。因此，一个好的图像压缩算法就是在满足质量要求的前提下有尽可能大的压缩比或在大的压缩比条件下有好的图像质量。

图像的质量通常指译码器重建图像质量。评价图像质量要遵循某种保真度准则，进行客观测试和主观测试。

客观测试包括图像均方误差、均方根信噪比和峰值信噪比。设编码器输入为 $M \times N$ 的数字图像 $f(x,y)$，译码器输出图像为 $\hat{f}(x,y)$，均方误差(MSE)定义为

$$\text{MSE} = \frac{1}{MN}\sum_{x=0}^{M-1}\sum_{y=0}^{N-1}[f(x,y) - \hat{f}(x,y)]^2 \tag{2.6.5}$$

均方信噪比定义为

$$\text{SNR}_{\text{ms}} = \frac{\sum_{x=0}^{M-1}\sum_{y=0}^{N-1} f^2(x,y)}{\sum_{x=0}^{M-1}\sum_{y=0}^{N-1}[f(x,y) - \hat{f}(x,y)]^2} \tag{2.6.6}$$

峰值信噪比(PSNR)定义为

$$[\text{PSNR}]_{\text{dB}} = 10\log_{10}\frac{\max\limits_{x,y}|f(x,y)|^2}{\text{MSE}} \tag{2.6.7}$$

注意，两图片之间越相像，则 MSE 越小，从而 PSNR 越大，但 PSNR 的值并不反映图像的绝对质量，只用作不同有损压缩方法之间的比较或不同参数对压缩性能影响的比较。

主观测试与语音编码类似，就是用平均评分的方法来评价重建的图像质量。表 2.6.1 列出了图像的主观评分与对应的图像质量。

表 2.6.1　评分与图像质量

评分	评价	说　明
1	优秀	图像质量非常好
2	良好	图像质量高，观看舒服，有干扰但不影响观看
3	可用	图像质量可接受，有干扰但不太影响观看
4	刚可看	图像质量差，干扰有些影响观看，希望改进
5	差	图像质量很差，干扰严重妨碍观看
6	不能用	图像质量极差，不能使用

压缩图像质量也有标准测试数据集。黑白图像的标准测试数据包含在卡尔加里语料库和坎特伯雷语料库以及 ITU-T 的 8 个传真压缩测试文件中。有四幅国际通用的图片用于彩色图像测试，分别为“列娜”(Lena)“狒狒”(Mandril)“辣椒”(Pepers)和“离散色调图像”，其中前三幅用于连续色调图像的测试。

2.7 视频信源

视频(Video)的含义是可视信息,指的是时变图像,也称活动图像,是一类重要的信源。视频信号通常是指一维的模拟或数字信号,其中的空时信息作为符合预定扫描格式的时间函数。本节简单介绍模拟与数字视频信源的一般知识,并把电视信号作为重点内容。

2.7.1 模拟视频

视频信号分为三类:分量视频、组合视频和S-视频。

(1) 分量视频(Component Video)。分量视频用于摄影室一类的高端视频系统,使用三个独立的视频信号分别传送红、绿、蓝分量图像。当前大部分计算机系统也使用分量视频。在所有的色彩分离系统中,分量视频无“串音”,重建色彩效果最好,但需要较大带宽而且三个色彩分量间需要有精确同步。

(2) 组合视频(Composite Video)。在这种视频信号中色彩和强度信号混合在一个单载波中传送,其中色彩是两个分量(I与Q或U与V)的组合。色彩和强度分量可以在接收端分离,两个色彩分量再进一步重建。当连接到电视机或视频显示器时,组合视频只使用一根线传送,而且要加上音频和同步信号。因为色彩和强度分量是通过同一个信道传输,所以在它们之间存在某些干扰。

(3) S-视频(S-Video)。在这种视频(称为分离视频或超视频)中使用两根线,一根用于亮度信号,一根用于组合色彩信号,所以在色彩和灰度之间串音很小。对于视觉系统,黑白信息是最关键的,因为人对灰度图像中空间的分辨力要比对彩色图像中彩色部分灵敏得多。所以,与亮度信息相比发送的色彩信息可以大大降低精度,而不影响视觉效果。

一个模拟视频摄像机可以把所看到的实际景物转换成按照被拍摄物体所发光的强度和色彩随时间变化的电信号。这种以模拟电信号记录的信号称为模拟视频信号。模拟视频信号的采样值可组成一幅时变图像,就是空间密度随时间变化的图样,可以表示为$s(x_1,x_2,t)$,其中x_1、x_2是空间变量,而t是时间变量。

模拟视频信号$f(t)$可以通过对$s(x_1,x_2,t)$在垂直方向和时间轴的采样得到。这个周期采样过程称为扫描。扫描顺序从左到右,从上到下。设$f(t)$表示沿扫描线时变图像$s(x_1,x_2,t)$的强度,那么它可以表示成

$$f(t)=\sum_{k_1}\sum_{k_2}S_{k_1,k_2}\exp\left\{\mathrm{j}2\pi\left(\frac{k_1v_1t}{L}+\frac{k_2v_2t}{H}\right)\right\} \tag{2.7.1}$$

其中,S_{k_1,k_2}为$s(x_1,x_2,t)$的二维傅里叶级数系数,L和H分别表示一帧的水平与垂直扩展,v_1和v_2为水平和垂直方向的扫描速度。

在视频信号中,为使画面对齐,还包含定时信息和消隐信号。通用的扫描方法是逐行扫描和隔行扫描。逐行扫描跟踪一个完整的画面,称作帧。在电视和某些监视器以及多媒体标准中,采用隔行扫描,在电视行业使用2∶1的隔行扫描,在扫描一幅画面时,先从奇数行开始(从1扫到最后一奇数行)形成奇数场,然后是偶数行(从2扫到最后一偶数行)形成偶数场。奇数场和偶数场构成一帧。

视频信号的重要参数是:垂直分辨率、分辨率、图像纵横比、帧率以及每像素的所需比特数。垂直分辨率是指每帧扫描行数,分辨率是指每帧图像的分辨率,为扫描行数与每行点数的乘积;图像纵横比是指一帧的宽度与高度的比(等于每行点数与扫描行数的比);帧率是指每秒的帧数。模拟电视屏幕的纵横比为 4∶3,数字电视采用了大的纵横比 16∶9。现在出产的电视机可以进行两种屏幕显示方式的转换。

在拍摄过程中,为得到连续的视觉效果,摄像机生成的图片也应该像电影一样不时地刷新。为了减小运动画面的闪烁,电影胶片的刷新率应该不小于 24 幅/秒,而电视刷新率应该更高。心理视觉研究表明,如果显示器的刷新率高于每秒 50 次,那么人的眼睛就感觉不到闪烁。但是对于电视系统,在保持垂直分辨率(每帧扫描行数)的同时,又要求这样高的刷新率,就会使信号的带宽加大,所以采用隔行扫描方式,可以在不增加系统带宽的情况下达到刷新率的要求。

彩色视频信号采用 RGB 三基色模型,即任何图像彩色都可以用三基色红(R)、绿(G)、蓝(B)的混合来近似。

电视信号有三种主要标准制式:PAL(用于我国、西欧和世界很多国家和地区)、NSTC(用于北美和日本)和 SECAM(主要用于法国)。

2.7.2 视频信号的色彩模型

实际的彩色视频信号是一个复合信号,其中亮度和彩色信号复用在一起。这种信号类型是 20 世纪 50 年代设计的,基本的黑白信号是亮度分量(Y),加上两个色彩分量 C1 和 C2。

视频信号的色彩模型大致有三种:YUV 模型、YCbCr 模型和 YIQ 模型。

设 R、G、B 分别表示红、绿、蓝分量的强度。人眼睛对不同频率光的灵敏度不同,对绿最敏感,对红次之,对蓝最不敏感,因此用频谱灵敏度函数加权的辐射功率定义一个亮度参数 Y,此亮度与光源的功率成正比。如前所述,可对这个亮度分量和其他两个分量采用不同的码率压缩,从而实现更好的压缩效果。此外,Y 可以兼容黑白电视信号。

(1) YUV 模型。该模型过去用于 PAL 模拟视频,其中的一个版本现用于 CCIR 601 数字视频标准。系统首先对亮度信号编码成 Y'。由伽马矫正的色彩信号(R',G',B')到(Y',U,V)的转换由下面的矩阵表示:

$$\begin{pmatrix} Y' \\ U \\ V \end{pmatrix} = \begin{pmatrix} 0.299 & 0.587 & 0.144 \\ -0.299 & -0.587 & 0.866 \\ 0.701 & -0.587 & -0.114 \end{pmatrix} \begin{pmatrix} R' \\ G' \\ B' \end{pmatrix} \tag{2.7.2}$$

由(Y',U,V)转换成(R',G',B')由矩阵的逆阵表示。

(2) YIQ(实际上是 $Y'IQ$ 模型)。该模型过去用于 NTSC 彩色电视广播,其中 I 为同相色彩,而 Q 为正交色彩。实际上 YUV 与 YIQ 的 Y' 是相同的,而 I、Q 是 U、V 旋转了 33°。由伽马矫正的色彩信号(R',G',B')到(Y',I,Q)的转换由下面的矩阵表示:

$$\begin{pmatrix} Y' \\ I \\ Q \end{pmatrix} = \begin{pmatrix} 0.299 & 0.587 & 0.144 \\ 0.595\,879 & -0.274\,133 & -0.321\,746 \\ 0.211\,205 & -0.523\,083 & 0.311\,878 \end{pmatrix} \begin{pmatrix} R' \\ G' \\ B' \end{pmatrix} \tag{2.7.3}$$

(3) YC_bC_r 模型。该模型是分量数字视频国际标准(Rec. 601),用于 JPEG 图像压缩和 MPEG 视频压缩,与 YUV 有密切关系。由伽马矫正的色彩信号(R',G',B')到(Y',C_b,C_r)的转换由下面的矩阵表示:

$$\begin{pmatrix} Y' \\ C_b \\ C_r \end{pmatrix} = \begin{pmatrix} 0.299 & 0.587 & 0.144 \\ -0.168\,736 & -0.331\,264 & 0.5 \\ 0.5 & -0.418\,688 & -0.081\,312 \end{pmatrix} \begin{pmatrix} R' \\ G' \\ B' \end{pmatrix} + \begin{pmatrix} 0 \\ 0.5 \\ 0.5 \end{pmatrix} \tag{2.7.4}$$

2.7.3 数字视频

数字视频实际上是按某种帧结构组成的数字图像序列，以某种帧率(帧/秒)显示以构建运动的视觉。数字视频信号的主要技术参数是帧率、分辨率(每幅画面像素数)以及像素饱和度(每像素比特数)。这些参数的设置与应用有关，表2.7.1列出主要数字视频信号的技术参数。

表2.7.1 主要数字视频信号技术参数

视频应用	帧率/(帧·秒$^{-1}$)	分辨率/bit	像素饱和度/bit
监控系统	5	640×480	12
视频电话	10	320×240	12
多媒体	15	320×240	16
HDTV(720p)	60	1 280×720	24
HDTV(1080i)	60	1 920×1 080	24
HDTV(1080i)	30	1 920×1 080	24

与模拟视频相比数字视频有很多优点，主要表现在如下几个方面：①可使用任何数字介质进行存储，使用更方便；由于采用数字化，可以进行纠错编码，使传输更可靠；②可以很容易对视频进行编辑，可利用计算机软件制作所需要的逼真场景，例如多媒体信息就是把文本、图像和视频集成在一起的综合信源；③可以利用数字技术对视频进行压缩，这样就更有利于存储(占存储空间少)和传输(加快传输速度)；④可以避免重复模拟记录产生的伪影；⑤可以方便实现视频标准格式之间的转换。

例2.7.1 根据表2.7.1计算监控摄像头所产生视频的比特率和存储24小时所需字节数。

解 比特率 $R=5\times640\times480\times12=1\,843\,200$ bit/s≈18 Mbit/s≈2.3 MB/s

所需字节数 $M=3\,600\times24\times2.3\approx200$ GB ▌

原始数字视频传输与存储需要较大的带宽和存储量，成为过去不能普遍使用的主要因素。当前由于使用有效的视频压缩编码和相应的高性能设备，数字视频的普及已经成为现实。

当前有三种数字视频国际标准：CCIR建议601为525/60(NTSC)电视系统制定的格式、为625/50(PAL/SECAM)电视系统制定的格式和CCITT专家组提出称为公共直接格式(CIF)的新视频格式。

例2.7.2 一幅NTSC彩色电视画面包含720×480个像素，每个像素需要3个彩色像素来代表，每个彩色像素用8 bit表示，传送这种视频信号的帧率为30帧/秒，求信息传输速率。

解 每幅彩色电视画面所包含信息量为 $720\times480\times8\times3=8\,294\,400$ bit，信息传输速率为 $8\,294\,400\times30=248.832$ Mbit/s。▌

高清晰度电视(High-Definition TV，HDTV)是数字电视标准中的一种，具有最佳的视频和音频效果。国际电联给出这样的定义："高清晰度电视应是一个透明系统，一个正常视力的观众在距该系统显示屏高度的三倍距离上所看到的图像质量应具有观看原始景物或表演时所得到的印象。”HDTV 采用数字信号传输，分辨率最高可达 1 920×1 080，帧率高达 60 帧/秒，屏幕纵横比为 16∶9，水平和垂直清晰度是常规电视的两倍左右。在声音系统上，HDTV 支持杜比 5.1 声道传送，配有多路环绕立体声，给人以 Hi-Fi 级别的听觉享受。根据各个国家使用电视制式的不同，各国家和地区定义的 HDTV 的标准分辨率也不尽相同。

例 2.7.3 一个高清晰度电视信号中，每个亮度帧包含 1 050 行，每行包含 1 440 个像素；每个彩色帧包含 525 行，每行包含 720 个像素，每信道每像素为 8 bit，帧率为 30 帧/秒，求信息传输速率。

解 信息传输速率为 $(1\,050\times1\,440+2\times525\times720)\times8\times30=544.32\ \text{Mbit/s}$ ■

2.7.4 视频压缩与质量评价

视频信号不仅具有静止图像的数据剩余度，而且还有其本身的时间剩余度，例如在视频序列中连续帧之间就具有很大的相关性。视频信号不仅具有静止图像心理视觉剩余度，还有视觉对动态图像视觉延迟现象，从而可以用快速而不连续的图像传输形成连续活动图像的视觉效果。

由于视频包含很大的信息量，需要容量很大的存储和传输设备，所以为实现视频有效存储和传输，对其进行压缩是很必要的，而且又因为它有很大剩余度，实现有效压缩也是可能的。与图像压缩类似，视频编码的压缩性能用压缩比和视频质量来描述。压缩比就是原视频序列文件长度与压缩后文件长度的比。压缩比越大，说明编码器的压缩性能越好，有的压缩系统可以达到几十到上百倍的压缩比。一个好的视频编码系统就是在满足视觉质量要求的前提下有尽可能大的压缩比或在大的压缩比前提下有满意的视觉质量。

视觉质量测试对于设计和评价视频压缩算法是很重要的。常用的视频质量测试方法是主观测试和客观测试。视频质量的主观测试与评价语音和图像的方法类似，也采用平均评价分(MOS)的方法，为此要耗费较多的人力和时间资源，成本高，代价大，不能实时应用。在客观测试中，最常用的就是均方误差(MSE)和峰值信噪比(PSNR)。

均方误差就是在原始视频序列 I 和重建序列 I_c 像素亮度值之间的均方误差。设画面尺寸为 $M\times N$，每条序列包含 T 帧，均方误差 MSE 可以通过下式来计算：

$$\text{MSE}=\frac{1}{M\cdot N\cdot T}\sum_{t=1}^{T}\sum_{y=1}^{N}\sum_{x=1}^{M}[I(x,y,t)-I_c(x,y,t)]^2 \tag{2.7.5}$$

峰值信噪比可以通过下式来计算：

$$\text{PSNR}=10\lg\frac{(2^n-1)^2}{\text{MSE}} \tag{2.7.6}$$

其中，$(2^n-1)^2$ 是最高可能像素值的平方，n 为每像素所需比特数，通常 $n=8$。PSNR 计算容易且快速，是常用的图像质量测试方式，广泛用于压缩和解压视频图像的比较。对给定的图像序列，高的 PSNR 表明高的质量，而低的 PSNR 表明低的质量，但 PSNR 的值并不等于实际的主观质量。

虽然 MSE 和 PSNR 计算简单而快速，但并不真正代表人的视觉系统所感受的失真，因此又提出基于感知的失真测度，作为客观测试的另一选择方案。这些测试基于已知的人视觉系统(HVS)的心理视觉特性。典型的基于 HVS 的测试有：只关注显著差别(the Just Noticeable Difference，JND)、数字视频质量(Digital Video Quality，DVQ)、视频结构类似性指数(the Video Structural Similarity Index，VSSI)等。

本章小结

1. 离散信源的熵
2. 连续信源的熵(差熵或微分熵)
3. 离散信源的剩余度
4. 连续信源谱的平坦度
5. 信源的建模:①概率模型;②物理模型
6. 文本信源:①FSM模型;②FSMX模型;③上下文树模型
7. 音频信源:①心理声学模型;②质量评价
8. 语音信源:①语音产生模型;②质量评价
9. 图像信源:①形成模型;②彩色模型:RGB模型和CMY模型;③剩余度;④质量评价
10. 视频信源:①信号的类型;②色彩模型:YUV模型、YCbCr模型和YIQ模型;③质量评价

思考题

2.1　信源的相关性与信源的剩余度两者的含义有什么区别和联系?

2.2　压缩剩余度和解除相关性这两个概念之间有什么区别和联系?

2.3　简述声音的基本物理性质并解释什么是声音的掩蔽效应。

2.4　语音通常用何种概率分布来近似?

2.5　描述语音的产生模型。

2.6　阐述压缩语音质量的评价有哪些?

2.7　图像是如何表示的? 主要有几类图像?

2.8　简述人产生彩色视觉的机理是什么?

2.9　如何根据CMY的三基色产生红、绿、蓝三种颜色?

2.10　彩色喷墨打印机使用CMY模型,当青色油墨喷在一张白色纸上时,(1) 白天为什么看上去是青色的?(2)在蓝光下将呈现什么颜色? 为什么?

2.11　有几类视频信号? 各有什么特点?

2.12　简述视频信号的色彩模型。

2.13　列举视频信号的几种制式的技术指标,并回答PAL和NTSC中,哪种制式可感觉到的屏幕闪烁更小?

2.14　举例说明压缩对视频传输和存储的重要性。

习　　题

2.1　求两个不同的概率分布 $p_1 \geqslant p_2 \geqslant \cdots \geqslant p_n > 0$,$q_1 \geqslant q_2 \geqslant \cdots \geqslant q_m > 0$,使得 $H(p_1$,

$p_2,\cdots,p_n)=H(q_1,q_2,\cdots,q_m)$，并说明解答是否唯一。

2.2 设 X、Y 为两独立整数随机变量，其中 X 在$\{1,2,3,4\}$中等概分布，$p_Y(k)=2^{-k}$，$k=1,2,\cdots$；$u=x+y$，$v=x-y$；求(1) $H(X)$；$H(Y)$；(2) $H(U)$；$H(UV)$。

2.3 一质点在 x 轴的整数点上做随机移动，每次只能向前或向后移动 1 步，设 x_i 为质点在 i 时刻的坐标，质点从 $x_0=0$ 开始，以等概率向前或后移动，当 $i\geqslant 1$ 时，质点以 0.9 的概率向前移动；

(1) $\{x_i, i=0,1,\cdots\}$是几阶马氏链？

(2) 把质点的坐标作为状态，写出当时刻 $i\geqslant 1$ 时的状态转移概率矩阵(包含 $0,1,\cdots,N$ 状态)；

(3) 求联合熵 $H(X_0,\cdots,X_N)$；

(4) 求马氏链的熵率 $H_\infty(X)$；

(5) 求质点在当 $i\geqslant 1$ 时的移动过程中向反方向移动前所移动的平均次数。

2.4 设语音信源满足式(2.5.3)所描述的伽马分布，求信源的熵和熵功率。

2.5 设语音信源近似满足式(2.5.4)所描述的拉普拉斯分布，求信源的熵和熵功率。

2.6 证明：如果在平稳信源序列中，用过去无限个样值的线性组合预测当前的样值，那么最小均方误差就等于信源功率谱密度的几何平均。

2.7 一零均值单位方差的随机过程$\{x_n\}$的自相关函数为 $R_k=0.9^{|k|}$，

(1) 证明此过程可以用一阶自回归过程建模；

(2) 求谱的平坦度和无限记忆下的预测增益。

2.8 设树信源 $S=\{000,100,10,1\}$，$D=3$，求模型代价 $\Gamma_D(S)$，并对模型进行编码；设 $D=4$，求模型代价 $\Gamma_D(S)$，并对模型进行编码。

2.9 求译码器对模型编码序列 101100100 译码后得到的上下文树。

2.10 感知不均匀性指的是人感知的非线性：当音频信号的某些参数变化时，人未必感受到与变化量成正比的变化。简短描述至少两类人听觉系统的感知不均匀性，并说明如何利用感知不均匀性改进对音频信号的压缩？

2.11 证明：如果$|a|<1$，那么 $1-az^{-1}=1/\sum\limits_{n=0}^{\infty}a^n z^n$。该式说明，一个零点可以根据需要用多个极点来近似。

2.12 声门脉冲可以用一个如题图 2.1 所示的三角波近似，

(1) 求其 z 变换 $G(z)$；

(2) 设 $N=10$，在 z 平面上画出 $G(z)$ 的极点和零点。

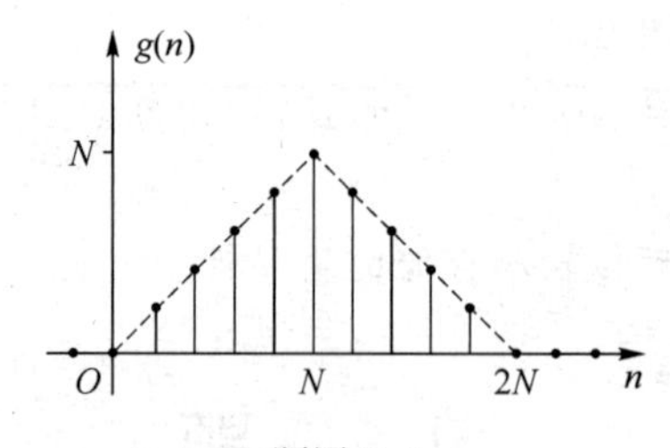

题图 2.1

2.13 某数字视频信号的一帧由 640×480×8 bit 加一个 1 024 字节的符号组成，帧率为 30 帧/秒，采用压缩算法的压缩比为 4.25，磁盘驱动器的容量为 220 MB：

(1) 该磁盘能储存多少秒的未压缩视频信号？

(2) 该磁盘能储存多少秒的压缩视频信号？

2.14　现有两种压缩算法：算法1的压缩比为3.8∶1，每兆字节压缩耗时2 s，解压耗时3 s；算法2的压缩比为6∶1，每兆字节压缩耗时8 ms，解压耗时12 s；现用960 B/s的速率通过电话线传输240像素×320像素×1 bit的图像，并假定接收机不能同时接收和解压：

(1) 为提高通信系统有效性，应选用哪种算法？

(2) 每分钟能传送和解压多少幅图像？

2.15　给定习题2.14的条件，但改用400 kbit/s速率的微波线路传送3 000像素×4 000像素×12 bit的X光片：

(1) 为提高通信系统有效性，应选用哪种算法？

(2) 每分钟能传送和解压多少幅图像？

2.16　给定习题2.14的条件，但改用1.2 Mbit/s的速率的卫星线路传送480像素×640像素×8 bit的图像：

(1) 为提高通信系统有效性，应选用哪种算法？

(2) 每分钟能传送和解压多少幅图像？

2.17　证明：$E(x-\hat{x})^2 \geqslant (2\pi e)^{-1} e^{2h(X)}$，仅当$x$为高斯变量，$\hat{x}$为$x$均值时等号成立。

第3章　无损压缩编码理论基础

无损编码理论包括两部分内容:经典的香农编码定理和无损通用编码理论。前者为熵编码的理论基础,而后者为无损通用编码的理论基础。本章简要介绍与这两类编码有关的基本理论与技术,其中包括有根树、信源参数估计、分组编码、无损信源编码定理和通用编码的基本概念等内容。本章不涉及具体的编码方法,而且除非特别需要,都略去定理的证明。

3.1　概　　述

无失真信源编码也称无损压缩,即根据编码序列可以无差错地恢复信源符号序列。按照对信源特性了解的程度,无损压缩编码可以分成两种情况。一种是在信源统计特性已知的条件下,编码器通过信源符号的概率匹配,可将码率的下限压缩到信源熵。这种编码称为熵编码,其理论基础是香农第一定理,即无失真信源编码定理。另一种是在对一类信源统计特性未知或部分已知的条件下,通过建立合适的模型,再利用熵编码压缩码率,可将码率下限渐近压缩到信源熵。这种编码称为通用编码,其理论基础是通用编码理论。

熵编码可分为分组码和非分组码两大类。而分组码又可以分为等长到等长(简称等长码)、等长到变长(简称变长码)以及变长到等长和变长到变长的编码。在分组码中,每一个码字仅与当前输入的信源符号分组有关,与其他信源符号分组无关。对于非分组码,信源序列连续不断地从编码器的输入端进入,在编码器的输出端连续不断地产生编码序列,码序列中的符号与信源序列中的符号无确定的对应关系。实际上,也可以把非分组码的整条信源序列看成一个大的分组。本书研究的熵编码主要包括分组码和最重要的非分组编码——算术编码。此外,滑动块码也是一种非分组码,在这种编码器中设置一个一定长度的窗口,编码时,窗口沿序列向前滑动,对窗口内包含的符号进行编码。每次编码后,窗口向前滑动若干符号,再进行下一组数据的编码,相邻窗口有部分信源符号重叠。译码器的输入是滑动块码序列,每次译码产生某些相应的信源符号,然后输入码序列向前滑动若干个码符号。

根据信源与信道编码器具有对偶性的原理,信源编码器与信道译码器是对偶的。滑动信源编码器类似于滑动信道译码器,而典型的滑动信道编码系统就是卷积码网格编译码器。因此滑动信源编码器可以通过借助于网格图利用维特比信道译码算法来实现。滑动块码可以用于无损压缩,但更多的是用于有损压缩。

实际上,分组码和非分组码并没有本质差别,其理论基础都相同,只是编译码方式不同,目的都是通过码序列长度与对应信源序列概率的匹配,实现用尽可能短的码符号序列来代表信源符号序列的目标。

熵编码的理论基础是香农第一定理,即无失真信源编码定理。定理指出,对信源序列进行编码，当序列长度足够长时，如果传送每信源符号所需的比特数不小于（或渐近达到）信源的熵，就存在无失真编码；反之，就不存在无失真编码。这就是说，实现无损压缩码率的下限是信源的熵，所有的无损压缩编码方法都以这个极限值作为码率的压缩目标。

如前所述，通用编码就是对某种宽泛的一类可能信源中的每一个都渐近达到最佳性能的信源编码。Kolmogorov 最早提出通用编码的概念（1965），而后 Fitingof 用组合论和概率论的方法（1966）研究了通用编码问题，Davisson 等描述了通用无损编码的基本理论（1973），包括定义、存在性等。Davisson 和 Rissanen 等研究了通用编码的存在性，并得到了存在通用编码的条件。研究结果证明，对于平稳、遍历具有固定未知参数的信源，只要信源熵为稳定的有限值，通用编码总是存在的。

我们知道，为实现熵编码需要知道信源的统计特性，而通用编码是在信源统计信息未知或部分已知条件下进行的，所以编码剩余度不为零，这就是因为没有关于信源的完全知识而付出的代价。虽然这个代价随信源序列长度 n 的增大可以趋近于零，但对于有限的 n 值，这个代价不能忽略。多年来，很多学者对无损通用编码理论进行了研究，得到很多重要成果，扩展了经典无损信源编码理论的内涵，推动了实用信源编码技术的发展。

3.2　有　根　树

在 2.3 节，我们介绍了上下文树，实际上这是一种有根树。本节将详细介绍关于有根树的基本知识与应用。树是一个无环路的连通图，如果树上的一个顶点被选作根，就称为有根树。有根树在计算机领域和编码领域有很多应用，也是研究信源编码的重要工具之一。

3.2.1　有根树的基本概念

一棵 r 进制有根树可采用如下过程生成：从根节点出发，生成 r 条分支，从而产生 r 个 1 阶节点，每个 1 阶节点生成 r 条分支产生 r 个 2 阶节点……直到最末级或终端节点，称作树叶。因此，树根为根节点，或起始节点；根经 n 条分支到达的节点称为 n 阶节点。

在有根树中，如果两个节点在从根到叶的路径上相邻，那么我们称距根较近的节点为另一个节点的父节点，而另一个节点为该节点的子节点。给树中同一节点生成的每条分支分配不同的 r 个符号，那么从根节点到某阶节点所经过分支的路径对应着一条符号序列。在画有根树时，根节点在树的一端，也可以在左、上或下。

有根树可以描述一个码字集合，这种树称为码树。此时 r 等于码符号集的大小（编码称为 r 进制编码）。码树中的每个节点都和非奇异码的码字有一一对应的关系。对于异前置码，只用树叶代表码字，这个码字就是从根到该树叶路径上的分支按顺序形成的数字序列。如果一棵码树各叶的阶数相同，则称为全树或整树。很明显，全树对应着等长码，而非全树对应着变长码。

有根树也可以描述信源消息序列集合，这种树称为消息树。此时 r 等于信源符号集的大小。消息树中的每个节点和消息序列有一一对应的关系。如果只用树叶代表一条消息序列，那么该消息序列就是从根到该树叶路径上的树枝按顺序形成的数字序列。与码树类似，全树对应着等长消息。而非全树对应着变长消息。

通常最常用的是二元有根树，此时 $r=2$，树上的节点可以代表二元编码的码字，也可以代

表二元信源的消息序列。树上的每个节点都有对应的二进制代码。一个 k 阶全树包含 2^k 片树叶。图 3.2.1 所示为一棵 3 阶二元全树,共有 8 片叶,每片叶的代码如图所示。设树根到其他节点的方向是从左到右,每节点的上和下两条分支分别分配 1 和 0 符号,那么所有同阶节点所代表的二进制代码所表示的值从下到上是连续增加的。例如,图中所有 2 阶节点从下到上的代码依次为 00,01,10,11。

如果一个节点二进制代码为 c,那么它的两个子节点的代码分别为 $c.0$ 和 $c.1$,这里.表示符号的连接关系。例如,代码为 00 的节点的两个子节点的代码分别为 000 和 001。转换成数值关系就有:如果一个节点的二进制代码的值为 m,那么它的两个子节点的代码分别为 $2m$ 和 $2m+1$。

例 3.2.1 码 C 包含 4 个码字,码字集合为{0,10,110,111},试用码树表示该码字集合。

解 码树采用二进码树,如图 3.2.2 所示。■

例 3.2.2 一个二元信源符号集为{0,1},消息集合为{0,10,110,111},试用消息树表示该消息集合。

解 消息树与图 3.2.2 相同,不过树叶表示的是消息序列。■

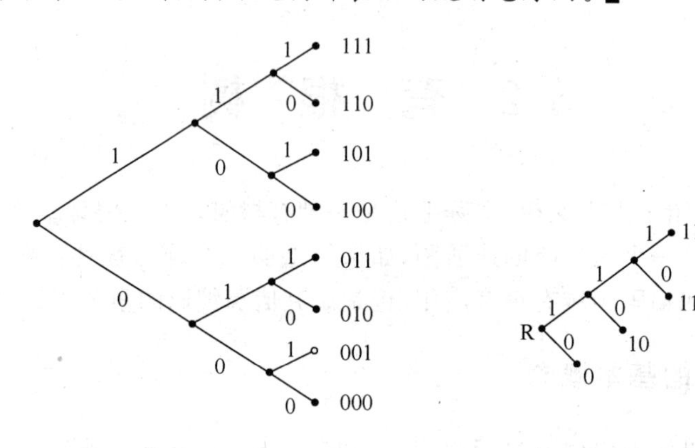

图 3.2.1 3 阶二元全树　　图 3.2.2 二进码树

3.2.2 有根概率树

在有根树中,每个节点和每条分支都可以分配相应的概率,每个父节点的概率等于其所有子节点概率的和,根节点的概率为 1;而每个父节点的概率与其分支概率的乘积等于形成的子节点的概率,这样的树称有根概率树。它既可以描述码树,也可以描述消息树。

对于异前置码,只有叶节点才对应码字,此时叶节点的概率就是对应信源符号的概率。对于消息树,从每个节点伸展的树枝的概率等于对应的信源输出符号的概率,而树叶的概率就是对应消息序列的概率。例如,一个离散无记忆信源有 n 个符号 $a_1,a_2,\cdots,a_n$,对应的概率分别为 $p_1,p_2,\cdots,p_n$。作一棵类似于 n 元编码的树,树中的节点按以下方式进行扩展:从具有 n 片叶的初始树开始,每次扩展时,从一个叶节点伸展出 n 个分支生成 n 个叶节点……设 $\boldsymbol{x}$ 为当前节点所代表的消息,$p(\boldsymbol{x})$为对应的概率,那么该节点一次扩展后的消息和概率分别为:$\boldsymbol{x}a_1,\cdots,\boldsymbol{x}a_n$ 和 $p(\boldsymbol{x})p(a_1),\cdots,p(\boldsymbol{x})p(a_n)$,如图 3.2.3 所示。

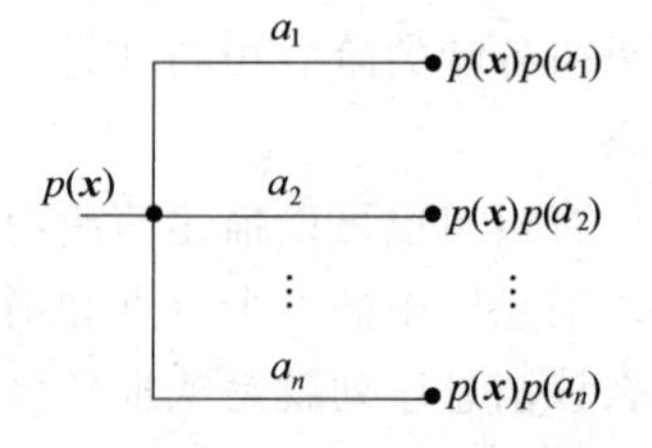

图 3.2.3 扩展后的消息概率

设某信源消息数为 M，从一个 n 元消息树开始扩展次数为 m，如果用叶节点代表消息，那么叶节点数不能小于消息数，所以必须满足

$$M \leqslant n+(n-1)m \tag{3.2.1}$$

对于 n 进制的异前置码的码树，设码字个数为 M，扩展次数为 m，也必须满足式(3.2.1)。

注意，对于一般的有根概率树，并不要求每个节点的分支数相同，可以是任意的。

在有根概率树中，树叶与树根之间的分支数称为该叶与根的距离，也称作叶的深度，树叶的平均深度定义为

$$\bar{l} = \sum_{i=1}^{M} p_i l_i \tag{3.2.2}$$

其中，p_i 为树叶的概率；l_i 为树叶的深度。对于码树，树叶的平均深度就是平均码字长度；而对于消息树，树叶的平均深度就是平均消息长度。

引理 3.2.1　(路径长引理)在一棵有根树中，叶的平均深度等于除叶之外所有节点(包括根)概率的和。(证明略)

例 3.2.3　码 C 的有根概率树如图 3.2.4 所示，求平均码长。

解　平均码长 $\bar{l}=1+3/4+9/16=37/16$ ▌

例 3.2.4　设二元信源“1”符号的概率为 p，消息树如图 3.2.5 所示，求平均消息长度。

解　消息平均长度 $\bar{l}=1+p+p^2$ ▌

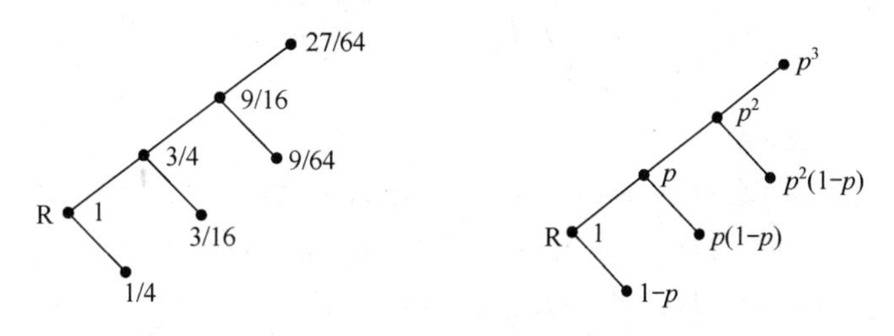

图 3.2.4　有根概率树　　　　图 3.2.5　有根概率树

可以用有根概率树计算离散信源的熵。这种树的叶与信源符号有一一对应的关系，而对节点产生的树枝数无具体要求，但每条树枝对应一条件概率，使得该节点的概率乘以这个条件概率等于对应的子节点的概率。设有根树有 K 片树叶，概率分别为 $p_1, p_2, \cdots, p_K$，定义有根树叶的熵为

$$H_{\text{leaf}} = -\sum_{k=1}^{K} p_k \log p_k \tag{3.2.3}$$

很明显，如果树叶与信源符号一一对应，那么树叶的熵就等于信源的熵。

设有根树的某节点 m 的子节点的概率分别为 $p_{m1}, p_{m2}, \cdots, p_{mr}$，定义该节点的分支熵为

$$H_m = -\sum_{j=1}^{r} (p_{mj}/p_m)\log(p_{mj}/p_m) \tag{3.2.4}$$

其中，$p_m = p_{m1}+p_{m2}+\cdots+p_{mr}$，而 r 为节点 m 的子节点数。很明显，叶节点没有分支熵。可以证明：

定理 3.2.1　有根树叶的熵为所有节点分支熵的加权和

$$H_{\text{leaf}} = \sum_{m=1}^{M} p_m H_m \tag{3.2.5}$$

其中，p_m 为第 m 个节点的概率；M 为节点总数；H_m 为节点的分支熵。

利用有根概率树计算熵的公式(3.2.5)实际上就是反复利用熵的可加性的结果。用有根概率树或熵的可加性计算信息熵，有时可以简化运算。

例 3.2.5 计算 $H(1/3,1/3,1/6,1/6)$。

解 解法 1：将两个 1/6 概率合并成一个概率，再将三个概率合并，形成树根，得

$$H(1/3,1/3,1/6,1/6)=\log_2 3+(1/3)\times\log_2 2=1.918\ \text{bit}$$

解法 2：将两个 1/3 概率分解为两个 1/6 概率的和，形成扩展树，有

$$\log_2 6=H(1/3,1/3,1/6,1/6)+(2/3)\log_2 2$$

得

$$H(1/3,1/3,1/6,1/6)=1.918\ \text{bit}$$ ■

例 3.2.6 有一个二元无记忆信源，发“0”的概率为 p，且 $p\approx 1$，对信源进行编码得到一个新信源 $S_n=\{s_1,s_2,s_3,\cdots,s_{n+1}\}$，编码符号与原始序列的对应关系如表 3.2.1 所示。

表 3.2.1 例 3.2.6 用表

二元序列	1	01	…	000…01($n-1$ 个“0”，1 个“1”)	000…0(n 个“0”)
新信源符号	s_1	s_2	…	s_n	s_{n+1}

(1) 求新信源的熵 $H(S_n)$；(2) 求 $H(S)=\lim\limits_{n\to\infty}H(S_n)$。

解 由题意可得新信源各符号的概率分布为

$$p(s_{i+1})=\begin{cases}p^i(1-p), & 0\leqslant i\leqslant n-1\\ p^i, & i=n\end{cases}$$

(1) 根据熵的可加性，有

$$\begin{aligned}H(S_n)\triangleq H_n&=H(1-p,(1-p)p,\cdots,(1-p)p^{n-1},p^n)\\&=H(1-p,p)+pH(1-p,(1-p)p,\cdots,(1-p)p^{n-2},p^{n-1})\\&=H(p)+pH_{n-1}\end{aligned}$$

因此得到递推公式：

$$H_n=H(p)+pH_{n-1}$$

其中，$H_1=H(p)$，解差分方程得

$$H_n=(1+p+\cdots+p^{n-1})H(p)=\frac{1-p^n}{1-p}H(p)$$

(2) 当 $n\to\infty$ 时，$\lim\limits_{n\to\infty}H_{n-1}=\lim\limits_{n\to\infty}H_n$，所以

$$H(S)=\frac{H(p)}{1-p}$$ ■

3.3 模型参数的估计

实现通用编码首先要解决的问题是信源建模，就是利用要压缩的数据作为训练序列对模型参数进行估计。这里的模型参数主要是指反映信源统计特性的参数，包括信源符号的概率和序列的概率等。

设二元无记忆信源符号集为{0,1}，参数 θ 表示符号“1”发生的概率，$\theta\in(0,1)$，信源序列 $x_1^n\triangleq x_1,\cdots,x_n$ 为训练序列，n 为序列长度，其中 0 和 1 的个数分别为随机变量 n_0 和 n_1，且 n_0+

$n_1=n$，序列的条件概率为

$$p(x_1^n|\theta)=\theta^{n_1}(1-\theta)^{n-n_1} \tag{3.3.1}$$

设 $n_0=a,n_1=b,a+b=n,n_1$ 的分布满足二项式分布，即

$$p(n_1=b\mid\theta)=\sum_{x_1^n:n_1=b}\theta^b(1-\theta)^{n-b}=\binom{n}{b}\theta^b(1-\theta)^{n-b} \tag{3.3.2}$$

3.3.1　符号概率的估计

对参数 θ 可采用最大似然和贝叶斯两种估计方法，前者是无偏的，而后者是有偏的，但后者更适用于压缩编码。

1. θ 的最大似然估计

用式(3.3.1)作为 θ 的似然函数，对其右边求导，并令导数为零，得 θ 的最大似然估计

$$\hat{\theta}_{\mathrm{ML}}=n_1/n \tag{3.3.3}$$

实际上，这就是通常用频率近似概率的方法。可以证明 $\hat{\theta}_{\mathrm{ML}}$ 是无偏的，实际上，

$$E(\hat{\theta}_{\mathrm{ML}})=E(n_1|\theta)/n=n\theta/n=\theta \tag{3.3.4}$$

将 $\hat{\theta}_{\mathrm{ML}}=n_1/n$ 代入式(3.3.1)，就得到序列概率的最大似然估计

$$p_{\mathrm{ML}}(x_1^n|\theta)\triangleq p(x_1^n|\hat{\theta})=(n_1/n)^{n_1}[(n-n_1)/n]^{n-n_1} \tag{3.3.5}$$

利用式(3.3.5)估计序列概率的编码常称为代入码(Plug-in Code)。

2. θ 的贝叶斯估计

由于没有关于 θ 的任何先验知识，先设 θ 的先验概率是(0,1)区间内的均匀分布，可得到 θ 的后验概率为

$$p(\theta\mid n_1)=\frac{p(\theta)p(n_1\mid\theta)}{\int_0^1 p(\theta)p(n_1\mid\theta)\mathrm{d}\theta}=\frac{p(n_1\mid\theta)}{\int_0^1 p(n_1\mid\lambda)\mathrm{d}\lambda} \tag{3.3.6}$$

贝叶斯估计就是使均方误差最小的估计，最佳估计值为条件均值，即

$$\hat{\theta}_{\mathrm{BAY}}=E(\theta\mid n_1)=\frac{\int_0^1\theta p(n_1\mid\theta)\mathrm{d}\theta}{\int_0^1 p(n_1\mid\lambda)\mathrm{d}\lambda} \tag{3.3.7}$$

将式(3.3.2)代入式(3.3.7)，并利用 B 函数的性质：$B(p,q)=\int_0^1 u^{p-1}(1-u)^{q-1}\mathrm{d}u=\frac{\Gamma(p)\Gamma(q)}{\Gamma(p+q)}$，其中，$\Gamma(x)$ 为伽马函数，且有 $\Gamma(x+1)=x\Gamma(x)$，计算得

$$\hat{\theta}_{\mathrm{BAY}}=\frac{n_1+1}{n_0+n_1+2}=\frac{n_1+1}{n+2} \tag{3.3.8}$$

与式(3.3.3)相对照，式(3.3.8)可以理解为，原信源序列前面添加 0 和 1 两个符号变成新的序列，然后再用式(3.3.3)进行概率的估计。可以看到，符号概率的贝叶斯估计依赖于其先验概率的选择，虽然选择均匀分布作先验概率，计算比较简单，但从数据压缩的角度看却未必是最好的。

3.3.2 序列概率的贝叶斯估计

下面仍然选择均匀分布作先验概率，对序列概率进行估计。设无记忆信源序列 x_1^n，参数 θ 在[0,1]区间均匀分布，那么根据式(3.3.1)，该序列的概率为

$$p(x_1^n)=\int_0^1\theta^{n_1}\ (1-\theta)^{n-n_1}\,\mathrm{d}\theta=\frac{1}{n+1}\binom{n}{n_1}^{-1}=\frac{n_1!(n-n_1)!}{(n+1)!} \tag{3.3.9}$$

而条件概率为

$$p(x_{n+1}=1|x_1^n)=\frac{p(x_1^n\cdot x_{n+1})}{p(x_1^n)}=\left[\frac{(n_1+1)!\ (n-n_1)!}{(n+2)!}\right]\Big/\left[\frac{n_1!\ (n-n_1)!}{(n+1)!}\right]=\frac{n_1+1}{n+2} \tag{3.3.10}$$

式(3.3.10)可视为在信源序列 x_1^n 条件下对下一个符号为“1”条件概率的预测值，分式的分子是序列 x_1^{n+1} 中1的个数，分母是序列的长度加1。可以看到式(3.3.10)与式(3.3.8)结果相同。这也是意料之中的，因为 x_1^n 为独立序列，x_{n+1} 的概率与前面的符号独立，即条件概率等于无条件概率，而式(3.3.8)正是用 x_1^n 估计的无条件概率。实际上，式(3.3.3)也可用于概率的预测，但预测结果可能出现零概率值，而贝叶斯估计可以避免概率的估计值为零，这在通用编码器中是需要的。式(3.3.10)一般可表示成

$$p(x_{n+1}|x_1^n)=\frac{m(x_{n+1}|x_1^n)+1}{n+2} \tag{3.3.11}$$

其中，$m(x_{n+1}|x_1^n)$ 表示序列 x_1^n 中包含与 x_{n+1} 相同符号的个数。如果 $x_{n+1}=1$，那么 $m(x_{n+1}|x_1^n)=b$；如果 $x_{n+1}=0$，那么 $m(x_{n+1}|x_1^n)=a$；如果 $n=0$，那么 $m(x_1|x_1^n)=0$。

例 3.3.1 设无记忆信源序列为00101000，试估计序列的概率，并预测在该序列条件下符号1的概率。

解 根据式(3.3.9)，这里 $n=8,n_1=2$，得

$$p(00101000)=\frac{2!\ (8-2)!}{[(8+1)!]}=\frac{1}{252}$$

根据式(3.3.10)，得

$$p(1|00101000)=\frac{(2+1)}{(8+2)}=\frac{3}{10}\ ■$$

序列的概率不仅可用式(3.3.9)计算，还可以利用概率的分解来计算，由于

$$p(x_1^{n+1})=p(x_1)p(x_2|x_1)p(x_3|x_1^2)\cdots p(x_{n+1}|x_1^n) \tag{3.3.12}$$

再利用式(3.3.11)，得

$$p(x_1^{n+1})=\frac{1}{2}\frac{m(x_2|x_1)+1}{1+2}\cdots\frac{m(x_{k+1}|x_1^k)+1}{k+2}\cdots\frac{m(x_{n+1}|x_1^n)+1}{n+2} \tag{3.3.13}$$

例 3.3.2 （例3.3.1续）利用概率的分解求信源序列为00101000的概率。

解 根据式(3.3.13)，有

$$p(00101000)=\frac{1}{2}\ \frac{1+1}{1+2}\ \frac{0+1}{2+2}\ \frac{2+1}{3+2}\ \frac{1+1}{4+2}\ \frac{3+1}{5+2}\ \frac{4+1}{6+2}\ \frac{5+1}{7+2}=\frac{1}{252}\ ■$$

如果信源模型为有限状态机或有限记忆模型，可将信源序列的概率分解成若干组条件概率的乘积，其中每组的条件概率属于同一个状态或上下文。在同一状态下的条件概率的乘积可以用类似无记忆信源的方式计算。设 n 为某状态出现的次数，b 为该状态下符号“1”出现的次数。根据式(3.3.9)，在状态 j 下某子序列的概率为

$$p(\widetilde{x}^j \mid s=j)=\frac{n_{0|j}(\widetilde{x}^j)!\ n_{1|j}(\widetilde{x}^j)!}{(n_j(\widetilde{x}^j)+1)!} \tag{3.3.14}$$

其中，$n_j(\widetilde{x}^j)$、$n_{i|j}(\widetilde{x}^j)$分别为子序列 $\widetilde{x}^j$ 所包含状态 j 的次数和状态 j 下符号 i 的次数。整个序列的概率应等于所有子序列概率的乘积，即

$$p(x_1^n \mid s) = \prod_j p(\widetilde{x}^j \mid s=j) \tag{3.3.15}$$

式(3.3.14)也可以进行递推计算。设在状态 j 下某符号 i 的概率由下式估计：

$$p(x_{n+1}=i \mid s_{n+1}=j)=\frac{n_{i|j}(x_1^n)+1}{n_j(x_1^n)+2} \tag{3.3.16}$$

其中，$n_j(x_1^n)$、$n_{i|j}(x_1^n)$分别为序列 x_1^n 所包含状态 j 的次数和状态 j 下符号 i 的次数。那么

$$p(x_1^n = a_{i_1}a_{i_2}\cdots a_{i_k}\cdots a_{i_n} \mid s_{i_1}) = \prod_{k=1}^{n}\frac{n_{i_k|j_k}(x_1^{k-1})+1}{n_{j_k}(x_1^{k-1})+2} \tag{3.3.17}$$

其中，$a_{i_k}\in\{0,1\}$为 x_k 的取值；$s_{j_k}\in\{0,\cdots,J-1\}$为 x_k 所处的状态；$n_{j_k}(x_1^{k-1})$、$n_{i_k|j_k}(x_1^{k-1})$分别为序列 x_1^{k-1} 所包含状态 s_{j_k} 的次数和状态 s_{j_k} 下符号 a_{i_k} 出现的次数，并且 $n_{j_1}(x_1^0)=n_{i_1|j_1}(x_1^0)=0$，$s_{i_1}$ 为 x_1 的状态。注意：在计算子序列 x_1^{k-1} 所含状态时，不能包含 x_k 的状态，在计算 s_{j_k} 下符号 a_{i_k} 出现次数时，不能包含 x_k。

例 3.3.3　(例 3.3.1 续)如果信源为一阶马氏链，初始状态为 0，试估计序列的概率。

解　
$$\begin{aligned}p(00101000 \mid 0)&=p(0|0)p(0|0)p(1|0)p(0|1)p(1|0)p(0|1)p(0|0)p(0|0)\\&=[p(0|0)p(0|0)p(1|0)p(1|0)p(0|0)(0|0)][p(0|1)p(0|1)]\\&=\frac{4!\ 2!}{(6+1)!}\frac{2!}{(2+1)!}=\frac{1}{315}\end{aligned}$$

上面利用了式(3.3.14)。也可以采用递推方法，利用式(3.3.17)，有

$$\begin{aligned}&p(0\mid 0)p(0\mid 0)p(1\mid 0)p(0\mid 1)p(1\mid 0)p(0\mid 1)p(0\mid 0)p(0\mid 0)\\&=\frac{0+1}{0+2}\times\frac{1+1}{1+2}\times\frac{0+1}{2+2}\times\frac{0+1}{0+2}\times\frac{1+1}{3+2}\times\frac{1+1}{1+2}\times\frac{2+1}{4+2}\times\frac{3+1}{5+2}=\frac{1}{315}\end{aligned}$$ ∎

如果一个 m 阶马氏链序列 x_1^n 未给定初态，那么利用下面的概率分解

$$\begin{aligned}p(x_1^n)&=p(x_1^m)p(x_{m+1}\mid x_1^m)p(x_{m+2}\mid x_2^{m+1})\cdots p(x_n\mid x_{n-m}^{n-1})\\&=2^{-m}\prod_{k=m+1}^{n}p(x_k\mid x_{k-m}^{k-1})=2^{-m}\prod_{k=m+1}^{n}\frac{n_{i_k|j_k}(x_{k-m}^{k-1})+1}{n_{j_k}(x_{k-m}^{k-1})+2}\end{aligned} \tag{3.3.18}$$

这里对初始序列 x_1^m 按等概率估计。

例 3.3.4　估计一阶马氏链序列 00101000 的概率。

解　根据式(3.3.18)，有

$$\begin{aligned}p(00101000)&=2^{-1}p(0|0)p(1|0)p(0|1)p(1|0)p(0|1)p(0|0)p(0|0)\\&=\frac{1}{2}\times\frac{0+1}{0+2}\times\frac{0+1}{1+2}\times\frac{0+1}{0+2}\times\frac{1+1}{2+2}\times\frac{1+1}{1+2}\times\frac{1+1}{3+2}\times\frac{2+1}{4+2}=\frac{1}{360}\end{aligned}$$ ∎

3.3.3　序列概率的 K-T 估计

如果选择 θ 的先验概率不是均匀分布，而是在[0,1]区间满足(1/2,1/2)的 Dirichlet 分布，用此概率对式(3.3.1)进行平均，就得到序列概率的 Krichevcky-Trofimov 估计(以下简称 K-T 估计)。对于一个含 a (≥0)个“0”和 b(≥0)个“1”的无记忆信源序列 x_1^n，K-T 估计的概率定义为

$$p_{\mathrm{KT}}(a,b)=\int_0^1\frac{1}{\pi\sqrt{(1-\theta)\theta}}(1-\theta)^a\theta^b\,\mathrm{d}\theta \tag{3.3.19}$$

利用 B 函数的定义和 Γ 函数的性质，$\Gamma(x+1)=x\Gamma(x)$，$\Gamma(1/2)=\sqrt{\pi}$，得

$$p_{\mathrm{KT}}(a,b)=\frac{\Gamma(a+1/2)\Gamma(b+1/2)}{n!\ \Gamma(1/2)^2} \tag{3.3.20}$$

或

$$p_{\mathrm{KT}}(a,b)=\frac{(1/2)\cdots(a-1/2)\cdot(1/2)\cdots(b-1/2)}{1\cdot 2\cdots n} \tag{3.3.21}$$

K-T 估计具有如下性质。

(1) 在 $p_{\mathrm{KT}}(0,0)=1$ 的条件下，可以按下面公式递推计算：

$$p_{\mathrm{KT}}(a+1,b)=\frac{a+1/2}{n+1}p_{\mathrm{KT}}(a,b) \tag{3.3.22}$$

$$p_{\mathrm{KT}}(a,b+1)=\frac{b+1/2}{n+1}p_{\mathrm{KT}}(a,b) \tag{3.3.23}$$

(2) 可以证明

$$\log\frac{(1-\theta)^a\theta^b}{p_{\mathrm{KT}}(a,b)}\leqslant\frac{1}{2}\log n+1 \tag{3.3.24}$$

上式表明，用 K-T 估计进行最佳编码的剩余度接近表示信源序列长度所需比特数的一半。如果 $a+b=1\,024$，那么编码的剩余度不超过 6。同时从式(3.3.22)、式(3.3.23)还可以得到如下条件概率：

$$p_{\mathrm{KT}}(x_{n+1}\mid x_1^n)=\frac{m(x_{n+1})+1/2}{n+1} \tag{3.3.25}$$

还可以得到类似于式(3.3.16)的序列 K-T 估计：

$$p_{\mathrm{KT}}(x_1^n=a_{i_1}a_{i_2}\cdots a_{i_k}\cdots a_{i_n}\mid s_{j_1})=\prod_{k=1}^{n}\frac{n_{i_k\mid j_k}(x_1^{k-1})+1/2}{n_{j_k}(x_1^{k-1})+1} \tag{3.3.26}$$

如果一个 m 阶马氏链序列 x_1^n 未给定初态，那么利用类似式(3.3.18)概率分解，可得序列 K-T 估计

$$p_{\mathrm{KT}}(x_1^n)=2^{-m}\prod_{k=m+1}^{n}\frac{n_{i_k\mid j_k}(x_{k-m}^{k-1})+1/2}{n_{j_k}(x_{k-m}^{k-1})+1} \tag{3.3.27}$$

例 3.3.5 若序列 0011110111 为一阶马氏链，初始状态为 0，试用 K-T 估计计算序列的概率。

解 根据(3.3.21)，有

$$\begin{aligned}p_{\mathrm{KT}}(0011110111\mid 0)&=p(0\mid 0)p(0\mid 0)p(1\mid 0)p(1\mid 1)p(1\mid 1)p(1\mid 1)p(0\mid 1)p(1\mid 0)p(1\mid 1)p(1\mid 1)\\&=[p(0\mid 0)^2p(1\mid 0)^2][p(1\mid 1)^5p(0\mid 1)]\\&=\frac{(1/2)(3/2)(1/2)(3/2)}{(2+2)!}\times\frac{(1/2)(3/2)(5/2)(7/2)(9/2)(1/2)}{(5+1)!}=\frac{63}{2^{17}}\end{aligned}$$

利用式(3.3.26)，有

$$p_{\mathrm{KT}}(0\mid 0)p(0\mid 0)p(1\mid 0)p(1\mid 1)p(1\mid 1)p(1\mid 1)p(0\mid 1)p(1\mid 0)p(1\mid 1)p(1\mid 1)$$

$$=\frac{0+1/2}{0+1}\times\frac{1+1/2}{1+1}\times\frac{0+1/2}{2+1}\times\frac{0+1/2}{0+1}\times\frac{1+1/2}{1+1}\times\frac{2+1/2}{2+1}\times$$

$$\frac{0+1/2}{3+1}\times\frac{1+1/2}{3+1}\times\frac{3+1/2}{4+1}\times\frac{4+1/2}{5+1}$$

$$=\frac{63}{2^{17}}\ \blacksquare$$

3.4　分组编码

3.4.1　概述

设信源 X 符号集为 $A=\{a_1,\cdots,a_q\}$，概率矢量为 $\boldsymbol{p}=(p_1,\cdots,p_q)$，码符号集为 $B=\{b_1,\cdots,b_r\}$。如前所述，分组码将信源字映射成码字。如果一个码中各码字都不相同，则称非奇异码；否则称奇异码。为使编码不失真，唯一可译性是必要的。如果任何有限长信源序列所对应的码序列都不与其他信源序列所对应的码序列重合，则称为唯一可译码。因此对于唯一可译码，任何不同有限长度消息序列不会生成相同的码序列，这种性质称为唯一可译性。很明显，要想实现无失真编码，必须要求分组码具有非奇异性和唯一可译性。非奇异性是唯一可译性的必要条件，但不是充分条件。很明显，非奇异码字总能与码树建立一一对应的关系。

如果在译码过程中只要接收到每个码字的最后一个符号就可立即将该码字译出，则这种码称即时码；否则为非即时码。即时码的优点是译码延迟小。

设 $\boldsymbol{x}_k$ 为长度为 k 的码字，即 $\boldsymbol{x}_k=(x_1,\cdots,x_k)$，称 $x_1x_2\cdots x_j(1\leqslant j<k)$ 为 $\boldsymbol{x}_k$ 的前置（或前缀）。如果一个码中无任何码字是其他码字的前置，那么该码称为异前置码（或前缀条件码）。很明显，异前置码是唯一可译码，而且异前置码与即时码是等价的。如果用一个特定的码符号表示所有码字的结尾，那么该码称为逗号码（COMMA Code）。逗号码是一种变长码，也是唯一可译码。

在编、译码方面变长码与定长码有如下主要差别。

① 为达到高的编码效率，定长码要求对很长的信源序列进行编码，编码器难以实现；而变长码无须很长的信源序列，编码器易于实现。

② 对于等长码，只要非奇异，就唯一可译；而对于变长码，仅满足非奇异条件还不够。

③ 变长码编码速率是变化的，故需要在编码后和译码前设置缓冲器；而定长码编码速率恒定，无须缓冲器。

④ 定长码码长已知，容易同步；变长码码长可变，终点不定，同步受误码影响大；但逗号码利于同步，可减少处理量。

⑤ 定长码无差错传播，而变长码容易产生差错传播。

经典的信源编码方法需要知道信源符号的概率，这种编码方式称概率匹配编码。但预先知道信源概率分布有时是很困难的，可对信源符号概率进行估计实现编码，但也可不利用符号概率而用其他方法实现编码。这类编码都属于通用编码的范畴。

3.4.2　定长码

如前所述，对于定长码，只要非奇异就唯一可译。这就要求码字数不能少于需要编码信源的序列的个数。如果采用单信源符号编码，那么唯一可译条件为 $q\leqslant r^l$，其中 l 为码长。如果从 q 个信源符号中独立地取 N 个符号构成消息，编成长度为 l 的码字，那么码字数 r^l 不能少于消息序列数 q^N，即唯一可译条件为

$$q^N\leqslant r^l \text{ 或 } l/N\geqslant \log q/\log r \tag{3.4.1}$$

其中，l/N 为平均每个信源符号所需码符号数。

例如，英文字母有26个，加1个空格，可看成共27个符号的信源。如对单符号进行编码，由式(3.4.1)，得 $27\leqslant 2^l$，则每信源符号所需二进码符号数为 $l\geqslant \log 27=4.755$，可取 $l\geqslant 5$。但为提高传输效率，每信源符号所需二进码符号数可以远小于上面的值，理想情况下可以压缩到接近信源的熵(1.4 bit 左右)。

定理3.4.1 设 X 为一离散无记忆信源，那么任意给定 $\varepsilon>0,\delta>0$，总能找到一个正整数 N_0，使得任何长度为 $N\geqslant N_0$ 的信源序列都可分成两组 G_1、G_2，且 G_1 组中序列 $\boldsymbol{x}$ 出现的概率 $p(\boldsymbol{x})$ 满足：

$$|N^{-1}\log p(\boldsymbol{x})+H(X)|<\delta \tag{3.4.2}$$

而 G_2 组内所有序列出现概率之和小于 ε，即

$$p\{\boldsymbol{x}:|N^{-1}\log p(\boldsymbol{x})+H(X)|\geqslant\delta\}<\varepsilon \tag{3.4.3}$$

其中，$-N^{-1}\log p(\boldsymbol{x})$ 称为序列 $\boldsymbol{x}$ 的经验熵；$H(X)$ 为信源的熵。

对于离散平稳遍历信源也有类似结论，即

$$p\{\boldsymbol{x}:|N^{-1}\log p(\boldsymbol{x})+H_\infty(X)|\geqslant\delta\}<\varepsilon \tag{3.4.4}$$

其中，$H_\infty(x)$ 为信源的熵率。

1. 弱典型性

由式(3.4.3)得到

$$p\{\boldsymbol{x}:|N^{-1}\log p(\boldsymbol{x})+H(X)|<\delta\}>1-\varepsilon \tag{3.4.5}$$

G_1 中序列满足式(3.4.5)，称为弱典型序列，而 G_2 中序列称非典型序列。对于弱典型序列，有如下结论：

$$-N^{-1}\log p(\boldsymbol{x})\to H(X)\text{(依概率收敛)} \tag{3.4.6}$$

$$2^{-N[H(X)+\delta]}<p(\boldsymbol{x})<2^{-N[H(X)-\delta]} \tag{3.4.7}$$

$$(1-\varepsilon)2^{N[H(X)-\delta]}<N_G<2^{N[H(X)+\delta]} \tag{3.4.8}$$

其中，N_G 为 G_1 中序列的个数。式(3.4.5)或式(3.4.6)～式(3.4.8)称为弱渐进均分特性(Weak Asymptotic Equipartition Property，Weak AEP)。

当 ε、δ 取值很小时(N 要求很大)，对于弱典型序列有，$N_G\approx 2^{NH(X)}$，$p(x)\approx 2^{-NH(X)}$。渐进均分特性的含义就是：当长度 N 足够大时，

(1) 对于弱典型序列，经验熵依概率收敛于信源的熵，概率接近相等为 $2^{-NH(X)}$，序列总数近似为 $2^{NH(X)}$；

(2) 对于非典型序列，出现的概率接近为零。

2. 强典型性

如各信源符号出现的次数符合大数定律，称强典型序列，具体定义如下：设信源序列 $\boldsymbol{x}$ 中含符号 a_i 的个数为 $n_i(\boldsymbol{x})$，那么满足

$$\sum_i |N^{-1}n_i(\boldsymbol{x})-p_i|\leqslant\delta \tag{3.4.9}$$

的序列称为强典型序列。

可以证明有如下结论：

(1) 满足强典型性的序列满足弱典型性，反之不成立；

(2) 相对于弱典型性，强典型性可以得到更强的结果；

(3) 强典型性只适用于有限符号集信源；

(4) 典型序列的个数与序列总数相比很少。

以上结论给了我们这样的启示：设信源序列数为 q^N，编码序列数为 r^l。如果每信源序列都至少要有一个码字，即需要 $r^l \geqslant q^N$。但是，随着信源序列长度的增加，基本上是典型序列出现，这样我们仅考虑对典型序列的编码，所以实际需要 $r^l \geqslant 2^{NH(X)}$ 个码字。而当信源的熵小于 $\log_2 q$ 时，就会使得码字的长度 l 减小。

对于强典型序列，式(3.4.6)也成立，可以用组合论的方法来证明。现取 N 个信源符号，当 N 趋于无限时，根据大数定律，在这 N 个符号中，符号 a_i 有 Np_i 个，$i=1,\cdots,q$。这种典型序列有 M 种不同的排列：

$$M = \frac{N!}{\prod_{i=1}^{q}(Np_i)!} \tag{3.4.10}$$

因典型序列接近等概率，故每符号所含信息量为 $l=N^{-1}\log_2 M$。利用斯特灵公式 $x! \approx (x/\mathrm{e})^x \sqrt{2\pi x}$，可得

$$l = -\sum_{i=1}^{q} p_i \log p_i - (2N)^{-1}(q-1)\log(2\pi N) + \sum_{i=1}^{q} \log p_i$$

所以

$$\lim_{N\to\infty} l = -\sum_{i=1}^{q} p_i \log p_i = H(X) \tag{3.4.11}$$

从而有，$M \sim 2^{NH(X)}$。

3.4.3　变长码

如前所述，变长码可用非全码树来描述。异前置码是最重要的变长码，也可用码树来描述。异前置码树有这样的特点，即只有端点(树叶)对应码字，从而要求对应码字的端点与根之间不能有其他的节点作为码字，端点也不能向上延伸再构成新码字。

定理 3.4.2　(Kraft 定理)若信源符号数为 q，码符号数为 r，对信源符号进行编码，相应码长度为 $l_1 \cdots l_q$，则异前置码存在的充要条件是：

$$\sum_{i=1}^{q} r^{-l_i} \leqslant 1 (\text{Kraft 不等式}) \tag{3.4.12}$$

对于唯一可译码，通过 Kraft 不等式可以建立概率和码长之间一一对应的关系。因为，若给定唯一可译码的一组码长 $l_1 \cdots l_q$，就可构造一组概率分布 $p_i = r^{-l_i} / \sum_{j=1}^{q} r^{-l_j}$，$i=1,\cdots,q$，使得 $\sum_{i=1}^{q} p_i = 1$；反之，若给定一组概率分布 $p_1,\cdots,p_q$，就存在唯一可译码，取其对应码长为 $l_i = \lceil -\log p_i \rceil$，则码长满足 Kraft 不等式。

定理 3.4.3　(McMillan 定理)若一个码是唯一可译码且码长为 $l_1 \cdots l_q$，则码长必满足 Kraft 不等式，即 $\sum_{i=1}^{q} r^{-l_i} \leqslant 1$，其中，$q$ 和 r 分别为信源符号数和码符号数。

由于变长码的各码字的长度不完全相同，为研究编码的有效性，必须计算平均码长。单信源符号编码的平均码长定义为

$$\bar{l} = \sum_{k=1}^{q} p_k l_k \tag{3.4.13}$$

其中，p_k 为信源符号 a_k 的概率，l_k 为 a_k 的编码长度。平均码长表示平均每个信源符号所需码

符号的个数。对于定长码，平均码长就是码字的长度，即 $\bar{l}=l$。假如用 N 次扩展源编码，p_k 为信源序列 $\boldsymbol{x}_k$ 的概率，l_k 为 $\boldsymbol{x}_k$ 编码长度，那么原信源符号平均码长为

$$\bar{l} = N^{-1}\sum_{k=1}^{q^N} p_k l_k \tag{3.4.14}$$

3.4.4 变长消息的编码

如前所述，除定长码和变长码之外，还有变长到定长和变长到变长的编码，我们统称变长消息的编码。在通信系统中，为便于存储和传输，常常采用同步方式，这样可以不设置缓冲器，而且为可靠传输，也应尽量避免差错传播。所有这些要求只能将信源序列编成等长码才能实现。为实现等长码编码，信源字可以是等长的，也可以是变长的。但采用等长信源字，需要的长度相当长才能得到高的编码效率。所以从压缩的角度看，等长(信源字)到等长(码字)的编码并不实用。而信源字变长到码字等长(变长到定长)的信源编码正在受到人们的重视，其编码系统原理如图 3.4.1 所示。图中，离散无记忆信源(DMS)发出的序列被消息分组器按某种原则分成长度不完全相同的消息分组(简称消息)，这些消息构成一个消息集合(或称消息集)A。编码时，半无限信源符号序列源源不断地进入信源分组器的存储器，每当存储的信源序列前缀构成一个有效消息(A 中的元素)时，该前缀便从存储器中输出进入编码器，然后在存储器中形成新的信源序列，这就完成了消息的一次划分。分组器通过这样的多次划分将信源序列分成消息序列，编码器再将消息序列编成码序列，其中 A 中的每个消息都编成长度相同的码字。如果采用 D 进制的编码，码字长度都为 N，那么码字数为 D^N。

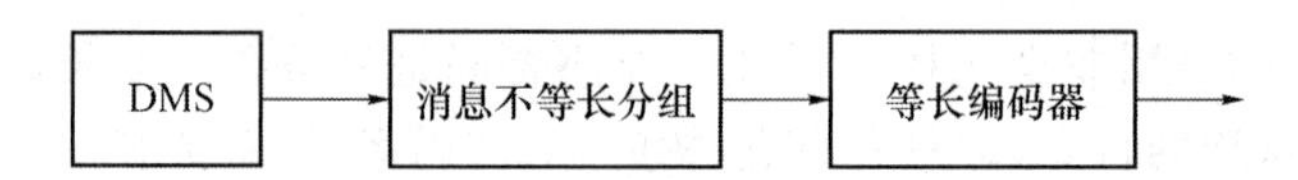

图 3.4.1　变长到定长码信源编码原理图

编码器要解决的问题首先是，信源分组的原则必须要将信源序列分解成唯一的消息组合，这就是唯一可分性。要求消息集 A 具有完备性，即对于任何足够长的半无限信源序列 $x_1,x_2,\cdots$ 都有消息集中的某消息作为其前置。因此，只有完备消息集才能对信源序列进行划分。例如，对于 0、1 二元序列，消息集 $A=\{0,10,11\}$ 是完备的，而消息集 $B=\{0,10\}$ 是不完备的。除完备性外，消息集还应该使信源序列唯一可分。例如消息集 $C=\{0,1,10,11\}$ 虽然完备，但对于某些信源序列，可能有两个前置 1 和 11，从而使划分不唯一。

如果完备消息集中的元素满足异前置性，即消息集中任何消息都不是其他消息的前置，那么就可以实现信源序列的唯一划分。这种消息集称为适定消息集。适定消息集可以通过一个有根多进制树的满树来实现，其中的树叶与消息相对应。所以满树中所有树叶对应的消息就构成满足上述要求的适定消息集。

应注意，适定消息集并不是信源序列能够唯一划分的必要条件，完备消息集如果加上某些其他划分原则，也可以实现信源序列的唯一划分。例如，利用上面的消息集 C，并且加上划分原则“若信源序列在消息集中有多于一个的前缀，则选取最长前缀作为消息”，那么也可实现唯一划分。

例 3.4.1　一个 3 元信源，符号集为 $\{a,b,c\}$，有 3 个消息树，其中的大黑点表示消息序列，

判断这些树构成消息集的完备性和适定性，以及能否实现信源序列的唯一划分。

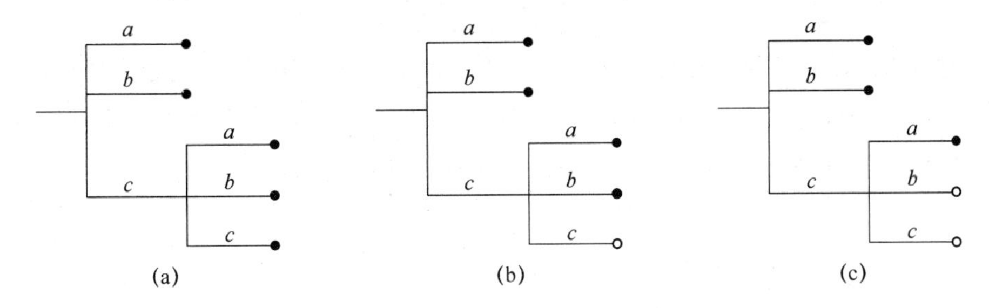

图 3.4.2　3 个消息树

解　(a) 是适定消息集，因为是 3 进制满树，叶都代表消息；能实现信源序列的唯一划分。

(b) 不是适定消息集，因不是满树；不能实现信源序列的划分(不含消息 cc)。

(c) 是完备消息集，但不是适定消息集；加上“选取最长前缀作消息”的原则，可实现信源序列的唯一划分。■

设消息集合为 V，消息树中的树叶代表 DMS 发出的消息，因此树的叶熵就是消息熵，即

$$H_{\text{leaf}}=H(V) \tag{3.4.15}$$

例 3.4.2　设三元 DMS 的符号概率分别为 $p(a)=0.1, p(b)=0.3, p(c)=0.6$，求图 3.4.3 消息树各节点的分支熵和叶熵。

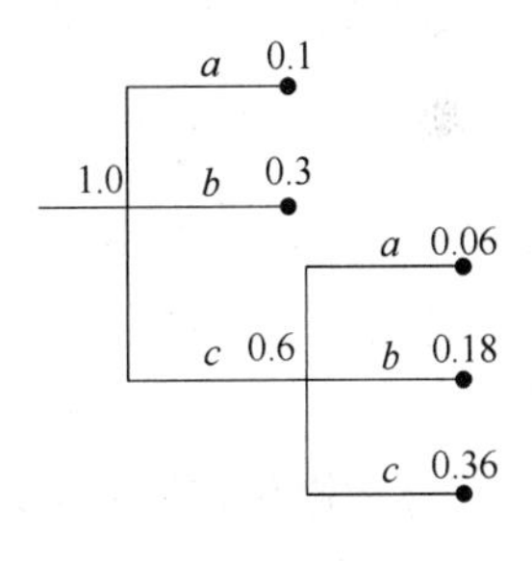

图 3.4.3　消息树

解　树中所有的节点的分支熵都等于 $H(X)=H(0.1, 0.3, 0.6)=1.295\,5$ bit

叶熵 $H(V)=H(X)\sum_i P_i=(1+0.6)\times 1.295\,5=2.072\,7$ bit■

定理 3.4.4　一个熵为 $H(X)$ 的 K 元 DMS 的适定消息集的熵 $H(V)$ 满足

$$H(V)=E(Y)H(X) \tag{3.4.16}$$

其中，$E(Y)$ 为消息的平均长度。

证　根据路径长引理。■

例 3.4.3　(例 3.4.2 续)求消息的平均长度和熵。

解　由路径长引理，消息的平均长度为

$$E(Y)=1+0.6=1.6$$

消息的熵就是消息树的叶熵，为

$$H(V)=2.072\,7\text{ bit}$$ ■

设消息序列的长度可变，平均消息长度为 $E(Y)$，编码长度可变，平均编码长度为 $E(W)$，那么 $E(W)/E(Y)$ 便是每信源字母的平均码符号数，也就是码率，即

$$R=E(W)/E(Y) \tag{3.4.17}$$

因为编码器的基本问题就是压缩码率，所以我们总是希望 R 尽量小。

3.5　无失真信源编码定理

定理 3.5.1　(定长码信源编码定理)设离散无记忆信源(DMS)X 的熵为 $H(X)$，码符号

集的符号数为 r，将长度为 N 的信源序列编成长度为 l 的码序列。只要满足：

$$(l/N)\log r \geqslant H(X)+\delta \tag{3.5.1}$$

则当 N 足够大时，译码差错可以任意小（$<\varepsilon$）；若上述不等式不满足，肯定会出现译码差错。

定理 3.5.2 （单符号信源变长码编码定理）给定熵为 $H(X)$ 的离散无记忆信源 X，用 r 元码符号集对单信源符号进行编码，则存在唯一可译码，其平均码长 $\bar{l}$ 满足：

$$\frac{H(X)}{\log r} \leqslant \bar{l} < \frac{H(X)}{\log r}+1 \tag{3.5.2}$$

其中，对任何唯一可译码都必须满足左边不等式。

式(3.5.2)左边的不等式可以利用定理 3.4.3 证明，而右边的不等式可以通过将信源符号编成码长为 $l_i=\lceil -\log p_i \rceil$ 的香农码来实现。

定理 3.5.3 （有限序列信源变长码编码定理）若对长度为 N 的离散无记忆信源 X 的序列进行编码，则存在唯一可译码，且使每信源符号平均码长满足

$$\frac{H(X)}{\log r} \leqslant \bar{l} < \frac{H(X)}{\log r}+\frac{1}{N} \tag{3.5.3}$$

而且对任何唯一可译码左边不等式都要满足。

定理 3.5.4 （平稳遍历信源变长码编码定理）对于离散平稳遍历马氏源 X，有

$$\frac{H_\infty(X)}{\log r} \leqslant \bar{l} < \frac{H_\infty(X)}{\log r}+\frac{1}{N} \tag{3.5.4}$$

其中，$H_\infty(X)$ 为信源的熵率。

根据上面的定理可知，设序列 $\boldsymbol{x}$ 的实际概率为 $p(\boldsymbol{x})$，如果忽略码长的整数约束，对 $\boldsymbol{x}$ 编码的码长取 $l_p(\boldsymbol{x})=-\log p(\boldsymbol{x})$，就可使平均码长 $E_p l(\boldsymbol{x})$ 最小。如果选择其他的概率，设为 $q(\boldsymbol{x})$，所对应的码长为 $l(\boldsymbol{x})$，就有 $l(\boldsymbol{x})-l_p(\boldsymbol{x})=-\log q(\boldsymbol{x})+\log p(\boldsymbol{x})=\log[p(\boldsymbol{x})/q(\boldsymbol{x})]$，而

$$E_p[l(\boldsymbol{x})-l_p(\boldsymbol{x})]=E_p\{\log[p(\boldsymbol{x})/q(\boldsymbol{x})]\}=D(p\|q)\geqslant 0 \tag{3.5.5}$$

因此，当序列 $\boldsymbol{x}$ 给定时，香农码长

$$l_p(\boldsymbol{x})=-\log p(\boldsymbol{x}) \tag{3.5.6}$$

是最佳的，称 $l_p(\boldsymbol{x})$ 为最佳或理想码长，而 $D(p\|q)$ 是由于缺乏 p 的知识而使用 q 编码时的平均码长的增加值，也就是编码付出的额外代价。

定理 3.5.5 （变长到变长码信源编码定理，DMS 编码定理的一般逆）对一个 DMS 的适定消息集编成 r 进制的异前置码，平均码长 $E(W)$ 与平均消息长度 $E(Y)$ 的比满足

$$\frac{E(W)}{E(Y)} \geqslant \frac{H(X)}{\log r} \tag{3.5.7}$$

其中，$H(X)$ 为信源的熵。实际上，消息集的熵 $H(V)$ 由式 (3.4.16)确定，而对于唯一可译码，有 $E(W)\log r \geqslant H(V)$，两者结合得到式(3.5.7)。式中，$E(W)/E(Y)$ 表示平均码率，即每信源符号所需码符号的平均数。注意不用 $E(W/Y)$ 表示平均码率。

下面是与信源编码器有关的编码参数。

(1) 码率

变长码和定长码：

$$R=\bar{l}\log r \tag{3.5.8}$$

变长到定(变)长码：

$$R=\bar{l}\log r/E(Y) \tag{3.5.9}$$

信息传输速率：

$$R'=\frac{H(X)}{\bar{l}} \tag{3.5.10}$$

编码效率：
$$\eta=\frac{H(X)}{R}=\frac{R'}{\log r} \tag{3.5.11}$$

(2) 编码剩余度

单独剩余度：
$$\rho=l(\boldsymbol{x})-\log(1/p(\boldsymbol{x})) \tag{3.5.12}$$

平均剩余度：
$$\rho=\bar{l}(\boldsymbol{x})-H(X^N) \tag{3.5.13}$$

每符号剩余度：
$$\rho'=N^{-1}[\bar{l}(\boldsymbol{x})-H(X^N)] \tag{3.5.14}$$

几点注释：

(1) $R\geqslant H(X)$，对所有唯一可译码都要满足；

(2) 当 $R=H(X)$时，$\eta=1$，此时每码元平均所带信息量为 $H(X)/\bar{l}=\log r$，所以码元符号独立且等概率；

(3) 对长度足够长的信源序列进行编码，码率可以任意接近信源的熵。

对前面的若干定理进行总结，得到如下无失真信源编码定理，也称香农第一定理。

定理 3.5.6 （无失真信源编码定理，香农第一定理）若信源编码码率（即编码后传送一个信源符号平均所需比特数）不小于信源的熵，就存在无失真编码；反之，就不存在无失真编码，可以简述为

$$R\geqslant H\Leftrightarrow \text{存在无失真信源编码} \tag{3.5.15}$$

其中，R 为码率，H 为信源单符号熵或熵率（对于有记忆信源）。

定理的几点含义：

(1) 存在 $R\geqslant H$ 的无失真信源编码（例如，可以构造码率为 R 的香农码）；

(2) H 是无损压缩码率下界，只要信源序列足够长，这个下界是可达的（例如，可以构造 N 次扩展源的香农码，令 $N\to\infty$）；

(3) 不存在 $R<H$ 的无失真信源编码。

上面(1)、(2)构成正定理的内容，而(3)构成逆定理的内容。

3.6 通用无损压缩理论基础

前面介绍的熵编码需要知道信源符号概率，而在一般情况下信源符号概率是未知的。在未知或部分已知信源统计特性条件下的渐近最佳信源编码称为通用信源编码。对于通用无损压缩，所谓渐近最佳是指当消息序列足够长时，编码码率收敛于信源的熵，编码剩余度趋近于零。所以编码剩余度是评价通用编码性能的首要指标，它是信源序列长度的函数。对于有限长消息序列，通用编码剩余度不为零，这是由于信源特性未知编码所付出的代价。通常对于同一信源，可能存在多种通用编码方法，也有不同的编码剩余度收敛速度。收敛速度快，说明编码器对有限长消息序列压缩性能好，所以收敛速度也是通用编码器性能的指标之一。本节介绍无损通用信源编码的基本知识，主要包括通用编码的定义、最佳通用编码的概念、通用编码剩余度的下界以及最小描述长度原理等。

3.6.1 通用编码的基本概念

首先应该明确，通用编码的概念并不是指某种编码算法通用于所有类型的信源，而仅仅是

通用于某一类信源。设这类信源是平稳遍历的，具有有限符号集 A，其概率特性受某未知参数 $\theta(\theta\in\Theta)$ 的影响，θ 是连续或离散随机变量或矢量，概率密度或概率为 $w(\theta)$，取值空间为 Λ，信源以条件概率 $p(x_1^n|\theta)$ 输出长度为 n 的消息序列 x_1^n。这类信源可视为一个概率参数族，$M_k=\{p_k(x_1^n|\theta):\theta\in\Theta_k\subset R^{d_k}\}$，称为模型类，其中，$d_k$ 为第 k 个信源参数的维数。对每个 θ，满足归一化条件 $\sum\limits_{x_1^n}p_k(x_1^n\mid\theta)=1$。序列 x_1^n 的概率为

$$p(x_1^n)=\int_\Lambda p(x_1^n\mid\theta)w(\theta)\mathrm{d}\theta \tag{3.6.1}$$

这种概率称为混合概率，它可能不代表一个真实的概率。对每一个 θ 定义条件熵为

$$H(\boldsymbol{X}^n\mid\theta)=-\sum_{x_1^n}p(x_1^n\mid\theta)\log p(x_1^n\mid\theta) \tag{3.6.2}$$

通用编码的性能用编码剩余度来描述，此值越小说明压缩性能越好。设消息序列 x_1^n 的实际概率为 $p(x_1^n|\theta)$，但因其未知，而实际选择 $q(x_1^n)$ 作为编码概率，该编码记为 $C(x_1^n)$（可简记为 C_n），如果使用熵编码且信源序列足够长时，对应的码长 $l(x_1^n)=-\log q(x_1^n)$，而理想码长为 $-\log p(x_1^n|\theta)$。

单独编码剩余度或逐点剩余度定义为实际码长与理想码长之差，即

$$\rho_n(C_n,\theta)=l(x_1^n)-\log[1/p(x_1^n|\theta)]=\log[p(x_1^n|\theta)/q(x_1^n)] \tag{3.6.3}$$

条件平均码长为

$$\bar{l}(x_1^n\mid\theta)=\sum_{x_1^n}l(x_1^n)p(x_1^n\mid\theta)=-\sum_{x_1^n}p(x_1^n\mid\theta)\log q(x_1^n) \tag{3.6.4}$$

条件平均编码剩余度定义为

$$\begin{aligned}\bar{\rho}_n(C_n,\theta)&=\bar{l}(x_1^n\mid\theta)-H(\boldsymbol{X}^n\mid\theta)\\&=\sum_{x_1^n}p(x_1^n\mid\theta)\log[p(x_1^n\mid\theta)/q(x_1^n)]=D(P_\theta\parallel Q)\end{aligned} \tag{3.6.5}$$

其中，$P_\theta=\{p(x_1^n|\theta):x_1^n\in A^n\}$，$Q=\{q(x_1^n):x_1^n\in A^n\}$。

最小平均编码剩余度，也称贝叶斯剩余度，定义为

$$\bar{\rho}_n(w)=\min_q\bar{\rho}_n(C_n,w)=\min_q\int_\Lambda\bar{\rho}_n(C_n,\theta)w(\theta)\mathrm{d}\theta \tag{3.6.6}$$

最坏情况的贝叶斯剩余度为

$$\bar{\rho}_n^*=\max_w\bar{\rho}_n(w)=\max_w\min_q\bar{\rho}_n(C_n,w) \tag{3.6.7}$$

若剩余度函数序列以概率 1 有 $n^{-1}\rho_n(C_n,\theta)\to0$，则称 $C_n(x_1^n)$ 为逐点通用编码；若剩余度函数序列 $n^{-1}\bar{\rho}_n(C_n,\theta)\to0$，则称 $C_n(x_1^n)$ 为弱通用编码；若 $n^{-1}\bar{\rho}_n(C_n,\theta)$ 均匀收敛或 $n^{-1}\max\limits_{x_1^n\in A^n}\rho_n(C_n,\theta)$ 收敛到 0，则称 $C_n(x_1^n)$ 为强通用编码。

实际上，对于同一类信源，满足以上通用条件的编码不止一种，这就提出一个在多种通用编码中如何选择最佳编码的问题。我们看到，编码剩余度与参数 θ、序列 x_1^n 以及 $q(x_1^n)$ 有关，前两项为客观因素，后一项为编码器的主观因素。这就是说，θ 和 x_1^n 是客观存在而不是由编码器选择的，而 $q(x_1^n)$ 是由编码器选择的。通用信源编码也可以视为压缩器与扩张器的博弈。对每一种压缩编码概率函数 $q(\boldsymbol{x})$，扩张器都可能选择一参数 θ（或 x_1^n）使得编码剩余度最大，设为 $\bar{\rho}_n(q(x_1^n))$；但最佳压缩器应最终选择 $q(x_1^n)$ 使得 $\bar{\rho}_n(q(x_1^n))$ 最小，这种思路与最小最大风险决策是相同的。因此满足最小最大剩余度原则的编码器是最佳的，是在最坏客观情况下能

所争取到最好结果的编码器。

在强通用编码中,可用多种形式来定义编码剩余度。

最坏情况最大剩余度定义为

$$\rho^{*}(C_n)=\max_{\theta\in\Lambda}\max_{x_1^n\in A^n}\rho_n(C_n,\theta) \tag{3.6.8}$$

最坏情况平均剩余度定义为

$$\bar{\rho}(C_n)=\max_{\theta\in\Lambda}\bar{\rho}_n(C_n,\theta) \tag{3.6.9}$$

最小最坏情况最大剩余度为

$$\begin{aligned}\rho_n^{*} &= \min_q \rho^{*}(C_n) = \min_q \max_{\theta\in\Lambda}\max_{x_1^n\in A^n}\rho_n(C_n,\theta)\\ &= \min_q \max_{\theta\in\Lambda}\max_{x_1^n\in A^n}\log[p(x_1^n\mid\theta)/q(x_1^n)]\end{aligned} \tag{3.6.10}$$

最小最坏情况平均剩余度为

$$\begin{aligned}\bar{\rho}_n &= \min_q \bar{\rho}(C_n) = \min_q \max_{\theta\in\Lambda}\bar{\rho}_n(C_n,\theta)\\ &= \min_q \max_{\theta\in\Lambda} D(P_\theta\parallel Q)\end{aligned} \tag{3.6.11}$$

根据以上有关公式,可以推出

$$\bar{\rho}_n^{*}\leqslant\bar{\rho}_n\leqslant\rho_n^{*} \tag{3.6.12}$$

式(3.6.10)和式(3.6.11)表明,在取遍所有参数值 θ 的最坏情况下取遍所有编码系统 q 所得的最小值,即对于任何编码在最坏情况下的最大或平均剩余度都不会比式(3.6.10)和式(3.6.11)所表示的小,也就是说,满足式(3.6.10)和式(3.6.11)的编码概率是最佳的。实际上,最坏情况不一定发生,所以使用最佳编码器所得到的压缩效果不会比最小最大平均剩余度差。

用最小最大剩余度的概念可对最佳通用编码做如下描述。

对于某一类的信源,存在每符号最大或平均剩余度均匀收敛到 0 的强通用编码的充要条件是

$$\lim_{n\to\infty}n^{-1}\rho_n^{*}=0 \tag{3.6.13}$$

或

$$\lim_{n\to\infty}n^{-1}\bar{\rho}_n=0 \tag{3.6.14}$$

满足式(3.6.13)或式(3.6.14)的编码也称强最小最大通用编码。如果对于每一个 $\theta\in\Lambda$,剩余度函数序列 $n^{-1}\bar{\rho}_n(C,\theta)\to 0$,即满足

$$\min_{C_n}\max_{\theta\in\Lambda}\lim_{n\to\infty}n^{-1}\bar{\rho}_n(C_n,\theta)=0 \tag{3.6.15}$$

则称为弱最小最大通用编码。注意,式(3.6.13)或式(3.6.14)的条件强于式(3.6.15)的条件。弱最小最大通用编码存在并不意味着强最小最大通用编码存在。

满足最佳强通用编码的例子是存在的,例如,对于给定的概率函数 $p(x_1^n|\theta)$,所对应的香农码可以达到式(3.6.10)和式(3.6.11)的最小值。

在通用编码系统中,由于信源特性未知,编码器需要向译码器传送信源参数。有两种编码方式可以使译码器获取信源参数。第一种编码方式是成块处理压缩数据,在数据的编码序列前面加入信源参数的编码,这种编码称为两部码,其码序列由两部分组成:第一部分是模型参数的编码,第二部分是数据压缩编码。不过这种编码有两个主要缺点,一个缺点是需要对压缩数据处理两次,第一次是提取信源统计特性,第二次是编码;另一个缺点是当所处理的数据较

长时，编码器将产生较大时延。第二种编码方式是顺序处理压缩数据，编译码器设置相同的初始状态，进行同步工作。编码器每次处理一个符号，译码器通过译码后的序列提取信源的信息，所以编码器无须额外传送信源的特性信息，而且这种编码器没有附加时延。

例 3.6.1 一个二元无记忆信源，符号集为 $A=\{0,1\}$，符号 1 的概率 θ 是 $[0,1]$ 区间均匀分布的随机变量，信源输出长度为 n 的消息序列 x_1^n；试设计一种对 x_1^n 编码的两部码：第一部分是符号 1 数目的等长码，第二部分是消息序列 x_1^n 的等长码，并证明编码的通用性。

解 对于消息序列 x_1^n，条件概率 $p(x_1^n|\theta)=\theta^{n_1}(1-\theta)^{n-n_1}$，其中，$n_1$ 为消息序列中符号 1 的个数。两部码包含两部分：(1)表示符号 1 的个数 n_1（从 0 到 n），所需比特数不大于$\log_2(n+1)+1$；(2)表示含 n_1 个"1"的每条特定序列，所需比特数不大于$\log_2\binom{n}{n_1}+1$，因为具有相同 n_1 的序列的个数为$\binom{n}{n_1}$。所以条件平均码长满足

$$\begin{aligned}\bar{l}(x_1^n\mid\theta)&\leqslant\sum_{x_1^n A^N}p(x_1^n\mid\theta)\left[\log_2(n+1)+2+\log\binom{n}{n_1}\right]\\&=\log_2(n+1)+2+\sum_{n_1=0}^{n}\binom{n}{n_1}\theta^{n_1}(1-\theta)^{n-n_1}\log\binom{n}{n_1}\end{aligned}$$

$$H(\boldsymbol{X}^n\mid\theta)=-\sum_{x_1^n\in A^N}p(x_1^n\mid\theta)\log p(x_1^n\mid\theta)=-\sum_{n_1=0}^{n}\binom{n}{n_1}\theta^{n_1}(1-\theta)^{n-n_1}\log\left[\theta^{n_1}(1-\theta)^{n-n_1}\right]$$

条件编码剩余度为

$$\begin{aligned}\rho_n(C,\theta)&\leqslant\log_2(n+1)+2+\sum_{n_1=0}^{n}\binom{n}{n_1}\theta^{n_1}(1-\theta)^{n-n_1}\log\left[\binom{n}{n_1}\theta^{n_1}(1-\theta)^{n-n_1}\right]\\&=\log_2(n+1)+2-H(Y\mid\theta)\leqslant\log_2(n+1)+2\end{aligned}$$

其中，$p_Y(n_1)=\binom{n}{n_1}\theta^{n_1}(1-\theta)^{n-n_1}$，$0\leqslant n_1\leqslant n$，所以

$$\lim_{n\to\infty}\min_{C_n}\max_{\theta\in\Lambda}[n^{-1}\rho_n(C_n,\theta)]\leqslant\lim_{n\to\infty}\min_{C_N}n^{-1}[\log_2(n+1)+2]\leqslant\lim_{n\to\infty}n^{-1}[\log_2(n+1)+2]=0$$

因此，所提出的编码是强最小最大通用编码。■

3.6.2 最佳通用编码

前面定义的若干编码剩余度可以用来度量编码的压缩性能，达到最小剩余度的编码称为最佳编码。这里研究强通用编码的两种最佳编码：最小最坏情况最大剩余度编码和最小最坏情况平均剩余度编码，可以证明后者的编码剩余度又和最坏情况贝叶斯剩余度相同。

1. 最小最坏情况最大剩余度编码

根据式(3.6.8)和式(3.6.3)，有

$$\begin{aligned}\rho^*(C_n)&=\max_{\theta\in\Lambda}\max_{x_1^n\in A^n}\log[p(x_1^n\mid\theta)/q(x_1^n)]\\&=\max_{x_1^n\in A^n}\log[p(x_1^n\mid\hat{\theta})/q(x_1^n)]=\log\max_{x_1^n\in A^n}[p(x_1^n\mid\hat{\theta})/q(x_1^n)]\end{aligned}$$

$$\geqslant \log \sum_{x_1^n} q(x_1^n)[p(x_1^n \mid \hat{\theta})/q(x_1^n)] = \log \sum_{x_1^n} p(x_1^n \mid \hat{\theta})$$

其中，$\hat{\theta}=\hat{\theta}(x_1^n)$为 θ 的最大似然估计，所以 $p(x_1^n|\hat{\theta})=\max_{\theta} p(x_1^n|\theta)$。仅当

$$q(x_1^n)=q^*(x_1^n)=p(x_1^n|\hat{\theta})/C \tag{3.6.16}$$

时，上面不等式中的等号成立。$q^*(x_1^n)$称为归一化的最大似然(NML)分布，其中

$$C = C(M,n) = \sum_{x_1^n} p(x_1^n \mid \hat{\theta}) \tag{3.6.17}$$

由此可以归纳为如下定理。

定理 3.6.1　对于一个有限字母表的模型类，当编码分布为式(3.6.16)所定义归一化最大似然分布时，达到式(3.6.10)所表示的最坏情况最大剩余度的最小值，此值为

$$\rho_n^* = \log C(M,n) = \log \sum_{x_1^n} p(x_1^n \mid \hat{\theta}) \tag{3.6.18}$$

$C=C(M,n)$依赖于模型类 M 和样本空间的大小，是附加的编码代价。由于这是由未知参数而产生的，所以称为参数复杂度。对于 x_1^n 编码的最小最大码长为

$$-\log q^*(x_1^n)=-\log p(x_1^n|\hat{\theta})+\log C(M,n) \tag{3.6.19}$$

称这个最佳码长为数据相对于模型类 M 的随机复杂度。

从表面上看，似乎最小最坏情况最大剩余度问题已经解决，但 NML 分布并不对应一个实际的随机过程，不满足概率分布的一致性，这种概率估计特别不适用于算术编码。

例 3.6.2　有二元信源$\{0,1\}$，对于任何信源序列 $x_1^n\in\{0,1\}^n$，其中含 n_1 个 1，求通用编码的最小最坏情况最大逐点剩余度。

解　序列的最大似然分布为 $p(x_1^n|\hat{\theta})=(n_1/n)^{n_1}[(n-n_1)/n]^{n-n_1}$，根据式(3.6.18)，最小最坏情况最大逐点剩余度为

$$\rho_n^* = \log \sum_{n_1=0}^{n} \binom{n}{n_1} \left(\frac{n_1}{n}\right)^{n_1} \left(\frac{n-n_1}{n}\right)^{n-n_1}$$

应用斯特灵近似，有

$$\binom{n}{n_1}\left(\frac{n_1}{n}\right)^{n_1}\left(\frac{n-n_1}{n}\right)^{n-n_1} \leqslant \frac{1}{\sqrt{2\pi}}\sqrt{\frac{n}{n_1(n-n_1)}}\,e^{\frac{1}{12n+1}}$$

所以

$$\begin{aligned}\sum_{n_1=0}^{n}\binom{n}{n_1}\left(\frac{n_1}{n}\right)^{n_1}\left(\frac{n-n_1}{n}\right)^{n-n_1} &\leqslant \frac{1}{\sqrt{2\pi}}e^{\frac{1}{12n+1}}\sum_{n_1=0}^{n}\sqrt{\frac{n}{n_1(n-n_1)}} \\ &\leqslant \frac{1}{\sqrt{2\pi}}e^{\frac{1}{12n+1}}\sqrt{n}\sum_{n_1=0}^{n}\frac{1}{n}\sqrt{\frac{1}{(n_1/n)(1-n_1/n)}}\end{aligned}$$

而 $\sum_{n_1=0}^{n}\frac{1}{n}\sqrt{\frac{1}{(n_1/n)(1-n_1/n)}} \sim \int_0^1 \frac{dx}{\sqrt{x(1-x)}} = \pi$，所以

$$\rho_n^* \leqslant (1/2)\log(n\pi/2)+o(1) \ \blacksquare \tag{3.6.20}$$

对于大字母表信源，有如下结果：

$$\rho_n^* \leqslant \frac{d-1}{2}\log n+\log\frac{\Gamma(1/2)^d}{\Gamma(d/2)}+o(1) \tag{3.6.21}$$

其中,d 为信源符号集的大小。

2. 最小最大平均剩余度编码

首先考虑最坏情况贝叶斯剩余度编码。由于

$$\begin{aligned}\bar{\rho}_n(C_n,w)&=\int_\Lambda\bar{\rho}_n(C_n,\theta)w(\theta)\mathrm{d}\theta=\int_\Lambda\sum_{x_1^n}p(x_1^n\mid\theta)\log[p(x_1^n\mid\theta)/q(x_1^n)]w(\theta)\mathrm{d}\theta\\&=\int_\Lambda\sum_{x_1^n}p(x_1^n\mid\theta)\log[p(x_1^n\mid\theta)q^*(x_1^n)/(q^*(x_1^n)q(x_1^n))]w(\theta)\mathrm{d}\theta\\&=I(\Theta;\boldsymbol{X}^n)+\sum_{x_1^n}\int_\Lambda p(x_1^n\mid\theta)w(\theta)\mathrm{d}\theta\log[q^*(x_1^n)/q(x_1^n)]\\&=I(\Theta;\boldsymbol{X}^n)+D(Q^*\parallel Q)\end{aligned}\tag{3.6.22}$$

其中,$q^*(x_1^n)=\int_\Lambda p(x_1^n\mid\theta)w(\theta)\mathrm{d}\theta$。仅当 $q(x_1^n)=q^*(x_1^n)$ 时,式(3.6.22)达到最小值,所以有

$$\bar{\rho}_n(w)=\min_q\bar{\rho}_n(C_n,w)=I(\Theta;\boldsymbol{X}^n)\tag{3.6.23}$$

最坏情况的贝叶斯剩余度为

$$\bar{\rho}_n^*(w)=\max_w I(\Theta;\boldsymbol{X}^n)=C(\Theta;\boldsymbol{X}^n)\tag{3.6.24}$$

其中,$C(\Theta;X^n)=\max\limits_{w(\theta)}I(\Theta;X^n)$,表示输入连续输出离散信道$\{\theta,p(x_1^n|\theta),x_1^n\}$的信道容量,输入 θ 的概率密度为 $w_n(\theta)$,输出 x_1^n 的概率为 $q(x_1^n)$。利用对策论中最小最大定理,可以证明

$$\max_w\min_q\int_\Lambda D(P_\theta\parallel Q)w(\theta)\mathrm{d}\theta=\min_q\max_w\int_\Lambda D(P_\theta\parallel Q)w(\theta)\mathrm{d}\theta=\min_q\max_\theta D(P_\theta\parallel Q)$$

即最小最大平均剩余度与最坏情况贝叶斯剩余度相等,即

$$\bar{\rho}_n=\bar{\rho}_n^*\tag{3.6.25}$$

所以

$$C(\Theta;\boldsymbol{X}^n)=\min_q\max_\theta D(P_\theta\parallel Q)\tag{3.6.26}$$

称达到这个最小最大平均剩余度的编码分布 $q^*(x_1^n)$为最佳分布,这个最佳分布为包含 $p(x_1^n|\theta)$信息球的中心,即 $q^*(x_1^n)$与任何分布 $p(x_1^n|\theta)$的最大距离最小。

定理 3.6.2 对任何一类过程$\{p(x_1^n|\theta)\}$,存在唯一的达到式(3.6.11)最小值的分布 $q^*(x_1^n)$:

$$q^*(x_1^n)=\int p(x_1^n\mid\theta)w_n^*(\theta)\mathrm{d}\theta\tag{3.6.27}$$

其中,$w_n^*(\theta)$是达到信道$\{\theta,p(x_1^n|\theta),x_1^n\}$容量的输入分布;$q^*(x_1^n)$为对应的输出分布,称为$\{p(x_1^n|\theta)\}$信息球的质心。注意:$q^*(x_1^n)$是对 x_1^n 进行编码的一种最佳分布而不是实际的分布。

通常 $w_n(\theta)$依赖于 n。有这样一类过程,存在不依赖于 n 的分布 $w(\theta)$,使得

$$q(x_1^n)=\int p(x_1^n\mid\theta)w(\theta)\mathrm{d}\theta\tag{3.6.28}$$

使达到的式(3.6.11)的最小值与最佳值差一个常数。称式(3.6.28)中的 $q(x_1^n)$为接近最佳的混合编码分布。对于独立同分布过程和马氏过程,狄里赫利分布就是接近最佳的混合编码分布。对于通用压缩,最佳分布不在于其是否为实际分布,只要能达到最佳压缩即可。

如果参数 θ 是离散随机变量,符号集为$\{\theta_1,\theta_2,\cdots,\theta_k\}$,那么信道$\{\theta,p(x_1^n|\theta),x_1^n\}$是离散信道,定理的结论也成立,但相应的积分变成求和,即

$$q^*(x_1^n)=\sum_i p(x_1^n\mid\theta_i)w(\theta_i) \tag{3.6.29}$$

例 3.6.3 设一个信源类 M 中包含两种分布 $\{w(\theta_1),w(\theta_2)\}$，信源符号集为 $\{1,2,3\}$，条件概率分别为 $p(x|\theta_1)=(1-\alpha\quad \alpha\quad 0)$ 和 $p(x|\theta_2)=(0\quad \alpha\quad 1-\alpha)$，现对信源进行单符号通用编码，求最小最大平均剩余度 $\bar{\rho}$ 和编码平均码长 $\bar{l}(x)$。

解 两种分布对应的信道转移概率矩阵为 $\begin{pmatrix}1-\alpha & \alpha & 0\\ 0 & \alpha & 1-\alpha\end{pmatrix}$，由于是对称信道，输入等概率时达到容量；输出概率为

$$q^*(x)=\begin{pmatrix}\frac{1}{2} & \frac{1}{2}\end{pmatrix}\begin{pmatrix}1-\alpha & \alpha & 0\\ 0 & \alpha & 1-\alpha\end{pmatrix}=\begin{pmatrix}\frac{1-\alpha}{2} & \alpha & \frac{1-\alpha}{2}\end{pmatrix}$$

最小最大平均剩余度等于信道容量，即

$$\bar{\rho}=H\left(\frac{1-\alpha}{2},\quad \alpha,\quad \frac{1-\alpha}{2}\right)-H(\alpha)=(1-\alpha)\log 2$$

因 $\quad .\ \bar{l}(x|\theta_1)=\bar{l}(x|\theta_2)=-(1-\alpha)\times\log\frac{1-\alpha}{2}-\alpha\log\alpha=H(\alpha)+(1-\alpha)\log 2$

故编码平均码长 $\bar{l}(x)=H(\alpha)+(1-\alpha)\log 2$ 。■

3.6.3 通用编码剩余度下界

通用信源编码领域研究的内容除前面介绍的剩余度函数、最佳编码剩余度和编码概率分布之外，建立比较紧的编码剩余度下界也是一个很重要的问题。Rissanen 提出的定理确定了通用编码剩余度的下界。

定理 3.6.3 设 k 状态二元 FSM 信源参数 θ 的 $\sqrt{n}$ 率估计器 $\hat{\theta}(x_1^n)$ 存在，且 $\hat{\theta}(x_1^n)$ 具有均匀可求和的尾概率，即 $P\{\theta:\sqrt{n}\,\|\hat{\theta}(x_1^n)-\theta\|\geqslant\log n\}\leqslant\delta_n$，对所有 θ 和 $\sum\delta_n<\infty$，$\|\theta\|$ 为 R^k 空间的某种范数，那么对于任何编码概率 $q(x_1^n)$，编码剩余度(每符号)满足下界

$$\rho_n(\theta)=-n^{-1}E_\theta[\log q(x_1^n)]-n^{-1}H_n(\boldsymbol{X}^n|\theta)\geqslant\frac{k\log n}{2n} \tag{3.6.30}$$

(证明略)

注释：

(1) 对于仅知道信源属于哪一类，而不知道信源其他信息的通用编码，其编码剩余度满足式(3.6.30)；如果 $k=0$，说明信源是一个单一模型，式(3.6.30)归结为香农的无损信源编码定理，因此定理 3.6.3 也可视为对香农的无损信源编码定理的推广。

(2) 与信源统计特性已知时的情况不同，通用编码的编码剩余度不为零，而是有一个约为 $k\log n/(2n)$ 的代价，这个值随 n 增大趋近于零，但对于有限的 n 值，这个代价不能忽略。

(3) 对于 d 进制信源，式(3.6.30)变为

$$\rho_n(\theta)=-n^{-1}E_\theta[\log q(x_1^n)]-n^{-1}H_n(\boldsymbol{X}^n|\theta)\geqslant\frac{k(d-1)\log n}{2n} \tag{3.6.31}$$

(4) 式(3.6.30)或式(3.6.31)不等号的右边称为无损通用信源编码剩余度的下界，可以证明这个下界是可达的。

(5) 这个下界通常作为评价具体的通用信源编码算法压缩性能的基准。编码剩余度越接

近此下界,说明编码的压缩性能越好。

3.6.4 最小描述长度原理

如前所述,信源编码是一种从信源序列到编码序列的映射,所以编码序列也可视为对原信源序列的描述。而为提高信源编码的有效性,应该使这种描述的长度最小,这就是最小描述长度(Minimum Description Length, MDL)原理,该原理可以追溯到柯尔莫哥洛夫复杂度理论。柯尔莫哥洛夫将数据序列的复杂度定义为输出该序列然后终止的最短二进计算机程序的长度。受柯尔莫哥洛夫复杂度思想的启发,Rissanen(1978)提出称为 MDL 原理的建模方法。MDL 原理就是依据给定固定长度的时间序列选择模型参数,当给定一个假设集合和一个数据序列时,寻找其中特定的假设或者其中某些假设的组合来最大化地压缩数据序列。通用编码包括通用建模,其目的不再限制于对数据进行编码,而是寻找最佳的通用模型。在数据压缩领域,编码序列可视为对信源序列的描述,描述长度就是码序列的长度,因此模型选择与码长有密切关系。

设给定数据序列 x_1^n,现从一个有限或可数模型集合 Γ 中选择对 x_1^n 描述最好的模型。如果对每个候选模型 $\gamma\in\Gamma$ 的编码为 C,长度为 $l(\gamma)$,用模型 γ 参数对 x_1^n 的编码为 $C_\gamma,\gamma\in\Gamma$,长度为 $l_\gamma(x_1^n)$,那么根据 MDL 原理,应该选择使总描述长度最小的模型 γ',即

$$\gamma'=\arg\min_{\gamma}[l(\gamma)+l_\gamma(x_1^n)] \tag{3.6.32}$$

上式表明,对于通用编码来说,对模型的编码和对数据的编码应统一考虑,使总描述长度最小而不是只考虑对数据编码最佳。这时编码剩余度也满足式(3.6.30)或式(3.6.31)所确定的下界。如果使用顺序编码方式,信源参数通过逐符号预测得到,那么编码器无须向译码器传送参数信息,只传送数据编码序列即可。一般的通用编码用平均码长度量编码的性能,而通用建模还研究单个序列所达到的码长。对给定数据序列,编码的优劣通常是用其所需的最短码长来评价一个模型的好坏,它不是用平均长度。这种通用性的含义就是,对一个给定模型类中的所有序列,模型都应该是最优的。

本章小结

1. 有根树

- 描述一个码字集合——码树
- 描述一个信源消息序列集合——消息树
- 用有根概率树计算信源的熵

信源的熵为对应的有根概率树除叶之外所有节点的分支熵的加权和

$$H_{\text{leaf}}=-\sum_{k=1}^{K}p_kH_k$$

2. 模型参数的估计

- θ 的最大似然估计:$\hat{\theta}_{\text{ML}}=b/n$
- θ 的贝叶斯估计:$\hat{\theta}_{\text{BAY}}=\dfrac{b+1}{a+b+2}$

- 序列概率的估计：$p(x_1^n)=\frac{b!\ (n-b)!}{(n+1)!}$
- 条件概率的估计：$p(x^{n+1}|x_1^n)=\frac{b+1}{n+2}$
- FSM 序列概率的估计：$p(x_1^n = a_{i_1}a_{i_2}\cdots a_{i_k}\cdots a_{i_n} \mid s_1) = \prod_{k=1}^{n} \frac{n_{i_k|j_k}(x_1^{k-1})+1}{n_{j_k}(x_1^{k-1})+2}$
- 序列概率的 K-T 估计：$P_e(a,b)=\frac{(1/2)\cdots(a-1/2)\cdot(1/2)\cdots(b-1/2)}{1\cdot 2\cdots n}$
- 序列概率的 K-T 估计：$p(x_1^n = a_{i_1}a_{i_2}\cdots a_{i_k}\cdots a_{i_n} \mid s_1) = \prod_{k=1}^{n} \frac{n_{i_k|j_k}(x_1^{k-1})+1/2}{n_{j_k}(x_1^{k-1})+1}$

3. 分组信源编码

- 主要包括：等长到等长和等长到变长编码
- 信源序列分组定理：G_1 组中满足 $|N^{-1}\log p(\boldsymbol{x})+H(X)|<\delta$，而 G_2 组内所有符号序列出现概率之和小于 ε
- 渐进均分特性(AEP)：(1) 典型序列接近等概率 $2^{-NH(X)}$，数目近似为 $2^{NH(X)}$

(2) 非典型序列出现的概率接近为零；(3) $-N^{-1}\log p(\boldsymbol{x})\rightarrow H(X)$(依概率收敛)

- Kraft 定理：码长满足 $\sum_{i=1}^{q} r^{-l_i}\leqslant 1 \Leftrightarrow$ 存在对应码长的异前置码
- McMillan 定理：唯一可译码$\Rightarrow$码长满足 Kraft 不等式
- K 元 DMS 的适定消息集的熵 $H(V)$：

$$H(V)=E(Y)H(X)$$

4. 无失真信源编码定理

- 定长码信源编码定理：$(l/N)\log r\geqslant H(X)+\delta$
- 单符号变长码信源编码定理：$\frac{H(X)}{\log r}\leqslant \bar{l}<\frac{H(X)}{\log r}+1$
- 有限序列变长码信源编码定理：$\frac{H(X)}{\log r}\leqslant \bar{l}<\frac{H(X)}{\log r}+\frac{1}{N}$
- 平稳遍历马氏源信源编码定理：$\frac{H_\infty(X)}{\log r}\leqslant \bar{l}<\frac{H_\infty(X)}{\log r}+\frac{1}{N}$
- 变长到变长码信源编码定理：$\frac{E(W)}{E(Y)}\geqslant\frac{H(X)}{\log r}$
- 香农第一定理：$R\geqslant H\Leftrightarrow$存在无失真信源编码。

5. 通用编码基本理论

- 逐点剩余度：$\rho_n(C_n,\theta)=\log[p(\boldsymbol{x}_1^n|\theta)/q(\boldsymbol{x}_1^n)]$
- 条件平均剩余度：$\bar{\rho}_n(C_n,\theta) = -\sum_{x\in A^n} p(\boldsymbol{x}_1^n \mid \theta)\log[p(\boldsymbol{x}_1^n \mid \theta)/q(\boldsymbol{x}_1^n)]$
- 贝叶斯剩余度：$\bar{\rho}_n(w) = \min_q \int_\Lambda \bar{\rho}_n(C_n,\theta)w(\theta)\mathrm{d}\theta$
- 最小最大最坏情况剩余度：$\rho_n^* = \min_q \max_{\theta\in\Lambda} \max_{x_1^n\in A^n} \rho_n(C_n,\theta)$
- 最小最大平均剩余度：$\bar{\rho}_n=\min_q \max_{\theta\in\Lambda} \bar{\rho}_n(C_n,\theta)$
- 逐点通用编码：$n^{-1}\rho_n(C_n,\theta)\rightarrow 0$(以概率 1)
- 弱通用编码：$n^{-1}\bar{\rho}_n(C_n,\theta)\rightarrow 0$

- 强通用编码：$n^{-1}\bar{\rho}_n(C_n,\theta)$或$n^{-1}\max\limits_{x_1^n\in A^n}\rho_n(C_n,\theta)$均匀收敛到 0
- 强最小最大通用编码：$n^{-1}\min\limits_{q}\max\limits_{\theta\in\Lambda}\bar{\rho}_n(C_n,\theta)\to 0$
- 弱最小最大通用编码：$\min\limits_{q}\max\limits_{\theta\in\Lambda}\lim\limits_{n\to\infty}n^{-1}\bar{\rho}_n(C_n,\theta)=0$
- 最小最坏情况最大剩余度为 $\rho_n^*=\log\sum\limits_{x_1^n\in X^n}p(\boldsymbol{x}_1^n\mid\hat{\theta})$，最佳编码分布为归一化最大似然分布 $q^*(\boldsymbol{x}_1^n)=p(\boldsymbol{x}_1^n\mid\hat{\theta})/\sum\limits_{\boldsymbol{x}_1^n\in\boldsymbol{X}^n}p(\boldsymbol{x}_1^n\mid\hat{\theta})$
- 最小最大平均剩余度为信道容量 $C=\max\limits_{w(\theta)}I(\Theta;X^n)$，最佳编码分布为达到容量的信道输出，即混合分布 $p(\boldsymbol{x}_1^n)=\int_{\Lambda}p(\boldsymbol{x}_1^n\mid\theta)w(\theta)\mathrm{d}\theta$
- 对于 k 状态的 FSM 信源，通用编码剩余度满足下界：

$$\rho_n(\theta)=-n^{-1}E_\theta[\log q(\boldsymbol{x}_1^n)]-n^{-1}H_n(\boldsymbol{X}^n\mid\theta)\geqslant\frac{k(d-1)\log n}{2n}$$

思 考 题

3.1　如何构造一棵有根树？有根概率树有什么用途？

3.2　符号概率的最大似然估计和贝叶斯估计之中，哪一种是无偏估计？哪一种更适用于压缩编码？

3.3　序列概率的 K-T 估计有什么特点？

3.4　在唯一可译码的定义中，能否去掉信源序列必须是有限长度的限制？

3.5　什么是序列的强典型性和弱典型性？它们之间有什么关系？

3.6　简述香农第一定理的含义。

3.7　什么是信源编码的单独剩余度和条件平均剩余度？

3.8　什么是强通用编码和弱通用编码？它们之间有什么关系？

3.9　实现最小最坏情况剩余度编码的最佳编码分布是何种分布？它如何实现？

3.10　实现最小最大平均剩余度编码的最佳编码分布是何种分布？它如何实现？

3.11　通用编码剩余度下界为何？随信源序列长度的增加这个下界趋于何值？

习　题

3.1　设 $x_1,x_2,\cdots$ 为独立同分布随机变量列，概率为 $p(x)$，求 $\lim\limits_{n\to\infty}[p(x_1,x_2,\cdots,x_n)]^{1/n}$。

3.2　设 $x_1,x_2,\cdots$ 为依概率分布 $\begin{pmatrix}X\\P\end{pmatrix}=\begin{pmatrix}0 & 1 & 2\\1/2 & 1/4 & 1/4\end{pmatrix}$ 抽取的独立同分布序列，求乘积 $(x_1x_2\cdots x_n)^{1/n}$ 的极限特性。

3.3　设 $x_1,x_2,\cdots$ 为依照概率 $p(x)$，$x\in\{1,2,\cdots,m\}$ 抽取的独立同分布随机变量，那么

$p(x_1,x_2,\cdots,x_n)=\prod_{i=1}^{n}p(x_i)$，且$-(1/n)\log p(x_1x_2\cdots x_n)\to H(X)$。设$q(x_1,x_2,\cdots,x_n)=\prod_{i=1}^{n}q(x_i)$，其中$q(x_i)$为$x\in\{1,2,\cdots,m\}$的另一种概率分布。

(1) 求$-(1/n)\log q(x_1,x_2,\cdots,x_n)$，其中$x_i\sim p(x)$；

(2) 求对数似然比极限$\lim\limits_{n\to\infty}(-1/n)\log\dfrac{q(x_1,x_2,\cdots,x_n)}{p(x_1,x_2,\cdots,x_n)}$。

3.4　设信源符号集$A=\{a_1,a_2,\cdots,a_k\}$，独立信源序列$x_1^n=(x_1,x_2,\cdots,x_n)$，$n_i$为序列中$a_i$发生的次数，$\sum_{i=1}^{k}n_i=n$；$\theta_i$为序列中$a_i$发生的概率，$\sum_{i=1}^{k}\theta_i=1$。

(1) 求$\theta_i(i=1,\cdots,k)$的最大似然估计$\hat{\theta}_i(i=1,\cdots,k)$与序列$x_1^n$的概率。

(2) 狄里赫利分布密度由下式表示：

$$p(\theta_1,\cdots,\theta_k)=\frac{\Gamma(\alpha_0)}{\Gamma(\alpha_1)\cdots\Gamma(\alpha_k)}\theta_1^{\alpha_1-1}\cdots\theta_k^{\alpha_k-1}$$

其中

$$\alpha_0=\sum_{i=1}^{k}\alpha_i,\alpha_i>0\;;\sum_{i=1}^{k}\theta_i=1,0\leqslant\theta_i<1$$

① 以均匀分布作先验分布密度，求$\theta_i(i=1,\cdots,k)$的贝叶斯估计$\hat{\theta}_i(i=1,\cdots,k)$；

② 以狄里赫利分布作先验分布密度，求$\theta_i(i=1,\cdots,k)$的贝叶斯估计$\hat{\theta}_i(i=1,\cdots,k)$。

3.5　证明式(3.3.24)成立。

3.6　如果一个编码满足后缀条件，即没有任何码字是其他码字的后缀，称为后缀码。证明后缀码是唯一可译的。

3.7　设码 C 的码长使 Kraft 不等式中等号成立，但不满足异前置条件。

(1) 证明某些有限码符号序列不是码字序列的前缀；

(2) 码 C 是否具有无限译码时延？

3.8　给定下列编码

(i) {0,10,11}

(ii) {0,01,11}

(iii) {0,01,10}

(iv) {0,01}

(v) {00,01,10,11}

(vi) {110,11,10}

(vii) {110,11,100,00,10}

(1) 确定哪些是唯一可译码；

(2) 对每一种唯一可译码，若有可能，则构造一条起点已知的无限编码序列，使得该序列可以译成两种不同的信源序列，并证明异前置码不可能产生这样的序列。

3.9　设树信源$S=\{000,100,10,1\}$，信源序列为 101100100。

(1) 用贝叶斯估计计算该序列的概率；

(2) 用 K-T 估计计算该序列的概率，设初始状态为 100。

3.10　对于题 3.9 的树信源，用 K-T 估计计算信源序列 0011110111 的概率，设初始状态为 10。

3.11　现有三种信源分布，分别为 $P_a=(0.7,0.2,0.1)$，$P_b=(0.1,0.7,0.2)$，$P_c=(0.2,0.1,0.7)$。

(1) 求编码的最小最大平均剩余度 $\min_q \max_\theta D(P_\theta \| Q)$；

(2) 以 P_a、P_b、P_c 为行构成信道转移概率矩阵，求此信道容量。

3.12　证明对策论中的最小最大定理：一个连续函数 $f(x,y)$，$x\in X$，$y\in Y$，如果 $f(x,y)$ 是 x 的下凸函数，是 y 的上凸函数，且 x、y 是紧致凸集合，那么

$$\min_{x\in X}\max_{y\in Y} f(x,y)=\max_{y\in Y}\min_{x\in X} f(x,y)$$

利用该定理证明，最小最大平均剩余度为 $\bar{\rho}_n$ 等于最坏情况贝叶斯剩余度 $\bar{\rho}_n^*(w)$。

3.13　给定序列 x_1^n，试对独立同分布模型类编成两部码：第 1 部分是序列的类型编码，第 2 部分是序列所在类型内的枚举编码，都是等长码；求最坏情况最大剩余度。

3.14　概率分布的一致性是指 $p(x_1^n)=\sum_{x_{n+1}} p(x_1^n\cdot x_{n+1})$，对于 $n=2,3$，计算归一化最大似然分布，并说明该分布不满足概率分布的一致性。

3.15　证明定理 3.6.3 成立。

3.16　对于字母表大小为 d 的离散无记忆信源，证明式(3.6.31)成立。

第4章　熵编码——分组编码

当信源符号概率已知时，通过码长与信源符号概率的匹配来压缩码率，可以提高传输有效性。码率的最低压缩限度是信源的熵，所以这类编码也叫熵编码。按照编码方式的不同，熵编码可以分成两大类：分组码和非分组码。本章将重点介绍几种重要的分组码：哈夫曼码、游程编码、格伦码、坦斯托尔码以及哈夫曼编码的重要应用之一——传真压缩编码。

4.1 概　　述

如前所述，分组码的基本方法就是先对信源序列进行分组，变成信源字序列，然后再给每个信源字分配相应的码字。为使编码不产生歧义，与给定信源序列对应的信源字序列必须是唯一的，即满足唯一可分性。如果将信源序列分成等长信源字序列，就可以保证唯一可分。但如果信源字不等长，就不一定能保证唯一可分。为此，必须采用合适的分组规则。存在一种较简单的规则，即异前置分组规则，可以保证唯一可分。这种规则与异前置码的编码规则类似，即要求信源分组满足异前置性，也就是说任何信源字都不是其他信源字的前缀。当然还存在其他的分组规则也可以满足唯一可分性。例如，在一种 LZ 编码中，后出现的信源字一定要包含以前出现的信源字作为前缀。

如果通过有限长度编码序列能够恢复成唯一的信源序列，那么就称这种码为唯一可译码。对于定长码，只要非奇异就是唯一可译的。而对于变长码，非奇异不一定能保证唯一可译。有人提出判定编码是否为唯一可译的方法，但比较烦琐，且实用性不大。因为对于任何唯一可译码都有码长与之对应的异前置码，所以研究异前置码就足够了。

所以，为实现无损压缩，对于定长到变长编码要满足唯一可译性；对于变长到定长编码和变长到变长编码，既要满足唯一可分性也要满足唯一可译性。

若一个唯一可译码编码的码率小于所有其他唯一可译码，则称该码为最优码(或紧致码)。对于各种分组编码，最优码有更具体的含义。

(1) 对于定长到变长编码，编码码率与平均码长成正比。平均码长最小的唯一可译码是最优码。

(2) 对于变长到定长编码，编码码率与平均消息长度成反比。平均消息长度最大的唯一可译码是最优码。

(3) 对于变长到变长编码，编码码率为平均码长和平均消息长度的比值。这个比值最小的唯一可译码是最优码。

注意，最优码的概念是限制在唯一可译码范围内的，而且对于给定的信源，唯一可译码未必能达到码率的下限——信源的熵。当信源给定后，码率越小，则编码效率越高。在进行信源编码性能比较时，我们认为具有低码率的编码优于高码率的编码。

本章介绍最优定长到变长的编码（简称变长码）——哈夫曼（Huffman）编码，主要包括二元和多元 Huffman 编码、规范 Huffman 编码以及自适应 Huffman 编码；介绍变长到变长的编码——游程编码，主要包括游程变换的性质和游程编码的性能；介绍仅对二元信源大概率符号游程进行编码的最优编码——格伦（Golomb）码，主要包括编译码原理与性能分析；还介绍在适定信源消息集条件下最优的变长到定长的编码——坦斯托尔（Tunstall）编码算法，并给出离散无记忆信源变长到定长编码定理；最后介绍利用游程变换和修正 Huffman（MH）编码的传真压缩编码技术。

4.2 哈夫曼编码

哈夫曼（Huffman）编码是当前应用最广的熵编码之一，自 1952 年提出以来，经过多年的研究与应用实践，有关的理论与技术已经成熟。

4.2.1 二元 Huffman 码的构造

很容易证明：

定理 4.2.1 对含 n 个符号的信源，如果存在最优的二进制编码，其中有一个最长的码字为 $\boldsymbol{y}_n$，那么必有另一个与其长度相同的码字 $\boldsymbol{y}_{n-1}$，并且

(1) 两码字对应的信源符号的概率最小；

(2) 两码字仅最后一个码位有差别，即其中一个 $\boldsymbol{y}_n$ 的最末尾是 0，而另一个 $\boldsymbol{y}_{n-1}$ 的最末尾是 1（或者相反）。

此定理可以用反证法证明，见习题。

注：①最长的码字的个数可能多于 2 个；②最长的码字的个数肯定是偶数。

根据上面的定理，可以构造二元最优异前置码，方法如下。

设信源 S 的符号集为 $\{a_1, a_2, \cdots, a_n\}$，符号概率满足 $p(a_1) \geqslant \cdots \geqslant p(a_n)$，对应的码字为 $\boldsymbol{y}_1, \cdots, \boldsymbol{y}_n$，将概率最小的两个码符号 a_{n-1}、a_n 合并，产生一个新信源（也称缩减信源）S'，符号集为 $\{a_1', a_2', \cdots, a_{n-1}'\}$，原信源与新信源符号概率的关系如下：

$$p(a_i') = \begin{cases} p(a_i), 1 \leqslant i \leqslant n-2 \\ p(a_i) + p(a_{i+1}), i = n-1 \end{cases} \tag{4.2.1}$$

设新信源符号 $a_1', a_2', \cdots, a_{n-1}'$ 对应的码字为 $\boldsymbol{y}_1', \cdots, \boldsymbol{y}_{n-1}'$。按下面的关系就可恢复原信源的码字：

$$\boldsymbol{y}_i = \boldsymbol{y}_i', \quad i = 1, \cdots, n-2$$
$$\boldsymbol{y}_{n-1} = \boldsymbol{y}_{n-1}' \cdot \text{"0"}, \boldsymbol{y}_n = \boldsymbol{y}_{n-1}' \cdot \text{"1"} \tag{4.2.2}$$

上面的“·”表示字符间的连接关系。下面证明，若 $\boldsymbol{y}_i'$ 对信源 S' 是最优的异前置码，则 $\boldsymbol{y}_i$ 对信源 S 也是最优的异前置码。

设对 S' 和 S 编码码长分别为 $l_1', \cdots, l_{n-1}'$ 和 $l_1, \cdots, l_n$，则 $l_i = \begin{cases} l_i', & 1 \leqslant i \leqslant n-2 \\ l_{n-1}' + 1, & i = n-1, n \end{cases}$。那么，对 S 的平均码长为 $\bar{l} = \sum_{i=1}^{n} p_i l_i = \sum_{i=1}^{n-2} p'_i l_i' + p_{n-1} l_{n-1} + p_n l_n = \bar{l}' + p_{n-1} + p_n$，其中，$\bar{l}' = \sum_{i=1}^{n-1} p'_i l'_i$

为对 S' 编码的平均码长。因此，由 $\bar{l}$ 最小和 $p_{n-1}+p_n$ 最小可以推得 $\bar{l}$ 最小。也就是说，如果某种编码对 S' 是最优的，那么该码结合式(4.2.2)的原则对 S 的编码也是最优的。因此，可以采用逐次合并符号集中两个最小概率符号的方法，得到一系列缩减信源：$S\to S'\to S''\to\cdots\to 2$ 字母信源。最后得到的 2 字母信源分配 0、1 符号作为码字，然后按式(4.2.2)的规则逐步反推到原信源 S，得到 S 的最优编码。这种编码方法称为 Huffman 编码。因此我们得到如下定理。

定理 4.2.2　二元 Huffman 编码是最优变长码。

应注意，信源编码的最优性是对平均码长而言的，对码长的方差通常无特殊要求。但有时也有关于码长方差的要求，即要求码长方差尽量小。所以最优码的平均码长是最小的，所以码长均方值最小就意味着码长方差最小。现计算由新信源 S' 到信源 S 码长的均方值。

$$\sum_{i=1}^{n} p_i l_i^2 = \sum_{i=1}^{n-2} p'_i (l'_i)^2 + (p_{n-1}+p_n)(l'_{n-1}+1)^2 = E(l')^2 + (p_{n-1}+p_n)(2l'_{n-1}+1) \tag{4.2.3}$$

其中，$E(l')^2 = \sum_{i=1}^{n-1} p'_i (l'_i)^2$，为新信源 S' 编码码长均方值。可见，要使 S 码长均方值最小，除合并两个最小概率符号外，还必须使得合并后的节点所对应的码长 l'_{n-1} 最小。因此，应在编码时，使合并后的概率与其他等概率符号相比，位于缩减信源符号排序表中尽可能高的位置上，以减少合并过的概率再次进行合并的次数，从而减小与根节点的距离。通常变长码编码器输出也要经恒定速率的信道传送，这样就需在编码器和信道之间设置缓冲器，而小的码长方差允许使用容量小的缓冲器，并且码字长度分布更集中，从而降低编译码的复杂度。所以实际编码器都要尽量减小码长的方差。

例 4.2.1　一信源 S 的符号集 $A=\{a_1,a_2,a_3,a_4,a_5\}$，概率分别为：0.3，0.25，0.25，0.1，0.1，试对信源符号进行二元 Huffman 编码。

解　按式(4.2.1)，依次得到缩减信源 S'、S''、S'''，每次都将 0、1 符号分配给两个最小概率对应的分支，编码过程如图 4.2.1 所示。

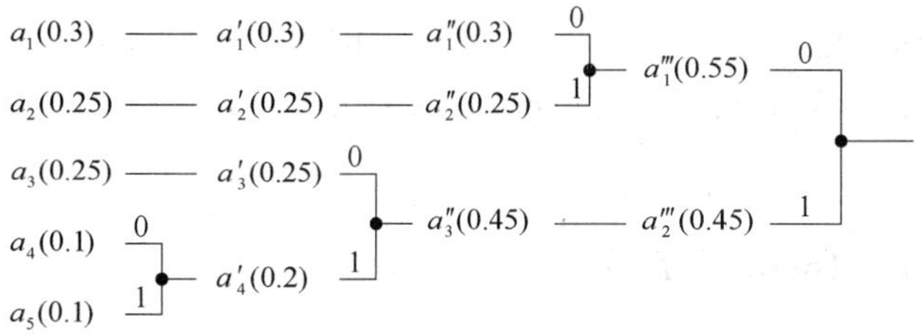

图 4.2.1　Huffman 编码原理示意图

信源符号与 Huffman 编码码字对照如表 4.2.1 所示。

表 4.2.1　信源符号与 Huffman 编码码字对照表

信源符号	a_1	a_2	a_3	a_4	a_5
码字	00	01	10	110	111

从上面的例子可以看出，二元 Huffman 编码过程就是构造二元 Huffman 码树的过程。

Huffman 编码算法流程总结如下：

(1) 将 n 个信源符号的概率分配给 n 片树叶,这 n 片树叶作为当前节点集合;

(2) 将当前节点集合中的节点按概率大小依递减次序排列;设概率最小的两个节点为 t、s,将 t、s 合并(从 t、s 各自引出一条路径,其中一条路径分配“0”,另一条路径分配“1”,两路径的端点合并),形成新的节点 u,其中节点 u 为 t、s 的父节点,节点 u 的概率为 t、s 概率的和;从当前节点集合中删除 t、s,加入 u;

(3) 若当前节点集合中多于 1 个节点,则返回(2),否则到(4);

(4) 当前节点集合中的节点为根节点,从树根沿所有可能路径到每一片叶,按经过路径先后顺序写出每信源符号所对应的码字。

根据第 3 章的引理 3.2.1,很容易得到下面的结论:

推论 4.2.1 二元 Huffman 码的平均码长等于码树上除叶节点外所有节点的概率之和。

例 4.2.2 一信源 S 的符号集 $A=\{a_1,a_2,a_3,a_4,a_5\}$,概率分别为:0.4,0.2,0.2,0.1,0.1,试对信源符号进行 Huffman 编码,并计算平均码长和编码效率。

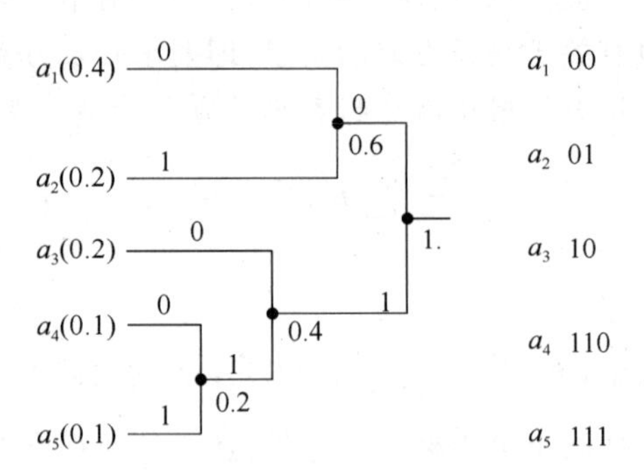

图 4.2.2 Huffman 编码

解 Huffman 编码过程和结果如图 4.2.2 所示,图中右侧表示符号和码字的对应关系。

信源熵:$H(S)=-0.4\log 0.4-(0.2\log 0.2)\times 2-(0.1\log 0.1)\times 2=2.122$ 比特/信源符号

平均码长:$\bar{l}=0.4\times 2+0.2\times 2+0.2\times 2+0.1\times 3\times 2=2.2$ 码元/信源符号

平均码长也可根据推论 4.2.1 计算:$\bar{l}=0.2+0.6+0.4+1=2.2$

编码效率:$\eta=H(S)/\bar{l}=2.12/2.2=0.965=96.5\%$(编码效率写成小数或百分数均可) ■

关于 Huffman 编码的注释如下,

① Huffman 编码是最优码(或紧致码),是异前置码;

② 编码结果并不唯一,例如,0、1 可换,相同概率符号码字可换,但 $\bar{l}$ 不变;

③ 不一定达到编码定理下界,达到下界条件是:信源符号概率为 $p_i=2^{-l_i}$;

④ 通常适用于多元信源,对于二元信源,必须采用符号合并等方法,才能得到较高的编码效率。

4.2.2 二元 Huffman 码的性质

按 Huffman 编码方法构成的码树称为 Huffman 码树。一棵 n 个符号信源的二元 Huffman 码树有 n 片树叶。树叶也称外部节点,其他节点称内部节点。从根节点开始,延伸出两条分支,各分支的端点称为 1 阶节点,每一个 1 阶节点再延伸出两条分支,产生两个 2 阶节点……每当节点向上延伸,就增加 2 个节点,所以总节点数为 $1+2m$,其中 m 为节点延伸次数。根节点延伸增加 2 片树叶,而其他节点每延伸一次,只增加 1 片树叶,所以总树叶数为 $1+m$。因此,一个含 n 个符号信源的二元 Huffman 码树共有 $2n-1$ 个节点。

从 Huffman 编码的码树可以看到,除根节点外,每个节点都与其概率接近的同阶节点合并成一个低阶节点。这两个具有同一个父节点的节点互称同类(Sibling)。例如,在图 4.2.2 的码树上,节点 a_4 是节点 a_5 的同类,同样,节点 a_5 也是节点 a_4 的同类。

一个二元码的码树,如果满足下述条件,就说此码具有同类特性:

(1) 树上的每个节点(除根节点外)都有一个同类;

(2) 所有节点可以按照概率递减(或递增)的顺序列表,表中每个节点与其同类相邻。上述列表称为同类列表。如果信源符号数是 n,那么同类列表中元素个数为 $2n-2$(不包括根节点)。

定理 4.2.3　一个二元异前置码是 Huffman 码的充要条件是此码的码树具有同类特性。

(证明略)此性质可用来判定一棵码树是否为 Huffman 码树。

例 4.2.3　一信源 S 的符号集 $A=\{a_1,a_2,a_3,a_4,a_5,a_6\}$,概率分别为:0.3,0.2,0.15,0.15,0.15,0.05,试对信源符号进行二元 Huffman 编码,并按照概率递减顺序列出同类表。

解　信源的 Huffman 编码如图 4.2.3(a)所示,将同阶节点对齐,重新画出码树,如图 4.2.3(b)所示,按照概率递减顺序列出同类表如表 4.2.2 所示。■

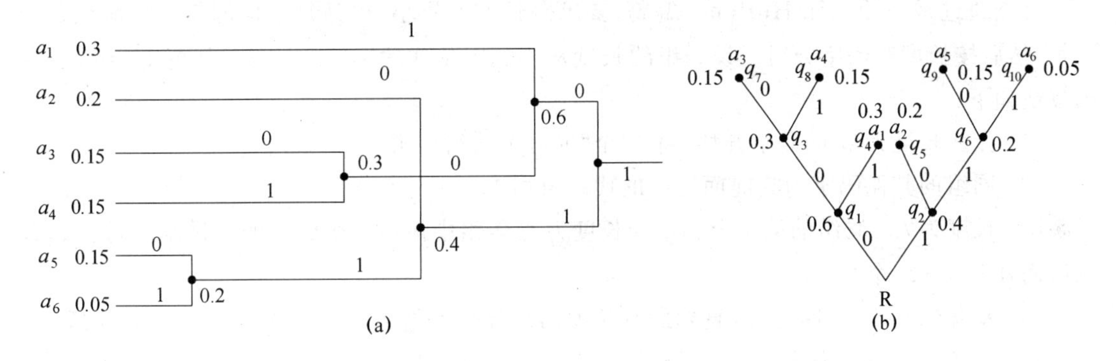

图 4.2.3　Huffman 编码

表 4.2.2　同类表

(q_1,q_2)	(q_3,q_4)	(q_5,q_6)	(q_7,q_8)	(q_9,q_{10})
(0.6,0.4)	(0.3,0.3)	(0.2,0.2)	(0.15,0.15)	(0.15,0.05)

对于同类列表有如下注释:

① 由于某些节点(包括树叶)概率可能相同,所以列表不是唯一的。

② 根据同类特性知,在同类列表中,对于 $1\leqslant k\leqslant n-1$,第 $2k$ 和第 $2k-1$ 个元素必须是同类。

③ 在同类列表中,阶数相同的节点靠在一起排列,从而推出,如果 $i<j$,那么阶数为 i 的节点的概率不小于阶数为 j 的节点的概率。

例 4.2.4　(例 4.2.2 续)列出对信源符号进行 Huffman 编码的同类列表。

解　信源符号数为 5,所以列表中含 $2\times5-2=8$ 个元素。同类列表如表 4.2.3 所示。■

表 4.2.3　同类列表

(q_1,q_2)	(q_3,q_4)	(q_5,q_6)	(q_7,q_8)
(0.6,0.4)	(0.4,0.2)	(0.2,0.2)	(0.1,0.1)

4.2.3 规范 Huffman 码

对信源数据进行 Huffman 编码时，编译码器需要存储相应的码字。但当信源符号数很大时，编码所需的存储量就很大，译码速度也很慢。为了满足低译码复杂度和低存储量的要求，Schwartz 于 1964 年提出了一种规范(Canonical)Huffman 编码。这种编码是二元编码，特别适用于大字母表和快速译码要求的场合。编码的基本方法是，将长度相同的码字编成一组，每组的码字用连续整数的二进制代码表示，因此码字以连续的存储器地址存储，这样可以用很少的数据重建 Huffman 树的结构，加快了编译码速度。例 4.2.2 中的 Huffman 编码就是规范 Huffman 编码。

1. 规范 Huffman 编码算法

首先通过常规的二元 Huffman 编码(要求码长方差最小)得到每个信源符号对应码字的码长，然后按长度对码字分组。设码组的长度从小到大依次为 $l_1, l_2, \cdots, l_K$，规范 Huffman 编码算法如下：

(1) 先从长度为 l_1 的码组开始，将 l_1 个“0”分配给组内第一个码字；

(2) 同组的其他码字为其前面码字的代码值加 1；

(3) 长度为 l_{k+1}码组的第 1 个码字为长度为 l_k 码组中最后一个码字的二进制代码加 1，并在后面补 $l_{k+1}-l_k$ 个“0”；

(4) 步骤(2)、(3)不断重复，直到所有长度码组分配到码字，就得到规范 Huffman 编码。

例 4.2.5 一信源符号集 $A=\{a,b,c,d,e,f,g,h,i,j\}$，概率分别为 0.42，0.15，0.15，0.1，0.03，0.03，0.03，0.03，0.03，0.03，试将信源符号编成规范 Huffman 码。

解 通过常规 Huffman 码树得到的码字共有 4 种长度，按长度分为 4 组：第 1 组有 1 个码字，码长为 1；第 2 组有 2 个码字，码长为 3……规范 Huffman 码字按下面方法确定：第 1 组的码字确定为 0；第 2 组的第一个码字通过 0+1 后面再补 2 个“0”成为 100，另一个为 $(100)_2+(001)_2=(101)_2$……Huffman 树码字和规范 Huffman 码字如表 4.2.4 中第一行和第二行所示。▌

表 4.2.4 Huffman 码树和规范 Huffman 编码

信源符号	a	b	c	d	e	f	g	h	i	j
Huffman 树码字	1	001	011	0101	01001	01000	00011	00010	00001	00000
规范 Huffman 码字	0	100	101	1100	11010	11011	11100	11101	11110	11111

关于规范 Huffman 码的注释：

① 规范 Huffman 码与通过构造 Huffman 码树得到的编码长度相同；

② 规范 Huffman 码未必可以通过 Huffman 码树直接得到；

③ 规范 Huffman 码是异前置码；

④ 编码器向译码器传送的编码器信息只包含每一种长度的第一个码字即可。

例 4.2.6 某二元 Huffman 编码码字长度为：(2，2，2，3，5，5，5，5)，试编成规范 Huffman 码。

解 按规范 Huffman 编码算法，所有码字为：00，01，10，110，11100，11101，11110，11111。▌

2. 规范 Huffman 译码算法

通过规范 Huffman 码的码字分配可以看到，两个长度分别为 i 和 j 的码字，其中 $i>j$，那么长度为 i 的码字的前 j 位大于长度为 j 的码字的值。这个性质可以用来实现规范Huffman码的译码。假定译码器已经接收到编码器关于每一种长度的第一个码字的信息。在译码时，逐位读入编码序列码流，从长度为 l_1 的接收分组开始，依据可能的码字长度 $l_1, l_2, \cdots, l_K$，判断长度为 l_i 的接收分组代码值是否小于同长度第一个码字的值。如果小于，就说明该接收分组包含长度为 l_{i-1} 的码字；否则继续输入下一位，然后进行后续的判断。

例 4.2.7　(例 4.2.5 续)设译码器输入的规范 Huffman 编码序列为 11011 101 000 1100，试对该序列进行译码。

解　4 种长度的第一个码字构成的集合为{0,100,1100,11010}。接收分组为 1，因为 1>0，输入下两位，接收分组为 110；因为 110>100，输入下一位，接收分组为 1101；因为 1101>1100，输入下一位，接收分组为 11011；因为 11010<11011<11111，判为码字：11011。继续输入未判决的符号。接收分组为 1，因为 1>0，输入下两位，接收分组为 101，因为 101>100，输入下一位，接收分组为 1010，因为 1010<1100，接收分组为 101，而 101－100＝001，判为码字：101……▌

4.2.4　多元 Huffman 码

根据编码过程得知，要使编码的平均码长最短，对应的码树要构成满树是必要条件。对于 D 元哈夫曼编码，从 1 个 n 阶的节点分裂成 D 个 $n+1$ 阶的叶，增加的叶节点数为 $D-1$。因此，达到满树时，总的树叶数为

$$s=D+(D-1)m \tag{4.2.4}$$

其中，m 为非负整数，表示从 1 阶 D 进制树开始进行节点分裂的次数。因此，当信源符号数 n 满足式(4.2.4)时，才达到满树；否则，就要用该式计算出大于 n 的最小正整数 s，然后给信源增补零概率符号，使增补后的信源符号总数为 s。此时应有 $n<D+(D-1)m<n+D-1$，得

$$m=\left\lfloor\frac{n-1}{D-1}\right\rfloor \tag{4.2.5}$$

需增补的零概率符号数为

$$\Delta=D+(D-1)\left\lfloor\frac{n-1}{D-1}\right\rfloor-n \tag{4.2.6}$$

编码后，去掉这些零概率符号所对应的码字，其余码字为所需码字。

设码树的内部节点数为 t，那么 $t=m+1$，代入式(4.2.4)，得 $t=(s-1)/(D-1)$，从而得码树的总节点数为

$$s+t=\frac{Ds-1}{D-1} \tag{4.2.7}$$

对于二元码树，有 $s+t=2s-1$。

例 4.2.8　一信源 S 的符号集 $A=\{a_1, a_2, a_3, a_4, a_5, a_6, a_7, a_8\}$，概率分别为：0.4，0.2，0.1，0.1，0.05，0.05，0.05，0.05，试对信源符号进行 3 元 Huffman 编码，并计算平均码长和编码效率。

解　由于 $D=3, n=8$，根据式(4.2.6)，得 $\Delta=3+2\times\lfloor 7/2\rfloor-8=1$，即信源要增加 1 个零概率符号。编码如图 4.2.4 所示。

平均码长：$\bar{l}=0.4\times1+0.2\times2+0.1\times2\times2+0.05\times2\times2+0.05\times3\times2=1.7$

或　$\bar{l}=0.1+0.2+0.4+1.0=1.7$

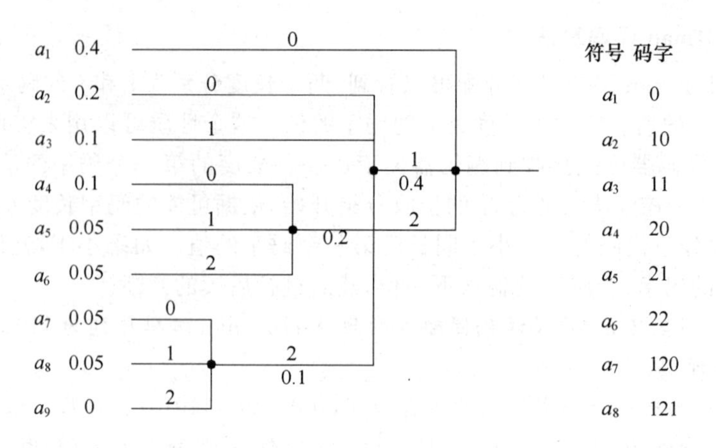

图 4.2.4　三元 Huffman 编码

$H(X)=-0.4\log 0.4-0.2\log 0.2-2\times 0.1\log 0.1-4\times 0.05\log 0.05=2.5222$ 比特/符号

编码效率：$\eta=\dfrac{H(X)}{\bar{l}\log r}=\dfrac{2.5222}{1.7\times\log 3}=0.936$ ■

通常，多元 Huffman 编码要比二元 Huffman 编码的效率低。

4.2.5　马氏源的编码

通过前面的介绍我们得知，在对信源符号进行 Huffman 编码时并未考虑信源符号间的相关性，虽然 Huffman 编码对于无记忆信源是最优的，但对于有记忆信源就可能达不到最优。现研究对马氏源进行 Huffman 编码的问题。

根据马氏源的特性，当前发出的符号所含信息量取决于当前的状态。这个信息量可能很大也可能很小，例如，一个马氏源包含 3 个状态$\{a,b,c\}$，每个状态代表一个输出符号，状态转移矩阵如下：

$$\begin{pmatrix} 0 & 1/2 & 1/2 \\ 1/4 & 1/2 & 1/4 \\ 0 & 1 & 0 \end{pmatrix} \tag{4.2.8}$$

可以看到，在 a 状态下，下一个字母 b、c 出现的概率相同，包含很大的信息量；而在 c 状态下，下一个字母肯定为 b，提供的信息量为 0。因此，采用无记忆信源类似的，一个符号用一个码字代替的方法，会使编码效率降低。下面介绍两种对已知统计特性马氏源的编码方法：按状态编码和并元编码。

1. 按状态编码方法

对于马氏源可以采用按状态编码的方法，即设计每个状态下与输出符号概率匹配的 Huffman 码。设信源状态为 s，取自状态集合 $\Omega=\{0,1,\cdots,J-1\}$，每状态输出符号 x，取自符号集合 $A=\{a_0,a_1,\cdots,a_{n-1}\}$，且 $p(a_i|s=j)$，$i=0,1,\cdots,n-1$，$j=0,1,\cdots,J-1$ 给定；信源符号序列和状态序列分别为：$x_0x_1\cdots x_k\cdots$ 和 $s_0s_1\cdots s_k\cdots$，其中 s_0 为给定信源的初态。

对每个状态 s，根据转移概率 $p(a_i|s=j)$，$i=0,1,\cdots,n-1$ 进行 Huffman 编码，共有 J 个子编码。

(1) 编码过程：给定一信源序列 $x_0x_1\cdots x_k\cdots$，设初始状态 s_0，利用不同状态下的码表，查出对应的码字作为编码器输出。

(2) 译码过程：假定译码器初始状态 s_0 已知。利用不同状态下的码表，根据接收码字查出对应信源符号。

一般地说，用状态编码比利用平稳分布编码效率高。但如果状态数很多，就需要很多子码，使编译码复杂度提高。

2. 并元编码方法

如前所述，为提高编码效率对二元信源的 Huffman 编码可采用并元方法，即对原信源的 N 次扩展源进行 Huffman 编码。实际上，并元编码方法也是对于二元马氏源经常采用的压缩编码方法。因为通过并元，新符号间的相关性有所减弱，有利于后续的压缩。信源 N 次扩展后，符号集的大小变成 2^N。N 越大编码效率越高，但编译码复杂度也随之提高。

4.2.6 Huffman 码决策树

Huffman 编码可以用作构造决策树。如果有 n 个互斥随机事件，概率分别为 p_i，现用某种测试方法分步对所选择的目标事件进行识别，要求具有最小的决策平均次数，相当于对这些事件进行 Huffman 编码。Huffman 编码形成的码树可以看成决策树，方向从根到叶，其中每个节点都是决策节点。决策树被广泛应用在企业数据处理、系统分析以及数据挖掘等领域中。

例 4.2.9 有 4 张纸牌，点数分别为 1、2、3、4，甲从中随机抽出一张，现要求乙通过向甲提问题的方式猜抽出纸牌的点数，且甲只能用是否来回答。试在如下两种条件下设计乙猜测纸牌点数的决策树，并确定乙平均最少问几个问题才可以猜到纸牌的点数：

(1) 1、2、3、4 的概率均为 1/4；

(2) 1、2、3、4 的概率分别为 1/2、1/4、1/8、1/8。

解 首先进行 Huffman 编码，然后将 Huffman 编码码树变成决策树。

(1) 由于各点数概率相同，因此得到如图 4.2.5 所示的决策树。

(2) 各点数概率不同，依据 Huffman 编码得到如图 4.2.6 所示的决策树。■

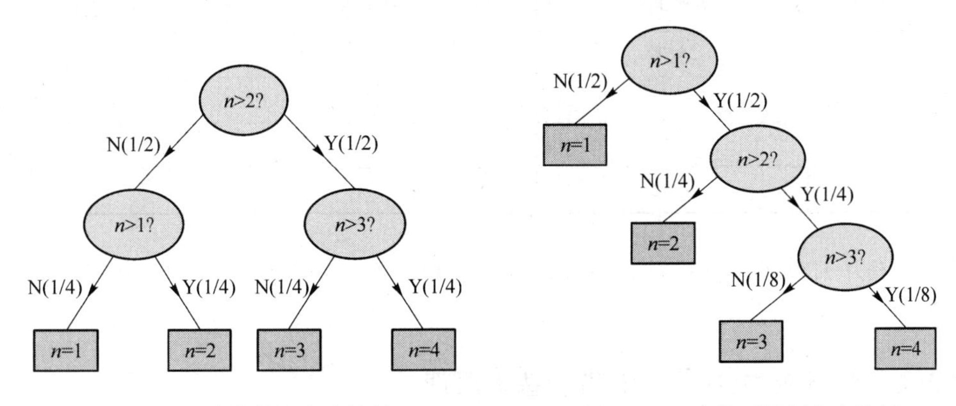

图 4.2.5 事件等概率决策树　　　　图 4.2.6 事件不等概率决策树

注意，决策树设计的一个重要问题是：每步决策的设计应该使决策结果与码树节点分支的概率相匹配。

4.3 自适应 Huffman 编码

前面所介绍的 Huffman 编码假定信源符号的概率对于编码器是已知的。实际上,大部分信源符号的概率很少预先知道。因此需要统计信源符号的概率,然后再编码。但是,这样处理速度会很慢,不符合高传输效率的要求。而且如果信源是不平稳的,还要不断估计信源的统计特性,使码字的长度与信源符号的概率相匹配。在这种情况下,通常采用自适应方法。自适应 Huffman 编码的基本方法是,随着信源符号的逐个输入,编码器不断地估计信源符号的概率,随时对码树进行修正,使其满足最优码条件,并及时地输出码字;译码器与编码器同步地建立码树并修正,实现译码。自适应编码方法的优点是,编码能动态地适应变化的信源统计特性,且能实现实时处理。

4.3.1 两次通过 Huffman 编码

当信源符号的概率未知时,可使用两次通过 Huffman 编码,即编码器对输入文件读两次。第一次通过:根据要压缩的文件估计每个信源符号的概率;第二次通过:对信源符号进行 Huffman 编码。这种方法也称半自适应编码。这种先统计后编码的方法虽然简单,但处理速度较慢。

例 4.3.1 设信源序列 ABABABAB ABACADAB ACADABAC ADABACAD,试对信源序列进行两次通过 Huffman 编码。

解 两次通过 Huffman 编码符号的概率估计和码字如表 4.3.1 所示。

表 4.3.1 两次通过 Huffman 编码符号的概率估计和码字

符号	统计符号出现比率	第一次通过	第二次通过
		概率估计	Huffman 编码
A	16/32	0.5	0
B	8/32	0.25	10
C	4/32	0.125	110
D	4/32	0.125	111

对应的码序列为:010 010 010 010 010 0110 0111 010 0110 0111 010 0110 0111 010 0110 0111。■

4.3.2 自适应 Huffman 编码的基本原理

自适应 Huffman 编码首先是由 Faller 和 Gallager 提出的(Faller,1973;Gallager,1978),后由 Knuth 进行了改进(Knuth,1985),所以也称 FGK 算法,当前最新的版本是由 Vitter 描述的算法。

自适应 Huffman 编码的要点是:

(1) 在被压缩文件的输入过程中不断更新信源符号的频率计数(计数增加),对 Huffman

码树进行修正(信源符号对应的码字随编码过程改变)。

(2) 编译码器必须同步,即要有相同的初始化条件和相同的更新和修正算法;编码器对每个符号的编码要用以前的统计数据,即不包含该符号的数据,这样才能保证译码器与编码器同步;而且对每个符号的传送,编译码双方必须增加对应的频率计数并进行码树修正。

(3) 每个信源符号在第一次传送时是未压缩的形式,因此要设置 escape 码(换码)放在前面,以便译码器识别。

(4) 信源符号对应的码字不断变化增加了开销。

(5) 能够实时对数据进行压缩。

1. 无压缩代码

在编码开始,Huffman 编码起始码树可以有几种选择。除假定各符号等概率来构造码树的方法外,更多的是用零码树构造起始码树。此时所有的信源符号还没有对应的码字,因此文件中每个第一次输入的符号直接以未压缩形式写到编码器输出文件上,并将该符号加到码树上;以后如果再出现该符号,就将码树上对应的码字分配给它。这里有两个要解决的问题:一是无压缩代码的表示;二是译码器如何识别所接收的符号是否为压缩编码。

无压缩代码可用等长码,如 ASCII 码,也可用变长码表示。设信源符号集有 m 个符号,如果 m 为 2 的整数次幂,那么就可以将信源符号编成等长码,码长为 $k=\log_2 m$,码字用信源符号序号的二进制代码表示。如果 m 不是 2 的整数次幂,各信源符号可以看成等概率出现,那么对应的最优编码应该是最大码长和最小码长的差值等于 1 的 Huffman 码(见习题 4.2)。所以设计码长最大差值为 1 的满树,使得树叶总数等于 m,树叶所对应的码字就满足要求。设$k=\lceil \log_2 m \rceil$,构造阶数等于 k 的码全树,该树的叶节点数为 2^k,满足 $2^{k-1}<m<2^k$。设码长为$k-1$ 和 k 的码字数目分别为 N_{k-1} 和 N_k,那么 $N_{k-1}+N_k=m$。所有的码长为 $k-1$ 的码字对应 $2N_{k-1}$片 k 阶二元码全树的树叶,所以有 $N_k+2N_{k-1}=2^k$,从而得

$$N_{k-1}=2^k-m=2^{k-1}-s \tag{4.3.1a}$$

$$N_k=2m-2^k \tag{4.3.1b}$$

其中,$s=m-2^{k-1}$,那么可以选择 $2s=N_k$ 片连续排列的树叶作为长度为k 的码字,删除剩下的 2^k-2s 片树叶,得到 $N_{k-1}=2^{k-1}-s$ 片阶数为$k-1$ 的叶作为长度为 $k-1$ 的码字,这样总的码字数为 $2^{k-1}+s=m$,满足要求。这 m 个信源符号的变长无压缩代码的编码规则如下:

(1) 序号 n:1 ~ $2s$,编为 k 位二进制代码,代码值为 $n-1$;

(2) 序号 n:$2s+1$~m,编为 $k-1$ 位二进制代码,代码值为 $n-s-1$。

例 4.3.2　将 26 个英文字母转换成变长无压缩代码。

解　$m=26$,$k=5$,得 $s=10$,从 a 到 t 编为 5 位二进制代码,从 u 到 z 编为 4 位二进制代码。a=00000,…,t=10011;u=1010,…,z=1111。■

为使译码器能够区别接收的符号是否为压缩编码,使用换码符。在无压缩代码前加入换码符,使得当解压器读到这个换码代码后就知道后面紧接着的是一个无压缩代码,这就要求这个换码代码不同于其他码字。因为在编码过程中码字不断的修正,所以换码代码也要不断修正。通常采用的方法就是在码树上用一片空树叶代表换码代码,例如可以把 0,00,000,…作为换码代码。

2. 码树的修正

在码树和同类列表中,每节点所对应的概率称为该节点的权值。在自适应 Huffman 编码

中，某符号出现的次数就是代表该符号概率大小的权值。此时，同类列表中的元素是符号出现的次数。当某符号出现时，所对应的树叶的权值加 1，而且从此叶到根的路径上的所有其他节点的权值都加 1。假定我们有一个 Huffman 编码的码树，当信源输入一个符号并对该符号所对应树叶的权值加 1 后，新树的权值可能不满足同类特性，这就需要对码树进行修正，使其满足同类特性，修正的方法就是节点交换。

如前所述，一个含有 n 个符号信源的 Huffman 码树，总节点数为 $2n-1$，其中包括 n 片树叶(也称外部节点)和 $n-1$ 个内部节点(包括根节点)。设码树按照根在上、叶在下的方式放置，各节点的权值为 $w(k)$，$k=1,\cdots,2n-1$，节点的编号从下到上、从左到右，那么对于 Huffman 编码，有

$$w(1)\leqslant w(2)\leqslant\cdots\leqslant w(2n-1) \tag{4.3.2}$$

在一棵 Huffman 码树上，所有的节点都有权值和编号。在码树修正过程中，编号表明节点的位置。树叶的权值代表该树叶所代表的信源符号出现的次数，而内部节点的权值为其子节点权值的和。根据 Huffman 码的同类特性，这些权值所排成的由小到大的序列中，相同的权值肯定是相邻的，称这些相同权值的节点构成一个节点块。节点交换实际上是一个节点块中节点权值和所代表的符号的交换，而节点编号不交换。

码树修正算法如下：

(1) 读入某符号 s，判定 s 是否第 1 次出现(码树上是否有 s 对应的树叶)，若不是第一次出现，则对应 s 的树叶为当前节点，否则就转到(5)；

(2) 确定当前节点的编号是否在节点块中最大，如果不是则继续，否则转到(4)；

(3) 当前节点与块中编号最大的节点交换；

(4) 当前节点权值加 1，转到(6)；

(5) 旧 NYT(换码码字)节点延伸出一个新的 NYT 节点和一个对应 s 的树叶，旧 NYT 节点和树叶 s 权值都加 1，旧 NYT 节点为当前节点；

(6) 判定当前节点是否为根节点，如果不是则继续，否则停止；

(7) 当前节点的父节点权值加 1 并变为新的当前节点，转到(2)。

相应的流程图如图 4.3.1 所示。

注：① 参与交换的节点所属的后继节点要随着此节点交换；

② 节点的编号不随节点交换变动；

③ 先进行节点交换再变动节点的权值。

为了更好地理解自适应 Huffman 编码方法，现举一例。

例 4.3.3 对字母序列 aardv 进行自适应 Huffman 编码。

解 自适应 Huffman 编码码树修正实例如图 4.3.2 所示，现做简单说明。

(1) 初始码树是零树，只有一个根节点，代表 NYT 节点，如图 4.3.2(a)所示。

(2) 当读入字母 a 后，因为 a 是第一次出现，所以由 NYT 节点延伸出一个新的 NYT 节点和字母 a 对应的叶，此树叶的码字为“1”，权值为 1；此时的输出是 a 的未压缩代码“00000”，如图 4.3.2(b)所示。

(3) 当读入第二个字母 a 后，因为 a 已经出现，此树叶的权值加 1；此时的输出是 a 的压缩码字“1”，如图 4.3.2(c)所示。

(4) 当读入字母 r 后，因为 r 是第一次出现，所以由 NYT 节点延伸出新的 NYT 节点和字母 r 对应的叶，此树叶的码字为“01”，权值为 1；此时的输出是旧 NYT 的码字“0”加 r 的未压

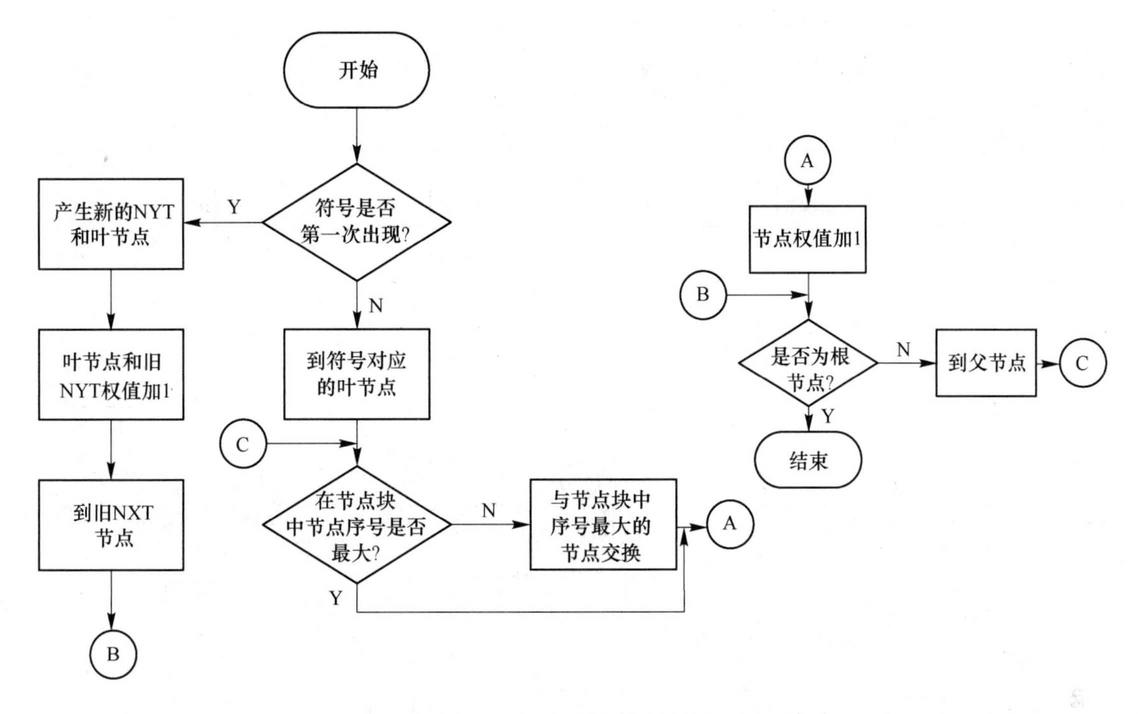

图 4.3.1　码树修正流程图

缩代码"10001",如图 4.3.2(d)所示。

(5) 当读入字母 d 后,因为 d 是第一次出现,所以由 NYT 节点延伸出新的 NYT 节点和字母 d 对应的叶,此树叶的码字为"001",权值为 1;此时的输出是旧 NYT 的码字"00"加 d 的未压缩代码"00011",如图 4.3.2(e)所示。

(6) 当读入字母 v 后,因为 v 是第一次出现,所以由 NYT 节点延伸出新的 NYT 节点和字母 v 对应的叶,此树叶的码字为"0001",权值为 1;此时的输出是旧 NYT 的码字"000"加 v 的未压缩代码"1011",如图 4.3.2(f)所示。

(7) 图 4.3.2(f)中,当前节点为 47,与节点 48 权值同,所以节点 47、48 应交换,交换后节点 48 权值加 1,如图 4.3.2(g)所示。

(8) 当前节点为 49,在图 4.3.2(g)中与节点 50 权值同,所以节点 49、50 应交换,交换后节点 50 权值加 1,如图 4.3.2(h)所示。

(9) 编码器的输入输出序列:

输入: a　a　NYT　r　NYT　d　NYT　v

输出:00000 | 1 | 0 | 10001 | 00 | 00011 | 000 | 1011 |……

4.3.3　自适应 Huffman 编码的实现

自适应 Huffman 数据压缩系统要求编码器和译码器是同步的,两者具有同样的初始码树和同样的码树修正算法。

编码器工作流程如下:

(1) 从待压缩文件读入一个符号,如果是第一次出现,则输出为 NYT 码字后接该符号的未压缩代码,否则根据码树输出相应的码字;

(2) 调用码树修正子程序;

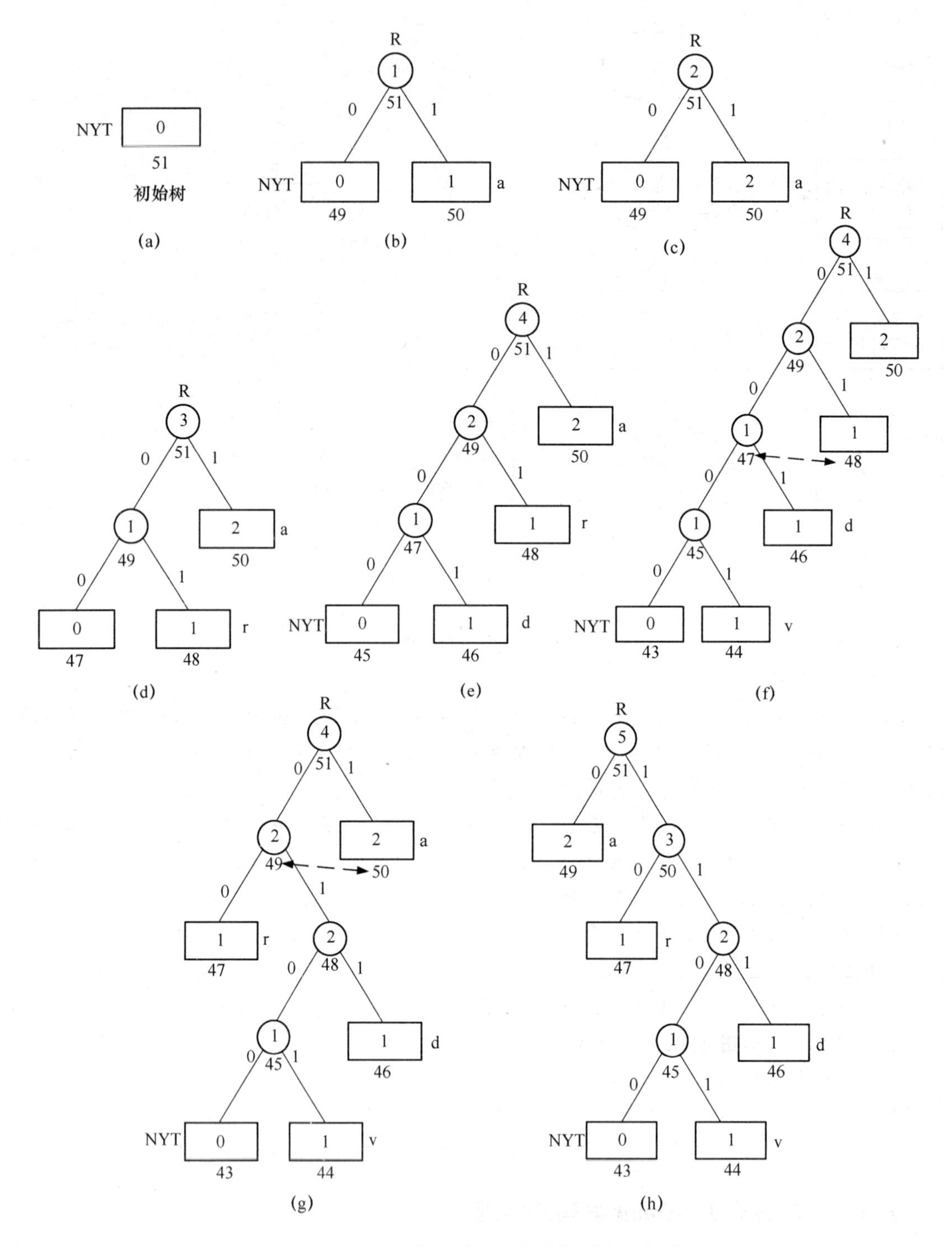

图 4.3.2　自适应 Huffman 编码码树修正实例

(3) 检查是否处理的是最后一个符号,如果是则结束,否则转到(1)。

译码器工作流程如下:

(1) 从根节点开始;

(2) 检查读入符号序列对应的节点是否为树叶,如果不是,则继续读入符号,否则往下进行;

(3) 当前节点是否为 NYT,若不是则转到(5),否则继续;

(4) 读 NYT 码字后接的未压缩代码，译码后输出；

(5) 调用码树修正子程序；

(6) 检查是否处理的是最后一个符号，如果是则结束，否则转到(1)。

4.4　游程长度编码

在信源序列中同一个字符连续重复出现形成的字符串称为游程，这种字符串的长度称为游程长度，游程长度构成的序列称为游程序列。游程长度编码简称游程编码，实际上是先将信源序列变换成游程长度序列，再进行熵编码，以实现更好的压缩。我们知道，Huffman 编码对于二元信源的编码效率不高。但如果将二元信源序列变换成游程序列再编码，就可以达到较高的编码效率。当前，这种游程长度编码压缩技术已经成功应用于黑白图像传真压缩中。

4.4.1　概述

本节主要研究二元信源的游程编码。在二元序列中包含 0 游程和 1 游程，0、1 游程长度分别用 l_0 和 l_1 表示。一个二元序列总可以变换成由 0 游程和 1 游程构成的游程序列。例如，二元序列 0 0 0 1 0 1 1 1 0 0 1 0 0 0 1 …可以变换成游程序列：3 1 1 3 2 1 3 …可以看到，0 游程的开始是“10”，而 1 游程的开始是“01”。变换后的游程序列可以看成由两个状态(0 游程状态和 1 游程状态)组成的马氏链，这两个状态是交替出现的，分别对应信源序列的“10”和“01”，马氏链的周期为 2。在“10”状态下，输出随机变量 l_0，符号集为{1,2,…}，分别对应长度取自{1,2,…}的 0 游程，在“01”状态下，输出随机变量 l_1，符号集为{1,2,…}，分别对应长度取自{1,2,…}的 1 游程。如果起始游程的符号确定，那么由游程序列就可以唯一恢复信源序列。因此游程变换是可逆变换。

信源序列通过游程变换后，如果规定第一个是 0 游程，最后一个是 1 游程，那么游程变换是可逆的，而且 0、1 游程的个数相同。设信源 X 的 N 次扩展源 $X_1X_2\cdots X_N$ 的输出序列 $x_1x_2\cdots x_N$，变换成游程序列 $l_0^1l_1^1\cdots l_0^nl_1^n$，其中，$l_0^i$、$l_1^i$ 分别表示第 i 个 0、1 游程的长度，并且有 $l_0^i\in L_0^i$，$l_1^i\in L_1^i$，L_0^i，L_1^i 的符号集均为{0,1,2,…}；n 为 0、1 游程个数，是随机变量，概率为 p_n。利用离散信源在可逆变换后熵的不变性和熵的可加性，就有

$$\begin{aligned}H(X_1X_2\cdots X_N)&\overset{a}{=}\sum_n p_nH(L_0^1L_1^1\cdots L_0^nL_1^n\mid n)\overset{b}{\leqslant}\sum_n p_n\sum_{i=1}^{n}[H(L_0^i\mid n)+H(L_1^i\mid n)]\\&\overset{c}{=}\sum_n np_n[H(L_0)+H(L_1)]=\bar{n}[H(L_0)+H(L)]\end{aligned}\tag{4.4.1}$$

其中，a：可逆变换后离散熵的不变性；b：熵的可加性，c：游程序列的熵与 n 无关，$\bar{n}$ 为 n 的平均值，仅当各游程长度相互独立时等号成立。

由 $N=\sum_{i=1}^{n}(l_0^i+l_1^i)\Rightarrow N=\bar{n}[E(l_0^i)+E(l_1^i)]=\bar{n}[E(l_0)+E(l_1)]$，得

$$\bar{n}=N/[E(l_0)+E(l_1)]\tag{4.4.2}$$

式(4.4.2)代入式(4.4.1)，得变换后游程长度的熵与原信源熵的关系

$$H_\infty(X)\leqslant\frac{1}{N}H(X_1X_2\cdots X_N)\leqslant[H(L_0)+H(L_1)]/[E(l_0)+E(l_1)] \tag{4.4.3}$$

仅当信源无记忆时，左边不等式中的等号成立；仅当游程长度无记忆时，右边不等式中的等号成立。

定义游程序列的零阶熵为

$$H_1=\frac{H(L_0)+H(L_1)}{E(l_0)+E(l_1)} \tag{4.4.4}$$

式(4.4.3)表明，游程变换后，其零阶熵不小于原信源的平均符号熵。仅当游程长度无记忆时，其零阶熵等于原信源的符号熵。

在游程变换中，分析研究游程长度的统计特性(主要是指其概率、均值以及熵)是很重要的，这时经常用到几何分布。离散随机变量 X 满足几何分布是指

$$p_X(n)=(1-p)p^{n-1}\quad n=1,2,\cdots \tag{4.4.5}$$

如果对一个 0 符号概率为 p 的二元无记忆信源以如下方式构造该信源的消息树：从根节点开始分裂成两片树叶，分别对应 0 符号和 1 符号，然后仅对 0 符号的叶进行分裂……这样无限分裂下去，那么所得到消息树的叶所代表的消息长度满足式(4.4.5)所示的几何分布。图 4.4.1 表示第 m 次节点分裂后的消息树，设此时消息集合为 V，对应的消息长度集合为 Y。可以看到，消息树中叶节点阶数分别为整数 $1,2,\cdots,m,m$，概率分别为$(1-p),(1-p)p,\cdots,(1-p)p^{m-1}$，$p^m$；其他内部节点(包括根节点)的概率分别为：$1,p,p^2,\cdots,p^{m-1}$，根据路径长引理，得到消息的平均长度为

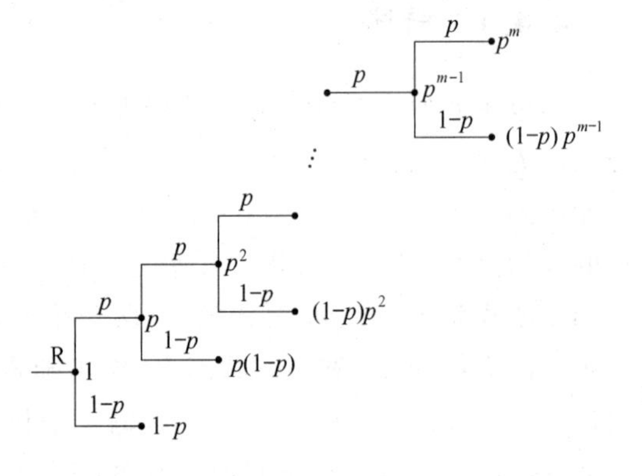

图 4.4.1　几何分布信源 m 次节点分裂消息树

$$E(Y)=1+p+\cdots+p^{m-1}=(1-p^m)/(1-p) \tag{4.4.6}$$

消息集 V 的熵为消息平均长度与信源熵 $H(p)$ 的乘积，即

$$H(V)=E(Y)H(p)=H(p)(1-p^m)/(1-p) \tag{4.4.7}$$

其中，

$$H(p)=-p\log p-(1-p)\log(1-p) \tag{4.4.8}$$

当 $m\to\infty$，式(4.4.6)和式(4.4.7)就表示满足几何分布随机变量的平均值和熵，即

$$E(X)=\lim_{m\to\infty}(1-p^m)/(1-p)=1/(1-p) \tag{4.4.9}$$

$$H(X)=\lim_{m\to\infty}E(Y)H(p)=H(p)/(1-p) \tag{4.4.10}$$

4.4.2　独立信源游程长度编码

下面为简便起见，将序列 $x_1,\cdots,x_n$ 表示为 x_1^n。设一个二元无记忆信源 0、1 序列中，0 出现的概率为 p_0，1 出现的概率为 $p_1=1-p_0$。一个长度为 l_0 的 0 游程形成的条件是前面有一个“10”，随后有 l_0-1 个“0”，最后跟着一个“1”。所以，长度为 l_0 的 0 游程的概率是一个条件概率，可通过下式来计算：

$$p(l_0)=p(x_2^{l_0}=0\cdots0,x_{l_0+1}=1\mid x_0^1=10)=p_0^{l_0-1}(1-p_0),l_0=1,2,\cdots \tag{4.4.11}$$

可见，l_0 满足几何分布。同理得游程长度为 l_1 的 1 游程也满足几何分布，概率分布为

$$p(l_1)=p_1^{l_1-1}(1-p_1) \tag{4.4.12}$$

注：游程长度概率实际是条件概率，各自的概率空间集合分别是"0"游程长度集合和"1"游程长度集合，条件分别是"10"和"01"。

设"0" 游程序列和"1"游程序列的平均长度分别为 $E(l_0)$ 和 $E(l_1)$，根据式(4.4.9)，得

$$E(l_0) = \sum_{l_0=1}^{\infty} l_0\ p_0^{l_0-1}(1-p_0) = 1/(1-p_0) \tag{4.4.13}$$

$$E(l_1) = \sum_{l_0=1}^{\infty} l_1\ p_1^{l_1-1}(1-p_1) = 1/(1-p_1) \tag{4.4.14}$$

设"0" 游程序列的熵和"1"游程序列的熵分别为 $H(L_0)$ 和 $H(L_1)$，根据式(4.4.10)，得

$$H(L_0)=H(p_0)/(1-p_0) \tag{4.4.15}$$

$$H(L_1)=H(p_1)/(1-p_1) \tag{4.4.16}$$

游程序列零阶熵为

$$H_1=\frac{H(L_0)+H(L)}{E(l_0)+E(l_1)}==\frac{H(p_0)/(1-p_0)+H(p_1)/(1-p_1)}{1/(1-p)+1/(1-p_1)}=H(p_0)$$

即游程序列零阶熵等于原信源的熵。所以，独立信源序列经游程变换后，游程长度序列也为独立序列。

4.4.3 马氏链游程长度编码

1. 一阶马氏链游程长度编码

一阶马氏链含两个状态，设为 0 和 1，转移概率为：$p(0|0)=a_0$，$p(1|1)=a_1$，状态转移概率矩阵为

$$\begin{pmatrix} a_0 & 1-a_0 \\ 1-a_1 & a_1 \end{pmatrix}$$

求得状态的平稳概率分布为

$$\pi(0)=(1-a_1)/(2-a_0-a_1),\pi(1)=(1-a_0)/(2-a_0-a_1)$$

信源的符号熵：

$$H_\infty=H_2=\frac{1-a_1}{2-a_0-a_1}H(a_0)+\frac{1-a_0}{2-a_0-a_1}H(a_1) \tag{4.4.17}$$

其中，$H(a_0)=-a_0\log a_0-(1-a_0)\log(1-a_0)$，$H(a_1)=-a_1\log a_1-(1-a_1)\log(1-a_1)$。

计算"0"游程长度的概率仍然是计算在"10"条件下，后面有 l_0-1 个"0"，后面又是 1 个"1"的概率。

$$p(l_0)=p(x_2^{l_0}=0\cdots0,x_{l_0+1}=1|x_0^1=10)=a_0^{l_0-1}(1-a_0) \tag{4.4.18}$$

同理得"1"游程长度的概率为

$$p(l_1)=a_1^{l_1-1}(1-a_1)$$

计算游程序列的平均长度，得

$$E(l_0)=1/(1-a_0) \text{和} E(l_1)=1/(1-a_1)$$

计算游程序列的熵分别为

$$H(L_0)=H(a_0)/(1-a_0) \text{和} H(L_1)=H(a_1)/(1-a_1)$$

游程序列零阶熵为

$$H_1=\frac{H(L_0)+H(L)}{E(l_0)+E(l_1)}==\frac{H(a_0)/(1-a_0)+H(a_1)/(1-a_1)}{1/(1-a_0)+1/(1-a_1)}=H_2 \tag{4.4.19}$$

即游程序列零阶熵等于原信源的熵。所以，一阶马氏链经游程变换后，游程长度序列为独立序列。

2. 二阶马氏链游程长度编码

二阶马氏链含4个状态，设为：00，01，10，11，转移概率为：$p(0|00)=a_0$，$p(0|01)=a_1$，$p(0|10)=a_2$，$p(0|11)=a_3$，状态转移概率矩阵为

$$\begin{pmatrix} a_0 & 1-a_0 & 0 & 0 \\ 0 & 0 & a_1 & 1-a_1 \\ a_2 & 1-a_2 & 0 & 0 \\ 0 & 0 & a_3 & 1-a_3 \end{pmatrix}$$

求得状态的平稳概率分布为

$$\pi(00)=a_2a_3/D,\pi(01)=\pi(10)=a_3(1-a_0)/D,\pi(11)=(1-a_1)(1-a_0)/D$$

其中，
$$D=a_2a_3+2a_3(1-a_3)+(1-a_0)(1-a_1)$$

信源的符号熵：

$$H_\infty=H_3=[a_2a_3H(a_0)+a_3(1-a_0)[H(a_1)+H(a_2)]+(1-a_0)(1-a_1)H(a_3)]/D \tag{4.4.20}$$

计算0游程长度的概率仍然是计算在“10”条件下，后面有l_0-1个“0”，后面又是1个“1”的概率。这时要分成两种情况：

当$l_0=1$时，$p(l_0=1)=p(x_2=1|x_0^1=10)=1-a_2$。

当$l_0>1$时，$p(l_0>1)=p(x_2^{l_0-1}=0\cdots0,x_{l_0}=1|x_0^1=10)=a_2a_0^{l_0-2}(1-a_0)$。

所以

$$p(l_0)=\begin{cases}1-a_2 & l_0=1\\ a_2a_0^{l_0-2}(1-a_0) & l_0>1\end{cases} \tag{4.4.21}$$

可以验证上面的概率满足归一性。

同理得1游程长度的概率为

$$p(l_1)=\begin{cases}a_1 & l_1=1\\ (1-a_1)(1-a_3)^{l_1-2}a_3 & l_1>1\end{cases} \tag{4.4.22}$$

计算游程序列的平均长度，得

$$E(l_0)=(1-a_2)+\sum_{l=2}^{\infty}l\ a_2a_0^{l-2}(1-a_0)=\frac{a_2}{1-a_0}+1 \tag{4.4.23}$$

$$E(l_1)=a_1+\sum_{l=2}^{\infty}l(1-a_1)(1-a_3)^{l-2}a_3=\frac{1-a_1}{a_3}+1 \tag{4.4.24}$$

计算游程序列的熵分别为

$$H(L_0)=H(a_2)+\frac{a_2}{1-a_0}H(a_0) \tag{4.4.25}$$

$$H(L_1)=H(a_1)+\frac{1-a_1}{a_3}H(a_3) \tag{4.4.26}$$

上面的游程序列的熵实际是条件给定下的熵。计算零阶熵

$$
\begin{aligned}
H_1 &= [H(L_0)+H(L_1)]/[E(l_0)+E(l_1)] \\
&= \frac{a_3(1-a_0)}{D}\left[H(a_2)+\frac{a_2}{1-a_0}H(a_0)+H(a_1)+\frac{1-a_1}{a_3}H(a_3)\right]=H_3 \quad (4.4.27)
\end{aligned}
$$

即游程序列零阶熵等于原信源的熵。所以,二阶马氏链经游程变换后,游程长度序列也为独立序列。

3. 高阶马氏链游程长度编码

设一个 3 阶马氏链的转移概率为 $p(x_n|x_{n-3}x_{n-2}x_{n-1})$的形式,而对应 0 游程的"10"状态的转移概率有 $p(x_n|010)$和 $p(x_n|110)$两种情况,因此对应着不同的条件概率。前者的条件是 1 游程长度等于 1 的情况,而后者的条件是 1 游程长度大于 1 的情况。这就是说,当前的 0 游程长度和前面的 1 游程长度有关,所以此时游程序列不是独立序列。

一般的 k 阶马氏链经游程变换后,游程序列变成 $k-2$ 阶马氏链,但相关性也比一般 $k-2$ 阶马氏链弱,所以按独立序列编码损失不大。这说明用游程变换解除或减弱二元序列的相关性是相当有效的。

4.4.4 游程长度编码的性能

当二元独立序列或低于二阶的马氏链序列变换成游程序列后,可以分别对 l_0 和 l_1 进行 Huffman 编码。设两种编码的效率分别为 η_0 和 η_1,那么所对应的平均码长分别为 $H(L_0)/\eta_0$ 和 $H(L_1)/\eta_1$,设两种游程数相同,那么总平均码长为

$$
\bar{l}=\frac{H(L_0)/\eta_0+H(L_1)/\eta_1}{E(l_0)+E(l_1)} \tag{4.4.28}
$$

游程长度编码效率为

$$
\eta=\frac{H_1}{\bar{l}}=\frac{H(L_0)+H(L_1)}{H(L_0)/\eta_0+H(L_1)/\eta_1} \tag{4.4.29}
$$

严格地讲,式(4.4.29)仅适用于独立序列或一阶、二阶马氏链的情况,对于高价马氏链只能是近似的,因为此时 H_1 不等于信源的符号熵。

很容易证明

$$
\min(\eta_0,\eta_1)\leqslant\eta\leqslant\max(\eta_0,\eta_1) \tag{4.4.30}
$$

注:① 如果 η_0、η_1 都很高,那么游程长度编码的效率也很高;

② 为得到高的编码效率,应该加大熵值大的游程的编码效率。

4.5 格 伦 码

前面所研究的二元序列游程编码分别变成 0 和 1 两种游程长度,然后编码。实际上,当二元信源序列中"0"符号的概率远大于"1"符号的概率时,只对 0 游程进行编码,也可以实现很大的压缩。格伦(Golomb)于 1966 年提出这种方法,因此称作格伦码(Golomb Code)。这种编码方法已用在 JPEG-LS 和 H. 264 图像压缩编码中。因为 Golomb 码中包含单一码,所以我们先介绍单一码,并证明在某些条件下单一码是最佳编码,然后详细介绍 Golomb 码。

4.5.1 单一码(Unary Code)

一个非负整数 n 的单一码就是 n 个“1”后跟一个“0”,或 n 个“0”后跟一个“1”。后者常称为逗号码,本书采用后一种编码方式。

例 4.5.1 列出 $n=0,1,2,3,4,5,\cdots$ 的单一码并画出对应的码树。

解 非负整数 n 对应的单一码如表 4.5.1 所示。

表 4.5.1 非负整数 n 和对应的单一码

n	0	1	2	3	4	5
单一码	1	01	001	0001	00001	000001

单一码的码树如图 4.5.1 所示。■

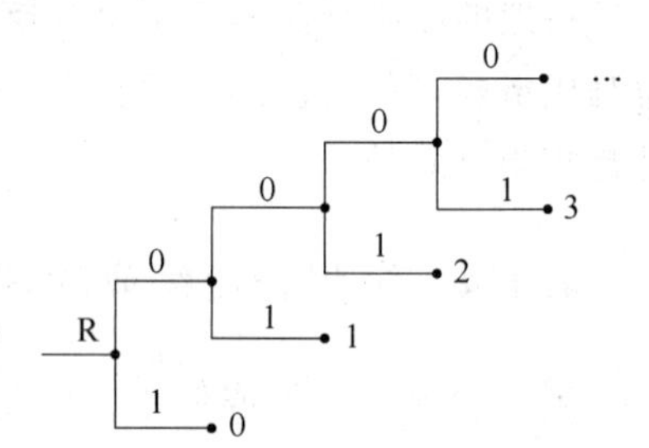

图 4.5.1 单一码的码树

单一码码树的特点:①从根节点开始,总是与分支 0 连接节点往前延伸;②码树不是满树。

例 4.5.2 一信源 S 的符号集 $A=\{a_1,a_2,a_3,a_4\}$,概率分别为:1/2,1/4,1/8,1/8;试对信源符号进行 Huffman 编码,并与单一码比较。

解 所得到的 Huffman 编码与单一码如表 4.5.2 所示。■

表 4.5.2 信源 S 的 Huffman 编码与单一码的比较

信源符号	a_1	a_2	a_3	a_4
Huffman 码	1	01	001	000
单一码	1	01	001	0001

从本例可以看到,这种 Huffman 编码码树的特点是:两个合并的最小概率节点的父节点仍然是最小概率的节点,与单一码的码树相似。只不过单一码最长的码字比 Huffman 码最长的码字多 1 个码元,而其他对应的码字都相同。实际上,如果信源符号的概率为 2 的负整数次幂时,所编成的单一码与 Huffman 编码相比,仅是最长的码字多 1 个符号。此时信源符号的概率为$\{1/2,1/4,\cdots,(1/2)^n,(1/2)^n\}$,共 $n+1$ 个符号。一般地,有下面的定理。

定理 4.5.1 设无限离散无记忆信源 X,符号集为$\{a_n,n=0,1,\cdots\}$,概率满足几何分布,即

$$p(a_n=n)=(1-p)p^n \quad n=0,1,2,\cdots \tag{4.5.1}$$

若将信源符号编成单一码,那么

(1) 当 $p\leqslant 1/2$ 时,单一码是最优码;

(2) 当 $p=1/2$ 时,单一码编码效率达到最大值 1。

证 (1) 由式(4.5.1)可知,信源符号概率随 n 的增大而减小。将 $n\geqslant m$ 所有符号的概率相加,得 $\sum_{n=m}^{\infty}(1-p)p^n=p^m$,而$(1-p)p^{m-1}-p^m=p^{m-1}(1-2p)\geqslant 0$(因为 $p\leqslant 1/2$),这就是说,若干最小概率节点合并后的父节点与其他同阶节点相比仍然是最小概率的节点。如果规

定从一个节点出发的上分支表示 0，下分支表示 1，就得到类似于如图 4.5.1 所示单一码码树的 Huffman 编码码树。对于 Huffman 编码，平均码长为：$\bar{l}_1=1+p+\cdots+p^m+\cdots=1/(1-p)$，而对于单一码，平均码长：$\bar{l}_2=\sum_{n=0}^{\infty}(n+1)(1-p)p^n=1/(1-p)$。有 $\bar{l}_1=\bar{l}_2=\bar{l}$，所以对于几何分布的符号编码，单一码是最优码。

(2) 信源熵 $H(X)=H(p)/(1-p)$，所以单一码编码效率为

$$\eta=\frac{H(X)}{\bar{l}}=\frac{H(p)/(1-p)}{1/(1-p)}=H(p) \tag{4.5.2}$$

可以看到，p 从 0 增加到 1/2，编码效率是逐渐增加的，当 $p=1/2$ 时，编码效率达到最大值 $\eta=H(1/2)=1$，而如果 p 比较小，编码效率不会很高。

注：① 单一码码长随序号的增加增长很快；

② 当几何分布中 $p=1/2$ 时，单一码编码效率达到最大值 1。

4.5.2　Golomb 码基本原理

设二元信源中 0 符号的概率为 p，将信源序列按如下原则变换成 0 游程序列：每个 0 游程从符号 0 开始以符号 1 结尾，单独的符号 1 可看成长度为 0 的 0 游程。例如，序列 1 0 1 0 0 0 1 0 1 1…，按 0 游程编码就变成这样的长度序列：0，1，3，1，0，…。很明显，只要信源序列是以符号 1 结尾的，游程长度序列和信源序列就是一一对应的。通过这种变换后，0 游程长度 n 的分布满足式(4.5.1)所表示的分布。

令

$$n=mq+r \tag{4.5.3}$$

其中，$0\leqslant r<m$，q 为正整数，可作为游程长度组的识别符（q 相同的 n 属于一个组），每组符号的概率为

$$p(q)=\sum_{r=0}^{m-1}(1-p)p^{mq+r}=(1-p^m)p^{mq}$$

可见，q 满足以 p^m 为参数的几何分布。如果存在正整数 m，使得

$$p^m\approx 1/2 \tag{4.5.4}$$

那么根据定理 4.5.1，对 q 编成的单一码就是最优编码。注意：对式(4.5.4)应理解为 p^m 接近但小于 1/2。当 $m=2^k$ 时，称 Golomb 编码为 Golomb-Rice 码。

所以，Golomb 编码包含两部分：(1) 对商 q 的编码，用单一码编码；q 对应的码字为 q 个"0"后跟一个"1"，实际上这种编码是将 m 个"0"编成一个"0"，而"1"是一个分割符；(2) 对余数 r 的编码，编成变长或定长码，用于区分同一组内的不同成员。

以上两种编码都是异前置码，码字结构如图 4.5.2 所示。游程长度 n 被分成 $q+1$（或 q，如果 $r=0$）个区间。前 q 个区间中的每一个都有 m 个符号，最后一个区间有 r 个符号。对于 Golomb-Rice 码，余数编成等长二元码，就是余数的二进制代码。下面研究一般情况。

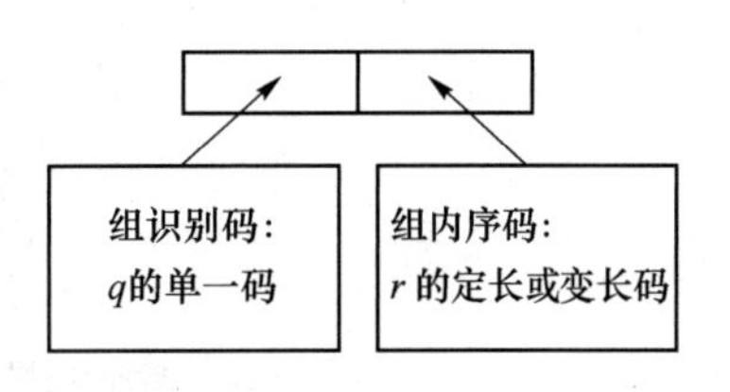

图 4.5.2　Golomb 码的结构

设 r 有 m 个取值，0，1，2，…，$m-1$，且 $m\neq 2^k$（k 为正整

数）。选取 k，使得 $2^{k-1}<m\leqslant 2^k$，这等价于 $k=\lceil \log_2 m \rceil$，其中$\lceil \cdot \rceil$表示上取整。首先构造一个 k 阶二元码全树，树叶数为 2^k。可以证明，如果 $m=2^k$，那么将 r 编成长度为 k 的等长码是最优码；如果 $m<2^k$，那么最优编码的最长和最短码字长度的差最大为 1，码树仅含 $k-1$ 和 k 两种长度的码字，且这些码字数目的和等于 m。可采用类似于4.3.2节中为实现对无压缩符号编码构造 k 阶码全树的方法，得到余数 r 的 m 个码字，具体编码如下：

从整数 0，1，…，到 2^k-m-1 编成 $k-1$ 比特的码（共 2^k-m 个码字），这是对应 $k-1$ 比特的自然二进制码，其中，整数 0 的码字是 $k-1$ 个“0”，其余的码字按顺序依次加 1，一直到 2^k-m-1 对应的码字；从整数 2^k-m 到 $m-1$ 编成 k 比特的码（共 $2m-2^k$ 个码字），其中 2^k-m 对应的码字的数值为 $2\times(2^k-m)$，其他 k 比特的码也按顺序依次加 1，所以表示的值是 r 加 2^k-m。以上两种长度的码字构成余数 r 的编码字典。

例 4.5.3 构造 $m=5$ 的余数 r 编码字典，并画出 $m=5$ 的余数 r 编码码树。

解 对于 $m=5$，$r=0,1,2,3,4$；$k=3$。构造 3 阶二元码树，树叶代表的码字是：000，001，010，011，100，101，110，111。其中，码长为 2 的码字有 $2^3-5=3$ 个。将 000 与 001 合并为 00。将 010 与 011 合并为 01，将 100 与 101 合并为 10。所以 r 的编码为 0:00，1:01，2:10，3:110，4:111。余数 r 编码的码树如图 4.5.3(a)所示，这里，码树的叶用信源序列表示，例如序列“1”表示长度为 0 的“0”游程，序列“01”表示长度为 1 的“0”游程等。■

例 4.5.4 设 $m=5$，求 $n=8$ 和 $n=12$ 的 Golomb 码码字。

解 参考 $m=5$ 的余数 r 编码字典，对于 $n=8$，$q=1$，$r=3$，码字为 01110。对于 $n=12$，$q=2$，$r=2$，码字为 00110。■

实际上，我们可以把 Golomb 编码过程中对 q 的编码和对 r 的编码这两部分合并成一棵码树。从树根开始，分支“0”连接 m 个连 0 的叶，分支“1”连接余数 r 编码子树，就构成整个 Golomb 编码的码树。编码过程可修正如下：

首先将信源序列划分成信源字序列，然后再对信源字序列进行编码。首先从信源序列的开头划分，长度为 m 的 0 游程是一个信源字，码字是 0；长度 r（小于 m）的 0 游程加上后面的一个“1”构成另外的信源字，码字是余数 r 的码字前面加“1”符号，作为分隔符。

例 4.5.5 （例 4.5.4 续）设 $m=5$，试画出 Golomb 编码的码树。并对信源序列 00000 01 00000 00001 00000 00000 1 0001…进行编码。

解 $m=5$ 的 Golomb 编码的码树如图 4.5.3(b)所示，它包含图 4.5.3(a)作为子树。

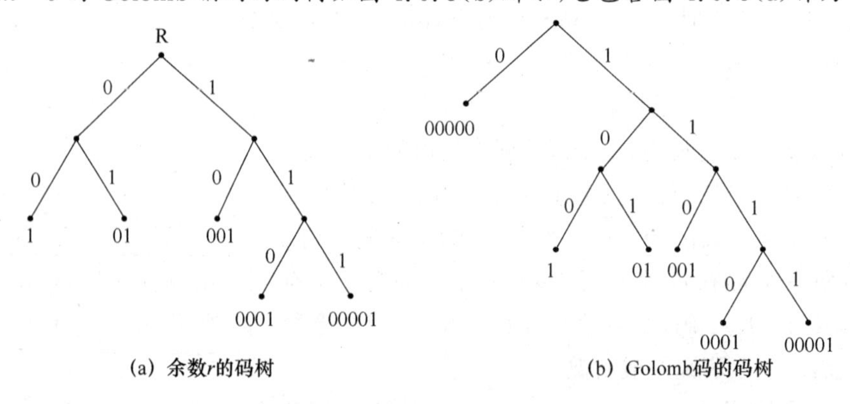

图 4.5.3 $m=5$ 的 Golomb 码的码树

信源字与码字的对应关系如表 4.5.3 所示。

表 4.5.3　信源字与码字的对应关系

信源字	00000	1	01	001	0001	00001
码字	0	100	101	110	1110	1111

码序列为：0　101　0　1111…。█

4.5.3　Golomb 码的设计

1. m 的选择

Golomb 码设计的关键是确定 m 的值，由式(4.5.4)可知，为实现最佳编码，p^m 尽量接近 1/2 但不能大于 1/2，即 m 是满足 $p^m \leqslant 1/2$ 的最大正整数，由此可推得

$$m = \lceil -1/\log_2 p \rceil \tag{4.5.5}$$

这是一种近似的选择，而对于更一般的情况，m 应满足

$$p^m + p^{m+1} \leqslant 1 < p^m + p^{m-1} \tag{4.5.6}$$

当 $0<p<1$ 时，存在唯一的正整数 m 满足式(4.5.6)，并可求得

$$m = \lceil -\log_2(1+p)/\log_2 p \rceil \tag{4.5.7}$$

实际上，当 p 接近于 1 时，式(4.5.5)和式(4.5.7)的结果很接近。

例 4.5.6　设二元信源序列中 0 符号的概率为 $p=127/128$，求 m。

解　根据式(4.5.5)求近似值，$m=\lceil -1/\log_2(127/128) \rceil = 89$，根据式(4.5.7)，得 $m=\lceil -\log_2(1+127/128)/\log_2(127/128) \rceil = 88$。█

2. Golomb 码是规范 Huffman 码

如前所述，当 m 确定后，编码过程就是先将信源序列分成若干长度不同的以"1"结尾的信源字(或消息)和一个由 m 个"0"构成的信源字，然后将这些信源字编成变长码。以"1"结尾的信源字有 m 个，分别是 1,01,001,…,00…01($m-1$ 个"0"后跟 1 个"1")。这些以"1"结尾的信源字加上这个 m 个"0"的符号串构成信源字集合 V，所有信源字对应的概率依次为：$(1-p)$，$(1-p)p,\cdots,(1-p)p^{m-1},p^m$。这就是图 4.4.1 的消息树所描述的分布。

先考虑对包含上面以"1"结尾信源字的 Huffman 编码。这些信源字的概率按从大到小的顺序为

$$(1-p)>(1-p)p>\cdots>(1-p)p^{m-1} \tag{4.5.8}$$

定理 4.5.2　设信源符号的概率满足式(4.5.6)，信源字的概率满足式(4.5.8)，则信源字对应的 Huffman 码的码字的最大和最小长度差最多为 1。

注意：式(4.5.8)没有考虑概率的归一化，所有信源字概率的和为 $1-p^m$。

证　设信源字按概率从大到小的顺序依次是：$a_0,\cdots,a_{m-2},a_{m-1}$；对应 Huffman 编码的码字分别为：$c_0,\cdots,c_{m-2},c_{m-1}$；对应码字长度分别为：$l_0,\cdots,l_{m-2},l_{m-2}$(两最小概率码字长度相同)。

利用反证法。假设对应的 Huffman 编码最大和最小码字长度差大于 1，即 $l_{m-2}\geqslant l_0+2$，那么可以对编码码树进行如下调整：将代表 c_0 的树叶扩展成两片 l_0+1 阶的树叶 $c_0\cdot 0$ 和

$c_0 \cdot 1$,分别作为 a_0 和 a_{m-2} 的码字,c_{m-1} 去掉最后 1 位作为 a_{m-1} 的码字。很明显,这样调整后仍然保证码字的异前置性。下面分别计算调整前后 3 个码字对平均码长的贡献。

调整前的贡献

$$s_1 = (1-p)l_0 + (1-p)(p^{m-1}+p^{m-2})l_{m-2} = (1-p)[l_0 + (p^{m-1}+p^{m-2})l_{m-2}]$$

调整后的贡献

$$\begin{aligned} s_2 &= [(1-p)+(1-p)p^{m-2}](l_0+1)+(1-p)p^{m-1}(l_{m-2}-1) \\ &= (1-p)[l_0+1+(l_0+1)p^{m-2}+(l_{m-2}-1)p^{m-1}] \\ &\overset{a}{\leqslant} (1-p)[l_0+1+(l_{m-2}-1)(p^{m-1}+p^{m-2})] \\ &\overset{b}{\leqslant} (1-p)[l_0+1+l_{m-2}(p^{m-1}+p^{m-2})-1/p] \overset{c}{<} s_1 \end{aligned}$$

其中,a:因为 $l_{m-2} \geqslant l_0+2$,所以 $l_{m-2}-1 \geqslant l_0+1$;$b$:因为 $p^m+p^{m-1}>1$,所以 $p^{m-1}+p^{m-2}>1/p$;c:$1-1/p<0$,也就是说,调整后使平均码长减小,说明原假设不成立。■

上面的定理说明,式(4.5.8)的分布所对应最优编码最多只有两种长度的码字,因此可以采用 Golomb 编码方法实现,其中概率大的具有短的码字长度,而且编码方式符合规范 Huffman编码算法。

定理 4.5.3 Golomb 码与规范 Huffman 码等价。

证 现考虑所有信源字的 Huffman 编码。一个全零符号串对应的概率为 p^m,是所有信源字中概率最大的,首先证明其所对应的码字的长度只能为 1。

编码是从概率满足式(4.5.8)的符号中,合并小概率符号开始的,首先合并的两个小概率符号的和为 $(1-p)(p^{m-2}+p^{m-1})>\dfrac{1-p}{p}>1-p$,这就是说,第 1 次符号合并后,$1-p$ 就是最小的概率,所以通过多次合并后,除一个全零符号的概率外,可能剩下两个概率,其中一个最大的概率不会超过 $1-p^m-(1-p)=p-p^m=p(1-p^{m-1})\overset{a}{<}p^{m+1}<p^m$,其中,$a$:利用式(4.5.6)右边不等式。这就是说,编码开始先对"1"结尾的信源字的概率进行合并,在编码的最后一步这个全零符号串才参加合并,所以对应码字长度为 1,并令此码字是"0"。其他以"1"结尾的信源字进行编码后,每个码字前加一个"1",就构成最终的码字。这相当于构造一棵新码树,该树从根开始,产生两分支,分支 0 连接全零符号串做树叶,而分支 1 连接原余数 r 编码码树的根。这样,Golomb 码最多有三种码字长度:1、k 和 $k+1$,其中 $k=\lceil \log_2 m \rceil > \log_2 m$,码树的构造符合规范 Huffman 码。■

由于 Golomb 码与规范 Huffman 码等价,所以不用码树也可构造 Golomb 码。设二元无记忆信源的 0 符号概率为 p,可按如下过程构造 Golomb 码:

(1) 根据式(4.5.5)或式(4.5.7),计算 m;

(2) 信源字集合包含 $m+1$ 个消息,依次是:00…0(m 个"0"),1,01,001,…,00…01($m-1$ 个"0"后跟 1 个"1");

(3) 若 $m=2^k$,则 Golomb 码有两种码字长度:1,$k+1$;编码为:00…0 的码字为 0,其他信源字的编码依次为长度 $k+1$,从 1 随后 k 个零开始依次增加 1 的二进制代码;

(4) 若 $m \neq 2^k$,设 $k=\lceil \log_2 m \rceil$,则 Golomb 码有 1 个长度为 1 的码字(000…0 的码字为 0),有 2^k-m 个长度为 k 的码字,$2m-2^k$ 个长度为 $k+1$ 的码字,按规范 Huffman 编码方法编码。

Golomb 码的译码可采用与规范 Huffman 编码相同的译码方法。

例 4.5.7　设 $m=8$，试构造对应的 Golomb 码。

解　$8=2^3$，$k=3$，该码包含两种长度：1 和 4，码字数分别为 1 和 8；Golomb 码如表 4.5.4 所示。■

表 4.5.4　例 4.5.7Golomb 表

信源字	00000000	1	01	001	0001	00001	000001	0000001	00000001
Golomb 码字	0	1000	1001	1010	1011	1100	1101	1110	1111

例 4.5.8　设 $m=9$，试构造对应的 Golomb 码。

解　$k=\lceil \log_2 9 \rceil=4$，该码包含三种长度：1、4、5，码字数分别为 1、7($=2^4-9$)和 2($=2\times 9-2^4$)；利用规范 Huffman 码的编码方法得到 Golomb 码如表 4.5.5 所示。■

表 4.5.5　例 4.5.8Golomb 表

信源字	000000000	1	01	001	0001	00001	000001	0000001	00000001	000000001
Golomb 码字	0	1000	1001	1010	1011	1100	1101	1110	11110	11111

4.5.4　Golomb 码的性能

设无记忆信源字集合 V 的熵和信源字平均长度分别为 $H(V)$ 和 $E(Y)$，根据式(4.4.7)和式(4.4.8)，有 $E(Y)=(1-p^m)/(1-p)$ 和 $H(V)=E(Y)H(p)$。设 $k=\lceil \log_2 m \rceil$，如前所述，在一般情况下，对信源 V 的消息进行 Golomb 编码后，有 1 个长度为 1 的码字，2^k-m 个长度为 k 的码字，$2m-2^k$ 个长度为 $k+1$ 的码字，可计算码字的平均码长为

$$\begin{aligned}\bar{l} &= k[(1-p)+p(1-p)+\cdots+p^{2^k-m-1}(1-p)] \\ &\quad +(k+1)[p^{2^k-m}(1-p)+\cdots+p^{m-1}(1-p)]+p^m \\ &= \lceil \log_2 m \rceil(1-p^m)+p^{2^{\lceil \log_2 m \rceil}-m}\end{aligned} \tag{4.5.9}$$

因为 Golomb 编码是变长到变长的编码，码率为编码器输出平均码长与编码器输入信源字平均长度之比，在数值上等于压缩率，实际上表示编码后每信源符号所需编码比特数。

$$\begin{aligned}R &= \frac{\bar{l}}{E(Y)} = \frac{(1-p^m)\left(\lceil \log_2 m \rceil+\dfrac{p^{2^{\lceil \log_2 m \rceil}-m}}{1-p^m}\right)}{(1-p^m)/(1-p)} \\ &= (1-p)\left[\lceil \log_2 m \rceil+\frac{p^{2^{\lceil \log_2 m \rceil}-m}}{1-p^m}\right]\end{aligned} \tag{4.5.10}$$

编码冗余度为平均码长与信源熵的差

$$\gamma=R-H(X)=(1-p)\left[\lceil \log_2 m \rceil+\frac{p^{2^{\lceil \log_2 m \rceil}-m}}{1-p^m}\right]-H(p) \tag{4.5.11}$$

编码相对冗余度为

$$\gamma'=\frac{\gamma}{H(X)}=\frac{1-p}{H(p)}\left(\lceil \log_2 m \rceil+\frac{p^{2^{\lceil \log_2 m \rceil}-m}}{1-p^m}\right)-1 \tag{4.5.12}$$

编码效率为

$$\eta=\frac{H(X)}{R}=\frac{H(X)/\gamma}{(\gamma+H(X))/\gamma}=\frac{1/\gamma'}{1+1/\gamma'}=\frac{1}{1+\gamma'} \tag{4.5.13}$$

可以看出，低的编码冗余度意味着高的编码效率。

例 4.5.9 设二元信源序列中"0"符号的概率 $p=0.8$，设计 Golomb 编码器并求压缩率、编码冗余度、编码相对冗余度和编码效率。

解 根据式(4.5.5)，得 $m=\lceil -1/\log_2 0.8 \rceil=\lceil 3.1063 \rceil=4$；编码和对应概率如表 4.5.6 所示。

表 4.5.6 例 4.5.9Golomb 编码与概率表

输出码字	0	111	110	101	100
输入信源字	0000	0001	001	01	1
概率	$p^4=0.4096$	$p^3(1-p)=0.1024$	$p^2(1-p)=0.1280$	$p(1-p)=0.16$	$1-p=0.2$

计算 $$H(X)=H(0.8)=0.7219\ \text{bit}$$

压缩率： $$R=(1-0.8)\times\left(2+\frac{1}{1-0.8^4}\right)=0.7378$$

编码冗余度： $\gamma=R-H(X)=0.7388-0.7219=0.0169$

编码相对冗余度： $\gamma'=\gamma/H(X)=0.0169/0.7219=0.0234$

编码效率： $\eta=1/(\gamma'+1)=1/(1+0.0234)=0.9771$ ■

当 $p>0.5$ 时，Golomb 编码可以达到很高的编码效率，当 p 增加时，编码冗余度不是单调减小，在 $p=2^{-m}$ 处有跳变点，在跳变处，编码冗余度增加，然后单调减小。

4.5.5 指数 Golomb 码

在 Golomb 码中，对于给定的游程长度 n，总是先按等尺寸(m)分割，得到商值 q。为减小码长，Teuhola 在 1978 年提出指数 Golomb 码。这种码不是等尺寸分割，而是分组尺寸指数增加。编码仍包含两部分：单一码后接等长码。将长度等于 n 的"0"游程依次分成长度分别为 $2^k,2^{k+1},\cdots,2^{k+i-1}$ 的子游程，直到最后一段包含的"0"符号数小于 2^{k+i}，游程长度分割示意图如图 4.5.4 所示。

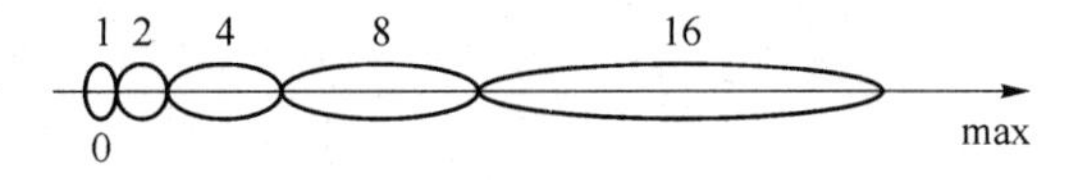

图 4.5.4 指数 Golomb 码游程长度分割示意图

如果预先给定 k，那么由 n 能唯一确定 i，因为

$$2^k+2^{k+1}+\cdots+2^{k+i-1}=2^k(2^i-1)\leqslant n<2^k(2^{i+1}-1)$$

得 $$i\leqslant\log_2\left(\frac{n}{2^k}+1\right)<i+1$$

所以 $$i=\left\lfloor\log_2\left(\frac{n}{2^k}+1\right)\right\rfloor \tag{4.5.14}$$

指数 Golomb 码的编码过程：

(1) 给定 k 值；

(2) 对每个游程长度 n，

① 按式(4.5.14)确定 i，将 i 编成单一码；

② 余数 $0,1,\cdots,2^{k+i}-1$，编成等长 $k+i$ 比特二进代码。

表 4.5.7 给出 $k=0,1,2$ 的指数 Golomb 码(注：表中单一码是 i 个"1"后接一个"0")。

表 4.5.7　$k=0,1,2$ 的指数 Golomb 码

<table>
<tr><th rowspan="3">游程
长度
n</th><th colspan="6">Exp-Golomb</th><th>Golomb</th></tr>
<tr><th colspan="2">$k=0$</th><th colspan="2">$k=1$</th><th colspan="2">$k=2$</th><th>$m=4$</th></tr>
<tr><th>i</th><th>码字</th><th>i</th><th>码字</th><th>i</th><th>码字</th><th></th></tr>
<tr><td>0</td><td>0</td><td>0</td><td rowspan="2">0</td><td>00</td><td rowspan="4">0</td><td>000</td><td>0</td></tr>
<tr><td>1</td><td rowspan="2">1</td><td>100</td><td>01</td><td>001</td><td>0</td></tr>
<tr><td>2</td><td>101</td><td rowspan="4">1</td><td>1000</td><td>010</td><td>0</td></tr>
<tr><td>3</td><td rowspan="4">2</td><td>11000</td><td>1001</td><td>011</td><td>00</td></tr>
<tr><td>4</td><td>11001</td><td>1010</td><td rowspan="7">1</td><td>10000</td><td>1000</td></tr>
<tr><td>5</td><td>11010</td><td>1011</td><td>10001</td><td>1001</td></tr>
<tr><td>6</td><td>11011</td><td rowspan="5">2</td><td>110000</td><td>10010</td><td>1010</td></tr>
<tr><td>7</td><td rowspan="4">3</td><td>1110000</td><td>110001</td><td>10011</td><td>1011</td></tr>
<tr><td>8</td><td>1110001</td><td>110010</td><td>10100</td><td>11000</td></tr>
<tr><td>9</td><td>1110010</td><td>110011</td><td>10101</td><td>11001</td></tr>
<tr><td>10</td><td>1110011</td><td>110100</td><td>10110</td><td>11010</td></tr>
<tr><td>16</td><td>4</td><td>111100001</td><td>3</td><td>11100011</td><td>2</td><td></td><td>1111000</td></tr>
<tr><td>32</td><td rowspan="2">5</td><td>11111000001</td><td rowspan="2">4</td><td></td><td rowspan="2">3</td><td></td><td>11111111000</td></tr>
<tr><td>48</td><td>11111010001</td><td></td><td></td><td>111111111111000</td></tr>
<tr><td>64</td><td>6</td><td>1111110000001</td><td>5</td><td>111110000011</td><td>4</td><td>1111000101</td><td>1111111111111111000</td></tr>
</table>

指数 Golomb 码的译码过程：

(1) 码字第一个“0”前面的“1”的个数为 i；

(2) 码字第一个“0”后面的 $k+i$ 位二进代码表示的就是余数。

从编码表中可以看出，当游程长度较小时，指数 Golomb 码长度大于 Golomb 码；而当游程长度较大时，指数 Golomb 码长度明显小于 Golomb 码。所以当长 0 游程数目很多时，指数 Golomb 码优于一般 Golomb 码。

4.5.6　自适应 Golomb 码

当信源符号的概率未知时，m 的值也不能预先确定，而且符号的概率也可能是变化的。这时需要采用自适应编码。有若干自适应 Golomb 编码方法，其中的一种算法是，估计 0 的概率 p，再以此估计 m，然后利用这个新的 m 值对下一个 0 游程进行编码。例如有 3 个连续的 0 游程，长度分别为：10、15 和 21，其中前两个游程已经压缩了。当前长度为 21 的用当前的 m 值压缩，新的概率估计值为 $\hat{p}=(10+15+21)/(10+15+21+3)$，将该值代入式(4.5.5)或式(4.5.7)，得到 m 的值，用于下一个游程的压缩。

关于 Golomb 编码的总结：

(1) 对于一个符号概率远大于另一个概率的二元信源序列，Golomb 编码很有效；这种编码可用于二元图像、传真文件以及小波图像压缩等场合的无损压缩编码；

(2) 参数 m 的选择可以通过对信源样本的训练来确定；

(3) Golomb 编码是变长到变长的编码,可等价于规范 Huffman 编码;

(4) 有若干变种,主要有 Golomb-Rice 码、指数 Golomb 码等;

(5) 对于概率特性未知或非平稳信源要采用自适应编码。

4.6 Tunstall 码

Tunstall 在 1966 年提出一种从变长到定长的信源编码算法,这种编码采用有根树节点扩展的方法,每次都是对概率最大的树叶进行扩展,形成适定消息集合的消息树,从而在输出码长给定条件下,使消息的平均长度最大。这种码称为 Tunstall 码。

Tunstall 码对信源序列分组是异前置的,以保证唯一可编;与其他适定消息集合相比,该码编成的等长码使传送每个信源符号所需比特数最小。

4.6.1 Tunstall 消息集

设无记忆信源的符号集大小为 n,D 进制码符号编成定长码的码长为 N,信源符号序列构成的消息集合为 V,其中消息数为 M。那么为实现无损编码,必须有 $D^N \geqslant M$。设 Y 为消息长度集合,$E(Y)$为消息的平均长度,在设计最优变长到定长的编码时,应使平均每信源符号所需码符号数 $N/E(Y)$最小,这等价于使 $E(Y)$最大。这就归结到在给定等长码长的条件下,如何构造使平均消息长度最大的消息集合。

在第 2 章中我们介绍了适定消息集,利用这种适定消息集可以使消息序列成为唯一可分的。这里我们仅限于适定消息集的研究。

如前所述,设一个离散无记忆信源有 n 个符号 $a_1,a_2,\cdots,a_n$,对应的概率分别为 $p_1,p_2,\cdots,p_n$,消息数为 M,扩展次数为 m,若用叶节点代表消息,则必须满足式(3.2.1),而达到满树时,不等式中的等号成立,即

$$M = n + (n-1)m \tag{4.6.1}$$

满树中的所有树叶对应的消息就构成适定消息集。

如果从一个离散无记忆信源(DMS)的有根概率树开始,通过扩展概率最大的叶形成包含 $M=n+(n-1)m$ 个消息的 n 进制有根树,那么该树所表示的消息集称作 n 元(DMS)Tunstall 消息集。

例 4.6.1 一个二元信源,$p(0)=0.6$,消息数 $M=5$,求 Tunstall 消息集和对应的概率。

解 根据式(4.6.1),由 $M=5$,$n=2$,得 $m=3$。消息与对应的概率如表 4.6.1 所示。■

表 4.6.1 例 4.6.1 消息与概率对应表

消息	000	001	01	10	11
概率	0.216	0.144	0.24	0.24	0.16

例 4.6.2 某二元信源,$p(0)=0.6$,消息数 $M=6$,求 Tunstall 消息集和消息集平均长度。

解 有两个 Tunstall 消息集,如表 4.6.2 所示。

表 4.6.2　例 4.6.2 消息与概率对应表

消息集 1	000	001	01	100	101	11
概率矢量 1	0.216	0.144	0.24	0.144	0.096	0.16
消息集 2	000	001	110	111	10	11
概率矢量 2	0.216	0.144	0.144	0.096	0.24	0.16

消息集的平均长度：

$$E(Y_1)=E(Y_2)=2\times(0.24+0.16)+3\times(0.216+2\times0.144+0.096)=2.6$$ ▌

从本例可以看到，对同一信源，Tunstall 消息集也不是唯一的，但平均长度是唯一的。

Tunstall 引理：一个 n 元 DMS 的适定消息集是一个 Tunstall 消息集，当且仅当在其 n 进制有根树中，每个内部节点的概率都不小于叶的概率。

该引理可以通过反证法证明。若某内部节点的概率小于某个叶的概率，那么此节点就不应该成为内部节点，也应该是叶。

定理 4.6.1　在一个 DMS 包含 M 个消息的所有适定消息集中，使平均消息长度最大的充要条件是，它是一个 Tunstall 消息集。

证　构造一个 DMS 的半无限的 n 进制消息树，其中包括 M 个消息的适定消息集作为子树，且 $M=n+(n-1)m$，是从 n 个符号的有根树开始，扩展 m 步得到的，包括 $m+1$ 个内部节点(包括根)。根据引理，这 $m+1$ 个内部节点的概率的和比其他任何别的 $m+1$ 个节点的和都大。根据路径长引理，消息平均长度也最大。▌

注：如果不限于适定消息集，那么 Tunstall 消息集未必是使平均消息长度最大的。

消息集大小的确定：因为 $M\leqslant D^N$，应选择 M 尽量大，以使消息平均长度大。由于每次扩展后增加 $n-1$ 片叶，所以停止扩展时的 m 满足

$$0\leqslant D^N-M=D^N-n-m(n-1)<n-1$$

或

$$D^N-n=m(n-1)+r\ ,0\leqslant r<n-1 \tag{4.6.2}$$

或

$$m=\left\lfloor\frac{D^N-n}{n-1}\right\rfloor \tag{4.6.3}$$

为扩展的步数，$\lfloor\cdot\rfloor$表示下取整。码率为

$$R=\log D^N/E(Y)=(N/E(Y))\log D \tag{4.6.4}$$

4.6.2　Tunstall 编码算法

对符号概率已知的信源进行 Tunstall 编码的方法称为 Tunstall 编码算法，现归纳如下：

(1) 检查是否满足 $D^N\geqslant n$；若不满足，增大 N，直到满足为止；

(2) 计算 D^N-n 被 $n-1$ 除所得的商 m；

(3) 构造大小为 $M=n+(n-1)m$ 的 Tunstall 消息集：从 n 个符号的有根树开始做 m 步扩展，每一步都扩展概率最大的叶；

(4) 将长度为 N 的 D 进制不同码字分配给消息集中的每个消息。

例 4.6.3　一个 0、1 二元信源，$p(0)=1/4$，试设计码长为 3 的二元 Tunstall 编码器，并求

信源消息的平均长度，编码器的码率和编码效率。

解 $m=\left\lfloor\frac{2^3-2}{1}\right\rfloor=6$，节点扩展 6 次得到消息树如图 4.6.1 所示。

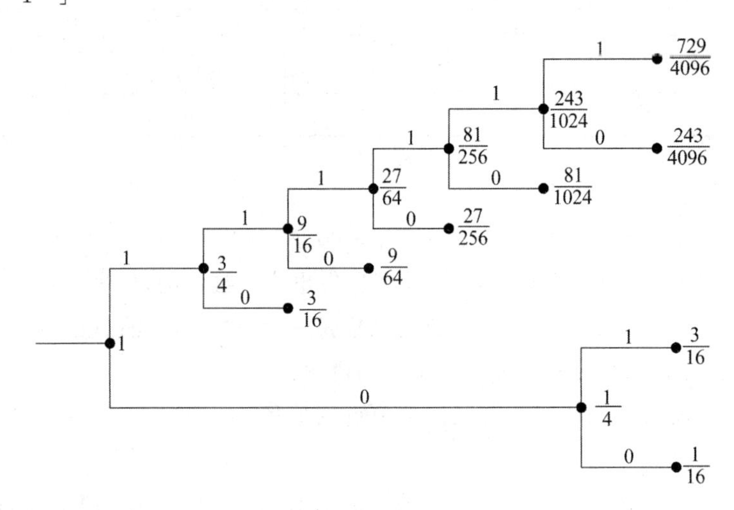

图 4.6.1 Tunstall 消息树

编码表如表 4.6.3 所示。

表 4.6.3 例 4.6.3Tunstall 编码表

消息	10	110	1110	11110	00	01	111110	111111
码字	000	001	010	011	100	101	110	111
概率	3/16	9/64	27/256	81/1 024	3/16	1/16	729/4 096	243/4 096

信源消息的平均长度：

$$E(Y)=1+3/4+9/16+27/64+81/256+243/1\,024+1/4=3.538\,1$$

码率：

$$R=N/E(Y)=3/3.538\,1=0.847\,9$$

编码效率

$$\eta=\frac{H(X)}{R}=\frac{0.721\,93}{0.847\,9}=85.14\%$$ ■

例 4.6.4 一个包含 3 个符号的信源，其中 $p(a)=0.5$，$p(b)=0.4$，$p(c)=0.1$，试设计码长为 3 的二元 Tunstall 编码器，并求信源消息的平均长度、编码器的码率和编码效率。

解 $m=\left\lfloor\frac{2^3-3}{2}\right\rfloor=2$，节点扩展 2 次得到消息树如图 4.6.2 所示。

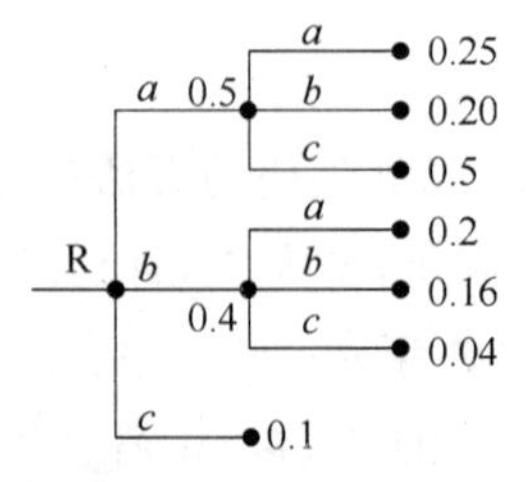

图 4.6.2 Tunstall 消息树

编码表如表 4.6.4 所示。

表 4.6.4　例 4.6.4Tunstall 编码表

消息	c	aa	ab	ac	ba	bb	bc
码字	000	001	010	011	100	101	110
概率	0.1	0.25	0.2	0.05	0.2	0.16	0.04

信源消息的平均长度：$E(Y)=1+0.5+0.4=1.9$

码率：$R=N/E(Y)=3/1.9=1.5789$ 比特/信源符号

编码效率：$\eta=\dfrac{H(X)}{R}=\dfrac{1.3610}{1.5789}=86.20\%$ ∎

注意：这里有一个码字没有用上。

4.6.3　DMS 变长到定长编码定理

定理 4.6.2　（DMS 变长到定长编码定理）对一个 n 元 DMS 的适定消息集进行最优编码，平均消息长度 $E(Y)$ 与 D 进制定长码码长 N 的比满足

$$\frac{\log D}{H(X)}-\frac{\log(2/p_{\min})}{NH(X)}<\frac{E(Y)}{N}\leqslant\frac{\log D}{H(X)} \tag{4.6.5}$$

其中，$H(X)$ 为信源的熵，$p_{\min}$ 为信源符号最小概率。

证　先证左边的不等式。设消息集 V 中，M 为消息总数，最小概率消息的概率为 $Pp_{\min}$，其中 P 是此概率最小树叶的父节点的概率，$p_{\min}$ 是信源符号的最小概率。因为 $Pp_{\min}\leqslant 1/M$，所以 $P\leqslant 1/(Mp_{\min})$。对于 Tunstall 消息集，根据 Tunstall 引理有

$$p(v)\leqslant P\leqslant 1/(Mp_{\min})\quad 对所有 y$$

$$-\log p(v)\geqslant\log M+\log p_{\min}$$

$$H(V)\geqslant\log M+\log p_{\min} \tag{4.6.6}$$

其中，$H(V)$ 为消息集 V 的熵。由 $2M>M+(n-1)>D^N$，得 $\log M>N\log D-\log 2$，代入式(4.6.6)，就有

$$H(V)>N\log D-\log(2/p_{\min}) \tag{4.6.7}$$

设消息树的内部节点的概率为 $\{p_i\}$，对应节点的熵为 $H_i(X)$，而这些熵值都相同且等于 $H(X)$，根据定理 3.4.4，有

$$H(V)=E(Y)H(X) \tag{4.6.8}$$

式(4.6.8)代入式(4.6.7)，得式(4.6.5)的左边。

现证明右边的不等式。根据式(4.6.8)，有

$$E(Y)H(X)=H(V)\leqslant\log M\leqslant\log D^N$$ ∎

注：① 对于唯一可译码，不等式(4.6.5)的右边一定要满足；

② 对于 Tunstall 码，不等式(4.6.5)的左边也满足；并且当 N 足够大时，编码的码率 $N\log D/E(Y)$ 趋近信源的熵 $H(X)$。

关于 Tunstall 编码，有如下结论：(1)是可变到定长的编码；(2)是对离散无记忆信源的适定消息集的最优编码；(3)如果编码的码长足够大，编码的码率趋近信源的熵；(4)无差错传播；(5)编码实现比较简单。

4.7 传真压缩

传真机是办公自动化设备中的重要设备之一,它们之间所传送的文件作为黑白图像通过通信线路发送。为提高传输效率,采用数据压缩技术是非常必要的。ITU-T 提出了若干种传真压缩方法,其中一种被行业采纳成为传真压缩标准。ITU-T 提出的第一个传真数据压缩标准是 T2(也称 Group 1)和 T3(Group 2),现在被 T4(Group 3)和 T6(Group 4)取代。当前,Group 3 用于在 PSTN 环境工作的设备,最大速率为 9 600 波特。Group 4 用于在数字网环境工作的设备,典型速率为 64 K 波特。两种方法压缩比为 10∶1 或更好,使传送一张典型页的时间减少到大约 1 分钟(前者)或几秒(后者)。

4.7.1 一维编码

本节简单介绍 Group 3(Facsimile Compatible CCITT Group 3)传真机压缩编码方式。这种传真机在进行压缩编码时,对所传送的文件进行逐行扫描,把每个扫描行转换成黑白像素。水平分辨率是 8.05 像素/毫米,扫描一行转换成 1 728 个像素。但 Group 3 标准推荐扫描只有 8.2 英寸,因此,每扫描行产生 1 664 像素。垂直分辨率有两种:3.5 行/毫米(标准)和 7.7 行/毫米(精细方式)。很多传真机还有很精细方式(15.4 行/毫米)。ITU-T 利用 8 个训练文本(代表通过传真传送的典型文本和图像),统计黑白像素游程长度,对每个游程长度进行Huffman 编码。统计中发现,出现最多的是 2、3、4 游程长度的黑像素,所以它们的码长较短,其次就是 2~7 游程长度的白像素,给它们分配稍微长一点的码字。对大部分出现较少的游程长度,分配 12 bit 的码字。

因为像素游程可能很长,要采用修正 Huffman 编码,该码由 3 种编码组成:终止码、组成码和附加组成码。

对长度为 0~63 的黑、白游程的编码称为终止码(Terminating Codes),在此范围内,不同长度白或黑游程都有一个对应的编码。

对于更长的游程长度,分解为 64 倍数长度和游程长度除以 64 所得的余数(小于 64 长度)的和。对 64 倍数长度的像素编码,称为组成码(Make-up Codes),代表 64~1 728 白或黑游程的编码。游程的编码是组成码再加上余数所编成的终止码。

附加组成码(Additional Make-up Codes)代表长度为 1 792~2 560 白或黑游程的编码,在此范围内,同长度的白或黑游程用一个对应的编码。

修正 Huffman 编码表如表 4.7.1 所示。

表 4.7.1 修正 Huffman 编码表

终止码						组成码		
游程长度	白像素码字	黑像素码字	游程长度	白像素码字	黑像素码字	游程长度	白像素码字	黑像素码字
0	00110101	0000110111	32	00011011	000001101010	64	11011	0000001111
1	000111	010	33	00010010	000001101011	128	10010	000011001000

续表

终止码						组成码		
游程长度	白像素码字	黑像素码字	游程长度	白像素码字	黑像素码字	游程长度	白像素码字	黑像素码字
2	0111	11	34	00010011	000011010010	192	010111	000011001001
3	1000	10	35	00010100	000011010011	256	0110111	000001011011
4	1011	011	36	00010101	000011010100	320	00110110	000000110011
5	1100	0011	37	00010110	000011010101	384	00110111	000000110100
6	1110	0010	38	00010111	000011010110	448	01100100	000000110101
7	1111	00011	39	00101000	000011010111	512	01100101	0000001101100
8	10011	000101	40	00101001	000001101100	576	01101000	0000001101101
9	10100	000100	41	00101010	000001101101	640	011001100	0000001001010
10	00111	0000100	42	00101011	000011011010	704	011001100	0000001001011
11	01000	0000101	43	00101100	000011011011	768	011001101	0000001001100
12	001000	0000111	44	00101101	000001010100	832	011010010	0000001001101
13	000011	00000100	45	00000100	000001010101	896	011010011	0000001110010
14	110100	00000111	46	00000101	000001010110	960	011010100	0000001110011
15	110101	000011000	47	00001010	000001010111	1024	011010101	0000001110100
16	101010	0000010111	48	00001011	000001100100	1088	011010110	0000001110101
17	101011	0000011000	49	01010010	000001100101	1152	011010111	0000001110110
18	0100111	0000001000	50	01010011	000001010010	1216	011011000	0000001110111
19	0001100	00001100111	51	01010100	000001010011	1280	011011001	0000001010010
20	0001000	00001101000	52	01010101	000000100100	1344	011011010	0000001010011
21	0010111	00001101100	53	00100100	000000110111	1408	011011011	0000001010100
22	0000011	00000110111	54	00100101	000000111000	1472	010011000	0000001010101
23	0000100	00000101000	55	01011000	000000100111	1536	010011001	0000001011010
24	0101000	00000010111	56	01011001	000000101000	1600	010011010	0000001011011
25	0101011	00000011000	57	01011010	000001011000	1664	011000	0000001100100
26	0010011	000011001010	58	01011011	000001011001	1728	010011011	0000001100101
27	0100100	000011001011	59	01001010	000000101011	1792	00000001000	
28	0011000	000011001100	60	01001011	000000101100	1856	00000001100	
29	00000010	000011001101	61	00110010	000001011010	1920	00000001101	
30	00000011	000001101000	62	00110011	000001100110	1984	000000010010	
31	00011010	000001101001	63	00110100	000001100111	2048	000000010011	

游程长度	黑白像素码字	游程长度	黑白像素码字	游程长度	黑白像素码字	游程长度	黑白像素码字
2112	000000010100	2240	000000010110	2368	000000011100	2496	000000011110
2176	000000010101	2304	000000010111	2432	000000011101	2560	000000011111

在进行传真压缩时，每行单独编码，用一个特殊的 12 bit EOL 码“000000000001”终止。每行开始扫描时，在左边加一个白像素，以保证唯一译码。编码文件的每页开头加一个 EOL，结尾加 6 个 EOL。

例 4.7.1 对下面黑白像素的游程长度进行修正 Huffman 编码：(1)长度为 12 的白游程；(2)长度为 76 的白游程；(3)长度为 140 的白游程；(4)长度为 64 的黑游程；(5)长度为 2 561 的黑游程。

解 (1) 查表 4.7.1 的终止码，编码：001000；

(2) 76＝64＋12，查表 4.7.1 的组成码与终止码，编码：11011|001000；

(3) 140＝128＋12，查表 4.7.1 的组成码与终止码，编码：10010|001000；

(4) 64 ＝ 64＋0，查表 4.7.1 的组成码与终止码，编码：0000001111|0000110111；

(5) 2 561＝2 560＋1，查表 4.7.1 的组成码与终止码，编码：000000011111|010。■

MH 编码无纠错，但可以检测很多错误。当接收机读完 12 bit 后不能译码就表明有错误发生。MH 编码压缩比依赖于图像的特性。对于带有密集的黑或白区域的图像，压缩比高，而对短游程很多的图像不但不能压缩，还可能产生扩展，特别是有灰的阴影区(如扫描的照片)的情况，这些区域由很多交替出现的单黑白像素组成。

4.7.2 二维编码

一维编码对于带有灰度区的图像压缩效果较差。二维编码是 Group 3 的备选，但却是数字网传真机使用的唯一方法。对 Group 3 的传真机每个 EOL 后面有一个附加比特，表示在下一个扫描行所使用的压缩方法。如果下一个扫描行用一维编码，该比特就是 1；如果下一个扫描行用二维编码，该比特就是 0。

二维编码也称为修正的修正 READ 法(READ 为 Relative Element Address Designate 的缩写)。二维编码的基本原理就是，将当前扫描行(称作编码行)与它的上一行(称基准行)相比较，并记录它们之间的差值。通常情况下，相邻两行之间的差别只有几个像素。当扫描每页的第 1 行时，就假定第 1 行的前一行是全白像素行。与一维编码相同，每行的开始假定是一个白像素。

与一维编码相比，二维编码可靠性差，因为如果一行出现译码错误，会出现整页的错误，即差错传播。为减少这种错误，Group 3 标准规定，在用一维编码对一行进行编码后，后面最多 $K-1$ 行用二维编码。对于标准分辨率 $K=2$，对精细分辨率 $K=4$。Group 4 标准毫无例外用二维编码。

扫描编码行与基准行比较有三种模式：通过模式、垂直模式和水平模式，这三种模式有不同的游程编码方式。

本章小结

1. Huffman 编码(定长到变长编码)

- 编码算法：逐次合并小概率符号
- 编码的性能：最优定长到变长编码
- 二元 Huffman 编码主要性质：同类特性
- 规范 Huffman 编码：适合大字母表和快速译码要求
- 多元 Huffman 编码：存在增补 0 概率符号问题，效率比二元编码低
- 自适应 Huffman 编码：根据码树的同类特性，随信源符号发生次数变化修正码树
- 编码应用：用于很多无损或有损压缩中的熵编码或决策

2. 游程编码(变长到变长编码)
- 独立序列游程编码
- 马氏链游程编码:将 k 阶马氏链变成 $k-2$ 阶马氏链,且相关性减弱

3. Golomb 码(二元信源变长到变长编码)
- 编码原理:大概率符号游程长度变换成两个参数:商和余数分别编成最优码
- 可以按规范 Huffman 编码的方法进行编译码
- 编码的性能:对于其中一个符号概率较大的二元无记忆信源有很高的编码效率
- 编码应用:JPEG-LS 中的熵编码

4. Tunstall 码(变长到定长编码)
- 编码原理:构造 Tunstall 消息集
- 编码的性能:接近 Huffman 编码的效率,且无错误传播
- 离散无记忆信源变长到定长编码定理:

$$\frac{\log D}{H(X)}-\frac{\log(2/p_{\min})}{NH(X)}<\frac{E(Y)}{N}\leqslant\frac{\log D}{H(X)}$$

若 N 足够长,码率趋近信源熵

5. 传真压缩:采用修正的 Huffman(MH)编码,有一维和二维编码

思　考　题

4.1　简述各种最优分组码的具体含义。

4.2　什么是 Huffman 码的同类特性?

4.3　简述规范 Huffman 码和自适应 Huffman 码的基本原理。

4.4　什么是游程编码?它有什么特点?

4.5　简述 Golomb 码的基本原理。

4.6　简述 Tunstall 编码的基本原理和主要优点。

4.7　简述 DMS 变长到定长编码定理的内容。

4.8　简述修正 Huffman 码的基本原理。

习　　题

4.1　证明定理 4.2.1。(提示:先证明概率小的信源符号对应长度大的码字,从而证明(1),再利用(1)的结果证明(2))。

4.2　对一个包含 m 个等概率符号的信源进行 Huffman 编码,证明

(1) 码字最大长度与最小长度的差最多为 1;

(2) 如果码字不是等长的,那么码字中含长度为 $k-1$ 的码字数为 2^k-m,而长度为 k 的码字数为 $2m-2^k$,其中,$k=\lceil\log_2 m\rceil$。

4.3　一马氏源状态转移概率矩阵如式(4.2.8)所示,其中每个状态对应一个输出符号。

(1) 利用符号的平稳分布进行 Huffman 编码,并计算编码效率;

(2) 利用状态进行 Huffman 编码,并计算编码效率;

(3) 比较两种编码编码效率。

4.4　有二元一阶马氏链，其条件概率为：$p(0|0)=0.97$，$p(0|1)=0.07$；试采用

(1) 单符号；

(2) 双符号合并；

(3) 三个符号合并；

分别对信源符号进行编码，求编码效率，并加以比较。

4.5　已知在8枚硬币中有一枚假币且较重，而其中一枚是假的概率为1/3，其余是假的概率都相等，设计用无砝码天平称重鉴别出假币并使平均称重次数最少的策略。另外有一枚真币可以供使用。

4.6　分别对序列 shannon 和 cotton 进行自适应 Huffman 编码。

4.7　求二元三阶马氏链的“0”游程长度和“1”游程长度的条件概率，设原序列的条件概率为：$p(0|r)=a_r$，其中 $r=0,1,\cdots,7$，是三位二进制数。

4.8　证明不等式(4.5.6)具有唯一的正整数解 m，且由式(4.5.7)确定。

4.9　对如下三种二元0、1序列，通过0、1个数的统计，估计0符号的概率 p，进行 Golomb 编码，求 m 的值并估计压缩率：

(1) 信源序列长度为59，其中41个0；

(2) 信源序列长度为94，其中85个0；

(3) 信源序列长度为 10^6，其中100个1。

4.10　通用单一码(General Unary Codes)也称起始-步长-终止码，由3个整数参数确定：s(起始)，d(步长)，t(终止)，简写为(s,d,t)码；这种码字分成若干组，每组序号设为 n；每组的码字由两部分组成：第1部分为组序号 n 的单一码，即 n 个“1”后面接一个“0”，但最后一组不含“0”；第2部分是长度为 m 的二进制代码，其中 m 通过下式计算：$m=s+nd(n=0,1,2,\cdots)$，n 的选取使得 m 的最小值为 s(对应 $n=0$)，最大值为 t。例如，一个(3,2,9)通用单一码的第1组的码字形式为：1 0 * * * * *；因为 $s=3$，$d=2$，$n=1$，所以 $m=5$，码字的第一部分为1的单一码10，而后面是长度为5的二进制代码(每个二进制符号用 * 代替)。该码第3组的码字形式为：1 1 1 * * * * * * * * *；因为 $n=3$，使得 $m=9$，等于最大值 t，属于最后一组。所以码字的第一部分的单一码无“0”，而后面是长度为9的二进制代码。

(1) 对于(3,2,9)通用单一码，求①第0、1、2、3组码字的长度；②每组的码字数；③总码字数。

(2) 证明通用单一码的码字总数 N 为 $N=(2^{t+d}-2^s)/(2^d-1)$。

4.11　构造 $m=11$ 的 Golomb 码的码树，利用规范 Huffman 编码方法构造 Golomb 码编码表。

4.12　设一个0、1二元信源，$p(0)=0.79$，试设计 Golomb 编码器，求压缩率、编码冗余度、编码相对冗余度和编码效率并与例4.5.9的结果比较。

4.13　设0、1二元信源，0符号概率为 p，现对0游程进行 Golomb 编码，利用式(4.5.12)，用 MATLAB 程序画出相对冗余度 γ 与概率 $0.4<p<1.0$ 的关系曲线。

4.14　设一个0、1二元信源，$p(0)=1/4$，试对信源的3次扩展源编成 Huffman 编码，求平均码长、编码器的码率和编码效率，并与例4.6.3的结果比较。

第5章　熵编码——算术编码

本章介绍另一种重要的熵编码——算术编码。这是一种非分组码，编码时，输入的信源符号序列连续地进入编码器，通过编码器的运算得到连续的编码器输出。所以，算术编码将一条信源符号序列映射成一条码序列，这样的码序列也称为码字。

算术编码方法首先是Elias提出的，经过Rissanen、Witten等的重要研究工作之后，已经成为一种重要而实用的信源压缩编码技术。本章首先介绍算术编码中的重要概念积累概率，然后依次介绍算术编码的性能、编译码算法以及实际应用等。

5.1　基本概念

积累概率是由香农首先提出的，是算术编码中的重要概念。

5.1.1　单信源符号积累概率

设信源 X 的符号集 $A=\{a_1,a_2,\cdots,a_n\}$，所对应的概率分别为 $p_1,p_2,\cdots,p_n$。定义单信源符号积累概率为所有排在其前面符号概率的和，即

$$P(a_k)=\sum_{i=1}^{k-1}p_i \tag{5.1.1}$$

其中规定，$P(a_1)=0$。这些积累概率把区间[0,1)分成 n 个子区间，设第 k 个子区间为 I_k，且 $I_k=[P(a_k),P(a_k)+p_k)$ 。可以看到，I_k 有如下特点：

① 子区间 $I_k(k=1,2,\cdots,n)$的宽度等于 p_k；

② 各子区间互不相交，且它们的并构成[0,1)区间；

③ 子区间 I_k 与符号 a_k 有一一对应的关系。

所以，可以取子区间 I_k 内任意一点作为 a_k 的编码。很明显，这样的编码是唯一可译的。

5.1.2　信源符号序列积累概率

从上面的描述我们看到，在确定单符号积累概率之前要对信源符号进行排序。类似地，确定信源序列的积累概率之前也要对同长度的信源序列进行排序，通常采用字典序排序。将符号集 $A=\{a_1,a_2,\cdots,a_n\}$中各 a_k 的序号作为其取值，即 $a_i=i,i=1,\cdots,n$，就有

$$a_1<a_2<\cdots<a_n \tag{5.1.2}$$

两条序列按字典序排列是指，两条序列按式(5.1.2)的关系转换成两个多位数，对应数值小的序列排在前面，如同字典中单词的排序一样。为书写方便，记 $x_1^m\triangleq x_1x_2\cdots x_m$。定义序列 x_1^m 的

积累概率为所有排在其前面同长度序列概率的和，即

$$P(x_1^m)=\sum_{\tilde{x}_1^m<x_1^m}p(\tilde{x}_1^m) \tag{5.1.3}$$

其中，$\tilde{x}_1^m$ 为按字典序排列的长度为 m 的序列。

例 5.1.1 设长度为 2 的信源序列的符号集为 A^2，符号为 a_ia_j，$i,j=1,\cdots,n$。试对信源序列按字典序排序，并求序列 a_ia_j 的积累概率的表示式。

解 所有长度为 2 的序列按字典序的排列为：$a_1a_1,\cdots,a_1a_n,a_2a_1,\cdots,a_2a_n,\cdots,a_na_1,\cdots,a_na_n$。序号小于 a_ia_j 的序列可分成两组，一组是以 $a_k(a_k<a_i)$ 开头，以 $a_l(l=1,\cdots,n)$ 结尾的序列；另一组是以 a_i 开头，以 $a_l(a_l<a_j)$ 结尾的序列。所以

$$\begin{aligned}P(a_ia_j)&=\sum_{a_k<a_i,a_l}p(a_ka_l)+\sum_{a_l<a_j}p(a_ia_l)\\&=\sum_{a_k<a_i}p(a_k)+\sum_{a_l<a_j}p(a_i)p(a_l\mid a_i)\\&=P(a_i)+p(a_i)\sum_{a_l<a_j}p(a_l\mid a_i)\end{aligned} \tag{5.1.4}$$

从式(5.1.4)可以看出，序列 a_ia_j 的积累概率可以通过 a_i 的积累概率递推得到。这种递推关系如图 5.1.1 所示。图中，A 点为符号 a_i 的积累概率，AC 线段的长度为符号 a_i 的概率；B 点为符号 a_ia_j 的积累概率，BD 线段的长度为符号 a_ia_j 的概率 $p(a_ia_j)$；AB 线段的长度为 $p(a_i)P(a_j|a_i)$，其中，$P(a_j\mid a_i)=\sum_{a_l<a_j}p(a_l\mid a_i)$，看成条件积累概率。■

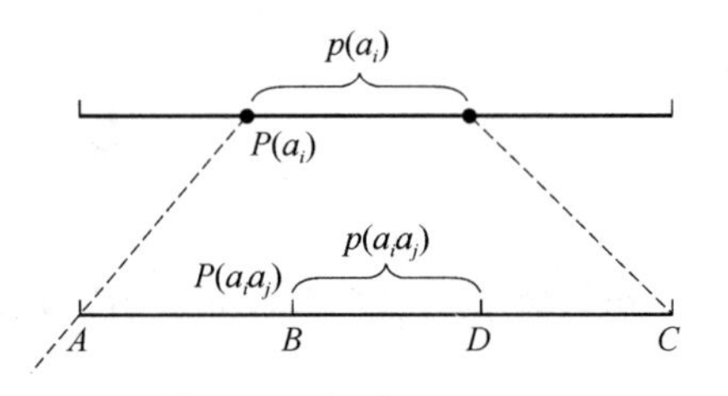

图 5.1.1 积累概率递推关系示意图

一般情况下，与例 5.1.1 类似，可以推出信源序列积累概率的递推关系：

$$\begin{aligned}P(x_1^{m+1})&=\sum_{\tilde{x}_1^{m+1}<x_1^{m+1}}p(\tilde{x}_1^{m+1})\\&=\sum_{\tilde{x}_1^m<x_1^m,x_{m+1}}p(\tilde{x}_1^m\cdot x_{m+1})+\sum_{\tilde{x}_{m+1}<x_{m+1}}p(x_1^m,\tilde{x}_{m+1})\\&=P(x_1^m)+p(x_1^m)\sum_{\tilde{x}_{m+1}<x_{m+1}}p(\tilde{x}_{m+1}\mid x_1^m)\end{aligned} \tag{5.1.5}$$

对于无记忆信源，有

$$\begin{aligned}P(x_1^{m+1})&=P(x_1^m)+p(x_1^m)\sum_{\tilde{x}_{m+1}<x_{m+1}}p(\tilde{x}_{m+1})\\&=P(x_1^m)+p(x_1^m)P(x_{m+1})\end{aligned} \tag{5.1.6a}$$

$$p(x_1^{m+1})=p(x_1^m)p(x_{m+1}) \tag{5.1.6b}$$

式(5.1.6)是无记忆信源序列积累概率递推计算的基本公式。给定一个无记忆信源，长度为 $m+1$ 的序列积累概率和概率可以根据长度为 m 的序列积累概率和概率递推得到，其中初始值设为：$P(x_1^0)=0,p(x_1^0)=1$。选择 x_1^m 在[0,1)中对应的子区间为

$$I(x_1^m)=[P(x_1^m),P(x_1^m)+p(x_1^m)) \tag{5.1.7}$$

那么 $x_1^{m+1}=x_1^ma_i$ 对应的子区间为 $I(x_1^ma_i)=[P(x_1^ma_i),P(x_1^ma_i)+p(x_1^ma_i))$，根据式(5.1.6)，有

$$P(x_1^ma_i)\geqslant P(x_1^m) \tag{5.1.8a}$$

$$P(x_1^m a_i)+p(x_1^m a_i)=P(x_1^m)+p(x_1^m)[P(a_i)+p(a_i)]$$
$$=P(x_1^m)+p(x_1^m)P(a_{i+1})\leqslant P(x_1^m)+p(x_1^m) \quad (5.1.8b)$$

从式(5.1.8)我们可以看到，$I(x_1^{m+1})$包含在 $I(x_1^m)$内，而且 $I(x_1^m a_i)$的右端正好是 $I(x_1^m a_{i+1})$的左端，即如果 x_{m+1}不相同，那么 $I(x_1^{m+1})$不相交。因此得到如下结论：

① $I(x_1^m)$的宽度等于序列 x_1^m 的概率，序列越长对应的区间越窄；

② 相同长度的不同信源序列对应的区间不相交，因此 $I(x_1^m)$与 x_1^m 有一一对应的关系；

③ 可以在 x_1^m 的对应区间 $I(x_1^m)$中选择一个点作为 x_1^m 的码字；

④ 满足前置条件序列对应的区间有包含关系，即 $I(x_1)\supseteq\cdots\supseteq I(x_1^m)\supseteq I(x_1^{m+1})\cdots$。

例 5.1.2　一离散无记忆信源符号集 $A=\{a_1,a_2,a_3,a_4\}$，所对应的概率分别为 0.5，0.3，0.15，0.05，试求序列 $a_2a_1a_1a_4a_3$ 所对应的子区间 $I(a_2a_1a_1a_4a_3)$。

解　计算单符号积累概率：$P(a_1)=0$，$P(a_2)=0.5$，$P(a_3)=0.8$，$P(a_4)=0.95$。计算过程如表 5.1.1 所示。

表 5.1.1　信源序列对应区间的计算

m	a_i	$P(x_1^m)$	$p(x_1^m)$	$P(x_1^m)+p(x_1^m)$
1	a_2	0.5	0.3	0.8=0.5 + 0.3
2	a_1	0.5=0.5+0	0.15=0.3×0.5	0.65=0.5+0.15
3	a_1	0.5=0.5+0	0.075=0.15×0.5	0.575=0.5+0.075
4	a_4	0.571 25=0.5+0.95×0.075	0.003 75=0.075×0.05	0.575=0.571 25+0.003 75
5	a_3	0.574 25=0.571 25+0.8×0.003 75	0.000 562 5=0.003 75×0.15	0.574 812 5=0.574 25+0.000 562 5

所求子区间为[0.574 25，0.574 812 5)。█

5.1.3　二元独立序列积累概率

在实际应用中，二元信源是很常见的。现研究这种信源序列的积累概率。给定一{0，1}二元独立信源，设 1 出现的概率为 θ，式(5.1.6)变为

$$P(x_1^m\cdot 0)=P(x_1^m) \quad (5.1.9a)$$

$$P(x_1^m\cdot 1)=P(x_1^m)+p(x_1^m)(1-\theta) \quad (5.1.9b)$$

$$p(x_1^m\cdot 0)=p(x_1^m)(1-\theta) \quad (5.1.9c)$$

$$p(x_1^m\cdot 1)=p(x_1^m)\theta \quad (5.1.9d)$$

式(5.1.9a)和式(5.1.9b)可以合并成一个表达式为

$$P(x_1^m\cdot x_{m+1})=P(x_1^m)+p(x_1^m)(1-\theta)x_{m+1} \quad (5.1.9e)$$

其中，x_{m+1}为 0 或 1。式(5.1.7)变为

$$I(x_1^m\cdot 0)=[P(x_1^m),P(x_1^m)+p(x_1^m)(1-\theta)) \quad (5.1.10a)$$

$$I(x_1^m\cdot 1)=[P(x_1^m)+p(x_1^m)(1-\theta),P(x_1^m)+p(x_1^m)) \quad (5.1.10b)$$

为说明二元信源序列积累概率计算，我们先看一下图 5.1.2 所示信源的 3 阶消息树。与码树类似，消息树中的节点与信源序列有一一对应的关系。图中，从根节点出发，每个节点产生两个分支，1 符号对应上分支，0 符号对应下分支。这样对于同阶节点的消息序列，位置靠下的数值小。如果用树的叶代表长度为 3 的消息序列，那么从下到上依次是：000，001，010，011，100，101，110，111，满足字典序。设每个分支的概率就是所对应的符号的概率，每个节点的概

率就是从根到该节点所对应序列的概率，那么这个概率就等于从根节点到该节点路径上的所有分支概率的乘积，而且每个节点的概率等于它的两个子节点（由某 j 阶节点分裂产生的两个 $j+1$ 节点称作该 j 阶节点的子节点）的概率的和。这样，在计算概率和时可以将同一个节点的两个子节点合并，有 $p(x_1^m\cdot 0)+p(x_1^m\cdot 1)=p(x_1^m)$。

例如，求序列 110 的积累概率时，可以采用逐次合并来计算，即 $P(110)=p(101)+p(100)+p(011)+p(010)+p(001)+p(000)=p(10)+p(01)+p(00)=p(10)+p(0)$，运算结果可用图 5.1.3 节点合并后的消息树来说明。

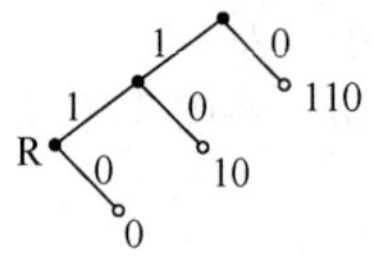

图 5.1.3

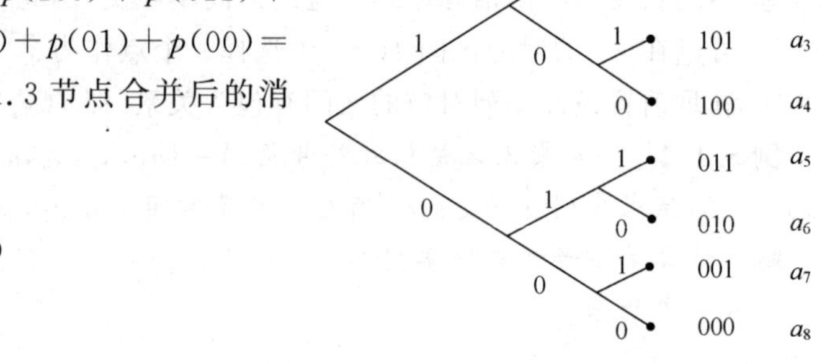

图 5.1.2

对于一般情况，设二元独立序列 $x_1^{m+1}=x_1x_2\cdots x_{m+1}$ 的积累概率为 $P(x_1^{m+1})$，反复利用(5.1.9e)，得

$$P(x_1^{m+1})=[x_1+x_2p(x_1)+\cdots+x_{m+1}p(x_1^m)](1-\theta) \qquad (5.1.11)$$

其中，$p(\cdot)$为序列的概率。由式(5.1.11)可知，只有序列中的"1"符号对积累概率有影响。

因为 $1=\sum\limits_{x_1^m}p(x_1^m)=\sum\limits_{\tilde{x}_1^m<x_1^m}p(\tilde{x}_1^m)+\sum\limits_{\tilde{x}_1^m\geqslant x_1^m}p(\tilde{x}_1^m)=P(x_1^m)+\sum\limits_{\tilde{x}_1^m\geqslant x_1^m}p(\tilde{x}_1^m)$，所以

$$P(x_1^m)=1-\sum_{\tilde{x}_1^m\geqslant x_1^m}p(\tilde{x}_1^m) \qquad (5.1.12)$$

其中，$\tilde{x}_1^m$ 为按字典序排列的长度为 m 的序列。当 x_1^m 序号较大时，可利用式(5.1.12)计算其积累概率。

例 5.1.3 已知一无记忆二元信源，"0"符号的概率为 1/4，求序列 0001100 和 1111110 的积累概率。

解 根据式(5.1.11)，有

$$P(0001100)=[x_4p(000)+x_5p(0001)]\times(1/4)=(1/4)^4+(1/4)^4\times 3/4=7/1\,024$$

根据式(5.1.12)，有

$$P(1111110)=1-p(1111110)-p(1111111)=1-p(111111)=1-(3/4)^6=3\,367/4\,096$$ ■

5.2 算术编码的性能

根据前面的研究得知，任何信源序列总是和[0,1)区间中的一个子区间形成一一对应关系。因此，在对信源消息序列进行编码时，可以取这个子区间内的一点作为消息序列的码字。只要码长选择合适，使得序列和子区间内一点之间的映射是一一对应的，那么就可以保证编码唯一可译。这就是算术编码方法的基本思想。

5.2.1　唯一可译性

设信源序列 x_1^m 所对应的子区间 $I(x_1^m)$ 由式(5.1.7)确定，选其中的一点作为算术编码的码字，该点代表(0,1)区间内的一个小数，该小数去掉小数点后形成的数字序列就是 x_1^m 的码字。编码可用十进制，也可用二进制，而后者更常用，称为二进制小数算术编码。

设 x_1^m 编码的二进码字为 c，对应的二进制小数为 $.c$，码长为 $L(x_1^m)$（本节中在不引起混淆时，可与 L 混用）。现考虑码字 c 的两种选择方式：一种是使得区间 $J_c=[.c,.c+2^{-L})$ 包含在 $I(x_1^m)$ 之中，另一种是使得点 $.c$ 包含在 $I(x_1^m)$ 之中。对于第一种情况，如果码长的选择满足

$$L(x_1^m)=\lceil\log_2(1/p(x_1^m)\rceil+1 \tag{5.2.1}$$

对于第二种情况，如果码长的选择满足

$$L(x_1^m)=\lceil\log_2(1/p(x_1^m)\rceil \tag{5.2.2}$$

而对于两种情况码字的选择都满足

$$c=\lceil P(x_1^m)\cdot 2^{L(x_1^m)}\rceil\cdot 2^{-L(x_1^m)} \tag{5.2.3}$$

其中，$\lceil x\rceil$ 为 $\geqslant x$ 的最小整数，那么两种码字选择方式都可实现唯一译码。如果用二进制编码，那么式(5.2.3)表示的是取 x_1^m 的积累概率二进表示小数点后 L 位，以后若有尾数就进位到第 L 位得到的结果。如果能够证明 $.c$ 或 J_c 包含在 $I(x_1^m)$ 区间内，那么就可实现唯一译码。

由式(5.2.1)（或式(5.2.2)）和式(5.2.3)所确定的码字选择方法是算术编码的基本算法。算法的基本内容是：用序列概率计算码长，通过序列积累概率和码长得到码字。例如，某序列的积累概率的二进制表示为 $(.011011)_2$，$L=5$，由式(5.2.3)，得 $.c=\lceil(.011011)_2\times 2^5\rceil\times 2^{-5}=(.01110)_2$。

定理 5.2.1　用算术编码算法确定的码字是唯一可译的。

证　对于第一种情况，根据式(5.2.1)，有 $p(x_1^m)\geqslant 2^{1-L}$，根据式(5.2.3)，有

$$P(x_1^m)\leqslant .c<P(x_1^m)+2^{-L},\ .c+2^{-L}<P(x_1^m)+2^{1-L}\leqslant P(x_1^m)+p(x_1^m)$$

即 $J_c\subset I(x_1^m)$；

对于第二种情况，根据式(5.2.2)，有 $p(x_1^m)\geqslant 2^{-L}$，再根据式(5.2.3)，有

$$P(x_1^m)\leqslant .c<P(x_1^m)+2^{-L}\leqslant P(x_1^m)+p(x_1^m)$$

即 $.c\subset I(x_1^m)$。■

实际上，对于两种码长的选择，长度只差 1 位，无本质区别。

5.2.2　编码剩余度

设序列为 x_1^m，定义编码相对于信源的单独剩余度为

$$\gamma(x_1^m)=L(x_1^m)-\log(1/p_a(x_1^m)) \tag{5.2.4}$$

其中，$L(x_1^m)$ 为序列 x_1^m 的编码长度，并满足式(5.2.1)，$p_a(x_1^m)$ 为序列 x_1^m 实际的概率。

定义编码平均剩余度为

$$\bar{\gamma}=\underset{p_a(x_1^m)}{E}[\gamma(x_1^m)]=\bar{L}(x_1^m)-H(X_1^m) \tag{5.2.5}$$

其中，$\bar{L}(x_1^m)$ 为编码平均码长，$H(X_1^m)$ 为信源 m 次扩展源的熵。为了与序列的实际概率相区别，称编码时所用的概率 $p(x_1^m)$ 为编码概率分布。根据式(5.2.1)很容易得到以下定理。

定理 5.2.2 设给定序列 x_1^m 的编码概率分布为 $p(x_1^m)$，那么用算术编码算法达到的码长 $L(x_1^m)$满足

$$L(x_1^m)<\log(1/p(x_1^m))+2 \tag{5.2.6}$$

对所有不同的 x_1^m，它们所代表的区间不相交，码字的形式是异前置的。

该定理表明，如果在编码时所使用的概率分布是实际的概率分布，那么由式(5.2.6)可知，算术编码的单独剩余度小于 2，也就是说，编码码长与理想码长之差最大不超过 2。

定理 5.2.3 算术编码的平均编码剩余度满足

$$\bar{\gamma}<D(p_a \parallel p)+2 \tag{5.2.7}$$

其中，$D(p_a \parallel p)$表示序列 x_1^m 实际概率分布 p_a 相对于编码概率分布 p 的散度，仅当 $p(x_1^m)$与 $p_a(x_1^m)$相同时，不等式右边达到最小值 2。

证 根据式(5.2.5)和式(5.2.6)，有

$$\bar{\gamma}<\underset{p_a(x_1^m)}{E}\{\log[1/p(x_1^m)]-\log[1/p_a(x_1^m)]\}+2=D(p_a \parallel p)+2$$

仅当 $p(x_1^m)$与 $p_a(x_1^m)$相同时，$D(p_a \parallel p)=0$。■

定理表明，在利用算术编码实现压缩时，若编码概率与实际概率相差很大，也不会达到理想的压缩效果。只有当编码概率接近实际的概率时，才能使平均编码冗余度接近 2。

5.3 算术编码的编译码算法

到目前为止，我们了解到算术编码的基本运算是信源序列概率和积累概率的计算，而利用递推公式比较容易地实现这些运算。本节从原理层面介绍算术编码的编译码算法。

5.3.1 编码算法

设信源序列 x_1^m 中子序列 x_1^j 所对应子区间 I_j 的下界与上界分别为 L_j、H_j，即 $I_j=[L_j,H_j)$，并设 $\Delta_j=H_j-L_j$ 为子区间 I_j 的宽度。设 $L_0=0,H_0=1,\Delta_0=1$，编码算法以式(5.1.6)的递推关系为基本依据，每输入一个信源符号，都进行序列积累概率 L_j 和区间宽度 Δ_j 的更新，最后输出包含在区间 I_m 中的一个数值，作为编码的码字。

因为 $L_1=P(x_1),H_1=P(x_1)+p(x_1),\Delta_1=p(x_1),\cdots$，依此类推，根据式(5.1.6)得到递推关系：

$$L_{j+1}=L_j+\Delta_j P(x_{j+1}) \tag{5.3.1}$$

设信源符号 a_i 对应子区间的下界与上界分别为 l_i 和 h_i，那么就有 $l_i-P(a_i)$，$h_i=P(a_i)+p(a_i)$。序列 x_1^m 的积累概率有如下形式：

$$L_m=P(x_1^m)=P(x_1)+\Delta_1 P(x_2)+\cdots+\Delta_{m-1}P(x_m) \tag{5.3.2}$$

选取码字 c 使得，$L_m\leqslant .c<L_m+\Delta_m$ 即可。

编码流程如下：

① 初始化：$j=0,L_j=0,H_j=1,\Delta_0=1$，输入信源序列长度为 n；

② 读信源符号 $x_{j+1}=a_i$，区间更新：

$$L_{j+1}=L_j+\Delta_j \cdot l_i;$$
$$H_{j+1}=L_j+\Delta_j \cdot h_i;$$

$$\Delta_{j+1}=H_{j+1}-L_{j+1}$$

③ $j=j+1$，如果 $j\leqslant n-1$ 返回②，否则继续；

④ 将子区间 $I_n=[L_n,H_n)$ 内的一个小数作为编码器输出。

例 5.3.1　设有二元独立序列 $x_1^8=11111100$，符号概率 $p_0=1/4$，$p_1=3/4$，求 x_1^8 的积累概率、算术编码码长和对应的码字并完成编码过程。

解　积累概率：

$$P(11111100)=P(111111)=1-p(111111)=1-(3/4)^6=(0.110100100111)_2$$

采用式(5.2.2)得码长：

$$L=\lceil\log_2(1/p(x_1^8))\rceil=\lceil\log_2\{1/[(3/4)^6\times(1/4)^2]\}\rceil=7$$

在 $P(11111100)$ 的二进小数 0.110100100111 中取小数点后面的前 7 位。因后面有尾数，所以再进位到第 7 位，得到码字为 $C=1101010$。编码过程如表 5.3.1 所示(表中都是二进制小数表示)。

表 5.3.1　算术码编码过程

序号 j	输入	L_j	H_j	Δ_j	c
0		0.	1	1.	
1	1	0.01	1	0.11	
2	1	0.0111	1	0.1001	
3	1	0.100101	1	0.011011	
4	1	0.10101111	1	0.01010001	
5	1	0.1100001101	1	0.0011110011	
6	1	0.110100100111	1	0.001011011001	
7	0	0.110100100111	0.11011101110101	0.00001011011001	0.1101
8	0	0.110100100111	0.1101010101001001	0.0000001011011001	0.1101010

输出码字 $c=1101010$。注意，在编码过程中，当 L_j 和 H_j 所表示的小数有相同的起始部分时，就可以在编码过程中将这一部分输出，而无须等到编码结束。例如 L_7 和 H_7 具有公共起始部分 0.1101，于是就可以将它输出。还可以看到，在表 5.3.1 的最后一行有，$L_8<c<H_8$。■

5.3.2　译码算法

译码器的功能就是将码序列还原成信源序列。假定 x_1^j 已经译出，现开始译 x_{j+1}。如果序列 $x_1^{j+1}=x_1^ja_i$，那么根据式(5.1.8)就有，$P(x_1^ja_i)\leqslant .c<P(x_1^ja_i)+p(x_1^ja_i)$，再根据式(5.1.6)，有 $P(x_1^j)+p(x_1^j)P(a_i)\leqslant .c<P(x_1^j)+p(x_1^j)P(a_{i+1})$，即

$$L_j+\Delta_jP(a_i)\leqslant .c<L_j+\Delta_jP(a_{i+1})$$

或

$$P(a_i)\leqslant(.c-L_j)/\Delta_j<P(a_{i+1}),\quad j=0,\cdots,m \tag{5.3.3}$$

称 $d=(.c-L_j)/\Delta_j$ 为归一化码值。如果 $.c$ 满足式(5.3.3)，则 $x_{j+1}=a_i$。式(5.3.3)是算术码译码比较判决的基本公式，物理概念很清楚：因为各信源符号将(0,1)区间划分成 n 个互不相交的子区间，而归一化码值表示的是积累概率放大到(0,1)区间的位置，这个位置就是当前信源符号的位置。因 L_j、Δ_j 已经得到，可以计算出 d 的值，从而确定满足式(5.3.3)的符号 a_i，然后进行与编码器相同的区间更新。这个核心环节可总结为：计算(归一化码值 d)，比较(d 与

各积累概率比较），判决（译码输出 a_i），更新（得到新的 L_j、Δ_j）。译码开始时，先将接收序列转换成码字. c，从对第 1 个信源符号 x_1 开始译码，子区间初始化值为：$L_0=0$，$\Delta_0=1$，在每一个新子区间产生后都进行“计算、比较、判决和更新”操作，产生新的子区间，然后再进行后续的“计算、比较、判决和更新”操作……这样反复多次，直到输出 m 个信源符号。

译码流程总结如下：

① 初始化：$j=0$，$L_0=0$，$H_0=1$，$\Delta_0=1$，信源序列长度 m；

② 将接收序列转换成码字 c；

③ 对于 j：计算归一化码值：$d=(c-L_j)/\Delta_j$；比较与判决：$P(a_i)\leqslant d<P(a_{i+1})\Rightarrow x_{j+1}=a_i$，输出符号 a_i，区间更新：

$$L_{j+1}=L_j+\Delta_j\cdot l_i;$$

$$H_{j+1}=L_j+\Delta_j\cdot h_i;$$

$$\Delta_{j+1}=H_{j+1}-L_{j+1}$$

④ $j=j+1$；如果 $j\leqslant m-1$ 返回③，否则结束。

在上面的译码流程中，虽然计算 d 值再比较在概念上比较清晰，但需要计算除法，而实际上为计算方便，往往计算差值 $d_1=c-L_j$，然后与 $\Delta_j P(a_i)$ 相比较再进行判决。

如果是二元编码，上述译码流程中③的比较与判决可以简化：归一化的码值 d 和符号“1”的积累概率比较；若前者大于后者，则译码结果为“1”，反之译码结果为“0”。这样每次比较后就输出一个信息符号。例如，如果 $c>P(x=1)$，则判定 $x_1=1$，否则判定 $x_1=0$，且 $L_1=P(x_1)$；如果$[c-L_1]/\Delta_1>P(x=1)$，则判定 $x_2=1$，否则判定 $x_2=0$，$L_2=P(x_1^2)$……依此类推，如果$[c-L_{j-1}]/\Delta_{j-1}>P(x=1)$，则判定 $x_j=1$，否则判定 $x_j=0$。

例 5.3.2 将例 5.3.1 中编成的码字进行译码。

解 $L=7$，$C=1101010$。译码过程如表 5.3.2 所示。译码过程中，$P(1)=0.01$（1/4 的二进表示），为避免除法运算，$c-L_{j-1}$ 不断与 $\Delta_{j-1}P(1)$ 比较，进行输出符号的判决。

表 5.3.2 算术编码译码过程

	$c-L_{j-1}$	比较	$\Delta_{j-1}P(1)$	L_j	Δ_j	输出
0			0.	1.		
1	0.1101010	>	0.01	0.01	0.11	1
2	0.1001010	>	0.0011	0.0111	0.1001	1
3	0.0110010	>	0.001001	0.100101	0.011011	1
4	0.0100000	>	0.00011011	0.10101111	0.01010001	1
5	0.00100101	>	0.0001010001	0.1100001101	0.0011110011	1
6	0.0001000011	>	0.000011110011	0.110100100111	0.001011011001	1
7	0.000000011001	<	0.00001011011001	0.110100100111	0.00001011011001	0
8	0.000000011001	<	0.0000001011011001	0.110100100111	0.0000001011011001	0

译码输出为：11111100。∎

从上例译码过程可以看到，译完第 7 个符号后，L_j 不变。即使信源序列后面再有更多的连 0，这个值也不变。这就是说，当信源序列的结尾是连续的积累概率为 0 的符号时，如果译码器不知道已编码的信源序列的长度，那么译码器就不知道应该译出多少个这种符号，这样译码的结果存在着不确定性。解决的办法有两个：一是编码器将信源序列长度的信息放在编码序列的前面发送到译码器；二是设置一个文件结尾符号 EOF，加到待压缩文件的末尾，并规定与其他实际符号相比该符号的概率最小。

5.3.3　算术编码的特点

通过前面的分析，可以初步总结出算术编码有如下优点。

(1) 灵活性。这是算术码最主要的优点。如果符号概率给定，编译码器结构与信源符号概率如何取值无关。这样我们可以把编码器分成两个独立的部分：信源建模和编/译码，前者完成信源符号概率的估计，而后者完成码值的计算。图 5.3.1 表示一个完整的算术编译码器，其中信源建模和编码过程分离。编码部分只负责利用公式进行区间间隔的更新，输出码序列；译码部分接收码序列，恢复信源序列；信源建模部分负责估计输入符号的概率，提供给编译码器使用。图中的延迟表示要延迟 1 个信源符号进行符号概率的估计。因为译码器要根据已经译码的符号序列用作估计的数据，在对当前符号译码时还不能利用该符号的译码结果。所以，在编码器对当前符号编码时，要使用以前符号(不包括当前符号)的概率统计特性，这样才能保证编译码器在信源建模时使用同样的信息。

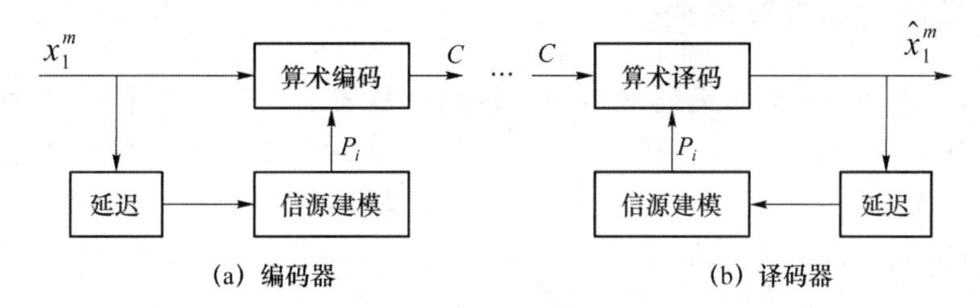

图 5.3.1　算术编码器结构

在信源概率未知或具有时变特性的情况下，信源建模和编码过程分离提高了系统的灵活性。我们可以对这两部分所涉及的技术分别进行研究和处理，特别是编码器可与任何估计符号概率的模型联合使用，使我们有可能集中主要精力构建复杂的数据建模部分，以获取大的编码增益。不过，这种灵活性也需要花费一些代价，就是需要建立模型和编译码的接口，这将耗费一定的时间和空间资源。

(2) 最优性。通过 5.2 节对算术编码性能的研究得知，算术编码在理论上是最佳的。如果信源建模精确，算术编码在实际上也接近最佳。与 Huffman 编码相比，不管信源是否有记忆，也不管信源符号的个数多少以及所对应的概率如何取值，算术编码都能够实现高效率的压缩。

算术编码的主要缺点如下。

(1) 由于编译码需要大量的运算，其中包括乘法和查表，编译码复杂度较大，所以处理速度较慢。这是算术编码的主要缺点。因此用近似计算代替乘法是改进处理速度的主要途径。而且由于算术码不是异前置码，不能采用并行处理。

(2) 产生差错传播。在算术码译码期间，稍微有一点差错就会导致后面译出的码字全部错误。

但综合考虑，算术编码的优点还是主要的，是一种性能优良的熵编码方法，具有广泛应用。

5.4 算术编译码器的实现

我们前面所介绍的算术编码编译码方法只是搭建了一个原理的框架，还不能直接投入使用，因为还存在不少技术问题需要解决。例如，在编码器中只有当信源序列全部处理完毕，才开始输出码字，译码器才有可能开始译码。而在实际应用中，为了提高传输效率，需要在编码器结束编码之前，译码器就开始译码。这就要求编码器在编码的同时，还应该及时地输出已经编好的码符号。而且在编码过程中，随着信息序列的加长，所对应的子区间变窄，表示它所需数值的位数就越多，这就要求设备具有很高的精度。但在进行算术运算时无限精度的要求也是不现实的，为使算术编码能够实用，必须采用有限精度。有限精度就是在计算积累概率和区间宽度时，取有限数据长度。有限精度与无限精度相比，虽然计算容易实现，但编码效率降低，因此，要解决有限精度和编码效率的矛盾。

本节介绍二进制小数算术编码、整数算术编码和二元信源的算术编码，这些方法都不同程度地解决上述存在的实际问题，特别是后两种方法可以用于实际信源的压缩。

5.4.1 二进制小数算术编码

如前所述，二进制小数算术编码就是用二进制小数表示码字。设序列 x_1^m 所对应的子区间为$[\alpha,\beta)$，下面介绍用最短的二进制小数表示这个输出的方法。如果根据式(5.2.2)，那么这个小数的位数应该是满足 $l\geqslant -\log_2(\beta-\alpha)$的最小正整数，得 $2^{-l}\leqslant\beta-\alpha$。如果 α 是二进制小数，那么在求得整数 l 后，就可以根据式(5.2.3)确定 x_1^m 码字，否则可通过解下面的不等式求整数 x：

$$\alpha\leqslant x/2^l<\beta \tag{5.4.1}$$

实际上，至少有一个、最多有两个整数满足上面的不等式。当出现后一种情况时，可选择其中任意一个，通常取偶数。如果根据式(5.2.1)，那么这个小数的位数应该是满足 $l\geqslant -\log_2(\beta-\alpha)+1$ 的最小正整数，可以解下面的不等式求整数 x：

$$\alpha\leqslant x/2^l<(x+1)/2^l<\beta \tag{5.4.2}$$

求得 x 后，小数 $x/2^l$ 就是所求的码字。

例 5.4.1 用二进制小数表示例 5.1.2 所求的子区间和对应的码字。

解 采用式(5.2.2)，由 $\alpha=0.574\ 25$，$\beta=0.574\ 812\ 5$，得

$$l=\lceil -\log_2(\beta-\alpha)\rceil=11$$

解 $\alpha\leqslant x/2^{11}<\beta$，得 $x=1\ 177$，所以

$$.c=1\ 177/2\ 048=(0.10010011001)_2$$

采用式(5.2.1)，得

$$l=\lceil -\log_2(\beta-\alpha)\rceil+1=12$$

解 $\alpha\leqslant x/2^l$，得 $x=2\ 353$；解$(x+1)/2^l<\beta$，得 $x=2\ 353$，所以

$$.c=2\ 353/4\ 096=(0.100100110001)_2 \blacksquare$$

注：如果用式(5.2.3)，需将积累概率变成二进制小数，计算可能较烦琐。

在算术编码过程中，随着信息序列的加长，它所对应的子区间变窄。为解决这个问题，需要随着算术编码过程的进行，将这个子区间扩大，这相当于将表示编码的小数部分向左移。如果移到小数点左边的数字能够输出的话，那么在以后的编码中就可以去掉这些数字，也减轻了

编码器的负担。使用下面的“改变尺度”和“下溢展开”两种操作，可以在满足某些条件下，每一次操作都使子区间的宽度扩大一倍，同时移出了 1 个码符号，而前者是移出小数点右边第 1 位符号，后者是删除小数点右边第 2 位符号。

1. 改变尺度

设在编码过程中子区间 I_j 的下界 L_j 与上界 H_j 的二进制小数分别为 α 和 β。如果 $\alpha=(.a_1\cdots a_{k-1}0\cdots)_2$，$\beta=(.a_1\cdots a_{k-1}1\cdots)_2$，即 α 和 β 小数点后的前 $k-1$ 位都相同，那么就可以按顺序输出前 $k-1$ 个二进制符号，原来的小数向左移动 $k-1$ 位。小数点左边的符号为输出，右边表示是新的子区间端点。新的区间的两个端点是 $L_j\times 2^{k-1}(\mathrm{mod}\ 1)$ 和 $H_j\times 2^{k-1}(\mathrm{mod}\ 1)$。上述过程称为改变尺度(Rescaling)。设 α 和 β 的小数点后第 1 位相同，那么仅当 $1/2\leqslant\alpha<\beta$ 时，第 1 位是 1；仅当 $\alpha<\beta\leqslant 1/2$ 时，第 1 位是 0。当 $1/2\leqslant\alpha<\beta$ 时，通过改变尺度，左移 1 位，输出 1，新区间的端点变成$[2\alpha-1,2\beta-1)$，对应的变换为 $x\rightarrow 2x-1$；而当 $\alpha<\beta\leqslant 1/2$ 时，通过改变尺度，左移 1 位，输出 0，新区间的端点变成$[2\alpha,2\beta)$，对应的变换为 $x\rightarrow 2x$。可见，在每次改变尺度时，区间宽度 $\Delta=\beta-\alpha$ 也乘 2。

2. 下溢展开

当 $\alpha<1/2<\beta$ 时，由于 α 和 β 没有相同的起始符号，不能进行改变尺度操作。如果继续进行区间更新，就可能出现在处理相当多的信源符号后区间的两端点仍然没有相同起始段的情况，这就会使区间越来越窄。但随着编码的进行，如果满足 $1/4\leqslant\alpha<1/2<\beta\leqslant 3/4$，则可以把区间$[\alpha,\beta)$分成两个子区间：$[\alpha,1/2)$和$[1/2,\beta)$。如果编码值 r 处于第一个区间，那么 $r=(.01\cdots)_2$；如果编码值 r 处于第二个区间，那么 $r=(.10\cdots)_2$。可见，r 的二进制小数点后的第 1 与第 2 位不同，而且知道其中一个就可以推出第 2 个。将区间$[\alpha,\beta)$变换到区间$[2\alpha-1/2,2\beta-1/2)$称为下溢展开。这种变换意味着将 $r\in[\alpha,\beta)$变换成 $2r-1/2\in[2\alpha-1/2,2\beta-1/2)$。如果 $r=(.01\cdots)_2$，那么 $2r-1/2=(.0a_3a_4\cdots)_2$；如果 $r=(.10\cdots)_2$，那么 $2r-1/2=(.1a_3a_4\cdots)_2$。这就是说，每次下溢展开，使得编码值 r 的二进制小数点后的第 2 位消失，这个消失位可以通过第 1 位确定。

由此可以归纳为下面的下溢展开步骤：

(1) 跟踪下溢计数，即从上次改变尺度后下溢展开次数；

(2) 当前区间若满足 $1/4\leqslant\alpha<1/2<\beta=\alpha+\Delta\leqslant 3/4$，则进行下溢展开：$\alpha\rightarrow 2\alpha-1/2$，$\Delta\rightarrow 2\Delta$；

(3) 设改变尺度前下溢次数为 k，若改变尺度变换为 $x\rightarrow 2x$，则输出为 01^k；若改变尺度变换为 $x\rightarrow 2x-1$，则输出为 10^k(这里 0 或 1 的 k 次方表示连续 k 个 0 或 1，因为在改变尺度以前已经有 k 个 0 或 1 从编码序列中被删掉)；在改变尺度后，下溢次数清零。

注意，在编码过程中，如果不具备改变尺度和下溢展开的条件，就进行通常的区间更新，即当输入信源符号为 a_k 时，有 $\alpha\leftarrow\alpha+P_k(\beta-\alpha)$ 和 $\beta\leftarrow\alpha+(P_k+p_k)(\beta-\alpha)$。当编码器根据最后一个信源符号进行了区间更新后，就进入编码结束阶段。根据算术编码规则，码序列所代表的码字应该包含在最后的区间内，所以如果符合条件应进行改变尺度或下溢操作，不断输出，直至满足 $\alpha<0.5<\beta$ 为止，码流最后加 1。

例 5.4.2　设信源符号集为 $A=\{a,b,c,d\}$，概率分别为 $p_a=0.4$，$p_b=0.3$，$p_c=0.2$，$p_d=0.1$，试对序列 $babc$ 进行算术编码。

解　积累概率为：$P(a)=0$，$P(b)=0.4$，$P(c)=0.7$，$P(d)=0.9$。

编码过程如表 5.4.1 所示。■

根据 5.3.2 译码算法原理，只要给译码器提供码字序列 c 和信息序列长度 N，就可以实现完全译码。如果给译码器提供一个0码字,那么译码结果就是 N 个0。

表 5.4.1 编码过程表

输入符号或操作	α	Δ	输出符号	下溢计数
	0	1		0
b $x\to 2x-1/2$	* 0.4 u:0.3=0.4×2−1/2	* 0.3 u:0.6=0.3×2		0 1
a $x\to 2x-1/2$	* 0.3 u:0.1=0.3×2−1/2	* 0.24=0.6×0.4 u:0.48=0.24×2		1 2
b $x\to 2x$ $x\to 2x-1$	*.292=0.1+0.48×0.4 r:0.584=0.292×2 r:0.168=0.584×2−1	* 0.144=0.48×0.3 r:0.288=0.144×2 r:0.576=0.288×2	 011 1	2 0 0
c $x\to 2x-1$ $x\to 2x$	*.5712=0.168+0.576×0.7 r:0.142 4=0.571 2×2−1 r:0.284 8=0.142 4×2	* 0.115 2=0.576×0.2 r:0.230 4=0.115 2×2 r:0.460 8=0.230 4×2	 1 0	0 0

注:*—区间更新,r—改变尺度,u—下溢展开。

在编码结束阶段,$\Delta=0.460\,8$,得$\lceil -\log_2 0.460\,8\rceil=2$;解不等式 $0.284\,8<x/4<0.284\,8+0.460\,8=0.745\,6$,得 $x=2$;所以可用二进制小数$(.10)_2$来表示区间[0.284 8,0.745 6)。得最后编码为:01111010。

例 5.4.3 设信源与例 5.4.2 同,算术编码序列为 111000001,信息序列长 $N=4$,求译码结果。

解 输入码值 $.c=(111000001)_2=449/512$,表 5.4.2 为译码过程。

表 5.4.2 译码过程表

译码操作	码值.c	α	Δ	$(.c-\alpha)/\Delta$	输出
初始化	449/512	0 *: 0.7	1 *: 0.2	0.7<449/512≈0.88<0.9	c
$x\to 2x-1$ $x\to 2x-1$	r:193/256 r: 65/128	r:0.4=0.7×2−1 *:0.68=0.4+0.7×(0.4) r:0.36=0.68×2−1	r:0.4=0.2×2 *:0.08=0.4×(0.2) r:0.16=0.08×2	(193/256−0.4)/0.4≈0.88 0.7<0.88<0.9	c
$x\to 2x-1/2$ $x\to 2x-1$ $x\to 2x$ $x\to 2x$	u:33/64 r: 1/32 r: 1/16 r: 1/8	u:0.22=0.36×2−0.5 *:0.508=0.22+0.9×0.32 r:0.016=0.508×2−1 r:0.032=0.016×2 r:0.064=0.032×2	u:0.32=0.16×2 *:0.032=0.32×0.1 r:0.064=0.032×2 r:0.128=0.064×2 r:0.256=0.128×2	(33/64−0.22)/0.32≈0.92	d
$x\to 2x$	r:0.25	r:0.128=0.064×2	r:0.512=0.256×2	(0.25−0.128)/0.512≈0.24 0<0.24<0.4	a

译码输出为:$ccda$。■

注意,译码过程中,仅当确定码值的区间后,才将对应的字符输出,输出后要进行区间更新,如符合条件可进行改变尺度或下溢展开。如果输出字符数达到给定值,译码停止。

3. 整数算术编码

由 Witten、Neal 和 Cleary 提出的整数算术编码算法称为 WNC 算法。该算法的原理与上述原理相同,其主要特点是:区间$[0,1)$由连续整数有限集合$\{0,1,\cdots,M-1\}$代替,表示为$[0,M)$。通常,M选择为 2 的整数次幂。

在编译码过程中,采用整数运算。用一个特定字符 EOF 表示文件的结束。当前间隔表示为$[L,H)=[L,\cdots,M-1)$。设P_i、p_i分别为符号a_i的积累概率和出现的概率,编码过程基本操作如下。

(1) 区间更新:

$$L \leftarrow L+\lfloor P_i(H-L)\rfloor \tag{5.4.3a}$$

$$H \leftarrow L+\lfloor (P_i+p_i)(H-L)\rfloor \tag{5.4.3b}$$

(2) 改变尺度:若$H \leqslant M/2$,则

$$L \leftarrow 2L, H \leftarrow 2H \tag{5.4.4a}$$

输出符号01^k,k为下溢计数,然后k清零。

若$M/2 \leqslant L$,则

$$L \leftarrow 2L-M, H \leftarrow 2H-M \tag{5.4.4b}$$

输出符号10^k,然后k清零。

(3) 下溢展开:若$M/4 \leqslant L < M/2 < H \leqslant 3M/4$,则

$$L \leftarrow 2L-\lfloor M/2 \rfloor \tag{5.4.5a}$$

$$H \leftarrow 2H-\lfloor M/2 \rfloor \tag{5.4.5b}$$

(4) 结束编码:读到 EOF 后,进行改变尺度和下溢展开,直到不能进行为止,此时若$L < M/4 < M/2 < H$,则输出01^{k+1};否则输出10^{k+1},编码结束。

例 5.4.4　设信源符号集为$A=\{a,b,c,\text{EOF}\}$,概率分别为$p_a=0.4$,$p_b=0.3$,$p_c=0.2$,$p_{\text{EOF}}=0.1$,$M=32$,试用 WNC 算法对序列$bacb$EOF 进行算术编码。

解　积累概率为:$P(a)=0$,$P(b)=0.4$,$P(c)=0.7$,$P(\text{EOF})=0.9$。编码过程如表 5.4.3 所示。

表 5.4.3　编码过程表

输入符号	L	H	输出符号	下溢计数
	0	32		0
b	$12=\lfloor 0.4\times 32\rfloor$	$22=\lfloor 0.7\times 32\rfloor$		0
$x\to 2x-16$	$8=12\times 2-16$	$28=22\times 2-16$		1
a	8	$16=8+\lfloor 20\times 0.4\rfloor$		1
$x\to 2x$	$16=8\times 2$	$32=16\times 2$	01	0
$x\to 2x-32$	$0=16\times 2-32$	$32=32\times 2-32$	1	0
c	$22=\lfloor 0.7\times 32\rfloor$	$28=\lfloor 0.9\times 32\rfloor$		0
$x\to 2x-32$	$12=22\times 2-32$	$24=28\times 2-32$	1	0
$x\to 2x-16$	$8=12\times 2-16$	$32=24\times 2-16$		1
b	$17=8+\lfloor 0.4\times 24\rfloor$	$24=8+\lfloor 0.7\times 24\rfloor$		1
$x\to 2x-32$	$2=17\times 2-32$	$16=24\times 2-32$	10	0
$x\to 2x$	$4=2\times 2$	$32=16\times 2$	0	0
EOF	$29=4+\lfloor 0.9\times 28\rfloor$	$32=4+28$		0
$x\to 2x-32$	$26=29\times 2-32$	$32=32\times 2-32$	1	0
$x\to 2x-32$	$20=26\times 2-32$	$32=32\times 2-32$	1	0
$x\to 2x-32$	$8=20\times 2-32$	$32=32\times 2-32$	1	0

编码为：011110011110(最后两个符号为 10)，这是因为，在输入 EOF 后，再经过 3 次改变尺度操作，已经不能继续任何操作，所以下溢展开次数 $k=0$，所以最后补上 10。█

整数编码的译码器利用码序列的前 N 个符号译码(这里，$N=\log M$)。译码前码序列的前面部分先进入一个寄存器码，看成是一个二进制小数的值 v。译码时采用整数算术运算，以后随着译码的进行，前面的符号移到小数点的左边，相当于该符号被删除，小数点后面的序列看成新的码序列继续进行译码。在译码过程中，译码器要始终跟踪编码过程，所以译码器中要包含与编码器类似的操作。可以看到，当下溢条件和移动条件都不满足时，才进行译码。此时要计算对应所有符号 a_j 的子区间 $[L_j, H_j)$，如果 v 落入某个区间就可以将此区间对应的符号作为译码输出。

例 5.4.5 (例 5.4.3 续)试对算术编码序列 011110011110 进行译码。

解 译码过程如表 5.4.4 所示。

表 5.4.4 编码过程表

v	L	H	$[L_a, H_a)$	$[L_b, H_b)$	$[L_c, H_c)$	$[L_{EOF}, H_{EOF})$	译码
$15=(01111)_2$ 01111	0 12	32 22	[0,12)	[12,22)	[22,28)	[28,32)	b $x\to 2x-16$
$14=(01110)_2$ 11100	8 8 16	28 16 32	[8,16)	[16,22)	[22,26)	[26,28)	a $x\to 2x$ $x\to 2x-32$
$25=(11001)_2$ 10011	0 22 12	32 28 24	[0,12)	[12,22)	[22,28)	[28,32)	c $x\to 2x-32$ $x\to 2x-16$
$23=(10111)_2$ 01111	8 17 2	32 24 16	[8,17)	[17,24)	[24,29)	[29,32)	b $x\to 2x-32$ $x\to 2x$
$30=(11110)_2$	4	32	[4,15)	[15,23)	[23,29)	[29,32)	EOF

译码结果：$bacb$EOF。█

下面分析整数编码中的精度。首先研究连续整数有限集合的大小 M 如何选取的问题。很明显，如果 M 越大，那么计算越精确，越接近理想压缩性能；反之，M 越小，计算越不精确，距理想性能越远。但 M 取太大的值，会加大运算量。所以应该取合适的 M 的值。在编码过程中，当前区间 $[L, H)$ 要不断地划分成子区间 $[L_j, H_j)$，$j=1,\cdots,n$。我们要求在任何时候都不能发生 $L_j=H_j$(对某个 j)的情况。因为如果这样，就会使得该子区间的宽度为零，编码无法继续进行。

根据式(5.4.3)，区间更新后新的区间宽度为

$$\begin{aligned}\Delta &= \lfloor (P_i+p_i)(H-L)\rfloor - \lfloor P_i(H-L)\rfloor \\ &\geqslant \lfloor P_i(H-L)\rfloor + \lfloor p_i(H-L)\rfloor - \lfloor P_i(H-L)\rfloor = \lfloor p_i(H-L)\rfloor\end{aligned}$$

但对于第 n 个信源符号，有

$$\Delta = \lfloor (P_n+p_n)(H-L)\rfloor - \lfloor P_i(H-L)\rfloor = H-L-\lfloor P_n(H-L)\rfloor > 0$$

所以，只要保证满足

$$p_i(H-L)\geqslant 1, j=1,\cdots,n-1 \tag{5.4.6}$$

就可以使 $\Delta>0$。同时,我们还要注意到,只有在不满足改变尺度和下溢调整的条件下,才考虑这个问题,此时应有 $L<M/4<M/2<H$ 和 $L<M/2<3M/4<H$,如果当前区间还要再划分,再加上 M 可以被 4 整除的条件,就必须满足:

$$H-L\geqslant M/4+2 \tag{5.4.7}$$

式(5.4.6)和式(5.4.7)结合,M 就必须满足:

$$M\geqslant(4/p_{\min})-8 \tag{5.4.8}$$

其中,$p_{\min}=\min(p_1,\cdots,p_{q-1})$。例如,在例 5.4.3 中,$p_{\min}=0.2$,$M\geqslant(4/0.2)-8=12$。

5.4.2　二元信源的算术编码

在 5.3 节我们介绍了简单的无限精度二元独立序列算术编码的编译码问题。实际应用的编译码方法除采用有限精度和处理进位问题之外与前者无本质区别。有限精度是指,在编译码过程中,序列的概率和积累概率都要采用有限长度的近似。通过对算术编码原理的研究可知,在对数据序列进行算术编码时,编码器依据对数据符号概率的估计改变编码参数得到码序列,而只要译码器也利用同样的信息和同样的原则同步地改变它的参数,就能实现正确译码,但编码效率可能降低。注意,这种同步不是在时间上,而是相对于信源符号序列。

1. 有限精度问题

如果编码器在计算时利用了某些近似,而译码器也使用同样的近似,那么编码器也能正常工作。为实现有限精度,需要及时地输出已经编成的码符号,同时截短表示序列概率的小数的位数。

设在对序列 x_1^m 编码时,序列概率和积累概率都用二进制数表示。当用有限精度编码时,序列概率和积累概率在小数点后只保留 W 位,以后的尾数全部舍去。设对序列 x_1^m 编码经截短和移位运算所得概率和积累概率分别表示为 $q(x_1^m)$ 和 $Q(x_1^m)$。在对序列 x_1^m 编码时,如果

$$q(x_1^{m-1})p(x_m)<1 \tag{5.4.9}$$

则序列概率左移位 l_m,使得移位后的概率刚好不小于 1,积累概率也左移同样的位数,编码时采用先截短后移位,数学表达式为

$$<q(x_1^{m-1})p(x_m)>_W 2^{l_m-1}<1 \tag{5.4.10a}$$

$$q(x_1^m)=<q(x_1^{m-1})p(x_m)>_W 2^{l_m}\geqslant 1 \tag{5.4.10b}$$

$$Q(x_1^m)=<Q(x_1^{m-1})+q(x_1^{m-1})P(x_m)>_W 2^{l_m} \tag{5.4.10c}$$

$$L_m=L_{m-1}+l_m \tag{5.4.10d}$$

其中,$<\cdot>_W$ 表示小数点后保留 W 位的运算,L_m 为总的移位数。如果满足

$$W\geqslant\max_i[-\log_2 p(a_i)] \tag{5.4.11}$$

就可以保证唯一译码。理由如下:由式(5.4.11),得 $2^W\min\limits_i p(a_i)\geqslant 1$,又根据式(5.4.10b)可知,当 $x_m\neq a_1$ 时,有 $q(x_1^{m-1})P(x_m)2^W>2^W\min\limits_i p(a_i)\geqslant 1$,这就是说,小数点只保留 W 位后的值不至于为零,根据式(5.4.10c)可知,除 $x_m=a_1$ 之外,积累概率总是递增的,从而保证了译码的唯一性。不过采用有限精度编码会使编码效率降低。

下面估计截短和移位运算后对应序列的长度,此时码字的长度为

$$L=\lceil-\log_2(q(x_1^m)/2^{L_m})\rceil \tag{5.4.12}$$

可以证明:

$$L < \lceil -\log p(x_1^m) \rceil + \left\lceil -\sum_{i=1}^{m} \log\left(1 - \frac{2^{-W}}{p(x_i)}\right) \right\rceil \tag{5.4.13}$$

这就是说，码字长度的上界包含两项，一项是理想的长度，另一项是由于截短而增加的值。当 W 无限增加时，该项的值趋于零。同时还可看到，如果 W 不满足式(5.4.11)，对数后面是值可能为负，此时不能正确译码。

2. 避免乘法运算

如前所述，在算术编码的运算量中，乘法占很大的比重。如果采用某些代替乘法的近似计算就可以大大减小运算量。主要有两种避免乘法运算的方法，一种是小概率符号的概率用最接近的 2^{-Q}(Q 为正整数)来代替。这样乘 2^{-Q}可用二进制小数右移 Q 位实现。如果 0 为大概率符号，1 为小概率符号，那么区间更新和码寄存器更新算法如下：

$$p(x_1^m \cdot 0) = \langle p(x_1^m) - p(x_1^m \cdot 1) \rangle_W \tag{5.4.14a}$$

$$p(x_1^m \cdot 1) = p(x_1^m) \times 2^{-Q} \tag{5.4.14b}$$

$$P(x_1^m \cdot 0) = P(x_1^m) \tag{5.4.14c}$$

$$P(x_1^m \cdot 1) = P(x_1^m) + p(x_1^m \cdot 0) \tag{5.4.14d}$$

式(5.4.14a)表示截短保留 W 位有效数字。分析表明，用这种接近的 2^{-Q}来近似小概率所造成的编码损失不大，尤其当符号的小概率很小时，损失更小，甚至对接近于零的概率都可以用 $Q=6$ 来近似。

避免乘法的另一种方法就是，将存储序列概率的区间寄存器的中点值设置到 1，使得在编码过程中，代表区间宽度的值始终在 1 附近，这样式(5.4.10b)就近似为 $p(x_1^m \cdot 1) \approx 2^{-Q}$。这种编码器细节参见 5.7 节的 MQ 算术编码器。

例 5.4.6 (例 5.4.4 续)试对例 5.3.1 中信源序列进行最低精度的有限精度编码。

解 因为最小符号概率为 1/4，所以根据式(5.4.11)，编码中截断至少要保留 $W=2$ 位。编码过程如表 5.4.5 所示。█

表 5.4.5 二进制有限精度算术编码过程

序号 j	输入	Δ_j	L_j
0		1.	0.
1	1	0.11	0.01
移位		1.10	0.10
2	1	$1.00=[1.10\times0.11]_2$	$0.11=0.10+[1.10\times0.01]_2$
3	1	$0.11=[1.00\times0.11]_2$	$1.00=0.11+[1.00\times0.01]_2$
移位		1.10	10.00
4	1	$1.00=[1.10\times0.11]_2$	$10.01=10.00+[1.10\times0.01]_2$
5	1	$0.11=[1.00\times0.11]_2$	$10.10=10.01+[1.00\times0.01]_2$
移位		1.10	101.00
6	1	$1.00=[1.10\times0.11]_2$	$101.01=101.00+[1.10\times0.01]_2$
7	0	$0.01=[1.00\times0.01]_2$	101.01
移 2 位		1.00	10101.00
8	0	$0.01=[1.00\times0.01]_2$	10 101.00
移 2 位		1.00	1 010 100.00

3. 进位问题

在二进制算术编码过程中要考虑可能发生进位现象对输出结果的影响。参照例5.4.6中的二进制有限精度编码方法，表示积累概率数值的符号移到小数点左边后，就进入输出寄存器，如果以后再有进位会影响前面的编码结果，出现差错。例如，当积累概率的值中出现若干个连"1"时，如果数值再进行更新，就可能产生进位，使得这些连"1"变成"0"，并把前面相邻的一个"0"变成1。分析表明，这种进位最多只影响1位。解决进位问题通常采用比特填充(Bit Stuffing)法。该方法的要点是：编译码系统预先规定一个长度，设为d。编码时，如果输出码序列出现d个连"1"，就在其后加一个填充位"0"，这样如果以后的计算有进位，就只能改变这个填充位，而不会影响以前已经编码的符号。译码时，如果碰到连续d个"1"，就要观察紧接着的后一个符号，如果该符号为"0"，就把它删除；如果该符号为"1"，说明编码时产生进位，也把它删除，同时还把这个"1"加到d个连"1"的尾部参与运算。

5.5　马氏源的算术编码

前面研究的是无记忆信源的算术编码，本节介绍有记忆信源马氏源的算术编码。因为算术编码可以分成信源建模和编码两部分，而编码部分的基本功能对于有无记忆的信源差别不大，关键是建模部分的差别。对于无记忆信源要估计信源符号的概率，对于马氏源要估计信源符号的条件概率。因此研究马氏源的算术编码，主要是研究积累概率的递推关系以及编码器在不同状态下的工作原理。

设一马氏源所产生的序列为x_1^m，所对应的状态序列为$s_1^m \triangleq s_1 \cdots s_m$，那么序列$x_1^m$的条件概率为

$$p(x_1^m \mid s_1) = p(x_1 \cdots x_m \mid s_1) = \prod_{i=1}^{m} p(x_i \mid s_i) \tag{5.5.1}$$

对于0,1二元信源，式(5.1.9e)变为

$$P(x_1^m \cdot x_{m+1}) = P(x_1^m) + p(x_1^m, x_{m+1}=0)x_{m+1} \tag{5.5.2}$$

对于二元平稳马氏源式(5.5.2)变为

$$P(x_1^m \cdot x_{m+1}) = P(x_1^m) + p(x_{m+1}=0 \mid s_{m+1})p(x_1^m)x_{m+1} \tag{5.5.3}$$

其中，s_{m+1}为$m+1$时刻的状态，且$(s_m, x_m) \to s_{m+1}$。序列概率的递推关系如下：

$$p(x_1^{m+1}) = p(x_1^m)p(x_{m+1} \mid x_1^m) = p(x_1^m)p(x_{m+1} \mid s_{m+1}) \tag{5.5.4}$$

与无记忆信源编码相比，马氏源编码器的编码部分将符号积累概率换成符号转移积累概率，在建模部分增加状态存储器，而编译码过程的其他环节基本类似。有记忆信源算术编码器的实例可参考5.7节的MQ算术编码器。

5.6　自适应算术编码

前面所介绍的算术编码方法是建立在信源符号概率分布已知而且固定的基础上，如果信源的概率分布未知或信源不平稳，符号概率也可能随着时间发生变化，因此不仅需要估计信源符号的概率分布，而且还要跟踪概率分布的变化。在第3章，已经简单介绍了使用通用编码对

概率未知信源进行压缩的概念，在本书的第 6 章，还要重点研究若干重要的通用编码方法，其中有些方法的基本框架由信源建模加算术编码组成。本节我们介绍的自适应算术编码与前面的算术编码方法的主要差别就是在编译码过程中对信源符号概率进行逐符号更新，而具体的编译码方法不变。

在自适应编码中，以编完码的若干信源符号为基础，估计当前符号发生的概率。最简单的方法就是直接更新积累概率。设信源符号集为 $A=\{a_1,\cdots,a_i,\cdots a_n\}$，当前已经对 k 个符号进行了编码(译码)，那么当前符号为 a_i 的概率为

$$p_i=(n_i+1)/(k+n), i=1,\cdots,n \tag{5.6.1}$$

其中，n 为信源符号集的大小，n_i 为 a_i 符号已经发生的次数。式(5.6.1)的分子加 1 为的是防止符号零概率的发生，该式实际上是多元信源符号概率在均匀先验分布下的贝叶斯估计。a_i 的积累概率为

$$P_i=\sum_{k=1}^{i-1}(n_k+1)/(k+n), i=1,\cdots,n \tag{5.6.2}$$

下面举例说明自适应编码的过程。设当前序列 x_1^m 区间的左端点为 α，区间长度为 Δ，那么序列 $x_1^m a_1,\cdots,x_1^m a_n$ 对应区间包含的左端点依次为：$\alpha,\alpha+P_2\Delta,,\alpha+P_3\Delta,\cdots,\alpha+\Delta P_n$。

例 5.6.1 设信源符号集为 $A=\{a,b,c,d\}$，初始计数全为 1，试对序列 $bbca$ 进行自适应算术编码。

解 第 1 个符号输入前，有 $p(a)=p(b)=p(c)=p(d)=1/4$，$P(b)=1/4$，输入第一个符号 b 按此编码；第 2 个符号输入前，有 $p(a)=p(c)=p(d)=1/(1+4)=1/5$，$p(b)=(1+1)/(1+4)=2/5$，$P(b)=1/5$，输入的第 2 个符号 b 按此编码；第 3 个符号输入前，有 $p(a)=p(c)=p(d)=1/(2+4)=1/6$，$p(b)=(2+1)/(2+4)=1/2$，$P(c)=2/3$，输入的第 3 个符号 c 按此编码；第 4 个符号输入前，有 $p(a)=p(d)=1/(3+4)=1/7$，$p(b)=(2+1)/(3+4)=3/7$，$p(c)=(1+1)/(3+4)=2/7$，$P(a)=0$，输入的第 4 个符号 a 按这个概率分布编码。注意：当输入 c 后，未进行下溢展开的操作。当输入 a 后，区间为$[7/15,7/15+1/105)$，即$[7/15,10/21]$。现求此区间的二进制小数表示。因为 $l=7$，解不等式 $128\times 7/15\leqslant x<128\times 10/21$，得 $x=60$，二进制小数表示为 $60/128=15/32=(0.01111)_2$；最终编码为：0101111。编码过程如表 5.6.1 所示。■

表 5.6.1 编码过程表

a,b,c,d 计数	下一个字符	α	Δ	输出符号
1,1,1,1		0	1	
1,1,1,1	b	0.25	0.25	
1,2,1,1 1,3,1,1	b 改变尺度	0.3=0.25+0.25×(1/5) 0.2	0.1=0.25×(2/5) 0.4	 01
1,3,1,1	c	7/15=0.2+(0.4)×2/3	1/15=(0.4)/6	*
1,3,2,1	a	7/15	1/105=(1/15)/7	

5.7 算术编码的应用——MQ 算术编码器

算术编码是一种性能优良的熵编码器，广泛用于 JBIG、JPEG 和 H.263 等图像或视频编

码中。本节简单介绍在 JPEG2000 中所使用的基于上下文的自适应二元算术编码器——MQ 算术编码器。

5.7.1　MQ 算术编码器的基本原理

1. 概述

在数字图像压缩过程中，数据经过量化和变换变成一系列的系数，将这些系数划分成小的矩形单元——码块(Code Block)，然后进行熵编码。JPEG2000 标准中采用 MQ 算术编码器作为熵编码器，部分原因是该编码器与 JBIG2 压缩标准的算术编码器兼容。由于变换后的数据之间仍然具有相关性，所以应采用对有记忆信源的编码方法。这种基于上下文的算术编码器就是针对有记忆图像数据进行熵编码而设计的。所使用上下文信息可视为有记忆信源的状态，编码器共设计了 18 个不同的上下文。如果将输入序列中的符号按不同上下文分组，那么在同一个上下文条件下的符号可以看成独立的，这样可以在每个上下文中通过对过去符号的观察对当前符号的概率进行估计。编码时对每个码块进行独立的嵌入式编码，上下文模型总是在每个编码块的开始重新初始化，而编码器也总是在每个编码块的结尾结束。这有助于防止错误传播。

使用懒惰编码模式以减少算术编码的符号数。按照这个模式，第一次和第二次通过不进行压缩，每个比特平面第三次通过才使用算术编码。这可保证在高比特率下软件的高速实现。懒惰编码对大多数自然图像压缩效率的影响可以忽略。

2. 编译码基本原理

MQ 编码器的逻辑框图如图 5.7.1 所示。0、1 二元比特流 D 和上下文序号 CX 成对进入编码器。D 和 CX 都由编码器的建模部分提供，通过 CX 选择对 D 编码所需要的概率估计。

编码器采用固定精度的整数算术运算，它包含两个寄存器：码寄存器 C 和区间长度寄存器 A。其中，C 占用 28 bit，包含两部分：LSB(16 bit，表示区间的下界实际上就是积累概率)和 MSB(12 bit，表示进位比特)。A 表示当前序列所在区间大小，使用 16 bit 整数表示的分数。因为计算机通常是 16 bit 字长的，所以这里由 16 bit 的 0 表示 0，由最小的 17 bit 数表示 1.5，即 $2^{16}=(65536)_{10}=(10000)_{16}$，整数$(8000)_{16}$等价于小数 0.75，$A$ 选择的范围是：$0.75\leqslant A<1.5$。十进制小数与寄存器中对应的二进制、十进制整数以及十六进制表示之间的关系如下：

图 5.7.1　MQ 编码器结构图

$$0.75=1.5/2\rightarrow 2^{15}=(32768)_{10}=(8000)_{16}$$

$$1=0.75(4/3)\rightarrow 2^{15}(4/3)=(43690)_{10}=(\text{AAAA})_{16}$$

$$0.5\rightarrow 2^{15}(2/3)=(43690)_{10}/2=(21845)_{16}=(5555)_{16}$$

$$0.25\rightarrow 2^{15}(1/3)=(21845)_{10}/2=(10923)_{16}=(\text{2AAB})_{16}$$

两个寄存器的结构如表 5.7.1 所示。

在两个输入二元符号中，概率较大者称为大概率符号，用 MPS 表示；概率较小者称为小概率符号，用 LPS 表示。设 LPS 的当前概率的估计为 Qe，用符号 L(MPS)和 L(LPS)分别表示 MPS 的子区间长度和 LPS 的子区间长度，那么

表 5.7.1 *C* 和 *A* 寄存器的结构

	MSB		LSB	
C 寄存器	0000 cbbb	bbbb bsss	×××× ××××	×××× ××××
A 寄存器	0000 0000	0000 0000	1 a a a a a a a	a a a a a a a a

注：a—分数比特(当前区间大小)；x—码寄存器中的分数比特；s—空比特(对进位进行约束)；b—指示位置比特(由此压缩图像的完整字节从 *C* 中输出)；c—进位比特。

$$L(\mathrm{MPS})=A-(\mathrm{Qe}\times A) \tag{5.7.1a}$$

$$L(\mathrm{LPS})=\mathrm{Qe}\times A \tag{5.7.1b}$$

由于 A 近似为 1，可以简化运算：

$$L(\mathrm{MPS})=A-\mathrm{Qe} \tag{5.7.2a}$$

$$L(\mathrm{LPS})=\mathrm{Qe} \tag{5.7.2b}$$

这样，对 MPS 编码时，子区间减少到 $A-\mathrm{Qe}$，而对 LPS 编码时，子区间不变。

表示区间的下界为

$$\text{MPS 的 LSB}=\text{LSB}+\mathrm{Qe} \tag{5.7.3a}$$

$$\text{LPS 的 LSB}=\text{LSB} \tag{5.7.3b}$$

由于 MQ 编码器采用了式(5.7.2)的近似运算，去掉了乘法，降低了复杂度，使处理速度加快。实验证明，这种近似仅使压缩性能的恶化小于 3%。

每当 A 值处于$(8000)_8$以下时，乘 2；每当 A 加倍时，码寄存器 C 也加倍，这相当于寄存器左移。这个过程称为改变尺度。为使 C 不产生溢出，每当改变尺度时从其高位输出 1 个压缩字节放到一个外部压缩图像数据缓冲器，最多输出 2 个字节。采用比特填充方法防止该外部缓冲器进位。

由于子区间长度采用了近似，就有可能在编码过程中发生 L(LPS)大于 L(MPS)的情况。例如，Qe=0.5，A=0.75，由式(5.7.2)可知，L(MPS)(0.25)小于 L(LPS)(0.5)。为避免这种大小的颠倒，每当 L(MPS)小于 L(LPS)时，MPS 和 LPS 的子区间交换。不过，这种有条件的子区间交换仅当需要改变尺度时才能进行。

每当进行改变尺度时，要对当前被编码的上下文进行新的概率估计。对 LPS 或 MPS 编码后改变尺度的相对频率可作为估计概率所用的近似计数。

编码过程如下：①根据对当前的二元判决将概率间隔分成两个子区间，指针指向当前符号区间的下界；②在划分两个子区间时，将 MPS 排在 LPS 的上面，这样就使得对 MPS 编码时使用的是 LPS 的区间，可减少运算；再改变尺度。

译码过程：根据每次判决，确定对应的子区间。

3. 概率的估计

设在观察某上下文 i 的 n_i 个符号中符号 1 出现的次数为 m_i，利用贝叶斯估计，得到在上下文 i 条件下符号取 1 的概率为

$$p_i=\frac{m_i+1}{n_i+2} \tag{5.7.4}$$

在 MQ 编码器中，概率估计通过状态机实现，因为这可以考虑到符号概率不平稳的特点，使估计更有效。

5.7.2　MQ 算术编码器的实现

1. MQ 编码器工作流程

MQ 编码器工流程如图 5.7.2 所示。编码器首先进行初始化(INITENC 模块),然后读入上下文 CX 和待编字 D,进行编码(ENCODE 模块)。到编码结束时,通过 FLUSH 过程清空寄存器完成编码。在 ENCODE 模块中,先判断 D 是 0 还是 1。若为 0,则进行 0 编码 CODE0;若为 1,则进行 1 编码 CODE1。在 CODE0/CODE1 编码时,判断 0/1 是否为大概率符号(MPS)。若是,则进行 MPS 编码 CODEMPS;否则,进行 LPS 编码 CODELPS。所以编码器实际上是对 MPS 和 LPS 的编码。

(1) LPS 的编码 CODELPS

在 LPS 的编码中,首先比较 LPS 概率区间大小 Qe 以及区间 A 减去 Qe 后的大小 A－Qe,对区间较小的符号进行编码。若前者比后者小,则说明此时符号确实为小概率符号,按小概率符号编码 LPS:区间位置 C 不变,区间大小变为 Qe。反之则说明此时大概率符号的编码区间更小,对大概率符号进行编码 MPS:起点位置加上小概率符号概率 C＝C＋Qe,区间大小变为 A－Qe。小概率符号出现过多则说明此符号实际为大概率符号,因此每次进行小概率符号编码后都需根据上下文对应的索引值所代表的 SWITCH 判断,是否需要交换小概率符号和大概率符号的值。根据符号概率转移表,只有小符号概率大于 0.5 时,SWITCH 才为 1。最后,由于编码后区间大小必然小于半区间大小 0x8000,因此先根据概率状态转移表自适应地调整此时上下文对应的小概率符号概率,即将索引值设定为 I(CX)＝NLPS(I(CX))。再对寄存器进行改变尺度过程 RENORME,保证寄存器 A 的值大于半区间长度 0x8000。流程如图 5.7.3 所示。

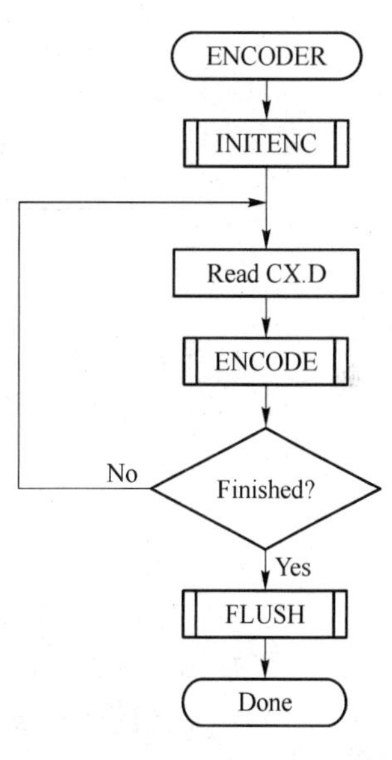

图 5.7.2　MQ 编码器流程图

(2) MPS 的编码 CODEMPS

MPS 编码时同样首先判断区间大小,其对区间较大的符号进行编码。A－Qe 若大于半区间大小 0x8000,则说明大概率符号区间必然大于 Qe,对其进行大概率符号编码 MPS:C＝C＋Qe(I(CX)),A＝A－Qe。若 A－Qe 小于半区间大小,则判断其与 Qe 之间大小。前者大则进行 MPS 编码,否则进行 LPS 编码。然后调整索引值并进行改变尺度操作。流程如图 5.7.4 所示。

(3) 改变尺度 RENORME

改变尺度就是对寄存器 A 和 C 同时左移位,直到寄存器 A 的值大于半区间长度 0x8000。每次移位都对计数器 CT 减 1,若 CT 为 0 则进行编码输出 BYTEOUT。

(4) 压缩数据输出 BYTEOUT

数据输出采用位填充技术。首先判断当前字节是否已经为 0xff,若是,则再进位就可能溢出,因此直接输出 0xff,并且下一字节输出时将进位标志位作为数据一部分输出。若不是,则判断进位标志位是否为 1,若有进位则加在当前字节上,并输出当前字节。若进位后当前字节变为 0xff,为了便于译码,下一字节输出仍然带上进位标志位(设为 0)输出。

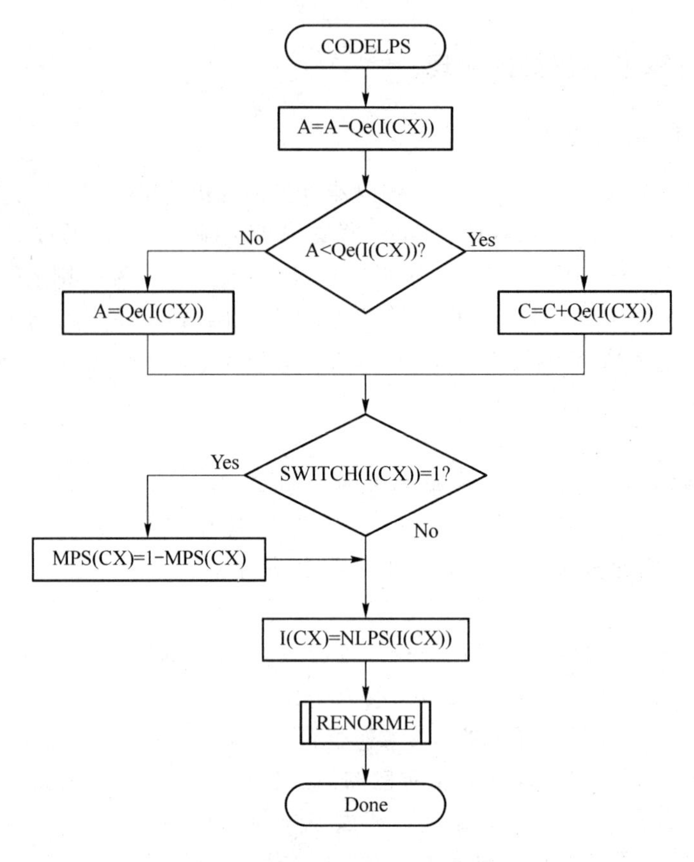

图 5.7.3　CODELPS 流程图

（5）初始化过程 INITENC

寄存器 A 的值设为 0x8000，C 设为 0。压缩数据指针指向输出起点字节的前一字节，并判断此字节是否为 0xff。利用 BYTEOUT 中的位填充原理，同时根据寄存器结构，若前一字节为 0xff，则计数器置为 13，以便输出第一个带进位标志字节；若不是，则计数器置为 12，输出第一个字节。初始化过程同时还对各个 I(CX)以及 MPS(CX)按标准规定进行初始化。

（6）寄存器清空 FLUSH

由于数据完全读完后寄存器内仍然有需要输出的比特，因此通过 FLUSH 步骤输出剩余比特。此步骤实质是从最后的编码区间内取一个末位全 1 的数作为编码输出，以便于译码。首先经过比特置位过程 SETBITS，将寄存器低 16 位置 1。同时判断置位后的 C 是否落在编码区间内。即置位后的 C 是否小于与原剩余位 C 与寄存器 A 之和。若在范围之内，说明此时 C 可以作为编码输出，若超出范围则对 C 低 16 位最高位减 1 并输出，以保证其落在编码区间内。利用两次移位对寄存器 C 剩余部分输出。若最后一个输出字节为 0xff 说明其为多余字节，舍弃掉。否则输出此字节。

2. MQ 编码器译码流程

如图 5.7.5 所示，译码器的输入为压缩数据 CD 和上下文 CX。D 为译码输出。译码器寄存器结构如表 5.7.2 所示。译码器在初始化后，读入上下文数据，通过主译码模块 DECODE 完成译码。译码时比较高 16 位，而每次新的字节插入到低 16 位的 b 处。由于译码器完全是编码器的逆过程，因此仅给出流程图，译码流程如图 5.7.6 所示。

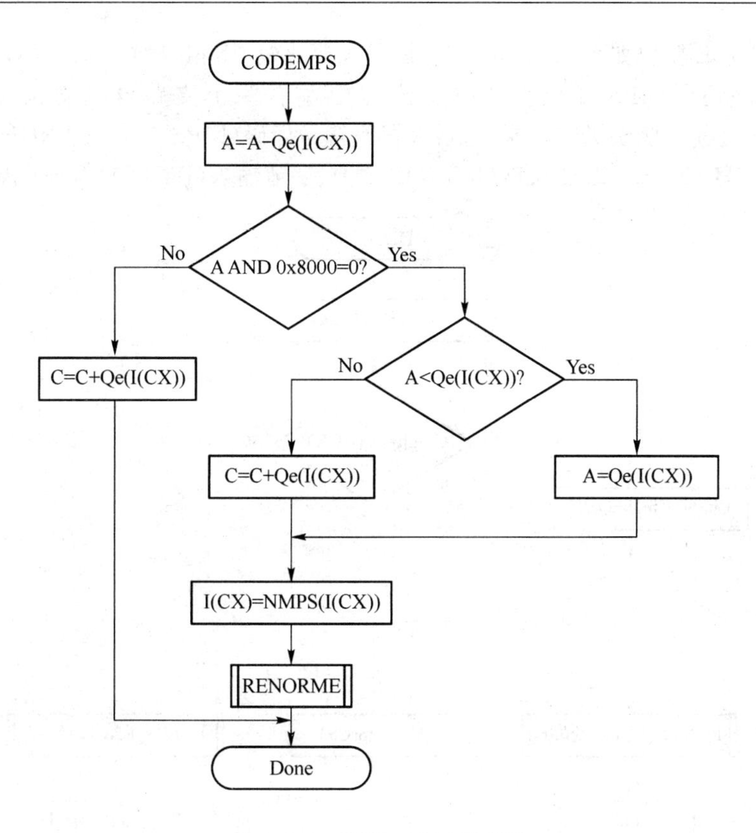

图 5.7.4　CODEMPS 流程图

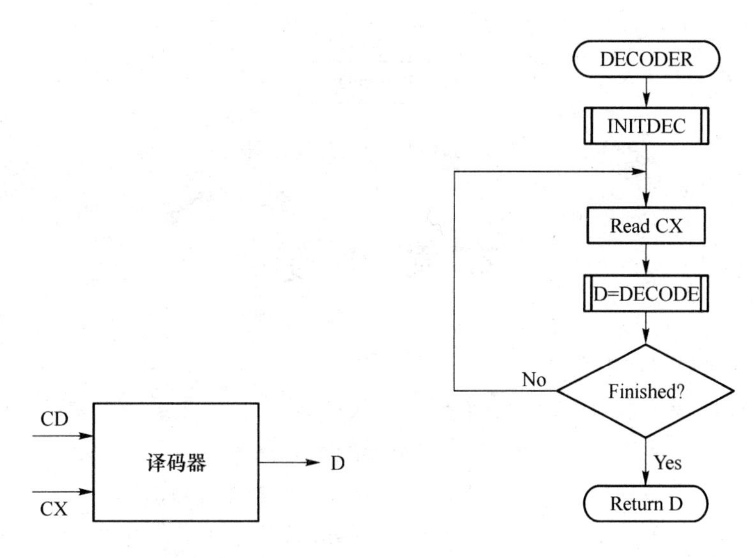

图 5.7.5　MQ 译码器结构图　　　　图 5.7.6　译码器总流程

表 5.7.2　译码器寄存器结构表

	MSB	LSB		MSB	LSB
Chigh register	×××× ××××	×××× ××××	A-register	aaaa aaaa	aaaa aaaa
Clow register	bbbb bbbb	0000 0000			

译码 DECODE 模块如图 5.7.7 所示。译码主要比较 Chigh 与 Qe 的大小，来判断对应译码是 MPS 译码还是 LPS 译码。其中总流程中左右两个支路分别对应 CODEMPS 和 CODELPS的逆过程。该模块中主要包括：大概率符号译码(MPS_EXCHANGE)、小概率符号译码(LPS_EXCHANGE)、改变尺度(RENORMD)、字节输入(BYTEIN)等子模块。

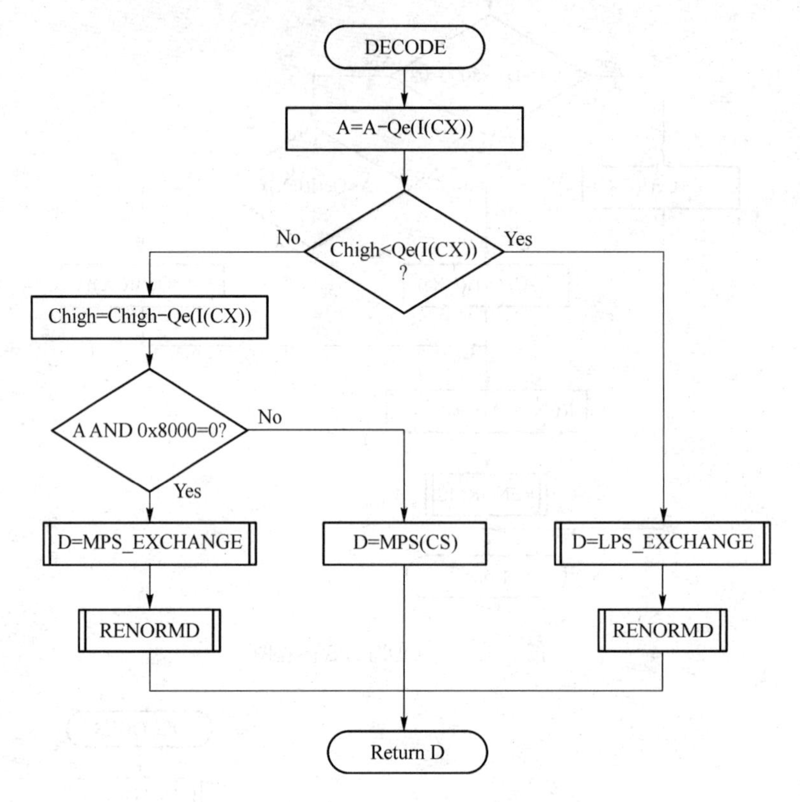

图 5.7.7　DECODE 流程图

本章小结

1. 概率与积累概率递推公式

• 无记忆信源：$P(x_1^{m+1})=P(x_1^m)+p(x_1^m)P(x_{m+1})$

$$p(x_1^{m+1})=p(x_1^m)p(x_{m+1})$$

• 二元马氏源：$P(x_1^{m+1})=P(x_1^m)+p(x_1^m)p(x_{m+1}=0|s_{m+1})x_{m+1}$

$$p(x_1^{m+1})=p(x_1^m)p(x_{m+1}|s_{m+1})$$

2. 算术编码性能

• 编码单独剩余度：$\gamma=L(x_1^m)-\log(1/p(x_1^m))<2$

• 编码平均剩余度：$\bar{\gamma}<D(p_a\parallel p)+2$

• 优点：灵活性，最优性

• 缺点：需要大量运算，产生差错传播

3. 算术编译码算法要点

区间更新：$L_{j+1}=L_j+\Delta_j\cdot l_i$； $H_{j+1}=L_j+\Delta_j\cdot h_i$

比较判决：$P(a_i) \leqslant (.c-L_j)/\Delta_j < P(a_{i+1})$，　$j=0,\cdots,n$

- 编码流程：逐个输入信源符号→区间更新→输出最后区间内的一点
- 译码流程：逐次比较判决→输出→区间更新

4. 多符号信源算术编码：① 改变尺度时一次左移 1 位；② 使用下溢展开

5. 整数算术编码：区间$[0,1)$由连续整数有限集合$\{0,1,\cdots,M-1\}$代替，表示为$[0,M)$。通常，M 选择为 2 的整数幂

6. 二元信源的算术编码

① 有限精度问题；② 避免乘法运算；③ 进位问题

7. 马氏源的算术编码：估计信源符号的条件概率，在建模部分增加状态存储器

8. 自适应算术编码：在编译码过程中对信源符号概率进行逐符号更新

9. MQ 算术编码器：基于上下文的自适应二元算术编码器，0、1 二元比特流 D 和上下文序号 CX 成对进入编码器，编码器采用固定精度的整数算术运算

思　考　题

5.1　为保证唯一可译如何选取算术编码的编码长度？

5.2　简述算术编译码器的主要工作流程。

5.3　简述算术编码的主要特点。

5.4　为何要实现有限精度算术编码？与无限精度相比有限精度编码会付出怎样的代价？

5.5　如何对有记忆信源序列进行算术编码？

5.6　二元算术编码系统中通常采用哪些重要的技术措施？

5.7　简述 MQ 算术编码器的工作原理。

习　　题

5.1　设$\{x_i,i=0,1,\cdots\}$为二元平稳马氏链，转移概率矩阵为$\begin{pmatrix}3/4 & 1/4\\1/4 & 3/4\end{pmatrix}$，当 $x_1^\infty=1010111\cdots$时，求表示积累概率 $P(x_1^\infty)$的二进制小数的小数点后前 3 位。

5.2　设$\{x_i,i=0,1,\cdots\}$为二元平稳马氏链，转移概率矩阵为$\begin{pmatrix}1/3 & 2/3\\2/3 & 1/3\end{pmatrix}$，求积累概率 $P(01110)$。

5.3　设信源符号集 $A=\{a,b,c,d\}$，$p(a)=0.35$，$p(b)=0.3$，$p(c)=0.25$，$p(d)=0.1$；

(1) 分别对信源序列 *bbbb*，*abcd*，*dcba*，*badd* 进行算术编码；

(2) 分别对码序列 11，010001，10101 和 0101 进行译码，假定信源序列长度是 4。

5.4　设信源符号集 $A=\{a,b,c,\mathrm{EOF},d\}$，$p(a)=3/7$，$p(b)=p(c)=p(\mathrm{EOF})=p(d)=1/7$；

(1) 对序列 dbEOF 进行整数算术编码，$M=16$；

(2) 如果编译码器对编译码算法达成一致,那么为使译码器正确恢复信源消息,还应该传送什么信息?

(3) 对(1)的编码结果进行译码。

5.5　已知二元序列的概率 $p_0 = 1/8, p_1 = 7/8$,

(1)试对序列 11111111101111111110 编算术码,取 $W=3$ 的精度,并计算符号平均码长;

(2)计算(1)中序列的符号熵,并与算术码的符号平均码长比较,解释这一结果。

5.6　已知二元平稳马氏链的条件概率为 $p(0 \mid 0) = 1/2, p(0 \mid 1) = 1/4$;用最低精度位数对下列序列编算术码,并计算符号的平均码长:11110101111001011110000011111111。

5.7　若对于 5.6 题的序列的概率特性未知,试用前 16 位统计出条件概率(设序列之前为 0),再以 2^{-W} 型近似所得概率对后 16 位编码,求其平均符号码长。

5.8　利用如下两种序列概率估计方法对二元独立序列 01000100 进行算术编码,然后对编码结果进行译码:

(1)贝叶斯估计;

(2)K-T 估计。

5.9　利用如下两种序列概率估计方法对一阶马氏链序列 01000100 进行算术编码,然后对编码结果进行译码:

(1)贝叶斯估计;

(2)K-T 估计(设序列之前的符号为 0)。

5.10　证明式(5.4.13)成立。

5.11　设二元信源小概率符号“0”的概率为 p_0,现用最接近 p_0 的小数 2^{-Q}(Q 为正整数)代替 p_0,对足够长的信源序列编算术码,

(1)证明:① 编码平均长度为:$L(p_0, Q) = p_0 Q - (1 - p_0)\log(1 - 2^{-Q})$;② 当 Q 给定,$L(p_0, Q)$ 为以 p_0 为横坐标的直线;③ 直线 $L(p_0, Q)$ 和曲线 $H(p_0)$(信源熵)在 $p_0 = 2^{-Q}$ 点相切,此时对应着最大的编码效率;

(2)设直线 $L(p_0, Q)$ 和 $L(p_0, Q+1)$ 的交点对应的横坐标为 p',证明在区间 $2^{-(Q+1)} \leqslant p_0 < 2^{-Q}$ 中,当 $p_0 = p'$ 时编码效率最低,并计算当 $Q=1,2,3,4,5$ 时最低的编码效率。

第6章　通用信源编码

本章介绍几种重要的通用编码方法，这些方法主要用于文本压缩，有些也可用于图像压缩。这些方法可以分成两类：基于字典的方法和基于统计的方法。本章首先介绍一些简单的通用编码，主要包括整数的编码、代入码、枚举码、最近间隔和最近队列编码、向前移(Move-to-Front)编码等，然后介绍几种实用的通用编码的基本原理与压缩性能，主要有基于段匹配的编码、基于BT变换(BWT)的编码、部分匹配预测(PPM)编码和上下文树加权(CWT)编码等。

6.1　概　　述

6.1.1　通用编码器模型

下面介绍两类通用编码器的模型：基于字典的模型和基于统计的模型。

基于字典的方法不利用文本的统计特性，在将输入序列进行分组的同时，建立字典。这种字典可以是静态的，也可以是动态的。基于字典的方法也称基于段匹配的编码，其基本思想是，编码器在字典中搜索从输入文件中读入的词组，以寻找匹配。如果找到匹配，就输出对应的字典元素的标号，否则就输出词组的原始代码并建立新的字典元素；译码器根据接收的标号在字典中查找对应的元素，实现译码。基于字典的通用编码器模型如图6.1.1所示。

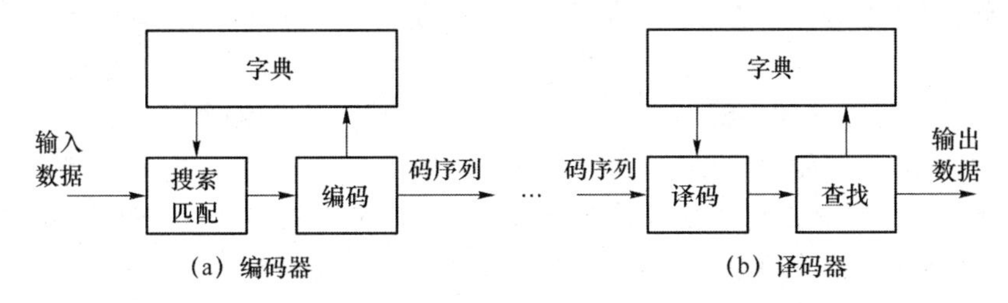

图6.1.1　基于字典的通用编码器模型

基于统计的方法由建模部分后接编码部分组成。建模部分估计信源符号的概率，编码部分根据估计的概率进行编码。模型可以是静态的，也可以是自适应的。信源符号的概率可以根据该符号在产生的信源序列中的频率进行估计，这适用于无记忆信源。对于有记忆信源则使用基于上下文估计概率的方法。一个符号的上下文就是文本中位于该符号前面的若干个符号，基于上下文的文本压缩方法就是利用一个符号的上下文估计相应的条件概率(这个过程有时也称预测)实现建模，例如PPM、CTW等编码方法。有些基于统计的编码方法在编码前还需要进行某些变换，使其变成更适合压缩的序列，例如基于BW变换的编码、基于语法的压缩编码等。

在通用编码系统中，编译码器需要同步，即译码器要利用与编码器同样的信息建模。所以在编码器中要利用已经处理过的数据进行概率估计，这样才能使得译码器可以利用同样的信息建模。一般的基于统计的通用编码器模型如图 6.1.2 所示。

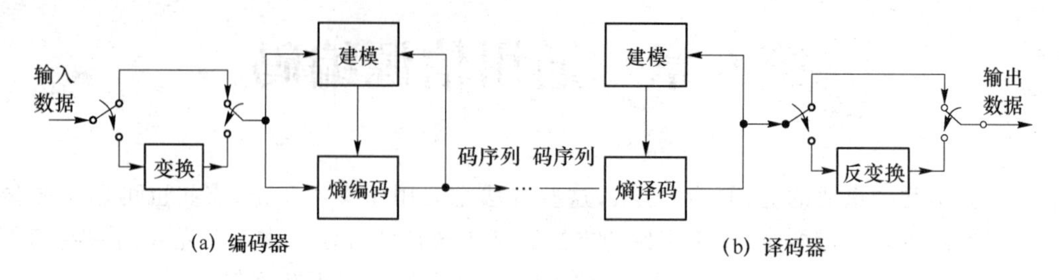

图 6.1.2　基于统计的通用编码器模型

6.1.2　通用编码实现的方式

下面以基于统计的模型为例介绍几种常用的实现通用编码的方式。

(1) 固定分布编码。这是一种简单而理想的通用编码实现方式。在编码前可以通过收集大量的典型样本数据，得到信源概率分布的估计，然后进行编码。这种方法可以用在某些统计特性相对固定的文本、天气数据等的压缩问题。如果信源模型很详细且比较准确，也可能达到好的效果，但如果信源不能用一种简单分布来描述，用这种固定分布的编码压缩效果一般不好。

(2) 两次通过编码。这种编码系统对信源数据的处理需要两次通过。第一次通过是利用待压缩数据得到信源的统计特性，第二次通过是对已知统计特性数据进行编码。在传送的压缩数据开始必须包括一个未压缩的符号概率矢量，以便译码器能有效译码。此方法也称为先统计后编码。

在先统计后编码中，取 N 个符号作为一帧，统计各信源符号的概率(或条件概率)。如果使用算术编码，可将这些概率近似成各 k 值(2^{-k})，用这些 k 值将本帧编算术码，并把这些 k 值编码后作为前置一起发送出去。接收端可先从前置码字译出各 k 值，再用这些 k 值译出本帧。通过对先统计后编码方法的分析，有如下结论：①当帧长 N 足够大时，平均码长收敛于信源的熵；②当信源特性分段平稳时，也可得到很高的编码效率。

(3) 边统计边编码。在这种编码系统中，编码器取 N 个符号作为一帧，第一帧不编码直接送出，对它按规定的概率模型进行统计，并将各概率近似成各 k 值。用这些值把下一帧编算术码并发送出去，同时对这一帧进行统计和近似各概率的 k 值，依此一直下去。接收端可根据前一帧的 k 值译出当前帧。这种方法为边统计边编码。通过对边统计边编码方法的分析，有如下结论：①编码效率不如先统计后编码；②平均码长没有下界，意味着编码性能可能很差；当信源特性变化较大时便出现这种情况。

(4) 自适应编码。这种编码方式类似于(3)，但编码器不是按帧编码，而是逐符号编码，即以当前符号前面已完成编码的符号为依据估计该符号的概率，再进行编码。随着信源序列不断输入，所估计的符号概率随时进行更新。译码器利用与编码器同样的信息估计当前符号的概率，重建信源序列。自适应编码的优点是，无编码延迟，也无须对信源的模型参数进行编码，但要求编译码器必须同步，即两者保持同样的信源建模模型。

当前，无损通用编码算法的研究有很大进展，所提出的很多通用编码算法都已经得到实际应用。在数据压缩中，对整数的编码是常用的，通常我们对这些整数的概率未知，但这些整数从小到大出现的概率往往是逐渐减小的，针对这种情况提出多种整数的通用编码，也称概率顺序码，本章仅介绍其中重要的三种编码。最近间隔和最近队列编码也不依赖于信源符号的概率，实际上是将符号序列转换成数字序列的方法，可以作为整个数据压缩过程的一个组成部分。本章重点介绍的编码包括：LZ 编码、基于 BWT 的编码、部分匹配预测（PPM）编码、上下文树加权（CWT）编码，其中有些编码方法在文本压缩以及其他信源压缩中起了重要作用。

6.2　整数的编码

对于某些信源，每个符号的概率可能是未知的，但这些符号概率的大小顺序是已知的。对这些信源符号的编码称为概率顺序码。对于整数信源，如果大的整数对应着小的概率，那么概率顺序码也可看成对整数的编码。设信源符号集 $A=\{a_1,a_2,\cdots,a_m,\cdots\}$，相应的概率从大到小依次为

$$p_1\geqslant p_2\geqslant\cdots\geqslant p_m\geqslant\cdots \tag{6.2.1}$$

6.2.1　Elias 码

Elias 提出两种对整数稽核进行编码的无限码字集合，分别称为 C_1 码和 C_2 码。

1. C_1 码

设码集合为 $C_1=\{u_1,u_2,\cdots,u_m,\cdots\}$，则

$$u_i=0^{\lfloor\log i\rfloor},i \tag{6.2.2}$$

这就是说，C_1 码的码字由两部分组成：前面有 $m=\lfloor\log_2 i\rfloor$ 个 0，后接长度为 $1+\lfloor\log_2 i\rfloor$ 的 i 的二进代码，码字总长度为

$$\text{lgth}(u_i)=1+2\lfloor\log_2 i\rfloor \tag{6.2.3}$$

将正整数 i 进行二进代码展开，设位数为 $1+m$，将 m 个零加到此二进代码前面，便得到 i 的 C_1 码。

例 6.2.1　写出正整数 1、2 和 101 的 C_1 码。

解　$1=(1)_2$，$m=0$，所以 1 的 C_1 码为：1；$2=(10)_2$，$m=1$，所以 2 的 C_1 码为：010；$101=(1100101)_2$，$m=6$，所以 101 的 C_1 码为：0000001100101。■

2. C_2 码

设码集合为 $C_2=\{v_1,v_2,\cdots,v_m,\cdots\}$，则

$$v_i=C_1(1+\lfloor\log_2 i\rfloor),i \tag{6.2.4}$$

这就是说，C_2 码的码字也由两部分组成：前面是 $1+\lfloor\log_2 i\rfloor$ 的 C_1 码字，后接 i 的二进代码，但这个二进代码的第 1 位可以去掉，所以码字总长度为

$$\text{lgth}(v_i)=1+\lfloor\log_2 i\rfloor+2\lfloor\log_2(1+\lfloor\log_2 i\rfloor)\rfloor \tag{6.2.5}$$

将正整数 i 进行二进代码展开，设位数为 $1+m$，将 $1+m$ 的 C_1 码加到去掉首位“1”的二进代码前面，便得到 i 的 C_2 码。

例 6.2.2　写出正整数 1、2 和 101 的 C_2 码。

解 $1=(1)_2$，$m+1=1$，所以 1 的 C_2 码为：1；$2=(10)_2$，$m+1=2$，所以 2 的 C_2 码为：0100；$101=(1100101)_2$，$m+1=7$，所以 101 的 C_2 码为：00 111 100101。■

表 6.2.1 的左侧和中间列出了 C_1 码和 C_2 码的部分码字和相应的码长。

表 6.2.1 C_1 码、C_2 码和 Fibonacci 码的部分码字

i	C_1码	l_1	C_2码	l_2	Fibonacci 码	l_3
1	1	1	1	1	11	2
2	010	3	0100	4	011	3
3	011	3	0101	4	0011	4
4	00100	5	01100	5	1011	4
5	00101	5	01101	5	00011	5
6	00110	5	01110	5	10011	5
7	00111	5	01111	5	01011	5
8	0001000	7	00100000	8	000011	6
9	0001001	7	00100001	8	100011	6
10	0001010	7	00100010	8	010011	6
11	0001011	7	00100011	8	001011	6
12	0001100	7	00100100	8	101011	6
13	0001101	7	00100101	8	0000011	7
14	0001110	7	00100110	8	1000011	7
15	0001111	7	00100111	8	0100011	7
16	000010000	9	001010000	9	0010011	7
	⋮	⋮	⋮	⋮	⋮	⋮
31	000011111	9	001011111	9	01001011	8
32	00000100000	11	0011000000	10	10101011	8
	⋮	⋮	⋮	⋮	⋮	⋮
63	00000111111	11	0011011111	10	0000100011	10
64	0000001000000	13	00111000000	11	1000100011	10
	⋮	⋮	⋮	⋮	⋮	⋮
127	0000001111111	13	00111111111	11	10100001011	11

根据式(6.2.5)，当 $i\geqslant 2$ 时有

$$\begin{aligned}\mathrm{lgth}(v_i) &\leqslant 1+\log_2 i+2\log_2(1+\log_2 i)\leqslant 1+\log_2 i+2\log_2(2\log_2 i)\\ &=\log_2 i+2\log_2\log_2 i+3\end{aligned}\tag{6.2.6}$$

因此可得到如下定理。

定理 6.2.1 存在一种对整数编码的异前置码，使得对整数 k 的编码的码长为

$$l(k)=\log_2 k+2\log_2\log_2 k+O(1)\tag{6.2.7}$$

其中，$O(1)$为当 $k\to\infty$时的某一有限常数。很明显，C_2码就是满足式(6.2.7)条件的编码。

3. 平均码长上下界

由式(6.2.1)，得 $p_i\leqslant(1/i)\sum_{k=1}^{i}p_k\leqslant 1/i$，即

$$i \leqslant 1/p_i \tag{6.2.8}$$

设 C_1 码的平均码长为 $\bar{l}_1$，则

$$\bar{l}_1 = \sum_{i=1}^{\infty} p_i(1 + 2\lfloor \log_2 i \rfloor) \leqslant 1 + 2\sum_{i=1}^{\infty} p_i \log_2 i$$

利用式(6.2.8)就有

$$\bar{l}_1 \leqslant 1 + 2H(\boldsymbol{p}) \tag{6.2.9}$$

其中，$\boldsymbol{p} = (p_1, p_2, \cdots, p_m, \cdots)$。

设 C_2 码的平均码长为 $\bar{l}_2$，则

$$\begin{aligned}\bar{l}_2 &= \sum_{i=1}^{\infty} p_i(1 + \lfloor \log_2 i \rfloor + 2\lfloor \log_2(1 + \lfloor \log_2 i \rfloor) \rfloor) \\ &\leqslant 1 + \sum_{i=1}^{\infty} p_i \log_2 i + 2\sum_{i=1}^{\infty} p_i \log_2(1 + \lfloor \log_2 i \rfloor) \\ &\leqslant 1 + H(\boldsymbol{p}) + 2\log_2\left(\sum_{i=1}^{\infty} p_i(1 + \log\frac{1}{p_i})\right) \\ &= 1 + H(\boldsymbol{p}) + 2\log_2[1 + H(\boldsymbol{p})]\end{aligned} \tag{6.2.10}$$

两种编码性质总结如下：

(1) 编码针对的是信源符号概率的顺序，而不是信源符号；

(2) 都具有异前置性；

(3) 都未达到 Huffman 编码或算术编码的效率；

(4) 未构成满树，当信源符号数趋近无限时接近满树；

(5) C_1 码在 i 较小时优于 C_2 码，而在 i 较大时劣于 C_2 码；

(6) 当 $H(\boldsymbol{p})$ 较大时，C_2 码的上界小于 C_1 码的上界，而当 $H(\boldsymbol{p})$ 较小时，对两种码都不太有利。

6.2.2　Fibonacci 码

Fibonacci 码也是一种用于正整数编码的通用编码，把表示信源符号概率顺序的整数变换成变长码。虽然 C_1 码和 C_2 码是渐近较好的，但 Fibonacci 码对于小整数(大到 514 228)更好。令 $F(k)$ 表示第 k 个 Fibonacci 数，那么 Fibonacci 数可用下面的差分方程来描述：

$$F(k) = F(k-1) + F(k-2), \quad \forall k \geqslant 2 \tag{6.2.11}$$

初始条件为：$F(0)=1, F(1)=1, F(2)=2$。

可以利用 Zeckendorf 定理构造 Fibonacci 码。该定理指出，每一个正整数都可唯一表示成非相邻的 Fibonacci 数的和。用这种方式表示的整数称为 Zeckendorf 表示。一个给定正整数 n 的二进制 Fibonacci 码的编码规则如下：

① 构造一个 d 维矢量 $\boldsymbol{A}(n)$，其中第 i 个元素 $\boldsymbol{A}(n)_i = F(i), i=1,\cdots,d$，这里 $F(d)$ 是小于或等于 n 的最大 Fibonacci 数；

② 选择一个 d 维矢量 $\boldsymbol{B}(n)$，使得 $\boldsymbol{A}(n)$ 与 $\boldsymbol{B}(n)$ 的内积等于 n，且 $\boldsymbol{B}(n)_d = 1$；

③ 码字 $\mathbf{FB}(n)$ 是 $d+1$ 维矢量，其中 $\mathbf{FB}(n)_k = \boldsymbol{B}(i)_k$，对于 $1 \leqslant k \leqslant d$；且 $\mathbf{FB}(n)_{d+1} = 1$。

表 6.2.1 的右侧列出了部分 Fibonacci 码字。

例 6.2.3　构造 12 的 Fibonacci 码字。

解 $\boldsymbol{A}(n)=(1\quad 2\quad 3\quad 5\quad 8)^{\mathrm{T}}, \boldsymbol{B}(n)=(1\quad 0\quad 1\quad 0\quad 1)^{\mathrm{T}},$

$$\mathbf{FB}(12)=(1\quad 0\quad 1\quad 0\quad 1\quad 1)^{\mathrm{T}}$$ ▌

注：① 根据码的构造得知，Fibonacci 码以 11 结尾；

② Fibonacci 码是异前置码，因为根据 Zeckendorf 定理，除结尾外码字中不可能出现 11；

③ 对于不太大的整数，Fibonacci 码优于 C_1 码和 C_2 码，但当整数 1 或 3 出现的概率很大时，Fibonacci 码劣于 C_1 码。

6.3 某些简单的通用编码

本节介绍两种简单的通用信源编码：代入码和枚举码，前一种编码需要估计信源的统计特性，类似于前面介绍的先统计后编码，而后一种编码无须知道信源的特性。

6.3.1 代入码

如前所述，两部码包含两部分：模型参数和用模型参数压缩的数据码流。用代入法实现两部码称为代入码。设长度为 n 的信源序列为 $x_1^n=(x_1,x_2,\cdots,x_n)$，符号集 $A=\{a_1,\cdots,a_k\}$，符号概率分别为 $p_1,\cdots,p_k$，为未知参数。首先用 $a_i(i=1,\cdots,k)$ 的经验分布 $\hat{\theta}_i$ 估计 p_i，即

$$\hat{\theta}_i = n^{-1}\sum_{i=1}^{n} 1_{x_i=a_j} \tag{6.3.1}$$

其中，

$$1_{x_i=a_j}=\begin{cases}1 & x_i=a_j\\ 0 & x_i\neq a_j\end{cases}$$

代入码的编码分成两部分：对各 $\hat{\theta}_i(i=1,\cdots,k)$ 编码，然后再用 $\hat{\theta}_i$ 作为已知概率对 x_1^n 进行熵编码。译码器根据编码第一部分的参数完成对后续数据编码码流的译码。因为 k 是已知的，所以每个 $\hat{\theta}_i$ 都可用 $0\sim n-1$ 之间的整数编码(排除单一符号的序列)，这里可用变长码 C_2 码。根据概率的归一性，只对其中 $k-1$ 个概率编码即可，根据式(6.2.5)，所需比特数为$(k-1)[1+\lfloor\log_2 n\rfloor+2\lfloor\log_2(1+\lfloor\log_2 n\rfloor)\rfloor]$。根据式(3.6.3)，对 x_1^n 编码的单独剩余度为 $\rho_n(C_n,\theta)$，而对于带入码，符号概率的估计为未知参数的最大似然估计，编码概率满足 $p(x_1^n|\hat{\theta})\geqslant p(x_1^n|\theta)$，如果采用香农编码，码长为 $l(x_1^n)=\lceil-\log_2 p(x_1^n|\hat{\theta})\rceil$，有 $l(x_1^n)<-\log_2 p(x_1^n|\hat{\theta})+1\leqslant-\log_2 p(x_1^n|\theta)+1$，即编码剩余度$\leqslant 1$；所以代入码作为两部码的单独编码剩余度 $\rho_{pl}(n)$ 为

$$\begin{aligned}\rho_{pl}(n)&\leqslant(k-1)[1+\lfloor\log_2 n\rfloor+2\lfloor\log_2(1+\lfloor\log_2 n\rfloor)\rfloor]+1\\&=(k-1)(\log_2 n+2\log_2\log_2 n)+o(1)\\&=(k-1)\log_2 n+o(\log n)\end{aligned} \tag{6.3.2}$$

其中，$o(\log n)$是当 $n\to\infty$时，比 $\log n$ 低阶的无穷大。

6.3.2 枚举码

枚举就是一一列举的意思，但此处枚举码的含义是：编码器无须码表来保存码字，而是在编码时用代数运算的方法产生码字。枚举编码首先由 Cover 提出，这种编码是一种高速、高性能和灵活的无损编码，不需要信源的统计特性，容易适应信源统计特性的变化。而且如果使用

小的码长，还可以防止差错传播。不过，在实际的压缩应用中枚举码并不十分流行。

枚举码的基本原理是：设长度为 n 的二元信源序列为 $\boldsymbol{x}=(x_1,x_2,\cdots,x_n)$，集合 S 为 $\{0,1\}^n$ 的子集，即 $S\in\{0,1\}^n$。编码器通过计算得到序列 $\boldsymbol{x}=(x_1,x_2,\cdots,x_n)$ 在 S 中的序号或索引号，$i_S(\boldsymbol{x})=i_S(x_1,x_2,\cdots,x_n)$，发送索引号到译码器，译码器通过索引号得到原始序列。索引号的排序与算术编码积累概率的排序类似。

首先以二元序列为例。现计算序列 0111 的索引号，$i_S(0111)$，这里 $n=4$。很明显，0111 是 7 的二进制代码，所以 $i_S(0111)=7$。实际上，索引号就是序号排在该序列前面的所有序列的个数，这可以通过递推来解决。设 $n_S(x_1,x_2,\cdots,x_k)$ 为 S 中由前 k 个坐标 $x_1,x_2,\cdots,x_k$ 所确定的元素个数，那么 $i_S(0111)=n_S(0110)+n_S(010)+n_S(00)=1+2+4=7$。一般地，有

$$i_S(\boldsymbol{x}) = \sum_{j=1}^{n} x_j n_S(x_1,x_2,\cdots,x_{j-1},0) \tag{6.3.3}$$

如果信源包含所有的二进制序列，那么

$$n_S(x_1,x_2,\cdots,x_k)=2^{n-k} \tag{6.3.4}$$

和

$$i_S(\boldsymbol{x}) = \sum_{j=1}^{n} 2^{n-j} \tag{6.3.5}$$

此时，i_S 的逆函数为索引号的标准基 2 展开。

在长度为 n 的二元信源序列 $\boldsymbol{x}=(x_1,x_2,\cdots,x_n)$ 中，有一种重要的情况就是，对其中的重量为 w 的序列进行枚举编码，这就需要求满足 $\sum_{i=1}^{n} x_i = w$ 条件的 $\boldsymbol{x}$ 的索引号。设重量为 w 的序列中符号 1 的位置分别为 $l_1,l_2,\cdots,l_w$，且 $l_1<l_2<\cdots<l_w$。现考虑序列 $\boldsymbol{u}=(x_1,\cdots,x_{l_k-1},0,u_{l_k+1},\cdots,u_n)$，可见 $\boldsymbol{u}$ 的索引号排在 $\boldsymbol{x}=(x_1,\cdots,x_{l_k},x_{l_k+1},\cdots,x_n)$ 的前面。如果子序列 $x_1,\cdots,x_{l_k-1},0$ 的重量为 w_{l_k}，那么为使 $\boldsymbol{u}$ 成为重量为 w 的序列，子序列 $u_{l_k+1},\cdots,u_n$ 的重量应为 $w-w_{l_k}$，而这样的子序列的个数为 $\begin{pmatrix} n-l_k \\ w-w_{l_k} \end{pmatrix}$。所以重量为 w 的序列 $\boldsymbol{x}$ 的索引号为

$$i_S(\boldsymbol{x}) = \sum_{j=1}^{w} \begin{pmatrix} n-l_j \\ w-w_{l_j} \end{pmatrix} \tag{6.3.6}$$

例 6.3.1　设 $n=7,w=3$，求序列 $x=1000101$ 和 1110000 的索引号。

解

$$i(1000101)=\begin{pmatrix} 6 \\ 3 \end{pmatrix}+\begin{pmatrix} 2 \\ 2 \end{pmatrix}+\begin{pmatrix} 0 \\ 1 \end{pmatrix}=20+1+0=21$$

$$i(1110000)=\begin{pmatrix} 6 \\ 3 \end{pmatrix}+\begin{pmatrix} 5 \\ 2 \end{pmatrix}+\begin{pmatrix} 4 \\ 1 \end{pmatrix}=20+10+4=34 \blacksquare$$

对重量为 w 的序列进行枚举编码，编码所需比特数为

$$R=n^{-1}\log_2\begin{pmatrix} n \\ w \end{pmatrix} \tag{6.3.7}$$

可以证明，当 n 很大时，有

$$R\sim H(w/n) \tag{6.3.8}$$

其中，$H(w/n)=-(w/n)\log(w/n)-(1-w/n)\log(1-w/n)$。如果 w 很小，那么可以得到较大压缩，但会有失真，即不是无损编码。

6.4 最近间隔和最近队列编码

本节介绍最近间隔编码、最近队列编码和向前移编码。严格地说，这三种编码仅仅是一种变换，是把信源序列转换成整数序列后再对其进行后续的编码。由于编码简单，单独使用压缩效果一般。

6.4.1 最近间隔编码

最近间隔编码方法将多元信源序列中同样符号的最小间隔变成数字序列，数学描述如下。

设信源序列为 $x_1, x_2, \cdots x_k, \cdots$，最近间隔编码序列为：$\{f_{\text{int}}(i), i=1,2,\cdots\}$，那么

$$f_{\text{int}}(i)=\min\{k\geqslant 1: x_{i-k}=x_i\} \tag{6.4.1}$$

当序列中某一符号 a_i 重复出现时，令其最近的间隔为 k_i，那么 k_i 出现的概率为 $(1-p_i)^{k_i}p_i$。可以看到，k_i 越小，其概率就越大，所以利用概率顺序码对 k_i 编码，可在一定程度上接近概率匹配。编码时采用的规则是，将信源字母表放在编码序列的前面，可使得从信源序列开始就编码。

例 6.4.1 设信源字母表为 $\{a_0, a_1, a_2, a_3\}$，试将下面信源序列编成最近间隔编码：$a_0a_0a_2a_3a_1a_1a_0a_0a_0a_3a_2\cdots$，并用 C_1 码对最近间隔序列编码。

解 编码时将信源字母表加在序列前面，变为 $a_0a_1a_2a_3a_0a_0a_2a_3a_1a_1a_0a_0a_0a_3a_2\cdots$；对应的最近间隔编码序列为：4，1，4，4，7，1，5，1，1，6，8，…；用 C_1 码对此最近间隔序列编码得到下面的二进制序列：00100，1，00100，00100，00111，1，00101，1，1，00110，0001000，…■

下面计算用 C_1 码编码的最近间隔编码序列平均码长。设信源符号 a_i 的平均码长为 $\bar{l}_i$，那么

$$\begin{aligned}\bar{l}_i &= \sum_{k_i=1}^{\infty} p_i(1-p_i)^{k_i-1}(1+2\lfloor\log k_i\rfloor) \leqslant \sum_{k_i=1}^{\infty} p_i(1-p_i)^{k_i-1}(1+2\log k_i)\\ &\leqslant 1+2\log\Big[\sum_{k_i=1}^{\infty} p_i(1-p_i)^{k_i-1}k_i\Big] = 1+2\log(1/p_i)\end{aligned}$$

编码平均码长为

$$\bar{l} = \sum_i p_i\bar{l}_i \leqslant 1+2H(\boldsymbol{p}) \tag{6.4.2}$$

上面的结果与式(6.2.9)相同。可以证明用 C_2 码编码的最近间隔编码平均码长也满足式(6.2.10)。

最近间隔编码的优点：①无须知道信源的概率分布或概率分布的顺序；②与已知概率顺序的 C_1 或 C_2 码的性能相同；③编译码方式简单。

最近间隔编码的缺点：①最近间隔可能无限大，要求很大的存储量；②译码易出现差错扩散，比 Huffman 码严重。

6.4.2 最近队列编码

最近队列编码仍然是将多元信源序列变换成数字序列，但其中的数字是两个相同符号之间的不同符号数，数学描述如下。

设信源序列为 $x_1, x_2, \cdots, x_k, \cdots$，最近队列编码序列为：$\{f_{rr}(i), i=1,2,\cdots\}$，其中

$$f_{rr}(i)=\left|\{x_k: i-f_{\text{int}}(i)<k\leqslant i\}\right| \tag{6.4.3}$$

例 6.4.2 （例 6.4.1 续）试将同一信源序列 $a_0a_0a_2a_3a_1a_1a_0a_0a_0a_3a_2\cdots$ 编成最近队列编

码，并用 C_1 码对最近队列序列编码。

解　编码时将信源字母表加在序列前面，变为 $a_0a_1a_2a_3a_0a_0a_2a_3a_1a_1a_0a_0a_0a_3a_2\cdots$；对应的最近队列编码序列为：4，1，3，3，4，1，4，1，1，3，4，…；

用缩短 C_1 码：1　　2　　3　　4

　　　　　　　1　　00　　010　　011

对此最近队列序列编码得到下面二元序列：011，1，010，010，011，1，011，1，1，010，011，…▌

6.4.3　向前移编码

向前移(Move-to-Front，MTF)编码是一种把字母表大小为 k 的信源序列转换成 $\{0,1,\cdots,k-1\}$ 整数序列的编码，与最近队列编码的效果类似。编码器把信源符号列成一个表，每个符号在表中有一个编号，依次为 $\{0,1,\cdots,k-1\}$。每输入一个符号，就用表中的序号作为该符号的编码，同时将这个符号移到列表的最前面，其他符号的编号按原顺序后移1位或不动。对于 MTF 编码序列可采用对整数编码的方法再进行编码。

编码过程如下：

(1) 将信源符号排一个表；

(2) 当前的符号用其在表中的顺序号编码；

(3) 将该符号放在表的前头，重新调整表的顺序号；

(4) 输入下一个符号，转到(2)；

例 6.4.3　(例 6.4.1 续)试将同一信源序列 $a_0a_0a_2a_3a_1a_1a_0a_0a_0a_3a_2\cdots$ 编成 MTF 编码。

解　MTF 编码如表 6.4.1 所示。

表 6.4.1　MTF 编码表

MTF 顺序	0	a_0	a_0	a_0	a_2	a_3	a_1	a_1	a_0	a_0	a_0	a_3	a_2
	1	a_1	a_1	a_1	a_0	a_2	a_3	a_3	a_1	a_1	a_1	a_0	a_3
	2	a_2	a_2	a_2	a_1	a_0	a_2	a_2	a_3	a_3	a_3	a_1	a_0
	3	a_3	a_3	a_3	a_3	a_1	a_0	a_0	a_2	a_2	a_2	a_2	a_1
MTF(s)			0	0	2	3	3	0	3	0	0	2	3

MTF 编码序列：00233030023。▌

注：与前面的最小间隔和最近队列编码不同，MTF 编码序列中含 0 符号，在实际编码中可能含有很多 0 游程。

例 6.4.4　(例 6.4.1 续)对于同一信源，试将 MTF 编码序列 01230330002 译成信源序列。

解　MTF 译码如表 6.4.2 所示。▌

表 6.4.2　MTF 译码表

MTF 序列		0	1	2	3	0	3	3	0	0	0	2
MTF 顺序	0	a_0	a_0	a_1	a_2	a_3	a_3	a_0	a_1	a_1	a_1	a_1
	1	a_1	a_1	a_0	a_1	a_2	a_2	a_3	a_0	a_0	a_0	a_0
	2	a_2	a_2	a_2	a_0	a_1	a_1	a_2	a_3	a_3	a_3	a_3
	3	a_3	a_3	a_3	a_3	a_0	a_0	a_1	a_2	a_2	a_2	a_2
信源序列		a_0	a_1	a_2	a_3	a_3	a_0	a_1	a_1	a_1	a_1	a_3

6.4.4 编码器的性能

对最近间隔编码和最近队列编码的研究可得如下结论。

(1) 两者性能界相同。

(2) 最近队列编码优于最近间隔编码,因为 $f_{rr}(i) \leqslant f_{\text{int}}(i)$ 对于任意 i,前者的最大值等于信源符号集的大小,而后者可能到无限大。

(3) 对于符号集或熵较小的信源序列,压缩效果都不好。

MTF 编码适合于相同符号比较集中的序列,可用于某些复杂通用编码中的某一环节,改进系统整体的压缩性能。

6.5 基于段匹配的编码

基于段匹配的编码也称基于字典的编码,是由 Ziv 和 Lemple 在 20 世纪 70 年代首先提出的,后经过多人改进,产生很多这类压缩算法的变种,统称为 LZ 编码。它们的共同特点是实现简单,而且渐进码率接近信源的熵,算法快速而高效,已广泛应用于计算机文件压缩等领域中。本节分别介绍这类编码中的 LZ77、LZ78 和 LZW 等几种重要算法。它们的主要优点是:速度快、容易实现,但压缩效果比后几节介绍的其他编码方法差。

6.5.1 概述

基于段匹配的编码大致包含如下过程:把信源序列分成长度不完全相同的字符串,也称作词组,对每个词组逐一进行编码。当对某词组编码时,就到字典中搜索该词组。在字典中找到这个词组,称作匹配。如果发生匹配,就将该词组在字典中的标号作为它的编码;如果没有匹配,就直接输出该词组的原始未压缩的形式。因此,编码器的输出文件由标号或原始词组构成。

为了达到更好的压缩,我们希望字典包含尽可能多的词组,但字典加大又造成搜索的困难,使处理速度变慢,降低编码效率。如果字典包含的词组少,可以加快搜索速度,但匹配很少发生,编码输出大部分是原始数据,压缩量很小,也降低了编码效率。所以,建立大小合适的字典是很重要的。

字典有静态字典和自适应字典两种。静态字典就是内容固定的字典,它明显不适合于特征差异较大的信源。一般地说,选择自适应字典是有利的。在这种编码中,开始是一个空字典或一个小字典。在编码过程中不断从输入的信源序列产生新词组加入到字典中,同时还要及时删掉旧词组,以维持字典合适的大小。

基于字典的编码的优点如下。

(1) 编码包括字符串的搜索和匹配操作,无数值运算。

(2) 译码简单。与通常基于统计特性的译码不同,这种译码的过程是:读取输入文件,确定当前符号是字典标号还是未压缩数据,根据标号从字典中找到数据或直接输出未压缩数据,避免了将输入文件分组和在字典中搜索的过程。这是一种不对称的编码方式(译码简单,编码复杂)。

6.5.2 LZ77 算法

LZ77 算法分为两种:滑动窗 LZ(SWLZ)算法和固定数据库 LZ(FDLZ)算法。

SWLZ 的主要思想是，对文件中的一个字符串进行编码时，用已经处理过的输入文件中的一部分构成的窗口作字典，寻找与该字符串最长的匹配，对窗内的匹配位置（也称指针）、匹配长度和下一个符号进行编码。编码时输入文件自右到左从窗口通过（相当于窗口滑动），因此称作滑动窗法。这种窗分成两部分，左边为搜索缓冲器，其长度为窗长，右边为前向观察缓冲器，如图 6.5.1 所示。搜索缓冲器就是当前的字典，包含最近完成编码的一段信源序列。前向观察缓冲器包含正要编码的一段信源序列。图中，用垂直线|将两个缓冲器隔开。现假定文本“cabraca”是已经完成压缩的信源序列，而文本“abrarrab”是待压缩序列。编码器反向扫描（从右至左）搜索缓冲器，寻找对前向观察缓冲器中第 1 个字母“a”的匹配。所看到的第一个匹配是搜索缓冲器中的最后一个“a”。它与搜索缓冲器右端的距离（称为偏移）为 1。为匹配更多的符号，还应继续反向扫描。有连续 4 个符号“abra”实现匹配，是最长符号串的匹配，距离为 6。编码器的准则是：寻找最长匹配，可用下面的公式描述：

$$L_n = \max\{k: x_1^k = x_{-i}^{k-i-1} \text{对于 } 0 \leqslant i \leqslant n\} \tag{6.5.1}$$

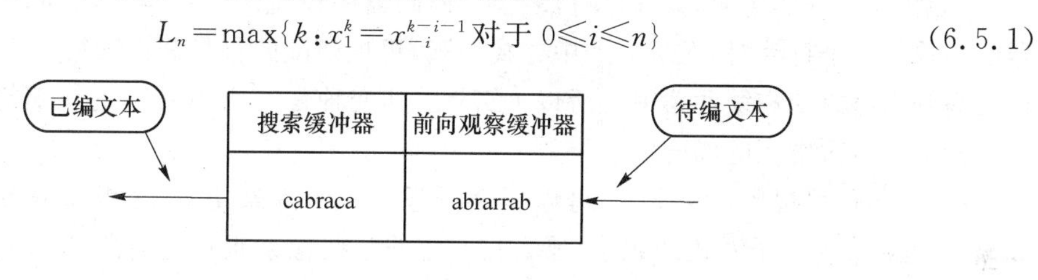

图 6.5.1　滑动窗的两个缓冲器

其中，x_1^k 是前向观察缓冲器中前 k 个符号，x_{-i}^{k-i-1} 是搜索缓冲器中实现最长匹配的 k 个符号，n 是搜索缓冲器的长度，L_n 是词组的匹配长度。如果匹配相同长度，则选择首次发现的匹配。

LZ77 的输出标号包含 3 部分：偏移，即当前符号与匹配符号之间的距离；匹配长度和匹配段后观察缓冲器中的下一个符号，本例对应的标号是：(6,4,r)。当标号写到输出文件后，窗向右移动，移动的位置等于匹配长度加 1（本例中是匹配字符串长度 4 个加 1），使得匹配段后面的一个符号刚好进入搜索缓冲器的窗口，即变成 cabracaabrar|rabrar，继续重复搜索过程。如果没有匹配，标号就是零偏移和零长度，后面跟随未匹配的符号。

LZ77 的改进算法 LZSS 的输出标号由两部分组成：偏移和匹配长度；如果无匹配，那么编码器发送下一个符号的未压缩代码。与 LZ77 不同，每次匹配后移动的位置等于匹配长度。为区别标号和未压缩代码，每一次输出前要加一位标志位。

例 6.5.1　描述对文本 cabracaabrarrabrar# 的 LZ77 编码过程（# 表示空），设滑动窗长为 8。

解　所示文本的 LZ77 编码过程的前几步示于表 6.5.1。■

表 6.5.1　所示文本的 LZ77 编码部分过程

搜索缓冲器	观察缓冲器	输出标号	搜索缓冲器	观察缓冲器	输出标号
	cabracaa	(0,0,c)	cabrac	aabrarra	(2,1,a)
c	abracaab	(0,0,a)	cabracaa	brarrabr	(6,3,r)
ca	bracaabr	(0,0,b)	acaabrar	rabrar	(3,2,b)
cab	racaabra	(0,0,r)	abrarrab	rar#	(6,3,#)
cabr	acaabrar	(3,1,c)			

设信源符号集的大小为$|A|$，搜索缓冲器和前向观察缓冲器的长度分别为N和L，那么偏移码长的范围在0与$\lceil \log_2 N \rceil$之间，其中0表示无匹配，典型值占用10～12 bit。存在匹配时，匹配长度码长范围通常在1与$\lceil \log_2 (L-1) \rceil$之间，但有时最长的匹配可以超过这个范围，通常占用几比特；信源符号所用比特数为$\lceil \log_2 |A| \rceil$。

FDLZ算法利用独立于信源序列但与其分布相同的训练序列作为搜索窗或字典。设序列x_1^∞为要压缩的数据，x_{-n+1}^0为所使用的训练序列，这是编译码器都可以使用的序列。对x_1^∞的编码过程如下：设L_1为使得下式成立的最大整数：

$$x_1^{L_1} = x_{-n+m_1}^{L_1-n+m_1-1} \tag{6.5.2}$$

那么词组$x_1^{L_1}$就用m_1二进制表示和L_1二进制表示来编码，而译码器也可以根据标号(m_1, L_1)和数据库x_{-n+1}^0重建$x_1^{L_1}$；对于序列$x_{L_1+1}^\infty$重复以上过程，得到一系列标号$(m_2, L_2)\cdots$。

LZ77的译码器比编码器简单得多。在译码器中设置一个与编码器窗口大小相同的缓冲器。当输入一个标号时，在缓冲器中寻找匹配，再把匹配的符号和标号第3部分所表示的符号依次写到输出码流和缓冲器中。所以LZ77及其变种是一种不对称的压缩算法，特别适用于一次压缩和多次解压的场合。

LZ77不仅可以压缩文本，还可以压缩图像。一个像素P的近邻总是与P有类似的值。如果P是观察窗中最左边的元素，那么它左边的某些像素很可能有与P相同的值，因此可以使用LZ77的算法对图像进行压缩编码。

6.5.3 LZ78算法

从前面对LZ77算法的描述可以看到，该算法有两个缺陷：(1)窗长有限。这意味着编码器对相同字符串紧凑发生的情况比较适合，而对相同字符串分布分散的情况就不适合，因为在这种情况下寻找匹配时，往往相同的字符串移到窗口之外，不能发生匹配，使压缩效果降低。(2)观察缓冲器的大小有限，从而限制了匹配长度，也影响了压缩效果。

LZ78算法采用以下措施克服了LZ77算法的上述缺陷：(1)不采用缓冲器和滑动窗，而是采用由碰到的输入文本中的字符串所构成的字典。(2)先将信源序列分成一系列以前未出现而且最短的字符串或词组。例如，将信源序列1 0 1 1 0 1 0 1 0 0 0 1 0 …分成1,0,11,01,010,00,10,…注意每个词组具有如下性质：每个词组有一个前缀在前面出现过；每个词组的长度比其前缀长一个字符。

在对词组进行编码时，建字典和建标号同时进行。字典由序号(也称字典指针)和词组两部分构成，这个字典开始是空的，随着文本的输入逐渐变大，其容量可以很大，只受可用存储量的限制。编码输出的标号也由两部分组成：一是词组前缀所对应的字典指针；二是词组尾字符的编码。标号中不包含匹配长度。每个标号对应一个字符串，且当标号写到压缩文件后，该字符串就加到字典中，而字典不做任何删除，这样可以实现距离更远的匹配。

编码过程如下：字典从位置零的零字符串开始，随着输入文件被编码，字符串依次加到以后的位置。例如，从输入文件中读出的是符号x，那么就在字典里搜索是否存在符号x。如果未找到x，那么就把x加在字典中的下一个位置，并输出标号$(0, x)$。如果发现x在字典的某个位置(设为a)，就从输入文件中读下一个符号y，接着就要搜索字典中字符串xy。如果未搜索到，那么就把xy加在字典中的下一个位置，并输出标号(a, y)。过程继续，直到整个文件处理完。

LZ78 算法的字典容量可以是固定的，也可以根据压缩程序每次执行时可用存储量确定。如果字典的容量大，那么它包含的字符串就多，也就允许实现较长的匹配，从而可以实现较好的压缩，但字典的搜索变慢。

例 6.5.2　对例 6.5.1 所示文本，用 LZ78 算法构造编码字典和对应的标号。

解　cabracaabrarrabrar#

用 LZ78 算法构造编码字典和对应的标号如表 6.5.2 所示。■

表 6.5.2　用 LZ78 算法构造编码字典和对应的标号

序号	字典	标号	序号	字典	标号
0	零				
1	c	(0,c)	8	ar	(2,r)
2	a	(0,a)	9	ra	(4,a)
3	b	(0,b)	10	bra	(7,a)
4	r	(0,r)	11	r#	(4,#)
5	ac	(2,c)			
6	aa	(2,a)			
7	br	(3,r)			

为了便于搜索此处引入字典树的概念。所谓字典树就是利用字符串的公共前缀降低查询时间的开销，实际上是以空间换时间，用于存储大量的字符串以支持快速搜索匹配。

6.5.4　LZW 算法

LZW 算法是 Terry Welch 在 1984 年开发的 LZ78 的流行变种，也是一种基于字典的方法，其主要特点是删除了 LZ78 标号中的第二部分，标号中仅包含字典指针。编码器按一定的规则将信源序列分成序号连续的词组，构成字典的元素，并发送每个词组前缀的地址（字典指针），译码器利用相同的规则构建字典，根据接收到的前缀地址重建每个词组，从而恢复信源序列。

LZW 信源序列的划分规则与 LZ78 类似，即将序列分成一系列以前未出现而且最短的字符串或词组，其中每个词组由一个前缀和一个尾符号组成，而这个前缀是前面出现过的词组。与 LZ78 不同的是，前面一个词组的尾符号是紧接其后词组的第一个符号。例如，对二元信源序列 11000 10110 01011 10001…进行分组，就得到如下词组：1，11，10，00，001，101，110，0010，01，111，100，001…

以上述划分所得到的词组作为字典元素，用有序对$\langle n, a_i \rangle$表示，其中 n 为词组前缀的地址（或指针）；a_i 为词组的尾符号。只有第一次出现的新词组才存到字典中。这样，这些有序对就构成一个链接表。字典中每一个元素都分配一个地址，使得元素与地址有一一对应的关系。此外，还要建立一个初始化字典，如表 6.5.3 所示，其中，a_m 为信源符号，M 为信源符号个数。

表 6.5.3　初始化字典

地址	字典元素	地址	字典元素	地址	字典元素
0	$\langle 0, null \rangle$	…	…	…	…
1	$\langle 0, a_1 \rangle$	m	$\langle 0, a_m \rangle$	M	$\langle 0, a_M \rangle$

编码算法简述如下。

(1) 将信源序列按上述规则转换成词组序列；如果每时刻只有一个信源符号进入编码器，那么编码器要对进入的字符串进行逐次识别，以判断其是否为新词组。

(2) 在初始化字典的基础上，指针 m 从 M 开始，每遇到一个新词组就进行如下操作：①$m \Leftarrow m+1$；②建新元素 $< n,\ a >$；③发送指针 n。编码器输出实际是字典指针序列。

例 6.5.3 一个二元信源输出序列为：110 001 011 001 011 100 011 11…，建编码字典并确定发送序列。

解 编码过程如表 6.5.4 所示。

表 6.5.4 LZW 算法编码过程

信源符号	新词组	当前 m	字典元素	发送码字
—	空	0	<0,null>	—
—	0	1	<0,0>	—
—	1	$M=2$	<0,1>	—
1	11	3=2+1	<2,1>	2
1	10	4=3+1	<2,0>	2
0	00	5=4+1	<1,0>	1
00	001	6=5+1	<5,1>	5
10	101	7=6+1	<4,1>	4
11	110	8=7+1	<3,0>	3
001	0010	9=8+1	<6,0>	6
0	01	10=9+1	<1,1>	1
11	111	11=10+1	<3,1>	3
10	100	12=11+1	<4,0>	4
001	0011	13=12+1	<6,1>	6
111	111…	14=13+1		

发送序列为：2 2 1 5 4 3 6 1 3 4 6。

下面对编码过程作简要说明。编码器初始化字典有 3 个元素，$M=2$。编码开始时，第 1 个词组为 11，字典指针为 2+1=3；因其前缀为 1，尾符号也为 1，且前缀的字典指针为 2，所以字典元素为 $<2,\ 1>$，发送符号为 2；再用同样的方法处理第 2 个词组 10……依此类推，一直处理到最后一个词组 111，但因其无尾符号，不能建立字典元素，编码结束。■

LZW 译码器必须建立与编码器相同的字典才能对编码序列进行译码，工作过原理简述如下：

① 接收任何码字时都必须建立新的字典元素；

② 新的字典元素的指针 n 与接收码字的 n 相同；

③ 确定词组尾符号的方法：设当接收码字为 n_t 时，地址指针为 m，那么对应的字典元素为 $< n_t, ? >$，其中，? 表示词组尾符号未知。而当接收码字为 n_{t+1} 时，地址指针为 $m+1$，那么对应的字典元素为 $< n_{t+1}, ? >$。因为 $< n_t, ? >$ 和 $< n_{t+1}, ? >$ 是两个连接的词组，n_{t+1} 地址

词组的第 1 个符号就是＜n_t,? ＞对应词组的尾符号。而通过查字典可以找到 n_{t+1} 地址词组的第 1 个符号。这个符号就是＜n_t,? ＞中的“?”。因此译码要延迟一个词组的时间。

根据发送序列的译码过程如表 6.5.5 所示。接收开始时：$n=2$，$m=3$，对应部分字典元素为＜2,? ＞，因为 $n=2$ 表示词组前缀地址，对应字典元素为＜0,1＞，所以输出 1；下一步：$n=2$，$m=4$，对应部分字典元素也是＜2,? ＞，这表明在地址 $n=2$ 的词组第 1 个符号是前面($m=3$)＜2,? ＞中的?，所以＜2,? ＞= ＜2,1＞($m=3$)……依此类推，得到译码输出为：110 001 011 001 011 100 01。注意：每当建立部分字典元素后，虽然还未确定词组的尾符号，但可以进行译码输出，因为输出的是当前词组的前缀，而不含输出尾符号。

表 6.5.5　LZW 算法译码过程

接收码字	当前 m	部分字典元素	完整字典元素	译码输出
—	0	—	＜0,null＞	—
—	1	—	＜0,0＞	—
—	2	—	＜0,1＞	—
2	3	＜2,? ＞	＜2,1＞	1
2	4	＜2,? ＞	＜2,0＞	1
1	5	＜1,? ＞	＜1,0＞	0
5	6	＜5,? ＞	＜5,1＞	0 0
4	7	＜4,? ＞	＜4,1＞	1 0
3	8	＜3,? ＞	＜3,0＞	1 1
6	9	＜6,? ＞	＜6,0＞	0 0 1
1	10	＜1,? ＞	＜1,1＞	0
3	11	＜3,? ＞	＜3,1＞	1 1
4	12	＜4,? ＞	＜4,0＞	1 0
6	13	＜6,? ＞		0 0 1

6.5.5　编码器的性能

如果信源序列长度不大，LZ 编码的有效性并不明显。在有些情况下不但数据未被压缩反而扩展。但是，如果词组的数目很大，那么描述一个很长的词组就可用很少的比特数，从而提高了效率。如前所述，LZ 算法有很多变种，但主要有 LZ77、LZ78 和 LZW，而 LZW 属于 LZ78 的改进型，两者性能接近，所以这里仅分析 LZ77 和 LZ78 的压缩性能。

1. LZ77 算法的性能

这里主要分析 FDLZ 算法的性能，此时 LZ77 的标号仅用匹配位置和匹配长度来描述。设数据库的大小为 n，词组总数为 K，第 k 个词组的最长匹配为 L_k，匹配长度为 0 表示无匹配。每个词组的匹配位置可以用 $\log n$ 比特编码，那么编码所需平均比特数为 $K\log n+E\sum_{k=1}^{K}\log L_k$。可以证明，当 $n\to\infty$ 时，对所有 k，有

$$EL_k=\log n/H+O(1) \tag{6.5.3}$$

码率 R_n,即编码后每信源符号所需比特数为

$$R_n = \lim_{K \to \infty} \frac{K\log n + E\sum_{k=1}^{K}\log L_k}{E\sum_{k=1}^{K} L_k} \tag{6.5.4}$$

变长到变长编码的剩余度定义为

$$\bar{\rho}_n = R_n - H \tag{6.5.5}$$

其中,H 为信源的熵率。根据式(6.5.3),$EL_k \approx \log n/H$,代入式(6.5.4),得

$$R_n \leqslant \frac{\log n + \log(\log n/H)}{\log n/H}$$

所以

$$\begin{aligned}\bar{\rho}_n = R_n - H &\leqslant \frac{\log n + \log(\log n/H)}{\log n/H} - H \\ &= \frac{\log\log(n/H)}{\log n/H} = O\left(\frac{\log\log n}{\log n}\right)\end{aligned} \tag{6.5.6}$$

以后有人提出 FDLZ 改进算法,使编码剩余度达到

$$\rho_n = O(1/\log n) \tag{6.5.7}$$

2. LZ78 算法的性能

如前所述,LZ78 算法将长度为 n 的信源序列分成若干过去未出现的最短变长词组,编码输出的标号由两部分组成:一是词组前缀的字典指针,二是词组尾字符的编码。这里仅考虑二元信源的编码。设 M_n 为由长度 n 的信源序列产生的词组的个数,那么码长 l_n 由下式表示:

$$l_n = M_n(\log M_n + 1) \tag{6.5.8}$$

编码剩余度和平均编码剩余度分别为

$$\rho_n = \frac{M_n(\log M_n + 1) - nH}{n} \tag{6.5.9}$$

$$\bar{\rho}_n = \frac{E[M_n(\log M_n + 1)] - nH}{n} \tag{6.5.10}$$

其中,H 为信源的熵率。对于无记忆信源,可以证明平均编码剩余度渐近达到

$$\bar{\rho}_n = (A + \delta(n))/\log n + O(\log\log n/\log^2 n) \tag{6.5.11}$$

其中,A 为依赖信源统计特性的常数,而 $\delta(n)$ 为幅度很小的波动函数。式(6.5.11)可近似为

$$\bar{\rho}_n = O(1/\log n) \tag{6.5.12}$$

通过式(6.5.6)、式(6.5.7)和式(6.5.12)的比较得知,LZ78 的压缩性能优于 LZ77,与改进的 LZ77 性能相当。LZW 是 LZ78 的改进型,两者具有接近的压缩率,但前者更容易实现,因为编码器只发送字典指针。

6.5.6 LZ 编码的主要应用

LZ 编码及其变种在数据压缩领域应用很广,现简单介绍下面三种主要应用。

1. UNIX 压缩

在 UNIX 计算机系统中广泛使用的文件压缩程序 compress 采用具有增长字典的 LZW 算法(称作 LZC)。编码开始用 512 单元的小字典,写到输出数据流的指针是 9 bit,当字典占

满后，它的尺寸就加倍到 1 024 单元，指针也变成 10 bit。如果该过程继续，指针可达到规定的最大尺寸。当最大允许的字典占满后，其尺寸不再变化，但编码器监视压缩率。如果压缩率降到预先规定的门限下，那么字典就被删除，重新建立一个新的 512 单元字典。该系统使用 uncompress命令译码，保持与编码器相同的方式对字典进行维护。

2. GIF 图像压缩

GIF 是 1987 年开发的一种利用 LZW 变种的有效的压缩图表文件格式。与 compress 类似，GIF 使用一个动态的增长字典。它以每像素比特数 b 为参数，对于黑白图像，$b=2$；对于具有 256 个灰度的图像，$b=8$。字典的初始尺寸为 2^{b+1} 单元，空间被占满后字典尺寸就加倍，一直达到 4 096 个单元，然后保持静止。同时编码器监视压缩率，并决定何时建立新字典。

GIF 格式普遍用在网站浏览器，但它并不是一个有效的图像压缩器。因为 GIF 是一维图像压缩，只进行逐行扫描，所以只能利用行内的相关，而不能利用行之间的相关。

3. V. 42bis 协议

V. 42bis 协议是 ITU-T 发布的用于快速调制解调器的一种标准，它以现有的 V. 32bis 协议为基础，支持快速的传输速率，最高达 57. 6 波特。该标准包含关于数据压缩和纠错的规范。V. 42bis 规定了两种方式：不使用压缩的透明方式和使用 LZW 一个变种的压缩方式。前者用在压缩效果不好，甚至引起扩展的场合，例如传输一个已经压缩的文件。

压缩方式使用一个增长字典，这个字典的初始尺寸在调制解调器之间是协商好的。V. 42bis 协议建议字典的尺寸为 2 048 个单元，最小尺寸为 512 个单元。字典的前 3 个单元对应指针 0、1 和 2，不包含任何词组，作为特殊码。“0”为透明方式，“1”为刷新数据，“2”表示字典几乎要满，编码器需要将字典加倍。当字典达到最大尺寸时，V. 42bis 推荐再用程序，即对当前最不常用的词组进行定位和删除，给新的词组提供空间。

6.6　基于 BT 变换的编码

由 Burrows 和 Wheeler 在 1994 年提出基于 BWT(Burrows-Wheeler 变换的缩写)的数据压缩算法。该算法的基本要点是，构建一个矩阵，该矩阵的行存储被压缩序列的所有字符左循环移位，再对这些行按字典序进行分类，得到分类矩阵，然后将其最后一列和原始序列在分类矩阵中的行号作为变换器的输出，这个过程称作 BWT。变换输出进行 MTF 编码，最后用熵编码压缩，其中可用 Huffman 或算术码，从而完成编码过程。BWT 算法对编码器输入字符串 s 进行变换，得到 bw(s)，从中可以恢复 s。实际上，BWT 并不实现压缩，但信源序列中所有具有类似上下文的符号在 BWT 后被集中到一起，再经 MTF 编码得到整数序列，这样就非常有利于后续熵编码的压缩。理论与实践证明，基于 BWT 的压缩算法是一种强大的数据压缩工具，其主要优点是，高运行速度和较高的压缩比，其压缩比远高于 LZ 算法，仅比最好的 PPM 算法稍差。

基于 BWT 的编码大致包含三个步骤：

(1) 对输入字符串 $\boldsymbol{s}$ 进行可逆 BW 变换(BWT)输出序列为 $\hat{s}=\mathrm{bwt}(s)$；

(2) 对 $\hat{s}$ 进行 MTF 再编码，输出序列为 $\mathrm{mtf}(\hat{s})$，然后再进行游程长度(RLE)编码，输出序列为 $\boldsymbol{x}$；

(3) 对 $\boldsymbol{x}$ 进行熵编码(Huffman 或算术编码),由编码器输出码序列 $\boldsymbol{y}$。

基于 BWT 数据压缩编码系统的编码部分框图如图 6.6.1 所示,主要包括 BWT、MTF 编码、RLE(游程长度编码)和熵编码。译码部分是编码器的逆运算,包含熵译码、游程译码和 MTF 译码,以及 BWT 逆变换。基于 BWT 的编码系统中可逆的 BWT 变换是核心内容。下面结合实例说明 BWT 算法的基本原理。

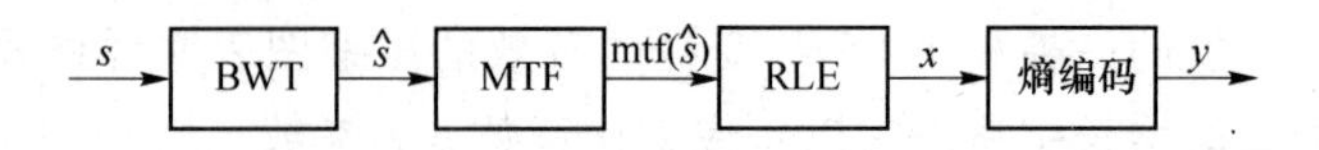

图 6.6.1　基于 BWT 的数据压缩编码框图

6.6.1　BWT 算法描述

BWT 是一种可逆变换,它将一条 n 长的字母序列生成同样字母符号的置换序列和一个 $1\sim n$ 之间的整数。BWT 正变换表示为

$$\mathrm{BWT}_n: A^n \to A^n \times \{1,\cdots,n\}$$

其中,A 为字母符号集。BWT 逆变换表示为

$$\mathrm{BWT}_n^{-1}: A^n \times \{1,\cdots,n\} \to A^n$$

1. BWT 正变换

假设对给定字符串 s 进行 BWT,其正变换包含如下步骤:

(1) 求序列 s(此例中 s=bananas)的循环位移矩阵,如图 6.6.2 左边所示;

(2) 对矩阵的行按字典序进行排队,构成分类矩阵,如图 6.6.2 右边所示;

(3) 分类矩阵的最后一列和原始序列在分类矩阵中的行号(设为 k)作为变换的输出。

1	b a n a n a s	an a n a s b
2	s b a n a n a	a n a s b a n
3	a s b a n a n	a s b a n a n
4	n a s b a n a	→ b a n a n a s
5	a n a s b a n	n a n a s b a
6	n a n a s b a	n a s b a n a
7	a b a n a s b	s b a n a n a

图 6.6.2　BWT 变换示意图

BWT 输出:bwt(s)=bnnsaaa,4。

BWT 矩阵的特点:

(1) 矩阵的每一列都是原始信源序列的置换;

(2) 矩阵第一列的元素按字典序排列;

(3) 矩阵最后一列和第一列的对应元素是前后连接关系。

2. BWT 逆变换

BWT 逆变换包含如下步骤:

(1) 根据变换输出写出分类矩阵的最后一列(r_n=b n n s a a a);

(2) 将分类矩阵最后一列出现的字母按字母表顺序从小到大排列,得到分类矩阵的第一列(r_1=a a a b n n s),而且 r_n 和 r_1 的对应元素是前后连接关系。

(3) 根据如下算法,得到原始信息序列:设 s 的第 j 个符号为 s_j,在分类矩阵中第 i 行的第一列和最后一列的符号分别为 F_i 和 L_i,可以看到:

① r_1 的第 k 个符号也是 s 的第 1 个符号;

② 在 s 中,F_i 紧接在 L_i 的后面,也就是说,如果确定了 $s_j=L_i$,那么就有 $s_{j+1}=F_i$。

如果 s_j 在 s 中是唯一的,则存在唯一的 $L_i=s_j$;如果 s_j 在 s 中不是唯一的(设为 α),则存在多个 $L_i=\alpha(i=i_1,i_2,\cdots)$。可以看到,同一个符号在分类矩阵中第一列和最后一列的排序是相同的。这就是说,如果 s_j 在分类矩阵中第一列是第 k 个 α,那么在最后一列对应第 k 个 α 的就是 L_i。

例如,根据 bwt(s)=bnnsaaa,4,有 s_1=b,L_1=b,并且唯一,所以得 $s_2=F_1$=a;F_1 在本列 a 中的排序为 1,所以在 L_i 的 a 中排序也为 1,即 L_5=a,所以 $s_3=F_5$=n。同理,依次得,L_2=n,$s_4=F_2$=a; L_6=a,$s_5=F_6$=n;L_3=n,$s_6=F_3$=a;L_7=a,$s_7=F_7$=s。

表 6.6.1

i	L_i	F_i						
1	b	a						
2	n	a						
3	n	a						
4	s	b	a	n	a	n	a	s
5	a	n						
6	a	n						
7	a	s						
信息序列		s_1	s_2	s_3	s_4	s_5	s_8	s_7

6.6.2　向前移再编码

对 bwt(s)进行 MTF 编码,把字母表$\{\alpha_1,\alpha_2,\cdots,\alpha_h\}$转换成$\{0,1,\cdots,h-1\}$整数序列。

表 6.6.2

MTF 顺序	0	a	b	n	n	s	a	a
	1	b	a	b	b	n	s	s
	2	n	n	a	a	b	n	n
	3	s	s	s	s	a	b	b
bwt(s)		b	n	n	s	a	a	a
MTF 序列		1	2	0	3	3	0	0

注:上述 bwt(s)序列中不含最后的行号。

MTF 序列的特点如下:①与 bwt(s)长度相同;②序列由小整数或 0 组成;③有利于后续的压缩。

6.6.3　游程编码

在一般情况下,MTF 变换后的序列中包含很多 0 游程,进行 0 游程编码可以进一步压缩码率。

0游程编码可采用如下方式：先将 MTF 序列中大于 0 的整数加 1，这样序列中含有大于 1 的符号和 0 符号，而不含 1 符号。因为在这种序列中 0 游程序列是孤立的，因此可以用二元非奇异码变长码（由 0、1 组成）对 0 游程长度进行编码。如果构造一棵 k 阶二元等长码树，那么除根节点外，树上所有节点都可用作码字。这样从 2 阶到 k 阶节点的所有节点数为 $2+2^2+\cdots+2^k=2^{k+1}-2$，可分别用于长度从 1 到 $2^{k+1}-2$ 的 0 游程编码。当游程长度较小时，码字的分配如表 6.6.1所示。一般地，从游程长度 2^k-1 到 $2^{k+1}-2$ 对应的码字分别为从 0^k（k 个 0）到 1^k（k 个 1）。如果 $2^k-1\leqslant n\leqslant 2^{k+1}-2$，可得 $k=\lceil\log_2(n+2)\rceil-1$，而游程 n 的编码为：将$n-(2^k-1)$展成长度为 k 的二进制代码。

表 6.6.3　0 游程变换表

0 游程长度	0 游程长度编码	0 游程长度	0 游程长度编码	0 游程长度	0 游程长度编码
1	0	4	01	7	000
2	1	5	10	8	001
3	00	6	11	9	010

例 6.6.1　写出长度为 17 的 0 游程长度代码。

解　$k=\lceil\log_2(17+2)\rceil-1=4$，$17-(2^4-1)=2$，0 游程长度代码为 0010。■

例 6.6.2　将 MTF 序列 1 2 0 3 3 0 0 进行游程变换。

解　首先序列变为 2 3 0 4 4 0 0，然后变成：2 3 0 4 4 1。■

6.6.4　BWT 的压缩性能

对于已知状态空间的平稳遍历信源，状态数为 $|S|$，字母表的大小为 $|A|$，对序列进行 BWT 变换，采用 KT 估计建模和算术编码，可以证明平均剩余度 $\bar{\rho}_n$ 界为

$$\bar{\rho}_n\leqslant\frac{|S|(|A|+1)\log n}{2n}+O(1/n) \tag{6.6.1}$$

通过比较可以看到，对于有限记忆信源，基于 BWT 的压缩算法以 $O((\log n)/n)$的速率收敛于信源的熵率，而 LZ77 和 LZ78 分别以 $O((\log\log n)/\log n)$和 $O(1/\log n)$的速率收敛于信源的熵率。可见基于 BWT 的压缩算法性能超过 LZ77 和 LZ78。

压缩文件语料库的测试表明，基于 BWT 的压缩算法最适合压缩基于文本的文件，而对于非文本文件的压缩不如其他常用的压缩算法。

6.6.5　基于 BWT 的实用压缩算法

由 Julian Seward 开发的免费压缩程序 BZIP2 用基于 BW 变换后接 MTF 编码和熵编码压缩文本文件，其压缩性能优于常规的 LZ77/LZ78 压缩，接近 PPM 的压缩性能，而压缩和解压速度也比较快。该软件可以自由分发免费使用，广泛存在于 UNIX 和 Linux 的许多发行版本中，支持大多数压缩格式，包括 TAR、GZIP 等。

BZIP2 比传统的 GZIP 或者 ZIP 的压缩效率高，但是比后者的压缩速度慢。此外，BZIP2 只是一个数据压缩工具，而不是归档工具，与 GZIP 类似。在目前所有已知的压缩算法中，BZIP2可达到为 10%～15%的压缩量，属于最好的一类压缩算法之一。起初，BZIP2 的前一代——BZIP 在 BW 变换之后使用算术编码进行压缩，但由于软件专利的限制，现在已改用 Huffman 编码。

6.7 部分匹配预测编码

由 Cleary 和 Witten 在 1984 年提出部分匹配预测(Prediction by Partial Match,PPM)算法,以后由 Moffa 进行了一系列改进,称为 PPMC,所达到的压缩效果优于很多现有的其他信源压缩方法。

PPM 是一种混合有限上下文统计建模技术,即混合使用若干固定阶数的上下文模型来预测输入序列中的下一个字符的概率,而这种预测是根据自适应更新的频率计数实现的。该算法计算以前出现的上下文中信源符号发生的统计特性,然后用这些统计特性给序列中下一个位置上即将发生的符号分配码字,并使码字的平均长度最小。这就是说,给可能发生的符号要有比不太可能发生的符号分配更短的码字。某一符号在不同上下文下发生的概率分别存储,这样在处理一个符号时由于上下文的变化使得分配给该符号的编码有可能完全不同。

PPM 对实际发生的符号根据预测的概率分布用算术码编码,最大的上下文长度为常数。在当前所有通用无损数据压缩算法中,PPM 具有最好的压缩比,其主要缺点是运行慢且需要大的存储量,而运行慢是限制其实际应用的主要因素。

6.7.1 PPM 算法描述

PPM 的基本思想就是用输入数据流中称为上下文的最后几个字符预测将要到达的一个字符的概率。如果被预测字符前面有 k 个字符作为上下文,那么这种预测概率模型就称为 k 阶有限上下文模型。PPM 使用一套不同 k 值的固定阶上下文模型,k 从 -1,0 到某一预先固定的最大正整数值(例如 m)。编码器规定,预测模型从最高阶 m 开始一直到 0,-1 阶,其中 0 阶模型为无记忆模型,-1 阶模型为无记忆等概率模型,而后者符号集包含等概率的所有符号。所以对某上下文后将要出现符号的预测最晚要终止在 -1 阶模型。

一个 k 阶上下文模型形式是:$\bar{x}\varphi$,其中 $\bar{x}$ 为长度为 k 的字符串,φ 为后面跟随的符号。PPM 算法的基本内容就是估计在 $\bar{x}$ 条件下 φ 的概率。当 φ 给定后,算法从高阶到低阶选取不同阶数的模型,对所有模型的上下文 $\bar{x}$ 预测 φ 的条件概率,最后对这些概率进行加权平均得到 φ 最终的编码概率。

设 $p_k(\varphi)$为分配给符号 φ 的 k 阶模型的概率,因为 PPM 使用多个上下文,所以符号 φ 的概率应该是在各上下文条件下概率的加权和,即

$$p(\varphi) = \sum_{k=-1}^{m} w_k p_k(\varphi) \tag{6.7.1}$$

其中,w_k 为加权值。设 $c_k(\varphi)$表示符号 φ 在 k 阶上下文中出现的次数,C_k 为当前上下文下所有符号 φ 出现的总次数,即

$$C_k = \sum_{\varphi\in A(k)} c_k(\varphi) \tag{6.7.2}$$

一种简单预测概率方法可由下式计算:

$$p_k(\varphi)=c_k(\varphi)/C_k \tag{6.7.3}$$

从式(6.7.3)可以看出,在该上下文下不曾出现符号的条件概率估计为 0。

加权值有两种选择方法:①给不同价的模型分配一个固定加权值。如果使用完全的混合模型,一个字符的概率需要进行对所有不同价模型的预测才能完成,所需计算量很大。所以对于有限上下文建模,完全混合是不实际的。②在压缩进程中自适应加权,并强调高阶模型。

通过将字符概率的预测分解为若干简单预测的方法可以解决混合建模的近似问题,即利用"换码概率"的概念可以容易实现加权。原理描述如下:当用最高阶 m 的模型对字符 φ 进行编码时,首先参考这个 m 阶模型。如果预测的概率不为零,就用这个概率对 φ 进行编码。否则就传输"换码"(Escape)代码,转到 $m-1$ 阶模型去预测 φ……,直到 φ 由非零概率被预测。

φ 的条件概率预测过程如下:设算法当前正在处理 k 阶模型,给定序列中所有在长度为 k 的上下文下的字符构成该模型的符号集 $A(k)$,通过计算 $A(k)$ 中符号发生的次数并依据某些确定的原则,计算 $A(k)$ 中符号的概率。在预测即将到来字符的概率时,如果这个字符属于 $A(k)$,那么就用计算出来的该字符概率作为编码概率,否则是新出现的字符,就用 Escape 符号。给此换码符号分配概率后,再转到 $k-1$ 阶的模型去继续进行概率的预测,直到在某一阶模型中的符号集中包含这个字符,就得到该字符的概率预测值。应注意,在用除 -1 阶之外的其他模型计算概率时,要给"换码"符号分配一定的概率空间。实际上,每个字符的编码有一系列的"换码"代码后接字符代码构成。现举例说明 PPM 算法的基本原理。

设混合模型的阶数为 $k=2,1,0,-1$,信源序列 $abracadabra$,现使用 PPM 算法对下一个字符为 φ 的概率进行预测。首先以已知序列为基础,统计在各种上下文下有关字符发生的次数和对应的概率。

首先从 $k=2$ 开始。现有上下文模型:$ab\varphi$,$ac\varphi$,$ad\varphi$,$br\varphi$,$ca\varphi$,$da\varphi$,$ra\varphi$。首先估计 $ab\varphi$ 中"ab"条件下 φ 的概率。φ 只有一个取值为 r,且记数为 2,再考虑"换码",故得到 $p(r|ab)=2/3$,$p(escape|ab)=1/3$,同理得到其他 2 阶模型的结果。

接着,确定 1 阶模型的概率。先列出所有 1 阶模型的上下文,$a\varphi$,$b\varphi$,$c\varphi$,$d\varphi$,$r\varphi$。在 $a\varphi$ 中,φ 的取值为 b,c,d,其中 ab 出现 2 次,ac、ad 各出现 1 次;由于跟随关系有 3 种情况,"换码"需区分 3 种情况,所以得 $p(b|a)=2/7$,$p(c|a)=1/7$,$p(d|a)=1/7$,$p(escape|a)=3/7$。同理得到其他 1 阶模型的结果。

0 阶模型是无记忆信源模型。可以通过字符出现的次数估计概率,注意"换码"出现的次数应等于估计序列中不同符号的个数。

-1 阶模型是独立等概率信源模型,包含字母表中所有字母,并假定是等概率的。

利用 PPM 算法得到的在 4 种模型下符号的计数和概率预测估计的结果如表 6.7.1 所示。

当建立了这些不同阶上下文的概率后,可用来对信源序列进行算术编码。当对某字符编码时,先利用最高阶模型的上下文。如果该字符是这个上下文中的新字符,就传送"换码"符号,再转换到低一阶的上下文,一直到该字符不是一个新字符,然后用预测的概率编码。每个字符被编码后,所有阶数的模型要进行计数更新,得到新的模型参数,再对下一个字符进行概率预测和编码。

6.7.2 概率与加权值的计算

如前所述,利用"换码"的概率可实现混合上下文下符号概率的加权。实际上,换码就是在每个模型中给用于预测下一个字符的低阶模型分配代码空间。如果在当前上下文中的下一个字符以前未曾出现过,那么就需要转移到低阶模型进行预测,这就必须给这种可能性分配一个概率。所以"换码概率"就是在某上下文条件下碰到以前未曾出现字符的概率。

表 6.7.1　在 4 种模型下符号的计数和概率

$k=2$			$k=1$			$k=0$			$k=-1$		
跟随关系	c	p	跟随关系	c	p	跟随关系	c	p		c	p
$ab\to r$	2	2/3				$\to a$	5	5/16			$\frac{1}{\lvert A\rvert}$
$\to$Esc	1	1/3				$\to b$	2	2/16	$\to$	1	
$ac\to a$	1	1/2	$a\to b$	2	2/7	$\to c$	1	1/16			
$\to$Esc	1	1/2	$\to c$	1	1/7	$\to d$	1	1/16	A		
$ad\to a$	1	1/2	$\to d$	1	1/7	$\to r$	2	2/16			
$\to$Esc	1	1/2	$\to$Esc	3	3/7	$\to$Esc	5	5/16			
$br\to a$	2	2/3	$b\to r$	1	1/2						
$\to$Esc	1	1/3	$\to$Esc	1	1/2						
$ca\to d$	1	1/2	$c\to a$	1	1/2						
$\to$Esc	1	1/2	$\to$Esc	1	1/2						
$da\to b$	1	1/2	$d\to a$	1	1/2						
$\to$Esc	1	1/2	$\to$Esc	1	1/2						
$ra\to c$	1	1/2	$r\to a$	2	1/3						
$\to$Esc	1	1/2	$\to$Esc	1	1/3						

注：c—后接符号发生次数；p—计算的概率。

设在 k 阶模型换码概率为 e_k，则相应的加权概率为

$$w_k p_k(\varphi) = p_k(\varphi)(1-e_k)\times\prod_{i=k+1}^{m} e_i \quad -1\leqslant k\leqslant m \tag{6.7.4}$$

PPM 算法在预测概率时使用"排除法"，因为一个字符如果在高阶模型中被预测，就可以利用式(6.7.4)计算加权概率作为该字符的编码概率，从而排出了较低阶模型的概率。所以一个字符的概率只根据最高阶模型来预测，就是说，在式(6.7.1)中起作用的只有对应最高阶模型预测概率。排除法上下文建模可实现很好的压缩，其缺点是，由于只用较高阶的上下文，加大了预测误差。不过实验表明，与完全混合模型相比，性能恶化并不大，但运行速度加快且实现更简单。

换码概率计算有三种方法：设当前处于 k 阶上下文，q_k 为当前上下文下出现的不同字符数。

1. 方法 A

如果当前上下文中将要发生的符号是以前未出现过的新字符，那么就给这个字符分配一个计数，在当前上下文中符号 φ 发生的概率由下式估计：

$$p_k(\varphi)=c_k(\varphi)/(C_k+1),\quad c_k(\varphi)>0 \tag{6.7.5}$$

而新字符发生的换码概率为

$$e_k = 1-\sum_{\varphi\in A(k),c_k(\varphi)>0} p_k(\varphi) = 1/(C_k+1) \tag{6.7.6}$$

2. 方法 B

在上下文中发生一次以上字符的概率按下式估计：

$$p_k(\varphi)=(c_k(\varphi)-1)/C_k,\quad c_k(\varphi)>1 \tag{6.7.7}$$

而新字符发生的换码概率为

$$e_k = 1 - \sum_{\varphi \in A(k), c_k(\varphi) > 1} p_k(\varphi) = q_k / C_k \tag{6.7.8}$$

3. 方法 C

在当前上下文中符号 φ 发生的概率由下式估计：

$$p_k(\varphi) = c_k(\varphi)/(C_k + q_k), \quad c_k(\varphi) > 0 \tag{6.7.9}$$

而新字符发生的换码概率为

$$e_k = q_k/(C_k + q_k) \tag{6.7.10}$$

在计算某阶模型的概率时还要利用一种符号排除原则：如果某字符是当前上下文中发生的字符，即 $\varphi \in A(k)$，那么如果转到 $k-1$ 模型预测，就应该将该字符从字母表中删去，这就是说，在 $k-1$ 阶模型中的符号集为 $A(k-1)/\{\varphi\}, \varphi \in A(k)$，并以此为基础计算概率。例如，一个 3 阶上下文是：abr，已有的跟随关系为：$abr \to a$，现要预测随后的字符 b 的概率。很明显，要计算"换码"概率，转到 2 阶上下文 br，继续预测。如果已有的跟随关系为：$br \to a$，$br \to r$，那么在计算 2 阶模型的概率时，应该将字符 a 在该字符集中排除。

例 6.7.1 在序列 $abracadabra$ 条件下，根据表 6.7.1 试预测当下一个符号分别为 c、d 或 t 时的概率以及编码所需比特数。

解 (1) 下一个符号为 c 的情况：表中存在 $ra \to c$ 的概率为 1/2，编码为 $-\log_2(1/2) = 1$ bit；

(2) 下一个符号为 d 的情况：2 阶模型中，不存在 $ra \to d$ 的概率，$a \to d$ 的概率为 1/7，所以概率为 $(1/2) \times (1/7)$；根据排除原则，1 阶模型中 a 后面的 c 是不可能发生的，所以 $a \to c$ 要排除，重新计算得 $a \to d$ 的概率为 1/6，所以最终 $a \to d$ 的概率为 $(1/2) \times (1/6) = 1/12$；编码为 $-\log_2(1/12) = 3.6$ bit；

(3) 下一个符号为 t 的情况：2 阶模型中，不存在 $ra \to t$ 的概率，1 阶模型中，也无 $a \to t$ 和 t 的概率，直到 -1 阶预测，考虑到连续 3 个换码概率和排除原则，设字符集大小为 256，那么总概率为 $(1/2) \times (3/6) \times (5/12) \times [1/(256-5)] = 5/12\ 048$，编码为 $-\log_2(5/12\ 048) = 11.2$ bit。▌

在 PPM 中，需规定模型的最大阶数，一般地讲，有一个最佳值，而不是越大越好。对于英文文本，大致 4 个字符。如果阶数选得过大，对压缩效果反而不利。因此如果不知道最佳阶数，最好先用高阶模型进行尝试。

6.7.3 实用的 PPM 编码

有很多 PPM 编码算法的变种，例如 PPMA、PPMB、PPMC 以及 PPM* 等。

PPMA 就是 PPM 方法 A，使用方法 A 估计换码概率，利用排除技术实现混合预测。PPMB 就是 PPM 方法 B，使用方法 B 估计换码概率。PPMC 使用方法 C 估计换码概率并使用懒惰排除法实现预测，每当存储空间耗尽时，就用删除或重建模型，通常给出较好的压缩性能。

Cleary 和 Witten 还提出一种使用无界长度上下文的新算法，称作 PPM*，而初始的 PPM 算法使用定长的有界上下文。在 PPM* 算法中将给出一种预测结果的上下文定义为"确定性上下文"，算法的基本思想就是：在上下文列表中选择最短的确定性上下文，如果没有就选择最长的上下文。测试表明，PPM* 比 PPMC 有 6%的性能改善。

6.8　上下文树加权编码

上下文树加权(Context Tree Weighting,CTW)编码是一种对二元信源的通用压缩编码方法,由 Willems 等(1995)提出。与很多基于统计的通用编码类似,该算法要进行信源符号概率的估计,但假定数据序列由上下文树信源产生,以此为依据估计符号发生的概率,用算术编码实现编译码。该方法的关键问题就是采用上下文树加权方法对未知模型和未知参数有限记忆树信源序列的概率进行估计。该方法对于大长度和一般长度的信源序列都有很好的压缩效果,算法的计算和存储复杂度与信源序列长度呈线性关系。理论与实践证明,上下文树加权编码每信源符号的平均码长可很快收敛于信源的熵。该算法的主要优点是高压缩性能,仅比 PPM 稍差,主要缺点是占存储空间大,运行慢。本节首先介绍上下文树加权算法,然后介绍上下文树加权编码的实现及性能。

6.8.1　CWT 算法描述

本节介绍的上下文树加权算法就是在信源模型和参数都未知条件下,估计信源序列概率的方法。如前所述,在信源模型已知但参数未知条件下,可利用 K-T 估计器估计序列的概率。由于信源模型 S 已知,可将序列按不同的后缀分解成不同的子序列,设在每个后缀条件下符号 0 和符号 1 的数目分别为 a_s、b_s,用 K-T 估计得到每个子序列的概率 $P_e(a_s,b_s)$,原序列的条件概率为各子序列的概率的乘积:

$$p(x_1^n \mid x_{D-1}^0) = \prod_{s\in S} P_{\mathrm{e}}(a_s,b_s) \tag{6.8.1}$$

其中,D 为树的深度,a_s、b_s 分别为后缀 s 条件下序列 x_1^n 中 0 和 1 的个数。

例 6.8.1　设树信源 $S=\{00,10,1\}$,但参数未知,试估计在给定…1 0 条件下信源序列 0 1 0 0 1 1 0 的条件概率。

解　与例 2.3.1 相同,信源序列可分解成 3 个子序列:0 1 0(后缀为 1),0 0 (后缀为 10),1 1(后缀为 00)。因模型参数未知,各子序列的概率用式(3.3.21)来估计。对于子序列 0 1 0,有 $p_{\mathrm{e}}(2,1)=\dfrac{(1/2)\times(2-1/2)\times(1/2)}{1\times2\times(2+1)}=1/16$;同理,得到子序列 0 0 和 1 1 的概率都是 3/8。所求条件概率为

$$p(0100110/\cdots10)=(1/16)\times(3/8)\times3/8=9/1\,024=0.008\,789\,062 \blacksquare$$

当信源模型未知时,即后缀集合未知,可以对产生信源序列的上下文树的深度有一个基本的估计,设为 D。作一个深度为 D 的上下文树,并认为所有树叶都是后缀,再利用信源模型已知但参数都未知的方法估计信源序列的概率。但由于模型和参数都是未知的情况,信源的记忆长度也是未知的,因此同一个深度的上下文模型未必符合实际。设某节点 s 的子节点为 $0s$,$1s$。如果对应(a_s,b_s)的某序列的记忆长度恰好是 $l(s)$,那么在 s 节点进行的 K-T 估计就是精确的,但如果此序列的记忆大于 $l(s)$,那么就应该在子节点 $0s$,$1s$ 进行概率估计。所以,采用加权的方法进行估计会使结果更可靠。

这样当给定一条信源序列后,就可对深度为 D 的上下文树上所有节点 s 进行标注,使得每个节点 s 都对应着一组符号(a_s,b_s),分别表示序列中以 s 为上下文的“0”和“1”的个数。节

点 s 与其子节点 $0s$ 和 $1s$，必须满足：

$$a_{0s}+a_{1s}=a_s \text{ 和 } b_{0s}+b_{1s}=b_s \tag{6.8.2}$$

例 6.8.2 给定信源序列为 …110 | 0100110，其中110为序列的条件，设树的深度为3，试画出相应的上下文树，并标明树中各节点的(a_s,b_s)。

解 根据题意得到上下文、序列以及对应的 a_s、b_s，如表6.8.1所示。叶节点标注后，按式(6.8.2)的规则，依次标注2阶、1阶和根节点。根节点对应的概率是序列的条件概率。表6.8.1为对应的上下文树。■

表 6.8.1 后缀、序列以及对应的 a_s、b_s

上下文	序列	a_s	b_s	上下文	序列	a_s	b_s
110	0	1	0	010	0	1	0
100	11	0	2	011	0	1	0
001	01	1	1				

对于每一个节点 s，定义一个加权概率值 P_w^s

$$P_w^s \triangleq \begin{cases} \frac{1}{2}\left[P_e(a_s,b_s)+P_w^{0s}P_w^{1s}\right] & \text{对于 } 0\leqslant l(s)<D \quad (6.8.3a) \\ P_e(a_s,b_s) & \text{对于 } l(s)=D \quad (6.8.3b) \end{cases}$$

式(6.8.3)的含义是：同一个上下文子序列的概率，如果是叶节点，就用K-T估计作为其概率的最终估计值，否则就用该节点K-T概率估计与其两个子节点概率估计乘积的平均作为该节点概率的最终估计值。

给定一条信源序列 $x_1^n|x_{1-D}^0$，其中 x_{1-D}^0 为序列的初始条件。根据对信源记忆长度的估计确定上下文树的深度，得到相应的上下文树和树中各节点的参数(如图6.8.1所示)；利用式(6.8.3)，从叶开始，逐次向低阶节点进行概率估计，直到树根 λ，在根节点估计的概率就是序列的概率，也就是编码概率，即

$$p_c(x_1^n|x_{1-D}^0)=P_W^{\lambda}(x_1^n|x_{1-D}^0) \tag{6.8.4}$$

这就是上下文树加权算法的基本内容。

根据式(6.8.3)，利用归纳法，可以证明，

$$P_W^s=\sum_{U\in C_{D-d}}2^{-\Gamma_{D-d}(U)}\prod_{u\in U}P_e(a_{us},b_{us}) \tag{6.8.5}$$

其中，$d=l(s)$，且 $\sum_{U\in C_{D-d}}2^{-\Gamma_{D-d}(U)}=1$，该式是对所有完备适定集 U 求和。该方法的编码方式使用算术编码，每输入一个信源符号就估计一次信源序列的概率。注意，每次估计的不是条件概率而是序列概率，因此需用式(5.1.6)进行积累概率递推计算。

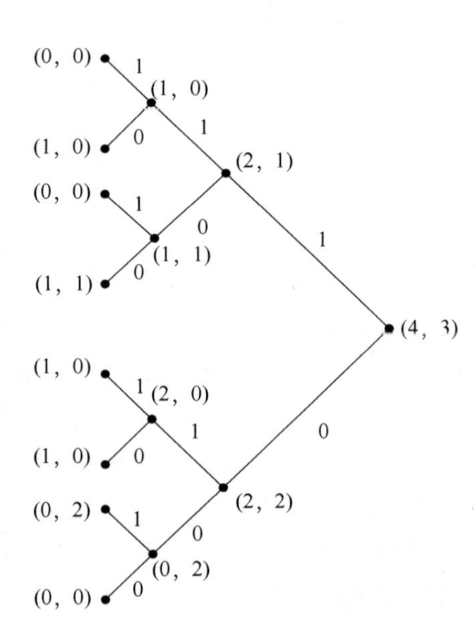

图 6.8.1 上下文树与节点参数

例 6.8.3 信源在110的条件下产生的序列为0100110。利用深度为3的上下文树加权估计序列的概率。

解 参照图6.8.1所示的上下文树和标明的节点参数，用式(6.8.3)估计每个节点的概率。对阶数

为 3 的节点用式(6.8.3b)，其他节点用式(6.8.3a)。从叶节点开始，逐次计算到最后的根节点。计算过程如表 6.8.2 所示。所估计的序列概率为 $P_e(0100110|110)=7/2\,048$。■

表 6.8.2　上下文树加权估计序列的概率过程

<table>
<tr><th>$l(s)=3$</th><th>$l(s)=2$</th><th>$l(s)=1$</th><th>$l(s)=0$</th></tr>
<tr><td>$P_W^{011}=1/2$</td><td rowspan="2">$P_W^{11}=[1/2+(1/2)\times 1]/2=1/2$</td><td rowspan="4">$P_W^{1}=\left(\frac{1}{16}+\frac{1}{2}\times\frac{1}{8}\right)/2$
$=1/16$</td><td rowspan="8">$P_W^{\lambda}=\left(\frac{5}{2\,048}+\frac{1}{16}\times\frac{9}{128}\right)/2$
$=7/2\,048$</td></tr>
<tr><td>$P_W^{111}=1$</td></tr>
<tr><td>$P_W^{101}=1$</td><td rowspan="2">$P_W^{01}=[1/8+1\times 1/8]/2=1/8$</td></tr>
<tr><td>$P_W^{001}=1/8$</td></tr>
<tr><td>$P_W^{110}=1/2$</td><td rowspan="2">$P_W^{10}=[3/8+(1/2)\times 1/2]/2=5/16$</td><td rowspan="4">$P_W^{0}=\left(\frac{3}{128}+\frac{5}{16}\times\frac{3}{8}\right)/2$
$=9/128$</td></tr>
<tr><td>$P_W^{010}=1/2$</td></tr>
<tr><td>$P_W^{100}=3/8$</td><td rowspan="2">$P_W^{00}=[3/8+(3/8)\times 1]/2=3/8$</td></tr>
<tr><td>$P_W^{000}=1$</td></tr>
</table>

对于上例，如果信源又输出一个符号，例如为 0，那就要计算概率 $P_e(01001100|110)$。但由于上例中序列 0100110|110 的概率估计已经得到，就无须从序列 01001100|110 的开始重新计算，而仅将参数有变化节点的概率进行更新。此时的对应后缀 110 的叶 s 的 a_s 加 1，其他叶参数未变。因此我们更新从叶 $s(110)$ 到根节点的路径上所有的 $P_e(a_s,b_s)$ 的值，直到最后的根节点。过程如表 6.8.3 所示。计算结果为 $P_e(01001100|110)=153|65\,536$。

表 6.8.3　上下文树加权估计序列的概率的更新过程

<table>
<tr><th>$l(s)=3$</th><th>$l(s)=2$</th><th>$l(s)=1$</th><th>$l(s)=0$</th></tr>
<tr><td>$P_W^{011}=1/2$</td><td rowspan="2">$P_W^{11}=[1/2+(1/2)\times 1]/2=1/2$</td><td rowspan="4">$P_W^{1}=\left(\frac{1}{16}+\frac{1}{2}\times\frac{1}{8}\right)/2$
$=1/16$</td><td rowspan="8">$P_W^{\lambda}=\left(\frac{45}{32\,768}+\frac{1}{16}\times\frac{27}{512}\right)/2$
$=153/65\,536^{*}$</td></tr>
<tr><td>$P_W^{111}=1$</td></tr>
<tr><td>$P_W^{101}=1$</td><td rowspan="2">$P_W^{01}=[1/8+1\times 1/8]/2=1/8$</td></tr>
<tr><td>$P_W^{001}=1/8$</td></tr>
<tr><td>$P_W^{110}=3/8^{*}$</td><td rowspan="2">$P_W^{10}=[5/16+(3/8)\times 1/2]/2=1/4^{*}$</td><td rowspan="4">$P_W^{0}=\left(\frac{3}{256}+\frac{1}{4}\times\frac{3}{8}\right)/2$
$=27/512$ *</td></tr>
<tr><td>$P_W^{010}=1/2$</td></tr>
<tr><td>$P_W^{100}=3/8$</td><td rowspan="2">$P_W^{00}=[3/8+(3/8)\times 1]/2=3/8$</td></tr>
<tr><td>$P_W^{000}=1$</td></tr>
</table>

注：* 表示更新的数值。

如果信源输出的一个符号是“1”，就要计算概率 $P_e(01001101|110)$，概率更新路径不变，但参数有变化，通过计算有：$P_W^{110}=1/8$，$P_W^{10}=1/16$，$P_W^{0}=9/512$，$P_W^{\lambda}=71/65\,536$，并且 $153/65\,536+71/65\,536=7/2\,048$。

6.8.2　CWT 编码的实现

上下文树加权编码采用算术编码。由于每输入一个符号，算法估计的是序列的概率，所以积累概率用式(5.1.9)递推。设信源序列为 $x_1^n|x_{1-D}^0=x_1\cdots x_n|x_{1-D}^0$。

1. 编码流程

(1) 序列积累概率初始化：$P(\varphi|x_{1-D}^{0})=0$。

(2) 对所有的 $m=1,\cdots,n$，利用信源序列建立各节点的参数：$s(d)=x_{m-d}^{m-1}$，$d=0,1,\cdots,D$；例如，$d=0$，相当于建立根节点参数，序列所有0的个数为 a，所有1的个数为 b；$d-1$，相当于建立1阶节点参数，以0为条件的0的个数为 $s(0)$ 的 a，以0为条件的1的个数为 $s(0)$ 的 b……一直到建立树叶参数。

(3) 利用上下文树加权法估计编码概率：$p_{c}(x_{1}^{m-1},x_{m}=0|x_{1-D}^{0})$。

根据式(5.1.9)可知，无论 x_m 是0还是1，$p_{c}(x_{1}^{m-1},x_{m}=0|x_{1-D}^{0})$ 都是需要的，$x_m=1$ 时，要用来计算积累概率。

(4) 序列积累概率更新：$P(x_{1}^{m-1}|x_{1-D}^{0})\rightarrow P(x_{1}^{m-1},x_{m}|x_{1-D}^{0})$。

(5) 利用上下文树加权法估计实际编码概率：$p_{c}(x_{1}^{m-1},x_{m}|x_{1-D}^{0})$；当 $x_m=1$ 时，需要这步计算。

(6) 整个序列处理完后，计算码字 $c(x_{1}^{n}|x_{1-D}^{0})$。

2. 译码流程

(1) 序列积累概率初始化：$P(\varphi|x_{1-D}^{0})=0$。

(2) 将接收码字转换成数值 c。

(3) 对所有的 $m=1,\cdots,n$，建立节点：$s(d)=x_{m-d}^{m-1}$，$d=0,1,\cdots,D$。

(4) 利用上下文树加权法估计编码概率：$p_{c}(x_{1}^{m-1},x_{m}=0|x_{1-D}^{0})$。

(5) 将 c 与 $P(x_{1}^{m-1}|x_{1-D}^{0})+p_{c}(x_{1}^{m-1},x_{m}=0|x_{1-D}^{0})$ 相比较，判决输出符号。

(6) 序列积累概率更新：$P(x_{1}^{m-1}|x_{1-D}^{0})\rightarrow P(x_{1}^{m-1},x_{m}|x_{1-D}^{0})$。

(7) 利用上下文树加权法估计实际编码概率：$p_{c}(x_{1}^{m-1},x_{m}|x_{1-D}^{0})$。

以上过程直到所有信源符号处理完毕。

6.8.3 CWT 编码的性能

我们知道，衡量信源压缩性能的主要指标是编码剩余度。序列的单独剩余度是指序列给定后编码长度与理想码长的差值。Willems 等分析了上下文树加权编码的性能，提出了如下定理。

定理 6.8.1 对任何信源模型 $S\in C_D$ 和参数矢量 $\boldsymbol{\Theta}_S$，上下文树加权编码算法的单独编码剩余度的上界满足：

$$\rho(x_{1}^{n}|x_{1-D}^{0},S,\Theta(S))<\begin{cases}\Gamma_{D}(S)+n+2 & n=1,\cdots,|S|-1\\ \Gamma_{D}(S)+\dfrac{|S|}{2}\log\dfrac{n}{|S|}+|S|+2 & n=|S|,|S|+1,\cdots\end{cases}\tag{6.8.6}$$

其中，$\Gamma_D(S)$ 称为模型的代价，由式(2.3.7)定义。

证 编码的单独剩余度为

$$\begin{aligned}\rho(x_{1}^{n}\mid x_{1-D}^{0},S,\Theta_{S})&=L(x_{1}^{n}\mid x_{1-D}^{0})-\log\frac{1}{p_{a}(x_{1}^{n}\mid x_{1-D}^{0},S,\Theta_{S})}\\&=\log\frac{\prod\limits_{s\in S}P_{e}(a_{s},b_{s})}{p_{c}(x_{1}^{n}\mid x_{1-D}^{0})}+\log\frac{p_{a}(x_{1}^{n}\mid x_{1-D}^{0},S,\Theta_{S})}{\prod\limits_{s\in S}P_{e}(a_{s},b_{s})}\\&\quad+\left(L(x_{1}^{n}\mid x_{1-D}^{0})-\log\frac{1}{p_{c}(x_{1}^{n}\mid x_{1-D}^{0})}\right)\end{aligned}\tag{6.8.7}$$

其中，$L(x_1^n|x_{1-D}^0)$为编码序列的长度，而 $p_a(x_1^n|x_{1-D}^0,S,\Theta_S)$为实际信源序列的概率。式(6.8.7)表示的编码单独剩余度可视为三种剩余度的和。第一项为模型剩余度，这是由于模型未知而产生的概率估计的差异造成的，其中 $\prod_{s\in S}P_e(a_s,b_s)$ 为模型确知时估计的概率，$p_c(x_1^n|x_{1-D}^0)$是利用上下文树加权法估计的概率；第二项为参数剩余度，这是由于用模型估计的概率与实际概率的差异造成的；第三项为编码剩余度，这是由于编码的实际码长与理想码长的差异造成的。

根据式(6.8.4)和式(6.8.5)，有

$$p_c(x_1^n \mid x_{1-D}^0)=\sum_{U\in C_D}2^{-\Gamma_D(U)}\prod_{u\in U}P_e(a_u,b_u)\geqslant 2^{-\Gamma_D(S)}\prod_{s\in S}P_e(a_s,b_s) \tag{6.8.8}$$

所以式(6.8.7)的第一项为

$$\log\frac{\prod_{s\in S}P_e(a_s,b_s)}{p_c(x_1^n \mid x_{1-D}^0)}\leqslant \log 2^{\Gamma_D(S)}=\Gamma_D(S) \tag{6.8.9}$$

式(6.8.7)的第二项为

$$\begin{aligned}\log\frac{p_a(x_1^n \mid x_{1-D}^0,S,\Theta_S)}{\prod_{s\in S}P_e(a_s,b_s)}&=\sum_{s\in S}\log\frac{(1-\theta_s)^{a_s}\theta_s^{b_s}}{P_e(a_s,b_s)}\leqslant\sum_{s\in S,a_s+b_s>0}\left(\frac{1}{2}\log(a_s+b_s)+1\right)\\&=|S|\sum_{s\in S}\frac{1}{|S|}\gamma(a_s+b_s)\\&\leqslant|S|\gamma\left(\sum_{s\in S}\frac{a_s+b_s}{|S|}\right)=|S|\gamma(n/|S|)\end{aligned} \tag{6.8.10}$$

其中，

$$\gamma(z)\triangleq\begin{cases}z & 0\leqslant z\leqslant 1\\(1/2)\log z+1 & z>1\end{cases} \tag{6.8.11}$$

由于采用算术编码，根据定理 5.2.2，式(6.8.7)的第三项为

$$\left(L(x_1^n|x_{1-D}^0)-\log\frac{1}{p_c(x_1^n|x_{1-D}^0)}\right)<2 \tag{6.8.12}$$

结合式(6.8.9)、式(6.8.10)、式(6.8.12)就得到式(6.8.6)。

可以计算平均编码剩余度，设 n 足够大，有

$$\begin{aligned}\bar{\rho}(n)&=\underset{s,\Theta_s}{E}[\rho(x_1^n \mid x_{1-D}^0,S,\Theta(S))/n]\leqslant\frac{|S|}{2n}\log\frac{n}{|S|}+\frac{\Gamma_D(S)+2+|S|}{n}\\&=|S|\log n/(2n)+O(|S|/n)\end{aligned} \tag{6.8.13}$$

其中，$O(x)$为在 $n\to\infty$的过程中，阶数不低于 x 的无穷小。式(6.8.13)表明 CTW 算法的平均剩余度达到由 Rissanen 所确定的渐进下界，该下界是在 $n\to\infty$过程中最小可能的剩余度。理论分析与实际表明，CTW 算法不仅有很好的渐近特性，而且还有很好的瞬时压缩特性，即对于有限长信源序列的编码，单独冗余度也不大。据文献报道，利用 CTW 算法对 ASCII 编码的数据进行压缩，每字母平均码长约为 2 bit。该算法的主要缺点是编码复杂度较大，编码器需要存储大量的节点数据(0 和 1 的个数)，而且序列概率的计算也需要较大的运算量。目前已经有人提出改进的 CTW 编码算法。

本章小结

1. 通用编码器模型:基于字典的模型、基于统计的模型
2. 整数的编码:C_1码 、C_2码、Fibonacci 码
3. 某些简单的通用编码:代入码、枚举码
4. LZ 编码
- LZ77 算法剩余度:$\bar{\rho}_n \leqslant O(\log\log n/\log n)$
- LZ78 算法剩余度:$\bar{\rho}_n \approx O(1/\log n)$
- LZW 算法:标号中仅包含字典指针
- 主要应用:UNIX 压缩、GIF 图像压缩、V.42bis 协议
5. 基于 BT 变换(BWT)的编码
- 高运行速度和较高的压缩比
- 平均剩余度界:$\bar{\rho}_n \leqslant \frac{|S|(|A|+1)\log n}{2n}+O(1/n)$
6. 部分匹配预测编码(PPM)
- 压缩效果优于很多现有的实际方法
- 算法的变种:①PPMA;②PPMB;③PPMC;④PPM*
7. 上下文树加权(CWT)编码
- 不仅有很好的渐近特性,而且还有很好的非渐近特性,主要缺点是编码复杂度较大。
- 对于二元信源,平均编码剩余度的上界满足:

$$\bar{\rho}_n \leqslant \frac{|S|\log n}{2n}+O(|S|/n)$$

思考题

6.1 什么叫通用编码?你所了解的无损通用编码器主要有哪几种模型?

6.2 你所了解的整数的编码有几种?性能如何?

6.3 列举几种简单的通用编码方法,并描述其特点。

6.4 基于段匹配的通用编码算法主要有几种?基本原理是什么?

6.5 简述 BWT 编码算法的基本流程和压缩性能。

6.6 简述 PPM 编码算法的基本流程和压缩性能。

6.7 简述 CTW 编码算法的基本流程和压缩性能。

6.8 对你所了解的无损通用编码算法的压缩性能进行比较。

习题

6.1 假设符号“空”和英文字母按概率由大到小的顺序排列为:空 E T A O I N S H R D

L C U M W F G Y P B V K J X Q Z；试将英文字母分别编成 C_1、C_2 码和 Fibonacci 码，并写出 SHANNON ENTROPY 对应的编码序列并与每符号 8 bit 的未压缩编码比较。

6.2　设信源是平稳独立序列，取 N 个信源符号来估计信源符号 a_i，$i=1,\cdots,m$，设 n_i 为 a_i 发生的个数，那么有 $p_i=\lim\limits_{N\to\infty} n_i/N$，设这 n_i 个 a_i 之间的间隔分别为 $k_{i1},k_{i2},\cdots,k_{in_i}$，证明：当 N 较大时，有 $N\approx\sum\limits_{r=1}^{n_i}k_{ir}$，平均间隔为 $\bar{k}_i=n_i^{-1}\sum\limits_{r=1}^{n_i}k_{ir}\approx N/n_i=1/p_i$。

6.3　对下列英文文本编最近间隔码，计算用 C_1 和 C_2 编码时的压缩率：

RECENTLY THERE HAS BEEN AN INTEREST IN INCREASING THE CAPACITY OF STORAGE SYSTEM

6.4　设信源字母表为 $\{a_0,a_1,a_2,a_3,a_4,a_5\}$，信源序列 $a_2a_2a_1a_5a_0a_0a_1a_5a_0a_2\cdots$

(1) 对上面序列编成最近间隔码再用 C_1 码进行压缩；

(2) 对上面序列编成最近队列码再用单一码进行压缩。

6.5　设信源字母表为 $\{a_0,a_1,a_2,a_3,a_4,a_5\}$，

(1) 对下面用 C_1 码编码的最近间隔序列进行译码：0010101001010011000010000101；

(2) 对下面用单一码编码的最近队列序列进行译码：1110101110011110110101110001110。

6.6　对下面序列用 LZ77 算法进行编码，设窗长为 30，前向缓冲器为 15：Barrayar#bar#by#barrayar#bay，对应码字为 $C(\text{a})=1$，$C(\text{b})=2$，$C(\#)=3$，$C(\text{r})=4$，$C(\text{y})=5$。

6.7　某序列用 LZW 算法进行编码，设初始字典元素为 a，#，r，t，索引号分别为 1，2，3，4；

(1) 试对编码器输出序列 3 1 4 6 8 4 2 1 2 5 10 6 11 13 6 进行译码；

(2) 用同一字典对译码序列进行编码。

6.8　给定信源序列 eta#ceta#and#beta#ceta，

(1) 对上面的序列用 BW 变换和 MTF 编码器进行编码；

(2) 对编码序列进行译码。

6.9　一序列经 BW 变换器输出为 elbkkee，5（从 1 开始计数），求原始序列。

6.10　给定信源序列 the#beta#cat#ate#the#ceta#hat，

(1) 对上面的序列用 PPMA 算法和自适应算术编码器进行编码，假设信源字母表为{h，e，t，a，c，#}；

(2) 对编码序列进行译码。

第7章　有损压缩理论基础

本章在简述有损压缩基本概念与技术的基础上，首先介绍连续信源 AEP 的概念，然后介绍率失真理论的基本知识，包括率失真($R(D)$)函数、限失真信源编码定理、高斯信源 $R(D)$ 函数和香农下界等内容，最后介绍高码率量化的基本理论。

7.1　概　　述

7.1.1　有损压缩的基本概念

根据无损压缩理论得知，无损压缩码率的下限是信源熵，如果再继续压缩码率，编码就要失真。此外，由于信道噪声的干扰，信息在传输过程中也会产生差错或失真。实际上，因为信宿的灵敏度和分辨力都是有限的，所以信息在传输过程中所产生的较少差错或失真可能不会被信宿察觉，即不影响信宿对信息的获取。因此，要求在传输过程中信息绝对无失真，有时是不可能的，而且也没有必要，相反地可以允许信息有某些失真。这样可以降低信息传输速率，从而降低通信成本，提高通信系统的经济性。

在有失真情况下，通过编码序列不能完全恢复原来信源的信息，这就是有失真信源编码，也称有损数据压缩。有损压缩是一种从信源的输出抽取重要信息并删除次要信息的技术。通常所采用的方法是，对信源发出的消息按照重要程度进行压缩，即删掉多余的或不太重要的内容，仅传输重要的内容，以降低码率。

对于有失真信源编码，我们总希望在不大于一定码率(即传送每信源符号所需的平均二进数字数)的条件下，将平均失真限制到最小；或者在平均失真不大于某给定值的条件下，将码率限制到最小，所以这种编码常称作限失真信源编码。香农的率失真理论就是解决这类问题的理论基础之一，它从信息论的观点分析和研究有损数据压缩，确定了最优有损编码系统理论上可达的极限性能。香农在 1948 年就奠定了率失真理论的基础，但直到 1959 年他才完全发展了这个理论，提出了在保真度准则下的信源编码定理。定理指出，在给定的保真度准则下，如果码率 $R \geqslant R(D)$ ，那么当信源序列足够长时就存在平均失真不大于 D 的编码。率失真理论解决的是码率限定而数据维数趋近于无限大时有损编码的最优极限性能的问题。

我们知道，连续信源在编码前必须进行量化，量化电平数目决定编码的码率。如果量化电平数目很大就称为高分辨率(High Resolution)量化或渐近(Asymptotic)量化，此时码率也很高，所以也称为高码率(High Rate)量化。高码率量化的研究首先是 Bennett 从标量量化开始的，而后由 Zador 等人扩展到矢量量化，特别是后来又有很多人对 r 次幂失真测度的矢量量化进行了深入的研究，从而建立了高码率量化理论。实际上，高码率量化的研究不是基于香农理论而是基于微积分和近似的方法，解决的是维数限定、码率趋近于无限大的有损压缩最优极限性能问题。高码率量化理论与率失真理论使用的方法不同，其研究成果是对率失真理论有力的补充，成为有损压缩编码的理论基础之一。

7.1.2　有损压缩关键技术

随着率失真理论和高码率量化理论研究的进展，作为这种理论实际应用的有损压缩编码技术也得到很大发展，这些关键技术主要包括量化、预测编码、变换编码和子带编码等。

1. 量化

连续信源限失真编码的主要方法是量化，就是把取值连续的样值变成离散值。这些离散值属于数字信号，称为量化器输出或码字。但编码器通过信道传送的并不是码字本身，而是它的索引号或序号。信源输出通过量化必然产生失真，使平均失真最小的量化器称为最佳量化器。对于一维信源输出的量化称为标量量化，标量量化应用于各种一维信源或多维信源各分量的压缩。标量量化的内容将在第8章介绍。

矢量量化是标量量化的扩展，其基本原理就是将若干个标量数据构成一个矢量，然后在一个多维空间中量化。矢量量化与标量量化有很多共性，但也有自身的特点。矢量量化技术比标量量化复杂，而且压缩性能也优于标量量化。矢量量化内容将在第9章介绍。

2. 预测编码

预测编码是基于时域波形实现信源压缩的技术，是语音编码中使用的重要方法并在图像编码中得到应用。预测编码的基本思想是：量化器输入为信号样值和预测值的差，与原信号相比动态范围减小，从而使码率减小；而且差值序列基本上不相关甚至独立，因此可以用对无记忆信源编码的方法实现信源的压缩。

在预测编码中采用最佳预测函数可使均方误差最小，这相当于求观测数据的条件数学期望。在一般情况下，这是比较困难的。对于联合高斯分布随机变量，最佳预测函数是观测数据的线性函数，而对于其他分布，最佳预测不是线性预测。

由于线性预测方法比求条件期望简单得多，所以常将线性预测用于所研究的随机过程。预测编码技术可用于语音、音频、图像和视频压缩。预测编码的内容将在第10章介绍。

3. 变换编码

变换的目的就是使经变换后的信号能更有效地编码。变换编码器对M长的输入信源的样值进行M点的离散变换，这是一种可逆变换。一个好的变换应该使变换后的系数是不相关甚至是独立的，而且还应该将能量集中在较少的重要分量上。这样可以去掉不太重要的分量而对剩下的分量按不同的精度编码，通过逆变换可以近似地恢复信源。应该注意：变换本身并不压缩信源，仅当变换后对变换系数进行量化再进行熵编码，才能实现压缩。变换编码技术主要用于图像和视频压缩，主要问题是设计或采用性能好的变换算法和量化器。变换编码的内容将在第11章介绍。

4. 子带编码

子带编码可以视为一种变换编码，这种技术首先应用于语音压缩，然后应用于图像压缩。在子带编码中，可根据信号频谱的特点，用不同的比特数对各子带进行编码，并且将失真孤立在单个频带内，从而实现较好的感知编码性能。子带编码技术主要用于语音、音频和图像压缩。子带编码的内容将在第12章介绍。

5. 小波变换编码

小波变换编码最早用于图像压缩，而后用于语音编码，而且在速率、质量和复杂度上都可与预测编码竞争。当前基于小波变换的编码算法正变成很多信源编码特别是静止图像和视频编码标准的选择。在演进的压缩标准例如JPEG-2000和MPEG4中，小波变换已经取代或补充到原来使用的DCT中。小波变换编码的内容将在第13章介绍。

7.2 连续随机变量的AEP

连续随机变量也有与离散随机变量类似的渐近均分特性(AEP)。对于连续随机变量有如下定理。

定理7.2.1 设$\boldsymbol{x}=(x_1,x_1,\cdots,x_n)$为按概率密度$p(x)$抽取的独立随机变量列，那么

$$-(1/n)\log p(x_1,x_1,\cdots,x_n)\to E[-\log p(x)]=h(X)\text{(依概率收敛)} \tag{7.2.1}$$

该定理可以根据弱大数定律证明。

对于$\varepsilon>0$和任何n，定义典型序列集$A_\varepsilon^{(n)}$如下：

$$A_\varepsilon^{(n)}=\{(x_1,x_1,\cdots,x_n)\in S^n:|-(1/n)\log p(x_1,x_1,\cdots,x_n)-h(X)|\leqslant\varepsilon\} \tag{7.2.2}$$

其中，$p(x_1,x_1,\cdots,x_n)=\prod_{i=1}^{n}p(x_i)$。离散随机变量典型序列集合的性质可以推广到连续随机变量情况，但离散典型集合的基数对应着连续典型集合的体积。

n维空间中一个集合A的体积定义为

$$\text{Vol}(A)=\int_A \mathrm{d}x_1\mathrm{d}x_2\cdots\mathrm{d}x \tag{7.2.3}$$

设典型集合$A_\varepsilon^{(n)}$，$\boldsymbol{x}\in A_\varepsilon^{(n)}$，那么下列不等式成立：

(1)
$$2^{-n(h(X)+\varepsilon)}\leqslant p(\boldsymbol{x})\leqslant 2^{-n(h(X)-\varepsilon)} \tag{7.2.4}$$

(2)
$$\text{Vol}(A_\varepsilon^{(n)})\leqslant 2^{n(h(X)+\varepsilon)} \tag{7.2.5}$$

(3) 对于充分大的n

$$\Pr(A_\varepsilon^{(n)})>1-\varepsilon \tag{7.2.6}$$

(4) 对于充分大的n

$$\text{Vol}(A_\varepsilon^{(n)})\geqslant(1-\varepsilon)2^{n(h(X)-\varepsilon)} \tag{7.2.7}$$

与离散情况类似，集合$A_\varepsilon^{(n)}$是具有概率$\geqslant 1-\varepsilon$的最小体积集合。这表明，包含大部分概率的最小集合的体积近似等于$2^{nh(X)}$。因为这是一个n维体积，所以对应的边长为$2^{h(X)}$。所以连续信源的差熵可以这样来解释：熵是包含大部分概率的最小集合等价边长的对数。小的熵值意味着随机变量被限制在一个小的有效体积内，而大的熵值意味着随机变量分散得比较广泛。

根据式(7.2.4)可知，当n充分大时有，

$$p(\boldsymbol{x})\approx 2^{-nh(X)} \tag{7.2.8}$$

式(7.2.8)表明，当长度足够大时，所有连续典型序列概率密度近似相等，近似为均匀分布，分布空间体积大小约为$2^{nh(X)}$。

对于方差相同的信源，高斯信源具有最大的熵，其典型序列所占体积也最大。如果用距离

作为失真的量度，那么用同样数目的码字来代表这些序列，对高斯信源产生的失真最大；而如果要求的失真相同，那么对高斯信源所需要的码字数目最多，即码率最大。因此，从有损数据压缩的观点看，高斯信源是最难压缩的信源。

例 7.2.1　设独立高斯信源 $X \sim N(0,\sigma^2)$，试估计信源典型序列的分布区域。

解　设典型序列 $\boldsymbol{x}=(x_1,x_1,\cdots,x_n)$，而 $h(X)=(1/2)\log(2\pi e\sigma^2)$；根据式(7.2.8)，有

$$p(\boldsymbol{x}) = (2\pi\sigma^2)^{-n/2}\exp\left\{-\sum_{i=1}^{n}x_i^2/(2\sigma^2)\right\}\approx 2^{-(n/2)\log(2\pi e\sigma^2)} = (2\pi e\sigma^2)^{-n/2}$$

可得

$$n^{-1}\sum_{i=1}^{n}x_i^2 \approx \sigma^2 \tag{7.2.9}$$

因此，典型序列 $\boldsymbol{x}$ 集中在半径为$\sqrt{n}\sigma$ 的 n 维球表面附近的区域，且近似为均匀分布。█

7.3　率失真($R(D)$)函数

设信源发出的消息为 X，对其进行有失真信源编码，经理想无噪声信道传输，到达信源译码器。称译码器输出 Y 为 X 的重建值。由于编码有失真，所以 Y 不是 X 的精确重建。通常把有损压缩系统中从信源编码器输入到信源译码器输出的传输通道看成一个有噪声信道，这个信道称为试验信道，X 和 Y 分别为试验信道的输入和输出。在率失真理论中，研究的就是这种试验信道输入和输出之间的平均互信息。通常对某类信源或信宿，首先要确定某种失真测度，并以此为基础根据率失真理论来确定实现信源传输所必需的最小信息量。

7.3.1　失真测度

设试验信道输入 $x\in X$，符号集 A，概率为 $p(x)$；试验信道输出 $y\in Y$，符号集 B，概率为 $q(x)$。按照香农的观点，失真测度也称保真度准则，实际上是一个函数或一种映射关系。$d:A\times B\to[0,\infty)$。就是说，d 将由符号对(x,y)构成的乘积空间 $A\times B$ 中的每一点分配一个$[0,\infty)$区间的一个实数 $d(x,y)$，表示信源符号 x 用符号 y 作为其重建值所产生的失真或代价。

失真函数的选择有时可能比较困难，但对失真测度的要求应该包括以下几个方面：首先失真应与主观感觉一致，例如，小的失真应该对应好的重建质量，大的失真应该对应差的质量；其次失真也应该容易进行数学处理，还可以进行实际测量和计算。如果失真测度只是 x、y 之间差值的函数，则称为差值失真测度，是经常使用的失真测度。

1. 单符号失真测度

在离散信源情况下，试验信道输入和输出符号集分别为 $A=\{1,2,\cdots,n\}$和 $B=\{1,2,\cdots,m\}$。为书写方便，令 $p(x=i)\triangleq p_i$，$q(y=j)\triangleq q_j$，$d(x=i,y=j)\triangleq d_{ij}$。失真测度可用一个 $n\times m$ 阶失真矩阵描述，其矩阵元素为 d_{ij}，$i=1,\cdots,n$；$j=1,\cdots,m$。失真矩阵中最简单的是汉明失真矩阵，此时 $m=n$，且矩阵主对角线上元素全为零，其他元素都为 1。在离散情况下，差值失真测度意味着 $d_{ij}=d(i-j)$，汉明失真实际上就是一种差值失真测度。

离散信源单符号平均失真定义为

$$E[d] = \sum_{x,y}p(x)p(y\mid x)d(x,y) \tag{7.3.1}$$

在连续情况下，设试验信道输入 $x\in X$，概率密度为 $p(x)$；试验信道输出 $y\in Y$，概率密度为 $q(x)$，输入与输出符号集通常都是实数某区域内取值，符号失真测度表示为 $d(x,y)$。在连续情况下的差值失真测度意味着 $d(x,y)=d(x-y)$。

连续信源单符号的平均失真定义为

$$E[d]=\iint p(x)p(y\mid x)d(x,y)\mathrm{d}x\mathrm{d}y \tag{7.3.2}$$

2. 序列失真测度

设试验信道输入和输出序列分别为 $\boldsymbol{x}$ 和 $\boldsymbol{y}$，长度都为 N，它们可用 N 维矢量表示，即 $\boldsymbol{x}=(x_1,x_2,\cdots,x_N)$，$\boldsymbol{y}=(y_1,y_2,\cdots,y_N)$，$\boldsymbol{x}$ 和 $\boldsymbol{y}$ 之间的失真定义为

$$d(\boldsymbol{x},\boldsymbol{y})=N^{-1}\sum_{i=1}^{N}d(x_i,y_i) \tag{7.3.3}$$

序列的平均失真定义为

$$E[d]=N^{-1}\sum_{i=1}^{N}E[d(x_i,y_i)]=N^{-1}\sum_{i=1}^{N}D_i \tag{7.3.4}$$

其中，D_i是符号 x_i、y_i之间的平均失真。式(7.3.3)描述的是加性失真测度，即序列的失真为所有组成符号失真的和(用 N^{-1}归一化)。

序列的差值失真测度是序列 $\boldsymbol{x}$ 和 $\boldsymbol{y}$ 差值的函数，即 $d_N(\boldsymbol{x},\boldsymbol{y})=d(\boldsymbol{x}-\boldsymbol{y})$，主要包括以下两种。

- 均方误差测度：

$$d_2(\boldsymbol{x},\boldsymbol{y})=N^{-1}(\boldsymbol{x}-\boldsymbol{y})^{\mathrm{T}}(\boldsymbol{x}-\boldsymbol{y})=N^{-1}\sum_{i=1}^{N}(x_i-y_i)^2 \tag{7.3.5}$$

- r 次幂失真测度：

$$d_r(\boldsymbol{x},\boldsymbol{y})=N^{-1}\sum_{i=1}^{N}\mid x_i-y_i\mid^r \tag{7.3.6}$$

矢量的差值就是常规的欧几里得差，当 $r=1$ 和 $r=2$ 时分别对应绝对误差失真测度和平方误差失真测度。

实际上，更一般的失真测度是基于范数的失真测度。在实矢量空间中矢量 $\boldsymbol{x}$ 的范数 $\|\boldsymbol{x}\|$ 具有如下性质：① $\|a\boldsymbol{x}\|=|a|\,\|\boldsymbol{x}\|$；②当且仅当 $\boldsymbol{x}$ 是全零矢量时，$\|\boldsymbol{x}\|=0$；③范数满足三角不等式，即 $\|\boldsymbol{x}+\boldsymbol{y}\|\leqslant\|\boldsymbol{x}\|+\|\boldsymbol{y}\|$。如果上面第②条件不满足，则称为半范数。例如，函数 $\|\boldsymbol{x}\|=\left(\sum_{i=1}^{N}x_i^2\right)^{1/2}$ 是一个范数，而 $d(\boldsymbol{x},\boldsymbol{y})=\|\boldsymbol{x}-\boldsymbol{y}\|^2$ 就定义了非归一化均方失真测度。更一般的情况就是下面所定义的 l_p 范数，即

$$\|\boldsymbol{x}\|_p=\left(\sum_{i=1}^{N}x_i^p\right)^{1/p} \tag{7.3.7}$$

所对应的失真测度为

$$d(\boldsymbol{x},\boldsymbol{y})=\|\boldsymbol{x}-\boldsymbol{y}\|_p \tag{7.3.8}$$

有时随机矢量的各分量对总失真的贡献重要性不同，应使用加权的方法。加权均方误差测度定义为

$$d_{\mathrm{W}}(\boldsymbol{x},\boldsymbol{y})=(\boldsymbol{x}-\boldsymbol{y})^{\mathrm{T}}\boldsymbol{W}(\boldsymbol{x}-\boldsymbol{y}) \tag{7.3.9}$$

其中，$\boldsymbol{W}$ 为正定的加权矩阵。当 $\boldsymbol{W}=N^{-1}\boldsymbol{I}$(其中 $\boldsymbol{I}$ 为单位矩阵)时 $d_{\mathrm{W}}=d_2$；当 $\boldsymbol{W}=\boldsymbol{\Gamma}^{-1}$，其中，$\boldsymbol{\Gamma}=E[(\boldsymbol{x}-E(\boldsymbol{x}))(\boldsymbol{x}-E(\boldsymbol{x}))^{\mathrm{T}}]$时

$$d_W(\boldsymbol{x},\boldsymbol{y})=(\boldsymbol{x}-\boldsymbol{y})^{T}\boldsymbol{\Gamma}^{-1}(\boldsymbol{x}-\boldsymbol{y}) \tag{7.3.10}$$

称为 Mahalanobis 距离。

7.3.2　$R(D)$函数的定义

为实现信息的有效传输，通常要在确定保真度准则后，求平均失真限制在某一有限值 D 的条件下传输信道所需的最小信息速率，这就引出率失真函数的概念。根据信源是否有记忆，率失真函数可以分为单符号率失真函数和矢量率失真函数。

1. 单符号率失真函数

单符号率失真函数适用于无记忆信源，根据式(7.3.1)和式(7.3.3)可知，$E[d]$与 $p(x)$、$p(y|x)$及 $d(x,y)$有关。若选定信源和失真测度，那么 $E[d]$可以看成条件概率 $p(y|x)$的函数。

设 $P_D=\{p(y|x):E[d]\leqslant D\}$，即满足平均失真限制条件的所有信道集合。这种信道为失真度 D 允许信道(或试验信道)。

定义信息率失真函数(Rate-Distortion Function)为

$$R(D)=\min_{p(y|x)\in P_D} I(X;Y) \tag{7.3.11}$$

即 $R(D)$就是在满足平均失真限制条件下，X、Y 之间的最小平均互信息。

如果我们固定平均互信息，选择信道的转移概率使平均失真最小，可得到同样的 $R(D)$函数曲线，唯一的差别就是变量之间作用交换。这时就得到“失真率函数”(Distortion-Rate Function)。

失真率函数定义为

$$D(R)=\min_{p(y|x):I(p(y|x))\leqslant R} d(p(y|x)) \tag{7.3.12}$$

$D(R)$函数就是在满足平均互信息限制条件下，X、Y 之间的最小平均失真。所以 $R(D)$和 $D(R)$函数实际上互为反函数。使用失真率函数 $D(R)$意味着既给定了信源又给定了信道容量，而问题是寻找达到平均失真最小的理想信道。所以这种定义好像比求最小互信息更自然，同时更有助于说明信息率失真理论是用来对有失真压缩系统的性能进行比较的标准。实际上，在某些情况下，失真率函数比较方便；而在另一些情况下，率失真函数比较方便。

2. 矢量率失真函数

单符号率失真函数可以推广到矢量率失真函数，适用于有记忆信源。设信源序列 $\boldsymbol{x}=(x_1,x_2,\cdots,x_N)$与重建序列 $\boldsymbol{y}=(y_1,y_2,\cdots,y_N)$之间的失真由式(7.3.3)定义，即加性失真度准则，平均失真 $E[d]$满足式(7.3.4)，可以看成条件概率 $p(\boldsymbol{y}|\boldsymbol{x})$)的函数。设 $P_D=\{p(\boldsymbol{y}|\boldsymbol{x}):E[d]\leqslant D\}$，即满足平均失真条件的所有信道集合。

与单符号率失真函数类似，定义矢量率失真函数为

$$R_N(D)=N^{-1}\min_{p(\boldsymbol{y}|\boldsymbol{x})\in P_D} I(\boldsymbol{X}^N;\boldsymbol{Y}^N) \tag{7.3.13}$$

因为 N 为矢量的维数，当 $N=1$ 时，$R_1(D)$就是单符号率失真函数。

矢量失真率函数定义为

$$D(R)=\min_{p(\boldsymbol{y}|\boldsymbol{x}):I(p(\boldsymbol{y}|\boldsymbol{x}))\leqslant R} d(p(\boldsymbol{y}|\boldsymbol{x})) \tag{7.3.14}$$

对于平稳无记忆序列，可以证明

$$R_N(D)=R_1(D) \tag{7.3.15}$$

对于有记忆信源,定义率失真函数为

$$R(D)=\lim_{N\to\infty}R_N(D) \tag{7.3.16}$$

7.3.3 几种重要的 R(D) 函数

1. 二元信源的 R(D) 函数

$$R(D)=H(p)+D\log\frac{D}{1-D}+\log(1-D)=H(p)-H(D) \tag{7.3.17}$$

其中,$p(<1/2)$为二元信源某符号的概率,$H(p)=-p\log p-(1-p)\log(1-p)$。

2. 离散时间无记忆高斯信源的 R(D) 函数

定理 7.3.1 无记忆任意均值、方差为 σ_x^2 的高斯信源 X,在平方误差准则下的率失真函数为

$$R(D)=(1/2)\max[0,\log(\sigma_x^2/D)]=\begin{cases}(1/2)\log(\sigma_x^2/D) & 0<D\leqslant\sigma_x^2\\ 0 & D>\sigma_x^2\end{cases} \tag{7.3.18}$$

其中,$0<D\leqslant D_{\max}$,且 $D_{\max}=\inf\limits_{y}\int p(x)\,(x-y)^2\,\mathrm{d}x=\sigma_x^2$。

3. 独立并联高斯信源的 R(D) 函数

定理 7.3.2 一个多维离散时间高斯信源 $X^N=(X_1X_2\cdots X_N)$,其中,$X_1X_2\cdots X_N$ 是 N 个独立、零均值、方差分别为 σ_i^2 的高斯随机变量,称这种信源为独立并联高斯信源。设每个 X_i 的失真测度为均方失真,即 $d(x_i,y_i)=(x_i-y_i)^2$,$i=1,\cdots,N$;平均失真约束为

$$(1/N)E\Big[\sum_{i=1}^{N}(x_i-y_i)^2\Big]=(1/N)\sum_{i=1}^{N}D_i\leqslant D \tag{7.3.19}$$

那么信源的率失真函数为

$$\begin{aligned}R_N(D)&=N^{-1}\sum_{i=1}^{N}\min_{p(y_i|x_i)\in P_{D_i}}I(X_i;Y_i)=N^{-1}\sum_{i=1}^{N}R(D_i)\\&=(2N)^{-1}\sum_{i=1}^{N}\log(\sigma_i^2/D_i)\end{aligned} \tag{7.3.20}$$

其中

$$D_i=\min(\theta,\sigma_i^2) \tag{7.3.21}$$

常数 θ 由下式确定:

$$\sum_{i:\sigma_i^2<\theta}\sigma_i^2+\sum_{i:\sigma_i^2\geqslant\theta}\theta=ND \tag{7.3.22}$$

这是因为,对于每个 $R(D_i)$,D_i 的最大值就是 σ_i^2。

图 7.3.1 为平均失真分配示意图,与信道容量的注水解释类似,称为倒注水原理。假定各随机变量的方差表示倒置在水池中的容器的底部的高度,那么底部高的未注满水,而各个未注满水部分的水面高度是相同的,θ 就是水面高度;底部低的部分已注满水,水面高度与底部高度同。如果随机变量的方差小于 θ,那么分配的平均失真就是方差,从而使相应的 $R(D_i)$ 为 0,这样不传送该随机变量就能达

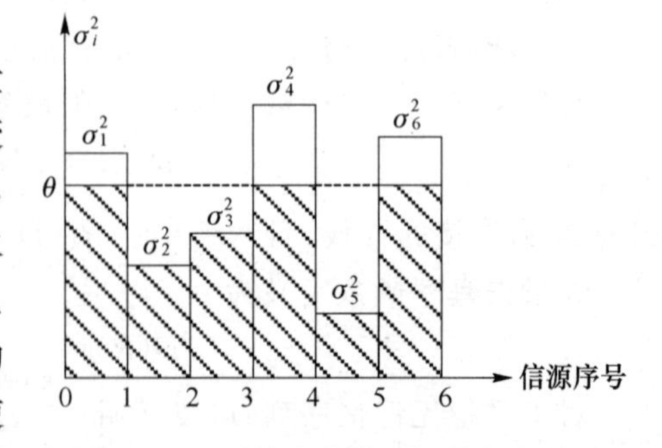

图 7.3.1 平均失真分配的倒注水原理

到平均失真的要求。如果随机变量的方差不小于 θ,那么分配的平均失真就是 θ,发送端仅对这些随机变量进行编码并传送。图中的阴影部分的总面积表示总的平均失真。

注:①如果对总失真有要求,那么重点处理功率大的信号;②如果总失真允许较大,功率小的信号可以不处理;③从重要性程度上看,平均功率大的信号重要性程度高。

4. 有记忆高斯信源的 $\boldsymbol{R(D)}$ 函数

设一个 N 维有记忆高斯信源 $X^N=(X_1X_2\cdots X_N)$,各分量 X_i 均值为零,方差为 σ_i^2,X^N 的自协方差矩阵 $\boldsymbol{\Sigma}_x$ 的第(i,j)元素为 σ_{ij},$\boldsymbol{\Sigma}_x$ 有如下形式:

$$\boldsymbol{\Sigma}_x=\begin{pmatrix}\sigma_{00} & \sigma_{01} & \cdots & \sigma_{0,N-1}\\ \sigma_{10} & \sigma_{11} & \cdots & \sigma_{1,N-1}\\ \cdots & \cdots & & \cdots\\ \sigma_{N-1,0} & \sigma_{N-1,1} & \cdots & \sigma_{N-1,N-1}\end{pmatrix} \tag{7.3.23}$$

在均方失真测度下,平均失真满足式(7.3.19),可以推出

$$R_N(D)=(2N)^{-1}\sum_{i=1}^{N}\log(\lambda_i/D_i) \tag{7.3.24}$$

其中,$\lambda_i(i=1,\cdots,N)$为 $\boldsymbol{\Sigma}_x$ 的特征值。而且

$$D_i=\min(\theta,\lambda_i) \tag{7.3.25}$$

常数 θ 由下式确定:

$$\sum_{i:\lambda_i<\theta}\lambda_i+\sum_{i:\lambda_i\geqslant\theta}\theta=ND \tag{7.3.26}$$

如果 $\theta\leqslant\lambda_{\min}=\min_i\lambda_i$,就有 $D_i=\theta$,对所有 i;从而得 $D=\theta$,又根据式(7.3.24),可得

$$R_N(D)=(2N)^{-1}\log\prod_{i=1}^{N}(\lambda_i/D)=(1/2)\log(|\boldsymbol{\Sigma}_x|^{1/N}/D),\quad D\leqslant\lambda_{\min} \tag{7.3.27}$$

如果信源序列是平稳的,那么 $\boldsymbol{\Sigma}_x$ 的第(i,j)元素 σ_{ij} 仅与$|i-j|$有关,写成 $\sigma_{ij}=\sigma_{|i-j|}$,此时 $\boldsymbol{\Sigma}_x$ 有如下形式:

$$\boldsymbol{\Sigma}_x=\begin{pmatrix}\sigma_0 & \sigma_1 & \cdots & \sigma_{N-1}\\ \sigma_1 & \sigma_0 & \cdots & \sigma_{N-2}\\ \cdots & \cdots & & \cdots\\ \sigma_{N-1} & \sigma_{N-2} & \cdots & \sigma_0\end{pmatrix} \tag{7.3.28}$$

这种矩阵称为对称 Toeplitz 矩阵。在均方失真测度下,可以推出

$$R_N(D_\theta)=N^{-1}\min_{p(\boldsymbol{y}|\boldsymbol{x})}I(\boldsymbol{X}^N;\boldsymbol{Y}^N)=N^{-1}\sum_{i=1}^{N}\max[0,(1/2)\log(\lambda_i/\theta)] \tag{7.3.29}$$

$$D_\theta=N^{-1}\sum_{i=1}^{N}\min(\theta,\lambda_i) \tag{7.3.30}$$

设信源$\boldsymbol{X}^N$ 的率失真函数 $R(D)=\lim\limits_{N\to\infty}R_N(D)$,应用 Toeplitz 分布定理,由式(7.3.29)和式(7.3.30),可得如下定理。

定理 7.3.3　一个平稳离散时间高斯信源$\{x_n,n=0,\pm1,\pm2,\cdots\}$,谱密度函数为

$$S_x(f)=\sum_{k=-\infty}^{\infty}\sigma_k\mathrm{e}^{-j2\pi kf} \tag{7.3.31}$$

那么在均方失真测度下,$\{x_n\}$的 $R(D)$参数表示如下:

$$D_\theta=\int_{-1/2}^{1/2}\min[\theta,S_x(f)]\mathrm{d}f \tag{7.3.32}$$

$$R(D_\theta) = (1/2)\int_{-1/2}^{1/2} \max[0, \log(S_x(f)/\theta)]\mathrm{d}f \tag{7.3.33}$$

7.4 香农下界

对于一般的信源分布，难以得到简明的 $R(D)$ 函数的表达式。但在很多情况下可以通过研究 $R(D)$ 函数的下界得到 $R(D)$ 可能达到的最低值，这个下界通常称为香农下界（Shannon Lower Bound）。对于许多信源，当码率趋近无限大时，香农下界是可达的。这就是说，当码率很大时，可用香农下界作为衡量有损压缩性能的基准。本节介绍两种下界，单符号香农下界（包括离散和连续信源）和矢量香农下界。前者适用于无记忆信源，而后者适用于有记忆信源。

7.4.1 离散香农下界

对于离散无记忆信源，可以证明

$$R(D) \geqslant sD + \sum_i p_i \log \lambda_i \tag{7.4.1}$$

其中，

$$\sum_i p_i \lambda_i \mathrm{e}^{sd_{ij}} \leqslant 1 \tag{7.4.2}$$

仅当式(7.4.2)中等号成立时，式(7.4.1)中等号成立，即 $R(D)$ 达到最小值（证明见习题）。

下面我们仅研究差值测度下的香农下界，此时 $d_{ij}=d(i-j)$。设输入与输出符号集大小相同，都为 n，那么当式(7.4.2)等式成立时，表示 $\{p_i\lambda_i\}$ 和 $\{\mathrm{e}^{sd(i)}\}$ 两序列卷积的结果是常数，但因 $\{\mathrm{e}^{sd(i)}\}$ 是长度为 n 序列，所以 $\{p_i\lambda_i\}$ 应该是不依赖于 i 的常数，设 $p_i\lambda_i=\gamma(s)^{-1}$，就有

$$\gamma(s) = \sum_i \mathrm{e}^{sd(i-j)} \quad (\text{对所有 } j) \tag{7.4.3}$$

实际上，式(7.4.3)意味着失真矩阵的每一列元素的和相等。设矩阵 $A=\{\mathrm{e}^{sd_{ij}}/\gamma(s)\}$，可以证明，达到 $R(D)$ 时，有

$$\boldsymbol{q}=\boldsymbol{A}^{-1}\boldsymbol{p} \tag{7.4.4}$$

其中，$\boldsymbol{p}$、$\boldsymbol{q}$ 分别为信源和重建符号概率矢量。由此可以得到如下定理。

定理 7.4.1（离散香农下界） 一离散信源 X 在差值失真测度下，满足

$$R(D) \geqslant R_{\mathrm{SLB}}(D) \tag{7.4.5a}$$

且

$$R_{\mathrm{SLB}}(D) = \max_s \{sD + H(X) - \log \gamma(s)\} \tag{7.4.5b}$$

其中，$R_{\mathrm{SLB}}(D)$ 称作香农下界，$H(X)$ 为信源的熵，$\gamma(s)$ 满足式(7.4.3)，当且仅当式(7.4.4)中 $\boldsymbol{q}$ 的各分量非负时(7.4.5a)式中等号成立。

例 7.4.1 某信源含 K 个符号，概率矢量为 $\boldsymbol{p}=(p_1,p_2,\cdots,p_K)$，求汉明失真测度下的香农下界。

解 根据式(7.4.3)得 $\gamma(s)=1+(K-1)\mathrm{e}^s$，现求式(7.4.5b)右边的最大值，令 $\frac{\partial}{\partial s}\{sD+H(\boldsymbol{p})-\log[1+(K-1)\mathrm{e}^s]\}=0$，得 $e^s=D/[(1-D)(K-1)]$，$s=\log[D/(1-D)]-\log(K-1)$，所以

$$\begin{aligned} R_{\mathrm{SLB}}(D) &= D\log[D/(1-D)] - D\log(K-1) + H(\boldsymbol{p}) - \log[1+D/(1-D)] \\ &= H(\boldsymbol{p}) - H(D) - D\log(K-1) \end{aligned} \tag{7.4.6}$$

其中，$H(D)=-D\log D-(1-D)\log(1-D)$；矩阵 $A=\{\mathrm{e}^{\delta(i-j)}/[1+(K-1)\mathrm{e}^s]\}$，其中 $\delta(i-j)=$

1，对于 $i=j$；$\delta(i-j)=0$，对于 $i\neq j$。所以 $p_i=\dfrac{q_i+(1-q_i)\mathrm{e}^s}{1+(K-1)\mathrm{e}^s}$，得 $q_i=\dfrac{p_i[1+(K-1)\mathrm{e}^s]-\mathrm{e}^s}{1-\mathrm{e}^s}$；当 $p_i\geqslant\dfrac{1}{\mathrm{e}^{-s}+(K-1)\mathrm{e}^s}=\dfrac{D}{K-1}$（对所有 i）时，$q_i\geqslant 0$，所以 $R(D)=R_{\mathrm{SLB}}(D)$，对于 $0\leqslant D\leqslant(K-1)p_{\min}$，其中 $p_{\min}=\min\limits_i p_i$。■

7.4.2　连续香农下界

对于离散时间无记忆连续信源 X，可以证明

$$R(D)\geqslant sD+\int p(x)\log\lambda(x)\mathrm{d}x \tag{7.4.7}$$

其中，

$$\int p(x)\lambda(x)dx\,\mathrm{e}^{sd(x,y)}\,\mathrm{d}x\leqslant 1 \tag{7.4.8}$$

仅当式(7.4.8)中等号成立时，式(7.4.7)中等号成立，即 $R(D)$ 达到最小值。下面我们仅研究差值测度，此时 $d(x,y)=d(x-y)$，当式(7.4.8)等式成立时，表示是 $p(x)\lambda(x)$ 和 $\mathrm{e}^{sd(x)}$ 两序列卷积的结果是常数，但因为 $\mathrm{e}^{sd(x)}$ 的频谱是整个频率区域，所以 $p(x)\lambda(x)$ 是不依赖于 x 的常数。设 $p(x)\lambda(x)=\gamma(s)^{-1}$，所以有

$$\gamma(s)=\int \mathrm{e}^{sd(z)}\,\mathrm{d}z \tag{7.4.9}$$

由此可以得到如下定理。

定理 7.4.2（连续香农下界）　均值为 0，方差为 σ_x^2 的离散时间连续信源 X，熵为 $h(X)$，在差值失真测度下，满足

$$R(D)\geqslant R_{\mathrm{SLB}}(D) \tag{7.4.10a}$$

且

$$R_{\mathrm{SLB}}(D)=\max_s\{sD+h(X)-\log\gamma(s)\} \tag{7.4.10b}$$

其中，$\gamma(s)$ 满足式(7.4.9)。对于均方失真测度，有 $\gamma(s)=\sqrt{-\pi/s}$，令 $\dfrac{\partial}{\partial s}[sD-\log\gamma(s)]=0$，得 $D=-1/(2s)$，代入式(7.4.10b)，得平方失真测度下的香农下界为

$$R_{\mathrm{SLB}}(D)=h(X)-\frac{1}{2}\log(2\pi\mathrm{e}D)=\frac{1}{2}\log\frac{\sigma^2}{D} \tag{7.4.11}$$

其中，$\sigma^2=\dfrac{1}{2\pi\mathrm{e}}2^{2h(X)}$ 为熵功率。

在一般情况下，对于平方失真测度，$R(D)$ 函数满足

$$R_{\mathrm{SLB}}(D)=\frac{1}{2}\log\frac{\sigma^2}{D}\leqslant R(D)\leqslant\frac{1}{2}\log\frac{\sigma_x^2}{D}\quad(0<D\leqslant\sigma_x^2) \tag{7.4.12}$$

仅当 X 为高斯信源时，等式成立。式(7.4.12)表明，在均方失真准则下：

(1) 相同方差的信源在满足同样均方失真 D 条件下，高斯信源有最大的 $R(D)$ 值；

(2) 高斯信源率失真函数达到香农下界，即对于高斯信源，有

$$R(D)=R_{\mathrm{SLB}}(D)=(1/2)\max[0,\log(\sigma_x^2/D)] \tag{7.4.13}$$

根据式(7.4.12)，可得在均方失真准则下，失真率函数 $D(R)$ 满足

$$D_{\mathrm{SLB}}(R)=\sigma^2 2^{-2R}\leqslant D(R)\leqslant\sigma_x^2 2^{-2R} \tag{7.4.14}$$

其中，$D_{\mathrm{SLB}}(R)$ 称作香农失真下界；σ^2 为信源的熵功率，且 $\sigma^2\leqslant\sigma_x^2$，仅当 X 为高斯信源时，等号成立。式(7.4.14)表明，在均方失真准则下：

(1) 相同方差的信源在同码率 R 条件下，高斯信源有最大的 $D(R)$ 值；

(2) 高斯信源失真率函数达到香农失真下界，即对于高斯信源，有

$$D(R)=D_{\mathrm{SLB}}(R)=\sigma_x^2 2^{-2R} \tag{7.4.15}$$

根据以上的分析可知，在均方失真准则下，高斯信源是最难压缩的信源。这与对 AEP 分析所得结论一致。

7.4.3 矢量香农下界

定理 7.4.3 设 N 维平稳信源输出序列为 $\boldsymbol{x}=(x_1,x_2,\cdots,x_N)$，对于均方失真测度，有

$$R_N(D)\geqslant N^{-1}h(\boldsymbol{X}^N)+R_1(D)-h(X_1) \tag{7.4.16}$$

所以

$$R(D)\geqslant R_{\mathrm{SLB}}(D)=R_1(D)+\bar{h}(X)-h(X_1) \tag{7.4.17}$$

其中，$R_1(D)$、$h(X_1)$分别为 X_1 的率失真函数和熵；$\bar{h}(X)=\lim\limits_{N\to\infty}N^{-1}h(\boldsymbol{X}^N)$为熵率。

根据式(7.4.10a)和式(7.4.11)，有 $R_1(D)-h(X_1)\geqslant(1/2)\log(2\pi eD)$，代入式(7.4.17)就有

$$R(D)\geqslant R_{\mathrm{LSB}}(D)=\bar{h}(X)-(1/2)\log(2\pi eD) \tag{7.4.18}$$

根据式(7.4.18)和式(2.1.25)可得，对于均方失真测度，平稳离散时间过程$\{x_n\}$的香农下界为

$$R_{\mathrm{SLB}}(D)=(1/2)\log(\sigma^2/D) \tag{7.4.19}$$

其中，σ^2 为信源熵功率(见式(2.1.25))，也称过程的一步预测误差。

注：对于平稳无记忆过程，有 $\bar{h}(X)=h(X_1)$，单符号信源熵功率与 N 维信源熵功率相同，所以式(7.4.19)与式(7.4.11)的结果也相同。

如果平均失真比较小，就可对平稳离散时间高斯过程 $R(D)$的参数表示式(7.3.32)和式(7.3.33)进行简化。如果 $\theta<\inf S_x(f)$，那么根据式(7.3.32)，得 $D_\theta=\theta<\inf S_x(f)$，再代入式(7.3.33)，就可以消掉 θ，这样率失真函数可合并为一个表达式，从而可归纳为下面的定理。

定理 7.4.4 一个平稳离散时间高斯信源$\{x_n,n=0,\pm1,\pm2,\cdots\}$，谱密度函数为 $S_x(f)$，那么在均方失真测度下$\{x_n\}$的 $R(D)$曲线以式(7.4.19)为下界；而且 $R(D)=R_{\mathrm{SLB}}(D)$，对于 $D<\delta$，这里 δ 表示 $S_x(f)$的下确界，即

$$R(D)=(1/2)\int_{-1/2}^{1/2}\log[S_x(f)/D]\mathrm{d}f,\quad \text{对于 } D<\delta \tag{7.4.20}$$

例 7.4.2 一平稳序列$\{x_n,n=0,\pm1,\pm2,\cdots\}$满足如下差分方程：

$$x_n=rx_{n-1}+e_n \tag{7.4.21}$$

其中，$\{e_n\}$为均值为零、方差 σ_ε^2 的高斯白噪声序列；对于均方失真测度，求过程$\{x_n\}$的率失真函数。

解 由题意可知$\{x_n\}$也为高斯序列，设其方差为 $E(x_n^2)=\sigma_x^2$，因$\{x_n\}$是平稳的，所以 $\sigma_x^2=\sigma_\varepsilon^2/(1-r^2)$；对式(7.4.21)两边做 Z 变换，得 $X(z)=E(z)/(1-rz^{-1})$，所以信源$\{x_n\}$的谱密度为

$$S_x(f)=X(z)X(z^{-1})\big|_{z=\exp(\mathrm{j}2\pi f)}=\frac{\sigma_\varepsilon^2}{1-2r\cos(2\pi f)+r^2} \tag{7.4.22}$$

又 $\inf S_x(f)=\dfrac{\sigma_\varepsilon^2}{(1+r)^2}$，根据式(7.4.20)，得

$$R(D)=\frac{1}{2}\int_{\frac{1}{2}}^{\frac{1}{2}}\log\frac{\sigma_x^2(1-r^2)}{[1-2r\cos(2\pi f)+r^2]D}\mathrm{d}f=\frac{1}{2}\log\frac{\sigma_x^2(1-r^2)}{D}\text{，对于 } D\leqslant\frac{\sigma_x^2(1-r)}{1+r} \tag{7.4.23}$$

或

$$R(D)=(1/2)\log(\sigma_\varepsilon^2/D)\text{，对于 } D\leqslant\sigma_\varepsilon^2/(1+r)^2 \blacksquare \tag{7.4.24}$$

7.5　限失真信源编码定理

7.5.1　限失真信源编码定理

设信源 X 发出长度为 N 的序列，而码字数为 M，即对 M 条信源序列进行编码。信源编码的码率定义为

$$R=(\log_2 M)/N \tag{7.5.1}$$

设信源的熵为 H，如果 $M>2^{NH}$，即 $R>H$，那么就存在无失真信源编码；但如果 $R<H$，编码就会产生失真，这就是限失真信源编码。下面叙述限失真信源编码定理。

定理 7.5.1　任意给定 $\varepsilon>0$，总存在一种信源编码，使当 $R\geqslant R(D)+\varepsilon$ 时，平均失真 $\leqslant D+\varepsilon$；反之，如果 $R<R(D)$，就不可能存在使平均失真 $\leqslant D$ 的编码。

对定理的以下几点注释。

(1) 定理的证明采用随机编码方法：随机地选择 M 个相互独立的码字构成满足码率要求的分组码。

(2) 定理指出，只要满足 $R\geqslant R(D)+\varepsilon$，就能达到失真要求，因此我们可以选择码率 R 任意接近 $R(D)$，即令 $M=\mathrm{e}^{n[R(D)+\delta]}\geqslant\mathrm{e}^{n[R(D)+\varepsilon]}$，得到 $R=(1/n)\log M=R(D)+\delta$。其中，$\delta$ 可以任意小。因此可得到如下结论：当码长 $n\to\infty$ 时，可找到一种编码使速率达到 $R(D)$，且平均失真小于等于 D。

(3) 该定理是非构造性的，它仅指出了编码的存在性，并未给出编码的实际方法。

(4) 定理启示包含如下两方面。

① 在给定的保真度准则下，可对信源进行压缩，所需的码率（或每信源符号所需的比特数）$R\geqslant R(D)$，即 $R(D)$ 是给定 D 时可达的最小码率，失真率函数 $D(R)$ 是给定码率 R 时可达的最小平均失真。因此，$R(D)$ 或 $D(R)$ 是衡量在给定失真测度下数据压缩有效性的标准。D 给定时码率越接近 $R(D)$，编码越有效；R 给定 D 时失真越接近 $D(R)$，编码越有效。②编码越接近可达的极限性能，编码复杂度或代价也就越高，特别是需要任意长的时延，定理指出，为达到最佳压缩性能，需要采用高维矢量量化。

7.5.2　有损信源编码参数

编码器参数有编码效率和编码剩余度。

编码效率 η 定义为在满足一定平均失真条件下 $R(D)$ 函数值与编码码率的比，即

$$\eta=R(D)/R \tag{7.5.2}$$

编码剩余度 γ 定义为编码码率与在满足一定平均失真条件下 $R(D)$ 函数值的差，即

$$\gamma = R - R(D) \tag{7.5.3}$$

编码效率越高，说明压缩性能越好，编码剩余度也越小。对于理论可达的最佳编码，编码器的编码效率为1，码率达到$R(D)$的值，编码剩余度为零。

7.6 高码率量化理论

本节介绍高码率量化的基本理论，主要包括固定码率量化和熵约束量化在r失真测度下的平均失真、失真下界及极限性能。本节以分析矢量量化失真为主，把标量量化作为矢量量化的特例（一维矢量量化）。注意：本节N表示量化码书的大小，k表示矢量的维数。

7.6.1 高码率量化平均失真

设k维矢量量化器q的输入矢量为$\boldsymbol{x}$，输出矢量为$Q(\boldsymbol{x})$，码书为$\{\boldsymbol{y}_i, i=1,\cdots,N\}$，输入胞腔划分为$\{S_i, i=1,\cdots,N\}$，现使用差失真测度$d(\boldsymbol{x},\boldsymbol{y})=\rho(\|\boldsymbol{x}-\boldsymbol{y}\|)$，通常使用幂的失真测度为$\rho(\|\boldsymbol{x}-\boldsymbol{y}\|)=\sum_{i=1}^{k}|x_i-y_i|^r$，其中，$r\geqslant 1$，当$r=2$时便是平方失真测度（注意：这里与率失真理论中使用的差失真测度有所不同，没有用k归一化），量化器的平均失真为

$$\begin{aligned} D(q) &= k^{-1}E[d(\boldsymbol{x},Q(\boldsymbol{x}))] = k^{-1}E[\rho(\|\boldsymbol{x}-Q(\boldsymbol{x})\|)] \\ &= k^{-1}\sum_{i=1}^{N}\int_{S_i} p(\boldsymbol{x})\rho(\|\boldsymbol{x}-\boldsymbol{y}_i\|)\mathrm{d}\boldsymbol{x} \end{aligned} \tag{7.6.1}$$

假定N足够大，概率密度$p(\boldsymbol{x})$足够平滑，可以认为在有界胞腔S_i中$p(\boldsymbol{x})$近似为常数。如果输入胞腔划分给定，那么为使失真最小，输出矢量应为所在胞腔的质心，称作一般化的质心，即

$$\boldsymbol{y}_i = \min_j E(d(\boldsymbol{x},\boldsymbol{y}_j)\,|\,\boldsymbol{x}\in S_i) \tag{7.6.2}$$

因为码矢量$\boldsymbol{y}_i$在此胞腔内，设$p(\boldsymbol{y}_i)\triangleq p_X(\boldsymbol{x}=\boldsymbol{y}_i)$，就有

$$P_i = P_r(\boldsymbol{x}\in S_i) = \int_{S_i} p(\boldsymbol{x})\mathrm{d}\boldsymbol{x} \approx p(\boldsymbol{y}_i)V(S_i) \tag{7.6.3}$$

其中，$V(S_i)$为胞腔i的体积，所以

$$\int_{S_i} p(\boldsymbol{x})\rho(\|\boldsymbol{x}-\boldsymbol{y}_i\|)\mathrm{d}\boldsymbol{x} \approx p(\boldsymbol{y}_i)\int_{S_i}\boldsymbol{\rho}(\|\boldsymbol{x}-\boldsymbol{y}_i\|)\mathrm{d}\boldsymbol{x} \tag{7.6.4}$$

假定输入矢量落入无界胞腔的概率可以忽略，而且包含码矢量$\boldsymbol{y}_i$的胞腔S_i很小，那么平均失真可近似为

$$\begin{aligned} D(q) &= k^{-1}\sum_{i=1}^{N} p(\boldsymbol{y}_i)\int_{S_i}\boldsymbol{\rho}(\|\boldsymbol{x}-\boldsymbol{y}_i\|)\mathrm{d}\boldsymbol{x} \\ &= \sum_{i=1}^{N}\left[k^{-1}V(S_i)^{-1-r/k}\int_{S_i}\boldsymbol{\rho}(\|\boldsymbol{x}-\boldsymbol{y}_i\|)\mathrm{d}\boldsymbol{x}\right]p(\boldsymbol{y}_i)V(S_i)^{1+r/k} \\ &= \sum_{i=1}^{N} M_i p(\boldsymbol{y}_i)V(S_i)^{1+r/k} \end{aligned} \tag{7.6.5}$$

其中，M_i为胞腔S_i关于点y_i的归一化惯量矩，也称在胞腔S_i中归一化平均失真，是一个无量纲的值，定义为

$$M_i = k^{-1}V(S_i)^{-1-r/k}\int_{S_i}\boldsymbol{\rho}(\|\boldsymbol{x}-\boldsymbol{y}_i\|)\mathrm{d}\boldsymbol{x} \tag{7.6.6}$$

对于同体积的胞腔，越像球的胞腔惯性矩越小。归一化惯量矩 M_i 与维数无关，仅与胞腔形状以及胞腔中码矢量的位置有关。在均匀量化和格型量化中，所有胞腔除最外面的以外，都有相同的形状和相同位置的码矢量，而在其他类型的量化器中，胞腔形状和码矢量位置都有变化。因此可用一个非负平滑的函数 $m(\boldsymbol{x})$ 对归一化惯量矩的变化进行描述，该函数称为惯性轮廓(Inertial Profile)，即 $m(\boldsymbol{x})\cong M_i(x\in S_i)$。

为确定在某区域内所包含码矢量所占的比例，提出点密度的概念。点密度描述码字矢量就像概率密度描述一个随机变量集合一样，不同码书尺寸的量化器可以根据点密度来比较。点密度与胞腔体积是互逆关系。一个量化器 q 的归一化点密度定义为

$$\lambda(q)\equiv[NV(S)]^{-1} \tag{7.6.7}$$

其中，N 为码矢量个数，$V(S)$表示包含输入矢量 $\boldsymbol{x}$ 胞腔 S 的体积。因为胞腔体积很小，$V(S)$近似为多维体积元，有 $V(S_i)\approx \mathrm{d}\boldsymbol{y}_i$，根据式(7.6.5)，量化器平均失真近似为

$$D(q) = \int_S m(\boldsymbol{x})p(\boldsymbol{x})V(S_i)^{r/k}\mathrm{d}\boldsymbol{x} = N^{-r/k}\int_S m(\boldsymbol{x})p(\boldsymbol{x})\lambda(\boldsymbol{x})^{-r/k}\mathrm{d}\boldsymbol{x} \tag{7.6.8}$$

对于标量量化，$k=1$，量化值在胞腔的中点，$m(x)=1/12$，平均失真为

$$D(q) = 12^{-1}N^{-r}\int_S p(x)\lambda(x)^{-r}\mathrm{d}x \tag{7.6.9}$$

这就是标量量化 Bennett 积分公式。

7.6.2　固定高码率量化平均失真

给定 k 维定码率量化器，实际上码矢量数 N 就给定，可根据式(7.6.8)，选择合适的点密度和惯性轮廓使平均失真最小。但如何选择最好的惯性轮廓，目前尚未研究清楚。Gersho(1979)提出一个猜想：当码率 R 很高时，具有最小或接近最小 MSE 的 k 维量化器的大部分胞腔近似与某种基本 k 维胞腔的平移与旋转等同。若存在一个 k 维空间的划分使得它的胞腔全是某一多面体的平移或旋转形成的，则称此多面体为镶嵌多面体。

设 M_k 是所有 $M_i(i=1,\cdots,N)$ 中最小的，那么根据式(7.6.5)，就有

$$D(q)\geqslant M_k\sum_{i=1}^{N}p(\boldsymbol{y}_i)V(S_i)^{1+r/k}\approx M_kN^{-r/k}\int_S p(\boldsymbol{x})\lambda(\boldsymbol{x})^{-r/k}\mathrm{d}\boldsymbol{x} \tag{7.6.10}$$

其中，M_k 称为 Gersho 常数，也称 Gersho 猜想，表示 k 维镶嵌多面体的最小归一化惯量矩。通常，点密度的选择依赖于输入的概率密度，现求式(7.6.10)右边的最小值，即寻找合适的$\lambda(\boldsymbol{x})$，求 $\min\limits_{\lambda(\boldsymbol{x})}E(\lambda(\boldsymbol{x})^{-r/k}) = \min\limits_{\lambda(\boldsymbol{x})}\int p(\boldsymbol{x})\lambda(\boldsymbol{x})^{-r/k}\mathrm{d}\boldsymbol{x}$。

应用 Holder 不等式：设两个可积函数 $h(x)$、$g(x)$和正实数 p、q，且 $1/p+1/q=1$，那么

$$\int h(x)g(x)\mathrm{d}x\leqslant\|h\|_p\|g\|_q \tag{7.6.11}$$

其中，$\|h\|_p=\left(\int|h(x)|^p\mathrm{d}x\right)^{1/p}$，当且仅当

$$\left(\frac{|h(x)|}{\|h(x)\|_p}\right)^p=\left(\frac{|g(x)|}{\|g(x)\|_q}\right)^q \tag{7.6.12}$$

成立时,式(7.6.11)中等号成立。

设 $p=(k+r)/k, q=(k+r)/r, h(x)^p=p(\boldsymbol{x})\lambda(\boldsymbol{x})^{-r/k}, g(x)^q=\lambda(\boldsymbol{x})$,那么

$$\int h(x)g(x)\mathrm{d}x=\int p(\boldsymbol{x})^{1/p}[\lambda(\boldsymbol{x})^{-r/k}]^{1/p}\lambda(\boldsymbol{x})^{1/q}\mathrm{d}\boldsymbol{x}=\int p(\boldsymbol{x})^{1/p}\mathrm{d}\boldsymbol{x}=\|p(\boldsymbol{x})\|_{k/(k+r)}^{k/(k+r)}$$

$$\|h\|_p=\left[\int p(\boldsymbol{x})[\lambda(\boldsymbol{x})^{-r/k}]\mathrm{d}\boldsymbol{x}\right]^{k/(k+r)},\ \|g\|_q=\left[\int\lambda(\boldsymbol{x})\mathrm{d}\boldsymbol{x}\right]^{1/q}=1$$

代入式(7.6.11),得

$$E(\lambda(\boldsymbol{x})^{-r/k})=\int p(\boldsymbol{x})\lambda(\boldsymbol{x})^{-r/k}\mathrm{d}\boldsymbol{x}\geqslant\|p(\boldsymbol{x})\|_{k/(k+r)} \tag{7.6.13}$$

由式(7.6.12)推出等式成立的条件,即

$$\frac{p(\boldsymbol{x})\lambda(\boldsymbol{x})^{-r/k}}{\int p(\boldsymbol{x})\lambda(\boldsymbol{x})^{-r/k}\mathrm{d}\boldsymbol{x}}=\lambda(\boldsymbol{x})$$

当式(7.6.13)中等号成立时,上式分母用 $\|p(\boldsymbol{x})\|_{k/(k+r)}$ 代替,就得到式(7.6.12)等式成立的条件为

$$\lambda(\boldsymbol{x})=\frac{p(\boldsymbol{x})^{k/(k+r)}}{\|p(\boldsymbol{x})\|_{k/(k+r)}^{k/(k+r)}} \tag{7.6.14}$$

所以

$$D(q)\geqslant M_k N^{-r/k}\|p(\boldsymbol{x})\|_{k/(k+r)} \tag{7.6.15}$$

对于固定码率,有 $R=k^{-1}\log N$,对于大的 R,由式(7.6.15),得最小平均失真为

$$\delta_k(R)\cong M_k\beta_k\sigma^2 2^{-rR}\equiv Z_k(R) \tag{7.6.16}$$

其中,β_k 为 Zador 系数,σ^2 为信源的方差,且

$$\beta_k=\frac{1}{\sigma^2}\|p(\boldsymbol{x})\|_{k/(k+r)}=\frac{1}{\sigma^2}\left(\int p(\boldsymbol{x})^{k/(k+r)}\mathrm{d}\boldsymbol{x}\right)^{(k+r)/k} \tag{7.6.17}$$

$Z_k(R)$ 为 Gersho-Zador 函数。

对于 Gersho 猜想 M_k,当前仅知道 $k=1$ 和 2 的情况。对于一维情况是线段,而对于二维情况是正六边形。当 k 增加时,M_k 趋近于 $1/(2\pi\mathrm{e})$,这是 k 维球当 k 趋近于无限大时的极限。当 $k=3$ 时,最好的格型镶嵌是截角八面体,但还没有证明这是最好的镶嵌。有人推测,对于均匀信源,最佳量化可能是两个或多个胞腔形状的周期性镶嵌,就好像一个足球表面由六边形和五边形构成一样。

当 R 很大时,Zador 证明 $\delta_k(R)$ 的形式为 $b_k\beta_k\sigma^2 2^{-rR}$,其中 b_k 为独立于信源密度的常数,所以 Gersho 猜想也就是对 b_k 的猜想。

下面求高码率量化平均失真的下界。当码率很高时,各胞腔的形状接近于球体时的平均失真是最小的。设 $T_y(S)$ 为质心在 y 体积与 S 相同的球形区域,称为等价球区域,可表示为

$$T_y(S)=\{x:\|x-y\|\leqslant R(S)\} \tag{7.6.18}$$

其中,

$$R(S)=(V(S)/V_k)^{1/k} \tag{7.6.19}$$

称为 S 的有效半径,V_k 为在半范数测度下单位球的体积,可表示为

$$V_k=\int_{u:\|u\|\leqslant 1}\mathrm{d}u \tag{7.6.20}$$

对于 l_p 范数(定义见式(7.3.7)),有

$$V_k=\frac{2^k(\Gamma(1/p))^k}{k\Gamma(k/p)p^{k-1}} \tag{7.6.21}$$

其中，$\Gamma(x)$为伽马函数，表示为

$$\Gamma(x)=\int_0^{\infty} t^{x-1}\mathrm{e}^{-t}\mathrm{d}t \tag{7.6.22}$$

引理 7.6.1　设矢量 $\boldsymbol{x}$ 在 S 内均匀分布给定基于半范数失真测度 $d(\boldsymbol{x},\boldsymbol{y})=\rho(\|\boldsymbol{x}-\boldsymbol{y}\|)$，那么对于任何有界集合，有

$$\int_S \rho(\|\boldsymbol{x}-\boldsymbol{y}\|)\mathrm{d}\boldsymbol{x} \geqslant \int_{T_y(S)} \rho(\|\boldsymbol{x}-\boldsymbol{y}\|)\mathrm{d}\boldsymbol{x} \tag{7.6.23}$$

引理证明略。引理的含义是：在集合 S 中均匀的分布矢量所产生的平均失真以在与 S 等体积的球中矢量所产生的平均失真为下界。这个结论类似于力学中的原理：与任何同体积的多面体相比，球体具有相对于质心最小的惯性矩。

对式(7.6.23)右边进行运算，有

$$\begin{aligned}\int_{T_y(S)} \rho(\|\boldsymbol{x}-\boldsymbol{y}\|)\mathrm{d}\boldsymbol{x} &= \int_{\boldsymbol{x}:\|\boldsymbol{x}-\boldsymbol{y}\|\leqslant R(S)} \rho(\|\boldsymbol{x}-\boldsymbol{y}\|)\mathrm{d}\boldsymbol{x} = \int_{x:\|x\|\leqslant R(S)} \rho(\|\boldsymbol{x}\|)\mathrm{d}\boldsymbol{x} \\ &= \int_{\boldsymbol{x}:\|\boldsymbol{x}/R(S)\|\leqslant 1} \rho(\|\boldsymbol{x}\|)\mathrm{d}\boldsymbol{x} = R(S)k\int_{\boldsymbol{u}:\|\boldsymbol{u}\|\leqslant 1} \rho(R(S)\|\boldsymbol{u}\|)\mathrm{d}\boldsymbol{u} \\ &= \frac{V(S)}{V_k}\int_{\boldsymbol{u}:\|\boldsymbol{u}\|\leqslant 1} \rho\Big(\Big(\frac{V(S)}{V_k}\Big)^{1/k}\|\boldsymbol{u}\|\Big)\mathrm{d}\boldsymbol{u}\end{aligned}$$

由式(7.6.6)和式(7.6.23)，有

$$\begin{aligned}M_i &= \frac{1}{kV(S_i)^{1+r/k}}\int_{S_i} \rho(\|\boldsymbol{x}-\boldsymbol{y}_i\|)\mathrm{d}\boldsymbol{x} \geqslant \frac{1}{kV(S_i)^{1+r/k}}\int_{T_y(S_i)} \rho(\|\boldsymbol{x}-\boldsymbol{y}_i\|)\mathrm{d}\boldsymbol{x} \\ &= \frac{V(S_i)^{-r/k}}{kV_k}\int_{\boldsymbol{u}:\|\boldsymbol{u}\|\leqslant 1} \rho\Big(\Big(\frac{V(S_i)}{V_k}\Big)^{1/k}\|\boldsymbol{u}\|\Big)\mathrm{d}\boldsymbol{u} = M_k(v)\end{aligned}$$

其中，

$$M_k(v)=\frac{v^{-r}}{kV_k}\int_{\boldsymbol{u}:\|\boldsymbol{u}\|\leqslant 1} \rho(vV_k^{-1/k}\|\boldsymbol{u}\|)\mathrm{d}\boldsymbol{u} \tag{7.6.24}$$

并且 $u=x/R(S)$，$v=V(S)^{1/k}$。

在 r 次幂失真测度下，$r\geqslant 1$，$M_k(v)$可以求值，得

$$M_k(v)=\frac{V_k^{-r/k}}{k+r} \tag{7.6.25}$$

将式(7.6.25)代入式(7.6.15)，得固定高码率量化平均失真下界为

$$D_{\mathrm{LB}}^{\mathrm{F}}(R)=\frac{1}{k+r}V_k^{\ -r/k}2^{-rR}\,\|p(x)\|_{k/(k+r)} \tag{7.6.26}$$

例 7.6.1　如果定码率量化器的 $\lambda(x)$在体积为 V 的区域 S 中选择为常数，求平均失真下界。

解　此时量化器输出均匀分布，$\lambda(x)=1/V$，得

$$p(x)=\frac{1}{V},\ \|p(x)\|_{k/(k+r)}=V^{\frac{r}{k}},\ 2^{-rR}=N^{-\frac{r}{k}}$$

所以

$$D_{\mathrm{LB}}(q)=\frac{1}{k+r}(NV_k/V)^{-r/k}=\frac{1}{k+r}\Big(\frac{V_k}{\Delta}\Big)^{-r/k} \tag{7.6.27}$$

其中，$\Delta=V/N$。■

如果 $k=1$，$r=2$，根据式(7.6.21)，由于 $p=2$，得 $V_2=2$，根据式(7.6.27)，得 $D_{\mathrm{LB}}(q)=\frac{1}{1+2}(2N/V)^{-2}=(V/N)^2/12$。均方误差近似为

$$D_{\mathrm{LB}}(q)=E[x-Q(x)]^2\cong\Delta^2/12 \tag{7.6.28}$$

这是高码率量化最基本的结果。

7.6.3 熵约束高码率量化平均失真

下面研究矢量量化后接熵编码的平均失真。假定码率不大于 R 的 k 维无记忆矢量量化器的编码器将长度为 L 的量化矢量进行变长码编码，$D(k,L)$ 为最小平均失真。实际上，一个码矢量就是 kL 维的，量化器称为具有 L 阶熵编码的 k 维量化器。当 $L=1$ 时，就是常规的无记忆矢量量化器；当 $L=0$ 时，就是定码率量化器。

设信源产生同分布、未必独立的序列$(\boldsymbol{x}_1,\boldsymbol{x}_2,\cdots,\boldsymbol{x}_L)$。在熵约束量化器或变码率量化器中，码字数目 N 不是主要描述特征，而且有可能是无限大，所以不用归一化点密度，而用非归一化点密度，这样得到的结果就不依赖码字数目 N。

在高码率量化情况下输出的熵为

$$H=H(Q(\boldsymbol{x}))=-\sum_{i=1}^{N}P_i\log P_i \tag{7.6.29}$$

其中，P_i 由式(7.6.3)确定。可以写成 $P_i=p(\boldsymbol{y}_i)/\Lambda(\boldsymbol{y}_i)$，其中，$\Lambda(\boldsymbol{y}_i)=V(S_i)^{-1}$，为非归一化点密度，以上结果代入(7.6.29)，得

$$\begin{aligned}H(Q(\boldsymbol{x}))&=-\sum_{i=1}^{N}p(\boldsymbol{y}_i)V(S_i)\log\frac{p(\boldsymbol{y}_i)}{\Lambda(\boldsymbol{y}_i)}\\&=-\sum_{i=1}^{N}p(\boldsymbol{y}_i)V(S_i)\log p(\boldsymbol{y}_i)+\sum_{i=1}^{N}p(\boldsymbol{y}_i)V(S_i)\log[\Lambda(\boldsymbol{y}_i)]\end{aligned}$$

利用积分近似，得

$$\begin{aligned}H(Q(\boldsymbol{x}))&=-\int p(\boldsymbol{y})\log p(\boldsymbol{y})\mathrm{d}\boldsymbol{y}-(k/r)\int p(\boldsymbol{y})\log\Lambda(\boldsymbol{y})^{-r/k}\mathrm{d}\boldsymbol{y}\\&=h(\boldsymbol{X}^k)-(k/r)\int p(\boldsymbol{y})\log\Lambda(\boldsymbol{y})^{-r/k}\mathrm{d}\boldsymbol{y}\\&\geqslant h(\boldsymbol{X}^k)-(k/r)\log\int p(\boldsymbol{y})\Lambda(\boldsymbol{y})^{-r/k}\mathrm{d}\boldsymbol{y}\end{aligned} \tag{7.6.30}$$

仅当 $\Lambda(\boldsymbol{x})$为常数时，也就是均匀量化时等号成立。所以，

$$\log\int p(\boldsymbol{y})[\Lambda(\boldsymbol{y})]^{-r/k}\mathrm{d}\boldsymbol{y}\geqslant r[h(\boldsymbol{X}^k)-H(Q(\boldsymbol{x}))]/k$$

或

$$\int p(\boldsymbol{y})[\Lambda(\boldsymbol{y})]^{-r/k}\mathrm{d}\boldsymbol{y}\geqslant 2^{r[h(\boldsymbol{X}^k)-H(Q(\boldsymbol{x}))]/k} \tag{7.6.31}$$

在熵约束条件下，将式(7.6.10)中的 $N\lambda(\boldsymbol{x})$由 $\Lambda(\boldsymbol{x})$代替，平均失真公式修正为

$$D(q)\geqslant M_k\int_S p(\boldsymbol{x})\Lambda(\boldsymbol{x})^{-r/k}\mathrm{d}\boldsymbol{x} \tag{7.6.32}$$

将式(7.6.31)代入式(7.6.32)，得

$$D(q)\geqslant M_k 2^{r[h(\boldsymbol{X}^k)-H(Q(\boldsymbol{x}))]/k} \tag{7.6.33}$$

对于变码率编码，码率用离散熵近似，每维码率为 $R=H(Q(\boldsymbol{x}))/k$，由此可得，熵约束高码率矢量量化最小平均失真为

$$\delta_{k,L}(R)\cong M_k\gamma_k\sigma^2 2^{-rR}\equiv Z_{k,L}(R) \tag{7.6.34}$$

其中，

$$\gamma_k=\sigma^{-2}2^{rh(\boldsymbol{X}^k)/k} \tag{7.6.35}$$

为 k 阶 Zador 系数，而 $Z_{k,L}(R)$ 为变码率编码 Gersho-Zador 函数。因为定码率编码是变码率编码的特殊情况，所以有 $\gamma_k \leqslant \beta_k$。

在 $k=1$ 时，属于标量量化情况，均匀点密度是最佳的，有关的结果将在第 8 章的标量量化中介绍。当 $L=1$ 时，Zador 证明，当 R 很大时，$\delta_{k,L}(R)$ 的形式为 $c_k\gamma_k\sigma^2 2^{-rR}$，其中 c_k 为独立于信源分布密度且不大于常数 b_k 的常数。

将式(7.6.25)的结果代入式(7.6.33)，得到熵约束高码率量化平均失真低界为

$$D_{\mathrm{LB}}^{\mathrm{E}}(R)=\frac{1}{k+r}V_k{}^{-r/k}2^{-rR}2^{rh(\boldsymbol{X}^k)/k} \tag{7.6.36}$$

7.6.4 高码率量化的性能

现对上面介绍的固定和熵约束两种高码率量化的性能进行比较。这里用两种平均失真下界式(7.6.26)和式(7.6.36)进行比较，而实际上只要比较两式的后半部分即可。由于

$$\begin{aligned}\log\|p(\boldsymbol{x})\|_{k/(k+r)}&=\frac{k+r}{k}\log\int p(\boldsymbol{x})\exp\{-(r/(k+r)\log p(\boldsymbol{x})\}\mathrm{d}\boldsymbol{x}\\&\geqslant\frac{k+r}{k}\int p(\boldsymbol{x})[-(r/(k+r)\log p(\boldsymbol{x})]\mathrm{d}\boldsymbol{x}\\&=-\frac{r}{k}\int p(\boldsymbol{x})\log p(\boldsymbol{x})\mathrm{d}\boldsymbol{x}=\frac{r}{k}h(\boldsymbol{X}^k)\end{aligned}$$

所以，

$$\|p(\boldsymbol{x})\|_{k/(k+r)}\geqslant\exp\{rh(\boldsymbol{X}^k)/k\}$$

从而有

$$D_{\mathrm{LB}}^{\mathrm{F}}(R)\geqslant D_{\mathrm{LB}}^{\mathrm{E}}(R) \tag{7.6.37}$$

这就是说，对于给定的码率，应用熵约束量化可达的最小平均失真低于固定码率量化可达的最小平均失真。

下面对熵约束高码率量化下界与香农下界进行比较。可以证明

$$D_{\mathrm{LB}}^{\mathrm{E}}(R)=\frac{\mathrm{e}\Gamma(1+k/r)^{r/k}}{1+k/r}D_{\mathrm{SLB}}^{k}(R) \tag{7.6.38}$$

其中，$D_{\mathrm{SLB}}^{k}(R)$ 为 k 维矢量香农下界。可以证明，式(7.6.38)的乘法因子在渐近量化情况下不小于 1，所以熵约束量化劣于理论上可达的香农下界。但当 $k\to\infty$ 时，这个乘法因子趋近于 1，此时两界重合。这就是说，当维数足够大时，熵约束高码率量化理论与香农理论给出同样的极限性能。

7.6.5 高码率量化理论与率失真理论

我们知道，率失真理论基本用于无限长度的随机变量列，主要依据大数定律和遍历性定理；而高码率量化理论基本用于有限维随机矢量，对平稳过程通过对码率取极限得到所需结果。但两种理论都可扩展到连续时间随机过程，不过高码率量化结果比较粗略；此外，两种理论都应用于二维和高维信源，都在均方失真方面对高斯信源进行了研究。

在失真测度方面，率失真理论主要应用于加性失真测度；而高码率量化理论对 r 次幂差失真测度有更多的结果，而且当前的某些结果已经扩展到非差失真测度。两种理论都在均方失真方面进行了研究，特别是对高斯信源。此外，两种理论都需要有限矩的条件。

两种理论具有互补性。具体地说，率失真理论规定了具有给定码率和渐近高维数量化器的最优性能，而高码率量化理论规定了具有给定维数和渐近高码率量化器的最优性能。当维

数与码率都很高时，两种理论给出相同的结果。

在收敛率方面，对于高码率量化和率失真理论要分别知道码率 R 和维数 k 需要多大公式才是精确的。根据经验法则，对于码率大于或等于 3，高分辨率理论就是相当精确的，而失真率函数的近似可用在适中到高维数的场合。

在定量关系方面，对于均方失真，Gersho-Zador 函数精确等于香农失真率函数下界。

在应用方面，率失真理论可用于评估对任何平稳信源的最佳量化器性能，而高码率量化理论可用于分析和优化某些有结构的和维数受限量化器的性能。

本章小结

1. 有损压缩理论基础
- 香农率失真理论（随机过程与遍历性理论）
- 高码率量化理论（基于微积分和近似的方法）

2. 有损压缩关键技术

① 量化；② 预测编码；③ 变换编码。

3. 连续随机变量 AEP（包含大部分概率的最小集合的体积近似等于 $2^{nh(X)}$）

4. 率失真函数
- 单符号率失真函数：$R(D)=\min\limits_{p(y|x)\in P_D} I(X;Y)$
- 矢量率失真函数：$R_N(D)=N^{-1}\min\limits_{p(\boldsymbol{y}|\boldsymbol{x})\in P_D} I(\boldsymbol{X}^N;\boldsymbol{Y}^N)$
- 有记忆信源率失真函数：$R(D)=\lim\limits_{N\to\infty} R_N(D)$

5. 失真率函数
- 单符号失真率函数：$D(R)=\min\limits_{p(y|x):I(p(y|x))\leqslant R} d(p(y|x))$
- 矢量失真率函数：$D(R)=\min\limits_{p(\boldsymbol{y}|\boldsymbol{x}):I(p(\boldsymbol{y}|\boldsymbol{x}))\leqslant R} d(p(\boldsymbol{y}|\boldsymbol{x}))$

6. 几种重要的 $R(D)$ 函数
- 二元信源：$R(D)=H(p)-H(D)$
- 离散时间无记忆高斯信源：$R(D)=(1/2)\max[0,\log(\sigma^2/D)]$
- 有记忆高斯信源的 $R(D)$ 函数：$R(D)=(1/2)\log(|\boldsymbol{\Sigma}|^{1/N}/D),D\leqslant\lambda_{\min}$
- 平稳离高斯信源 $R(D)$ 函数：$R(D)=(1/2)\int_{-1/2}^{1/2}\log[S_x(f)/D]\mathrm{d}f$，对于 $D<\delta$

7. $R(D)$ 函数香农下界
- 离散香农下界（差值失真测度）：$R_{\mathrm{SLB}}(D)=\max\limits_{s}\{sD+H(X)-\log\gamma(s)\}$
- 单符号 $R(D)$ 函数（差值失真测度）：$\frac{1}{2}\log\frac{\sigma^2}{D}\leqslant R(D)\leqslant\frac{1}{2}\log\frac{\sigma_x^2}{D}$
- 平稳离散时间信源香农下界：$R_{\mathrm{SLB}}(D)=(1/2)\log(\sigma^2/D)$（$\sigma^2$ 为熵功率）

8. 限失真信源编码定理

$$R\geqslant R(D)\Leftrightarrow \text{存在使平均失真}\leqslant D\text{的信源编码}$$

9. 高码率量化理论
- 胞腔 S_i 关于点 y_i 的归一化惯量矩：$M_i=\frac{1}{kV(S_i)^{1+r/k}}\int_{S_i}\boldsymbol{\rho}(\|\boldsymbol{x}-\boldsymbol{y}_i\|)\mathrm{d}\boldsymbol{x}$

• 固定高码率量化平均失真：$\delta_k(R) \cong M_k 2^{-rR}\left(\int p(x)^{\frac{k}{k+r}}\mathrm{d}x\right)^{\frac{k+r}{k}}$

• 熵约束高码率量化平均失真：$\delta_{k,L}(R) \cong M_k 2^{-rR} 2^{rh(\boldsymbol{X}^k)/k}$

• 对于给定的码率熵约束最佳量化优于定码率最佳量化，但劣于理论上可达的香农下界，但当维数足够大时，定码率与熵约束最佳量化与香农下界给出同样的极限性能。

思　考　题

7.1　有损压缩的理论基础包含哪两个主要方面？

7.2　你所知道的有损压缩关键技术有哪些？

7.3　香农限失真信源编码定理的内容是什么？

7.4　提出香农下界有何实际意义？

7.5　率失真理论与高码率量化理论有什么区别和联系？

习　　题

7.1　对于平稳无记忆序列，证明式(7.3.15)成立。

7.2　对于离散信源，证明不等式(7.4.1)成立。

7.3　对于连续信源，证明不等式(7.4.7)成立。

7.4　对于 N 维平稳信源，证明不等式(7.4.16)成立。

7.5　一个二元平稳马氏源 x_n 由下式确定：

$$x_n = x_{n-1} + z_n$$

其中，z_n 为二元无记忆信源，且 $p(z_n=1)=1-p(z_n=0)=p$，运算采用模二加，求信源 $R(D)$ 函数的香农下界。

7.6　求幅度误差测度下($d(x,y)=|x-y|$)零均值独立同分布高斯随机过程 $R(D)$ 函数的香农下界；$R_1(D)$ 的下界是否对于任何 D 值都等于 $R_1(D)$？

7.7　在均方失真测度下，根据式(7.6.6)，分别求二维正六边形和三维球的归一化惯性矩。

7.8　在均方失真测度下，根据式(7.6.6)，求一维最佳胞腔归一化惯性矩，并根据式(7.6.15)求量化的最小平均失真(已知量化电平数为 N)。

7.9　证明 $\lim\limits_{k\to\infty} M_k = (2\pi \mathrm{e})^{-1}$。

7.10　设 k 维单位球体积为 V_k，证明：

(1) 对于 l^2 范数，$V_k = 2\pi^{k/2}/[k\Gamma(k/2)]$；

(2) 对于 l^p 范数，$V_k = [2\Gamma(1/p)/p]^k/\Gamma(k/p+1)$；

(3) 对于 $\|\boldsymbol{x}\| = \boldsymbol{x}^{\mathrm{T}}\boldsymbol{B}\boldsymbol{x}$ 范数，$V_k = (\det \boldsymbol{B})^{-1/2}\pi^{k/2}/\Gamma(k/2+1)$；

其中，$\Gamma(\cdot)$ 为伽马函数。

第8章 标量量化

量化是对信源进行有损编码时使用的基本方法，它是一种映射关系，是按某种规则把多维或一维实数空间映射到一个有限离散数值集合的过程，实现这一功能的设备称作量化器。对一维信源输出的单符号量化称为标量量化，而对多个信源符号构成矢量的量化称为矢量量化。如果对一个模拟信号进行量化，就必须先对其采样得到时间离散样值，此时量化器输入是时间离散连续信源；不过量化器的输入也可以是离散随机变量。本章介绍标量量化的基本理论与技术，主要包括量化的基本概念、定码率最佳标量量化、均匀与非均匀标量量化、高分辨率标量量化以及变码率最佳标量量化等内容。除非特别说明，本章所提到的量化指的都是标量量化。

8.1 量化的基本概念

8.1.1 量化器的模型

一个 N 点标量量化器 Q 是一种映射 $Q:\mathcal{A}\to\mathcal{C}$，其中，$\mathcal{A}$ 为量化器输入 x 所取的符号集或实数区间；$\mathcal{C}=\{y_i\}\subset\mathcal{R}$（$\mathcal{R}$ 为实数集合）为量化器输出集合或码书，y_i 是码字，也称为量化器的输出值、输出电平或重建值（是实数区间的一个点），$i\in\mathcal{I}$（一个可数序号集），称为 y_i 的索引号或序号，通常 $\mathcal{I}=\{1,2,\cdots,N\}$，$N$ 是码书的大小，也称为量化级数或量化电平数。

标量量化器包含三个组成部分。

（1）一个有损编码器 $\alpha:\mathcal{A}\to\mathcal{I}$，将量化器输入 x 映射到一个整数 i，函数关系表示为

$$i=\alpha(x) \tag{8.1.1}$$

这种映射可以通过将实数空间划分成 N 个子区间来实现。$R_i=\{x\in\mathcal{A}:\alpha(x)=i\}$，表示第 i 个子区间，同时还要求 $\bigcup R_i=\mathcal{R}$，$R_i\cap R_j=\phi$，对于 $i\neq j$。

（2）一个重建译码器 $\beta:\mathcal{I}\to\mathcal{C}$，将整数 i 映射到码字 y_i，函数关系表示为

$$y_i=\beta(i) \tag{8.1.2}$$

上式表明，当译码器接收到第 i 个序号，就输出码书中的第 i 个量化值 y_i。

（3）一个无损编码器 $\gamma:\mathcal{I}\to\mathcal{J}$，将索引号 i 编成二元码字以便传输，函数关系表示为

$$j=\gamma(i) \tag{8.1.3}$$

其中，$\mathcal{J}=\{\gamma(i),i\in\mathcal{I}\}$，为二元码书。注意：量化编码器对输入样值进行量化后通过信道传送的并不是量化器输出 y_i 本身，而是 i 编成的二元码字 j。

量化器输出与输入的函数关系表示为

$$y=Q(x)=\beta(\alpha(x)) \tag{8.1.4}$$

也可以表示为

$$Q(x) = \sum_{i=1}^{N} y_i S_i(x) \tag{8.1.5}$$

其中，$S_i(x)$ 为选择函数，定义为

$$S_i(x)=\begin{cases}1 & 如果\ x\in R_i\\ 0 & 其他\end{cases} \tag{8.1.6}$$

量化器的模型如图 8.1.1 所示。

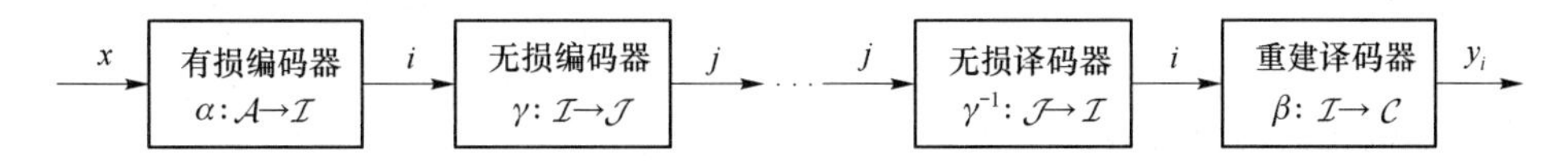

图 8.1.1　量化器模型

一个量化器完全由其输出电平$\{y_i;i=1,\cdots,N\}$和对应的划分区间$\{R_i;i=1,2,\cdots,N\}$来描述，可以写成 $Q=\{y_i,R_i;i=1,2,\cdots,N\}$，每个区间 $\mathcal{R}_i$ 是一个形式为(a_{i-1},a_i)的区间，$y_i\in(a_{i-1},a_i)$，其中，a_i 称为边界点。量化器的输出电平和边界点的关系满足：

$$a_0<y_1<a_1<\cdots<a_{N-1}<y_N<a_N \tag{8.1.7}$$

其中，

$$\Delta_i=a_i-a_{i-1},\quad 对于\ i=1,2,\cdots,N \tag{8.1.8}$$

量化区间 Δ_i 的大小称量化级差或量化阶距。一个量化区间如果是有界的，就称颗粒区间；否则，就称过载区间。所有颗粒区间的并称为颗粒区域，而所有的过载区间的并构成过载区域。

8.1.2　量化器的性能度量

连续样值量化成离散数值，必然引入失真。为衡量量化器性能的优劣，应该首先评价重建信号的质量，这就要定义失真测度，以此为基础，再计算量化噪声等其他量化器参数。

设量化器的输入与其重建值分别为 x、$y=Q(x)$。

1. 失真测度

计算量化失真时所需失真测度与前面介绍的率失真理论的要求相同，首先它应该是非负的，其次我们还希望这种失真测度具有容易计算、便于分析并与直观感觉相符等优点。例如，失真小的系统应该对应质量好的系统。有以下常用的失真测度：

平方失真　$$d(x,y)=(x-y)^2 \tag{8.1.9}$$

绝对失真　$$d(x,y)=|x-y| \tag{8.1.10}$$

相对失真　$$d(x,y)=|x-y|/|x| \tag{8.1.11}$$

以上所定义的失真函数值与 x、y 之间的距离有关，距离大，失真也大。

如果 x 为离散随机变量，还可以定义误码失真为

$$d(x,y)=\delta(x,y)=\begin{cases}0, & x=y\\ 1, & x\neq y\end{cases} \tag{8.1.12}$$

在给定的失真测度下定义平均失真 D 为

$$D(\alpha,\beta) = E[d(x,y)] = \sum_{i=1}^{N}\int_{a_{i-1}}^{a_i} d(x,y_i)p(x)\mathrm{d}x \tag{8.1.13}$$

如果 x 为离散随机变量，上式中的积分变成求和。这里要注意，平均失真的计算与率失真函数的平均失真计算有所不同。由于量化器的输入和重建值是确定性的关系，所以只用输入概

率进行平均即可。除非明确说明，本书均采用平方失真函数，对应的平均失真称为均方失真，也称均方误差。

2. 码率

平均传送一个量化值的索引号所需的二进制代码个数称为量化器的分辨率或码率，也就是对每个样值进行量化平均所需比特数。如果每个索引号都用等长代码传送，称作固定码率量化器，否则为可变码率量化器。如果量化级数为 N，那么 N 个实数可用 $R(\alpha,\gamma)$ 个二进数字来表示。

固定码率量化器的码率为

$$R(\alpha,\gamma)=\log_2 N\ (\text{bit}) \tag{8.1.14}$$

可见，当 N 给定，固定码率量化器的码率与量化器中的无损编码器无关。

可变码率量化器的码率为

$$R(\alpha,\gamma)=E[l(\gamma(i))]=\sum_i l(\gamma(i))\int_{R_i} p(x)\mathrm{d}x \tag{8.1.15}$$

3. 编码效率

编码效率定义为在相同平均失真条件下，率失真函数与量化器的码率的比，即

$$\eta=R(D)/R \tag{8.1.16}$$

其中，$R(D)$ 为率失真函数，R 为平均失真为 D 时量化器的码率。编码效率越高说明量化器越接近率失真函数所确定的理论可达的最优性能。

4. 平均失真的恶化值

平均失真恶化值定义为在相同码率条件下，平均失真与失真率函数的比，即

$$\delta=10\log_{10}\frac{D}{D(R)}(\text{dB}) \tag{8.1.17}$$

其中，D 为量化器的平均失真；$D(R)$ 为失真率函数。恶化值越小说明量化器越接近失真率函数所确定的理论可达的最优性能。编码效率和平均失真恶化值这两种描述实质上是等价的，就像率失真函数和失真率函数是等价的一样。

5. 量化噪声

量化器输入与重建值的差称为量化误差：

$$\varepsilon=x-y=x-Q(x) \tag{8.1.18}$$

它可以看成在量化过程中引入的噪声，简称量化噪声。这种噪声与信息传输信道中的噪声有所不同。信道的噪声通常独立于信道的输入，而量化噪声与量化器的输入是相关的，确切地说，量化噪声和输入是确定性的函数关系。但为了便于处理，例如在高分辨率情况下，也把量化噪声看成均匀分布和不相关的随机变量。

有两种量化噪声：颗粒噪声和过载噪声。颗粒噪声是由于量化器的输入处于有界的量化区间内所产生的误差，而过载噪声是当输入处于过载区域所产生的误差。

对于平方失真，量化均方误差为

$$\begin{aligned}D&=E[(x-Q(x))^2]=\int_{-V}^{V}(x-y)^2p(x)\mathrm{d}x+\int_{|x|>V}(x-y)^2p(x)\mathrm{d}x\\&=D_g+D_0=\text{颗粒噪声方差}+\text{过载噪声方差}\end{aligned} \tag{8.1.19}$$

其中，V 和 $-V$ 表示颗粒区域与过载区域的分界点；D_g、D_0 分别表示颗粒噪声和过载噪声的方差。

在满足式(8.1.1)的条件下，量化均方误差为

$$D_{MSE} = \sum_{i=0}^{N-1}\int_{a_i}^{a_{i+1}} (x - y_{i+1})^2 p(x)\mathrm{d}x \tag{8.1.20}$$

量化平均绝对误差为

$$D_{ABS} = \sum_{i=0}^{N-1}\int_{a_i}^{a_{i+1}} |x - y_{i+1}| p(x)\mathrm{d}x \tag{8.1.21}$$

6. 信噪比

量化器的信噪比定义为输入信号方差或平均功率与量化均方误差的比：

$$[\mathrm{SNR}]_{\mathrm{dB}} = 10\lg\frac{\mathrm{Var}(x)}{D_{MSE}} \tag{8.1.22}$$

其中，$\mathrm{Var}(x)$为输入信号方差或平均功率；D_{MSE}为量化均方误差，也就是均方失真。实际上，可以把量化器的重建值看成是输入样值受到量化噪声干扰的结果，而输入样值为有用信号。

有时也定义量化器的峰值信噪比为

$$[\mathrm{PSNR}]_{\mathrm{dB}} = 10\lg\frac{M^2}{D_{MSE}} \tag{8.1.23}$$

其中，M 为输入信号的最大峰值。

8.1.3　量化器的分类

可以从多种角度对量化器进行分类。按对信源符号操作的方式，量化器大致可分为无记忆和有记忆量化；对信源符号逐个(独立)操作的称为无记忆量化器，否则为有记忆量化器。本章所研究的量化都限于无记忆量化，而有记忆量化的内容主要在后面两章(预测编码和变换编码)介绍。按量化区间大小是否相同可分为均匀量化和非均匀量化；量化区间大小相同且量化值位于区间中点的量化为均匀量化，否则为非均匀量化。按量化值编码码长是否相同可分为固定码率量化和可变码率量化；每个量化值的代码长度都相同的量化为定码率量化，否则为变码率量化。按量化级数的多少分为高分辨率和低分辨率量化；量化级数很大的称高分辨率量化，量化级数适中的称中分辨率量化，量化级数很少的称低分辨率量化。按量化输出电平的特性还可分为对称量化和非对称量化；如果 $Q(x)=-Q(-x)$，则称对称量化器，否则为非对称量化器。

8.1.4　最佳量化器

量化器(α,γ,β)可以由率失真对 $D(\alpha,\beta)$和 $R(\alpha,\gamma)$来描述。而量化器的目的就是优化这个率失真对，主要有以下三种优化方式。

(1) 在满足码率的某个上界的条件下使量化平均失真最小，即约束码率优化失真：

$$\delta(R) = \min_{(\alpha,\gamma,\beta):R(\alpha,\gamma)\leqslant R} D(\alpha,\beta) \tag{8.1.24}$$

其中，$\delta(R)$称为运算失真率函数。

(2) 在满足量化平均失真的某个上界的条件下使码率最小，即约束失真优化码率：

$$r(D)=\min_{(\alpha,\gamma,\beta):D(\alpha,\beta)\leqslant D} R(\alpha,\gamma) \tag{8.1.25}$$

其中，$r(D)$称为运算率失真函数。

(3) 运用拉格朗日法的无约束优化：

$$L(\lambda)=\min_{(\alpha,\gamma,\beta)}[D(\alpha,\beta)+\lambda R(\alpha,\gamma)] \tag{8.1.26}$$

其中，λ 为非负实数。小的 λ 值可导致低的失真和高分辨率，而大的 λ 值导致大的失真和低分辨率。而且 $D(\alpha,\beta)+\lambda R(\alpha,\gamma)=E[d(x,\beta(\alpha(x)))+\lambda l(\gamma(\alpha(x)))]$。括号内的项可以视为一个修正的失真，称为拉格朗日失真。所以 $L(\lambda)$称为最小的拉格朗日失真。

以上三种优化性能各有用途，但本质上是等价的。$\delta(R)$与 $r(D)$是对偶的，$\delta(R)$、$r(D)$构成对应 λ 某一函数值 $L(\lambda)$的一个失真率对。根据上述优化的定义很容易得到量化器的优化条件。在量化器(α,γ,β)中，如果固定某两个组成部分，就可以根据优化的要求确定第三个组成部分。当量化级数给定后，对于定码率量化，输出的码长相同。当量化级数给定后，$R(\alpha,\gamma)$为常数，而$L(\lambda)$与 $\delta(R)$相同，因此可以简单地求解使量化平均失真最小的问题；而对可变速率量化器，输出的码长不能确定，要求解使平均码长和平均失真联合最小的问题。对于理想的熵编码，码长可以达到信源的熵，所以变速率最佳量化可以归结为熵约束最佳量化。本章重点研究定码率最佳标量量化器和高分辨率熵约束最佳标量量化器。

8.2 定码率最佳标量量化器

8.2.1 最佳标量量化器的条件

在定码率量化器(α,γ,β)中，由于码率已经给定，量化器的性能与 γ 无关，所以可写成量化器(α,β)，且仅考虑一种优化方式即可：

$$\delta(R)=\min_{(\alpha,\beta)}D(\alpha,\beta) \tag{8.2.1}$$

式(8.2.1)表明，最佳量化就是按某一失真测度，设计最佳编码器(将信源符号的取值范围划分成合适的量化区间)和最佳译码器(根据区间并选取合适的量化值)，使量化平均失真最小。由于量化运算具有高度非线性的特点，所以缺少直接解决方案。但量化器是由编码器和译码器两部分组成的，当一部分受到约束时求解另一部分满足的最佳条件就比较容易。对于固定码率最佳量化器必须满足：(1)在译码器给定条件下编码器应该是最佳的；(2)在编码器给定条件下译码器也应该是最佳的。以上两个条件称作最佳量化器的必要条件。译码器给定就是码书给定，这时要求解最佳的区间划分；编码器给定就是区间划分给定，这时要求解最佳码书。

如果量化器区间的划分满足：

$$\mathcal{R}_i=\{x:d(x,y_i)\leqslant d(x,y_j);\text{对所有 } j\neq i\} \tag{8.2.2}$$

则称最近邻条件。这就是说，第 i 个划分区域应由对 y_i 有最小失真的输入值组成，即

$$Q(x)=y_i,\text{仅当 } d(x,y_i)\leqslant d(x,y_j);\text{对所有 } j\neq i \tag{8.2.3}$$

定理 8.2.1 给定码书条件下，满足最近邻条件的编码器是最佳的。

证 量化器平均失真

$$D=\int d(x,Q(x))p(x)\mathrm{d}x\geqslant\sum_i\int_{R_i}\min_{y_i\in C}d(x,y_i)p(x)\mathrm{d}x$$

当满足最近邻条件式(8.2.2)时,上式中等号成立。■

实际上,满足最近邻条件也是最佳编码器的必要条件。求由式(8.1.13)确定的平均失真对量化区间分界点的偏导数,并令其为零

$$\frac{\partial D}{\partial a_i}=\frac{\partial}{\partial a_i}\left[\int_{a_{i-1}}^{a_i} d(x,y_i)p(x)\mathrm{d}x+\int_{a_i}^{a_{i+1}} d(x,y_{i+1})p(x)\mathrm{d}x\right]$$

$$=d(a_i,y_i)p(a_i)-d(a_i,y_{i+1})p(a_i)=0$$

得到

$$d(a_i,y_i)=d(a_i,y_{i+1}) \tag{8.2.4}$$

即最佳区间分界点与两相邻量化电平的失真相同。这样的分界点$\{a_i,i=0,\cdots,N\}$将输入x的取值区间划分成N个子区间$\{R_i,i=1,\cdots,N\}$,当$x\in R_i$时,满足最近邻条件。

对于平方误差和绝对误差失真测度,边界点条件为$(a_i-y_{i-1})^2=(a_i-y_i)^2$和$|a_i-y_{i-1}|=|a_i-y_i|$,可得

$$a_i=(y_i+y_{i+1})/2 \tag{8.2.5}$$

上式说明,最佳编码器的区间分界点为两相邻量化值的中点。

如果量化值y_i为区间R_i给定条件下x的均值,即R_i的质心

$$y_i=E(x|x\in R_i) \tag{8.2.6}$$

则称为质心条件。

定理8.2.2 在均方失真测度条件下给定划分区间,满足质心条件的译码器是最佳的。

证 由式(8.1.20)可知,给定划分区间后,要使总平均失真最小,只要使和式中的每一项分别最小即可。对于第i区间,有

$$\int_{R_i}(x-y_i)^2p(x)\mathrm{d}x=P_i\int_{R_i}(x-y_i)^2p_{x|R_i}(x)\mathrm{d}x=P_iE[(x-y_i)^2\mid x\in R_i]$$

其中,$p_{x|R_i}(x)$为给定R_i条件下x的分布密度;P_i为x处于区间R_i内的概率。使上式最小的y_i就是R_i条件下x的均值,即R_i的质心,并且

$$y_i=\frac{\int_{a_{i-1}}^{a_i}xp(x)\mathrm{d}x}{\int_{a_{i-1}}^{a_i}p(x)\mathrm{d}x}=\int_{a_{i-1}}^{a_i}xp(x\mid x\in R_i)\mathrm{d}x=E(x\mid x\in R_i)\blacksquare \tag{8.2.7}$$

注:(1) 质心可以看成使均方误差最小的该区间内量化器输入的最佳估计值。

(2) 实际上,在均方失真测度下给定划分区间,质心条件也是最佳译码器的必要条件。通过令

$$\frac{\partial D}{\partial y_i}=\frac{\partial}{\partial y_i}\int_{a_{i-1}}^{a_i}(x-y_i)^2p(x)\mathrm{d}x=-2\int_{a_{i-1}}^{a_i}(x-y_i)p(x)\mathrm{d}x=0$$

就得到式(8.2.7)的结果。

(3) 在绝对失真测度下给定划分区间,最佳译码器的量化值y_i是区间(a_{i-1},a_i)的中值点,即

$$\int_{a_{i-1}}^{y_i}p(x)\mathrm{d}x=\int_{y_i}^{a_i}p(x)\mathrm{d}x \tag{8.2.8}$$

(证明略,留作习题。)

定理8.2.1解决了在译码器给定条件下如何设计最佳编码器的问题,而定理8.2.2解决了在编码器给定条件下如何设计最佳译码器的问题。两定理给出的结果是设计最佳量化器的

基本依据。一般地说,最佳量化器的必要条件保证了局部最佳,当存在多个局部最佳量化器时,并不是所有量化器都是全局最佳的;但在某些特殊情况下,这两个必要条件也是充分的。可以证明,如果 $\log p(x)$ 在整个区间是上凸函数,就属于这种情况。特别是,输入为高斯分布的最佳量化器的必要条件也是充分条件。

8.2.2　最佳量化器的性质

设量化器输入与输出分别为 x 和 $y=Q(x)$,它们的均值分别为 $E(x)$ 和 $E(y)$。下面的定理描述了在均方失真测度下最佳量化器的性质。

定理 8.2.3　对于满足质心条件的量化器,有

(1)
$$E(y)=E(x) \tag{8.2.9}$$

(2)
$$E[y(x-y)]=0 \tag{8.2.10}$$

(3)
$$E[(x-y)^2]=E(x^2)-E(y^2) \tag{8.2.11}$$

(4)
$$E[x(x-y)]=E[(x-y)^2] \tag{8.2.12}$$

定理有如下含义:

(1) 量化输出均值与其输入均值相同,即输出是输入的无偏估计;

(2) 量化输出与量化误差($x-y$)不相关;

(3) 量化均方误差是输入信号方差与输出方差的差值;

(4) 量化误差与输入的相关函数等于均方误差,说明量化器误差与输入并不是不相关的,除非量化均方误差为零。

证　由式(8.2.7)的质心条件,有

$$y_iP_r(y_i)=\int_{a_{i-1}}^{a_i}xp(x)\mathrm{d}x \tag{8.2.13}$$

其中,

$$P_r(y_i)=\int_{a_{i-1}}^{a_i}p(x)\mathrm{d}x \tag{8.2.14}$$

所以

(1) $E(y)=\sum_{i=1}^{N}P_r(y_i)y_i=\sum_{i=1}^{N}\int_{a_{i-1}}^{a_i}xp(x)\mathrm{d}x=E(x)$,这里利用了式(8.2.13);

(2) $E[xy]=\int xyp(x)\mathrm{d}x=\sum_{i=1}^{N}\int_{a_{i-1}}^{a_i}y_ixp(x)\mathrm{d}x\overset{*}{=}\sum_{i=1}^{N}y_iy_iP_r(y_i)=E(y^2)$,该式与式(8.2.10)等价(注意:上面 * 利用了式(8.2.13));

(3) $E[(x-y)^2]=E(x^2)-2E(xy)+E(y^2)=E(x^2)-E(y^2)$,上面利用了(2)的结果;

(4) $E[x(x-y)]=E[(x-y)^2]+E[y(x-y)]=E[(x-y)^2]$,上面利用了式(8.2.10)的结果。■

注意:该定理仅要求满足质心条件,并未要求满足最近邻条件。

例 8.2.1　设信源输出 x 为零均值、方差为 σ^2 的一维正态分布,采用均方失真的 2 级量化。(1)求最佳标量量化器的量化区间和码书;(2)计算平均失真;(3)求编码效率。

解　(1)根据最佳量化器的性质,量化器的两个输出电平 y 均值也为零,如果边界点为 $x=0$,两个量化值为 y 和 $-y$,就满足最佳量化器的边界条件。量化值满足的质心条件为

$$y=\frac{1/(\sqrt{2\pi}\sigma)\int_0^{\infty}x\mathrm{e}^{-\frac{x^2}{2\sigma^2}}\mathrm{d}x}{1/(\sqrt{2\pi}\sigma)\int_0^{\infty}\mathrm{e}^{-\frac{x^2}{2\sigma^2}}\mathrm{d}x}=\sqrt{2/\pi}\sigma\approx 0.798\sigma$$

量化区间：$(-\infty,0)$，$(0,\infty)$；　码书：$\{-0.798\sigma,0.798\sigma\}$。

(2) 均方失真

$$D=E(x^2)-E(y^2)=\sigma^2-(\sqrt{2/\pi}\sigma)^2=\frac{\pi-2}{\pi}\sigma^2\approx 0.363\sigma^2$$

(3) $R(D)=\frac{1}{2}\log_2\frac{\sigma^2}{D}=\frac{1}{2}\log_2\frac{\pi}{\pi-2}\approx 0.73\ \text{bit}$

编码效率
$$\eta=\frac{0.73}{1}=73\%$$ ■

例 8.2.2 对负指数分布信源采用绝对失真测度进行3电平量化，求最佳标量量化器的量化区间和码书，并计算平均失真和编码效率。

解 负指数分布为
$$p(x)=\frac{\lambda}{2}\mathrm{e}^{-\lambda|x|}\quad -\infty<x<\infty \tag{8.2.15}$$

设量化后离散随机变量为Y，取值为$-y,0,y(y>0)$，根据式(8.2.5)，得量化区间为$(-\infty,-y/2)$，$(-y/2,y/2)$，$(y/2,\infty)$，且$a=y/2$。量化值应满足中值点条件，即

$$\int_a^y\frac{\lambda}{2}\mathrm{e}^{-\lambda|x|}\mathrm{d}x=\int_y^{\infty}\frac{\lambda}{2}\mathrm{e}^{-\lambda|x|}\mathrm{d}x$$

解方程$2\mathrm{e}^{-\lambda y}=\mathrm{e}^{-\lambda y/2}$，或$2\mathrm{e}^{-\lambda y}-\mathrm{e}^{-\lambda y/2}=0$，得$\mathrm{e}^{-\lambda y/2}=1/2$，所以

$$y=2\ln 2/\lambda$$

量化区间为：$(-\infty,-\ln 2/\lambda)$，$(-\ln 2/\lambda,-\ln 2/\lambda)$，$(\ln 2/\lambda,\infty)$；码书：$\{-2\ln 2/\lambda,0,2\ln 2/\lambda\}$；

平均失真：
$$\begin{aligned}D&=2\times\frac{\lambda}{2}\left[\int_0^{y/2}x\mathrm{e}^{-\lambda x}\mathrm{d}x+\int_{y/2}^{\infty}|x-2a|\mathrm{e}^{-\lambda x}\mathrm{d}x\right]\\&=\lambda\left[\int_0^{y/2}x\mathrm{e}^{-\lambda x}\mathrm{d}x-\int_{y/2}^{y}(x-y)\mathrm{e}^{-\lambda x}\mathrm{d}x+\int_y^{\infty}(x-y)\mathrm{e}^{-\lambda x}\mathrm{d}x\right]\\&=\frac{1}{\lambda}[1-2\mathrm{e}^{-\lambda y/2}+2\mathrm{e}^{-\lambda y}]\Big|_{\mathrm{e}^{-\lambda y/2}=1/2}=\frac{1}{2\lambda}\end{aligned}$$

编码效率：

$$\eta=\frac{R(D)}{\log_2 3}=\frac{\log(1/(\lambda D))}{\log_2 3}=\frac{\log 2}{\log 3}=0.6309$$ ■

实际上，上题可以推广到量化级数为$n=2m+1$的情况，此时可得平均失真为

$$D=[\lambda(m+1)]^{-1} \tag{8.2.16}$$

负指数分布在绝对失真下的率失真函数为

$$R(D)=\log(1/(\lambda D))=\log(m+1) \tag{8.2.17}$$

而最佳量化的码率

$$R=\log(2m+1) \tag{8.2.18}$$

编码效率为

$$\eta=\frac{R(D)}{R}=\frac{\log(m+1)}{\log(2m+1)} \tag{8.2.19}$$

因为$\log_2(2m+1)<\log_2[2(m+1)]=[1+\log_2(m+1)]$ bit，所以最佳量化所需比特数与可达

的下界最多差 1 bit。

例 8.2.3 对随机变量 x 进行最佳量化以使均方误差最小;量化器有 3 个输出电平:−2、1 和 3,概率分别为 0.5、0.3 和 0.2,均方误差为 0.2;求

(1) x 的均值;

(2) 输入 x 与输出 $Q(x)$ 间的相关函数;

(3) x 的方差。

解 设 $y=Q(x)$,y 取 3 个值:−2,1,3。

(1) $E(x)=\sum_{i=1}^{3}p_iy_i=-2\times0.5+1\times0.3+3\times0.2=-0.1$

(2) $E[xQ(x)]=E(y^2)=(-2)^2\times0.5+1\times0.3+3^2\times0.2=4.1$

(3) $E(x^2)=E[y^2]+D=4.1+0.2=4.3$

$\mathrm{Var}(x)=4.3-(-0.1)^2=4.29$ ■

8.2.3 最佳量化器设计算法

在均方误差准则下的最佳量化器设计首先由 Lloyd 提出。这个方法实际上是在已知信源概率分布条件下交替利用最佳量化器的两个必要条件,反复进行迭代计算设计量化器的算法。有两种效果相同的算法:Lloyd Ⅰ算法和 Lloyd Ⅱ算法。前者广泛用于标量和矢量量化器的设计,后者由 Max 重新发现,也广泛用于标量量化器,但不能推广到矢量量化器。

1. Lloyd Ⅰ算法

Lloyd Ⅰ算法的基本做法是,从一个初始码书开始,根据最近邻条件确定最佳的区间划分;然后以此区间划分为条件确定最佳码书代替原来的旧码书,从而完成一次迭代。这种按照最佳量化器必要条件将给定码书转换成改进码书的迭代过程是算法的关键,称为 Lloyd 迭代,通过多次迭代,可以收敛到一个局部最佳量化器。

Lloyd 迭代的流程:

(1) 给定一码书 $C_m=\{y_i\}$,以此求量化区间的最佳分割,即利用最近邻条件形成最近邻区间;

(2) 应用质心条件,求上述划分区间的最佳码书。

迭代的条件是量化器输入概率密度已知,否则就要用训练数据的样本分布估计输入概率。

Lloyd Ⅰ算法流程:

(1) 设置一门限值 ε,选取初始码书 C_1,设 $m=1$;

(2) 给定码书 C_m,实施 Lloyd 迭代以产生改进的码书 C_{m+1};

(3) 计算 C_{m+1}的平均失真 D_{m+1}。若$(D_m-D_{m+1})/D_m\leqslant\varepsilon$,停止;否则置 $m+1\rightarrow m$,转到(2)。

2. Lloyd Ⅱ算法

Lloyd Ⅱ算法也称 Lloyd-Max 算法,也是基于最佳量化器必要条件,但不使用 Lloyd 迭代。该算法的要点是,设量化参数集合$\{a_0,y_1,a_1,y_2,\cdots,y_N,a_N\}$,其中 a_0、a_N 是已知量。首先选择第 1 个量化值 y_1,按最佳量化器必要条件,从左到右逐个计算量化参数,从 y_1 开始一直到 y_N。如果 y_N 是(a_{N-1},a_N)的质心,则算法结束,否则要重新选择 y_1,重复以上过程,直到 y_N 近似为区间(a_{N-1},a_N)的质心为止。

Lloyd Ⅱ算法流程：

(1) 已知 a_0、a_N，并设置门限值 ε；设 $k=1$，选择量化初始值 y_1；

(2) 设 y_k、a_{k-1} 已知，利用质心条件式(8.2.7)求 a_k；

(3) 利用式(8.2.5)求 y_{k+1}；

(4) 如果 $k<N-1$，令 $k+1\to k$ 并转到(2)；

(5) 计算区间 (a_{N-1},a_N) 的质心 c；如果 $|y_N-c|<\varepsilon$，就停止；否则转到(6)；

(6) 重新调整 y_1，令 $k=1$，转到(2)。

注：Lloyd 算法最终收敛于一个局部最小值，而不是全局最小值。

3. 基于实验数据的设计

在概率密度未知的情况下，往往利用实验数据进行概率密度的估计。被量化信号的一个观察(或样本)集合称为训练集合，设为 $T=\{a_1,a_2,\cdots,a_M\}$，其中 M 为训练集合的尺寸，a_i 为按从小到大排序的训练样点值。积累概率可以通过下式估计：

$$F^{(M)}(x)=\frac{1}{M}\sum_{i=1}^{M}u(x-a_i) \tag{8.2.20}$$

其中，$u(x)$ 为阶跃函数，且 $u(x)=\begin{cases}1 & x\geqslant 0\\ 0 & x<0\end{cases}$。由式(8.2.20)所得到的分布称经验分布。如果训练序列是平稳和遍历的，那么当 M 趋近无限大时，这个经验分布依概率收敛于真实的积累分布。所以利用训练序列的量化器设计首先根据实验数据建立概率模型，再利用 Lloyd 算法。

8.2.4 离散随机变量的最佳量化

实际上，量化并不仅限于连续到离散集合的映射，一个离散随机变量集合 X 也可以量化成另一个离散集合 Y，此时量化器称离散输入量化器。设 X 有 M 个元素，符号集 $T=\{a_1,a_2,\cdots,a_M\}$，量化级数为 N，其中 $M>N$。参照连续输入最佳量化的推导可知，质心条件和最近邻条件对于离散输入仍然有效，不过形式有所不同。离散输入最佳量化实际上就是将原集合划分成若干不相交的子集，使得平均失真最小。

设划分的子集为 $\{\mathcal{R}_j:j=1,\cdots,N\}$，量化输出为 $\{y_j,j=1,\cdots,N\}$，那么

最近邻条件：

$$R_j=\{a_k:|a_k-y_j|\leqslant|a_k-y_i|,\text{对所有 } i,k\} \tag{8.2.21}$$

质心条件：

$$y_j=E(x\mid x\in R_j)=\frac{\sum_{i=1}^{M}p_ia_iS_j(a_i)}{\sum_{i=1}^{M}p_iS_j(a_i)} \tag{8.2.22}$$

其中，$S_j(x)$ 与式(8.1.6)定义相同。

平均失真为

$$D=\sum_{i=1}^{M}p_i\sum_{j=1}^{N}(a_i-y_j)^2S_j(a_i) \tag{8.2.23}$$

如果离散数据是等概率的，那么式(8.2.22)中的 p_i 用 $1/M$ 来代替。质心条件为

$$y_j=E(x\mid x\in R_j)=\frac{1}{m_j}\sum_{i=1}^{M}a_iS_j(a_i) \tag{8.2.24}$$

其中，$m_j=\sum_{i=1}^{M}S_j(a_i)$，$R_j=\{a_i:S_j(a_i)=1,i=1,\cdots,M\}$，且 $\sum_{j=1}^{N}m_j=M$。平均失真为

$$D=\frac{1}{M}\sum_{j=1}^{N}\sum_{i=1}^{M}(a_i-y_j)^2S_j(a_i) \tag{8.2.25}$$

可以证明,满足质心条件的离散输入量化器也具有定理 8.2.2 所描述的性质(见习题)。离散输入量化器与连续输入量化器的一个重要差别就是,有一个附加的最优必要条件:对于最佳离散输入量化器,输入随机变量位于量化区域边界上的概率等于零,这可以用反证法来证明。实际上,Lloyd 算法也可用作离散随机变量量化器的设计。

8.3 均匀量化

在标量量化器中,最简单且常用的是均匀量化器。例如,把一个实数截短或舍入成含固定位数小数的过程就是均匀量化。大部分 A/D 转换也是均匀量化。

8.3.1 均匀量化的性质

满足均匀量化的条件是:

(1) 量化区域的边界点等间隔;

(2) 在颗粒区间,输出电平是区间的中点。

对于满足式(8.1.7)条件的均匀量化器,有

量化级差: $\Delta=a_i-a_{i-1}$ 对于 $i=1,2,\cdots,N$ (8.3.1)

量化值: $y_i=(a_i+a_{i-1})/2$ 对于 $i=1,2,\cdots,N$ (8.3.2)

过载区间: $(-\infty,a_0)$和(a_N,∞)。

定理 8.3.1 在均方失真准则下,对于均匀分布的信源,均匀量化是最佳量化,平均失真为 $\Delta^2/12$。

证 设信源 X 在$(0,L)$区间均匀分布,即

$$p(x)=\begin{cases}1/L & 0<x<L\\ 0 & 其他\end{cases} \tag{8.3.3}$$

均匀量化就是将$(0,L)$区间均匀分成 N 个子区间,将每个子区间的中点作为量化值,即

$$\Delta=L/N$$

$$a_i=iL/N=i\Delta \tag{8.3.4a}$$

$$y_i=(2i-1)L/(2N) \tag{8.3.4b}$$

可以验证,这样的分割满足式(8.2.4)和式(8.2.6),所以均匀量化是最佳量化。特别是,$a_{i-1}=(i-1)L/N=y_i-\Delta/2, a_i=y_i+\Delta/2$。

平均失真

$$D=\sum_{i=1}^{N}\int_{a_{i-1}}^{a_i}(x-y_i)^2\mathrm{d}x/L=\sum_{i=1}^{N}\frac{1}{3L}(x-y_i)^3\Big|_{a_{i-1}}^{a_i}=\frac{\Delta^2}{12}\ \blacksquare \tag{8.3.5}$$

定理 8.3.2 在绝对失真准则下,对于均匀分布的信源,均匀量化是最佳量化,平均失真为 $\Delta/4$。

证 在绝对失真准则下,量化区间边界和量化值的关系满足式(8.2.5);因为信源均匀分布,所以每个区间的中点就是中值点。因此式(8.3.4)的均匀量化条件也满足绝对失真测度下

最佳量化条件。

平均失真为

$$D=\sum_{i=1}^{N}\int_{a_{i-1}}^{a_i}|x-y_i|\,\mathrm{d}x/L=\sum_{i=1}^{N}\left[-\int_{a_{i-1}}^{y_i}(x-y_i)\mathrm{d}x+\int_{y_i}^{a_i}(x-y_i)\mathrm{d}x\right]/L=\frac{\Delta}{4}\blacksquare \tag{8.3.6}$$

可以证明，均匀分布信源的均匀量化在均方失真和绝对失真准则下的平均失真均未达到率失真函数规定的界限（见习题）。

均匀量化器的输出与输入关系可用阶梯形曲线来描述，该曲线中的相邻水平线段和竖直线段之间的间隔都相等，都等于 Δ。通常均匀量化器多采用对称量化，如果输入的均值为零，那么量化器的阶梯形曲线是关于原点对称的。有两种类型均匀量化器，一种是原点位于曲线中心一条竖直线段的中点，称 midrise 量化器；另一种是原点位于曲线中心一条水平线段的中点，称 midtread 量化器，分别如图 8.3.1(a)和(b)所示。

在 midrise 量化器中，量化电平中无零值，量化电平数为偶数；而在 midtread 量化器中，量化电平中含零值，量化电平数是奇数。在某些场合零量化电平是需要的，例如控制系统、声音编码系统等。以后无特殊说明，我们用 midrise 量化器，在图 8.3.1(a)中，设量化级数 $N=2M$，均匀量化器输出 $q(x)$ 与输入 x 的关系为

$$Q(x)=\begin{cases}(2i-1)\Delta/2 & (i-1)\Delta<x\leqslant i\Delta\\-(2i-1)\Delta/2 & -i\Delta<x\leqslant(1-i)\Delta\end{cases}\quad(1\leqslant i\leqslant M) \tag{8.3.7}$$

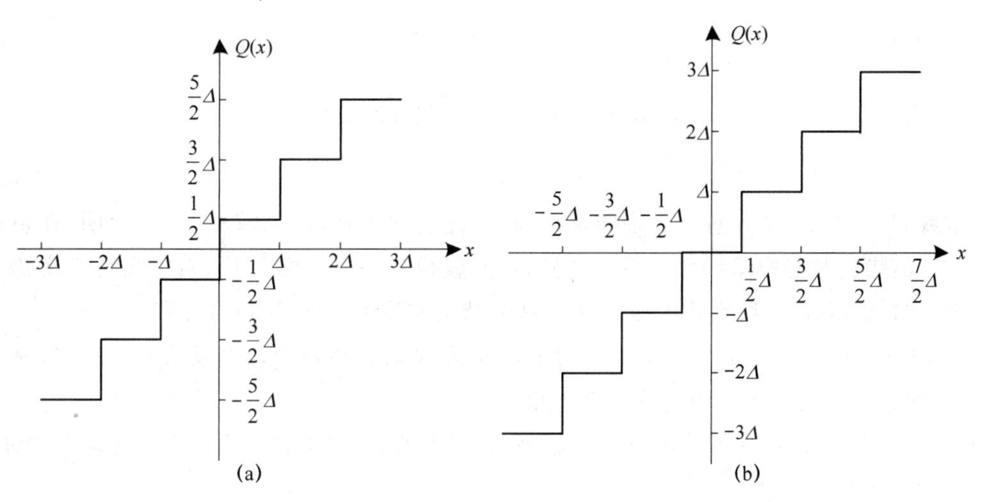

图 8.3.1　均匀量化输入与输出关系曲线

8.3.2　高分辨率均匀量化

在高分辨率量化情况下，通常有如下假设：(1)量化级数 N 值很大；(2)量化器过载的概率很小，可以忽略；(3)量化阶距远小于信号的均方根值；(4)输入信号的概率密度足够平滑。

定理 8.3.3　在均方失真准则下，高分辨率均匀量化的平均失真为

$$D\cong\frac{\Delta^2}{12}\int_{a_0}^{a_N}p(x)\mathrm{d}x \tag{8.3.8}$$

其中，a_0 和 a_N 分别为量化区间的下边界和上边界。

证 $D = E[(x-Q(x))^2] \overset{a}{\cong} \sum_{i=1}^{N}\int_{y_i-\Delta/2}^{y_i+\Delta/2}(x-y_i)^2 p(x)\mathrm{d}x$

$$\overset{b}{\cong} \sum_{i=1}^{N} p(y_i)\int_{y_i-\Delta/2}^{y_i+\Delta/2}(x-y_i)^2\mathrm{d}x = \frac{\Delta^2}{12}\sum_{i=1}^{N}p(y_i)\Delta$$

$$\overset{c}{\cong} \frac{\Delta^2}{12}\int_{y_1-\Delta/2}^{y_N+\Delta/2}p(x)\mathrm{d}x$$

以上每步的推导依据:①忽略过载噪声;②在很小的量化区间内概率密度近似为常数,用量化值的概率密度近似;③求和可用积分近似。设 $a_0=y_1-\Delta/2, a_N=y_N+\Delta/2$,就得到式(8.3.8)。■

注:(1) 式(8.3.8)成立的条件是高分辨率和忽略过载失真;

(2) 如果进一步近似,忽略过载区域,式(8.3.8)还可近似为

$$D \cong \Delta^2/12 \tag{8.3.9}$$

式(8.3.9)说明 D 独立于输入,此时可以把量化噪声视为独立于输入的噪声。

(3) 如果考虑过载失真,式(8.3.8)用于计算颗粒噪声平均功率。

当无界信号输入时,出现过载失真。定义负载因子为

$$\gamma = V/\sigma \tag{8.3.10}$$

其中,V 为无失真峰值信号幅度;σ 为输入信号的标准差。在对称量化情况下,$V=(a_{N-1}-a_1)/2$。对于均值为零的信号,峰值信号幅度就是测量范围的一半。定义负载分数 β 为负载因子的倒数。考虑到 $\Delta=2V/N=2V\times 2^{-R}$,由式(8.3.9)得

平均失真
$$D=\frac{1}{3}\sigma^2\gamma^2 2^{-2R} \tag{8.3.11}$$

信噪比
$$[\mathrm{SNR}]_{\mathrm{dB}} = 10\lg\frac{\sigma^2}{D} = 10\lg(3\beta^2 2^{2R})$$
$$=6.02R+C_1 \tag{8.3.12}$$

其中,常数 $C_1=10\lg(3\beta^2)$,对于合理的负载因子,此值常为负值。式(8.3.12)表明,在负载分数给定时,信噪比和码率呈线性关系。这样,我们就得到一个重要结论:对于高分辨率均匀量化,码率每增加 1 bit,信噪比就增加 6 dB。这个结论常称为每比特 6 dB 原则。

例 8.3.1 对方差为 σ^2 的高斯信源进行码率为 R 的高分辨率均匀量化,求量化器平均失真相对于理论上可达最小平均失真的恶化值。

解 对方差为 σ^2 的高斯信源进行有损编码,码率为 R,理论可达最小平均失真为 $D(R)=\sigma^2 2^{-2R}$,由式(8.3.11),得

$$\delta = 10\log_{10}(D/D(R)) = 10\log_{10}(\gamma^2/3)$$

实际上,δ 总是正数,因为要使过载概率很小,γ 应至少大于 3,此时过载概率小于 0.3%,$\delta=4.77$ dB。■

例 8.3.2 振幅为 A 的正弦信号满量程输入到均匀量化器,量化器的码率为 R,求量化器的输出信噪比 SNR。

解 设量化阶距为 Δ。由于量化电平数为 $N=2^R$,所以 $A=N\Delta/2=2^{R-1}\Delta$。

$$\mathrm{SNR}=\frac{A^2/2}{\Delta^2/12}=1.5\times 2^{2R}$$

$$[\mathrm{SNR}]_{\mathrm{dB}}=6.02R+1.76(\mathrm{dB})\text{■} \tag{8.3.13}$$

8.3.3 语音信号的均匀量化

高分辨率均匀量化可用于语音信号的波形编码，这就是语音脉冲编码调制（PCM）。编码过程主要包括三个步骤：采样、量化和编码。这里，我们主要研究语音信号的量化信噪比。

如2.5节所述，语音随机变量的概率分布可以用伽马分布和负指数分布来近似，前者较精确但表达式复杂，而后者不如前者精确但表达式简单，为简化描述，选择后者。现将呈负指数分布的语音样值 x 的概率密度重写如下：

$$p(x)=\frac{\lambda}{2}e^{-\lambda|x|} \quad -\infty<x<\infty \tag{8.3.14}$$

这种分布也称拉普拉斯分布，可写成

$$p(x)=\frac{1}{\sqrt{2}\sigma_x}e^{-\frac{\sqrt{2}}{\sigma_x}|x|} \quad -\infty<x<\infty \tag{8.3.15}$$

其中，$\sigma_x=\sqrt{2}/\lambda$，为 x 的标准差，由此可得，输入信号功率（方差）为

$$\sigma_x^2=2/\lambda^2 \tag{8.3.16}$$

下面计算量化信噪比。首先计算量化噪声，这里包括颗粒噪声和过载噪声。设量化颗粒区间为$(-L,L)$，过载区间为$(-\infty,L)$和(L,∞)，量化级数为 N，$\Delta=2L/N$。根据式(8.3.8)计算颗粒噪声，得

$$D_q=\frac{\Delta^2}{12}\int_{-L}^{L}\frac{\lambda}{2}e^{-\lambda|x|}dx=\frac{L^2}{3N^2}(1-e^{-\lambda L}) \tag{8.3.17}$$

设过载区的量化值为 $L-\Delta/2$，$-L+\Delta/2$，计算过载噪声，得

$$D_o=\frac{2+2\lambda\frac{L}{N}+\left(\frac{\lambda L}{N}\right)^2}{\lambda^2}e^{-\lambda L} \tag{8.3.18}$$

量化信噪比为

$$[\mathrm{SNR}]_{\mathrm{dB}}=10\lg\frac{\sigma_x^2}{D_q+D_o}=-10\lg\left\{\frac{1}{6}\left(\frac{\lambda L}{N}\right)^2+\left[1+\frac{\lambda L}{N}+\frac{1}{3}\left(\frac{\lambda L}{N}\right)^2\right]e^{-\lambda L}\right\} \tag{8.3.19}$$

通常，话音信号是不平稳的，短时平均功率电平随时间变化很大。一个信号的最大与最小短时平均功率的比值（以分贝为单位）称为该信号的动态范围。一个人说话的声音通常有40 dB的动态范围（而音乐可能有60 dB或更高的动态范围）。这就意味着，对于服从式(8.3.14)分布的语音样值，分布密度参数 λ 的变化可达100倍。设 λ 的最大和最小值分别为 $\lambda_{\max}$ 和 $\lambda_{\min}$，那么

$$\lambda_{\max}/\lambda_{\min}=100 \tag{8.3.20}$$

其中，$\lambda_{\max}$ 和 $\lambda_{\min}$ 分别对应小信号功率和大信号功率。

在 N 足够大的情况下，输入信号功率大时过载噪声起主要作用，而在功率小时颗粒噪声起主要作用，并且小信号时信噪比降低，所以量化器所需的比特数主要依赖于最小信号电平的信噪比。

为达到较好的语音质量，必须减小过载概率，而大电平信号容易过载。过载概率为

$$P_o=2\int_L^{\infty}\frac{\lambda_{\min}}{2}e^{-\lambda_{\min}x}dx=e^{-\lambda_{\min}L} \tag{8.3.21}$$

若要求该概率不大于0.002，则取

$$-\lambda_{\min}L=\ln 0.002=-6.2146 \tag{8.3.22}$$

设输入信号大、小功率两种情况下的信噪比分别用 ξ_o 和 ξ_q 表示。对式(8.3.19)进行近似,得大信号功率时信噪比

$$\xi_o \approx -10\times\lg \mathrm{e}^{-\lambda_{\min}L} = -10\times\lg 0.002 = 26.92\ \mathrm{dB} \tag{8.3.23}$$

小信号功率时,对式(8.3.19)进行近似,并设 $R=\log N$,得信噪比

$$\xi_q \approx -10\times\lg\left[\frac{1}{6}\times\left(\frac{\lambda_{\max}L}{2^R}\right)^2\right] = (6R-48)\ \mathrm{dB} \tag{8.3.24}$$

如果取 $R=12$,那么在小信号功率时,根据式(8.3.24)得,$\xi_q \approx 24$ dB,接近 26 dB。

通过以上对语音信号均匀量化分析,可得如下几点结论。

(1) 当量化级数一定时,大信号对应的量化信噪比大;

(2) 量化信噪比符合每比特 6 dB 原则;

(3) 为达到 26 dB 满意的信噪比,码率 R 至少需 12 bit 的量化。

8.4 非均匀量化

8.4.1 非均匀量化的基本原理

如前所述,对于均匀量化语音 PCM 系统,量化码率 R 至少需 12 bit,以保证小信号功率有接近 26 dB 的信噪比,而在大信号功率时,按语音具有 40 dB 动态范围计算,可得到约 66 dB 的信噪比。这就是说,如果每语音样值用 12 bit 均匀量化,对于小信号功率,信噪比刚好满足要求,而对于大信号功率,信噪比余量很大。

可以设想,如果小功率信号时量化级差小一些,就可提高小功率信号时的信噪比,而大功率信号时信噪比余量很大,使量化级差大一些仍可满足信噪比要求,但可以减少总的量化级数,这就是非均匀量化的基本思想。非均匀量化的作用可以视为对小功率信号的放大,对大功率信号的压缩,其结果是使不同信号功率下的信噪比基本恒定,从而显著压缩了码率。非均匀量化有两个优点:(1)对于给定的量化级数,可以显著扩大量化器输入的动态范围;(2)可以适应输入信号的统计特性,允许幅度很大的输入信号。通常,非均匀量化是通过均匀量化加压缩扩张来实现的,其中,编码器先将输入信号压缩,再均匀量化编码,而译码器是均匀量化译码后面加一个扩张器。非均匀量化的均匀量化加压缩/扩张模型如图 8.4.1 所示。输入信号 x 进入压缩器 $y=G(x)$,压缩器的输出 y 经过均匀量化输出 $\hat{y}$,该输出再经过扩张器输出 $\hat{x}=G^{-1}(\hat{y})$,$\hat{x}$ 为输入信号 x 的重建值。图 8.4.2 为非均匀量化示意图,设非均匀量化的量化级差为 Δ_i,而均匀量化的量化级差为 Δ,那么压缩函数在 x_i 点的导数近似为

$$G'(x_i) \approx \frac{G(x_i)-G(x_{i-1})}{x_i - x_{i-1}} = \frac{\Delta}{\Delta_i} \tag{8.4.1}$$

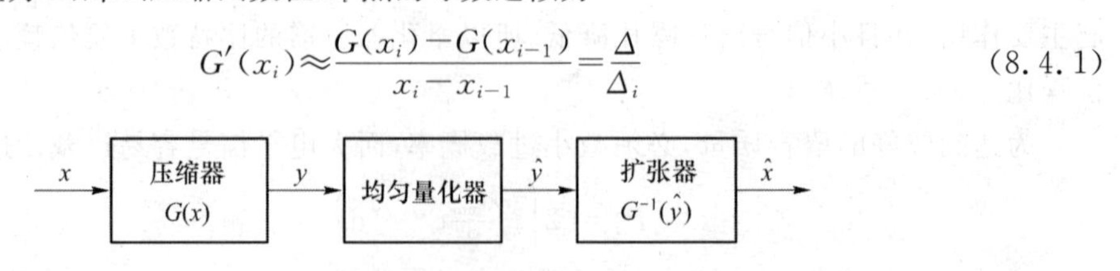

图 8.4.1 均匀量化加压缩/扩张模型

压缩器的目的就是要放大弱信号，压缩强信号，以得到合适的量化信噪比 SNR，因此对于小输入信号电平，应该有小的量化级差；而对于大级差信号电平，大的量化级差也要能保证所需要的 SNR。这就意味着，只要保持比值 $|x_i|/\Delta_i$ 近似为常数(k)，就能够维持基本恒定的信噪比。根据式(8.4.1)，有

$$G'(x_i) \approx \frac{\Delta}{\Delta_i} = \frac{\Delta}{|x_i|}\frac{|x_i|}{\Delta_i} \approx \pm\frac{k\Delta}{x_i} \qquad (8.4.2)$$

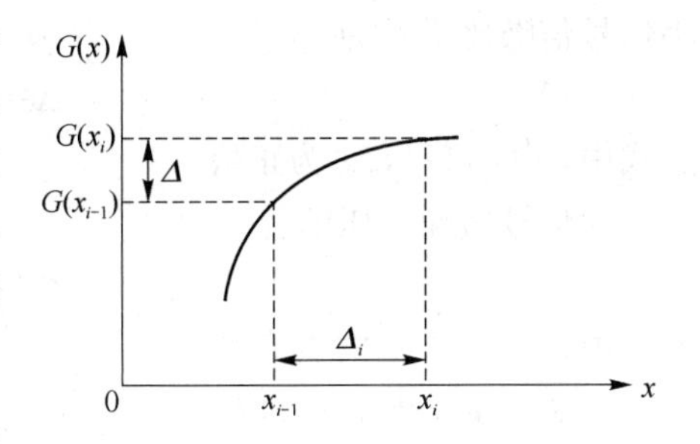

图 8.4.2　非均匀量化压缩示意图

$dy/dx = G'(x)$ 可看成压缩器的增益。式(8.4.2)表明，这个增益的绝对值应该与量化器输入信号的幅度成反比，而对数函数就具有这种特性。

8.4.2　对数压扩

如前所述，对数函数可以近似实现所需的压扩特性，成为最重要的一类压扩——对数压扩。这种压扩器将对数函数输入的零值附近进行某些修正，使函数具有连续、关于零点对称的特性。现有实用的两种语音信号的国际压缩标准 A 律和 μ 律，就采用这种压缩特性对语音进行非均匀量化的脉冲编码调制，称为对数 PCM，它们的压扩函数分别为

μ 律
$$y = \frac{\ln(1+\mu|x|)}{\ln(1+\mu)}\operatorname{sgn}(x) \quad 0 \leqslant |x| \leqslant 1 \qquad (8.4.3)$$

A 律
$$y = \begin{cases} \dfrac{A|x|}{1+\ln A}\operatorname{sgn}(x) & 0 \leqslant |x| \leqslant A^{-1} \\ \dfrac{1+\ln(A|x|)}{1+\ln A}\operatorname{sgn}(x) & A^{-1} \leqslant |x| \leqslant 1 \end{cases} \qquad (8.4.4)$$

这两种函数都是近似于对数型的变换，为了标准化，采用了归一化措施，即两者都在(0,1)区间内。若对 y 进行均匀量化，相当于对 x 是非均匀量化。当 x 较小时，量化级差减小；而 x 较大时，量化级差增大。这样就减小了小信号时的量化噪声，增大了大信号时的量化噪声，从而保证在一定码率下，当信号强度变化时量化输出的信噪比大致维持恒定。

下面对压缩效果进行分析。压缩函数在 $x=0$ 和 $x=1$ 处导数的值可以认为分别是对小功率信号扩展量和大功率信号的压缩量。下分别计算两标准下的压缩效果。

对于 μ 律，有
$$y' = \frac{\mu}{(1+\mu|x|)\ln(1+\mu)}$$

得
$$y'(0) = \frac{\mu}{\ln(1+\mu)} \qquad (8.4.5)$$

$$y'(1) = \frac{\mu}{(1+\mu)\ln(1+\mu)} \qquad (8.4.6)$$

对于 A 律，有
$$y' = \begin{cases} \dfrac{A}{1+\ln A} & 0 \leqslant |x| \leqslant 1/A \\ \dfrac{1}{(1+\ln A)|x|} & 1/A \leqslant |x| \leqslant 1 \end{cases}$$

得
$$y'(0) = \frac{A}{1+\ln A} \qquad (8.4.7)$$

$$y'(1) = \frac{1}{1+\ln A} \qquad (8.4.8)$$

小信号信噪比增益为

$$\Delta\xi = 20\lg y'(0)(\text{dB}) \tag{8.4.9}$$

上式中，$y'(0)>1$，$\Delta\xi$ 为正值。

大信号信噪比压缩为

$$\Delta\zeta = 20\lg y'(1)(\text{dB}) \tag{8.4.10}$$

上式中，$y'(0)<1$，$\Delta\xi$ 为负值。

例 8.4.1 计算 A 律和 μ 律两种压扩函数小信号信噪比增益和大信号信噪比压缩量。

解 A 律 $A=87.56, y'(0)=\dfrac{87.56}{1+\ln 87.56}=16.0005, \Delta\xi=20\lg 16.0005=24.0827\text{ dB}$

$$y'(1)=\frac{1}{1+\ln 87.56}=0.1827, \Delta\zeta=20\lg 0.1827=-14.7652\text{ dB}$$

μ 律 $y'(0)=\dfrac{255}{\ln(1+255)}=45.9859, \Delta\xi=20\lg 48.9859=33.2525\text{ dB}$

$$y'(1)=\frac{255}{(1+255)\ln(1+255)}=0.1796, \Delta\zeta=20\lg 0.1796=-14.9139\text{ dB}$$ ■

由于量化时每样值增加 1 bit 可以得到 6 dB 的信噪比增益，所以 24 dB 的小信号信噪比增益相当于量化增加 4 bit。因此，小信号在均匀量化下需要 12 bit 达到的信噪比要求，在利用压扩技术后，仅需要 8 bit 即可达到。

8.4.3 分段均匀量化

如果一个量化器的输入范围分成若干区段，其中每一段都是包含若干量化电平的均匀量化，那么该量化器称为分段均匀量化器。通常，这种量化器可以用来近似一个压缩特性为连续函数的非均匀量化器。例如，13 折线 A 律和 15 折线 μ 律可以近似式(8.4.3)和式(8.4.4)所描述的 A 律和 μ 律的压缩特性。分段均匀量化器的每一段都具有不同的量化级差，总失真可以通过各段均匀量化失真的平均得到，所以有如下定理。

定理 8.4.1 在均方误差准则下，分段均匀量化的平均失真 D 满足

$$D = \frac{1}{12}\sum_{k=1}^{K} P_k \Delta_k^2 \tag{8.4.11}$$

其中，K 为均匀量化的段数；P_k 为信号处于段 k 的概率；Δ_k 为段 k 的量化级差。

实际的语音压缩编码 PCM 系统采用 8 kHz 的采样率，采用折线近似的 8 bit 分段均匀量化(A 率或 μ 率)，得到 64 kbit/s 速率的压缩数字语音信号(ITU.721 建议)。

下面简单描述 13 折线 A 律的分段均匀量化。设 x 和 y 分别表示量化器归一化输入与输出，将 x 轴(0,1)区间按幅度由大到小依次分成不均匀的 8 段，每次分段是前次段长的 1/2。然后，每段再均匀分成 16 等份，每一等份是同一个量化级差。这样(0,1)区间共包含 8×16=128 个量化级差，且各段级差不同，从大到小。同样，y 轴(0,1)区间也按幅度由大到小依次分成均匀的 8 段，每段再均匀分成 16 等份，因此，该区间也包含 8×16=128 个量化级差，且各段级差相同。这样，x 轴和 y 轴 8 条线段分别构成对应关系，例如 x 轴的第 1 段(1/2,1)对应着 y 轴的第 1 段(7/8,1)……做 8 条折线，使得折线在 x 轴、y 轴上的投影分别为 x 轴、y 轴上的对应线段。很明显，这些折线是首尾连接的。类似地，可以得到(−1,0)区间的折线。由于第 1、2 段的折线斜率相等，可以合并成一条，而且这斜率还和负方向上的 1、2 段的折线斜率相等，也可连在一起成为一条，所以在整个(−1,1)区间共有 13 条折线。

13 折线 A 律量化器的 PCM 编码由极性码、段落码和段内码组成，如表 8.4.1 所示。

表 8.4.1　13 折线 A 律量化器的 PCM 编码

极性码	段落码			段内码			
C_7	C_6	C_5	C_4	C_3	C_2	C_1	C_0

其中，极性码表示信号的正负极性，“1”表示正，“0”表示负；段落码表示信号所在的段。因为每个极性有 8 段，幅度从小到大用 0～7 的 3 位二进制代码表示；段内码表示信号所在的段内的量化值。因为每段有 16 个量化值，所以用 0～15 的 4 位二进制代码表示。

8.4.4　高分辨率非均匀量化

在进行高分辨率近似分析时所做的假设与高分辨率均匀量化情况下假设相同，主要技术方法是引入了点密度的概念。

定理 8.4.2　在均方误差准则下，高分辨率非均匀量化的平均失真 D 满足

$$D = \frac{1}{12N^2}\int_R \frac{p(x)}{\lambda^2(x)}\mathrm{d}x \tag{8.4.12}$$

其中，N 为量化电平数，$\lambda(x)$为归一化的量化点密度，且

$$\int_R \lambda(x)\mathrm{d}x = 1 \tag{8.4.13}$$

式(8.4.12)称作 Bennett 积分。

证　高分辨率非均匀量化的平均失真 D 为

$$D = \sum_{i=1}^{N}\int_{a_{i-1}}^{a_i}(x-y_i)^2 p_X(x)\mathrm{d}x \tag{8.4.14}$$

其中，对于无界的输入概率密度，有 $a_0=-\infty, a_N=\infty$。对照 8.3.2 节高分辨率的假设，因为(2)成立，所以可以忽略过载失真，式(8.4.14)所表示的失真近似为颗粒噪声引起的失真；因为(1)成立，所以区间 $R_i=(a_{i-1}, a_i)$内概率密度可近似为常数，即

$$p_X(x)\approx p_i;x\in R_i \tag{8.4.15}$$

因为(3)和(4)成立，所以可以作如下近似：

$$P_r(y_i) = \Pr(x\in R_i) = \int_{a_{i-1}}^{a_i} p_X(x)\mathrm{d}x \approx (a_i - a_{i-1})p_i = \Delta_i p_i \tag{8.4.16}$$

将式(8.4.15)、式(8.4.16)代入式(8.4.14)，得

$$D = \sum_{i=1}^{N} P_r(y_i)\int_{a_{i-1}}^{a_i}\frac{(x-y_i)^2}{\Delta_i}\mathrm{d}x \tag{8.4.17}$$

因为在区间 $R_i=(a_{i-1}, a_i)$内 x 近似为均匀分布，所以量化电平应该在区间的中点。因此，积分是在区间 R_i 内均匀分布的随机变量的方差为$\Delta_i^2/12$。式(8.4.17)平均失真近似为

$$D \approx \frac{1}{12}\sum_{i=1}^{N} P_r(y_i)\Delta_i^2 \tag{8.4.18}$$

注意，式(8.4.18)与式(8.4.11)形式类似，但含义不同。

定义量化器的归一化点密度函数 $\lambda(x)$为 $\lambda(x)=\lim\limits_{N\to\infty}N(x)/N$，其中，$N(x)\mathrm{d}x$ 表示区间$(x, x+\mathrm{d}x)$中的量化电平数。由于在整个实数区域 $\mathcal{R}$ 内的量化电平数等于 N，所以式(8.4.13)成立。在宽度为 d 的区间中量化电平数为 $N\lambda(x)d$，所以量化区间的大小为

$$\Delta_i \approx \frac{d}{N\lambda(x)d} = \frac{1}{N\lambda(y_i)} \tag{8.4.19}$$

上式中，因为量化区间很小，所以输入变量的函数值可用其量化值的函数值近似。将式(8.4.19)、式(8.4.16)代入式(8.4.18)，并用 $p_X(y_i)$ 近似 p_i，得

$$D \approx \frac{1}{12}\sum_{i=1}^{N} p_X(y_i)\left(\frac{1}{N\lambda(y_i)}\right)^2 \Delta_i$$

$$= \frac{1}{12N^2}\int \frac{p(x)}{\lambda^2(x)}\mathrm{d}x \ \blacksquare$$

对于具有压扩器的非均匀量化器，由式(8.4.2)和式(8.4.19)，得

$$G'(x) = \Delta N\lambda(x) = 2V\lambda(x) \tag{8.4.20}$$

其中，$(-V,V)$为量化器输入信号的范围。如果 V 很大，可以忽略过载噪声，量化器平均失真为

$$D = \frac{V^2}{3N^2}\int_{-V}^{V} \frac{p(x)}{[G'(x)]^2}\mathrm{d}x \tag{8.4.21}$$

定理 8.4.3 在均方误差准则下，高分辨率非均匀量化的平均失真 D 满足

$$D \geqslant \frac{1}{12N^2}\left(\int p(x)^{1/3}\mathrm{d}x\right)^3 \tag{8.4.22}$$

其中，$p(x)$为量化器输入 x 的概率密度。式(8.4.22)称作 Panter 和 Dite 公式。

证 求最佳固定码率量化器的最小失真就归结到在式(8.4.13)的约束下，使式(8.4.12)的值最小。

设
$$D(\lambda(x)) = \frac{1}{12N^2}\int \frac{p(x)}{\lambda^2(x)}\mathrm{d}x + \mu\int\lambda(x)\mathrm{d}x \tag{8.4.23}$$

令$\partial D(\lambda(x))/\partial\lambda(x)=0$，得

$$\lambda^3(x) = a p(x)$$

其中，$a=6N^2\mu$。根据式(8.4.13)，得

$$\lambda(x) = \frac{p(x)^{1/3}}{\int p(x)^{1/3}\mathrm{d}x} \tag{8.4.24}$$

式(8.4.24)代入式(8.4.12)，得到 D 的最小值

$$D_{\min} = \frac{1}{12N^2}\left(\int p(x)^{1/3}\mathrm{d}x\right)^3 \blacksquare \tag{8.4.25}$$

对于固定码率为 R 的量化器，根据式(8.1.14)，有

$$D \geqslant \frac{1}{12}\left(\int p(x)^{1/3}\mathrm{d}x\right)^3 2^{-2R} \tag{8.4.26}$$

作变换 $y=x/\sigma_x$，那么 y 是方差为 1 的归一化随机变量，有 $p(y)=p(x)\sigma_x$，所以

$$\left(\int p(x)^{1/3}\mathrm{d}x\right)^3 = \left\{\int [p(y)/\sigma_x]^{1/3}\sigma_x\mathrm{d}y\right\}^3 = \left\{\int [p(y)]^{1/3}\mathrm{d}y\right\}^3\sigma_x^2$$

代入式(8.4.25)，得

$$D_{\min} = \frac{1}{12}\left(\int [p(y)]^{1/3}\mathrm{d}y\right)^3\sigma_x^2 2^{-2R} = \gamma_x\sigma_x^2 2^{-2R} \tag{8.4.27}$$

其中，$\gamma_x = (1/12)\left(\int [p(y)]^{1/3}\mathrm{d}y\right)^3$，与 x 的分布或负载因子有关。

注：(1) 均方失真满足式(8.4.25)的量化器称为高分辨率固定码率最佳非均匀量化器；

(2) 量化平均失真大小依赖于量化器输入的概率密度和码率；

(3) 量化信噪比也符合每比特 6 dB 原则。

例 8.4.2 零均值高斯信源 X 方差为 σ^2，求高分辨率量化最小均方失真、对应的量化信噪比、相对于理论上可达信噪比的恶化值以及码率与率失真函数的差值，设量化码率为 R。

解 最小均方失真：
$$D=\frac{2^{-2R}}{12}\left(\int_{-\infty}^{\infty}\left(\frac{1}{\sqrt{2\pi}\sigma}\mathrm{e}^{-\frac{x^2}{2\sigma^2}}\right)^{1/3}\mathrm{d}x\right)^3$$
$$=\frac{2^{-2R}}{12}\left(\int_{-\infty}^{\infty}\left(\frac{1}{\sqrt{2\pi}\sigma}\right)^{1/3}\frac{\sqrt{2\pi}\sqrt{3}\sigma}{\sqrt{2\pi}\sqrt{3}\sigma}\mathrm{e}^{-\frac{x^2}{2(\sqrt{3}\sigma)^2}}\mathrm{d}x\right)^3=(\sqrt{3}\pi/2)\sigma^2 2^{-2R} \tag{8.4.28}$$

量化信噪比：
$$\mathrm{SNR}=\sigma^2/D=2\times 2^{2R}/(\sqrt{3}\pi) \tag{8.4.29}$$

信噪比的恶化值：
$$\delta=10\lg\frac{D}{D(R)}=10\lg\frac{(\sqrt{3}\pi/2)\sigma^2 2^{-2R}}{\sigma^2 2^{-2R}}=4.35\text{ dB} \tag{8.4.30}$$

码率与率失真函数的差值：
$$R-R(D)=\frac{1}{2}\log_2\frac{\sqrt{3}\pi\sigma^2}{2D}-\frac{1}{2}\log_2\frac{\sigma^2}{D}=\frac{1}{2}\log_2\frac{\sqrt{3}\pi}{2}=0.722\text{ bit}\ \blacksquare \tag{8.4.31}$$

8.5 自适应标量量化

前面介绍的均匀和非均匀量化都要确定最佳量化级差，而这个级差与信源的统计特性有关。如果信源统计特性有变化，这个量化级差也要相应地变化，否则就会出现所谓失配现象，即量化器参数与信源统计特性不匹配。处理失配的一种方法就是使量化器的参数适应输入的统计特性。这就是自适应量化。

在自适应量化中，量化级差的调整可以以每样值或每几个样值为基础实现，这称为瞬时自适应；量化级差也可以在较长的时间间隔内，10～20 ms 内调整，这称为音节自适应。量化级差的调整还可以根据量化编码器的输入或输出来实现，前者为前向自适应，后者为后向自适应。在前向自适应量化中，信源输出分成数据块，每一块在量化前进行分析，设置量化参数，并作为边信息传送到接收机。在后向自适应量化中，由于是基于量化编码器输出进行自适应，编译码器都可以利用同样的信息，所以无须传送边信息。

8.5.1 前向自适应量化

前向自适应量化原理如图 8.5.1 所示。设量化器输入信号 $x(n)$，均值为零，在时刻 n 的量化级差与信号的标准差成正比，即
$$\Delta(n)=\Delta\times\sigma(n) \tag{8.5.1}$$
其中，Δ 为方差等于 1 的量化级差。设 $\sigma^2(n)$ 为 $x(n)$ 的方差，则可根据长度为 M 的一段样值来估计：
$$\sigma^2(n)=(1/M)\sum_{m=n}^{n+M-1}x^2(m) \tag{8.5.2}$$
也可以由下式递推估计：
$$\sigma^2(n)=\alpha\sigma^2(n-1)+x^2(n-1) \tag{8.5.3}$$

其中，$0<\alpha<1$。α 的值越小，量化器跟踪信号变化越快。α 的典型值是 0.9；$\Delta(n)$无须假定任何值，但通常给一个限制范围 $\Delta_{min}\leqslant\Delta(n)\leqslant\Delta_{max}$；而比值 $\Delta_{max}/\Delta_{min}$ 确定了系统的动态范围，通常取 $\Delta_{max}/\Delta_{min}=100$。

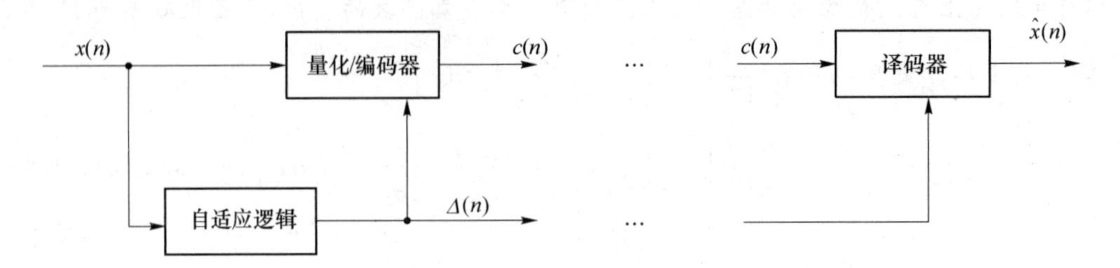

图 8.5.1 前向自适应量化原理框图

为精确重建原信号，译码器应与编码器具有相同的自适应逻辑，因此编码器必须发送关于$\Delta(n)$的信息，这就增加了传输码率的开销。可以采用音节自适应或瞬时自适应方式，但两者开销的大小不同，而后者开销更大。前向自适应的优点是，可以对 $\Delta(n)$进行差错保护。

例 8.5.1 一个 8×8 的图像块的每像素用 16 bit 采样，采样率为 8 000/s；现用 3 bit 前向自适应均匀量化器对该图像块的像素进行量化，每图像块传送边信息需 16 bit。求每像素边信息的开销和量化器的码率。

解 边信息的开销：

$$\gamma=\frac{16}{8\times8}=0.25\ \text{比特/像素}$$

量化器的码率：

$$R=\frac{(3\times8\times8+16)\times8\ 000}{8\times8}=26\ \text{kbit/s}$$ ■

利用上例的参数对某些测试图像进行压缩的实践表明，重建的图像与原始图像很难区别。如果码率较高，边信息的开销不算大，前向自适应量化器可以作为选择方案之一。

8.5.2 后向自适应量化

后向自适应量化也称反馈自适应量化，其特点是根据编码器的输出进行量化级差的调整，工作原理如图 8.5.2 所示。由于自适应逻辑依据的信息在译码器中也能得到，所以编码器无须发送边信息。按照 Jayant 提出的原则，在时刻 n 的量化级差为

$$\Delta(n)=P\times\Delta(n-1) \tag{8.5.4}$$

其中，P 为乘数因子，仅依赖于前一个时刻编码值的幅度，即$|c(n-1)|$。自适应的基本原则是，对于小的$|c(n-1)|$，$P<1$，以减小级差，从而使量化细化；而对于大的$|c(n-1)|$，$P>1$，以加大级差，但此时有限幅的危险。

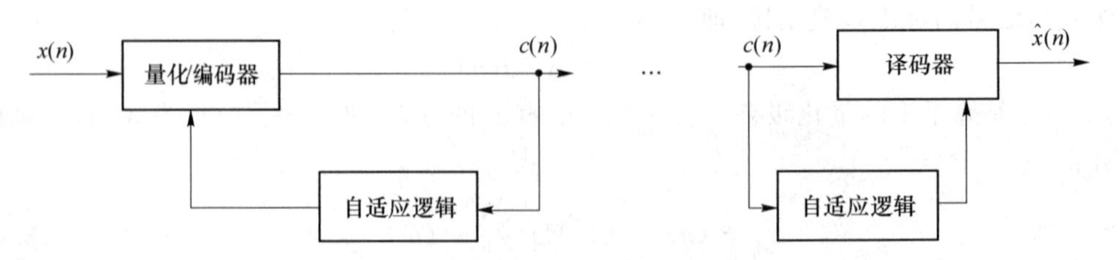

图 8.5.2 后向自适应量化原理框图

例 8.5.2 (例 8.5.1 续)在例 8.5.1 中改为 3 bit 后向自适应均匀量化器,求量化器的码率。

解 量化器的码率: $R=3\times 8\,000=24$ kbit/s ∎

8.5.3 自适应信号归一化

如果在量化时不改变量化级差来匹配信号统计特性的变化,而是把信号归一化,使量化器输入幅度恒定,也可达到自适应效果。这就是具有增益自适应的量化器,它也可以用前向自适应或后向自适应逻辑实现。在这种量化器中,使用一个可变归一化器,令输入信号被一个自适应估计的增益因子除,然后经固定量化器输出。在接收端的译码器输出乘以相同的增益因子得到重建信号。

增益因子由下式确定:

$$G(n)=G_0\times\sigma(n) \tag{8.5.5}$$

对于前向自适应,$\sigma^2(n)$可用式(8.5.2)来计算,并且 $G(n)$必须作为边信息传送到接收端。对于后向自适应,

$$\sigma^2(n)=(1/M)\sum_{m=n-M}^{n-1}[\hat{x}(m)G(m)]^2 \tag{8.5.6}$$

其中,$\hat{x}(m)$为对 $x(m)$的量化器输出。此时无须向接收端发送增益因子。在两种情况下,增益因子的大小要有所限制,即 $G_{\min}\leqslant G(n)\leqslant G_{\max}$;而 $G_{\max}/G_{\min}$ 确定了系统的动态范围,通常取 $G_{\max}/G_{\min}=100$。

8.6 变码率最佳标量量化

本节介绍变码率量化器,即对量化值使用变长码编码的量化器,重点研究在高分辨率条件下熵约束最佳量化器的理论性能。

8.6.1 量化器输出的熵编码

对于固定码率量化器,各量化值通常是不等概率的,所以使用变长码还可以进一步降低码率。现以例 8.2.2 中的量化器为例来说明。

例 8.6.1 对例 8.2.2 量化器的 3 个量化值再进行熵编码,求编码效率。

解 分别计算 3 个量化值的概率,得

$$P_r(y)=P_r(-y)=\int_{\ln 2/\lambda}^{\infty}\frac{\lambda}{2}\mathrm{e}^{-\lambda x}\mathrm{d}x=1/4,P_r(0)=\int_{-\ln 2/\lambda}^{\ln 2/\lambda}\frac{\lambda}{2}\mathrm{e}^{-\lambda x}\mathrm{d}x=1/2$$

量化输出集合的熵为:$H(Y)=H(1/2,1/4,1/4)=1.5$ 比特/符号。对 3 个量化值进行 Huffman 编码,码字分别为 0,10,11,码率为 1.5 bit,等于信源的熵。所以有损编码的效率为

$$\eta'=\frac{R(D)}{H(Y)}=\frac{1}{1.5}=0.666\,7$$ ∎

与前面固定码率量化比较,由于量化器后接变长码,编码效率有所提高(从 0.630 9 到 0.666 7)。实际上,当采用变长码时,量化算法也需要变化,如果不是设计以量化平均失真最小而是以编码效率最大为目标的量化器,还可以进一步压缩码率(见习题 8.15)。由此看来,

固定码率最佳量化器对于变码率量化器未必是最佳的，下面的研究证明了这个结论。

现分析在高分辨率条件下量化器输出熵与平均失真的关系。设量化器输入为 x，输出为 $y_i=Q(x), i=1,\cdots,N$，那么量化器输出的熵为

$$H(Y)=-\sum_{i=1}^{N}p_Y(y_i)\log p_Y(y_i) \tag{8.6.1}$$

其中，$p_Y(y_i)=P(x\in R_i)=\int_{R_i}p_X(x)\mathrm{d}x$。设 $\Delta_i(x)$ 为 R_i 的宽度，那么在高分辨率量化条件下，有 $p_Y(y_i)\approx p_X(x_i)\Delta_i(x), x_i\in R_i$，所以

$$\begin{aligned}H(Y)&=-\sum_{i=1}^{N}p_X(x_i)\Delta_i(x)\log p_X(x_i)\Delta_i(x)\\&\cong-\int p_X(x)\log p_X(x)dx-\frac{1}{2}\sum_{i=1}^{N}p_Y(y_i)\log\Delta_i^2(x)\\&=h(X)-\frac{1}{2}\sum_{i=1}^{N}p_Y(y_i)\log\Delta_i^2(x)\geqslant h(X)-\frac{1}{2}\log\Big[\sum_{i=1}^{N}p_Y(y_i)\Delta_i^2(x)\Big]\\&\overset{a}{=}h(X)-\frac{1}{2}\log(12D)\end{aligned} \tag{8.6.2}$$

其中，a 利用了式(8.4.18)，$h(X)$ 为量化器输入的熵，D 为高分辨率量化平均失真。仅当 $\Delta_i(x), i=1,\cdots,N$ 都相等时，最后一个不等式中的等号成立。设此时 $\Delta_i(x)=\Delta(x), i=1,\cdots,N$，这就意味着均匀量化。根据式(8.6.2)，有

$$D\geqslant\frac{1}{12}2^{2h(X)}2^{-2H(Y)} \tag{8.6.3}$$

仅当均匀量化时，等式成立。

8.6.2 熵约束最佳标量量化的性能

对量化输出进行变长熵编码的量化器称为变码率量化器，其优化方式对应着 8.2.1 节中的第一种情况，是在码率(或平均码长)有约束条件下求最小平均失真，即约束码率优化失真的方式。定码率最佳量化可视为这种优化的一种特例，因此在变码率约束下的优化肯定优于在定码率条件下的优化。即在同等码率条件下，变码率最佳量化器的平均失真不大于定码率最佳量化的平均失真。当前还没有一个简单的确定熵编码码率的公式，但对于熵编码，平均码长的下界是量化输出熵 H；而且随着量化分辨率的提高，最优熵编码的平均码长非常接近 H，所以用 H 作为码率的估计值是合理的。这样，对熵编码码率的约束就转化为对量化输出熵 H 的约束，因此变码率量化器也称熵约束量化器，在量化输出熵 H 受约束条件下使平均失真最小的量化器称为熵约束最佳量化器。

实际上，熵约束最佳标量量化是一个求有约束极值的问题，即

$$\min D=\sum_{j=1}^{N}\int_{a_{i-1}}^{a_i}d(x,y_i)p_X(x)\mathrm{d}x \tag{8.6.4a}$$

满足：

$$H(Y)=-\sum_{j=1}^{N}p_Y(y_j)\log p_Y(y_j)\leqslant H_0 \tag{8.6.4b}$$

其中，$p_Y(y_j)=\int_{a_{j-1}}^{a_j}p_X(x)\mathrm{d}x$。

熵约束最佳标量量化的严格推导要利用 Kuhn-Tucker 定理，下面我们利用简化分析得到

所需要的结果。实际上,如果量化器后接最优的熵编码,根据香农第一定理,码率可用量化输出熵来近似,即 $R=H(Y)$。而当 R 和 $h(X)$ 给定后,仅当均匀量化时,式(8.6.3)中取等号,才能使 D 最小。所以,根据式(8.6.3)有

定理 8.6.1　对于熵约束高分辨率量化,均匀量化是最佳量化,平均失真为

$$D=\frac{1}{12}2^{2h(X)}2^{-2R} \tag{8.6.5}$$

其中,$h(X)$ 为量化器输入的熵;R 为熵编码的码率。

定理表明,在码率给定的标量量化器中,熵约束最佳标量量化具有最小的平均失真;在平均失真相同的标量量化器中,熵约束最佳标量量化具有最小的码率,码率为

$$R=h(X)-\frac{1}{2}\log(12D) \tag{8.6.6}$$

例 8.6.2　对于方差为 σ_x^2 的高斯信源 X,求熵约束最佳标量量化平均失真和对应的信噪比并计算相对于高分辨率固定量化信噪比的改善。

解　对于高斯信源有 $h(X)=\frac{1}{2}\log(2\pi e\sigma_x^2)$,代入式(8.6.5),得熵约束量化最小平均失真

$$D_g=\frac{\pi e}{6}\sigma_x^2 2^{-2R} \tag{8.6.7}$$

信噪比为

$$\mathrm{SNR}=\sigma_x^2/D_g=\frac{6}{\pi e}2^{2R} \tag{8.6.8}$$

高分辨率固定码率量化高斯信源的平均失真由式(8.4.28)给出,所以熵约束最佳量化相对于固定码率最佳量化信噪比的改善为

$$10\lg\frac{(\sqrt{3}\pi/2)\sigma_x^2 2^{-2R}}{(\pi e/6)\sigma_x^2 2^{-2R}}=10\lg(3\sqrt{3}/e)\approx 2.81\ \mathrm{dB}\ ■ \tag{8.6.9}$$

如果信源的方差 σ_x^2 给定,那么根据限功率最大熵定理,式(8.6.5)变为

$$D=\frac{1}{12}2^{2h(X)}2^{-2R}\leqslant\frac{\pi e}{6}\sigma_x^2 2^{-2R} \tag{8.6.10}$$

仅当信源为高斯时等式成立。这就是说,对于输入方差和码率给定的熵约束最佳量化器,高斯信源的量化性能最差。所以在信源概率分布未知的情况下,可以用式(8.6.7)的结果作为熵约束最佳量化器平均失真保守的估计。这个平均失真的表达式与固定码率类似,也是与信源的方差成正比,与 2 倍码率的负指数成正比。

定理 8.6.1 表明,熵约束最佳标量量化在所有的码率受约束的标量量化器中是最优的,但这还不够,我们还需要研究它与理论可达的最优性能之间的差距。但对许多信源,难以得到 $R(D)$ 函数的解析表达式,而对应的香农下界表达式是容易得到的,且当 $R\to\infty$ 时对于很多信源香农下界是可达的。所以也常用此下界作为对某些信源理论可达最优性能的目标。根据式(8.6.6)和在均方失真测度下的香农下界(式(7.4.11)),得到在均匀量化下码率 R 与 R_{SLB} 的差值为

$$R-R_{\mathrm{SLB}}=\frac{1}{2}\log_2\frac{\pi e}{6}\approx 0.255\ \mathrm{bit} \tag{8.6.11}$$

由式(8.6.5)和式(7.4.14b),得信噪比的恶化值

$$\delta=10\lg\frac{1/12}{1/(2\pi e)}=10\lg\frac{\pi e}{6}=1.53\ \mathrm{dB} \tag{8.6.12}$$

下面对高分辨率熵约束最佳量化研究结论总结如下。

(1) 熵约束最佳量化是均匀量化，而不是 Lloyd 量化，因此将输入信号先进行 Lloyd 量化，再进行熵编码只能是准最佳的；

(2) 熵约束最佳标量量化优于固定率最佳标量量化，对于高斯信源，量化信噪比的改善大致有 2.8 dB；

(3) 最佳标量量化相对于理论可达最优性能的冗余度为 0.255 bit，该结论对于低码率也成立；

(4) 最佳标量量化的平均失真仅比理论可达最优性能的下界恶化 $\pi e/6$(≈ 1.53 dB)；

(5) 对于一大类无记忆信源，熵约束均匀量化的冗余度与理论可达最优性能相比每样值最多差 0.3 bit。

应该指出，下面的因素对使用熵约束均匀量化构成了某些限制。

(1) 在高分辨率情况下意味着编码符号集合很大，因此熵编码未必简单；

(2) 在低码率条件下，$R(D)$值也较小，0.255 bit 的差值也不算小；

(3) 熵编码意味着使用变长码，传输需要缓冲器并存在差错传播。

通常在下面的环境下使用均匀量化加熵编码：①信源是无记忆的；②码率适当的高；③允许使用变长编码。

可见，熵约束均匀量化并不能解决量化的所有问题，也不能代替后面要研究的矢量量化。

本章小结

1. 标量量化器

• 由三部分组成：有损编码器、无损编译码器和重建译码器

• 最佳量化器三种等价优化方法：(1)约束码率优化失真；(2)约束失真优化码率；(3)拉格朗日无约束优化

2. 定码率最佳量化

• 基本原理：量化＋定长码(量化级数给定下使量化平均失真最小)

• 必要条件：最近邻条件和质心条件

• 最佳量化：Lloyd 算法

3. 满足质心条件的量化器的性质

• 输出是输入的无偏估计

• 量化误差与量化输出不相关，但与输入信号相关

4. 均匀量化

• 对于均匀分布的信源，均匀量化是最佳量化，均方失真为 $\Delta^2/12$

• 量化信噪比符合每比特 6 dB 原则

5. 非均匀量化

• 非均匀量化可以通过均匀量化加压缩/扩张来实现

• 高分辨率量化失真大小与码率、信源的概率密度有关

• 高分辨率量化信噪比符合每比特 6 dB 原则

6. 自适应标量量化

• 包含前向自适应和后向自适应量化

7. 熵约束最佳标量量化

• 基本原理：量化＋变长码(熵约束下使量化平均失真最小)

- 最佳量化：高码率条件下为均匀量化（不是 Lloyd 量化）
- 优于定码率最佳标量量化
- 与理论可达最优性能的冗余度为 0.255 bit
- 不能代替矢量量化

思考题

8.1　简述量化的基本原理和分类。

8.2　量化中包含几类失真测度？各自的含义如何？

8.3　什么是最佳量化器？最佳量化器的必要条件是什么？

8.4　最佳量化器能否达到率失真函数所规定的性能？

8.5　量化噪声有几类？每类的含义如何？

8.6　存在哪些最佳量化器的设计算法？这些算法的结果与初始条件是否有关？

8.7　满足质心条件的量化器的性质有哪些？

8.8　什么是量化器的每比特 6 分贝原则？

8.9　什么情况下要进行非均匀量化？

8.10　自适应标量量化有几种？各有什么特点？

8.11　熵约束最佳标量量化是均匀量化还是非均匀量化？

8.12　熵约束最佳标量量化的平均失真比失真率函数的界差多少？

习题

8.1　证明在绝对失真测度下量化值 y_i 是区间(a_{i-1},a_i)的中值点。

8.2　设随机变量 x 的概率密度为 $p(x)$且 $\log p(x)$在整个区间是上凸函数，证明最佳量化器的必要条件也是充分条件。

8.3　设一个随机量化器由实数区间的划分 R_i 和一个输出点的集合 $y_j(j=1,\cdots,N)$所确定，其中 y_i 包含在R_i 中。一个条件概率集合 $q(j|i)$定义为：$q(j|i)=P(y_j|x\in R_i)$；对于给定的划分和给定的输出点集合，试确定使均方误差最小的最佳条件概率集合。

8.4　设满足质心条件的量化器输入与输出分别为 x 和 $Q(x)$，证明如果量化器输入为 $z=\alpha x+\beta$，那么输出 $Q(z)=\alpha Q(x)+\beta$ 也满足质心条件。

8.5　采用均方失真测度的量化器对信源输出进行 3 电平量化，对下面两种情况求最佳标量量化的量化值、量化区间、平均失真、输出信噪比和编码效率：

(1) 信源输出 x 为零均值、方差为 σ^2 的一维正态分布；

(2) 信源输出 x 为均值 $\beta a(\beta\neq 0,a\neq 0)$、方差为 $\alpha^2\sigma^2$ 的一维正态分布。

8.6　证明：如果信源输出为离散随机变量，定理 8.2.2 的结论也成立。

8.7　量化器的输入满足指数分布

$$p(x)=(\lambda/2)\exp(-\lambda|x|)$$

设量化级数为 N，采用绝对失真测度，求最佳量化值、量化区间和平均失真。

8.8 证明均匀分布信源的均匀量化在均方失真和绝对失真准则下的平均失真均未达到率失真函数确定的界限。(提示:在均方失真准则下利用不等式(7.4.12),在绝对失真准则下,均匀分布的 $R(D)$ 函数为 $R(D)=-\log[1-(1-4D/L)^{1/2}]-(1-4D/L)^{1/2}, 0\leqslant D\leqslant L/4$。其中,$L$ 为均匀随机变量分布区间宽度。)

8.9 一个 256 输出电平的最佳量化器(均方失真意义下)的输入为高斯分布,问能否达到 49 dB 的输出信噪比?

8.10 设量化器输入 x 概率密度为 $p(x)=\begin{cases}1-|x| & |x|\leqslant 1\\ 0 & |x|>1\end{cases}$,量化级数为 4,失真测度为均方失真;

(1) 设计最佳标量量化器,求量化区间、量化值和平均失真;

(2) 设计均匀标量量化器,求量化区间、量化值和平均失真;

(3) 比较两种量化器的平均失真。

8.11 在电视信号中,亮度信号的黑色电平为 0,白色电平为 1,用均匀分割量化其样值,要求峰功率信扰比大于 50 dB,求每样值所需量化比特数。

8.12 对零均值、标准差为 1 的拉普拉斯分布的信号进行 7 bit 均匀量化,求最佳量化阶距和最小均方误差。

8.13 一农民须把种植的冬瓜按重量分成 3 类:小、中和大,以满足 3 种市场的销售需求。冬瓜重量如果小于或等于 x_1 就归于第 1 类,如果大于 x_2 就归于第 3 类,其他情况归于第 2 类。每一类中的冬瓜不管其重量如何都以一个固定的标准重量(分别为 y_1, y_2, y_3)出售。使冬瓜重量与其标准重量之间的均方误差 D 最小的方法为最佳分类方法。关于冬瓜重量概率分布的唯一可用信息是下面 12 个从种植园中随机选择的冬瓜重量:1,2,4,6,8,10,13,14,16,20,24,30(单位为:斤)。试确定最佳分类器的必要条件并计算均方误差。

8.14 一数字电压表可显示的范围是−9.99~9.99,假定输入电压是限制于该范围且具有平滑概率密度的随机变量,电压表可以用两种方法设计:①舍入法(四舍五入),即输入电压映射到可以显示的最近的值;②截短,即精确的电压小数值通过去掉小数点第 2 位后面的数字得到,例如,3.281 变成 3.28;−4.313 1 变成−4.31;5.328 9 变成 5.32;

(1) 求两种情况下显示电压的均方误差并解释作了何种假设;

(2) 对两种电压表,画出在输入电压 $|v|<0.04$ 范围的输入输出特性。

8.15 随机变量 x 的标准差为 $\sigma=a/2$,概率密度函数限制在 $-2a\leqslant x\leqslant 2a$ 范围,平滑而对称,且 $\Pr(|x|\leqslant a)=0.3$,量化电平 256,其中在 $|x|\leqslant a$ 范围内有 192 个等间隔电平,而在其余有意义的范围内有 64 个等间隔电平,近似计算量化信噪比。

8.16 令例 8.2.2 量化器的 3 个量化值 $-y, 0, y$ 的概率分别为 $p(y)=p(-y)-\mathrm{c}^{-\lambda y/2}/2$,$p(0)=1-\mathrm{e}^{-\lambda y/2}$,以编码效率最高为目标,求量化区间和码书以及编码效率。

8.17 高分辨率量化器的输入满足题 8.7 的指数分布,设量化级数为 N。

(1) 求量化器的平均失真 D;

(2) 对信号进行熵约束最佳标量量化,求相对于(1)的信噪比的改善。

第9章　矢量量化

矢量量化是标量量化的推广，二者的主要差别是：前者处理的是多维随机矢量，而后者处理的是一维随机变量。标量量化某些定义和性质可推广到矢量量化，而矢量量化也有其特有的特性和处理技术。为叙述方便，后面在不引起混淆的情况下，我们常用 VQ(Vector Quantization/Quantizer)来表示矢量量化或矢量量化器。本章内容安排如下：首先介绍 VQ 的基本概念和最佳 VQ 基本算法，然后分别介绍无结构码书 VQ、有结构码书 VQ、有记忆 VQ 和自适应 VQ，最后介绍高码率 VQ。若无特殊说明，本章所提到的量化都是指矢量量化。

9.1　概　　述

本节与前一章标量量化的内容有很多类似之处，而主要的区别就是矢量与标量的区别，因此本节对有些内容的描述作了简化，可对照前一章的有关内容来理解。

9.1.1　矢量量化的基本概念

一个 N 点 k 维矢量量化器 Q 是一种映射 $Q:\mathcal{R}^k \to C$，其中 $\mathcal{R}^k$ 为输入矢量 $\boldsymbol{x}$ 所在的 k 维实数空间，$\boldsymbol{x}\in\mathcal{A}$，$\mathcal{A}\subset\mathcal{R}^k$；$C=\{\boldsymbol{y}_i\}\subset\mathcal{R}^k$，为量化器输出集合或码书，$\boldsymbol{y}_i$ 是码字，也称为量化器的输出点、量化电平、量化值或重建值，$i\in\mathcal{I}$，是一个可数序号集，通常 $\mathcal{I}=\{1,2,\cdots,N\}$，$N$ 是码书的大小，也称为量化级数或量化电平数。

与标量量化器相同，矢量量化器也包含三个组成部分。

(1) 一个有损编码器 $\alpha:\mathcal{A}\to\mathcal{I}$，将量化器输入矢量 $\boldsymbol{x}$ 映射到一个整数 i，函数关系表示为

$$i=\alpha(\boldsymbol{x}) \tag{9.1.1}$$

这种映射通过将 k 维实数空间划分成 N 个区间(称作胞腔)来实现。第 i 个胞腔表示为 $R_i=\{\boldsymbol{x}\in A:Q(\boldsymbol{x})=\boldsymbol{y}_i\}$，要求胞腔对量化空间的覆盖是无缝且无重叠的，即 $\bigcup_i R_i=\mathcal{R}^k$(无缝覆盖)和 $R_i\cap R_j=\phi$，对于 $i\neq j$(无重叠覆盖)。

(2) 一个重建译码器 $\beta:\mathcal{I}\to\mathcal{C}$，将整数 i 映射到码字，通过码书$\mathcal{C}$来实现，函数关系表示为

$$\boldsymbol{y}_i=\beta(i) \tag{9.1.2}$$

i 称$\boldsymbol{y}_i$ 的索引号或序号。式(9.1.2)表明，当译码器接收到第 i 个序号时，就输出码书中的第 i 个量化值$\boldsymbol{y}_i$。

(3) 一个无损编码器 $\gamma:\mathcal{I}\to\mathcal{J}$将整数 i 编成二元码字以便传输，函数关系表示为

$$j=\gamma(i) \tag{9.1.3}$$

其中，$\mathcal{J}=\{\gamma(i),i\in\mathcal{I}\}$，为二元码书。注意：与标量量化类似，编码器对输入样值进行量化后

通过信道传送的并不是量化器输出$\boldsymbol{y}_i$本身，而是i编成的二元码字j。

量化器输出与输入的函数关系表示为

$$\boldsymbol{y}=Q(\boldsymbol{x})=\beta(\alpha(\boldsymbol{x})) \tag{9.1.4}$$

也可以表示为

$$Q(\boldsymbol{x})=\sum_{i=1}^{N}\boldsymbol{y}_i S_i(\boldsymbol{x}) \tag{9.1.5}$$

其中，$S_i(\boldsymbol{x})$为选择函数，定义为

$$\boldsymbol{S}_i(\boldsymbol{x})=\begin{cases}1 & \text{如果 } \boldsymbol{x}\in R_i\\ 0 & \text{其他}\end{cases} \tag{9.1.6}$$

一个量化器完全由其输出$\{\boldsymbol{y}_i;i=1,\cdots,N\}$和对应的胞腔$\{R_i,i=1,2,\cdots,N\}$来描述，可以写成$Q=\{\boldsymbol{y}_i,R_i;i=1,2,\cdots,N\}$。一个胞腔$R_i$如果是有界的，就称颗粒区间；否则，就称过载区间。所有颗粒区间的并称为颗粒区域，而所有的过载区间的并构成过载区域。

9.1.2 量化器的性能度量

因为量化是有损压缩，所以会产生失真，而为计算失真必须首先定义失真测度。在此基础上，我们将介绍量化器的主要性能参数，包括码率、量化信噪比和量化压缩比等。

1. 失真测度

量化器输入矢量$\boldsymbol{x}$与输出矢量$\boldsymbol{y}$之间的失真函数也称失真测度，最常用的失真函数有：

平方失真
$$d(\boldsymbol{x},\boldsymbol{y})=\|\boldsymbol{x}-\boldsymbol{y}\|^2=\sum_{i=1}^{k}(x_i-y_i)^2 \tag{9.1.7}$$

绝对失真
$$d(\boldsymbol{x},\boldsymbol{y})=|\boldsymbol{x}-\boldsymbol{y}|=\sum_{i=1}^{k}|x_i-y_i| \tag{9.1.8}$$

相关失真
$$d(\boldsymbol{x},\boldsymbol{y})=(\boldsymbol{x}-\boldsymbol{y})^{\mathrm{T}}\boldsymbol{W}(\boldsymbol{x}-\boldsymbol{y}) \tag{9.1.9}$$

其中，$\boldsymbol{W}$为$k\times k$阶矩阵，通常是对称、正定的，相关失真也称加权平方失真。

在给定的失真测度下，定义总平均失真：

$$\begin{aligned}D&=E[d(\boldsymbol{x},\boldsymbol{y})]=\int_{R^k}d(\boldsymbol{x},\boldsymbol{y})p(\boldsymbol{x})\mathrm{d}\boldsymbol{x}\\&=\sum_{i=1}^{N}\int_{R_i}d(\boldsymbol{x},\boldsymbol{y}_i)p(\boldsymbol{x})\mathrm{d}\boldsymbol{x} &(9.1.10\mathrm{a})\\&=\sum_{i=1}^{N}q_i\int_{R_i}d(\boldsymbol{x},\boldsymbol{y}_i)(p(\boldsymbol{x})/q_i)\mathrm{d}\boldsymbol{x}\\&=\sum_{i=1}^{N}q_iD_i &(9.1.10\mathrm{b})\end{aligned}$$

其中，$q_i=\int_{R_i}p(\boldsymbol{x})\mathrm{d}\boldsymbol{x}$，为输入矢量处于胞腔$R_i$中的概率，$D_i$是胞腔$R_i$所对应的条件平均失真(注意用条件概率密度平均)。所以，平均失真可以通过计算各胞腔的条件平均失真，再用各胞腔的概率平均得到。通常在同形状的胞腔较多且条件平均失真相同的情况下，利用式(9.1.6b)计算平均失真会更方便。为了比较不同维矢量的失真，通常计算平均每个分量的平均失真，即

$$D=k^{-1}E(d(\boldsymbol{x},\boldsymbol{y})) \tag{9.1.11}$$

注意：式(9.1.10)和式(9.1.11)定义的总失真和分量失真都用 D 表示，以后会在具体使用时说明。

2. 码率

与标量量化器类似，VQ 也有固定码率和可变码率量化器。固定码率 VQ 的码率为

$$R = \log N = \sum_{i=1}^{k} r_i \tag{9.1.12a}$$

其中，N 为量化级数；r_i 为各分量的码率，$r_i = \log N_i$，且 N_i 为分量 i 的量化级数。实际上，经常采用每维的码率，即

$$R = (1/k)\log N \tag{9.1.12b}$$

特别是在将实序列的 k 个连续样值构成 k 维矢量进行量化的情况，此时每维的码率就是序列每样值的码率。量化级数与码率的关系可表示为

$$N = 2^{kR} \tag{9.1.13}$$

此时，R 为每样值的比特数。

3. 量化信噪比

对于平方失真测度，量化器的信噪比（信号平均功率对量化噪声平均功率比）SNR 由下式来量度：

$$[\text{SNR}]_{\text{dB}} = 10\log_{10}\frac{E\|\boldsymbol{x}-\bar{\boldsymbol{x}}\|^2}{D} = 10\log_{10}\frac{E\|\boldsymbol{x}-\bar{\boldsymbol{x}}\|^2}{E\|\boldsymbol{x}-\boldsymbol{y}\|^2} \tag{9.1.14}$$

其中，$E\|\boldsymbol{x}-\bar{\boldsymbol{x}}\|^2$ 为输入矢量方差，D 为总平均失真。

4. 量化压缩比

设实数序列 k 个样值构成 k 维矢量进行量化，量化器输入每样值所需比特数与每样值编码比特数的比称为压缩比（Compression Ratio，CR），用来描述量化器的压缩性能。CR 越大，压缩性能越好。对于固定码率量化器，压缩比为

$$\text{CR} = \frac{km}{\log N} = \frac{m}{R} \tag{9.1.15}$$

其中，m 为表示未压缩每样值所需比特数；R 为每样值编码所需的比特数。

例 9.1.1 用固定码率量化器对 4×4 图像块进行矢量量化，其中量化级数为 $N=1\,024$，已知未压缩每像素用 8 bit 表示，求压缩比。

解 压缩比为

$$\text{CR} = \frac{4\times4\times8}{\log 1\,024} = 12.8$$ ▮

5. 最佳量化器

与标量量化类似，最佳 VQ 就是在给定信源的统计特性以及具体约束后，选择合适的量化矢量和胞腔使平均失真最小。矢量量化器也有三种优化方式：①约束码率优化失真；②约束失真优化码率；③无约束优化。在第①种优化方式下，满足码率的某个上界的条件下使量化平均失真最小的量化器是最佳的；在第②种优化方式下，满足量化平均失真的某个上界的条件下使码率最小的量化器是最佳的；在第③种优化方式中，可以对码率和量化平均失真进行权衡达到所需要的目标。与标量量化类似，变速率最佳量化可以归结为熵约束最佳量化。本章重点研究定码率最佳矢量量化器和高分辨率熵约束最佳矢量量化器。

9.2 定码率最佳矢量量化

前一章对标量量化的研究结果很多可以推广到 VQ 领域，本节研究固定码率无记忆最佳 VQ。

9.2.1 最佳矢量量化器的条件

在定码率量化器中，由于码率已经给定，就归结到第一种优化方式。对于固定码率最佳量化器必须满足：

(1) 在译码器给定条件下编码器应该是最佳的；

(2) 在编码器给定条件下译码器也应该是最佳的。

以上两个条件称作最佳量化器的必要条件。译码器给定就是码书给定，这时要求解最佳的胞腔划分；编码器给定就是胞腔划分给定，这时要求解最佳码书。

设量化器输入是 k 维矢量 $\boldsymbol{x}=(x_1,x_2,\cdots,x_k)$，其中，$x_i(i=1,\cdots,k)$取值连续；量化器的输出矢量为$\{\boldsymbol{y}_i\}$，$i=1,\cdots,N$，且$\boldsymbol{y}_i=(y_{i1},y_{i2},\cdots,y_{ik})$(称为码字)构成码书。

若量化器输出满足

$$Q(\boldsymbol{x})=\boldsymbol{y}_i\text{，仅当 }\boldsymbol{d}(\boldsymbol{x},\boldsymbol{y}_i)\leqslant\boldsymbol{d}(\boldsymbol{x},\boldsymbol{y}_j)\text{；对所有 }j\neq i \tag{9.2.1}$$

称为最近邻条件。

如果矢量 $\boldsymbol{y}^*$ 和一个非零概率矢量集合 $R\in\mathscr{R}^k$ 的中的所有点 $\boldsymbol{x}$ 之间的平均失真最小，就称 $\boldsymbol{y}^*$ 为 R 的质心，记为

$$\boldsymbol{y}^*=\text{cent}(R)\text{若 }E[\boldsymbol{d}(\boldsymbol{x},\boldsymbol{y}^*)\mid\boldsymbol{x}\in R]\leqslant E[\boldsymbol{d}(\boldsymbol{x},\boldsymbol{y})\mid\boldsymbol{x}\in R] \tag{9.2.2}$$

对所有 $\boldsymbol{y}\in\mathscr{R}^k$。应注意，对某些失真测度，质心并不总是唯一确定的。

在均方失真准则下，下面的定理给出了最佳码书和最佳胞腔的必要条件。

定理 9.2.1 对于一个最佳 VQ，

(1) 当码书给定后，最佳编码器满足最近邻条件，即

$$R_i=\{\boldsymbol{x}:d(\boldsymbol{x},\boldsymbol{y}_i)\leqslant d(\boldsymbol{x},\boldsymbol{y}_j)\text{；对所有 }j\neq i\} \tag{9.2.3}$$

满足式(9.2.3)条件的胞腔分割称为 Voronoi 分割，所形成的胞腔称 Voronoi 域，对应各码字所在的胞腔。

(2) 当划分区域$\{R_i\}$给定后，最佳码书满足质心条件

$$\boldsymbol{y}_i=\text{cent}(R_i) \tag{9.2.4}$$

Voronoi 胞腔的质心就是码字。

(3) 在均方失真测度下，最佳码书满足的质心条件

$$\boldsymbol{y}_i=\text{cent}(R_i)=E(\boldsymbol{x}\mid\boldsymbol{x}\in R_i) \tag{9.2.5}$$

其中

$$y_{ij}=\frac{\int_{R_i}x_j p(\boldsymbol{x})\mathrm{d}\boldsymbol{x}}{\int_{R_i}p(\boldsymbol{x})\mathrm{d}\boldsymbol{x}}=E(x_j\mid\boldsymbol{x}\in R_i)\quad j=1,\cdots,k \tag{9.2.6}$$

证 (1)设码书$\{\boldsymbol{y}_i\}$给定，那么平均失真

$$D=\sum_i\int_{R_i}d(\boldsymbol{x},\boldsymbol{y}_i)p(\boldsymbol{x})\mathrm{d}\boldsymbol{x}\geqslant\sum_i\int_{R_i}\min_{j\in I}d(\boldsymbol{x},\boldsymbol{y}_j)p(\boldsymbol{x})\mathrm{d}\boldsymbol{x}$$

对于最佳编码器,上面不等式中的等号成立,即对于每个 $\boldsymbol{x}\in R_i$,有 $d(\boldsymbol{x},\boldsymbol{y}_i)=\min\limits_{j\in I}d(\boldsymbol{x},\boldsymbol{y}_j)$。此含义与式(9.2.3)等价。

(2) $D=\sum\limits_i\int_{R_i}d(\boldsymbol{x},\boldsymbol{y}_i)p(\boldsymbol{x})\mathrm{d}\boldsymbol{x}=\sum\limits_i P(x\in R_i)\int_{R_i}d(\boldsymbol{x},\boldsymbol{y}_i)p(\boldsymbol{x}\mid\boldsymbol{x}\in R_i)\mathrm{d}\boldsymbol{x}$

因为分割是固定的,求和式中的每一项都可以通过单独求 $\boldsymbol{y}_i$ 使平均失真最小,根据式(9.2.2)可知 $\boldsymbol{y}_i$ 是 R_i 的质心。

(3) 在均方失真测度下,$\boldsymbol{y}_i$ 是 $\boldsymbol{x}\in R_i$ 的最小均方误差估计。根据估计理论,估计值是 $\boldsymbol{x}\in R_i$ 条件下的均值,即式(9.2.5)。▌

与标量量化类似,量化器的这种最佳条件并不能充分保证整个量化器的最佳性;在某些特殊情况下,例如概率密度函数是上凸函数(高斯分布)时,以上的必要条件也是充分的。

9.2.2 最佳矢量量化器的性质

设 VQ 输入与输出分别为 $\boldsymbol{x}$ 和 $\boldsymbol{y}=Q(\boldsymbol{x})$,其均值分别为 $E(\boldsymbol{x})$ 和 $E(\boldsymbol{y})$,与标量情况类似,有

定理 9.2.2 对于均方失真 VQ,有

(1)
$$E(\boldsymbol{y})=E(\boldsymbol{x})\tag{9.2.7}$$

(2)
$$E[\boldsymbol{y}^{\mathrm{T}}(\boldsymbol{x}-\boldsymbol{y})]=0\tag{9.2.8}$$

(3)
$$E[\|\boldsymbol{x}-\boldsymbol{y}\|^2]=E(\|\boldsymbol{x}\|^2)-E(\|\boldsymbol{y}\|^2)\tag{9.2.9}$$

证 由式(9.2.6)的质心条件,得

$$y_{ij}P(\boldsymbol{y}_i)=\int_{R_i}x_jp(\boldsymbol{x})\mathrm{d}\boldsymbol{x}\tag{9.2.10}$$

其中,

$$P(\boldsymbol{y}_i)=\int_{R_i}p(\boldsymbol{x})\mathrm{d}\boldsymbol{x}\tag{9.2.11}$$

由式(9.2.10),得

$$\boldsymbol{y}_iP(\boldsymbol{y}_i)=\int_{R_i}\boldsymbol{x}p(\boldsymbol{x})\mathrm{d}\boldsymbol{x}\tag{9.2.12}$$

注意:式(9.2.12)所表示的是矢量积分,定义为矢量各分量的积分构成的矢量。

(1) $E(\boldsymbol{y})=\sum\limits_{i=1}^{N}P(\boldsymbol{y}_i)\boldsymbol{y}_i=\sum\limits_{i=1}^{N}\int_{R_i}\boldsymbol{x}p(\boldsymbol{x})\mathrm{d}\boldsymbol{x}=\int_{R_i}\boldsymbol{x}p(\boldsymbol{x})\mathrm{d}\boldsymbol{x}$

上面利用了式(9.2.12);

(2)
$$E[\boldsymbol{y}^{\mathrm{T}}\boldsymbol{x}]=\int_{R^k}\boldsymbol{y}^{\mathrm{T}}\boldsymbol{x}p(\boldsymbol{x})\mathrm{d}\boldsymbol{x}=\sum_{i=1}^{N}\boldsymbol{y}_i^{\mathrm{T}}\int_{R_i}\boldsymbol{x}p(\boldsymbol{x})\mathrm{d}\boldsymbol{x}=\sum_{i=1}^{N}\boldsymbol{y}_i^{\mathrm{T}}\boldsymbol{y}_iP(\boldsymbol{y}_i)=E(\boldsymbol{y}^{\mathrm{T}}\boldsymbol{y})\tag{9.2.13}$$

上面利用了式(9.2.12);

(3) $E[\|\boldsymbol{x}-\boldsymbol{y}\|^2]=E(\boldsymbol{x}^{\mathrm{T}}\boldsymbol{x})-2E(\boldsymbol{y}^{\mathrm{T}}\boldsymbol{x})+E(\boldsymbol{y}^{\mathrm{T}}\boldsymbol{y})=E(\|\boldsymbol{x}\|^2)-E(\|\boldsymbol{y}\|^2)$

上面利用了式(9.2.13)。▌

9.2.3 二维均匀量化

当二维随机矢量在平面上均匀分布时,采用均匀量化将平面区域分割成大小和形状相同

的胞腔，胞腔中心为量化点，就满足最佳量化条件。为无间隙无重叠覆盖整个平面，这些胞腔应该是正方形、正三角形和正六边形。下面分析这些胞腔的最佳量化点与平均失真。

例 9.2.1 对平面上均匀分布的二维随机矢量 $\boldsymbol{X}$ 进行均匀量化，胞腔面积为 A，形状分别为：①正方形；②正三角形；③菱形；④正六边形；求在均方失真测度下，各种形状胞腔的最佳量化点与平均失真。

解 为比较以上各种不同胞腔的平面分割的量化性能，只计算一个胞腔的平均失真即可。

① 设正方形边长为 a，底边与横轴平行，中心位于原点，有 $A=a^2$，最佳量化点为正方形的中心，坐标(0,0)，平均失真

$$D_c = 4\int_0^{a/2}\int_0^{a/2}(x_1^2+x_2^2)\frac{dx_1dx_2}{A} = \frac{a^4}{6A} = A/6 = 0.1667A \tag{9.2.14}$$

② 设正三角形边长为 a，底边在横轴上，且底边的中点是原点，有 $A=\sqrt{3}a^2/4$，最佳量化点为正三角形的中心，坐标为$(0,\sqrt{3}a/6)$，平均失真

$$D_t = \|\boldsymbol{x}\|^2 - \|\boldsymbol{y}\|^2 = \frac{2}{A}\int_0^{a/2}dx_1\int_0^{-\sqrt{3}x_1+\sqrt{3}a/2}(x_1^2+x_2^2)dx_2 - (\sqrt{3}a/6)^2$$

$$= \frac{2\sqrt{3}a^4}{48A} - \frac{a^2}{12} = \frac{A}{3\sqrt{3}} = 0.1925A \tag{9.2.15}$$

③ 设菱形是①中正方形绕原点旋转45°，边长为 a，有 $A=a^2$，最佳量化点为菱形的中心，平均失真

$$D_r = \frac{4}{A}\int_0^{\sqrt{2}a/2}dx_1\int_0^{-x_1+\sqrt{2}a/2}(x_1^2+x_2^2)dx_2 = \frac{a^4}{6A} = A/6 \tag{9.2.16}$$

④ 设正六边形边长为 a，底边与横轴平行，中心位于原点，有 $A=3\sqrt{3}a^2/2$，最佳量化点为正六边形的中心，坐标(0,0)，平均失真

$$D_h = \frac{4}{A}\int_0^{\sqrt{3}a/2}dx_2\int_0^{-x_2/\sqrt{3}+a}(x_1^2+x_2^2)dx_1 = \frac{5A}{18\sqrt{3}} = 0.1604A \tag{9.2.17}$$ ∎

由上例看出，当胞腔面积一定时，有 $D_t > D_c > D_h$。所以，当量化平面面积一定时，用面积相同但形状不同的胞腔进行均匀量化，相当于码率相同，但平均失真不同，正六边形胞腔平均失真最小，正方形次之，正三角形平均失真最大。同样，如果要求平均失真相同，那么用正六边形胞腔所需数量最少，所以码率最低，正方形次之，正三角形码率最大。

从上例还可看出，二维量化的自由度大于标量量化。在均匀分布情况下，最佳标量量化只有一种分割方法，把变量取值区间均匀分割；而在二维量化时，可用正方形、正三角形或正六边形分割，而各种分割的平均失真不同。

9.2.4 矢量量化的优点

与标量量化相比，VQ 有一系列的优点，其中最主要的是，对相关或独立的若干随机变量组合成矢量进行最佳量化性能优于各随机变量单独进行最佳标量量化的性能，即在相同码率下，VQ 具有更小的平均失真，或者在相同平均失真下，VQ 具有更低的码率。

1. VQ 可提高各分量有相关性随机矢量的量化性能

首先举一简单例子来说明。

例 9.2.2　二维随机矢量 $\boldsymbol{x}=(x_1,x_2)$ 在图 9.2.1 所示两个阴影正方形区域内均匀分布，每个正方形面积为 1。(1)对该随机矢量两分量分别进行 4 电平最佳标量量化，求平均每维的码率和均方失真；(2)对该随机矢量进行 8 电平最佳矢量量化，求平均每维的码率和均方失真。

解　(1) 根据题意，$\boldsymbol{x}$ 的概率密度为

$$p(\boldsymbol{x})=p(x_1,x_2)=\begin{cases}1/2 & [(-1\leqslant x_1\leqslant 0)\wedge(0\leqslant x_2\leqslant 1)]\vee[(0\leqslant x_1\leqslant 1)\wedge(-1\leqslant x_2\leqslant 0)]\\ 0 & \text{其他}\end{cases}$$

x_1 和 x_2 的边际概率密度分别为

$$p(x_1)=\begin{cases}1/2 & -1\leqslant x_1\leqslant 1\\ 0 & \text{其他}\end{cases}\text{和 } p(x_2)=\begin{cases}1/2 & -1\leqslant x_2\leqslant 1\\ 0 & \text{其他}\end{cases}$$

对 x_1 进行 4 电平的最佳标量量化为均匀量化，量化区间为：$(-1,-1/2)$，$(-1/2,0)$，$(0,1/2)$，$(1/2,1)$；对应量化值为：$-3/4,-1/4,1/4,3/4$；量化级差为：$\Delta=1/2$；对于 x_2 可以得到与 x_1 相同的量化结果。这样，$\boldsymbol{x}$ 均匀量化后，每维平均码率为 2 bit，每维均方失真为 $D=\Delta^2/12=1/48$。

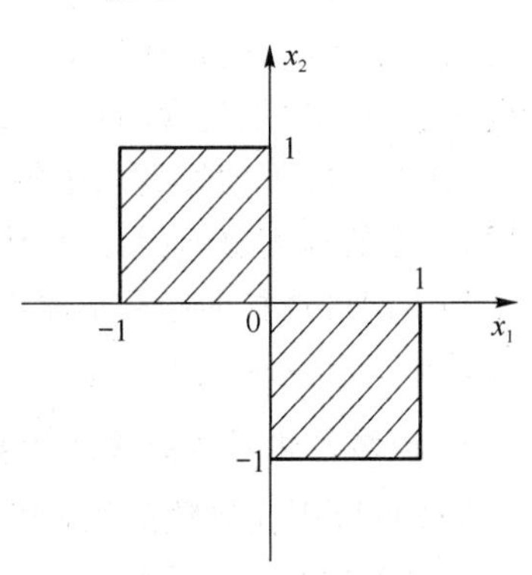

图 9.2.1　二维随机矢量分布图

(2) 对该随机矢量进行 8 电平最佳 VQ 是均匀量化，实际上是将概率密度不为零的两个正方形分别分成 4 个面积都等于 1/4 的小正方形，取每个小正方形的中心作为量化值，每个小正方形平均失真为 $A/6=1/24$，所以总平均失真为 1/24，每维均方失真为 1/48，但平均每维码率为 $(1/2)\log_2 8=1.5$ bit。■

从上题的结果可以看出，由于矢量各分量具有相关性，使得在产生同样平均失真条件下，矢量量化比各分量分别标量量化码率要低。VQ 的这个特点称为记忆优势。一般地讲，对于有记忆或具有相关性(包括线性相关和非线性相关)的序列进行量化，采用 VQ 量化方式比对各分量单独进行标量量化具有更好的性能，即在相同失真下有较低的码率，或在相同码率下有较小的失真。

2. VQ 可提高各分量独立随机矢量的量化性能

即使随机矢量各分量是独立的，VQ 的性能也优于标量量化，这是因为 VQ 可以通过灵活选择胞腔的形状达到最优量化，而各分量分别标量量化相当于选择多维立方体作为胞腔的矢量量化，而且这是唯一的选择。例如，二维矢量在方形区域均匀分布，那么矩形分割(图 9.2.2(a))对应每个分量的标量量化。如果量化点数很多，边缘效应可以忽略，那么正六边形分割(图 9.2.2(b))比矩形分割有更小的平均失真。

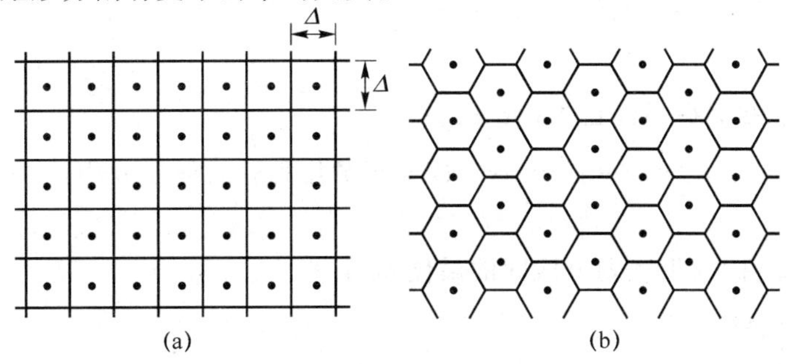

图 9.2.2　二维量化分割区域

例 9.2.3 对在 16×16 的正方形区域内均匀分布的二维随机矢量 $\boldsymbol{x}=(x_1,x_2)$ 采用两种方法进行量化：①对两个分量分别进行 4 bit 最佳标量量化；②采用正六边形分割的相同码率的矢量量化。求两种量化方式下的总平均失真。设失真测度为均方测度。

解 ① 对两个分量分别进行最佳标量量化，因两分量码率相同，相当于对平面进行正方形分割的矢量量化。因为平面共包含 256 个面积为 1 的正方形，总均方失真为 $D_1=1/6=0.1667$。

② 采用码率为 8 bit 的矢量量化，对平面用面积为 1 的正六边形分割，忽略边缘效应，平面共包含 256 个正六边形，总均方失真为 $D_2=5/(18\sqrt{3})=0.1604$。■

以上两种情况可以看成是对二维独立随机矢量的量化，②中选择胞腔形状为正六边形，使平均失真低于①，这是标量量化做不到的。对各分量独立矢量进行矢量量化也可以有比标量量化更有效。这里包含两重含义：一是通过理论分析可知，各分量独立的随机序列除均匀分布外，最佳 VQ 的平均失真总比各分量分别进行标量量化的平均失真小，而且由于信源概率分布不同，减小的程度也不同，这种优势称为 VQ 的形状优势；二是即使输入是均匀分布，VQ 也可在多种不同可选择的胞腔形状中选择一种最佳的（通常选择空间填充特性好的胞腔形状），而标量量化只有一种相当于多维立方体的选择，VQ 的这种优势称为空间填充优势。

3. 矢量量化可以灵活选择码书大小

VQ 可以用任何数量的胞腔对量化区间进行分割，码书大小可以是任意正整数。而如果各个分量单独进行标量量化，那么码书大小的选择就会受到限制。

4. 矢量量化可以实现分数分辨率

量化每个分量所需比特数称为分辨率，如果使用标量量化，那么分辨率只能是整数，而 VQ 的分辨率可以是分数。这种特点在需要低比特率时特别重要。

9.3 定码率最佳矢量量化算法

9.3.1 最佳矢量量化基本算法

前面讨论的标量量化 Lloyd I 算法可以直接推广到矢量量化。这种一般化 Lloyd 算法（GLA）在统计聚类分析中称为 k-均值算法（J. MacQueden，1967），在数据压缩中常称为 LBG 算法（T. Lind，A. Buro 和 Gray，1980）。

该算法基于码书修正运算的迭代使用，因此我们首先介绍当概率分布连续且已知条件下的码书修正迭代。

1. 概率分布已知时码书修正 Lloyd I 迭代

① 给定一码书 $C_m=\{\boldsymbol{y}_i, i=1,\cdots,N\}$，以此求量化胞腔的最佳分割，即利用最近邻条件形成最近邻区间；

② 应用质心条件，求上述划分区间的最佳码书。

2. LBG 算法流程

① 设置一门限值 ε，选取初始码书 C_1，设 $m=1$；

② 给定码书 C_m，实施 Lloyd 迭代以产生改进的码书 C_{m+1}；

③ 计算 C_{m+1} 的平均失真 D_{m+1}；如果

$$(D_m - D_{m+1})/D_m \leqslant \varepsilon \tag{9.3.1}$$

停止；否则置 $m+1 \rightarrow m$，转到②。

3. 利用训练序列的矢量量化

在实际设计 VQ 时，可使用训练序列选择码书和胞腔集合。训练序列可以来自未知概率分布的信源，也可根据已知概率分布产生。设训练序列集合为

$$\mathrm{TS} = \{\boldsymbol{x}_1, \boldsymbol{x}_2, \cdots, \boldsymbol{x}_M\}, M \gg N \tag{9.3.2}$$

其中，M 为训练矢量数；N 为量化级数。现用 LBG 算法，构造最佳码书。

首先设置门限值 ε，选取初始码书 $A^{(1)} = \{\boldsymbol{y}_i^{(1)}\}$，令 $m=1$，然后实施 Lloyd 迭代。第 m 步迭代过程：设 $A^{(m)} = \{\boldsymbol{y}_i^{(m)}\}$，根据最近邻条件得相应胞腔，

$$R_i^{(m)} = \{\boldsymbol{x}: d(\boldsymbol{x}, \boldsymbol{y}_i^{(m)}) \leqslant d(\boldsymbol{x}, \boldsymbol{y}_j^{(m)}), \forall j \neq i; \boldsymbol{y}_i^{(m)}, \boldsymbol{y}_j^{(m)} \in A^{(m)}, \boldsymbol{x} \in \mathrm{TS} \tag{9.3.3}$$

计算均方失真

$$D^{(m)} = \frac{1}{N}\sum_{i=1}^{N}\frac{1}{M_i^{(m)}}\sum_{j=1}^{M_i^{(m)}} \| \boldsymbol{x}_j - \boldsymbol{y}_i^{(m)} \|^2, \boldsymbol{x}_j \in R_i^{(m)} \tag{9.3.4}$$

其中，$M_i^{(m)}$ 是 $R_i^{(m)}$ 中的训练矢量个数。再计算对应于这些胞腔的质心

$$\boldsymbol{y}_i^{(m+1)} = \frac{1}{M_i^{(m)}}\sum_{\boldsymbol{x} \in R_i^{(m)}} \boldsymbol{x} \tag{9.3.5}$$

这些质心构成新码书 $\{\boldsymbol{y}_i^{(m+1)}\}$。求新的胞腔集合 $\{R_i^{(m+1)}\}$ 以及对应的平均失真 $D^{(m+1)}$，并计算相对误差：

$$\varepsilon^{(m)} = (D^{(m)} - D^{(m+1)})/D^{(m)} \tag{9.3.6}$$

当相对误差在容许值之内时算法停止；否则，令 $m=m+1$，继续进行迭代。

应注意，用有限数目的训练矢量进行迭代运算时有可能遇到空胞腔问题。就是在起始或某一步迭代过程中计算某码字的下一个胞腔时，所有训练矢量与该码字的距离都大于与其他码字的距离，因此该码字所对应的胞腔是空的。此时只能取消这个码字。但为保持量化级数不变，可将另一个胞腔分裂成两个。通常选用包含训练矢量最多的胞腔进行分裂，例如可采用 9.3.2 节所述的分裂技术。这样通过胞腔分裂，仍可保证有 N 个码字，然后再继续后续迭代。

利用训练序列设计量化器是 VQ 技术中常用的方法，一方面可避免测定未知信源概率密度的困难，另一方面也简化了码书与胞腔的计算，特别是把计算质心的多重积分运算（式(9.2.6)）简化为求和（式(9.3.5)），使运算大大简化。如果信源是平稳的，那么当 M 很大时，可以得到精确的概率密度，从而得到理想的量化结果。而实际上，M 值是有限的，量化器不是最佳的，平均失真大于用精确概率密度得到的失真，一般地说，M 增大会使这种差别减小，使码书设计更加可靠，但所需计算量也会增大。经验表明，每个码矢量至少对应 10 个最好是 50 个训练矢量，所以 M 至少应该是 $10N$ 或更大的数量级。

使用 Lloyd 算法，大部分计算量来自于比较分类。如果有 M 个训练样本，N 个量化输出，I 次迭代，那么训练的计算量为

$$T = kNMI = k2^{Rk}MI \tag{9.3.7}$$

所需总存储量为

$$S = kB(N+M) \tag{9.3.8}$$

例 9.3.1 已知二维矢量 $\boldsymbol{x}=(x_1,x_2)$在边长为 2 的正方形内均匀分布，坐标原点为正方形的中心，采用均方失真测度，求下列两种情况下，量化级数 $N=4$ 的最佳码书和平均失真：(1)初始码书矢量为正方形的四个顶点；(2)初始码书矢量为正方形四条边的中点。

解 利用 LBG 算法，容易得到最佳码书。

(1) 最佳码书：(0.5,0.5)，(0.5,0.5)，(0.5,0.5)，(0.5,0.5)。

平均失真有以下三种计算方法。

① 计算每个胞腔的条件平均失真 D_i。因为 4 个胞腔是面积为 1 的正方形，所以 $D_i=1/6$，平均得到平均失真 $D=1/6=0.166\,7$。

② 利用量化器的性质计算得

$$D=E(x_1^2+x_2^2)-E(y^2)=4/6-(\sqrt{2}/2)^2=1/6$$

③ 直接计算得

$$D=4\int_0^1 \mathrm{d}y\int_0^1[(x-1/2)^2+(y-1/2)^2]\times(1/4)\mathrm{d}x=1/6$$

(2) 最佳码书：(0,2/3)，(2/3,0)，(0,−2/3)，(−2/3,0)。

平均失真：$D=4\int_0^1 \mathrm{d}x\int_{-x}^{x}[(x-2/3)^2+y^2]\times(1/4)\mathrm{d}y=2/9=0.222\,2$

类似也有 $$D=E(x_1^2+x_2^2)-E(y^2)=4/6-(2/3)^2=2/9$$ ■

可见，选择不同的起始码书可能达到不同的结果，同时还可以在上例中看到，(1)比(2)的平均失真小，从胞腔的形状看也可以得到同样的结论，因为(1)中的 4 个等面积胞腔是正方形，而(1)中的 4 个等面积胞腔是三角形。

9.3.2 初始码书选择

从上面的例题可以看出，选择不同的初始码书可能得到不同的最终量化结果，从而得到不同的平均失真。实际上，与标量量化类似，上面的 VQ 算法不一定产生真正的最佳值，可能产生局部最小值，有时存在很多这样的局部最小，而且有的性能很差。因此为使算法产生满意的结果，应该有好的初始码书的选择。

大致有两种初始码书选择的方法：一种是选大小合适但比较简单的码书做初始码书；另一种是选小尺寸的简单码书通过迭代产生尺寸大小合适的码书做初始码书。

设码书的尺寸为 N。最简单的方法就是选择训练序列的前 N 个矢量作为初始码书。对于高度相关的序列，可以从训练序列中选择距离大的矢量，从中随机选定 N 个码字作为起始码书。这样算法的收敛性和收敛速度也是随机的。

为构造一系列固定维大尺寸码书，常采用分裂技术。这种方法适用于任何固定维数，也包括标量量化。分裂过程首先从求最佳零率码书(即包含一个码字的码书)开始，这就是求整个训练序列的质心。将这个质心矢量 $\boldsymbol{y}$ 分裂成两个矢量，例如将其乘以常数 a 或加上一矢量 $\boldsymbol{x}$，就得到两个码字，完成一次码字分裂。用这两个码字做起始码书，通过 LBG 迭代，得到两个码字的最佳码书，用类似的方法将产生的两个码字分别分裂，构成只有两个码字的起始码书，通过 LBG 迭代，就得到 4 个码字的最佳码书……这样，经过 R 次分裂就得到 $N=2^R$ 个码字的最佳码书。

9.3.3 矢量量化应用举例

下面通过若干实例介绍VQ算法在信源压缩编码中的应用，首先选择多维高斯信源，然后研究语音和图像信源压缩中的矢量量化。

1. 高斯随机序列的量化

例9.3.2 从一个均值为零，方差为1的独立同分布高斯序列中抽取100 000个样值，用Lloyd Ⅰ算法设计每样值1 bit的矢量量化器，维数分别取$k=1,2,3,4,5,6,7$，失真误差门限取0.01，试计算不同k值条件下的量化信噪比，并与理论上可达的界限比较。

解 每样值1 bit相当于码率$R=1$，码书尺寸$N=2^{kR}=2^k$。$k=1$是标量量化，对于$k=2,3,4,5,6$，是矢量量化。大致少于50次迭代Lloyd Ⅰ算法收敛。通过仿真计算结果如下。

在标量量化情况下，平均误差为0.363，量化信噪比为4.40 dB；方差为1独立高斯信源的失真率函数为$D(R)=2^{-2R}$（其中R为每样值比特数）。当$R=1$时，有$D(1)=0.25$，相当于量化信噪比6 dB。可见，标量量化的信噪比与理论可达的量化信噪比差6－4.40＝1.60 dB。一般地，可得如下结论：①VQ量化性能优于标量量化性能；②本题中有限维最佳VQ量化器的性能与理论上可达的界限并不接近；③如果$k\to\infty$，那么VQ的量化信噪比可达到香农界。量化信噪比与维数的关系可以画成曲线（略）。■

例9.3.3 一个均值为0、方差为1的1阶平稳高斯马尔可夫序列$\{x_n\}$由下式定义：

$$x_{n+1}=ax_n+e_n$$

其中，e_n是均值为0的高斯白噪声；设$a=0.9$，解决与例9.3.2同样的问题。

解 不同k值VQ的量化信噪比曲线如图9.3.1所示。1阶高斯马尔可夫信源的率失真函数为$R(D)=\frac{1}{2}\log\frac{1-a^2}{D}$，对于$D\leqslant\frac{1-a}{1+a}$；失真率函数为$D(R)|_{R=1}=(1-a^2)\times 2^{-2R}|_{a=0.9,R=1}=0.0475$；理论可达的最佳量化信噪比为10lg (1/0.047 5)＝13.23 dB，如图9.3.1中直线所示。可以看到VQ量化性能优于标量量化性能是很明显的。■

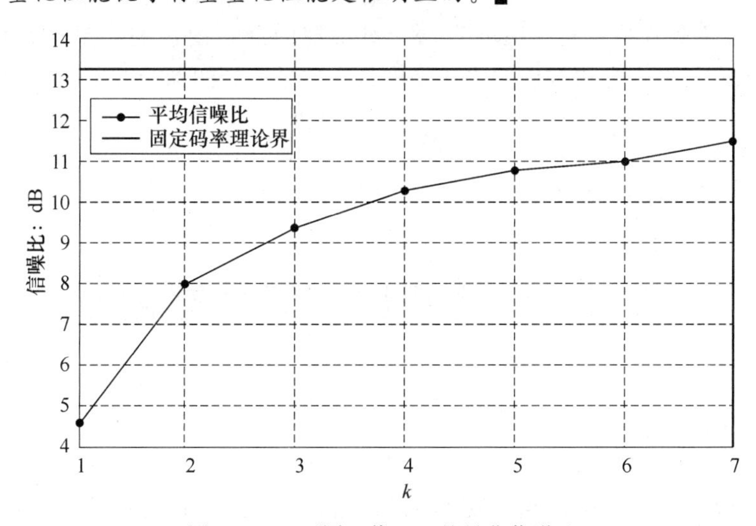

图9.3.1 不同k值VQ的量化信噪比

2. 语音信号的矢量量化

VQ可以用于语音波形编码。但直接将VQ运用于语音样值序列不会得到很好的压缩质量，而需要更复杂的方法。对于语音处理，均方误差失真也不是很好的失真度量，但也经常使用,主要是因为这种失真容易计算。通常采用加权均方误差准则,这里是在频域加权,这和人的听觉系统有关。实践证明,简单的无记忆 VQ 至少与传统的使用预测和变换的基于标量量化系统性能相当。

实用的矢量量化主要应用在语音参量编码与混合编码技术中。最早将 VQ 运用在语言编码器的是 VQLPC 编码器。这种编码器在很低率的语音编码系统中采用 LPC 编码,编码器将 LPC 系数(或 PARCOR 系数,LSP 参数)作为一个矢量进行量化,与其他参数(例如增益项、清/浊判决、基音值(如果是浊音))的标量量化值组成帧,以比特形式发送到译码器。译码器根据接收码序列,通过查表得到重建电平。运用 VQ 在 150～800 bit/s 很低比特率的编码还能保持一定的可懂度,但自然度劣于高比特率的波形编码。

码激励线性预测编码器属于混合语音压缩编码,其基本思想就是用一个矢量量化所产生的码书中的码字表示语音编码帧中的长时预测残差。每一个码矢量是一个随机噪声矢量,L 种 N 个样值的矢量作为 $L+N$ 样值的噪声波形来存储,而不是单独存储。具有 N 个样值的码矢量通过逐点移动起点位置从单个存储矢量中抽出。因此每个矢量的编码由在 $L+N$ 样值矢量中的位置来表示,从中抽出一个 N 样值码字。最佳 N 样值码字的选择使得在合成波形和原始波形之间的感知加权均方误差最小。在译码器也存储同样的 $L+N$ 样值矢量。根据接收信号所指示的位置从这个 $L+N$ 样值矢量中抽取 N 样值矢量作为激励信号。据报道,在 $N=40$(5 ms)、0.25 比特/样值(10 比特/40 样值)条件下,平均信噪比大约 15 dB。

3. 图像的矢量量化

应用基本 VQ 对图像进行矢量量化,首先要把采样的图像分解为固定尺寸的矩形块,然后把这些块看成矢量。如果每个矢量由一个 4×4 的像素方块组成,那么这个矢量就是 16 维矢量。一个典型数字图像的分辨率是 8 比特/像素(bpp),VQ 的目标就是把 bpp 减少到小于 1 比特/像素,而要察觉不到图像质量的下降。

在常规的静止图像 VQ 中,应用取自图像数据库的训练和测试集合。利用简单的均方失真测度对 4×4 的像素方块运行 Lloyd 算法。对常规的静止图像的质量通常用峰值信噪比(PSNR),即输入峰值平方与均方误差之比来度量。如果原始图像为 8 bpp,那么

$$\mathrm{PSNR}=10\lg\frac{256^2}{\mathrm{MSE}}$$

但是,在处理医学图像时,常规的 SNR 比 PSNR 更常用。

9.4 无结构码书矢量量化

9.4.1 最近邻量化器

从量化器的模型可知,编码器给定意味着量化胞腔确定,这就是说在编码器应该存储胞腔几何描述,但存储这种信息并不是很方便。如果区域划分的胞腔完全由码书和失真度量所决定,那么编码器就可以根据最近邻原则确定最佳的胞腔划分,从而实现对输入矢量的量化。这种量化器称为最近邻量化器,这种量化器只需存储码书和失真度量而无须存储胞腔信息。实际上的矢量量化器都是最近邻量化器。在这种量化器的模型中,编译码器都使用码书。

对于最近邻量化器，编码器要根据输入矢量寻找所对应的码字，这个过程称为搜索。如果使用无结构码书。那么对给定的一个输入矢量，编码器分别计算该矢量和每个码字之间的失真，将对应最小失真的码字作为量化器输出，然后向译码器传送码字的代码，这种搜索类型称为全搜索，也称穷尽搜索。在译码器中根据接收代码寻找该代码对应的码字。

9.4.2　量化器复杂度

对量化器定义两种复杂度：计算复杂度（也称时间复杂度）和存储复杂度（也称空间复杂度）。在量化器的编码过程中，计算量最大的是搜索最近的码字。此时必须计算输入矢量 $\boldsymbol{x}$ 与所有码字之间的距离，比较这些距离才能找到最近的码字。对于 N 个码字的 k 维矢量量化，每计算一个距离，需要做 k 次减法和 k 次平方，然后再相加再平方，还需进行 $N-1$ 次比较，才能找到最近码字。不过开方不是必要的，而且加减和比较的计算时间也可忽略不计，只考虑乘法和平方的次数，那么对一个输入矢量，搜索失真最小码字需要的时间复杂度 T 为

$$T=kN=k2^{Rk} \tag{9.4.1}$$

其中，$Rk=\log_2 N$ 为每码字的代码所需比特数，即 $N=2^{Rk}$。用存储码书所需存储量定义空间复杂度 S，那么

$$S=kBN=kB2^{Rk} \tag{9.4.2}$$

其中，B 是每分量所需字节数。可见对于全搜索量化，编码器的两种复杂度都随着码率呈指数增长。而译码器也要存储码书，但译码时可以根据编号提取码字，所以空间复杂度与编码器相同，但时间复杂度可以忽略不计。

例 9.4.1　一码书的码率为 0.25 比特/像素，矢量维数为 16×16，存储一个像素需要一个字节(8 bit)，求全搜索量化器的时间与空间复杂度。

解　$k=16\times16=2^8$。时间复杂度 $T=2^8\times2^{0.25\times256}=2^{72}\approx10^{22}$；空间复杂度 $S=B\times2^{72}\approx 10^{10}\,\text{GB}$。■

对于量化器特别是矢量量化器，时间和空间复杂度也是设计中与码率、失真要同时考虑的性能指标，应该根据实际情况进行权衡。同时还可看到，量化器在编译码过程中的复杂度主要体现在编码器的搜索过程，因此加速搜索是矢量量化中的重要问题之一，必须妥善解决。

9.4.3　快速搜索算法

矢量量化快速搜索的方法有很多，这里仅介绍几种有代表性的方法。

1. 欧氏距离法

这种方法要预先计算每对码矢量之间的欧氏距离 $\|\boldsymbol{y}_i-\boldsymbol{y}_j\|$，对于所有 $i\neq j$，并存储在表中。当输入一个矢量 $\boldsymbol{x}$ 后，随机选择一个码矢量 $\boldsymbol{y}$，计算 $\|\boldsymbol{x}-\boldsymbol{y}\|^2$，删除所有满足 $\|\boldsymbol{y}_j-\boldsymbol{y}\|>2\|\boldsymbol{x}-\boldsymbol{y}\|$ 的 $\boldsymbol{y}_j$，很容易证明，$\|\boldsymbol{y}_j-\boldsymbol{x}\|>\|\boldsymbol{x}-\boldsymbol{y}\|$。未删除的码矢量再依次比较与 $\boldsymbol{x}$ 的距离，直到一个比 $\boldsymbol{y}$ 近的码矢量被发现，用它代替 $\boldsymbol{y}$ 继续上面的过程。最终可以找到与 $\boldsymbol{x}$ 距离最近的码字。

2. 超立方体法

这种方法的基本思想就是，以输入矢量 $\boldsymbol{x}$ 为中心筛选距离较远的码字，这就是超立方体法。先取适当的大常数 R，以 $\boldsymbol{x}$ 为中心作边长为 $2R$ 的超立方体 V，在 V 中寻找码字。若这 V 中没有码字，扩大 R 直至 V 中有码字，在这些码字中找最近码字。若该码字与输入矢量的距离小于 R，该码字就是最近码字；若距离大于 R，尚需再扩大 R，查看有无更近的码字。该方法

的优点是，除码书外，无须存储其他数据。

3. 粗细结合法

粗细结合法就是用两次量化，先用一个低复杂度的粗码书进行预量化，然后再细量化。粗码书的胞腔比原始码书的大。这种粗预量化可能是标量量化或树结构量化（下一节介绍），它的每一个胞腔都包含与其中某些信源矢量最接近的码矢量索引号。这些胞腔预先确定并存于一个表中。对一个输入矢量 $\boldsymbol{x}$ 编码时，先进行预量化，寻找包含 $\boldsymbol{x}$ 的预量化胞腔的索引号，然后在选定的胞腔中进行全搜索，寻找与 $\boldsymbol{x}$ 最近的码矢量。

实际上，如果采用有结构的码书，可以加快搜索速度，而且在某些情况下还可以降低空间复杂度。

9.5 有结构码书矢量量化

本节介绍无记忆有结构量化器。无记忆是指每一个输入矢量的量化过程不依赖于编码器或译码器过去或将来的操作。有结构指的是量化器码书的码矢量之间存在数据结构的关联，可以避免在编码时进行全搜索，从而加快搜索速度，但量化性能可能要降低。

9.5.1 树结构量化

一个码率为 R 的树结构量化器中使用一个 k 维平衡 m 进制搜索树，其中 kR 称为树的深度，m 称为树的宽度，量化器码书大小为 $N=m^{kR}$。搜索树包含 m^{kR} 片树叶，作为码字，而其他 $(m^{kR}-1)/(m-1)$ 个内部节点中的每一个都分别对应一个测试矢量。一个矢量 $\boldsymbol{x}$ 的量化从一个树结构的搜索开始，首先寻找从根节点发出的 m 个节点中与 $\boldsymbol{x}$ 失真最小的那个节点（设为 y），然后再寻找从节点 $\boldsymbol{y}$ 发出的 m 个节点中与 $\boldsymbol{x}$ 失真最小的那个……这样继续下去，直到最后，将找到与 $\boldsymbol{x}$ 失真最小的树叶作为最终的码字。这个 m 进制编码器包含 kR 次 m 元判决，每次都做最小失真选择。在每一级节点的判决可用码书由下一级节点标号构成。最后一级的节点标号就是实际的码字。译码器通过查表得到码字，与常规量化译码器相同，因此树结构量化器与全搜索量化器的区别主要是编码器。一个 $k=3, m=2$，码率 R 为每样值 1 bit 的二元搜索树如图 9.5.1 所示。

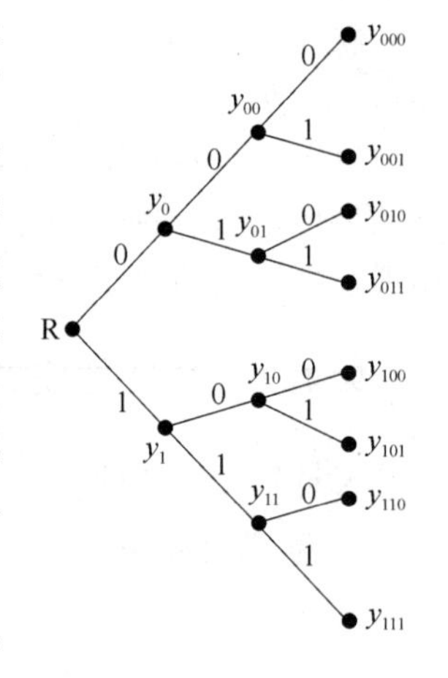

图 9.5.1 $k=3, R=1$ 的二元搜索树

树结构码书的最主要优点就是减小了搜索复杂度。因为在每次判决后所剩下的矢量都减少到原来的 $1/m$，每个输入的量化的比较次数由全搜索所需的 N 次减少到 kR 次，所以时间复杂度（所需乘法数）为

$$T=kmkR=k(m/\log_2 m)\log_2 N \tag{9.5.1}$$

但是树结构量化编码器所需存储量要有所增加，因为这种量化器不仅要存储码矢量，而且需要存储测试矢量。这就是说，搜索树中除根节点外的其他节点都要存储，所以空间复杂度为

$$S=kB(m+m^2+\cdots+m^{kR})=\frac{kBm(N-1)}{m-1} \tag{9.5.2}$$

当 $m=2$ 时，有 $T=2k\log_2 N$ 和 $S=2(N-1)kB$。由此可知，当矢量维数和码书尺寸给定

后，树结构编码器的时间复杂度与 $m/\log m$ 成正比增加，而空间复杂度与 $m/(m-1)$ 成正比减少。

与全搜索相比，虽然树结构量化器降低了时间复杂度，但增加了空间复杂度。除此之外，量化器性能也有所降低，即平均失真增加。因为在搜索过程中相当大的一部分码字没有参与比较，因此最终确定的码字未必是失真最小的码字（见习题）。

9.5.2　乘积量化

乘积量化器使用乘积码书，这种乘积码书定义为低维码书的笛卡儿乘积，这些低维码书称为分量码书。设乘积码书为 C，那么它包含所有从 m 个分量码书 $C_i(i=1,\cdots,m)$ 中依次抽出的 m 个码字，C 的维数 $k=\sum_{i=1}^{m}k_i$，其中 k_i 是分量码书 C_i 的维数。乘积码书的数学描述为

$$C=\bigtimes_{i=1}^{m}C_i=\{所有形式为(\boldsymbol{x}_1,\boldsymbol{x}_2,\cdots,\boldsymbol{x}_m)的矢量,\boldsymbol{x}_i\in C_i\} \tag{9.5.3}$$

例如，对 k 个连续样本 $x_1,x_2,\cdots,x_k$ 进行标量量化就可以看成对 k 维矢量 $(x_1,x_2,\cdots,x_k)$ 的乘积量化。乘积量化可使搜索加快，通常乘积量化不用于原始的样本矢量，而是用于从样本矢量抽取的某函数或特征。乘积量化器的复杂度是各分量量化器复杂度的和，通常要比具有相同码矢量数的无结构量化的复杂度小得多。乘积量化有两个重要类型，均值分离量化和增益/形状量化。

1. 均值分离量化

通常我们处理的是均值为零的矢量，但实际被量化矢量的均值可能不为零。例如，在图像编码中，各个小矩形块中的像素强度具有非零分量，各矢量间样本均值的变化较大，而且这种均值独立于矢量各分量的变化。因此可以将矢量的均值分离，得到均值为零的矢量，再将均值和这个零均值矢量分别量化，这就是均值分离量化，它是一种乘积量化。

设量化器输入为 k 维矢量 $\boldsymbol{x}=(x_1,x_2,\cdots,x_k)$，其样本均值为

$$m=\frac{1}{k}\sum_{l=1}^{k}x_l \tag{9.5.4}$$

求差矢量

$$\boldsymbol{u}=\boldsymbol{x}-m\times\boldsymbol{1}=(x_1-m,x_2-m,\cdots,x_k-m) \tag{9.5.5}$$

其中，$\boldsymbol{1}$ 为各个分量的值都是 $\boldsymbol{1}$ 的 k 维矢量。可见，$\boldsymbol{u}$ 的均值近似为零。

均值分离量化可以用两本码书实现：①均值码书：$\{\hat{m}_i\}$，$i=1,2,\cdots,N_1$，为标量量化码书，其中每个码字都是实数，N_1 为码书尺寸；②形状码书：$\{\boldsymbol{u}^j\}$，$j=1,2,\cdots,N_2$，为矢量量化码书，N_2 为码书尺寸。

均值分离量化原理如图 9.5.2 所示。在量化编码器中，先使用均值码书 $\{\hat{m}_i\}$ 对输入矢量的采样均值进行标量量化，然后在输入矢量中减去均值的量化值。注意这里不是按式(9.5.5)减去采样的均值，而是减去样本均值的量化值 $\hat{m}_i$，即

$$\boldsymbol{u}=\boldsymbol{x}-\boldsymbol{1}\times\hat{m}_i=(x_1-\hat{m}_i,x_2-\hat{m}_i,\cdots,x_k-\hat{m}_i) \tag{9.5.6}$$

再用形状码书对 $\{\hat{\boldsymbol{u}}^j\}$ 进行矢量量化。编码器发送的是均值码书和形状码书的索引号 (i,j)，译码器通过接收序号 (i,j)，确定对应的均值 $\hat{m}_i$ 和形状矢量 $\hat{\boldsymbol{u}}^j$，译码输出为

$$\hat{\boldsymbol{x}}=\hat{m}_i\times\boldsymbol{1}+\hat{\boldsymbol{u}}^j \tag{9.5.7}$$

均方误差为
$$D=E(\|\boldsymbol{x}-\hat{\boldsymbol{x}}\|^2)=E(\|\boldsymbol{u}-\hat{\boldsymbol{u}}^j\|^2) \tag{9.5.8}$$

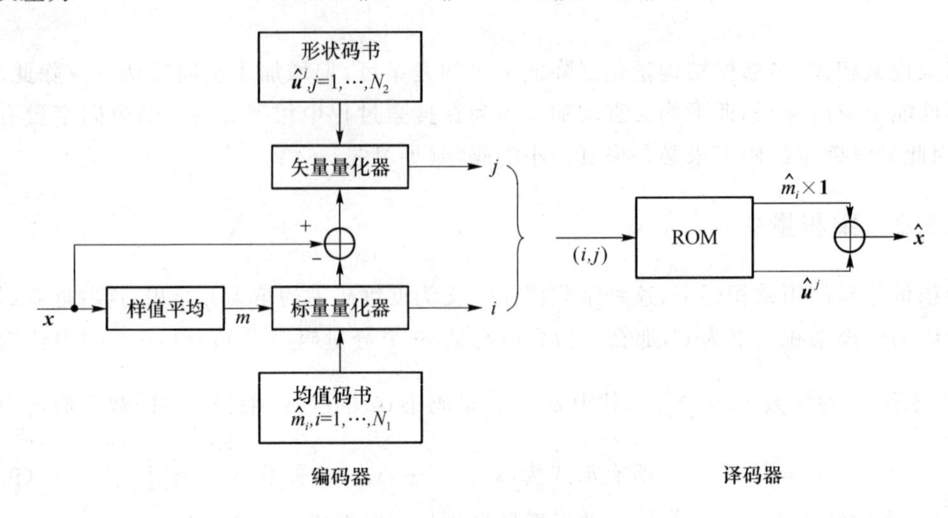

图 9.5.2　均值分离量化原理图

量化器的时间复杂度为 N_1+kN_2。量化器设计步骤是，先设计采样平均标量量化器，再利用训练序列设计差值 VQ。均值分离量化应用在图像编码中。在小矩形块中像素强度的平均值表示平均亮度，是很重要的值，所以 N_1 可以选得大一些，而差值动态范围小，N_2 可小一些。

对均值分离量化有如下结论：①时间复杂度和空间复杂度都可小于 $N=N_1N_2$ 级量化；②不是最佳量化。

2. 增益/形状量化

增益/形状量化也是一种多级乘积量化，相当于均值分离量化中的均值用增益代替，再进行分离。设量化器输入为 k 维矢量 $\boldsymbol{x}=(x_1,x_2,\cdots,x_k)$，可用一个标量 g 和一个矢量 $\boldsymbol{s}$ 的积表示，即
$$\boldsymbol{x}=g\boldsymbol{s} \tag{9.5.9}$$
其中，
$$g=\|\boldsymbol{x}\|=\sqrt{\sum_{l=1}^{k}x_l^2} \tag{9.5.10}$$
可见 $\boldsymbol{s}$ 为单位矢量，有
$$\|\boldsymbol{s}\|^2=\sum_{i=1}^{k}s_i^2=1 \tag{9.5.11}$$

这样，可以用两本码书实现量化：①增益码书 $C_g=\{\hat{g}_i,i=1,2,\cdots,N_1\}$，为标量量化码书，其中每个码字都是正实数，$N_1$ 为码书尺寸；② 形状码书：$C_s=\{\hat{\boldsymbol{s}}^j,j=1,2,\cdots,N_2\}$，为矢量量化码书，其中每个码字都是单位矢量，$N_2$ 为码书尺寸。

量化器的失真为
$$\begin{aligned}D&=\|\boldsymbol{x}-\hat{g}_i\hat{\boldsymbol{s}}^j\|^2=\sum_{k=1}^{K}(x_k-\hat{g}_i\hat{s}_k^j)^2\\&=\|\boldsymbol{x}\|^2-2\hat{g}_i\boldsymbol{x}^{\mathrm{T}}\hat{\boldsymbol{s}}^j+\hat{g}_i^2\|\hat{\boldsymbol{s}}^j\|^2=\|\boldsymbol{x}\|^2-2\hat{g}_i\boldsymbol{x}^{\mathrm{T}}\hat{\boldsymbol{s}}^j+\hat{g}_i^2\end{aligned} \tag{9.5.12}$$
上面利用了 $\hat{\boldsymbol{s}}^j$ 为单位矢量的条件。

编码器要选择合适的 $\hat{g}_i$ 和 $\hat{\boldsymbol{s}}^j$，使量化器的失真 D 最小。由式(9.5.12)可知，$\hat{\boldsymbol{s}}^j$ 的选择独

立于 $\hat{g}_i$ 的选择，所以先选择$\hat{\boldsymbol{s}}^j$。因为 $\hat{g}_i$ 是非负的，设$\hat{\boldsymbol{s}}^j$ 为所选择的码字，那么

$$\hat{\boldsymbol{s}}^j = \arg\max_l \boldsymbol{x}^{\mathrm{T}} \hat{\boldsymbol{s}}^l \tag{9.5.13}$$

下面选择 $\hat{g}_i$。因为$\hat{\boldsymbol{s}}^j$ 已经选择，所以

$$D = \| \boldsymbol{x} \|^2 - 2\hat{g}_i \boldsymbol{x}^{\mathrm{T}} \hat{\boldsymbol{s}}^j + \hat{g}_i^2 = \| \boldsymbol{x} \|^2 + (\hat{g}_i - \boldsymbol{x}^{\mathrm{T}} \hat{\boldsymbol{s}}^j)^2 - (\boldsymbol{x}^{\mathrm{T}} \hat{\boldsymbol{s}}^j)^2 \tag{9.5.14}$$

为使式 (9.5.14)最小，$\hat{g}_i$ 应选择为

$$\hat{g}_i = \arg\min_l (\hat{g}_l - \boldsymbol{x}^{\mathrm{T}} \hat{\boldsymbol{s}}^j)^2 \tag{9.5.15}$$

增益/形状量化原理如图 9.5.3 所示。在量化编码器中，先使用形状码书，按式(9.5.13)，寻找与输入具有最大相关的矢量$\hat{\boldsymbol{s}}^j$，并得到这个最大相关值$\boldsymbol{x}^{\mathrm{T}} \hat{\boldsymbol{s}}^j$，然后利用增益码书搜索与此相关值最接近的码字。编码器发送的是增益码书和形状码书的序号(i,j)，译码器通过接收序号(i,j)，确定对应的增益 $\hat{g}_i$ 和形状矢量，译码器输出为 $\hat{\boldsymbol{x}} = \hat{g}_i \hat{\boldsymbol{s}}^j$。

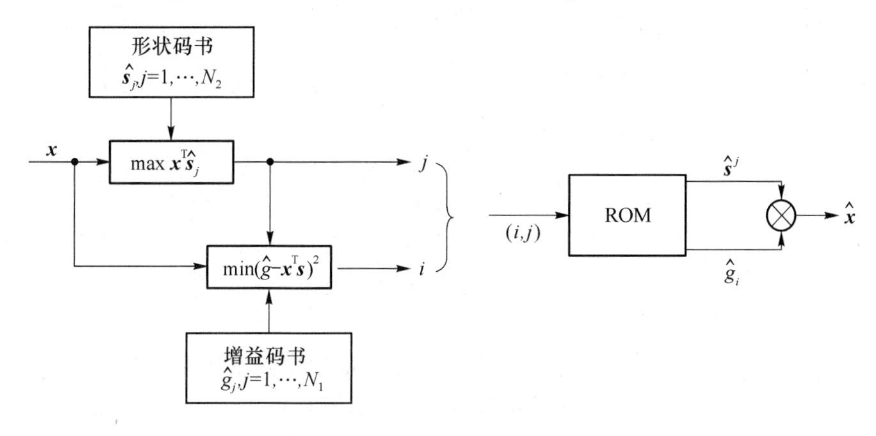

图 9.5.3　增益/形状量化原理图

在 LD-CELP 语音编码器(G.728)中就使用增益/形状量化的激励码书。码书大小 10 bit，分成一个 7 bit 的形状矢量码书和一个 3 bit 的增益标量码书。输出码矢量是最佳形状码矢量和最佳增益电平的乘积。码矢量个数为 $2^7 \times 2^3 = 1\,024$。

对增益/形状量化有如下结论：①对于给定的乘积码书，是最佳的；②可以通过迭代改进性能。

9.5.3　多级量化

在有些应用中可以使用多级量化或级联量化，有时也称残差量化。多级量化的基本思想就是，把编码器的任务分成连续的多级来实现，第一级量化利用小码书实现比较粗的量化，第二级量化器对第一级的输入与其量化输出之间的误差进行量化。此量化误差再提供对原始输入的较精确的估计，第三级量化器对第二级的误差矢量进行量化，提供对原始输入的更精确的近似。图 9.5.4 为两级量化编码器原理图。量化器把 N 个码字的 k 维码书分解为各包含 N_1 和 N_2 个码字的两本码书，分别代表 k_1 和 k_2 维矢量，则 $k = k_1 + k_2$，$N = N_1 N_2$。多级量化的时间复杂度为 T

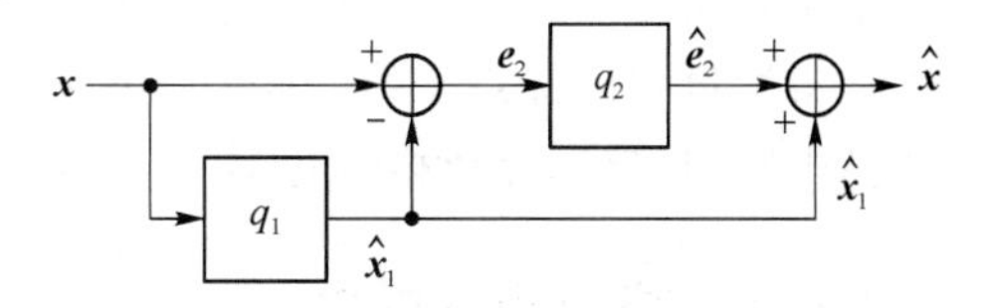

图 9.5.4　两级量化编码器原理图

$=k_1N_1+k_2N_2$，空间复杂度为 $S=(k_1N_1+k_2N_2)B$。可见与直接量化相比，两级量化使两类复杂度均有下降。设量化器输入矢量为 $\boldsymbol{x}$，第一级量化器 q_1 输出为$\hat{\boldsymbol{x}}_1$，产生误差为$\boldsymbol{e}_2=\boldsymbol{x}-\hat{\boldsymbol{x}}_1$，此误差输入到第二级量化器 q_2 的输出为$\hat{\boldsymbol{e}}_2$，输入 $\boldsymbol{x}$ 的重建值为 $\hat{\boldsymbol{x}}=\hat{\boldsymbol{x}}_1+\hat{\boldsymbol{e}}_2$。编码器发送$\hat{\boldsymbol{x}}_1$ 码书和$\hat{\boldsymbol{e}}_2$ 码书对应的索引号(i,j)。在译码时可根据接收到的索引号(i,j)，在两本码书中找到对应的$\hat{\boldsymbol{x}}_1$ 和$\hat{\boldsymbol{e}}_2$，两者相加就得重建矢量 $\hat{\boldsymbol{x}}$。计算总量化误差为

$$\boldsymbol{e}=\boldsymbol{x}-\hat{\boldsymbol{x}}=\boldsymbol{x}-\hat{\boldsymbol{x}}_1+\hat{\boldsymbol{e}}_2=\boldsymbol{e}_2-\hat{\boldsymbol{e}}_2 \tag{9.5.16}$$

即由两级量化引起的误差等于最后一级的量化误差。M 级量化编码器实际上是 M 级差值量化器 $q_i(i=1,\cdots,M)$（形式类似于两级量化的第一级量化器）的级联，除第一级是量化器输入 $\boldsymbol{x}$ 外，其他后面各级的输入都是前一级的差值 $\boldsymbol{e}_i(i=2,\cdots,M)$。译码器的重建矢量为

$$\hat{\boldsymbol{x}}=\hat{\boldsymbol{x}}_1+\boldsymbol{e}_2=\hat{\boldsymbol{x}}_1+\hat{\boldsymbol{e}}_2+\boldsymbol{e}_3=\hat{\boldsymbol{x}}_1+\hat{\boldsymbol{e}}_2+\hat{\boldsymbol{e}}_3+\cdots+\hat{\boldsymbol{e}}_M \tag{9.5.17}$$

所以编码器只要分别传送量化器 $q_i(i=1,\cdots,M)$的码书，译码器就能正确译码。设量化器 q_i包含 N_i个码字，那么总码字数为 $N=\prod_{i=1}^{M}N_i$。

可以证明，对于 M 级量化总量化误差等于最后一级的量化误差。因此又可证明量化器信噪比（分贝数）为各级量化信噪比的和，即

$$\mathrm{SNR}[\mathrm{dB}]=\sum_{i=1}^{M}\mathrm{SNR}_i[\mathrm{dB}] \tag{9.5.18}$$

由于量化误差与输入相比具有更大的随机性，其各分量之间的统计依赖性随量化器级联数的增加而越来越小，这就使得后面各级量化器的编码增益越来越小。所以，实际上的多级量化器通常只有两级，偶尔也有三级。

多级量化器码书的设计也采用分级方式。设两级量化用两本码书，$N=N_1N_2$。先用训练序列$\{\boldsymbol{x}_i\}$，$i=1,\cdots,m$，建立 N_1个码字的最佳码书$\{\boldsymbol{y}^i\}$，$i=1,\cdots,N_1$和相应的胞腔；计算差矢量 $\varepsilon=\boldsymbol{x}-\boldsymbol{y}^i$，形成新的训练序列$\{\boldsymbol{\varepsilon}_i\}$，$i=1,\cdots,m$，由此建立 N_2 个码字的最佳码书$\{\boldsymbol{u}^j\}$，$j=1,\cdots,N_2$。

对 M 级量化的主要结论如下：①平均失真大于不分级情况，因为差矢量量化成 N_2个矢量是在全区域进行的，所以对于各个码书不会是最佳的，但以此为代价换取了复杂度的下降；②时间复杂度由单级量化 $k\prod_{i=1}^{M}N_i$ 减少为 $k\sum_{i=1}^{M}N_i$；③空间复杂度由单级量化 $kB\prod_{i=1}^{M}N_i$ 减少为 $kB\sum_{i=1}^{M}N_i$；④级数 M 越大，复杂度越低，量化噪声也越大。

9.6 格型量化

格型量化可以视为均匀标量量化到矢量量化的推广，其码书是多维空间规则格点的一个子集。格型量化的优点是编译码复杂度低，且在高码率情况下接近最佳性能。本节首先介绍格的基本知识，然后介绍格量化器。

9.6.1 格的基本概念

格是一种高度规则的结构，在代数意义上，一个 k 维格 Λ 就是构成在 k 维常规加运算下的

群;在几何意义上,k 维格 Λ 就是一个无限的均匀覆盖 k 维空间的规则阵列。所以,一个格就是包含原点或零矢量的 k 维空间中规则排列的点的集合。规则的含义是,每一个点都有和其他点相同的环境。换句话说,这个点集合通过从格中的所有点减去一个格点的任何平移仍然产生同一个格。最简单的 k 维格就是整数格 Z^k,其中所有的 k 维矢量的坐标都是整数。

一个基为$\{\boldsymbol{u}_1,\boldsymbol{u}_2,\cdots,\boldsymbol{u}_k\}$的 k 维格是一个无限离散矢量集:

$$\Lambda=\{\boldsymbol{y}\in\mathcal{R}^k:\boldsymbol{y}=\sum_{i=1}^{k}m_i\boldsymbol{u}_i\} \tag{9.6.1}$$

其中,$\{\boldsymbol{u}_1,\boldsymbol{u}_2,\cdots,\boldsymbol{u}_k\}$为 R^k 中线性独立的矢量,$m_i(i=1,\cdots,k)$为整数。对于一维情况,格定义为扩展在整个实数轴上等距离点的集合。

格 Λ 是一个通常意义上的加群,包含两重含义:

(1) $0\in\Lambda$(Λ 包含原点)且 $y\in\Lambda\Rightarrow -y\in\Lambda$;

(2) $y_1,y_2\in\Lambda\Rightarrow y_1+y_2\in\Lambda$。

当 $k=1$ 时,有整数格 $\Lambda=Z=\{0,\pm1,\pm2,\cdots\}$;当 $k=2$时,有二维整数格 Z^2;还有正六边形格,其中基矢量为$\boldsymbol{u}_1=(1\quad 0)^{\mathrm{T}}$,$\boldsymbol{u}_2=\left(-1/2\quad \sqrt{3}/2\right)^{\mathrm{T}}$,其 Voronoi 域是正六边形,相邻基矢量构成一个平行四边形,面积为$\sqrt{3}/2$,如图 9.6.1 所示。

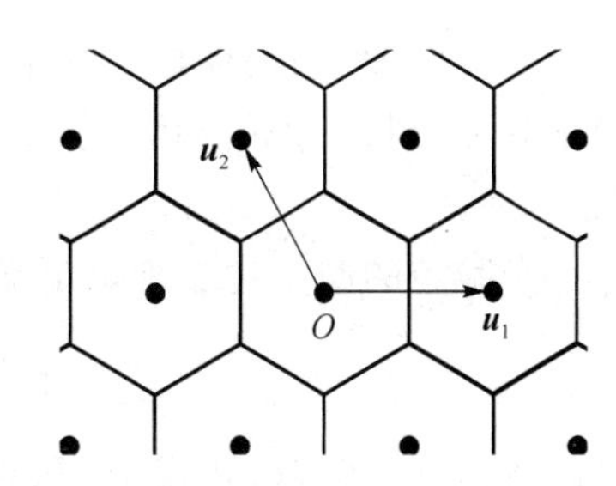

图 9.6.1　正六边形格点与 Voronoi 域

定义格的生成矩阵为

$$\boldsymbol{U}=(\boldsymbol{u}_1\quad \boldsymbol{u}_2\quad \cdots\quad \boldsymbol{u}_n) \tag{9.6.2}$$

因为矢量是线性独立的,所以当 $n=k$ 时,$\boldsymbol{U}$ 是非奇异的,$\det(\boldsymbol{U})$表示基矢量所形成的平行多面体的体积。

设 R_0 为 Λ 的一个 Voronoi 域,且该域由 k 维空间中与其他格点相比最接近原点的所有的点组成,即

$$R_0=\{\boldsymbol{x}\in\mathcal{R}^k:\|\boldsymbol{x}\|=\min_{c\in\Lambda}\|\boldsymbol{x}-\boldsymbol{c}\| \tag{9.6.3}$$

称 R_0 为 Λ 的基本胞腔,是一个凸多面体。Λ 的基本体积就是 R_0 的体积,表示为 $V(\Lambda)$。

9.6.2　格矢量量化器

一个格型码书就是一个格或其平移的一个子集。设 $S=\Lambda_g+a$ 是一个 k 维颗粒格(即包含的区域为有限区域)Λ_g 的平移,$\mathcal{R}$ 为 k 维支撑域,那么格型码书 $C(S,\mathcal{R})$定义为

$$C(S,\mathcal{R})=S\cap\mathcal{R} \tag{9.6.4}$$

对于高码率情况,$|C(S,\mathcal{R})|\simeq V(\mathcal{R})/V\Lambda_g$,所以码率可以由下式近似:

$$r\simeq[1/k]\log_2[V(\mathcal{R})/V(\Lambda_g)] \tag{9.6.5}$$

一个格量化器(以下简称格 VQ)就是一个具有码书 $C(S,\mathcal{R})$的最近邻量化器 Q_Λ。用这些矢量作为量化矢量,其胞腔易于界定,可快速搜索。在有限区间内,每个胞腔可赋予索引号。格 VQ 编码规则:

$$Q_\Lambda(\boldsymbol{x})=\arg\min_{y\in\Lambda}\|\boldsymbol{x}-\boldsymbol{y}\| \tag{9.6.6}$$

与 $\boldsymbol{y}_i\in\Lambda$ 有关的量化器胞腔为

$$R_i=\{\boldsymbol{x}\in\mathcal{R}^k:\|\boldsymbol{x}-\boldsymbol{y}_i\|\leqslant\|\boldsymbol{x}-\boldsymbol{y}_j\|,\boldsymbol{y}_j\in\Lambda\} \tag{9.6.7}$$

可见,胞腔 R_i 是基本胞腔 R_0 平移了 $\boldsymbol{y}_i$。通常,Q_Λ 有无限多个码点,如果信源是有界支撑的,

那么只有有限数目的码点。对于有限 Q_Λ，可使用定长码；而对于无限 Q_Λ，要使用变长码。

下面计算格 VQ 的平均失真。设采用均方误差测度，那么平均失真为

$$D(Q_\Lambda)=\sum_i\int_{R_i}\|\boldsymbol{x}-\boldsymbol{y}_i\|^2 p(\boldsymbol{x})\mathrm{d}\boldsymbol{x} \tag{9.6.8}$$

其中，$p(x)$为量化器输入概率密度。假定 $p(x)$平滑，胞腔体积很小，那么

$$D(Q_\Lambda)\approx\frac{1}{V(R_0)}\int_{R_0}\|\boldsymbol{x}\|^2\mathrm{d}\boldsymbol{x} \tag{9.6.9}$$

假定 R_0 内具有均匀分布的单位质量，那么

$$H(R_0)=\frac{1}{V(R_0)}\int_{R_0}\|\boldsymbol{x}\|^2\mathrm{d}\boldsymbol{x} \tag{9.6.10}$$

称为凸多面体 R_0 的惯性矩。这个惯性矩与胞腔的大小和形状都有关系，但我们需要一个只依赖于胞腔形状，而不依赖于其大小的量，以便描述 Q_Λ 的好坏，这就引入归一化惯性矩的概念。

一个胞腔的归一化二阶矩定义为

$$G(R)=\frac{1}{kV(R)^{1+2/k}}\int_R\|\boldsymbol{x}\|^2\mathrm{d}\boldsymbol{x} \tag{9.6.11}$$

注意，式(9.6.11)和式 (7.6.6)类似，只不过将其中的 S_i 换成 R，范数 ρ 换成平方失真测度，$\boldsymbol{y}_i$ 设为原点。可以证明，$G(R)$是伸缩不变的，即

$$G(\alpha R)=G(R) \tag{9.6.12}$$

对于 $\alpha>0$，$R\in\mathcal{R}^k$。由此，可得每样值的失真为

$$k^{-1}D(Q_\Lambda)\approx V(R_0)^{2/k}G(R_0) \tag{9.6.13}$$

一个 k 维格最小的归一化二阶矩定义为

$$G_k=\min_{\Lambda\in\mathcal{R}^k}G(R_0) \tag{9.6.14}$$

可以证明，G_k 以 k 维球的归一化二阶矩为下界，即

$$G_k\geqslant G(S_k)=V_k^{-2/k}/(k+2) \tag{9.6.15}$$

其中，$S_k=\{\boldsymbol{x}\in\mathcal{R}^k:\|\boldsymbol{x}\|<1\}$，且

$$V_k=V(S_k)=\pi^{k/2}/\Gamma(k/2+1) \tag{9.6.16}$$

参见式(7.6.21)，此时 $p=2$。实际上，量化胞腔形状不能选择球形，因为球形不能覆盖整个空间，而达到 G_k 的格型量化器又很难确定，目前仅知道 $k=1,2,3$ 的情况下的最佳格型量化器，如表 9.6.1 所示。

表 9.6.1　$k=1,2,3$ 的情况下的最佳格型量化器

维数 i	最佳格型量化器	基本胞腔 R_0	归一化二阶距 G_i
1	整数格或其伸缩形式	$[-1/2,1/2]$	0.083 33
2	正六边形格	正六边形	0.080 19
3	体心立方体格	截角正八面体	0.078 55

很明显，$k=1$，最佳格型量化器对应着均匀标量量化。

例 9.6.1　计算 1 维和 2 维最佳格量化器的归一化二阶矩 G_1和 G_2。

解　对于 1 维量化器，有 $V(R_0)=1$，根据式(9.6.11)，得

$$G_1=\frac{1}{1}\int_{-1/2}^{1/2}x^2\mathrm{d}x=1/12=0.083\,33\cdots \tag{9.6.17}$$

对于2维量化器，有 $V(R_0)=3\sqrt{3}a^2/2$，其中 a 为正六边形边长，根据式(9.6.11)，得

$$G_2=\frac{1}{2[V(R_0)]^2}\iint_{R_0}(x^2+y^2)\mathrm{d}x\mathrm{d}y=5/(36\sqrt{3})=0.080\,19\cdots \blacksquare \tag{9.6.18}$$

截角八面体是体心立方体格(Body-Centered Cubic，BCC，简称为BCC格)的基本胞腔形状。如果在立方体的8个角和中心都有一个格点，则称这种结构为体心立方体格。设有一个正八面体，其每个面都是正三角形；将此正八面体的六个顶角截掉，使原来的各个面都成为正六边形，那么截角后得到的多面体称为截角八面体。实际上它是一个12面体，有8个正六边形面和6个正方形面，所有面的边长都相等，如图9.6.2(a)所示。图9.6.2(b)表示体心正方体晶胞或单位晶格，单位晶格的周期扩展就成为晶格点阵或数学意义上的格；图9.6.2(c)表示体心正方体格的Voronoi域或基本胞腔是一个截角八面体。

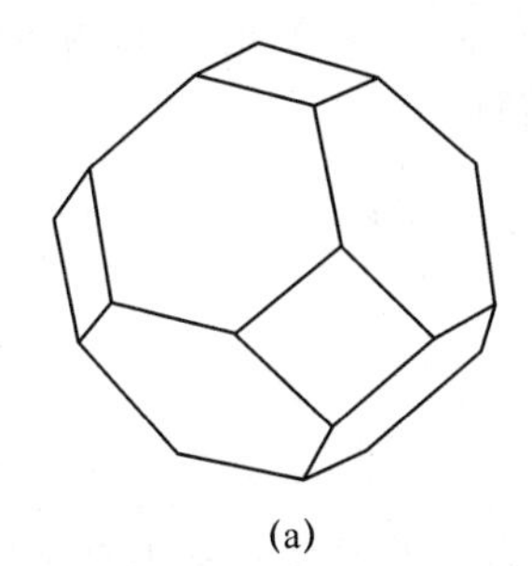

(a)

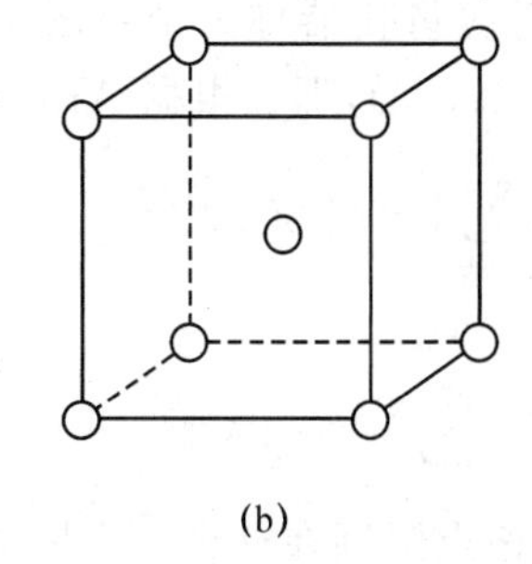

(b)

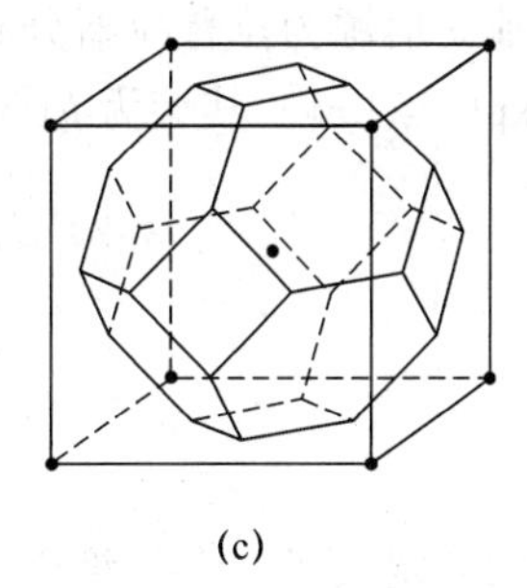

(c)

图9.6.2 体心立方体格与截角八面体

可以证明，当输入为均匀分布时，BCC格量化器是三维最佳格量化器，通过计算，可得

$$G_3=19/(192\times 2^{1/3})=0.078\,55\cdots \tag{9.6.19}$$

参见习题9.15。注意，BCC格量化器仅是格量化器中最优的，而三维最优VQ胞腔形状的问题仍未解决。

可以证明，

$$\inf_{k\geqslant 1} G_k=\lim_{k\to\infty} G_k=1/(2\pi \mathrm{e})=0.058\,549 \tag{9.6.20}$$

而

$$\lim_{k\to\infty} G(S_k)=\lim_{k\to\infty}\frac{\Gamma(k/2+1)^{2/k}}{(k+2)\pi}=1/(2\pi \mathrm{e}) \tag{9.6.21}$$

所以，高维最佳格量化器几乎就是球。

9.6.3 几何编码格型量化

如前所述，一个格型码书表示的是格与其支撑域的交集构成的区域。很显然，支撑域的大小对码率的影响很大。根据连续信源的AEP特性，当信源序列长度足够长时，典型序列以很高的概率分布在由信源熵所决定的区域内，该区域的几何形状与信源有关。实际上，这个高概率区域并不是随机变量定义域所确定的支撑域，其体积往往比后者小得多。在此区域内，信源的概率密度近似为常数，为均匀分布。如果用格与这个高概率区域的交集作为码书的表示，那么与原始码书相比，尺寸可以明显减小，从而降低了编译码的复杂度。这种利用典型序列高概率区的几何特性进行格型量化的方法称为几何编码格型量化(后面简称几何格型量化)。下面简单介绍独立高斯信源和拉普拉斯信源的几何格型量化。

设信源 X 概率密度为 $p(x)$，产生独立同分布序列 $\{x_n\}$，由式(7.2.8)可知，该信源产生

的高维矢量以很高的概率具有近似常数的概率密度 $p(\boldsymbol{x})=2^{-nh(X)}$，近似均匀分布在高概率空间内。因此可以设计限制在这个空间内的格量化器，就能达到设计要求。

1. 独立高斯格量化器

设独立高斯信源 $X\sim N(0,\sigma^2)$，那么根据第7章例7.2.1的结果可知，长度为 n 的典型序列 $\boldsymbol{x}$ 近似均匀分布在包含半径为 $\sqrt{n}\sigma$ 的 n 维球表面的一个外壳区域。这时VQ格量化器的码书可以通过限制在这个 k 维球表面附近的格点构成，但有时码书也可能使用 k 维球内部的格点。如果选择立方体格，那么应首先将输入矢量映射到这个 k 维球，然后把每一个坐标分别进行标量量化，用距矢量最近的码书中的格点作为量化器输出。

2. 金字塔量化器

当独立信源为拉普拉斯分布时，对应量化器称为金字塔量化器。设 X 的分布为 $p(x)=(\lambda/2)\exp(-\lambda|x|)$，其熵为 $h(X)=\log(2\mathrm{e}/\lambda)$，那么根据AEP特性，有

$$(\lambda/2)^k\exp\left\{-\lambda\sum_{i=1}^{k}|x_i|\right\}\approx 2^{-k\log(2\mathrm{e}/\lambda)}=(2\mathrm{e}/\lambda)^{-k}$$

所以，

$$\sum_{i=1}^{k}|x_i|\approx k/\lambda \tag{9.6.22}$$

式(9.6.23)定义了一个 k 维金字塔。格点限制在这个金字塔的表面的量化器称为金字塔量化器。如果用立方体格，那么编码可分为两步：①输入矢量映射到距满足式(9.6.23)最近的矢量；②用距离最近的格点进行标量量化，得到距矢量最近的码书中格点。

已经证明，这种几何编码格量化器的性能比最佳的率失真性能大约差 $(1/2)\log(\pi\mathrm{e}/6)$，与均匀量化加熵编码的性能大致相当。但前者无须进行变码率的编码，从而使实现复杂度降低。

9.7 有记忆矢量量化

本节介绍有记忆矢量量化。一般地讲，一个有记忆的编码系统是指编码器所产生的信道符号不仅依赖于当前的输入，还依赖于以前的输入，由译码器所产生的重建符号不仅依赖于当前的信道符号，还依赖于以前接收的符号。由于在这类量化器中包含反馈部分，所以有记忆VQ常称作递归VQ或反馈VQ。本节介绍最重要的有记忆VQ——有限状态VQ和网格VQ。

9.7.1 反馈VQ

一个反馈矢量量化器的编译码器如图9.7.1所示。图中，编码器的输入为 k 维实随机矢量序列 $\{\boldsymbol{x}_n\}$，$\boldsymbol{x}_n\in\mathcal{R}^k$；编码器产生信道符号序列 u_n，通常是长度为 R 的二元序列，其符号集也可看成1到 $N=2^R$ 的整数集合，即 $u_n\in\mathcal{N}$，R 称为编码器的码率，单位为比特/样值，R/k 为每输入分量的比特数；编码器还产生状态序列 s_n，取自状态集合 S。

为保证译码器能够根据信道符号序列而无须其他附加的边信息跟踪编码器的状态，依据初始状态(设为 s_0)和信道符号一起就能确定该状态。设次态 s_{n+1} 由当前状态 s_n 和当前的信道符号 u_n 通过某种映射 f 来确定，即

$$s_{n+1}=f(u_n,s_n) \tag{9.7.1}$$

这里，f 称为次态函数或状态转移函数。给定状态 s_n，当前信道符号 u_n 依赖于当前输入，即

$$u_n=\alpha(\boldsymbol{x}_n,s_n) \tag{9.7.2}$$

译码器的输出 $\hat{\boldsymbol{x}}_n$ 也依赖当前状态 s_n，即

$$\hat{\boldsymbol{x}}_n=\beta(u_n,s_n) \tag{9.7.3}$$

如果在编译码器中都规定了初始状态 s_0，那么式(9.7.1)和式(9.7.2)就完全描述了编码器的操作，而式(9.7.1)和式(9.7.3)也就完全描述了译码器的操作。设量化器的编译码器处于状态 s，在此状态下译码器的输出集合为

$$C_s=\{\beta(u,s);u\in\mathcal{N}\} \tag{9.7.4}$$

称 C_s 为状态 s 的码书。编码的最小失真特性可用下式描述：

$$\alpha(\boldsymbol{x},s)=\arg\min_u d(\boldsymbol{x}_n,\beta(u,s)) \tag{9.7.5}$$

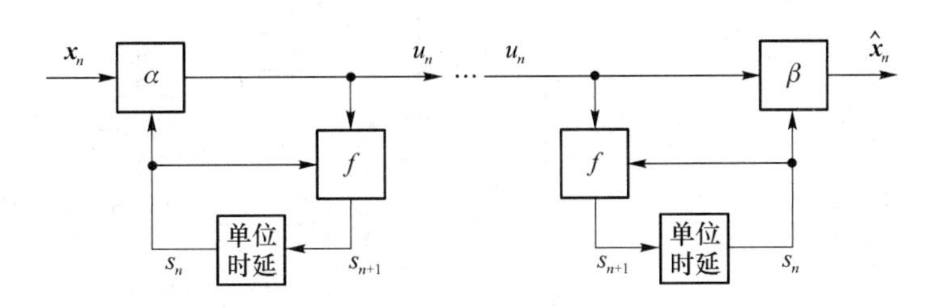

图 9.7.1　反馈矢量量化编译码器原理图

我们称满足式(9.7.1)、式(9.7.2)、式(9.7.3)和式(9.7.5)的编码系统为最佳反馈矢量量化器。因此一个反馈矢量量化器总是选择使得在某状态下译码器失真最小的信道序号。这种量化器与无记忆量化的不同点在于，在不同的时刻量化器处于不同的状态，所使用的码书可能不同，但在某一个特定的状态 s，编译码器用码书 C_s 进行与无记忆量化器同样的操作。因此在某种意义上，反馈 VQ 像一个具有时变编译码器的无记忆 VQ，而无记忆 VQ 又可以看成只有一个状态的反馈 VQ。

反馈 VQ 的基本设计目标与无记忆 VQ 相同。依据长数据训练序列 $\{\boldsymbol{x}_i,i=0,1,\cdots\}$，设计一个编码系统使平均失真

$$\Delta=\frac{1}{L}\sum_{i=1}^{L}d(x_i,\hat{x}_i) \tag{9.7.6}$$

最小。

已经证明，在给定码率条件下，反馈 VQ 和无记忆 VQ 可达的最小平均失真性能是相同的。但是，这些结果是渐近意义上的，即无记忆 VQ 和反馈 VQ 的潜在性能仅在允许任意高维矢量条件下才成立。而反馈 VQ 能够并经常提供固定适中维数的优质编码器，而且还可以产生比相同码率和平均失真的无记忆 VQ 复杂度低得多的编码器，因为反馈 VQ 可以使用很多小尺寸的状态码书。如果状态转移函数性能好，那么每次搜索的复杂度也小，但总的码字集合尺寸较大。如果两种 VQ 具有相同的码率，那么反馈 VQ 可以使用低维矢量，所以可以用较小的码书达到相同的性能。

实际的反馈 VQ 的设计目标经常有两种：要么是在低比特率条件下达到给定的平均失真，要么是在比类似复杂度无记忆 VQ 更低失真条件下达到给定比特率。

9.7.2 有限状态 VQ

有限状态矢量量化器(FSVQ)就是只含有限个状态的反馈 VQ,编码系统满足式(9.7.1)、式(9.7.2)、式(9.7.3)和式(9.7.5),有限状态集合为 $S=\{1,2,\cdots,J\}$。一个 FSVQ 可以看作是 J 个独立的无记忆矢量量化器与一个确定 J 个 VQ 中的哪一个用于对当前矢量编码的选择原则的结合。当前状态确定使用哪一个码书,产生的信道符号与当前状态结合确定下一个状态和下一个码书,而译码器能够跟踪状态序列,从而知道每次应该使用哪一个码书。因此,一个 FSVQ 可以看成一个开关 VQ,如图 9.7.2 所示。图中,编码器根据状态在所有可能码书中切换,发送最小失真码字的序号;译码器根据接收序号和状态确定重建码字。

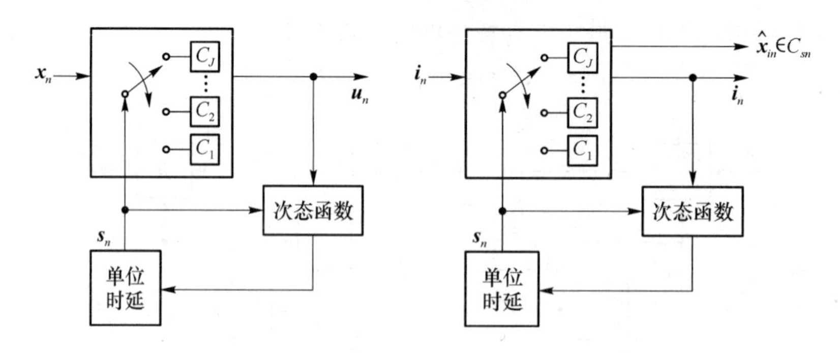

图 9.7.2 有限状态矢量量化器(FSVQ)模型

9.7.3 网格 VQ

我们知道,不管是分组码还是网格码都显示出信源和信道编码之间的对偶性,即信源编码器的功能类似于信道译码器的功能,而信源译码器的功能类似于信道编码器的功能。所以网格码也能够用于信源编码,但网格信源编码器基本上是实现信道编码中最大似然网格信道译码运算。已经证明,对于离散无记忆信源,网格信源编码可以达到率失真函数的极限。

网格 VQ 可用卷积码实现。给定一个(n,k,m)二元卷积码,设二元信道序列$\{x_i\}$每次有 k 个输入符号依次进入 m 个存储单元组成的移位寄存器,这 m 个延迟单元确定了编码器的状态;n 个模二加器的输出构成一个 n 维矢量。通常 $k=1$,此时卷积码码率为 $1/n$。编码器的输出是多个 n 维矢量组成的序列。卷积码有多种表示方式,其中最主要的是网格图。图中的节点表示状态,共有 2^m 个状态,每个节点分出 2 条分支,分别转到相应的下一个状态。每条分支对应一个信道输入符号,还对应编码器的 n 个输出符号,即重建符号。此二元输入序列 $\boldsymbol{x}$ 对应着网格图上的一条路径,而这条路径还对应着一条编码器输出序列。信源编码器在网格图上搜索一条路径,使其输出序列与输入的信源序列 $\boldsymbol{u}$ 最接近。一旦搜索到这条路径,编码器就把对应的输入序列 $\boldsymbol{x}$ 通过信道传送。网格 VQ 的原理总结如下:给定信源序列 $\boldsymbol{u}$,编码器在网格图上选择一条路径 $\boldsymbol{v}$,而 $\boldsymbol{v}$ 是使 $d_L(\boldsymbol{u},\boldsymbol{v})$最小的路径($L$ 为序列长度,d_L 为失真测度),这里要利用Viterbi算法;而译码器则根据接收到的信道序列,直接从网格图上译出恢复的信源序列。

Viterbi 算法的基本思想就是:从时刻 0 到时刻 n 的最小失真路径肯定是从时刻 0 到时刻 $n-1$ 的一个节点最小失真路径的扩展。因此,通过求从以前状态到当前状态最好的扩展,每次都计算到当前每个状态的最佳路径,以寻找长度为 L 的最好可能路径。设输入序列长度为 L,利用此算法,我们不去搜索 2^L 条序列,计算 2^L 中可能的失真,而是计算一系列的 2^m(状态数)个失真,计算复杂度随 m 增长,而不是随 L 增长。

9.8 自适应矢量量化

9.8.1 概述

从实际信号抽取的信源矢量的统计特性可能是时间上慢变的，显示出不平稳性。对于这种信源，如果量化器在时间或空间上通过观察当前将被编码矢量的某些近邻，自适应地跟踪信源的局部统计特性，就可以改进编码性能。如果为匹配输入序列的局部统计特性，量化器的码书或编码规则随时间变化，就称为自适应矢量量化器。"自适应"通常指码书的慢变化，而不是随每个矢量的快变化。

矢量序列可以看成时间序列，例如语音和音频等信号，其他类型信号也可以看成时间序列。这个时间序列通常要分成固定长度的块，我们称其为帧。每帧的矢量根据从量化器所使用的帧中抽取的基本特征来编码。在语音编码中，帧长通常为20～30 ms，每帧再分成若干矢量，每个矢量就是一组相邻的波形样值。在图像编码中，一帧通常是一个像素方块，要么是一个子块，要么是一个完整的二维图像。

与标量自适应量化类似，矢量自适应量化也分前向自适应和后向自适应两种。在前向自适应量化中，关于要编码矢量的环境信息是从编码器输入提取的，而译码器得不到这种信息，因此需要作为边信息单独从编码器传送到译码器。在后向自适应量化中，关于要编码矢量的环境信息是从已编码序列提取的，而译码器也能得到这种信息，因此不需要传送边信息。在很多情况下，边信息可以提供很大的性能增益，但传送的码率略有增加。

在自适应量化中，量化器连续或周期地根据对到达矢量的局部或短时统计特性的观察进行量化参数的修正。本节主要介绍基于矢量均值和标准差的自适应。

9.8.2 均值自适应 VQ

一个 k 维矢量 $\boldsymbol{x}=(x_1,\cdots,x_k)$ 的分量样本平均定义如式(9.5.4)所示，现重写如下：

$$m=(1/k)\sum_{i=1}^{k}x_i \tag{9.8.1}$$

均值自适应 VQ 中的关键就是根据上下文自适应地估计一个矢量的均值。设均值标量序列定义为

$$m_n=(1/k)\sum_{i=1}^{k}x_{ni} \tag{9.8.2}$$

其中，x_{ni} 表示矢量 $\boldsymbol{x}_n$ 的第 i 个分量。设 $\boldsymbol{z}_n=\boldsymbol{x}_n-m_n\times\boldsymbol{1}$ 为表示均值分离后的残差矢量。假定残差矢量序列近似为独立同分布，但均值序列是相关的。

在前向自适应中，把矢量序列分成若干由 N 个矢量组成的块，块中的每一个矢量用该块中所有矢量均值的信息进行自适应编码。设某块的均值为 $M=(1/N)\sum_{n=1}^{N}m_n$，然后将 M 进行标量量化得到量化均值 $\hat{M}$；从每个输入矢量中减去 $\hat{M}$，得到均值减小矢量 $\boldsymbol{y}_n=\boldsymbol{x}_n-\hat{M}\times\boldsymbol{1}$，再对 $\boldsymbol{y}_n$ 进行固定量化。由于是前向自适应，编码器向译码器发送的信息中应该包含的内容有：

①$\boldsymbol{y}_n$ 量化值的索引号；②块均值量化输出 $\hat{M}$ 的索引号(边信息)。译码器根据接收到的两种索引号重建量化输出$\hat{\boldsymbol{x}}_n=\hat{\boldsymbol{y}}_n+\hat{M}\times\boldsymbol{1}$。

与前面的均值分离 VQ 相比，均值自适应 VQ 除将对均值固定的量化器变成自适应的之外，其他部分没有本质的不同。当连续矢量序列的均值随时间变化很慢时，块均值分离是很有效的，量化的块均值分离有助于减少矢量间的剩余度。

例 9.8.1 利用 VQ 进行图像编码，每个矢量是 4×4 的像素阵列，每一个块包含 16 矢量，使用 6 bit 的块均值量化器，求每像素所需边信息。

解 6/(4×4×16)=0.023 比特/像素■

还有一种实行均值自适应 VQ 的方法，就是用线性预测解除矢量均值序列中的剩余度。线性预测技术将在第 10 章介绍。

9.8.3 增益自适应 VQ

在实际应用中，信号的不平稳性还体现在其短时功率随时间变化，例如语音和音频信号都有这种特性，具有很宽的动态范围。

第 8 章介绍了自适应标量量化的基本技术，基本思想就是根据输入信号幅度的大小及时调整量化级差使其匹配信号幅度的变化。增益自适应 VQ 把这个思想推广到功率具有大动态范围的矢量序列，基本方法就是使用当前矢量的上下文估计其增益并对该矢量进行归一化，再用一个固定码书对这个归一化矢量进行量化。译码器也必须重新产生相同的估计增益值，得到原始矢量的近似。参照前面的增益/形状 VQ，如果在系统中对增益码书进行自适应，而保持固定的形状码书，就可以实现增益自适应 VQ。这里也分为前向与后向自适应。

前向增益自适应可以相当精确地控制矢量序列的增益电平，但需要传送边信息，也需要输入缓冲器。后向自适应无须输入缓冲器，它根据量化信息估计序列的增益，也无须传送边信息。在增益自适应 VQ 中关键就是增益的估计。

设量化器输入每帧包含 M 个矢量$\boldsymbol{x}_{n+1},\boldsymbol{x}_{n+2},\cdots,\boldsymbol{x}_{n+M}$，在前向增益自适应中，帧平均增益估计为

$$g_n=\frac{1}{M}\sum_{i=1}^{M}\|\boldsymbol{x}_{n+i}\| \tag{9.8.3}$$

增益值每帧估计一次。以上是算术平均，还可以用几何平均来进行增益估计。

$$g'_n=\left[\prod_{i=1}^{M}\|\boldsymbol{x}_{n+i}\|\right]^{1/M} \tag{9.8.4}$$

这种方法对于某些语音和音频是合适的，因为模的对数是比模本身更有用的关于矢量大小的度量。

在后向增益自适应中，帧平均增益估计来源于以前的重建信号矢量，用滑动块后向增益估计器

$$g_n=\frac{1}{M}\sum_{i=1}^{M}\|\hat{\boldsymbol{x}}_{n-i}\| \tag{9.8.5}$$

注意，式(9.8.5)与式(9.8.3)不同，现在是用以前数据所做的估计用到下面将要输入的矢量。

9.8.4 矢量激励编码

用一个时变谱整形滤波器过滤一个固定码矢量集合码书，产生一个新的码矢量集合，从而

实现动态更新。这样构造自适应码书的方法称为矢量激励编码，在语音编码领域称为码激励线性预测编码(CELP)器，它广泛用于语音编码，也用于图像编码。

实际上，如果使用自适应 VQ 量化连续的波形样值块，需要相当高维的矢量和尺寸很大的码书，使编码复杂度高得导致 VQ 不能实现。如果保持高维矢量，那么码书尺寸必须减小。这样码书必须高度适应信号局部特性的变化。而用波形样值直接构成矢量，难以达到上面的要求。如果把信源波形视为由一个激励源驱动一个时变滤波器产生的，建立激励矢量的码书，就可以实现减小码书尺寸的要求。这就是矢量激励编码的基本思想。关于 CELP 的详细介绍见 10.5 节。

9.9　高码率矢量量化

在本书第 7 章的 7.6 节已经较详细地介绍了高码率量化的基本理论，重点包括定码率和变码率量化的平均失真，并以矢量量化为基本内容，而本节的重点是介绍高码率条件下的变码率格 VQ 及其有关内容。

9.9.1　变码率格 VQ

通过对高码率标量量化的研究我们得知，熵约束最佳标量量化是均匀量化，而对于 VQ 在高码率条件下的熵约束最佳量化也是均匀量化，在多维情况下，均匀就是胞腔形状和大小相同。这就意味着，熵约束最佳矢量量化是格型量化。实际上，假如概率密度是平滑的，采用类似于标量情况的推导方法可推出高码率格 VQ 输出的熵为

$$H(Q_\Lambda)=h(\boldsymbol{X}^k)-\log_2 V(R_0) \tag{9.9.1}$$

根据式 (9.6.13)，可得

$$k^{-1}D(Q_\Lambda)\approx G(R_0)2^{-2(H(Q_\Lambda)-h(\boldsymbol{X}^k))/k} \tag{9.9.2}$$

根据式(7.6.33)，最佳变码率 VQ 的平均失真为

$$D(Q_{\text{opt}})=M_k 2^{-2(H(Q_{\text{opt}})-h(\boldsymbol{X}^k))/k} \tag{9.9.3}$$

注意，这里相当于将式(7.6.33)中的 r 用 2 代替。对于相同的高码率，有 $H(Q_{\text{opt}})=H(Q_\Lambda)$，由此可得最佳变码率 VQ 与变码率格 VQ 平均失真之比为

$$1\geqslant\frac{D(Q_{\text{opt}})}{D(Q_\Lambda)}\approx\frac{M_k 2^{-2(H(Q_{\text{opt}})-h(\boldsymbol{X}^k))/k}}{G(R_0)2^{-2(H(Q_\Lambda)-h(\boldsymbol{X}^k))/k}}=\frac{M_k}{G(R_0)} \tag{9.9.4}$$

因为一个最佳变码率格量化器具有最小的归一化二阶距，其平均失真最接近 M_k，所以好的格量化器构成好的变码率量化器。

设 Q_Λ 为具有最佳胞腔的格 VQ，那么 $G_k=\min\limits_{\Lambda\in\mathcal{R}^k}G(R_0)$；利用香农下界有

$$D(R)\geqslant D_{\text{SLB}}(R)=(2\pi\mathrm{e})^{-1}2^{-2(R-h(X))}$$

因为 $h(\boldsymbol{X}^k)=kh(X)$，$R=H(Q_\Lambda)/k$，所以

$$1\leqslant\frac{D(Q_\Lambda)}{D(R)}\leqslant\frac{D(Q_\Lambda)}{D_{\text{SLB}}(R)}\approx\frac{G_k 2^{-2(R-h(X))}}{(2\pi\mathrm{e})^{-1}2^{-2(R-h(X))}}=G_k 2\pi\mathrm{e} \tag{9.9.5}$$

当 $k=1$ 时，

$$10\lg G_k 2\pi\mathrm{e}=10\lg\frac{2\pi\mathrm{e}}{12}=1.53\ \text{dB} \tag{9.9.6}$$

当 $k\to\infty$ 时，

$$\lim_{k\to\infty}\frac{D(Q_\Lambda)}{D(R)}=\lim_{k\to\infty}G_k 2\pi e=1 \tag{9.9.7}$$

上面利用了式（9.6.17）和式(9.6.20)的结果。所以，当 $k=1$ 时，对应标量量化，式(9.9.6)的结果与熵约束最佳标量量化的结论一致；当 $k\to\infty$ 时，对应高维 VQ，式(9.9.7)的结果表明，此时变码率格 VQ 的性能可以任意接近率失真的极限。

9.9.2 高码率 VQ 的性能

根据率失真理论的结果：对于固定的 N 和大的 k，矢量量化器的熵达到 $\log N$。这就是说，量化值达到等概率。这说明，高维矢量量化器可以达到最佳性能，而无须熵编码。也可以说，固定码率和熵约束的量化器在高维情况下可以达到相同的性能。

从有损编码器的观点看，熵编码的好处是减少有损编码器的维数。类似地，从无损编码器的观点看，增加矢量量化器维数的好处是减少无损编码器所需的阶数。换句话说，熵编码的获益随着量化器维数的增加而减少，增加量化器维数的获益随着熵编码阶数的增加而减少。总之，为达到最佳的性能，使用并只使用高维的有损编码器，用或不用熵编码器都可以。但是，用均匀量化器和熵编码可以达到好的性能。极端的方法都是相当复杂的，而实际系统总是趋于适中的量化器维数和熵编码器阶数的折中。

本章小结

1. 矢量量化器(VQ)的基本概念

- 输出与输入的关系：$\boldsymbol{y}=Q(\boldsymbol{x})=\beta(\alpha(\boldsymbol{x}))$
- 组成：①有损编码器 $\alpha:\mathcal{A}\to\mathcal{I}$；②重建译码器 $\beta:\mathcal{I}\to\mathcal{C}$；③无损编码器 $\gamma:\mathcal{I}\to\mathcal{J}$
- 失真测度：①平方失真，②绝对失真，③相关失真
- 平均失真：$D_k=E[d(\boldsymbol{x},\boldsymbol{y})]=\int_{R^k}d(\boldsymbol{x},\boldsymbol{y})p(\boldsymbol{x})\mathrm{d}\boldsymbol{x}$

或
$$D=k^{-1}E(d(\boldsymbol{x},\boldsymbol{y}))$$

- 固定码率 VQ 的码率：$r=\log N=\sum_{i=1}^{k}r_i$
- 量化信噪比：$[\mathrm{SNR}]_{\mathrm{dB}}=10\log_{10}\dfrac{E\|\boldsymbol{x}-\bar{\boldsymbol{x}}\|^2}{D_k}$

2. 在均方失真准则下，对于一个最佳 VQ，

- 当码书给定后，最佳编码器满足最近邻条件，即

$$\mathcal{R}_i^k=\{\boldsymbol{x}:d(\boldsymbol{x},\boldsymbol{y}_i)\leqslant d(\boldsymbol{x},\boldsymbol{y}_j)\text{；对所有 } j\neq i\}$$

- 当划分区域 $\{R_i^k\}$ 给定后，最佳码书满足质心条件

$$\boldsymbol{y}_i=\mathrm{cent}(\mathcal{R}_i^k)=E(x\mid x\in\mathcal{R}_i^k)$$

3. 对于满足质心条件的 VQ，有

- $E(\boldsymbol{y})=E(\boldsymbol{x})$
- $E[\boldsymbol{y}^{\mathrm{T}}(\boldsymbol{x}-\boldsymbol{y})]=0$

• $E[\|\boldsymbol{x}-\boldsymbol{y}\|^2]=E(\|\boldsymbol{x}\|^2)-E(\|\boldsymbol{y}\|^2)$

4. 最佳 VQ 基本算法：LBG 算法(T. Lind，A. Buro 和 Gray，1980)

5. 无结构码书 VQ

①最近邻量化器；②量化器复杂度：计算复杂度(时间复杂度)和存储复杂度(空间复杂度)

6. 有结构码书 VQ

①树结构量化；②乘积量化：均值分离量化，增益/形状量化；③多级量化

7. 格型 VQ

• k 维多面体归一化二阶矩：$G(R)=\dfrac{1}{kV(R)^{1+2/k}}\int_R\|x-\hat{x}\|^2\mathrm{d}x$

8. 有记忆 VQ

9. 自适应 VQ

10. 高码率 VQ

• 高码率变码率格 VQ 的性能可以任意接近率失真的极限

思考题

9.1　矢量量化器的基本组成有几个部分？各部分的功能如何？

9.2　VQ 主要包含几类失真测度？各自的含义如何？

9.3　矢量量化器有哪些主要参数？

9.4　什么是最佳矢量量化器？最佳量化器的必要条件是什么？

9.5　最佳矢量量化器有哪些重要性质？

9.6　与标量量化相比矢量量化器有哪些主要优点？

9.7　简述定码率最佳矢量量化器的设计算法。

9.8　为什么要使用有结构码书 VQ？主要有几种有结构码书？

9.9　无记忆 VQ 和有记忆 VQ 有何区别？与信源的记忆性是否有关？

9.10　格 VQ 有什么特点？在高维条件下格 VQ 能否达到率失真极限性能？

9.11　最佳 VQ 能否达到率失真函数所规定的性能？

9.12　当维数足够大时，定码率 VQ 和熵约束 VQ 能否达到相同的性能？

习　题

9.1　二维随机矢量(x,y)在一个正三角形内均匀分布，此三角形的三个顶点的坐标是$(-1,0)$、$(1,0)$和$(0,\sqrt{3})$；采用均方失真测度，求量化级数 $N=3$ 的最佳码书和平均失真，设初始码书为正三角形的三个顶点。

9.2　二维随机矢量在一个斜边等于 a 的直角等腰三角形内均匀分布，采用均方失真测度，求最佳量化器的最小均方误差。

9.3　二维随机矢量 $\boldsymbol{x}=(x_1,x_2)$，其中 x_1、x_2 相互独立，联合概率密度为

$$p(x_1,x_2)=\frac{\lambda^2}{4}\mathrm{e}^{-\lambda(|x_1|+|x_2|)},-\infty<x_1,x_2<\infty$$

采用绝对失真测度；

(1) 对 x_1、x_2 分别进行 2 值最佳标量量化，求码率和平均失真；

(2) 对随机矢量 $\boldsymbol{x}$ 进行 4 值最佳矢量量化，求码率和平均失真。

9.4　对在单位圆内均匀分布的二维随机矢量 (x,y) 进行最佳矢量量化，采用均方失真测度，量化级数为 N；

(1) 求量化级数 $N=3$ 的最佳码书和平均失真，设初始码书为：$(0.5,\sqrt{3}/2)$，$(-0.5,\sqrt{3}/2)$，$(0,-1)$；

(2) 求量化级数 $N=4$ 的最佳码书和平均失真，初始码书为：$(1,0)$，$(0,1)$，$(-1,0)$，$(0,-1)$。

9.5　二维随机矢量 $\boldsymbol{x}=(x_1,x_2)$，在单位圆内 $\{x_1,x_2:x_1^2+x_2^2\leqslant 1\}$ 均匀分布，求最佳矢量量化的码书，设失真测度为均方失真，量化级数 N 分别为：

(1) $N=2$；

(2) $N=3$；

(3) $N=4$，分别用两种初始码书：

- 初始码书为：$(1,1)(1,-1)(-1,1)(-1,-1)$；
- 初始码书为：$(0,0)(0,1)(\sqrt{3}/2,-1/2)(-\sqrt{3}/2,-1/2)$。

9.6　三维随机矢量 $\boldsymbol{x}=(x_1,x_2,x_2)$ 在单位球内 $\{(x_1,x_2,x_3):x_1^2+x_2^2+x_2^3\leqslant 1\}$ 均匀分布，求量化级数 $N=8$ 最佳矢量量化的码书和平均失真。设失真测度为均方失真，初始码书为各卦限球面上距三个坐标平面距离都相等的点。

9.7　一个矢量量化器使加权失真测度

$$d(x,y)=E[(\boldsymbol{x}-\boldsymbol{y})^{\mathrm{T}}\boldsymbol{W}_x(\boldsymbol{x}-\boldsymbol{y})]$$

最小；其中，对每个 $\boldsymbol{x}\neq 0$，$\boldsymbol{W}_x$ 为对称正定矩阵，且 $E(\boldsymbol{W}_x)$ 和 $E(\boldsymbol{W}_x\boldsymbol{x})$ 都是有限的；对于给定分割，求码矢量为最佳的必要条件。

9.8　给定如下二元 4 维训练矢量集合：$T=\{(1,1,1,1),(1,1,1,0),(1,1,1,0),(0,0,0,1),(1,0,0,1),(0,0,0,1),(1,0,0,0),(0,0,1,0),(0,0,0,1),(1,1,0,1)\}$，应用 LBG 算法，汉明失真测度，设计 2 码字矢量量化器，初始码书为 $Y_1=\{(1,1,0,0),(0,0,1,1)\}$。假定当输入矢量和两个码字距离相等时，训练矢量判为属于 R_1（码字 1 的胞腔）。

(1) 求最终的码书；

(2) 求训练序列和最终的码书的平均汉明失真。

9.9　对平面上（二维）的高斯随机矢量 x 设计量化级数为 4 的最佳码书，假定 x 的分量具有零均值、单位方差且相关系数为 0.9。得到码书后，在包含 $-2\leqslant x_1\leqslant 2$，$-2\leqslant x_2\leqslant 2$ 的区域内画出码矢量，在同一图上用点“.”画出前 100 个训练矢量（生成 1 000 个训练矢量，使用一般化的 Lloyd 算法 Ⅰ），选择任何合理的初始码书，应用失真相对下降 1% 门限且最大 20 次迭代停止准则，确定码书达到的最终失真和 4 个矢量的位置。

9.10　对两个独立在 $[-1,1]$ 内均匀分布随机变量构成的 2 维矢量进行 3 电平最佳量化，使用均方误差失真准则，训练序列数至少 5 000。最终均方误差是多少？如果你的编码运行于训练序列之外的序列（相同的随机数产生器但不同的初始值），均方误差是多少？

9.11　一个二维格型矢量量化器的每个码矢量 (x,y) 由下式定义：$x=m\sqrt{3}$，$y=m+2n$，

其中 m 和 n 取所有可能的整数值；

(1) 写出原点以及距其最近的码矢量的坐标，并在二维平面画出这些码矢量和相应的Voronoi域；

(2) 提出一种对给定平面上的任何一点搜索最近码矢量的简单算法；

(3) 求距矢量 $(x,y)=(374.23,-5\,384.71)$ 最近的格点。

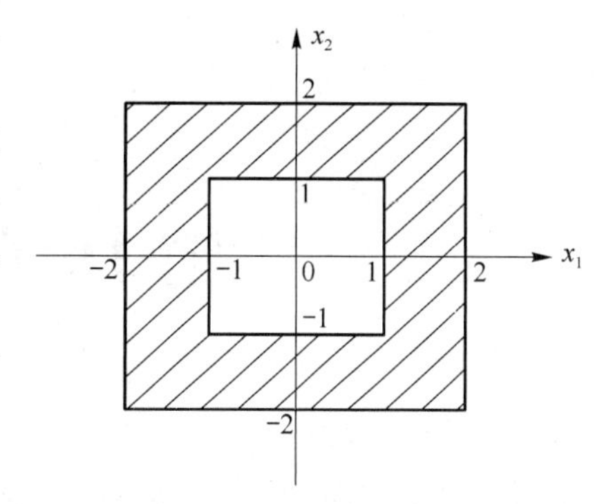

题图 9.1 二维矢量分布区域

9.12 二维随机矢量 $\boldsymbol{x}=(x_1,x_2)$ 在题图 9.1 所示的中空正方形(阴影部分)内均匀分布。

(1) 分别求两分量 x_1 和 x_2 的概率密度 $p(x_1)$ 和 $p(x_2)$；

(2) 对 x_1 和 x_2 分别进行4电平最佳标量量化，求对应的码书和平均失真；

(3) 对矢量 $\boldsymbol{x}$ 进行矢量量化，并使总平均失真与(2)的总失真相同。①求矢量量化码书(码书可以用在分布区域内的点表示)；②求码率并与(2)的总码率比较(采用均方失真测度)。

9.13 随机矢量 $\boldsymbol{x}=(x_1\ x_2)$ 在四个顶点坐标为(2,0)，(0,2)，(−2,0)，(0,−2)的菱形内均匀分布。

(1) 求 x_1 和 x_2 的概率密度 $p(x_1)$ 和 $p(x_2)$；

(2) 对 x_1、x_2 分别进行4电平均匀量化，求量化器码书、总码率和平均失真；

(3) 对 x_1、x_2 分别进行4电平固定码率最佳量化，求量化器码书和平均失真；

(4) 对 $\boldsymbol{x}$ 进行总码率与(3)相同的固定码率最佳矢量量化，求量化器码书和平均失真。

9.14 将均方失真测度改为绝对失真测度，解决与例9.2.1相同的问题。

9.15 证明对于 M 级多级量化器，总量化误差等于最后一级的量化误差，并证明量化器信噪比(分贝数)为各级量化信噪比的和。

9.16 证明：归一化二阶距 $G(R)$ 是伸缩不变的，即式(9.6.12)成立。

9.17 设截角八面体的每条棱长为 $2l$

(1) 求此多面体的体积；

(2) 计算此多面体的归一化二阶距。

9.18 如果在立方体的8个顶点和六个面的中心都有一个格点，则称这种结构为面体心立方体格，其基本胞腔形状是菱形12面体(含有12个边长都相等的菱形面)，如题图9.2所示。设菱形12面体的每条棱长为 $2l$。

(1) 求此多面体的体积；

(2) 计算此多面体的归一化二阶距。

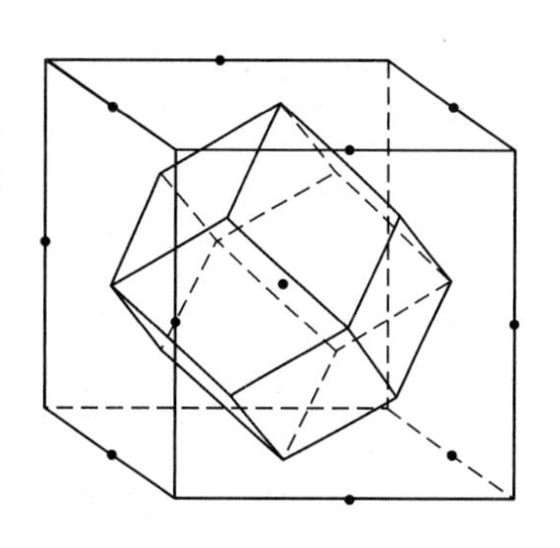

题图 9.2 菱形12面体

9.19 证明：

k 维球的归一化二阶矩为

$$G(S_k)=\frac{\Gamma\,(k/2+1)^{2/k}}{(k+2)\pi}$$

第10章 预测编码

预测编码是数据压缩的基本技术之一，是语音编码中使用的重要方法，并在图像和视频编码中得到应用。预测编码的基本思想是，利用序列中前面的若干样值预测当前的样值，该样值与它的预测值相减得到预测误差，再对预测误差和其他有关参数进行编码并传输。通常，预测误差序列和原序列相比有更小的取值范围，可用更少的比特来表示，从而实现码率压缩。而且，预测编码还可以减弱有记忆信源序列符号间的相关性，甚至把它变成无记忆或接近无记忆的序列，这样就可以使用无记忆信源编码的技术。

本章首先介绍预测编码的基本概念，然后介绍最佳预测基本理论和差值编码，最后介绍预测编码在语音、图像以及视频压缩中的应用。

10.1 概　　述

预测是一种统计估计方法，是根据过去观测的随机变量估计现在随机变量的值。预测编码的原理如图10.1.1所示，它的基本结构分为两部分：预测器和编码器。与信源输出 x 相关的随机变量 y 为预测器输入（这种相关性用条件概率 $p(x|y)$ 来描述），y 称为观测值。预测器就是依据 y 预测 x，其输出就是 x 的预测值 $\hat{x}$。被预测值 x 与预测值 $\hat{x}$ 相减得到差值 e，编码器对 e 编码并输出。如果预测足够精确，那么传输差值要比传输原信源符号所需比特数少得多，从而显著压缩了码率。

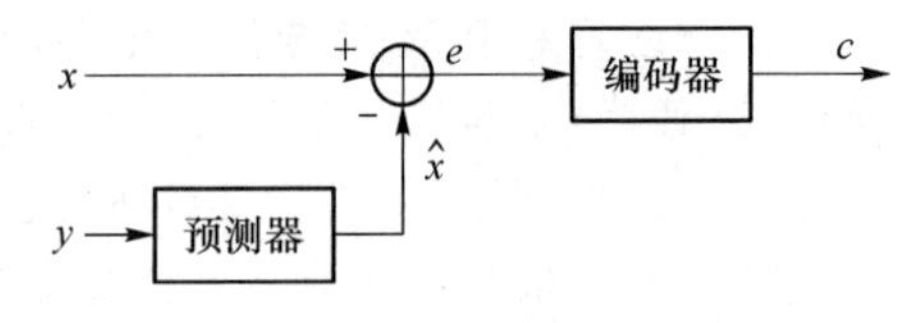

图10.1.1　预测编码原理图

例10.1.1　设一阶平稳离散时间高斯马氏链，输出序列为 $x_1,x_2,\cdots,x_n,\cdots$，并且 $E[x_i]=0$，$E[x_ix_j]=\rho^{|i-j|}\sigma^2$；令

$$e_i=x_i-\rho x_{i-1}\quad i=1,2,\cdots \tag{10.1.1}$$

其中，$x_0=0$，$0<\rho<1$。现对序列 $\{x_i\}$、$\{e_i\}$ 分别进行有损零阶编码（即单符号不考虑相关性的编码），求两编码器理论上可达的最低码率。

解　将 ρx_{i-1} 视为 x_i 的预测值，那么 $\{e_i\}$ 就是 $\{x_i\}$ 经预测后的差序列，计算可得

$$E[e_i]=E[x_i-\rho x_{i-1}]=0,E[e_i^2]=E[(x_i-\rho x_{i-1})^2]=(1-\rho^2)\sigma^2$$

$$E[e_ie_j]=E[(x_i-\rho x_{i-1})(x_j-\rho x_{j-1})]=0,i\neq j$$

根据率失真理论，对 x_i 进行零阶编码，理论上可达最低码率为 $R_x(D)=(1/2)\log(\sigma^2/D)$；对 e_i 进行编码，理论上可达最低码率为 $R_e(D)=(1/2)\log[\sigma^2(1-\rho^2)/D]$。■

从本例题可以看到，由于预测误差序列是不相关的，对于高斯信源就是独立的，采用零阶编码不会降低编码效率，而且 $R_x-R_e=-(1/2)\log(1-\rho^2)>0$，所以预测编码实现了码率

压缩。

从上例可以看出，只要 $\rho \neq 0$，即序列 $\{x_i\}$ 是相关的，对差值序列的最佳编码总会比直接对原序列编码的码率低，即达到更好的压缩效果；而且 ρ 值越大，压缩的效果越明显，当 ρ 接近于 1 时，压缩率是很可观的。还可以看到，预测编码的码率与误差的方差有关。方差越小，码率越低，所以采用精确的预测方法是提高预测编码效率的关键因素之一。

在实际应用中，预测编码主要用于有损压缩，但也可以用于无损压缩。在有损压缩情况下，编码器要对预测误差进行量化和编码；在无损压缩情况下，编码器对预测误差进行熵编码。在预测编码中，把预测误差视为独立序列来编码。如果有损压缩中预测误差的 $R(D)$ 函数等于原信源的 $R(D)$ 函数，或无损压缩中预测误差的熵等于原信源序列的符号熵，就认为所采用的预测方法达到理论上可达的最佳性能。

10.2　最佳预测基本理论

如前所述，预测也是一种估计，其理论基础是估计理论。估计就是用观测数据构成一个统计量作为某物理量（确定的或随机的）的估值或预测值。通常观测值是随机的，所以依据这些观测值所作的估计或预测也是随机的。估计总是要有误差的，所以为评价一种估计方法的好坏，首先要规定一个代价函数。这个代价函数是估计误差的函数，它应该是非负的，而且是误差的非减函数。常用的有三种代价函数：平方误差代价函数、绝对误差代价函数和均匀代价函数。最佳估计器就是使平均代价最小的估计器。根据估计理论可知，对应于这三种代价函数的最佳估计器分别为：条件均值估计、中位数估计和最大后验概率估计。对于最佳预测而言也有同样的结论。

对于给定信源序列，如果当前符号根据其前面的 r 个符号来预测，就称 r 阶预测。设随机序列 $x_1, x_2, \cdots, x_r, x_{r+1} \cdots$，$r$ 阶预测就是由 $x_1, \cdots, x_r$ 来预测 x_{r+1}。此时 x_{r+1} 称为被预测变量，$x_1, \cdots, x_r$ 称为预测器输入或观测矢量，$\hat{x}_{r+1}$ 称为预测器输出或预测值，它应该是 $x_1, \cdots, x_r$ 的函数，表示为 $\hat{x}_{r+1} = f(x_1, x_2, \cdots, x_r)$。

10.2.1　最佳预测

1. 最小均方误差（MMSE）预测

如果规定平方代价函数，那么最佳预测就是预测值与原物理量之间均方误差最小的预测，称最小均方误差预测，简称 MMSE 预测。

定理 10.2.1　设连续随机序列 $\{x_n\}$，在最小均方误差准则下，根据 $x_1, \cdots, x_r$ 对 x_{r+1} 进行 r 阶最佳预测，那么

（1）最佳预测函数是以 $x_1, \cdots, x_r$ 为条件的 x_{r+1} 的均值，即

$$\hat{x}_{r+1} = E(x_{r+1} \mid x_1, x_2, \cdots, x_r) \tag{10.2.1}$$

（2）最小均方预测误差是以 $x_1, \cdots, x_r$ 为条件 x_{r+1} 的方差的平均值，即

$$D_{\min} = E[\mathrm{Var}(x_{r+1} \mid x_1, x_2, \cdots, x_r)] \tag{10.2.2a}$$

也等于被预测变量 x_{r+1} 均方值与预测值 $\hat{x}_{r+1}$ 均方值的差，即

$$D_{\min}=E(x_{r+1}^2)-E(\hat{x}_{r+1}^2) \tag{10.2.2b}$$

证 设 r 阶预测函数为 $\hat{x}_{r+1}=f(x_1,x_2,\cdots,x_r)$，那么条件预测均方误差为

$$D(x_1,\cdots,x_r)=E[(x_{r+1}-\hat{x}_{r+1})^2|x_1,\cdots,x_r] \tag{10.2.3}$$

用变分可求其极值，令

$$\begin{aligned}\delta D &=E\{[x_{r+1}-(f+\delta f)]^2-[x_{r+1}-f]^2|x_1,\cdots,x_r\}\\ &=-E\{[2\delta f(x_{r+1}-f)|x_1,\cdots,x_r\}=0\end{aligned}$$

上面忽略了 δf 的平方项。由于δ的任意性，可得

$$\hat{x}_{r+1}=E_{x_{r+1}|x_1,\cdots,x_r}(x_{r+1}\mid x_1,\cdots,x_r)=\int x_{r+1}p(x_{r+1}\mid x_1,\cdots,x_r)\mathrm{d}x_{r+1} \quad (10.2.1)^*$$

实际上，这就是式(10.2.1)。为明确起见，有时需要在数学期望算子右下方标明求平均时使用的概率密度的条件。式(10.2.1)* 中用条件概率密度做平均，所以 r 阶预测是前 r 个样值 $x_1,\cdots,x_r$ 的函数，因此预测值是随机变量。

根据式(10.2.1)可知，式(10.2.3)表示的就是 x_{r+1} 的条件方差，所以 r 阶预测最小条件均方误差为

$$\begin{aligned}D_{\min}(x_1,\cdots,x_r) &= E_{x_{r+1}|x_1,\cdots,x_r}[(x_{r+1}-\hat{x}_{r+1})^2\mid x_1,\cdots,x_r]\\ &=\mathrm{Var}(x_{r+1}\mid x_1,\cdots,x_r)=E(x_{r+1}^2\mid x_1,\cdots,x_r)-\hat{x}_{r+1}^2\end{aligned} \tag{10.2.4}$$

注意：条件均方误差也是 $x_1,\cdots,x_r$ 的函数，是随机变量。

对此条件均方误差再进行平均，得 r 阶预测最小均方误差为

$$D_{\min}=E_{x_1,\cdots,x_r}[\mathrm{Var}(x_{r+1}|x_1,\cdots,x_r)] \tag{10.2.5a}$$

$$=E_{x_{r+1}}(x_{r+1}^2)-E_{x_1,\cdots,x_r}(\hat{x}_{r+1}^2) \tag{10.2.5b}$$

实际上，式(10.2.5)就是式(10.2.2)。■

从式(10.2.5a)和式(10.2.5b)可以看到，最小均方误差可采用两种方式计算：前者当求得条件概率密度后，求对应此密度的条件方差，即条件均方误差，再平均就得到最终的结果；而后者求被预测随机变量的均方值与预测值均方值的差。两者提供了相同的结果，但后者需要附加计算被预测符号的概率。从式(10.2.5a)还可以看到，对条件方差求平均并不等于无条件方差。

对此预测值取平均，得

$$E(\hat{x}_{r+1})=E_{x_1,\cdots,x_r}\left[\int x_{r+1}p(x_{r+1}\mid x_1,\cdots,x_r)\mathrm{d}x_{r+1}\right]=E(x_{r+1}) \tag{10.2.6}$$

式(10.2.6)表明，从参数估计的角度看，最佳预测是无偏估计。

例 10.2.1 两随机变量 x_1、x_2 在 1/4 圆内均匀分布，概率密度为

$$p(x_1,x_2)=\begin{cases}4/\pi & x_1^2+x_2^2\leqslant 1, x_1>0, x_2>0\\ 0 & \text{其他}\end{cases}$$

用 x_1 对 x_2 进行最小均方误差预测，求：(1)最佳预测函数；(2)最佳预测的均值；(3)最小均方预测误差。

解

$$p(x_1)=\int_0^{\sqrt{1-x_1^2}}(4/\pi)\mathrm{d}x_2=\frac{4}{\pi}\sqrt{1-x_1^2} \quad 0<x_1<1$$

同理得

$$p(x_2)=\int_0^{\sqrt{1-x_2^2}}(4/\pi)\mathrm{d}x_1=\frac{4}{\pi}\sqrt{1-x_2^2},\quad 0<x_2<1$$

$$p(x_2\mid x_1)=\left(\frac{4}{\pi}\right)\Big/\left(\frac{4}{\pi}\sqrt{1-x_1^2}\right)=1/\sqrt{1-x_1^2},\quad 0<x_1<1$$

(1) 用 x_1 对 x_2 的最佳预测函数为

$$\hat{x}_2=E_{x_2|x_1}(x_2\mid x_1)=\int_0^{\sqrt{1-x_1^2}}\frac{x_2}{\sqrt{1-x_1^2}}\mathrm{d}x_2=\frac{1}{2}\sqrt{1-x_1^2}$$

(2) 最佳预测的均值为

$$E(\hat{x}_2)=\int_0^1\frac{1}{2}\sqrt{1-x_1^2}\,\frac{4}{\pi}\sqrt{1-x_1^2}\,\mathrm{d}x_1=\frac{4}{3\pi}$$

(3) 下面利用两种方法计算最小均方预测误差。

- 利用式(10.2.5a),先求条件均方误差

$$E(x_2^2\mid x_1)=\int_0^{\sqrt{1-x_1^2}}\frac{x_2^2}{\sqrt{1-x_1^2}}\mathrm{d}x_2=\frac{1}{3}(1-x_1^2)$$

$$\mathrm{Var}(x_2\mid x_1)=\frac{1}{3}(1-x_1^2)-\frac{1}{4}(1-x_1^2)=\frac{1}{12}(1-x_1^2)$$

最小均方预测误差:$D_{\min}=\dfrac{4}{12\pi}\displaystyle\int_0^1(1-x_1^2)\sqrt{1-x_1^2}\,\mathrm{d}x_1=1/16$。

- 利用式(10.2.5b)

$$E(x_2^2)=\int_0^1\frac{4x_2^2}{\pi}\sqrt{1-x_2^2}\,\mathrm{d}x_2=\frac{4}{\pi}\int_0^{\pi/2}\sin^2\theta\cos\theta\,\mathrm{d}(\sin\theta)=1/4$$

$$E(\hat{x}_2^2)=\int_0^1\frac{1}{4}(1-x_1^2)\,\frac{4}{\pi}\sqrt{1-x_1^2}\,\mathrm{d}x_1=\frac{1}{\pi}\int_0^{\pi/2}\cos^3\theta\,\mathrm{d}(\sin\theta)=3/16$$

最小均方误差:$D_{\min}=E(x_2^2)-E(\hat{x}_2^2)=1/16=0.0625$。■

可见,利用式(10.2.5a)计算,有时可能更简单些。

例 10.2.2　设与例 10.1.1 相同的信源,输出序列为 $x_1,x_2,\cdots,x_n,\cdots$;现用 x_r 对 x_{r+1} 进行一阶预测,求最佳预测函数。

解　根据题意,二维矢量$(x_r x_{r+1})$的自协方差矩阵为 $\boldsymbol{\Sigma}=\sigma^2\begin{pmatrix}1&\rho\\\rho&1\end{pmatrix}$,从而有

$$|\boldsymbol{\Sigma}|=(1-\rho^2)\sigma^4,\boldsymbol{\Sigma}^{-1}=\frac{1}{\sigma^2(1-\rho^2)}\begin{pmatrix}1&-\rho\\-\rho&1\end{pmatrix}$$

$x_r x_{r+1}$ 的联合概率密度为

$$p(x_r,x_{r+1})=\frac{1}{2\pi\sigma^2\sqrt{1-\rho^2}}\exp\left[-\frac{1}{2\sigma^2(1-\rho^2)}(x_r x_{r+1})\begin{pmatrix}1&-\rho\\-\rho&1\end{pmatrix}\begin{pmatrix}x_r\\x_{r+1}\end{pmatrix}\right]$$

条件概率密度为

$$p(x_{r+1}|x_r)=\frac{\dfrac{1}{2\pi\sigma^2\sqrt{1-\rho^2}}\exp\left[-\dfrac{1}{2\sigma^2(1-\rho^2)}(x_r x_{r+1})\begin{pmatrix}1&-\rho\\-\rho&1\end{pmatrix}\begin{pmatrix}x_r\\x_{r+1}\end{pmatrix}\right]}{\dfrac{1}{\sqrt{2\pi}\sigma}\exp\left(-\dfrac{x_r^2}{2\sigma^2}\right)}$$

$$=\frac{1}{\sqrt{2\pi}\sqrt{1-\rho^2}\,\sigma}\exp\left[-\frac{(x_{r+1}-\rho x_r)^2}{2\sigma^2(1-\rho^2)}\right]$$

最佳预测函数为：$\hat{x}_{r+1}=E(x_{r+1}|x_r)=\rho x_r$。■

由此可见，例 10.1.1 中的差值序列$\{e_i\}$是经最佳预测所得的差值序列，差值编码器理论上可达的最低码率等于信源的 $R(D)$ 函数$\left(R(D)=\frac{1}{2}\log\frac{(1-\rho^2)\sigma^2}{D},D\leqslant\frac{1-\rho}{1+\rho}\right)$。

2. 最大后验概率预测

对于离散随机变量之间的预测，平方代价函数不适用，采用均匀代价函数，即零误差的代价等于零，而非零误差代价为某一常数。均匀代价函数的数学描述如下：

$$C(\varepsilon)=\begin{cases}1 & |\varepsilon|\geqslant\Delta/2\\0 & |\varepsilon|<\Delta/2\end{cases}\tag{10.2.7}$$

其中，ε 为预测误差。在均匀代价准则下，使平均代价最小的预测是最大后验概率预测。

定理 10.2.2 对于均匀代价函数，根据 $x_1,x_2,\cdots,x_r$ 对 x_{r+1} 的 r 阶最佳预测值为

$$\hat{x}_{r+1}=\arg\max_{x_{r+1}}p(x_{r+1}|x_1,\cdots,x_r)\tag{10.2.8}$$

证 预测条件平均代价为

$$\begin{aligned}\bar{C}(\hat{x}_{r+1}\mid x_1,\cdots,x_r)&=\int C(x_{r+1},\hat{x}_{r+1})p(x_{r+1}\mid x_1,\cdots,x_r)\mathrm{d}x_{r+1}\\&=1-\int_{\hat{x}_{r+1}-\Delta/2}^{\hat{x}_{r+1}+\Delta/2}p(x_{r+1}\mid x_1,\cdots,x_r)\mathrm{d}x_{r+1}\end{aligned}$$

对于小的 Δ 值，如果使 $\bar{C}$ 的值最小，$\hat{x}_{r+1}$最好的选择就是使后验概率密度最大。■

注：上面的推导假定连续随机变量的情况，对于离散随机变量的情况，概率密度用概率来代替。

在很多情况下，我们处理的是连续信源的预测，均方误差准则是常用的。所以若无特别说明，我们所指的最佳预测就是最小均方误差预测。

10.2.2 矢量 MMSE 预测

现在我们研究更一般的情况，即用一观测矢量对另一矢量进行预测，有如下定理。

定理 10.2.3 设 $\boldsymbol{x}$、$\boldsymbol{y}$ 为两随机矢量，基于 $\boldsymbol{y}$ 对 $\boldsymbol{x}$ 的 MMSE 预测为

$$\hat{\boldsymbol{x}}=E_{x|y}(\boldsymbol{x}\mid\boldsymbol{y})=\int\boldsymbol{x}p(\boldsymbol{x}\mid\boldsymbol{y})\mathrm{d}\boldsymbol{x}\tag{10.2.9}$$

最小条件均方误差为

$$E_{x|y}(\|\boldsymbol{x}-\hat{\boldsymbol{x}}\|^2|\boldsymbol{y})=\mathrm{tr}(\boldsymbol{\Sigma}_{x|y}\mid\boldsymbol{y})\tag{10.2.10}$$

最小均方误差（MMSE）为

$$D_{\min}=E(\|\boldsymbol{x}\|^2)-E(\|\hat{\boldsymbol{x}}\|^2)\tag{10.2.11}$$

证 设 $\hat{\boldsymbol{x}}=E_{x|y}(\boldsymbol{x}|\boldsymbol{y})+\boldsymbol{\Delta}=\boldsymbol{m}+\boldsymbol{\Delta}$，其中，$\boldsymbol{m}=E_{x|y}(\boldsymbol{x}|\boldsymbol{y})$，则条件均方预测误差为

$$\begin{aligned}E_{x|y}(\|\boldsymbol{x}-\hat{\boldsymbol{x}}\|^2|\boldsymbol{y})&=E_{x|y}(\|\boldsymbol{x}-\boldsymbol{m}-\boldsymbol{\Delta}\|^2|\boldsymbol{y})=E_{x|y}((\boldsymbol{x}-\boldsymbol{m}-\boldsymbol{\Delta})^{\mathrm{T}}(\boldsymbol{x}-\boldsymbol{m}-\boldsymbol{\Delta})|\boldsymbol{y})\\&=E_{x|y}([(\boldsymbol{x}-\boldsymbol{m})^{\mathrm{T}}(\boldsymbol{x}-\boldsymbol{m})-(\boldsymbol{x}-\boldsymbol{m})^{\mathrm{T}}\boldsymbol{\Delta}-\boldsymbol{\Delta}^{\mathrm{T}}(\boldsymbol{x}-\boldsymbol{m})+\boldsymbol{\Delta}^{\mathrm{T}}\boldsymbol{\Delta}]|\boldsymbol{y})\\&=E_{x|y}([(\boldsymbol{x}-\boldsymbol{m})^{\mathrm{T}}(\boldsymbol{x}-\boldsymbol{m})+\boldsymbol{\Delta}^{\mathrm{T}}\boldsymbol{\Delta}]|\boldsymbol{y})\\&=\mathrm{tr}(\boldsymbol{\Sigma}_{x|y}\mid\boldsymbol{y})+E_{x|y}(\|\boldsymbol{\Delta}\|^2\mid\boldsymbol{y})\\&=E_{x|y}(\|\boldsymbol{x}-\boldsymbol{m}\|^2+\|\boldsymbol{\Delta}\|^2\mid\boldsymbol{y})\end{aligned}$$

当 $\hat{\boldsymbol{x}}$ 满足式(10.2.9)，即 $\boldsymbol{\Delta}$ 为零矢量时，条件均方预测误差最小，这个最小值就是条件方

差，从而得到式(10.2.10)。对式(10.2.10)两边取平均，得式(10.2.11)。■

预测器输出 $\hat{\boldsymbol{x}}$ 是观测矢量 $\boldsymbol{y}$ 的函数，有

$$E_y(\hat{\boldsymbol{x}})=E(\boldsymbol{x}) \tag{10.2.12}$$

令预测误差 $\boldsymbol{e}=\boldsymbol{x}-\hat{\boldsymbol{x}}$，那么

$$E_{xy}[\boldsymbol{e}\,\hat{\boldsymbol{x}}^{\mathrm{T}}]=E_{xy}[(\boldsymbol{x}-\hat{\boldsymbol{x}})\hat{\boldsymbol{x}}^{\mathrm{T}}]=E_yE_{x|y}(\boldsymbol{x}\,\hat{\boldsymbol{x}}^{\mathrm{T}})-E_y(\hat{\boldsymbol{x}}\,\hat{\boldsymbol{x}}^{\mathrm{T}})=\boldsymbol{0} \tag{10.2.13}$$

还可得到

$$E_{xy}[\boldsymbol{e}\,\boldsymbol{y}^{\mathrm{T}}]=E_{xy}[(\boldsymbol{x}-\hat{\boldsymbol{x}})\boldsymbol{y}^{\mathrm{T}}]=E_yE_{x|y}(\boldsymbol{x}\,\boldsymbol{y}^{\mathrm{T}})-E_y(\hat{\boldsymbol{x}}\,\boldsymbol{y}^{\mathrm{T}})=\boldsymbol{0} \tag{10.2.14}$$

综合以上分析，对矢量 MMSE 预测可得如下结论。

(1) MMSE 预测为条件均值预测(式(10.2.9))；

(2) MMSE 预测器输出是被预测矢量的无偏估计(式(10.2.12))；

(3) MMSE 预测器的平均失真是被预测矢量均方值和预测器输出均方值的差，因此被预测矢量均方值不小于预测器输出均方值(式(10.2.11))；

(4) MMSE 与预测器输出不相关(正交)(式(10.2.13))；

(5) MMSE 与观测矢量不相关(正交)(式(10.2.14))；

(6) 预测函数通常为观测矢量的非线性函数，为求预测函数必须知道两个随机矢量的联合概率密度函数，在一般情况下，这是很困难的。

矢量最佳预测包含两种重要的特殊情况。一种是 $\boldsymbol{x}=x_{r+1}$，$\boldsymbol{y}=x_1,\cdots,x_r$，这就是最常见的随机序列一步预测，是语音预测编码中使用的关键技术，定理 10.2.1 给出最佳预测器的结果。另一种是 $\boldsymbol{x}$、$\boldsymbol{y}$ 均代表矩形像素块构成的矢量，且 $\boldsymbol{y}$ 在 $\boldsymbol{x}$ 的上方或左方，由 $\boldsymbol{y}$ 对 $\boldsymbol{x}$ 进行预测。

10.2.3　线性预测

如前所述，最佳预测函数的非线性造成计算的困难。如果利用观测矢量的线性函数进行预测往往比求条件期望简单得多，所以常将线性预测用于随机过程的预测。

设 $\boldsymbol{x}$、$\boldsymbol{y}$ 分别为 k 维和 m 维的随机矢量，$\boldsymbol{x}=(x_1,\cdots,x_k)^{\mathrm{T}}$，$\boldsymbol{y}=(y_1,\cdots,y_m)^{\mathrm{T}}$，如果给定用 $\boldsymbol{y}$ 对 $\boldsymbol{x}$ 的预测有如下形式：

$$\hat{\boldsymbol{x}}=\boldsymbol{A}\boldsymbol{y}+\boldsymbol{b} \tag{10.2.15}$$

其中，$\boldsymbol{A}$ 为 $k\times m$ 线性变换矩阵，$\boldsymbol{b}=(b_1,\cdots,b_k)$为 k 维列矢量；那么当 $\boldsymbol{b}$ 为零矢量时，称为线性预测，否则为仿射预测。下面的定理给出了最佳仿射预测所满足的条件。

定理 10.2.4　由 $\boldsymbol{A}$ 和 $\boldsymbol{b}$ 所确定的形式为 $\hat{\boldsymbol{x}}=\boldsymbol{A}\boldsymbol{y}+\boldsymbol{b}$ 的最小均方预测器，满足

$$\boldsymbol{A}=\boldsymbol{\Sigma}_{xy}\,\boldsymbol{\Sigma}_{yy}^{-1} \tag{10.2.16}$$

最小均方预测误差为

$$D_{\min}=E(\|\boldsymbol{x}\|^2)-\mathrm{tr}[\boldsymbol{A}\,\boldsymbol{\Sigma}_{yx}] \tag{10.2.17}$$

其中，

$$\boldsymbol{\Sigma}_{xy}=E[(\boldsymbol{x}-\bar{\boldsymbol{x}})(\boldsymbol{y}-\bar{\boldsymbol{y}})^{\mathrm{T}}]=E(\tilde{\boldsymbol{x}}\,\tilde{\boldsymbol{y}}^{\mathrm{T}}) \tag{10.2.18}$$

为 $\boldsymbol{x}$、$\boldsymbol{y}$ 的互协方差矩阵

$$\boldsymbol{\Sigma}_{yy}=E[(\boldsymbol{y}-\bar{\boldsymbol{y}})(\boldsymbol{y}-\bar{\boldsymbol{y}})^{\mathrm{T}}]=E(\tilde{\boldsymbol{y}}\,\tilde{\boldsymbol{y}}^{\mathrm{T}}) \tag{10.2.19}$$

为 $\boldsymbol{y}$ 的自协方差矩阵，且

$$\boldsymbol{b}=\bar{\boldsymbol{x}}-\boldsymbol{A}\bar{\boldsymbol{y}} \tag{10.2.20}$$

其中，$\bar{\boldsymbol{x}}\triangleq E(\boldsymbol{x})$，$\bar{\boldsymbol{y}}\triangleq E(\boldsymbol{y})$，$\tilde{\boldsymbol{x}}\triangleq\boldsymbol{x}-\bar{\boldsymbol{x}}$，$\tilde{\boldsymbol{y}}\triangleq\boldsymbol{y}-\bar{\boldsymbol{y}}$。

证 预测误差 $\boldsymbol{e}=\boldsymbol{x}-\hat{\boldsymbol{x}}$ 的自协方差矩阵为 $E[(\tilde{\boldsymbol{x}}-\boldsymbol{A}\tilde{\boldsymbol{y}})(\tilde{\boldsymbol{x}}-\boldsymbol{A}\tilde{\boldsymbol{y}})^{\mathrm{T}}]=\boldsymbol{\Sigma}_{xx}-\boldsymbol{A}\boldsymbol{\Sigma}_{yx}-\boldsymbol{\Sigma}_{xy}\boldsymbol{A}^{\mathrm{T}}+\boldsymbol{A}\boldsymbol{\Sigma}_{yy}\boldsymbol{A}^{\mathrm{T}}$，利用 $E[\|\boldsymbol{x}\|^2]=\mathrm{tr}(\boldsymbol{\Sigma}_{xx})+\|\bar{\boldsymbol{x}}\|^2$，预测均方误差为

$$\begin{aligned}D&=E[\|\boldsymbol{x}-\hat{\boldsymbol{x}}\|^2]=\mathrm{tr}[\boldsymbol{\Sigma}_{xx}-\boldsymbol{A}\boldsymbol{\Sigma}_{yx}-\boldsymbol{\Sigma}_{xy}\boldsymbol{A}^{\mathrm{T}}+\boldsymbol{A}\boldsymbol{\Sigma}_{yy}\boldsymbol{A}^{\mathrm{T}}]+\|\bar{\boldsymbol{x}}-\boldsymbol{A}\bar{\boldsymbol{y}}-\boldsymbol{b}\|^2\\&=\mathrm{tr}[(\boldsymbol{A}-\boldsymbol{\Sigma}_{xy}\boldsymbol{\Sigma}_{yy}^{-1})\boldsymbol{\Sigma}_{yy}(\boldsymbol{A}-\boldsymbol{\Sigma}_{xy})^{\mathrm{T}}]+\mathrm{tr}[\boldsymbol{\Sigma}_{xx}-\boldsymbol{\Sigma}_{xy}\boldsymbol{\Sigma}_{yy}^{-1}\boldsymbol{\Sigma}_{yx}]+\|\bar{\boldsymbol{x}}-\boldsymbol{A}\bar{\boldsymbol{y}}-\boldsymbol{b}\|^2\\&=E[\|(\boldsymbol{A}-\boldsymbol{\Sigma}_{xy}\boldsymbol{\Sigma}_{yy}^{-1})\tilde{\boldsymbol{y}}\|^2]+E[\|\tilde{\boldsymbol{x}}-\boldsymbol{\Sigma}_{xy}\boldsymbol{\Sigma}_{yy}^{-1}\tilde{\boldsymbol{y}}\|^2]+\|\bar{\boldsymbol{x}}-\boldsymbol{A}\bar{\boldsymbol{y}}-\boldsymbol{b}\|^2\end{aligned}\tag{10.2.21}$$

式(10.2.21)中的第2项与 $\boldsymbol{A}$、$\boldsymbol{b}$ 无关，选取 $\boldsymbol{A}$、$\boldsymbol{b}$，使得式(10.2.21)中的第1项和第3项等于零，就得到式(10.2.16)和式(10.2.20)。因此，最小均方预测误差为 $D_{\min}=E[\|\tilde{\boldsymbol{x}}-\boldsymbol{\Sigma}_{xy}\boldsymbol{\Sigma}_{yy}^{-1}\tilde{\boldsymbol{y}}\|^2]=\mathrm{tr}E[(\tilde{\boldsymbol{x}}-\boldsymbol{\Sigma}_{xy}\boldsymbol{\Sigma}_{yy}^{-1}\tilde{\boldsymbol{y}})(\tilde{\boldsymbol{x}}-\boldsymbol{\Sigma}_{xy}\boldsymbol{\Sigma}_{yy}^{-1}\tilde{\boldsymbol{y}})^{\mathrm{T}}]=\mathrm{tr}[\boldsymbol{\Sigma}_{xx}-\boldsymbol{\Sigma}_{xy}\boldsymbol{\Sigma}_{yy}^{-1}\boldsymbol{\Sigma}_{yx}]$，代入式(10.2.16)的结果就得式(10.2.17)。▌

在最佳仿射预测条件下，式(10.2.15)可写为

$$E(\hat{\boldsymbol{x}})=\boldsymbol{A}\bar{\boldsymbol{y}}+\boldsymbol{b}=E(\boldsymbol{x})\tag{10.2.22}$$

这说明，最佳线性预测和仿射预测也是无偏估计。

$$E(\boldsymbol{e})=E(\boldsymbol{x}-\hat{\boldsymbol{x}})=E(\boldsymbol{x})-E(\hat{\boldsymbol{x}})=0\tag{10.2.23}$$

$$E[\boldsymbol{e}\,\boldsymbol{y}^{\mathrm{T}}]=E[(\boldsymbol{x}-\hat{\boldsymbol{x}})\boldsymbol{y}^{\mathrm{T}}]=E[(\tilde{\boldsymbol{x}}-\boldsymbol{A}\,\tilde{\boldsymbol{y}})(\tilde{\boldsymbol{y}}+\bar{\boldsymbol{y}})^{\mathrm{T}}]=E(\tilde{\boldsymbol{x}}\,\tilde{\boldsymbol{y}}^{\mathrm{T}})-\boldsymbol{A}\boldsymbol{E}(\tilde{\boldsymbol{y}}\,\tilde{\boldsymbol{y}}^{\mathrm{T}})=\boldsymbol{0}\tag{10.2.24}$$

上面利用了式(10.2.16)。

根据以上讨论，对于线性预测有如下注释：

(1) 当两随机矢量 $\boldsymbol{x}$、$\boldsymbol{y}$ 的均值不为零时，最佳预测为仿射预测器；

(2) 当两随机矢量 $\boldsymbol{x}$、$\boldsymbol{y}$ 的均值为零时，线性预测与仿射预测等价；

(3) 最佳线性预测和仿射预测是无偏估计(式(10.2.23))；

(4) 最佳线性预测误差与观测矢量是正交的(式(10.2.24))；

(5) 通常将两随机矢量 $\boldsymbol{x}$、$\boldsymbol{y}$ 先变成均值为零的矢量，再进行线性预测。

当 x、y 都是标量时，有

$$\boldsymbol{\Sigma}_{xy}=E[(x-\bar{x})(y-\bar{y})]=E(xy)-\bar{x}\bar{y}\tag{10.2.25}$$

$$\boldsymbol{\Sigma}_{yy}^{-1}=[\mathrm{Var}(y)]^{-1}\tag{10.2.26}$$

进一步，若 x、y 的均值都为零，则

$$A=a=\frac{E(xy)-\bar{x}\,\bar{y}}{\mathrm{Var}(y)}=\frac{\rho_{xy}\sigma_x\sigma_y}{\sigma_y^2}=\rho_{xy}\sigma_x/\sigma_y\tag{10.2.27}$$

其中，ρ_{xy} 为 x、y 之间的相关系数；σ_x、σ_y 分别为 x、y 的标准差。

预测均方误差为

$$D=(\sigma_x^2-a\rho_{xy}\sigma_x\sigma_y)=\sigma_x^2(1-\rho_{xy}^2)\tag{10.2.28}$$

例 10.2.3 (例 10.2.1 续)现用 x_1 对 x_2 进行最佳线性预测，求：(1)最佳预测函数；(2)最佳线性预测的均值；(3)最小均方预测误差。

解 (1)

$$E(x_1)=\frac{4}{\pi}\int_0^1 x_1\sqrt{1-x_1^2}\,\mathrm{d}x_1=E(x_2)=4/(3\pi)$$

$$E(x_1^2)=\frac{4}{\pi}\int_0^1 x_1^2\sqrt{1-x_1^2}\,\mathrm{d}x_1=E(x_2^2)=1/4$$

$$E(x_1x_2)=\frac{4}{\pi}\int_0^1 x_1\,\mathrm{d}x_1\int_0^{\sqrt{1-x_1^2}}x_2\,\mathrm{d}x_2=1/(2\pi)$$

最佳线性预测系数：

$$a=\frac{E(x_1x_2)-E(x_1)E(x_2)}{E(x_1^2)-\bar{x}_1^2}=\frac{1/(2\pi)-(4/(3\pi))^2}{1/4-(4/(3\pi))^2}=-0.3001$$

$$\hat{x}_2-\bar{x}_2=a(x_1-\bar{x}_1)$$

最佳线性预测函数：　　$\hat{x}_2=-0.3001x_1+0.5518$

(2) 最佳线性预测的均值：$E(\hat{x}_2)=-0.3001E(x_1)+0.5518=0.4244=E(x_2)$

(3) 因为 $E(x_1)=E(x_2)$，$E(x_1^2)=E(x_2^2)$，所以 $\rho_{xy}=a$。最小均方预测误差：

$$D=\mathrm{Var}(x_2)(1-a^2)=\left[\frac{1}{4}-\left(\frac{4}{3\pi}\right)^2\right][1-(-0.3001)^2]=0.0636 \blacksquare$$

上面的值大于前面的最佳预测均方误差(0.0625)，但还是接近最佳。通常条件下，线性预测不是最佳预测。下面定理给出了最佳预测等价于线性预测的条件。

定理 10.2.5　设 $\boldsymbol{x}$、$\boldsymbol{y}$ 分别为 k 和 m 维联合高斯分布随机矢量，均值矢量和协方差矩阵分别为 $\begin{pmatrix}\bar{\boldsymbol{x}}\\ \bar{\boldsymbol{y}}\end{pmatrix}$ 和 $\boldsymbol{\Sigma}=\begin{pmatrix}\boldsymbol{\Sigma}_{xx} & \boldsymbol{\Sigma}_{xy}\\ \boldsymbol{\Sigma}_{yx} & \boldsymbol{\Sigma}_{yy}\end{pmatrix}$，那么基于 $\boldsymbol{y}$ 对 $\boldsymbol{x}$ 的最小均方误差预测为

$$\hat{\boldsymbol{x}}=E_{p(\boldsymbol{x}|\boldsymbol{y})}(\boldsymbol{x}\mid\boldsymbol{y})=\bar{\boldsymbol{x}}+\boldsymbol{\Sigma}_{xy}\boldsymbol{\Sigma}_{yy}^{-1}(\boldsymbol{y}-\bar{\boldsymbol{y}}) \tag{10.2.29}$$

最小均方预测误差为

$$E(\|\boldsymbol{x}-\hat{\boldsymbol{x}}\|^2)=\mathrm{tr}\,[\boldsymbol{\Sigma}_{xx}-\boldsymbol{\Sigma}_{xy}\boldsymbol{\Sigma}_{yy}^{-1}\boldsymbol{\Sigma}_{yx}] \tag{10.2.30}$$

证　证明思路就是，如果$(\boldsymbol{x},\boldsymbol{y})$为联合高斯，那么条件密度 $p(\boldsymbol{x}|\boldsymbol{y})$也是高斯的。因为

$$p(\boldsymbol{x}\mid\boldsymbol{y})=\frac{p(\boldsymbol{xy})}{p(\boldsymbol{y})}=\frac{1}{(2\pi)^{k/2}}\frac{|\boldsymbol{\Sigma}_{yy}|^{1/2}}{|\boldsymbol{\Sigma}|^{1/2}}\frac{\exp\{-(1/2)(\boldsymbol{x}-\bar{\boldsymbol{x}}\vdots\boldsymbol{y}-\bar{\boldsymbol{y}})^{\mathrm{T}}\boldsymbol{\Sigma}^{-1}(\boldsymbol{x}-\bar{\boldsymbol{x}}\vdots\boldsymbol{y}-\bar{\boldsymbol{y}})\}}{\exp\{-(1/2)(\boldsymbol{y}-\bar{\boldsymbol{y}})^{\mathrm{T}}\boldsymbol{\Sigma}_{yy}^{-1}(\boldsymbol{y}-\bar{\boldsymbol{y}})\}} \tag{10.2.31}$$

利用恒等式

$$\begin{pmatrix}\boldsymbol{I}_k & -\boldsymbol{\Sigma}_{xy}\boldsymbol{\Sigma}_{yy}^{-1}\\ \boldsymbol{0} & \boldsymbol{I}_m\end{pmatrix}\boldsymbol{\Sigma}\begin{pmatrix}\boldsymbol{I}_m & \boldsymbol{0}\\ -\boldsymbol{\Sigma}_{yy}^{-1}\boldsymbol{\Sigma}_{yx} & \boldsymbol{I}_k\end{pmatrix}=\begin{pmatrix}\boldsymbol{\Sigma}_{xx}-\boldsymbol{\Sigma}_{xy}\boldsymbol{\Sigma}_{yy}^{-1}\boldsymbol{\Sigma}_{yx} & \boldsymbol{0}\\ \boldsymbol{0} & \boldsymbol{\Sigma}_{yy}\end{pmatrix} \tag{10.2.32}$$

其中，$\boldsymbol{I}_k$、$\boldsymbol{I}_m$ 分别为 k 维和 m 维单位矩阵。由此可得

$$\boldsymbol{\Sigma}^{-1}=\begin{pmatrix}\boldsymbol{I}_m & \boldsymbol{0}\\ -\boldsymbol{\Sigma}_{yy}^{-1}\boldsymbol{\Sigma}_{yx} & \boldsymbol{I}_k\end{pmatrix}\begin{pmatrix}(\boldsymbol{\Sigma}_{xx}-\boldsymbol{\Sigma}_{xy}\boldsymbol{\Sigma}_{yy}^{-1}\boldsymbol{\Sigma}_{yx})^{-1} & \boldsymbol{0}\\ \boldsymbol{0} & \boldsymbol{\Sigma}_{yy}^{-1}\end{pmatrix}\begin{pmatrix}\boldsymbol{I}_k & -\boldsymbol{\Sigma}_{xy}\boldsymbol{\Sigma}_{yy}^{-1}\\ \boldsymbol{0} & \boldsymbol{I}_m\end{pmatrix} \tag{10.2.33}$$

和

$$|\boldsymbol{\Sigma}|=|\boldsymbol{\Sigma}_{xx}-\boldsymbol{\Sigma}_{xy}\boldsymbol{\Sigma}_{yy}^{-1}\boldsymbol{\Sigma}_{yx}\|\boldsymbol{\Sigma}_{yy}| \tag{10.2.34}$$

将式(10.2.33)和式(10.2.34)代入式(10.2.31)，得

$$p(\boldsymbol{x}\mid\boldsymbol{y})=(2\pi)^{-k/2}|\boldsymbol{\Sigma}_{xx}-\boldsymbol{\Sigma}_{xy}\boldsymbol{\Sigma}_{yy}^{-1}\boldsymbol{\Sigma}_{yx}|^{-1/2}\exp\{-(1/2)(\boldsymbol{x}-\hat{\boldsymbol{x}})^{\mathrm{T}}[\boldsymbol{\Sigma}_{xx}-\boldsymbol{\Sigma}_{xy}\boldsymbol{\Sigma}_{yy}^{-1}\boldsymbol{\Sigma}_{yx}]^{-1}(\boldsymbol{x}-\hat{\boldsymbol{x}})\} \tag{10.2.35}$$

其中，$\hat{\boldsymbol{x}}$ 即为满足式(10.2.29)的条件均值矢量，而条件协方差矩阵为 $\boldsymbol{\Sigma}_{xx}-\boldsymbol{\Sigma}_{xy}\boldsymbol{\Sigma}_{yy}^{-1}\boldsymbol{\Sigma}_{yx}$，不依赖于 $\boldsymbol{y}$，根据式(10.2.10)，得到最小均方预测误差(10.2.30)。■

结论：对于联合高斯过程，满足最小均方误差的最佳预测就是线性预测，即最小均方误差预测与最小均方误差线性预测等价。

例 10.2.4　(例 10.2.2 续)利用式(10.2.15)，求最佳一阶线性预测和最佳预测函数。

解　$\boldsymbol{\Sigma}_{xy}=E(x_{r+1}x_r)=\rho\sigma^2$，$\boldsymbol{\Sigma}_{yy}^{-1}=(E(x_r^2))=\sigma^{-2}$，$a=\rho_{x,x-1}\sigma_x/\sigma_{x-1}=\rho$

最佳一阶线性预测为 $\hat{x}_{r+1}=\rho x_r$，因为是高斯随机变量，最佳一阶线性预测也是最佳预测。■

10.3 有限记忆线性预测

设均值为零的平稳信源序列 $x_1,\cdots,x_n,\cdots$，基于过去有限数目样值 $x_{n-p},\cdots,x_{n-1},\cdots$对当前样值 x_n的线性预测称为有限记忆线性预测，除非特别声明，以后研究的线性预测都是这种预测。

10.3.1 线性预测基本原理

设对 x_n 的预测值为 $\hat{x}_n$，称

$$\hat{x}_n = -\sum_{i=1}^{p} a_i x_{n-i} \tag{10.3.1}$$

为 p 阶线性预测。简单地说，线性预测就是序列中当前样值由前 p 个样值的线性组合来表示，p 称预测的阶数，$a_i(i=1,\cdots,p)$称线性预测系数。求和号前面有负号主要是为了运算方便。

如果预测函数为

$$\hat{x}_n = x_{n-1} \tag{10.3.2}$$

则称零阶预测。

线性预测误差定义为

$$e_n = x_n - \hat{x}_n = x_n + \sum_{i=1}^{p} a_i x_{n-i} \tag{10.3.3}$$

根据定理 10.2.4，令 $\boldsymbol{x}=x_n$，$\boldsymbol{y}=(x_{n-1},\cdots,x_{n-p})^{\mathrm{T}}$，并设

$$\boldsymbol{a} \triangleq \boldsymbol{A} = (a_1,\cdots,a_p),\boldsymbol{r} \triangleq \boldsymbol{\Sigma}_{xy} = (\rho(1),\cdots,\rho(p)),\rho(i) = E(x_n x_{n-i}) = \rho(-i)$$

$$\boldsymbol{R}_p \triangleq E(\boldsymbol{y}\,\boldsymbol{y}^{\mathrm{T}}) = \begin{pmatrix} \rho(0) & \rho(1) & \cdots & \rho(p-1) \\ \rho(1) & \rho(0) & \cdots & \rho(p-2) \\ \cdots & \cdots & & \cdots \\ \rho(p-1) & \rho(p-2) & \cdots & \rho(0) \end{pmatrix}$$

就有

$$\boldsymbol{R}_p \boldsymbol{a} = -\boldsymbol{r} \tag{10.3.4}$$

或

$$\begin{pmatrix} \rho(0) & \rho(1) & \cdots & \rho(p-1) \\ \rho(1) & \rho(0) & \cdots & \rho(p-2) \\ \cdots & \cdots & & \cdots \\ \rho(p-1) & \rho(p-2) & \cdots & \rho(0) \end{pmatrix} \begin{pmatrix} a_1 \\ a_2 \\ \vdots \\ a_p \end{pmatrix} = -\begin{pmatrix} \rho(1) \\ \rho(2) \\ \vdots \\ \rho(p) \end{pmatrix}$$

根据(10.2.17)的结果，预测均方误差为

$$D = E(x_n^2) + \mathrm{tr}[(a_1,\cdots,a_p)\,(\rho(1),\cdots,\rho(p))^{\mathrm{T}}] = \rho(0) + \sum_{i=1}^{p} a_i \rho(i) \tag{10.3.5}$$

式(10.3.4)和式(10.3.5)组合称为最佳线性预测系数正规方程，表示如下：

$$\begin{pmatrix}\rho(0) & \rho(1) & \cdots & \rho(p)\\ \rho(1) & \rho(0) & \cdots & \rho(p-1)\\ \cdots & \cdots & & \cdots\\ \rho(p) & \rho(p-1) & \cdots & \rho(0)\end{pmatrix}\begin{pmatrix}1\\ a_1\\ \vdots\\ a_p\end{pmatrix}=\begin{pmatrix}D\\ 0\\ \vdots\\ 0\end{pmatrix} \tag{10.3.6}$$

方程的矩阵中同一对角线上的元素都相同，称为 Toeplitz 矩阵，存在对方程(10.3.6)的递推解法，称作 Levenson-Dubin 算法。当然也可利用矩阵求逆的方法先解式(10.3.4)，然后计算式(10.3.5)，从而实现式(10.3.6)的求解，但 Levenson-Dubin 算法更有优势，因为其运算量要比矩阵求逆的运算量小，而且在求解过程中也无须求逆阵。

实际上，为使 $D=E(e_n^2)=E[(x_n-\hat{x}_n)^2]=E\left[\left(x_n+\sum_{i=1}^{p}a_ix_{n-i}\right)^2\right]$ 达到最小，可令

$$\frac{\partial D}{\partial a_i}=E\left[2\left(x_n+\sum_{j=1}^{p}a_jx_{n-j}\right)x_{n-i}\right]=0, i=1,\cdots,p \tag{10.3.7}$$

也可推出方程式(10.3.4)。而式(10.3.7)与正交原理等价，因为根据式(10.2.24)，有

$$E[\boldsymbol{e}\,\boldsymbol{y}^{\mathrm{T}}]=E\left[\left(x_n+\sum_{i=1}^{p}a_ix_{n-i})(x_{n-1},\cdots,x_{n-p}\right)\right]=\boldsymbol{0}$$

一个线性预测器的预测增益定义为信号方差与预测误差的比，即

$$G_{\mathrm{p}}=10\log_{10}\frac{\sigma_x^2}{D}=10\log_{10}\frac{\rho(0)}{\rho(0)+\sum_{i=1}^{p}a_i\rho(i)} \tag{10.3.8}$$

其中，σ_x^2 为序列样值的均方值(因均值为零)，$\sigma_x^2=\rho(0)$；D 为式(10.3.5)中的预测均方误差。预测增益计算单位是 dB，与量化信噪比的形式类似，用来评价预测器的性能，增益越大，预测器性能越好。

10.3.2　高斯序列线性预测

如果对均值为零平稳高斯序列进行 p 阶线性预测，上面所得的结果也适用，而且根据前面的研究可知，对于高斯变量线性预测也是最佳预测。最佳预测系数和预测均方误差也可利用式(10.3.6)和式(10.3.5)来计算。

如前所述，最小均方预测误差是条件方差的平均值，对于平稳高斯序列可以通过条件熵来计算。因为

$$\begin{aligned}h(X_n\mid X_{n-p}\cdots X_{n-1})&=h(X_{n-p}\cdots X_{n-1}X_n)-h(X_{n-p}\cdots X_{n-1})\\&=(1/2)\log(2\pi e\mid\boldsymbol{\Sigma}_{p+1}\mid/\mid\boldsymbol{\Sigma}_p\mid)\end{aligned} \tag{10.3.9}$$

上面利用了过程的平稳性，其中 $\boldsymbol{\Sigma}_p$ 为高斯序列 $p\times p$ 阶自协方差矩阵，而 $|\boldsymbol{\Sigma}_{p+1}|/|\boldsymbol{\Sigma}_p|$ 就是条件方差，它是不依赖于 $x_{n-p},\cdots,x_{n-1}$ 的常数，所以也是最小均方预测误差。由此可得到如下结论。

定理 10.3.1　若对零均值平稳高斯序列$\{x_n\}$进行 p 阶最佳线性预测，那么此线性预测也是最佳预测，预测系数满足方程式(10.3.6)，而最小均方预测误差为

$$D_{\min}=|\boldsymbol{\Sigma}_{p+1}|/|\boldsymbol{\Sigma}_p| \tag{10.3.10}$$

利用式(10.2.34)可以证明，对于平稳高斯序列，式(10.3.5)与式(10.3.10)等价，而后者的优点是计算最小均方预测误差无须预测系数。

实际上，对于给定信源序列，为实现最佳预测首先需要确定预测阶数，但对于一般情况，这

个问题比较复杂。在某些简单情况下，这个问题比较容易解决。有一类重要的信源称为自回归(AR)过程，其输出序列$\{x_n\}$满足下面的差分方程：

$$x_n = -\sum_{i=1}^{p} \alpha_i x_{n-i} + \varepsilon_n \tag{10.3.11}$$

其中，$\{\varepsilon_n\}$为均值为零，方差为σ^2的独立序列。如果$\{\varepsilon_n\}$为高斯序列，那么$\{x_n\}$就是p阶高斯马尔可夫过程。有如下定理。

定理 10.3.2 设$\{x_n\}$为满足式(10.3.11)的p阶高斯马尔可夫过程，那么基于过去样值对当前样值$\{x_n\}$最佳预测为满足如下形式的p阶线性预测：

$$\hat{x}_n = -\sum_{i=1}^{p} \alpha_i x_{n-i} \tag{10.3.12}$$

最小均方预测误差为σ^2。

证 对于p阶马尔可夫过程，条件概率仅和前面的p个样值有关，所以最佳预测也仅与前面p个样值有关。最佳预测是条件均值，所以有$\hat{x}_n = E(x_n \mid x_{n-p}, \cdots, x_{n-1}) = -\sum_{i=1}^{p} \alpha_i x_{n-i}$，最小均方预测误差为条件方差$D_{\min} = E[\mathrm{Var}(x_n \mid x_{n-p}, \cdots, x_{n-1})] = E[E(\varepsilon^2)] = \sigma^2$。■

注释：(1) 对于非高斯过程式(10.3.12)是最佳线性预测，而不是最佳预测；

(2) 对于p阶高斯马尔可夫过程最佳线性预测所得到的误差序列是独立的；

(3) 对于p阶AR过程，最佳线性预测只依赖前面p个样值，即只有p个非零预测系数。

一般地讲，如果信源序列的记忆长度有限，则预测的阶数无须超过记忆长度。

根据差熵的不增原理可知，式(10.3.10)所表示的均方预测误差是p的非增函数，如果p趋近无限大，$D_{\min}$达到最小值。此时式(10.3.9)左边为平稳高斯马尔可夫过程熵率：

$$\bar{h}(X) = \lim_{p\to\infty} h(X_n \mid X_{n-p} \cdots X_{n-1}) = (1/2)\log(2\pi e \lim_{p\to\infty}[\,|\boldsymbol{\Sigma}_{p+1}|/|\boldsymbol{\Sigma}_p|\,]) \tag{10.3.13}$$

可以证明，

$$\lim_{p\to\infty}[\,|\boldsymbol{\Sigma}_{p+1}|/|\boldsymbol{\Sigma}_p|\,] = \lim_{p\to\infty} |\boldsymbol{\Sigma}_{p+1}|^{1/(p+1)} = \sigma^2 \tag{10.3.14}$$

式(10.3.14)表示高斯过程的熵功率，也是用过去无限样值预测当前样值所得到的最小均方误差。

根据式(10.3.8)，得高斯序列预测增益为

$$G_{\mathrm{p}} = 10\log_{10}[\sigma_x^2 |\boldsymbol{\Sigma}_p| / |\boldsymbol{\Sigma}_{p+1}|] \tag{10.3.15}$$

用过去无限样值作为观测值的预测增益为

$$G_\infty = 10\log_{10}[\sigma_x^2/\sigma^2] \tag{10.3.16}$$

例 10.3.1 平稳随机序列的相关函数值：$\rho(0)=\rho_0$，$\rho(1)=\rho_1$，$\rho(2)=\rho_2$，求二阶最佳线性预测系数、最小均方预测误差和预测增益。

解 对于二阶最佳线性预测，根据式(10.3.4)，有

$$\begin{pmatrix} \rho_0 & \rho_1 \\ \rho_1 & \rho_0 \end{pmatrix}\begin{pmatrix} a_1 \\ a_2 \end{pmatrix} = -\begin{pmatrix} \rho_1 \\ \rho_2 \end{pmatrix}$$

解得最佳线性预测系数为 $a_1 = \dfrac{\rho_1\rho_2 - \rho_0\rho_1}{\rho_0^2 - \rho_1^2}$，$a_2 = \dfrac{\rho_1^2 - \rho_0\rho_2}{\rho_0^2 - \rho_1^2}$

最小均方预测误差： $D = \rho_0 + a_1\rho_1 + a_2\rho_2 = \dfrac{\rho_0^3 - 2\rho_0\rho_1^2 - \rho_0\rho_2^2 + 2\rho_1^2\rho_2}{\rho_0^2 - \rho_1^2}$

预测增益： $G_{\mathrm{p}} = 10\log_{10}\dfrac{\rho_0(\rho_0^2 - \rho_1^2)}{\rho_0^3 - 2\rho_0\rho_1^2 - \rho_0\rho_2^2 + 2\rho_1^2\rho_2}$ ■

例 10.3.2　(例 10.3.1 续)设 $\rho(0)=4,\rho(1)=2,\rho(2)=1$,求二阶最佳线性预测系数、最小均方预测误差和预测增益。

解　最佳线性预测系数:　$a_1=\dfrac{2\times1-4\times2}{4^2-2^2}=-1/2, a_2=\dfrac{2^2-4\times1}{4^2-2^2}=0$

最小均方预测误差:　$D=4-(1/2)\times2=3$

预测增益:　$G_{\mathrm{p}}=10\log_{10}\dfrac{4}{3}=1.2494\ \mathrm{dB}$ ▮

例 10.3.3　对于例 10.2.2 中信源序列,求最佳二阶线性预测。

解　根据题意,有 $\begin{pmatrix}1 & \rho\\ \rho & 1\end{pmatrix}\begin{pmatrix}a_1\\ a_2\end{pmatrix}=-\begin{pmatrix}\rho\\ \rho^2\end{pmatrix}$,解得最佳线性预测系数为

$$a_1=-\rho, a_2=0$$

这个结果与一阶预测结果相同。因为信源序列是一阶马氏链,一阶预测就是最佳的。▮

10.4 差值编码

如前所述,预测编码是根据信号相邻样值之间存在相关性的特点,利用前面一个或多个样值预测当前的样值,得到实际值和预测值的差,然后对此差值进行编码。在实际编码系统中,得到差值后要先进行量化,然后进行编码,译码器在译码后要去量化,得到重建信号样值。差值编码是预测编码的重要组成部分,典型的编码方法有差分脉冲编码调制(Differential Pulse Code Modulation, DPCM)、自适应差分脉冲编码调制(Adaptive Differential Pulse Code Modulation, ADPCM)等。这些编码技术较适合于声音、图像数据的压缩,因为这些数据的相邻样值之间有较大的相关性,其差值序列可以用较少的比特来编码。

10.4.1 差值量化

首先,看一个对有记忆离散信源进行差值编码的例子。

例 10.4.1　设一马氏链 $x_0,x_1,\cdots x_r,\cdots$,符号集为$\{0,1,\cdots,m-1\}$,符号转移概率矩阵为如下 $m\times m$ 阶矩阵:

$$\boldsymbol{P}=\begin{pmatrix}1-(m-1)\varepsilon & \varepsilon & \cdots & \varepsilon\\ \varepsilon & 1-(m-1)\varepsilon & \cdots & \varepsilon\\ \vdots & \vdots & & \vdots\\ \varepsilon & \varepsilon & \cdots & 1-(m-1)\varepsilon\end{pmatrix} \tag{10.4.1}$$

其中,矩阵中的元素为转移概率 $p(x_{r+1}=i|x_r=j),i,j=0,1,\cdots,m-1$,现对信源序列进行差值变换:$d_r=x_r-x_{r-1}$,求变换后编码的压缩率。

解　根据式(10.4.1),可求得马氏链的平稳分布等概率分布,即 $p(x_r=i)=1/m,i=0,1,\cdots,m-1$。式(10.4.1)的矩阵各元素乘 $1/m$,便是 x_rx_{r+1} 的联合概率矩阵,矩阵元素为 $p(x_r=i,x_{r+1}=j),i,j=0,1,\cdots,m-1$。由于 $p(x_r=i,x_{r+1}=j)=p(d=j-i)$,所以处于矩阵同一对角线上的元素对应同一个 d 值,所以有 $p(d=0)=1-(m-1)\varepsilon,p(d=r)=p(d=-r)=(1-r/m)\varepsilon,r=1,\cdots,m-1$。求差值序列的熵,得

$$H(D)=-[1-(m-1)\varepsilon]\log[1-(m-1)\varepsilon]-2\sum_{r=1}^{m-1}(1-r/m)\varepsilon\log[(1-r/m)\varepsilon]$$

$$=-[1-(m-1)\varepsilon]\log[1-(m-1)\varepsilon]-(m-1)\varepsilon\log\varepsilon-2\sum_{r=1}^{m-1}(1-r/m)\varepsilon\log(1-r/m)$$

马氏链熵率为

$$H_{\infty}(X)=-[1-(m-1)\varepsilon]\log[1-(m-1)\varepsilon]-(m-1)\varepsilon\log\varepsilon$$

可以证明，如果 $H(D)-H_{\infty}(X)=0$，那么差值序列是独立序列，但

$$H(D)-H_{\infty}(X)=-2\sum_{r=1}^{m-1}(1-r/m)\varepsilon\log(1-r/m)>0$$

所以，差值序列不是独立序列。证明如下：

当序列长度 N 足够大时，从序列$\{x_r\}$到序列$\{d_r\}$的变换是可逆的一一对应的变换，有 $H(X^N)=H(D^N)$，所以 $NH_{\infty}(X)=H(D_1)+H(D_2\mid D_1)+\cdots+H(D_N\mid D_1\cdots D_{N-1})\leqslant\sum_{r=1}^{N}H(D_i)=NH(D)$，仅当 D_i 独立时等式成立。如果 $H(D)=H_{\infty}(X)$，就说明序列$\{d_r\}$独立。但在本题中，$H(D)>H_{\infty}(D)$，所以差值序列不独立。变换后的压缩率：$R=H(D)/\log m$。█

当 $m=2$ 时，$H(D)=H(\varepsilon)+\varepsilon$，通过计算得知，当 $\varepsilon>0.227$ 时，得 $r>1$，说明此时无压缩反而有扩展。但如果编译码器均采用模 m 运算，也可以唯一译码，并可以改进编码效率。

编码过程：(1) 计算差值序列：$d_r=x_r-x_{r-1}$；

(2) $d'_r=d_r+m \pmod m$ 为编码器输出。

译码过程：$\hat{x}_r=d'_r+\hat{x}_{r-1} \pmod m$

现证明这种改进的编译码方法可以唯一译码。

在编码器：若 $d_r<0$，则 $d'_r=m+d_r$；若 $d_r>0$，则 $d'_r=d_r$

在译码器：若 $d_r<0$，则 $\hat{x}_r=m+d_r+\hat{x}_{r-1}\pmod m=\hat{x}_{r-1}+d_r$；

若 $d_r>0$，则 $\hat{x}_r=d_r+\hat{x}_{r-1}\pmod m$

下面分析编码效率的改善：由于用 d' 代表了 $d=-r$ 和 $d=m-r$ 两个符号，所以 $p(d'=0)=1-(m-1)\varepsilon$，$p(d'=m-r\neq0)=p(d=-r)+p(d=m-r)=(1-r/m)\varepsilon+[1-(m-r)/m]\varepsilon=\varepsilon$，此时差值序列的熵为：$H(D')=-[1-(m-1)\varepsilon]\log[1-(m-1)\varepsilon]-(m-1)\varepsilon\log\varepsilon$，因为 $H(D')-H_{\infty}(X)=0$，所以改进后的差值序列是独立序列，完全解除原序列的相关性。

实际上，当 ε 很小时，上面的例子也是预测编码。根据定理 10.2.2，用 x_{r-1} 对 x_r 的预测是最佳预测，因为 $p(x_{r+1}=i\mid x_r-i)=1-(m-1)\varepsilon$ 是最大的转移概率，所以差值序列就是预测误差序列。

上面是对离散信源的差值编码，而在一般情况下，信源序列是连续取值的，因此对差值要进行量化。在实际应用中，编码器将序列$\{x_n\}$变成差值序列$\{d_n\}$，得

$$d_n=x_n-x_{n-1} \tag{10.4.2}$$

对差值序列$\{d_n\}$进行量化，得

$$\hat{d}_n=d_n-\delta_n \tag{10.4.3}$$

其中$\{\delta_n\}$为量化误差序列，最后发送 $\hat{d}_n$ 对应的码字。译码器根据接收的码字得到差值重建序

列$\{\hat{d}_n\}$，再根据

$$\hat{x}_n=\hat{d}_n+\hat{x}_{n-1} \tag{10.4.4}$$

得到重建序列$\{\hat{x}_n\}$。将式(10.4.2)、式(10.4.3)代入式(10.4.4)，并设 $x_n=0$ 对于 $n\leqslant 0$，得

$$\hat{x}_n = d_n - \delta_n + \hat{x}_{n-1} = d_n - \delta_n + d_{n-1} - \delta_{n-1} + \cdots - d_1 - \delta_1 = x_n - \sum_{i=1}^{n}\delta_i \tag{10.4.5}$$

可以看到，重建信号在接收端造成了误差积累，当 n 很大时，积累的噪声很大，使系统无法正常工作，从而不能正确译码，更谈不上压缩码率。

10.4.2　差分脉冲编码调制

1. 预测量化基本定理

实用的差值编码系统是 DPCM。在该系统中，对输入样值与预测值的差值进行量化和编码。为克服误差积累问题，使用闭环预测，即预测序列$\{\tilde{x}_n\}$不用输入序列$\{x_n\}$预测产生，而由重建序列$\{\hat{x}_n\}$预测产生，即

$$\tilde{x}_n = \sum_{i=1}^{p} a_i \hat{x}_{n-i} \tag{10.4.6}$$

其中，a_i 是最佳线性预测系数，通常采用高阶预测器。基本原理如图 10.4.1 所示。设编码器输入序列为 x_n，通过基于$\{\hat{x}_n\}$的线性预测得到序列$\{\tilde{x}_n\}$和差值序列$\{e_n=x_n-\tilde{x}_n\}$，差值经量化器的输出为$\hat{e}_n=Q(e_n)=e_n+q_n$，这里 q_n 是量化噪声。量化值 $\hat{e}_n$ 加上预测器输出 $\tilde{x}_n$ 后得到输入信号的重建值 $\hat{x}_n$，即$\hat{x}_n=\hat{e}_n+\tilde{x}_n=e_n+q_n+x_n-e_n=x_n+q_n$。可见，重建值仅与当前差值的量化值有关，从而消除了误差积累。而且有

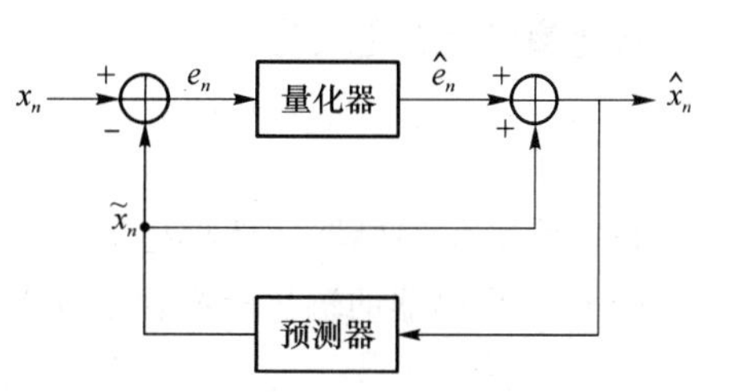

图 10.4.1　DPCM 预测量化器

$$E[(x_n-\hat{x}_n)^2]=E[(e_n-\hat{e}_n)^2] \tag{10.4.7}$$

将这个很重要的结果总结成如下定理。

定理 10.4.1(预测量化基本定理)　在 DPCM 预测编码系统中，总输入到输出均方误差等于差值量化均方误差。

将图 10.4.1 预测量化器分成编码器和译码器，并在量化器后加熵编码器，译码器输入加熵译码器就得到实际的 DPCM 系统框图，如图 10.4.2 所示。DPCM 系统工作时，发送端先发送一个起始值 x_0，接着就只发送预测误差值 $e_n=x_n-\tilde{x}_n$，预测值由式(10.4.6)确定。接收端把接收到的预测误差量化值 $\hat{e}_n$ 与本地算出的 $\tilde{x}_n$ 相加，就得到重建信号 $\hat{x}_n$。在编码器输入端有 $e_n=x_n-\tilde{x}_n$，在译码器输出端有 $\hat{x}_n=\hat{e}_n+\tilde{x}_n$ 与图 10.4.1 预测量化器结构相同。所以接收端重建信号 $\hat{x}_n$ 与发送端原始信号 x_n 之间的误差等于发送端量化器产生的量化误差，即整个预测编码系统的失真完全由量化器产生。当 x_n 已经是数字信号时，如果去掉量化器，则 $\hat{x}_n=x_n$。这表明不带量化器的 DPCM 系统也可用于无损编码。但如果有量化器，则为有损编码。使用闭环预测所得到的差信号 e_n 称为闭环预测误差信号，而由输入直接预测得到的差信号称

为开环预测误差信号，通常闭环预测均方误差要大于开环预测均方误差。

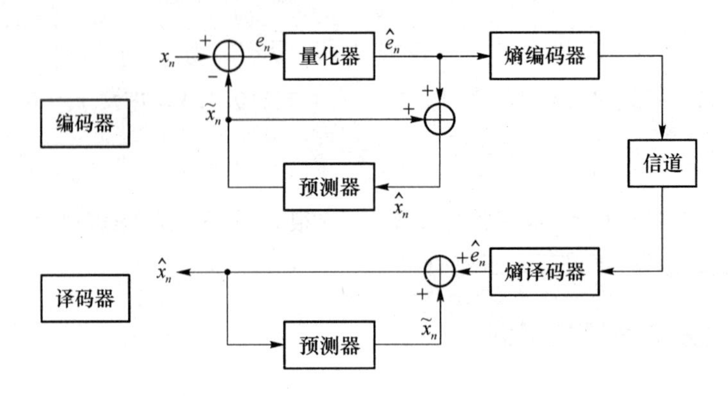

图 10.4.2　DPCM 编码器

定义闭环预测增益为

$$G_{\text{clp}}=\sigma_x^2/\sigma_e^2 \tag{10.4.8}$$

其中，σ_x^2 和 σ_e^2 分别为输入信号方差和预测均方误差。如果 $\hat{x}_n$ 很接近 x_n，那么闭环预测增益也接近开环预测增益。但如果量化器的分辨率低，重建输出与 x_n 相差较大，那么最佳闭环预测增益与最佳开环预测增益也会有很大的不同。

量化编码增益定义为

$$G_{\text{q}}=\frac{\sigma_e^2}{E[(e_n-\hat{e}_n)^2]} \tag{10.4.9}$$

这就是差值量化编码器的信噪比。

DPCM 编码器的输出信噪比定义为编码器输入方差与信号重建均方误差的比，即

$$\text{SNR}=\frac{\sigma_x^2}{E[(x_n-\hat{x}_n)^2]}=\frac{\sigma_x^2}{\sigma_e^2}\frac{\sigma_e^2}{E[(e_n-\hat{e}_n)^2]}=G_{\text{p}}G_{\text{q}} \tag{10.4.10}$$

上面利用了预测量化基本定理。式(10.4.10)表明，系统总信噪比为闭环预测增益和量化编码增益的乘积。G_{q} 可视为无预测的 PCM 编码系统的信噪比，所以预测增益也可视为 DPCM 系统相对于 PCM 系统信噪比的改善。预测增益随预测长度的增加而增加，当采用无限长度预测时，预测增益达到最大值 G_{p}^{∞}，见式(2.1.31)。可见，由于预测增益使编码器信噪比增加是采用预测编码最主要的优势。

例 10.4.2　如例 10.2.2 中的一阶平稳离散时间高斯马氏链 $\rho=0.9$，利用最佳预测 DPCM 后按熵约束最佳标量量化进行压缩编码，求该预测编码系统的量化信噪比，并分别与以下三种同码率情况进行比较：(1)PCM 熵约束最佳标量量化；(2) 高码率 PCM 固定码率最佳标量量化；(3)理论上可达的最佳量化。

解　由例 10.2.2 得最佳预测增益 $G_{\text{p}}=\sigma_x^2/\sigma_e^2=1/(1-\rho^2)$，对预测误差进行熵约束最佳标量量化，由式(8.6.8)，得信噪比为 $G_{\text{q}}=(6/\pi\text{e})2^{2R}$，所以该预测编码系统的量化信噪比为：$\text{SNR}=G_{\text{p}}G_{\text{q}}=6\times2^{2R}/[(1-\rho^2)\pi\text{e}]$。

(1) PCM 熵约束最佳标量量化没有预测增益，信噪比为：$\text{SNR}_1=6\times2^{2R}/(\pi\text{e})$；

(2) 根据式(8.4.29)，PCM 固定码率最佳标量量化信噪比为：$\text{SNR}_2=2\times2^{2R}/(\sqrt{3}\pi)$；

(3) 一阶马氏链率失真函数为 $R(D)=\dfrac{1}{2}\log\dfrac{(1-\rho^2)\sigma_x^2}{D}$，$D<(1-\rho)/(1+\rho)$；理论上可达

最大信噪比为 $\text{SNR}_3=2^{2R}/(1-\rho^2)$；

系统对情况(1)信噪比的改善为：$r_1=10\lg\dfrac{\text{SNR}}{\text{SNR}_1}=-10\lg(1-\rho^2)|_{\rho=0.9}=7.21\ \text{dB}$；

系统对情况(2)信噪比的改善为：$r_2=10\lg\dfrac{\text{SNR}}{\text{SNR}_2}=10\lg\dfrac{3\sqrt{3}}{(1-\rho^2)\text{e}}|_{\rho=0.9}=10.03\ \text{dB}$；

系统对情况(3)信噪比的恶化为：$r_3=-10\lg\dfrac{\text{SNR}}{\text{SNR}_3}=10\lg\dfrac{\pi\text{e}}{6}=1.53\ \text{dB}$。■

2. DPCM 系统的极限性能

下面分析高斯信源通过 DPCM 系统的极限压缩性能。由定理 7.4.2 可知，对于离散时间平稳高斯序列的率失真函数，可表示为 $R(D)=(1/2)\log(\sigma^2/D)$，其中 $D<\delta$，这里 δ 表示 $S_x(f)$ 的下确界，σ^2 表示熵功率。因此可以得到在给定码率下，可达的最佳预测编码的最大信噪比为

$$\text{SNR}_{\text{OPT}}=\sigma_x^2/D=[\sigma_x^2/\sigma^2]2^{2R} \tag{10.4.11}$$

若 DPCM 采用无限长度预测，则根据式(10.3.16)，预测增益为 $G_p^\infty=\sigma_x^2/\sigma^2$，预测误差采用熵约束最佳量化，信噪比为 $G_p=(6/\pi\text{e})2^{2R}$，所以最佳预测 DPCM 加熵约束最佳量化相对于理论上可达的最佳量化，信噪比的恶化值为

$$\delta=10\lg\frac{\text{SNR}_{\text{OPT}}}{\text{SNR}_{\text{DPCM}}}=10\lg\frac{\pi\text{e}}{6}=1.53\ \text{dB} \tag{10.4.12}$$

现将 DPCM 系统的性能总结如下。

(1) DPCM 熵约束最佳量化优于 PCM 熵约束最佳标量量化和高码率 PCM 固定码率最佳标量量化。

(2) DPCM 熵约束最佳量化劣于理论上可达的最佳量化，对于平稳高斯马氏源，在渐近条件下(无限长度预测)，比理论上可达的最佳量化信噪比恶化 1.53 dB；等价的结果是，在相同量化信噪比条件下，所需码率比理论上可达的值多 0.255 bit。

(3) 与直接量化的 PCM 相比，DPCM 可大大降低对信道传输差错的敏感性。在 DPCM 系统中，接收数据流被译码产生量化的差值，这个值被预测误差逆滤波器过滤。只要此滤波器是稳定的，那么一个传输差错就只能引起一个量化差值的错误，而差值方差小于原信号方差，所以这个错误在一个原始样值中造成的误差就会很小。与此相比，在 PCM 系统中，1 bit 的错误也可能使 1 个重建样值产生很大的幅度变化。

10.4.3 自适应脉冲编码调制

上面介绍的 DPCM 适用于平稳信号。如果输入信号是不平稳的，那么量化器就要随着信号幅度的变化自适应地修正量化器参数。ADPCM 就能很好地改善 DPCM 的性能，其核心技术包括：(1)采用自适应量化器，让编码器匹配输入信号的短时统计特性。这里包括量化标度因子和速度控制自适应。量化标度因子自适应随信号幅度的变化改变量化级差的大小，即使用小的量化级差对小的差值进行编码，使用大的量化级差对大的差值进行编码。速度控制就是控制尺度因子自适应速率。这样就使得系统总是保持一个近似恒定或最佳的负载系数。(2)采用自适应预测器，以补偿输入谱密度随时间的变化。预测系数动态地通过自适应滤波 LMS 算法更新，改进了对非平稳信号的性能。ADPCM 编译码器原理如图 10.4.3 所示。典型的 ADPCM 系统为 32 kbit/s ADPCM 语音压缩编码，其语音质量比标准 64 kbit/s PCM 稍

差，但优于 DPCM，已经成为 ITU 语音编码国际标准(G.721 建议)。

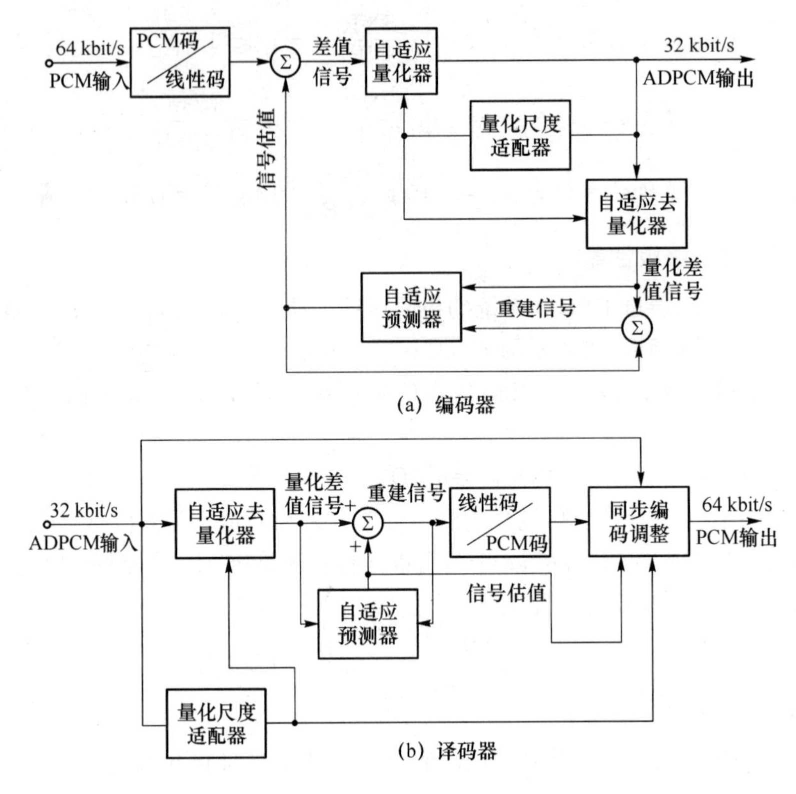

图 10.4.3 ADPCM 编译码器原理图

10.4.4 增量调制

增量调制(也称 Δ 调制或 ΔM)是 DPCM 中的特殊情况，其中量化器输出只有两个电平，(1 bit 量化)，同时还采用 1 阶预测器。为保证所需要的量化信噪比，对调制器输入的模拟信号的采样率要远远高于奈奎斯特采样率，即采用过采样。

1. 增量调制的基本原理

增量调制的基本结构如图 10.4.4 所示。调制器输入模拟信号 $x(t)$ 通过前置反混迭滤波器后进行采样(图中未画出)，得到样值序列 $\{x_n = x(nT)\}$，其中 $T=1/f_s$，为采样周期；设反混迭滤波器截止频率为 W，由于采用过采样，采样率 $f_s \gg W$。当过采样系数很大时，序列 $\{x_n\}$ 的相邻样值之间的相关性很大，所以最佳 1 阶预测系数接近于 1。在译码器输出端 $\hat{x}_n$ 后面可加一级截止频率为 W 的低通滤波器(图中未画出)，以改进译码效果。从图中可以看到重建序列和差序列的关系由下式给出：

$$\hat{x}_n = \alpha\hat{x}_{n-1} + \hat{e}_n \tag{10.4.13}$$

预测器输出与重建序列的关系为

$$\tilde{x}_n = \alpha\hat{x}_{n-1} \tag{10.4.14}$$

量化器输出为差值的量化值

$$\hat{e}_n = \Delta\mathrm{sgn}(x_n - \alpha\hat{x}_{n-1}) \tag{10.4.15}$$

其中，Δ 为量化级差，sgn 为符号函数。由式(10.4.13)和式(10.4.15)，得

$$\hat{x}_n = \alpha\hat{x}_{n-1} + \Delta\text{sgn}(x_n - \alpha\hat{x}_{n-1}) \tag{10.4.16}$$

该式是增量调制器工作原理的基本描述。对于最佳预测器,α 接近于 1。如果 $\alpha=1$,就称为理想积分,设 $\hat{x}_{-\infty}=0$,式(10.4.16)就简化成

$$\hat{x}_n = \Delta\sum_{i=0}^{\infty}\text{sgn}(x_{n-i} - \hat{x}_{n-1-i}) \tag{10.4.17}$$

这样,从量化器的输出到输入之间的反馈路径就是一个累加器。在 ΔM 中,比特率等于采样率。采样率增加使码率增加,但也使信噪比增加。

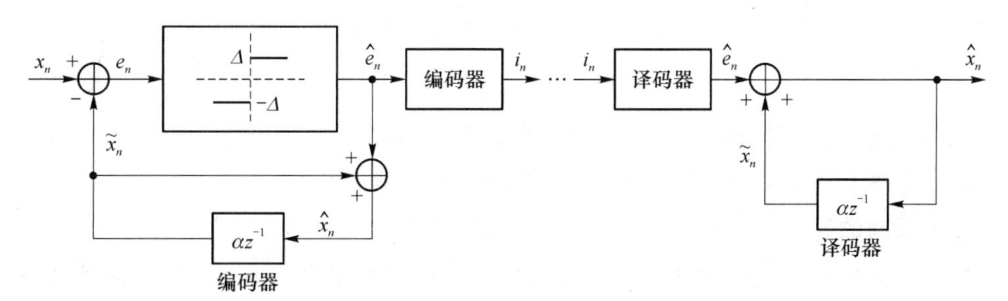

图 10.4.4　增量调制原理图

2. 增量调制的性能

增量调制有两种失真,量化失真和过载失真。当信号在时域的变化比较慢时,量化后的阶梯信号始终能够跟得上信号的变化,此时的失真主要是量化失真。当输入信号的斜率较大,超过可以跟踪的 Δf_s 时,发生过载失真。定义斜率负载系数为

$$\gamma = \Delta/\sigma_e \tag{10.4.18}$$

其中,σ_e^2 为量化器输入 e_n 的方差。合理的负载系数的值大致在 1 附近,太大或太小都会使信噪比降低。

如果假定量化噪声是白噪声,量化误差近似看成在区间 2Δ 均匀分布,所以量化均方误差可以近似由下式计算:

$$E[(e_n - \hat{e}_n)^2] \approx \Delta^2/3 \tag{10.4.19}$$

设 $R_x(\tau)$、$S_x(f)$分别为 x_n 的自相关函数和功率谱密度,T 为采样周期,可作如下近似计算:

$$\begin{aligned}\sigma_e^2 &\overset{a}{=} E[(x_n - x_{n-1})^2] = 2[R_x(0) - R_x(T)] \\ &= 2\int S_x(f)[1-\cos(2\pi fT)]\mathrm{d}f \overset{b}{\approx} 2\int S_x(f)(1/2)(2\pi fT)^2\mathrm{d}f \\ &= (2\pi T)^2\int f^2 S_x(f)\mathrm{d}f \overset{c}{=} (2\pi T)^2\sigma_x^2 f_{\text{rms}}^2 = (2\pi)^2\sigma_x^2 f_{\text{rms}}^2/f_s^2\end{aligned} \tag{10.4.20}$$

其中,a:$\tilde{x}_{n-1}\approx x_{n-1}$,$\alpha\approx 1$;$b$:余弦函数幂级数展开,取两项;$c$:$f_{\text{rms}}^2$为均方带宽,且

$$f_{\text{rms}}^2 = \int f^2 S_x(f)\mathrm{d}f/\sigma_x^2 \tag{10.4.21}$$

设输入信号的谱形状因子 $\eta=f_c/f_{\text{rms}}$(通常 η 的范围在 2～4 之间),过采样因子 $\rho_s=f_s/(2f_c)$,其中 f_c 为系统的截止频率。利用这些关系,式(10.4.20)变为

$$\sigma_e^2 = \frac{(2\pi)^2\sigma_x^2}{4\eta^2\rho_s^2} \tag{10.4.22}$$

当选择斜率负载系数 γ 后,由式(10.4.18),得

$$\Delta^2=\frac{(2\pi)^2\gamma^2\sigma_x^2}{4\eta^2\rho_s^2} \tag{10.4.23}$$

Δ 调制系统信噪比为

$$\text{SNR}=\frac{\sigma_x^2}{E[(x_n-\hat{x}_n)^2]}=\frac{\sigma_x^2}{E[(e_n-\hat{e}_n)^2]}=\frac{\sigma_x^2}{\Delta^2/3}=\frac{3\eta^2\rho_s^2}{\pi^2\gamma^2} \tag{10.4.24}$$

这是未平滑的系统信噪比。译码器加后置低通滤波器可以进一步滤除带通噪声。如果带通噪声近似看成是 $0\sim f_s/2$ 频带内的白噪声，译码信号用截止频率为 $f_c=f_s/(2\rho_s)$ 的滤波器过滤，那么过滤后的噪声功率变成原来的 $1/\rho_s$。因此平滑后的输出信噪比为

$$\text{SNR}_m=\frac{3\eta^2\rho_s^3}{\pi^2\gamma^2} \tag{10.4.25}$$

由上式可见，如果采样率提高一倍，ρ_s 变成原来的 2 倍，那么信噪比增加 $10\lg 2^3=9$ dB，这就是说，对于增量调制系统，随采样率每倍频程的增加信噪比增加 9 dB。

3. 增量调制的改进

为改进增量调制的性能，提出了若干种方法。其中最重要的是自适应增量调制和连续可变斜率增量调制(CVSD)。这些技术主要集中在如何自适应地改变量化级差 Δ，以保持恒定的斜率负载系数。

在自适应增量调制中，通常采用对 Δ 的后向自适应法。当相邻码元极性相同时，说明信号的斜率增加，就使 Δ 加大，反之，使其减小。采用自适应增量调制可以明显减小斜率过载和颗粒噪声。

CVSD 可使 Δ 的大小自动跟随信号的平均斜率，从而减小差错影响。在该系统中，Δ 按音节速度调整。音节是指音量变化的周期，大约 10 ms。Δ 的调整方式如下：当检测到 3～4 个同极性码时，便使 Δ 加上 1 个增量；否则便减小 Δ 直到某一个值。这样，斜率过载时 Δ 加大，否则 Δ 减小。采用 CVSD 系统，当采样率为 40 kHz 时，语音质量优于 PCM；当采样率为 32 kHz 时，语音质量与 7 位对数 PCM 相当。CVSD 的主要优点是抗误码能力强，在误码率为 10^{-3} 时仍可保持较高的话音质量。

10.5 语音线性预测编码

语音压缩中 DPCM 和 ADPCM 技术主要适用于高码率传输的波形编码。如果码率继续降低，语音质量急剧下降。因此需要研究适合低码率且保证语音质量的压缩技术。线性预测编码技术很好地解决了这个问题，其特点是，语音波形和谱的特性可以有效而精确地用少量线性预测参数来表示，从而保证所需语音的质量和低码率，并且这些参数又可以通过相对简单的计算得到，从而保证低的系统复杂度。当前，LPC 已成为语音压缩领域中广泛应用的关键技术。

10.5.1 LPC 语音编码的基本原理

基于线性预测的编码称为线性预测编码(Linear Predictive Coding, LPC)。在经典的 LPC 声码器中，发送端提取话音的线性预测系数、基音周期、清/浊音判决信息以及增益参数，然后进行量化编码；在接收端则利用线性预测语音产生模型来恢复原始话音。由于预测模型

所采用的激励源不同,可分为三类不同的LPC声码器:经典LPC声码器、混合激励LPC声码器和残差激励线性预测(RELP)声码器。

LPC方法的基础是线性预测语音产生模型。在此模型中,语音 s_n 是激励源 e_n 在声门产生激励通过声道后再经过唇辐射而形成的,如图10.5.1的右半部分所示。因为这种模型的工作原理在第2章已经作过介绍,这里不再重复。如果已知语音样值序列 $\{s_n\}$,就可以利用线性预测技术,求解语音的线性预测系数和增益等参数,而这些参数就是一段语音序列 $\{s_n\}$ 对应的模型参数,如图10.5.1左半部分所示。求解这些LPC参数的过程称为线性预测分析。

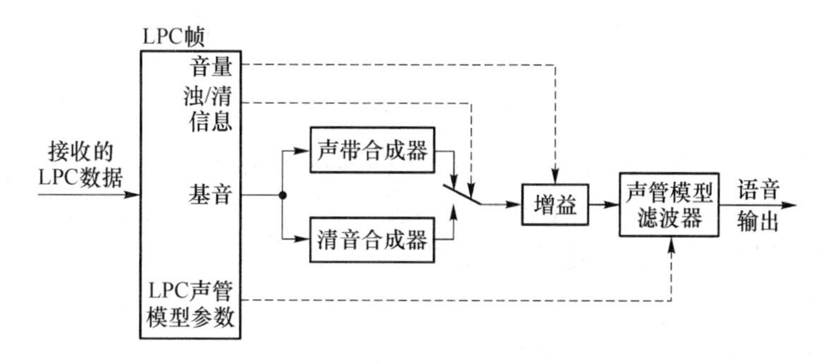

图10.5.1　线性预测语音产生模型与参数

利用线性预测技术对语音进行分析合成的系统称为线性预测声码器。在经典的LPC声码器中,发送端先将数字语音分成小语音段(称为语音帧,时间长度为10～20 ms),在每帧确定清/浊音判定信息、浊音的基音、信号的强度、声管模型参数(LPC系数)等。当基音和清/浊音判定确定后,提取最佳LPC系数使在预测信号和实际信号之间的均方误差最小。计算过程包括求相关矩阵、解线性方程组等,主要算法有自相关法、协方差法、格型算法等,在选取这些算法时,主要考虑精确性、稳定性、收敛性以及复杂度等。

LPC参数在传输之前必须要进行量化和编码。但是不能对预测系数直接量化。这是因为预测系数的微小变化会导致合成滤波器极点位置的变化,从而由于量化误差导致系统不稳定。因此要将预测系数变换成更适合编码和传输的形式。此外由于帧速率较低,在语音合成时,要将帧分成子帧,子帧参数通过相邻帧的参数内插得到,所以要求所传送的参数还要有良好的内插特性。

当前,几种常用的量化参数形式有:(1)将预测系数 a_i 变换成反射系数 K_i;(2)将 K_i 变换成对数面积比LAR(i);(3)将预测系数 a_i 变换成线谱对。

线谱频率(Line Spectrum Frequency, LSF)或者称为线谱对(Line Spectrum Pair,LSP)是在数学上与预测系数和反射系数完全等价的一种表示方法。由于LSF的性质,在量化编码方面,用LSF参数集在频域中描述全极点滤波器时,比用预测系数和反射系数更具有某些优势。LSF具有误差相对独立的性质,即某个频率上的LSF的偏差只对该频率附近的语音频谱产生影响,而对其他LSF频率上的语音频谱的影响不大,这有利于对LSF的量化和插值。

10.5.2　码激励线性预测编码器

近十几年来,参量编码与波形编码相结合的语音混合编码技术得到很大发展,这种技术的特点是:(1)编码器既利用声码器的特点(利用语音产生模型提取语音参数),又利用波形编码的特点(优化激励信号,使其达到与输入语音波形的匹配);(2)利用感知加权最小均方误差准则使编码器成为一个闭环优化系统;(3)在较低码率上获得较高的语音质量。

这种混合编码的主要代表就是码激励线性预测(CELP)编码,它是为提高简单的LPC模型的语音质量而提出的。这个系统的基本特点是:(1)使用矢量量化的码书对激励序列进行编码;(2)采用包含感知加权滤波器和最小均方误差准则的闭环系统实现码矢量和实际语音信号的最佳匹配,将激励矢量的索引号传输到译码器。在CELP中,由于所有的语音段都使用来自模板码书的同一个模板集合,合成的语音感觉比一般的两激励模式的LPC系统更自然,所达到的语音质量足够音频会议应用。

典型的CELP系统中有两种预测:长时预测(Long Term Prediction, LTP)和短时预测(Short Term Prediction, STP),用于解除语音信号中的冗余。STP基于短时的LPC分析,去除由于样值间相关性引起的冗余,因为这种预测依据的样值较少,所以称为“短时”;而LTP是浊音段到浊音段的基音预测,去除由于基音产生的周期性冗余,因为这种预测依据的样值较多,所以称为“长时”。一般地讲,STP捕捉的是短时语音的共振峰结构,而LTP提取的是浊音信号中以基音为周期的长时相关特性。在实际的编码系统中,先进行STP,通过减差得到预测误差,此时还有可能存在基音的残留,再通过LTP去除。

图10.5.2为CELP编码基本原理图。因为码书搜索慢,需要多的比特数。解决方案是利用两个码书:一是LTP码书,二是增益码书。前者就是乘积量化码书中的形状码书,码字是归一化矢量,用自适应方法实现。这个自适应码书中的码字是对应当前帧或子帧的索引号为延迟τ的位移语音残差段。编码的基本思想就是要在码书中寻找与当前子帧波形匹配的码矢量。

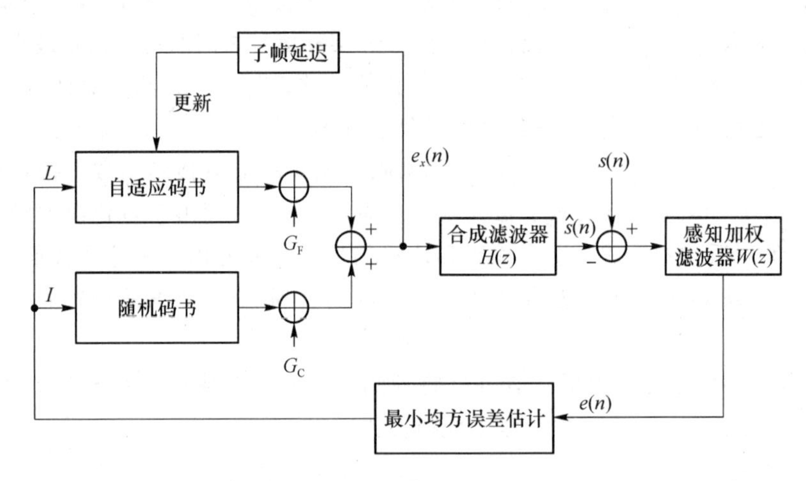

图10.5.2 CELP编码基本原理图

通常CELP编码器使用闭环搜索,寻找码矢量使得平均感知加权均方误差最小:

$$\min_{\tau} e(n) = \sum_{n=0}^{L-1} [s_w(n) - \hat{s}_w(n,\tau)]^2 \tag{10.5.1}$$

经STP和LTP后的残差信号非常像白噪声。译码器是编码器的逆过程,但没有搜索过程,比编码器简单。

CELP算法在4.8 kbit/s可提供相当好的话音质量。当前使用CELP算法的语音编码标准有多种,例如低延迟码激励线性预测(LD-CELP)编码器(16 kbit/s语音编码国际标准(G.728建议))、GSM残余脉冲激励LPC编码器(13 kbit/s)、共轭结构—代数码激励线性预测(CS-ACELP)编码器(8 kbit/s语音编码国际标准(G.729建议))等。

10.6　图像压缩中的预测编码

10.6.1　概述

预测编码可用于图像的无损压缩和有损压缩。在一幅图像中,一个像素通常与其邻近的像素具有接近的值,所以一个像素可以用其邻近像素来预测。与语音不同,对于灰度图像,像素的值就是其强度或灰度,而彩色图像的像素有三个分量,下面若无特别说明,我们就认为所处理的是灰度图像。无损压缩用于压缩像素间的剩余度,而不产生图像的失真。在无损图像编码器中的预测误差不进行量化,直接进行熵编码,而有损图像编码器中的预测误差在进行熵编码前,要进行量化。

在进行像素预测时,使用了上下文建模的概念,其基本思想就是利用信源的统计特性,用当前像素周围的其他像素构成的上下文作为观测像素,预测当前像素的值。如果按光栅扫描顺序,用当前像素上方和左边的像素构成上下文,就称为因果上下文,是不对称的,但比较常用。如果用当前像素周围所有方向上的像素构成上下文,称为对称上下文,它比因果上下文有更好的压缩效果,但实现比较复杂。

在用 DPCM 编码对图像进行压缩时,图像压缩预测编码中包含两种预测函数:线性预测和非线性预测。用作预测的像素和被预测的像素可以在同一行,也可以在不同行。前者称为一维预测,后者称为二维预测。因为图像数据是二维数据,所以不仅利用同一行像素的相关性,还要利用相邻行像素的相关性,才能实现更大的码率压缩。

在一个简单的无损一维线性预测图像压缩系统中,当前像素的预测值可以表示为同一行前面 m 个像素的线性组合,即

$$\hat{f}_n(x,y) = \mathrm{round}\Big[\sum_{i=1}^{m}\alpha_i f(x,y-i)\Big] \tag{10.6.1}$$

其中,round[·]为舍入运算,x、y 分别为像素平面的垂直与水平坐标。

如果把图像看成一个二维马氏源并且具有可分离的自相关函数,即

$$E[f(x,y)f(x-i,y-j)]=\sigma^2\rho_{\mathrm{v}}^{|i|}\rho_{\mathrm{h}}^{|j|} \tag{10.6.2}$$

其中,ρ_{v}、ρ_{h} 分别为图像垂直与水平相关系数,那么一个4阶最小均方线性预测器的形式为

$$\begin{aligned}\hat{f}(x,y) =& \alpha_1 f(x,y-1)+\alpha_2 f(x-1,y-1)\\ &+\alpha_3 f(x-1,y)+\alpha_4 f(x-1,y+1)\end{aligned} \tag{10.6.3}$$

这是一种二维线性预测,当前像素用前一行和当前行前面的若干像素的线性组合来预测,可以得到最佳预测系数为

$$\alpha_1=\rho_{\mathrm{h}},\alpha_2=-\rho_{\mathrm{v}}\rho_{\mathrm{h}},\alpha_3=\rho_{\mathrm{v}},\alpha_4=0 \tag{10.6.4}$$

为保证预测器输出值在所允许的灰度范围内,同时也为了减小传输噪声的影响,要求

$$\sum_{i=1}^{m}\alpha_i \leqslant 1 \tag{10.6.5}$$

线性预测对于像素值平滑的区域效果较好,但对于像素强度变化的区域,例如边缘部分往往效果不好,需要非线性预测函数或线性和非线性预测方式的组合。

10.6.2 JPEG-LS 中的预测编码

JPEG-LS 是一种用于医学图像的低复杂度无损或接近无损的连续色调图像压缩标准，其核心算法称为 LOCO-I(LOw COmplexity LOssless COmpression for Image，图像低复杂度无损压缩)，原理框图如图 10.6.1 所示。图中左边图标表示算法所使用的上下文模型，当前像素 x(黑点表示)用过去的像素 a、b、c、d(阴影区)构成的上下文预测，这是一种因果上下文。可以有几种预测方式。例如，用 a 预测 x 实现一维水平预测，用 b 预测 x 实现一维垂直预测，用 a、b、c、d 预测 x 实现二维预测。很明显，二维预测优于一维预测。

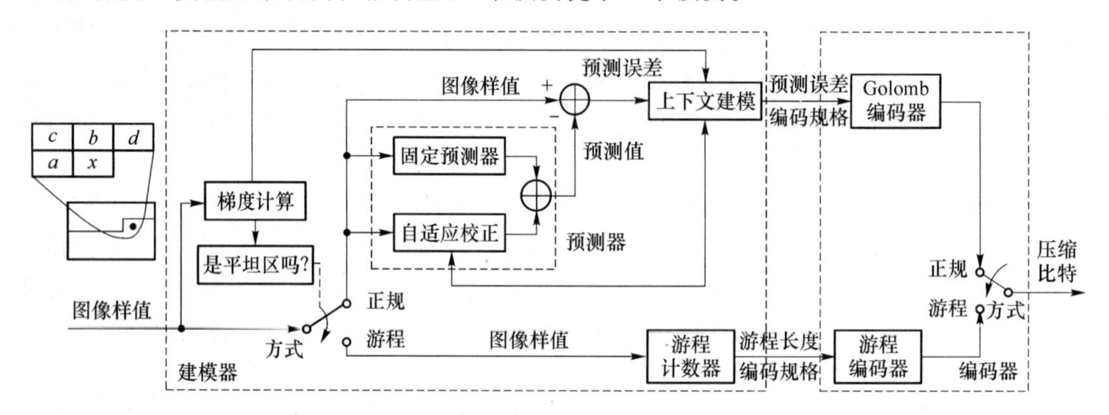

图 10.6.1 JPEG-LS 编码器框图

在无损压缩方式中可选择正规和游程两种模式。如果当前像素的后面的像素很可能是相同的，就选择游程模式，否则就选择正规模式。

LOCO-I 算法有三个主要组成部分：(1)根据当前像素的上下文预测该像素的值；(2)对当前像素上下文进行量化分类；(3)对预测误差进行熵编码。

预测器由一个固定预测器和一个自适应校正模块构成。JPEG-LS 是低复杂度的，所以使用固定预测器，以完成检测垂直和水平边缘的基本测试。预测函数是非线性的，表示如下：

$$\hat{x}=\begin{cases}\min(a,b) & c\geqslant\max(a,b)\\ \max(a,b) & c\leqslant\min(a,b)\\ a+b-c & \text{其他}\end{cases}\tag{10.6.6}$$

这实际上是一个“中值边缘检测器”(MED)，当垂直边缘在当前位置的左边时，输出 b；当水平边缘在当前位置的上方时，输出 a；当前位置的周围相对平滑时，输出 $a+b-c$。自适应校正是一个整数相加项，以校正依赖于上下文预测的平移，可视为对预测误差概率模型进行估计的一部分。

上下文建模的目的就是减小上下文数目，以降低算法复杂度。上下文矢量用三维数组 $\boldsymbol{q}=(q_1\quad q_2\quad q_3)$ 表示，

$$\begin{aligned}q_1&=d-b\\ q_2&=b-c\\ q_3&=c-a\end{aligned}\tag{10.6.7}$$

这些差值表示当前样值周围的梯度或边缘的内容。因为上下文的取值范围太大，必须对这些差值进行量化，量化边界是 $-T,\cdots,1,0,1,\cdots,T$，取 $T=4$，得到量化值的总数为 $9\times9\times9=$

729。采用如下算法将矢量 $\boldsymbol{q}$ 映射到[0,364]:(0,0,0)映射到0,对称的数组(a,b,c)和($-a,-b,-c$)映射到同一整数,得到上下文总数为(729-1)/2+1=365。

在确定上下文之后,对预测误差 ε 进行编码。因为像素之间具有相关性,所以采用基于上下文的熵编码。来自连续色调图像中固定预测器的预测误差的统计特性可以用中心在原点的双边几何分布(TSGD)来描述。而对于基于上下文的预测器,这个分布有一个偏差,所以对每个上下文,需要估计指数衰减和分布的中心。

对于给定预测值 $\hat{x}$,预测误差 ε 可取区间 $-\hat{x}\leqslant\varepsilon\leqslant\alpha-\hat{x}$ 中的任何值,这里 α 为图像符号集的大小。因为译码器也能得到预测值,所以可通过对 ε 模 α 运算,以减小 ε 的动态范围,然后再用自适应 Golomb-Rice 码对其进行编码。因为对于单边几何分布 Golomb-Rice 码是最佳的,所以在编码前要将预测误差从双边几何分布映射到单边几何分布。

JPEG-LS 也可以提供接近无损的图像压缩,如果当前像素后面的像素可能是几乎相同的(在一个容限范围内),就选择游程模式,否则就选择正规模式。在该系统中,重建图像和原始图像的偏差不大于一个量 δ,与无损压缩不同,在编码前预测误差 ε 要用 $2\delta+1$ 长度的间隔进行均匀量化,其量化值由下式给出:

$$Q(\varepsilon)=\operatorname{sign}(\varepsilon)\left\lfloor\frac{|\varepsilon|+\delta}{2\delta+1}\right\rfloor \tag{10.6.8}$$

因为只取小的整数值,可以用查表进行除法运算。在接近无损压缩系统中,预测器由重建像素序列构成预测所需上下文。

JPEG-LS 算法有如下特点:(1)具有低复杂度和高压缩比;(2)允许无损压缩,这对于存储应用是基本要求;(3)可实现可控的有损压缩,允许用户设置最大误差,可在保证所需性能的前提下改进压缩比。

10.7 视频压缩中的预测编码

10.7.1 概述

我们知道,视频是由时间上以帧周期为间隔的连续图像帧组成的图像序列,它在时间上比在空间上具有更大的相关性。利用这种相关性以及人视觉的时间连续性特点进行帧间预测编码,可得到比只用帧内编码高得多的压缩比。当前,帧间预测编码技术广泛用于普通电视、会议电视、视频电话、高清晰度电视的压缩编码。

典型的视频有两种类型的帧,分别称为内帧(I-帧)和间帧(P-帧)。I-帧作为独立帧处理,进行帧内独立编码;P-帧是不独立的,进行帧间预测编码。与语音时域压缩编码类似,为消除图像序列在时间上的相关性,不直接传送当前帧像素 x 的值,而是传送 x 和其前一帧或后一帧的对应像素 x' 之间的差值,这就是帧间预测。所以,I-帧的编码只解除图像的空间剩余度,而 P-帧是为了解除图像序列在时间上的相关性。视频序列传输时两个相邻 I-帧间插入若干个 P-帧。

当图像中存在着运动物体时,简单的预测不能收到好的效果。但如果已经知道了物体运动的方向和速度,就可以从该物体在第 $k-1$ 帧的位置推算出它在第 k 帧中的位置,而背景图像仍以前一帧的背景代替。将这种考虑了物体位移的第 $k-1$ 帧图像作为第 k 帧的预测值,就比简单的预测准确得多。这种预测方法称为具有运动补偿的帧间预测。在帧间预测中引入运动补偿的目的是为了减小预测误差,从而提高编码效率。对于基于运动补偿的视频压缩,在第一帧后只有运动矢量和误差宏块(比像素大但比运动目标小)需要编码。

具有运动补偿的帧间预测编码是视频压缩的关键技术之一,它包括以下几个技术环节。

(1) 运动补偿。将图像分解成相对静止的背景和若干运动的物体,各个物体可能有不同的位移,但构成每个物体的所有像素的位移相同,通过运动估值得到每个物体的位移矢量。

(2) 基于运动补偿的预测。利用位移矢量计算经运动补偿后的预测值。

(3) 计算预测误差,对其进行量化、编码、传输,同时将位移矢量和图像分解方式等信息送到接收端。

10.7.2 运动补偿技术

如前所述,运动补偿就是通过运动估计得到物体的位移矢量,而对图像静止区和不同运动区进行实时完善分解和位移矢量计算是较为复杂和困难的。运动估计最常用的方法就是块匹配法。它将图像划分成大小为 $N\times N$ 的宏块,并认为宏块内所有像素的位移量是相同的,这意味着将每个宏块视为一个“运动物体”。当前图像帧称为目标帧。寻找目标帧中的宏块和以前帧或将来帧(称为参考帧)最相似宏块的匹配。运动补偿就是依据参考宏块来预测目标宏块。参考宏块对目标宏块的位移称为运动矢量。如果参考宏块取自前面的帧,就称为前向预测;如果参考宏块取自将来的帧,就称为后向预测。两对应宏块的差就是预测误差。对于某一时间 t,目标图像帧中的某一宏块如果在另一时间 $t-t_1$ 的参考帧中可以找到若干与其十分相似的宏块,则称其中最为相似的宏块为匹配块,并认为该匹配块是时间 $t-t_1$ 的参考帧中相应宏块位移的结果。位移矢量由两帧中相应宏块的坐标决定。在块匹配方法中需要解决两个问题:一是确定判别两个子块匹配的准则;二是寻找计算量最少的匹配搜索算法。设运动矢量为 $\mathrm{MV}(u,v)$,因为确定运动矢量是一件需要很大计算量的工作,因此只能在一个小范围内搜索。

在确定运动矢量时,将水平位移 i 和垂直位移 j 限制在 $[-p,p]$ 范围内,其中 p 为小的正数。这样搜索窗的大小为 $[(2p+1)\times(2p+1)]$。如果将搜索窗左上角的坐标作为原点,并设 $C(x+k,y+l)$ 是目标帧宏块的像素,$R(x+i+k,y+j+l)$ 是参考帧宏块的像素,那么用平均绝对误差量度的两宏块之间的差值定义为

$$\mathrm{MAD}(i,j)=\frac{1}{N^2}\sum_{k=0}^{N-1}\sum_{l=0}^{N-1}|C(x+k,y+l)-R(x+i+k,y+j+l)| \tag{10.7.1}$$

其中,N 为宏块的大小。搜索的目的就是寻找使得 $\mathrm{MAD}(i,j)$ 最小的运动矢量 $\mathrm{MV}(u,v)$,即

$$(u,v)=\{(i,j)|\mathrm{MAD}(i,j)\text{最小},i\in[-p,p],j\in[-p,p]\} \tag{10.7.2}$$

有几种常用的搜索方法:(1)顺序搜索法。就是在参考帧的整个搜索窗的范围内搜索,也称全搜索,是一种最简单的搜索方法,但计算量很大。(2)二维对数搜索法,是一种准最佳的方法,通常还是很有效的。(3)分级搜索法。

H.261 基于运动补偿的 P 帧编码原理如图 10.7.1 所示。该系统中,原始图像的 Y 帧宏块的大小为 16×16,Cb 和 Cr 帧块的大小为 8×8,因为使用 4∶2∶0 的色彩下采样,因此一个宏块由 4 个 Y 块、一个 Cb 块和一个 Cr 块组成,都是 8×8 的块。对目标帧中的每一个宏块都通过搜索寻找最佳匹配,从而得到一个运动矢量。对预测后得到的差宏块中的每一个 8×8 的块和运动矢量都进行 DCT、量化、Zigzag 扫描和熵编码。如果预测误差超出某个数值范围,宏块就像帧内宏块一样独立编码,此时称非运动补偿宏块。

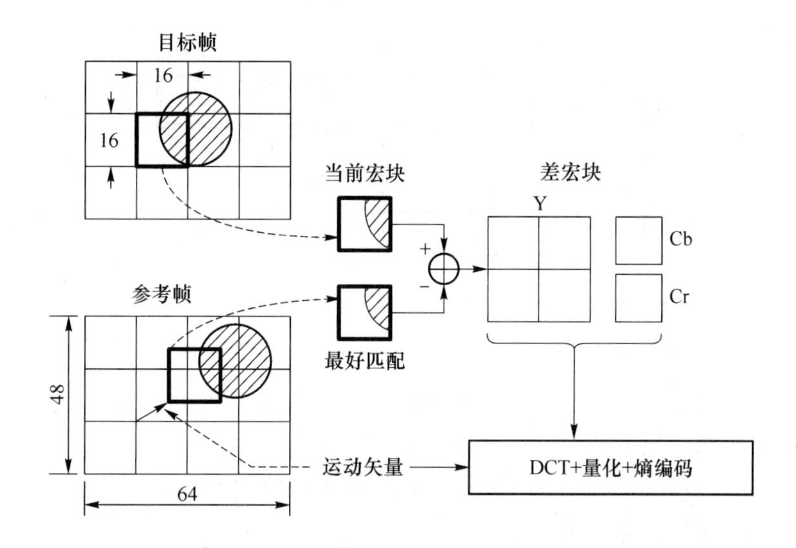

图10.7.1 基于运动补偿的P帧编码原理

H.263是一个改进的视频会议和其他通过PSDN传输的视听业务的视频编码标准。其运动补偿过程类似于H.261,但运动矢量MV(u,v)不是简单地从当前宏块导出。其水平和垂直分量还要分别根据"前面""上面"和"右上"宏块运动矢量MV1、MV2、MV3的中值来预测。对于运动矢量MV(u,v),预测分量分别为

$$\begin{aligned}\hat{u} &= \text{median}(u_1, u_2, u_3)\\ \hat{v} &= \text{median}(v_1, v_2, v_3)\end{aligned} \tag{10.7.3}$$

注意,运动补偿系统不是对运动矢量编码,而是对预测误差矢量(δu,δv)进行编码,其中$\delta u=u-\hat{u}$,$\delta v=v-\hat{v}$。

为改进运动补偿的质量,H.263支持半像素的精度。半像素位置所需的像素的值由简单的双线性内差产生。设A、B、C、D为4个相邻(构成一个正方形)的全像素位置的值,a、b、c、d为A、B、C之间半像素位置的值,其中$A=a$,那么通过双线性内差可得$b=(A+B+1)/2$,$c=(A+C+1)/2$,$d=(A+B+C+D+2)/2$。

由于场景中的运动是不可预料的,有时仅用前向预测是不够的。MPEG引入伴随双向运动补偿的B-帧。这样,除了进行前向预测外,还要进行反向预测,即根据将来的I-帧或P-帧得到匹配宏块。所以来自B-帧的宏块将确定两个运动矢量,一个来自前向预测,而另一个来自后向预测。如果两个方向的匹配都成功,那么将两个匹配宏块平均,再和目标宏块比较,得到预测误差。如果只有一个方向的匹配可以接受,那么只用这一个运动矢量。

10.7.3 帧内预测编码

因为I-帧进行帧内独立编码,消耗视频编码中大部分的比特数,因此需要较细致的预测编码算法,以达到有效的码率压缩。现以H.264标准为例进行简单说明。

H.264的帧内预测编码分成两种情况。第一种是将一个大小为16×16宏块的亮度分量分裂成多个4×4小块的预测。对其中4×4像素块预测原理如图10.7.2所示。图中,一个4×4的像素块中从a到p的16个像素用其左边和上边的像素来预测,有9种预测模式,编号

从 0 到 8,其中:

M	A	B	C	D	E	F	G	H
I	a	b	c	d				
J	e	f	g	h				
K	i	j	k	l				
L	m	n	o	p				

图 10.7.2　H.264 一种帧内预测编码原理图

模式 0(向下预测):用 A 预测 a,e,i,m;…,用 D 预测 d,h,l,p;

模式 1(向左预测):用 I 预测 a,b,c,d;…,用 L 预测 m,n,o,p;

模式 2(直流预测):用 A、B、C、D 和 I、J、K、L 的平均值预测块内所有 16 个像素;如果 E、F、G、H 不可用,就用 D 重复 4 次。

其他模式由于描述较烦琐,此处略。

第二种是保持原来单宏块大小的预测。这里规定了四种预测模式,其中模式 0、1、2 与第一种情况同,而模式 3 规定了该宏块的左边和上边像素的一个特殊线性函数。

10.7.4　帧间预测编码

如前所述,I-帧进行帧内独立编码,而 P-帧图进行帧间预测编码。图 10.7.3 为具有运动补偿的帧间预测编译码器框图,其中(a)为编码器,(b)为译码器。在编码器中,对于目标帧中每一个 8×8 的宏块,通过搜索确定一个运动矢量。根据 DPCM 工作原理,在运动估计中使用的参考帧是译码帧而不是输入帧。预测之后,通过减差得到误差矢量,称为位移帧差(Displaced Frame Difference, DFD),然后进行变换和量化,最后进行熵编码。同时运动矢量也要编码并输出。如果没有发现好的匹配宏块,就对宏块本身进行编码传输。在译码器中,首先由熵译码器译码,然后进行逆变换,如果是 P-帧还要送到运动补偿预测器,以重建该帧的视频信号。

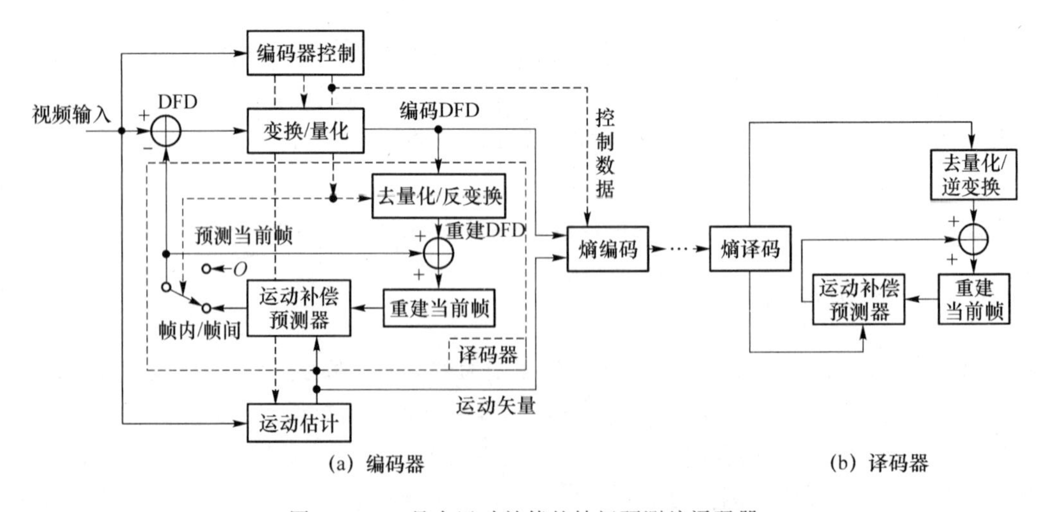

图 10.7.3　具有运动补偿的帧间预测编译码器

本章小结

1. 最小均方误差预测

设 $\boldsymbol{x}$ 为被预测矢量，$\boldsymbol{y}$ 为观测矢量，$\boldsymbol{e}$ 为预测误差（以下同）

- 预测函数：$\hat{\boldsymbol{x}} = E_{\boldsymbol{x}|\boldsymbol{y}}(\boldsymbol{x} \mid \boldsymbol{y}) = \int \boldsymbol{x} p(\boldsymbol{x} \mid \boldsymbol{y}) \mathrm{d}\boldsymbol{x}$
- 最小均方误差：$D_{\min} = E(\| \boldsymbol{x} \|^2) - E(\| \hat{\boldsymbol{x}} \|^2)$
- 正交原理：$E[\boldsymbol{e}\hat{\boldsymbol{x}}^{\mathrm{T}}] = \mathbf{0}$

2. 最佳线性预测

- 预测函数：$\hat{\boldsymbol{x}} = \Sigma_{xy} \Sigma_{yy}^{-1} (\boldsymbol{y} - \bar{\boldsymbol{y}}) + \bar{\boldsymbol{x}}$
- 最小均方误差：$D_{\min} = E(\| \boldsymbol{x} \|^2) - \mathrm{tr}(\Sigma_{xy} \Sigma_{yy}^{-1} \Sigma_{yx})$
- 正交原理：$E[\boldsymbol{e}\boldsymbol{y}^{\mathrm{T}}] = \mathbf{0}$

3. 有限记忆序列最佳线性预测

- p 阶最佳线性预测：$\hat{x}_n = -\sum_{i=1}^{p} a_i x_{n-i}$
- 线性预测系数满足：$\boldsymbol{R}_p \boldsymbol{a} = -\boldsymbol{r}$
- 最小均方误差：$D_{\min} = \rho(0) + \sum_{i=1}^{p} a_i \rho(i)$

4. 差分脉冲编码调制（DPCM）

- 预测量化基本定理：系统总输入到输出均方误差等于差值量化均方误差
- 系统总信噪比为闭环预测增益和量化器编码增益的乘积

$$\mathrm{SNR} = G_{\mathrm{p}} G_{\mathrm{q}}$$

- 优于 PCM 熵约束最佳标量量化和高码率 PCM 固定码率最佳标量量化
- 劣于理论上可达的最佳量化，对于平稳马氏源信噪比恶化为 1.53 dB
- 与 PCM 相比，可大大降低对信道传输差错的敏感性

5. 自适应差分脉码调制（ADPCM）

6. 增量调制（ΔM）

7. 语音线性预测编码

- 线性预测编码（LPC）
- 码激励线性预测编码（CELP）

8. 图像压缩中的预测编码

9. 视频压缩中的预测编码

思考题

10.1 预测编码的基本思想是什么？

10.2 在均方误差准则下的最佳预测函数和最小均方预测误差为何值？

10.3　在何种条件下最佳预测等价于线性预测？

10.4　在差值预测编码系统中采取什么措施避免了量化误差积累？

10.5　对于高斯信源，最佳 DPCM 系统和理论上可达最佳量化信噪比的差是多少？

10.6　增量调制系统的输出信噪比与哪些参数有关？

10.7　简述 CELP 语音编码器基本原理和使用的预测技术。

10.8　简述 JPEG-LS 系统中的预测编码算法。

10.9　简述视频压缩编码系统所使用的预测编码技术。

习　题

10.1　二维矢量(x,y)在一个三角形内均匀分布，此三角形的三个顶点是$(0,1)$、$(-1,0)$和$(1,0)$；

(1) 用 y 对 x 进行预测，求最佳预测函数；

(2) 用 x 对 y 进行预测，求最佳预测函数。

10.2　设两随机矢量 $\boldsymbol{x}$、$\boldsymbol{y}$ 的联合分布密度为

$$p(\boldsymbol{x},\boldsymbol{y})=\begin{cases} x^3\mathrm{e}^{-x(1+y)}/2 & x,y>0 \\ 0 & \text{其他} \end{cases}$$

(1) 根据 $\boldsymbol{x}$ 对 $\boldsymbol{y}$ 进行最佳预测，求预测函数和最小均方误差；

(2) 根据 $\boldsymbol{x}$ 对 $\boldsymbol{y}$ 进行最佳线性预测，求预测函数和最小均方误差。

10.3　三维高斯随机矢量 $\boldsymbol{x}=(x_1\quad x_2\quad x_3)^{\mathrm{T}}$，其均值矢量为 $\bar{\boldsymbol{x}}=(100\quad 150\quad 400)^{\mathrm{T}}$，自协方差矩阵为

$$\begin{pmatrix} 16 & 16 & 48 \\ 16 & 25 & 57 \\ 48 & 57 & 169 \end{pmatrix}$$

(1) 求基于 x_1 对 x_3 的最佳预测函数和最小均方预测误差；

(2) 求基于 x_1、x_2 对 x_3 的最佳预测函数和最小均方预测误差。

10.4　平稳随机序列$\{x_n\}$具有如下相关值：$R(0)=1$，$R(1)=0.8$，$R(2)=0.6$，$R(3)=0.4$，$R(3)=0.2$；

(1) 计算 2 阶最佳线性预测系数和最小均方预测误差；

(2) 计算 3 阶最佳线性预测系数和最小均方预测误差；

(3) 计算 4 阶最佳线性预测系数和最小均方预测误差和预测增益；

(4) 对以上 3 种预测误差进行比较，哪种情况误差较小？说明什么问题？

10.5　设量化器输入信号均值为零，标准差为 σ，量化器的负载系数 γ 定义为：$\gamma=V/\sigma$，其中 V 为不出现过载误差的量化峰值幅度。有一均匀量化器，量化级差为 Δ，量化电平数 N，忽略过载噪声。

(1) 写出量化编码器码率 R 的表达式；

(2) 推导均匀量化均方误差的表达式(表示为 σ、γ 和 R 的函数)；

(3) 现对一个均值为零的平稳随机过程$\{x_n\}$进行 DPCM 编码，$\{x_n\}$相关函数的值为：$r(0)=4$，$r(1)=2$，$r(2)=1$，$r(k)=0$(对于 $k>2$)；采用一阶最佳预测器，预测误差近似为均匀

分布，负载系数 $\gamma=4$，量化电平数为128，忽略过载噪声；①求闭环预测增益的近似值；②求量化信噪比(dB)。

10.6　一个信源的输出序列$\{x_n\}$是满足下式的AR过程：$x_n=0.9x_{n-1}+\varepsilon_n$，其中，$\varepsilon_n$ 是一个高斯随机数产生器的输出。

(1) 用具有1步预测器的DPCM系统对信源序列进行编码，预测系数为0.9，3电平高斯量化器，计算预测误差的方差，并与编码器输入方差比较，该方差与 ε_n 序列的方差比较，结果如何？

(2) 预测系数分别用0.5，0.6，0.7，0.8，1.0，结果如何？

10.7　设序列$\{x_n\}$为满足下面差分方程的高斯马尔科夫过程：$x_n=-(3/4)x_{n-1}-(1/8)x_{n-2}+\varepsilon_n$，其中，$\varepsilon_n$ 为零均值、方差为1的高斯白噪声。

(1) 求基于 x_{n-1} 对 x_n 的最佳预测函数、最小均方预测误差和预测增益；

(2) 求基于 x_{n-1}，x_{n-2} 对 x_n 的最佳预测函数、最小均方预测误差和预测增益；

(3) 求基于过去无限个样值 x_{n-1}，…对 x_n 的最佳预测函数、最小均方预测误差和预测增益；

(4) 如果$\{x_n\}$通过DPCM系统进行压缩编码，该系统使用最佳预测器后接熵约束编码器，求系统输出信噪比相对于理论上可达信噪比的恶化值。假设闭环预测增益可以用开环预测增益来近似。

10.8　现对二维图像序列$\{x_{i,j}\}$进行DPCM编码，用如下形式的两抽头预测器：

$$\hat{x}_{i,j}=ax_{i,j-1}+bx_{i-1,j}$$

和4电平量化器，后接Huffman编码器。求使均方误差最小的预测系数 a、b 和最小均方预测误差。

10.9　一个零均值、单位方差、4 kHz带宽的输入信号以32 kbit/s的速率用增量调制编码，量化级差 $\Delta=0.01$，估计系统可达到的信噪比SNR。如使SNR增加5.3 dB，采样率需多大？

10.10　一个二维图像马氏源具有可分离的自相关函数，满足式(10.6.2)，设4阶最小均方线性预测器的形式由式(10.6.3)确定，证明最佳预测系数满足式(10.6.4)，并计算最小均方预测误差。

10.11　一个三阶预测器用于DPCM编码，此预测器对于DPCM编码器的输入是最佳的，开环预测增益为75/16；量化器的设计使得预测误差近似为均匀分布，输出电平数为64；为使过载噪声被忽略，选择负载因子为3。

(1) 求DPCM系统总信噪比SNR；

(2) 求每样值比特率；

(3) 若预测器用最佳6阶预测器代替，预测增益可增加2 dB；如果系统同时使用此最佳6阶预测器和256电平量化器，那么SNR改善了多少分贝？

第 11 章　变 换 编 码

变换编码是指先对信号进行某种函数变换，从一种信号(空间)变换到另一种信号(空间)，然后再对信号进行编码。变换本身并不进行数据压缩，它只把信号映射到另一个域，使变换后信号的特征更明显，各分量之间相关性减弱甚至独立，使得更容易进行比特分配和编码，从而实现效果更好的压缩。

随着信息技术的发展和社会需求的增长，变换编码理论与技术也得到很大的发展。由于篇幅所限，本章仅介绍有关的基本理论与技术，先介绍变换的一般概念和变换编码基本原理，然后介绍正交函数集和离散正交变换，最后介绍变换编码的应用。

11.1　概　　述

11.1.1　变换的一般概念

变换实际上就是一种运算，它把一个函数从一个域变换到另一个域，以达到简化运算和便于提取信息特征的目的。一个域是时间域，而另一个域是变换域(如果是傅里叶变换、变换域就是频域)。依赖信源形式的不同，大致有三种变换的类型：连续时间函数的变换、有限时间或周期函数的变换和离散时间有限序列的变换。

连续时间函数的变换就是积分变换。设连续时间函数 $x(t)$ 的变换为 $X(\xi)$，那么

$$X(\xi) = \int_{-\infty}^{\infty} x(t)\phi(\xi,t)\mathrm{d}t \tag{11.1.1}$$

其中 $\phi(\xi,t)$ 是积分变换的核，式(11.1.1)称为积分变换的正变换。而逆变换或反演为

$$x(t) = \int_{-\infty}^{\infty} X(\xi)\Psi(\xi,t)\mathrm{d}\xi \tag{11.1.2}$$

其中 $\Psi(\xi,t)$ 称为 $\phi(\xi,t)$ 的反演核。

例如，傅里叶变换的核为 $(1/\sqrt{2\pi})\mathrm{e}^{-\mathrm{j}\xi t}$，而反演核为 $(1/\sqrt{2\pi})\mathrm{e}^{\mathrm{j}\xi t}$。

根据信号分析理论可知，若信号在时域是周期的，则在变换域就是离散的；若信号在时域是离散的，则在变换域就是周期的，同时相应变换或逆变换中的积分变成求和。

设连续时间函数 $x(t)$ 的持续时间为 $(0,T)$，可看成周期为 T 的信号，此时相当于对积分变换的核 $\phi(\xi,t)$ 中的 ξ 离散化，即 ξ 的取值为 $1/T$ 的整数倍。设 $\phi(i,t) = \phi(\xi,t)|_{\xi=i/T}$。由式(11.1.1)得到正变换为

$$X_i = X(\xi)\,|_{\xi=i/T} = \int_0^T x(t)\phi(i,t)\mathrm{d}t \tag{11.1.3}$$

逆变换由积分变成求和

$$x(t) = \sum_{i=-\infty}^{\infty} X_i \Psi(i,t) \tag{11.1.4}$$

其中 $\Psi(i,t)=\Psi(\xi,t)|_{\xi=i/T}$。将式(11.1.4)代入式(11.1.3)，必须有

$$\int_0^T \psi(i,t)\Psi(m,t)\mathrm{d}t = \delta(m-i) \tag{11.1.5}$$

如果$\{\psi(i,t), i\in Z\}$是归一正交函数集，那么 $\Psi(i,t)=\psi^*(i,t)$。

所以，有限持续时间(或周期函数)的变换的逆变换就是正交函数展开式，展开式的系数是正变换，它对应连续变换在 ξ 域的离散采样。变换的核为正交函数集，反演核为变换核的复共轭。

对于离散时间有限序列的变换，在 $\varphi(\xi,t)$中不仅 ξ 离散化，即 ξ 只在 $1/T$ 的整数倍取值，而且 t 也离散化，t 只在 $1/F=\Delta t$ 的整数倍取值，其中 F 为采样率(对于低频信号，F 为最高频率的 2 倍)。令 $N=T/\Delta t=TF$，那么 $x(t)$只有 N 个采样值，X_i 也只有 N 个样值，分别按 $0,1,\cdots,N-1$ 排序。设 $\psi(i,k)=\psi(\xi,t)|_{\xi=i/T,t=k\Delta t}$，则式(11.1.3)也由积分变成求和，

$$X_i = \sum_{k=0}^{N-1} x(k)\psi(i,k), i=0,1,\cdots,N-1 \tag{11.1.6}$$

逆变换

$$x(k) = \sum_{i=0}^{N-1} X_i \psi^*(i,k), k=0,1,\cdots,N-1 \tag{11.1.7}$$

式(11.1.6)实际上是一个线性方程组。正变换写成矩阵形式为

$$\boldsymbol{X}=\boldsymbol{\Psi x} \tag{11.1.8}$$

其中，矢量 $\boldsymbol{x}=(x(0),x(1),\cdots,x(N-1))$为变换的输入，矢量 $\boldsymbol{X}=(X_0,X_1,\cdots,X_{N-1})$为变换的输出，也称变换的系数；$\boldsymbol{\Psi}$ 为变换矩阵，由如下形式：

$$\boldsymbol{\Psi}=\begin{pmatrix} \psi(0,0) & \psi(0,1) & \cdots & \psi(0,N-1) \\ \psi(1,0) & \psi(1,1) & \cdots & \psi(1,N-1) \\ \vdots & \vdots & & \vdots \\ \psi(N-1,0) & \psi(N-1,1) & \cdots & \psi(N-1,N-1) \end{pmatrix}$$

根据式(11.1.5)，也可得到 $\boldsymbol{\Psi}$ 的行矢量的正交关系：

$$\sum_{n=0}^{N-1} \psi(i,k)\psi(j,k) = \delta(j-i) \tag{11.1.9}$$

式(11.1.8)所定义的离散变换称离散正交变换，$\psi(i,k)$称为基函数，变换矩阵的每行也称基矢量。

连续时间函数的变换式(11.1.1)和式(11.1.2)主要是具有理论意义，而后面两种变换(即周期函数和离散有限序列)更具有实际意义。实际上，变换编码的过程就是在连续信源的输出中截取时间长度为 T 的一段，进行积分运算，得到一系列系数，从中取有限个，并进行量化，达到编码的目的。但是，积分运算通常是不方便的，而且随着数字处理技术的发展，变换编码往往不是对原始的连续时间波形进行变换，而是将时间长度为 T 的一段连续波形离散化(通常是在时间域采样得到)得到一个 N 维矢量，再进行离散正交变换，因此我们主要研究离散变换。不过，大部分常用的离散正交变换都是从对应的连续正交函数通过离散化得到的。所以为了加深对离散正交变换的理解，我们还要介绍连续正交函数系和连续时间函数的正交展开。

11.1.2 变换编码的基本原理

变换编码的模型如图 11.1.1 所示，在一般情况下，变换方程式用 $\boldsymbol{y}=\boldsymbol{A}\boldsymbol{x}$ 表示，其中，$\boldsymbol{x}$ 为变换的输入，$\boldsymbol{y}$ 为变换的输出，$\boldsymbol{A}$ 为变换矩阵。在编码器中，时间离散的信源序列被分割成若干长度为 N 的矢量 $\boldsymbol{x}$，再进行变换 $\boldsymbol{y}=\boldsymbol{A}\boldsymbol{x}$，量化 $\boldsymbol{q}=Q(\boldsymbol{y})$ 和熵编码 $\boldsymbol{c}=C(\boldsymbol{q})$。译码器与编码器工作顺序相反，对输入码序列依次进行熵译码 $\hat{\boldsymbol{q}}=C^{-1}(\boldsymbol{c})$，去量化 $\hat{\boldsymbol{y}}=Q^{-1}(\hat{\boldsymbol{q}})$ 和反变换 $\hat{\boldsymbol{x}}=\boldsymbol{A}^{-1}\hat{\boldsymbol{y}}$。

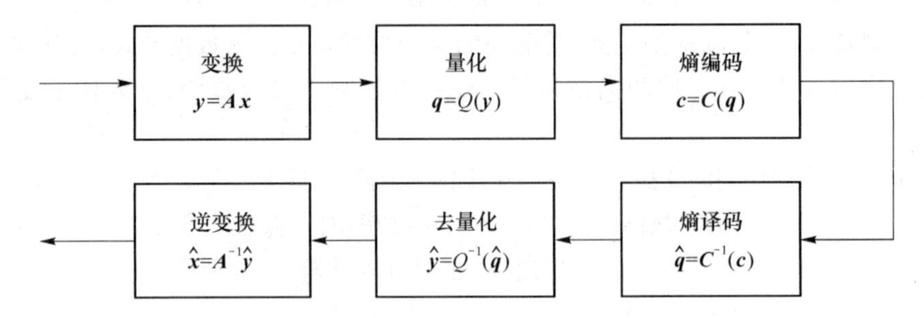

图 11.1.1 变换编码模型

变换 $\boldsymbol{A}$ 是可逆的，通常是正交的，正交矩阵用 $\boldsymbol{T}$ 表示，本章重点介绍正交变换，它有很多重要的性质。量化器 Q 对变换系数 y_i 分别进行标量量化，以降低处理复杂度，量化器 Q 是不可逆的，会产生失真。要选择合适的量化器使得在满足一定约束下平均失真最小。熵编码器 C 是无损的，通常采用 Huffman 编码器或算术编码器。变换、量化和熵编码这三个模块是独立工作的，而且熵编码可以分解成 N 个并联的熵编码器，使得对每个标量变换系数量化和熵编码都独立操作，如图 11.1.2 所示。

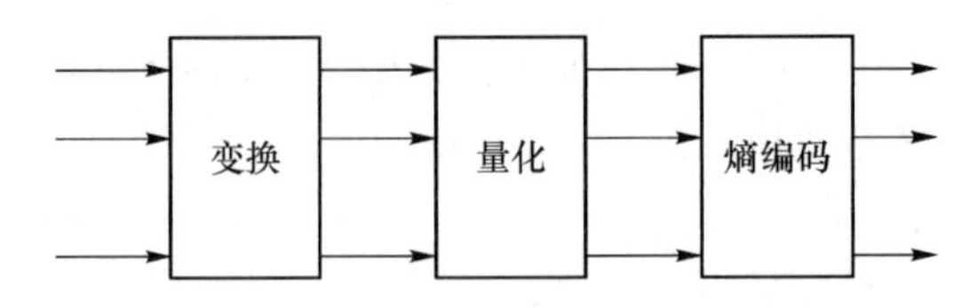

图 11.1.2 变换编码的并行操作原理图

变换编码有如下优点。

(1) 一个好的变换具有去相关性，即使变换后的系数不相关甚至是独立的，这样就可以对变换系数分别进行标量量化和独立的压缩编码，从而降低编码复杂度。

(2) 一个好的变换还具有好的能量集中特性，即变换后将大部分能量集中在较少的系数上。这样就可以去掉能量很小的分量而仅对能量大的分量按不同的精度编码，从而进一步压缩码率。

(3) 将数据变换到变换域可易于利用心理视觉或心理声学的原理大幅度压缩码率。

(4) 变换往往存在快速算法，可使编译码复杂度大大降低。

应该注意：变换的目的就是使信号经变换能更有效地编码，但其本身并不产生压缩，仅当变换后才开始编码，即对变换系数进行量化然后进行熵编码。编码器的主要问题是选择性能好的变换方式和量化器以及对变换系数编码的熵编码器。当前主要使用的是离散正交变换，主要算法有：①K-L 变换：是最佳的变换，使变换后的系数不相关，但是需要关于信源统计特性的知识，而且需要复杂的计算；②准最佳的变换：变换后的协方差矩阵接近对角矩阵，例如，离散傅里叶变换(DFT)、离散余弦变换(DCT)、离散沃尔什哈达玛变换(WHT)等，具有好的能量紧凑性，并存在快速算法；③小波变换：具有很好的能量集中性和可变的时间标度。

变换编码是信源编码的重要内容，涉及的领域宽，特别是用到很多数字信号处理方面的知识。变换编码首先成功地应用于图像压缩，然后用于语音和音频的压缩。在语音编码中，大多使用 DCT，16 kbit/s 基于变换的编码器容易达到高质量的语音，而且用感知编码和分析加综合的方法，降到 4.8 kbit/s 仍能产生好的话音质量。在图像编码中，DCT 也是最广泛使用的，特别是对于二维信号，DCT 算法应用于很多编码标准中，如电视电话/会议视频编码标准（H. 261、H. 263）、静止图像编码标准（JPEG）、活动图像编码标准（MPEG1、MPEG2 和 MPEG4）等。现在小波变换开始用于语音编码，而且在速率、质量和复杂度上都可与预测编码竞争，正变成很多信源编码包括静止图像和视频编码标准的选择。在演进的标准，例如 JPEG-2000 和 MPEG4 中，小波变换已经取代或补充到 DCT 中。

11.2　连续正交函数集

11.2.1　连续时间波形的正交展开

为实现连续时间函数信号的编码首先要进行离散化。正交展开不但是时间有限或周期信号变换的方式，也是连续时间信号离散化的方式。因为通过正交展开后，可以通过展开式的系数精确恢复原始信源的信息。实现正交展开重要的是正交函数集的选择。

实现正交展开的条件是，时间函数 $x(t)$ 在时间间隔 $(0,T)$ 或 $(-T/2\ ,\ T/2)$ 内，满足：

$$\int |x(t)|^2 \mathrm{d}t < \infty \tag{11.2.1}$$

称 $x(t)$ 为平方可积函数，简称 L2 函数。式中的积分区间表示 $(0,T)$ 或 $(T/2,-T/2)$ 区间。在此区间内存在着一组正交归一化函数集 $\{\varphi_i(t)\}$，即

$$<\varphi_i(t),\varphi_j(t)> = \int \varphi_i(t)\varphi_j^*(t)\mathrm{d}t = \begin{cases}1 & i=j\\ 0 & i\neq j\end{cases} \tag{11.2.2}$$

这里，$<\cdot,\cdot>$ 表示内积。把 $x(t)$ 表示成 $\varphi_i(t)$ 的线性组合，称作 $x(t)$ 的正交展开，即

$$x(t) = \sum_i x_i \varphi_i(t) \tag{11.2.3}$$

其中，

$$x_i = <x(t),\varphi_i(t)> = \int x(t)\varphi_i^*(t)\mathrm{d}t \tag{11.2.4}$$

如果

$$\lim_{n\to\infty} D_n = \lim_{n\to\infty}\sum_{i=n}^{\infty} |x_i|^2 = 0 \tag{11.2.5}$$

则称正交函数集 $\{\varphi_i(t)\}$ 为完备的，否则就是不完备的。

研究展开式系数 $\{x_i\}$ 的相关性是很重要的，这关系到量化与编码的效果。而我们希望变换后解除展开式系数的相关性。根据式(11.2.4)，可以计算

$$\begin{aligned}E[x_i x_j^*] &= E\iint x(t_1)\varphi_i^*(t_1)x^*(t_2)\varphi_j(t_2)\mathrm{d}t_1\mathrm{d}t_2\\ &= \iint E[x(t_1)x^*(t_2)]\varphi_i^*(t_1)\varphi_j(t_2)\mathrm{d}t_1\mathrm{d}t_2\\ &= \iint R_x(t_1,t_2)\varphi_i^*(t_1)\varphi_j(t_2)\mathrm{d}t_1\mathrm{d}t_2\end{aligned} \tag{11.2.6}$$

其中，$R_x(t_1,t_2)$为$x(t)$的自相关函数，如果$x(t)$为平稳的，即$R_x(t_1,t_2)=R_x(t_2-t_1)$，则式(11.2.6)可写成

$$E[x_i x_j^*]=\iint R_x(t_2-t_1)\varphi_i^*(t_1)\varphi_j(t_2)\mathrm{d}t_1\mathrm{d}t_2 \tag{11.2.7}$$

如果我们要求对于一般的$x(t)$都有不相关的展开式系数，应该选择适当的正交归一化函数，当满足

$$\int R_x(t_1,t_2)\varphi_j(t_2)\mathrm{d}t_2=\lambda_j\varphi_j(t_1) \tag{11.2.8}$$

时，式(11.2.8)可得

$$E[x_i x_j^*]=\lambda_j\int\varphi_i^*(t_1)\varphi_j(t_1)\mathrm{d}t_1=\begin{cases}\lambda_j & i=j\\ 0 & i\neq j\end{cases}$$

可见，展开式系数不相关。利用满足式(11.2.8)的$\varphi_i(t)$进行展开，称作K-L变换。传统的变换(如傅里叶变换等)通常不满足积分方程(11.2.8)，所以都不能解除展开式系数的相关性，虽然有时可使相关性减弱。

由式(11.2.3)得

$$\int_{-T/2}^{T/2}|x(t)|^2\mathrm{d}t=\sum_{i,j}\int x_i x_j^*\varphi_i(t)\varphi_j^*(t)\mathrm{d}t=\sum_i|x_i|^2 \tag{11.2.9}$$

传统的正弦函数集是最常用的正交函数集，长期以来一直是信号分析与处理的主要工具，这些函数的取值是在整个实数范围；而有些非正弦正交函数集中函数取值是有限的离散值，在信号处理技术中也具有广泛应用，例如Haar函数、Walsh函数等都是在[0,1)区间正交的方波。下面分别介绍正弦函数集和非正弦函数集。

11.2.2 传统正交函数集

传统的正交函数集包括复正弦函数集、实正弦函数集和采样函数集等。

(1) 复正弦函数集

$$\varphi_i(t)=\begin{cases}\sqrt{1/T}\exp(\mathrm{j}2\pi it/T) & |t|<T/2\\ 0 & \text{其他}\end{cases} \tag{11.2.10}$$

(2) 实正弦函数集

$$\varphi_i(t)=\begin{cases}\sqrt{2/T}\cos(2\pi it/T) & i>0\\ \sqrt{2/T} & i=0\\ \sqrt{2/T}\sin(2\pi it/T) & i<0\end{cases} \tag{11.2.11}$$

(3) 采样函数集

$$\varphi_i(t)=\sqrt{2W}\frac{\sin2\pi W[t-i/(2W)]}{2\pi W[t-i/(2W)]} \tag{11.2.12}$$

式(11.2.12)中的$\varphi_i(t)$在时间上无区间限制，它对应着最高频率为W的限带信号$x(t)$的采样函数。$x(t)$的展开式为

$$x(t)=\sum_{i=-\infty}^{\infty}\sqrt{1/(2W)}\,x(i/(2W))\varphi_i(t) \tag{11.2.13}$$

其中，$x(i/(2W))$表示信号$x(t)$在第i个采样(采样间隔为$1/(2W)$)时刻的值。

11.2.3 雷德马什(Rademacher)函数

在介绍 Haar 函数和 Walsh 函数之前,首先介绍 Rademacher 函数。该函数的重要性在于,包括前面两种函数的有些正交函数可以表示成不同序号 Rademacher 函数的连乘积。

Rademacher 函数是一种定义在[0,1)区间二值正交系,它有不同的定义形式。Rademacher 函数定义为

$$\mathrm{Rad}(0,t)=1 \quad 0\leqslant t<1$$

$$\mathrm{Rad}(i,t)=\begin{cases}1 & 2m/2^i\leqslant t<(2m+1)/2^i \\ -1 & (2m+1)/2^i\leqslant t<(m+1)/2^{i-1}\end{cases},m=0,1,\cdots,2^{i-1}-1 \quad (11.2.14)$$

其中,i 表示函数的序号,t 表示时间。Rademacher 函数还可以定义为

$$\mathrm{Rad}(i,t)=\mathrm{sign}[\sin 2^i\pi t] \quad 0\leqslant t<1 \qquad (11.2.15)$$

很容易验证,上面两种定义是等价的。函数的波形就像正弦信号经限幅器的输出,图 11.2.1 画出了序号 i 从 0~3 的 Rademacher 函数的所有波形。可以看到,对于同一个 i,该函数波形是取值为+1 和−1 交替、宽度为 2^{-i}的方波,在[0,1)区间共有 2^{i-1}个周期。

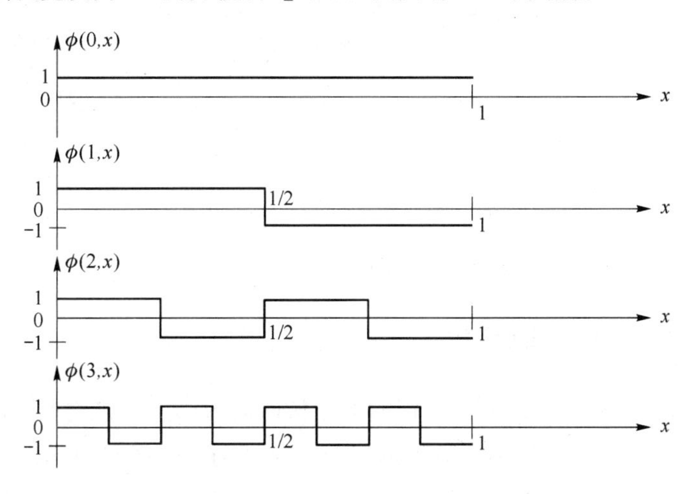

图 11.2.1 序号 i 从 0~3 的 Rademacher 函数

Rademacher 函数的性质有如下:

(1) 正交归一性。根据波形很容易验证。

(2) 不具备完备性。例如,如果一个三角脉冲用 n 个 Rademacher 函数的线性组合来近似,均方误差不会随 n 的无限增大而无限减小。

11.2.4 哈尔(Haar)函数

Haar 函数定义在[0,1)区间,其解析表达式为

$$H(0,0,t)=1 \quad 0\leqslant t\leqslant 1$$

$$H(i,m,t)=\begin{cases}2^{i/2} & (m-1)/2^i\leqslant t\leqslant(m-1/2)/2^i \\ -2^{i/2} & (m-1/2)/2^i\leqslant t\leqslant m/2^i \\ 0 & \text{其他}\end{cases},m=1,2,\cdots,2^i \qquad (11.2.16)$$

可以看到，对于同一个 i 值，m 取 2^i 个值。可以把 i 看成 Haar 函数的组序号，m 看成组内的函数序号。在一个组内，各函数在时间上是不相交的。$i=0$ 前两个函数是全程的(在[0,1)区间不为零)，其他都是局部的(在[0,1)区间的某一部分不为零)。随着编号的增加，函数越来越局部化。这种结构对于图像处理中的边缘和轮廓的提取是有利的。

Haar 函数具有如下特点。

(1) 是三值函数。函数取值为+1,0,−1。

(2) 正交归一性。可以验证

$$\int_0^1 H(i,m,t)H(j,n,t)\mathrm{d}t = \begin{cases} 1 & i=j \wedge m=n \\ 0 & 其他 \end{cases} \tag{11.2.17}$$

(3) 函数的幅度不全相同。因为各函数仅在 2^{-i} 时间长度上不为零，为保证函数的归一性，应该有 $A^2 2^{-i}=1$，所以有 $A=2^{i/2}$。

(4) 对于变量 i，函数集是完备的。

由于 Haar 函数的完备性，任何平方可积函数 $f(t)$ 都可以用 Haar 函数来逼近：

$$f(t) = a_0 + \sum_{i=0}^{\infty}\sum_{m=1}^{2^i} a_{i,m}H(i,m,t) \tag{11.2.18}$$

其中

$$a_0 = \int_0^1 f(t)H(0,0,t)\mathrm{d}t \tag{11.2.19}$$

$$a_{i,m} = \int_0^1 f(t)H(i,m,t)\mathrm{d}t \tag{11.2.20}$$

从小波变换的观点看，Haar 函数是最简单的小波函数。

11.2.5 沃尔什(Walsh)函数

Walsh 函数 $\mathrm{wal}(i,t)$ 是定义在(0,1)区间的二值函数，是完备、正交归一函数集，其中 i 是非负整数，表示函数的编号。Walsh 函数可以有不同的序，主要有列率序、Hadamard(自然序)、Paley 序以及 cal-sal 序。这里主要介绍前三种序。Walsh 函数可以表为 Rademacher 函数的连乘积。

1. Walsh 函数的列率序

单位间隔内过零点数的一半称为序列的列率(seq)，即

$$\mathrm{seq}=\begin{cases} \mathrm{z.c}/2 & \mathrm{z.c}\ 为偶数 \\ (\mathrm{z.c}+1)/2 & \mathrm{z.c}\ 为奇数 \end{cases} \tag{11.2.21}$$

其中，z.c 为过零数。

Walsh 函数列率序 $\mathrm{wal_w}(i,t)$ 与 Rademacher 函数的关系由下式确定：

$$\mathrm{wal_w}(i,t) = \prod_{m=0}^{n-1} [\mathrm{rad}(m+1,t)]^{g_m(i)} \tag{11.2.22}$$

其中，$(g_{n-1}(i),\cdots,g_0(i))$ 为 i 的格雷码，n 为 i 的二进表示数的位数。格雷码与自然二进码的关系如下。

设 i 的二进表示数 $(b_{n-1}(i),\cdots,b_m(i),\cdots,b_0(i))$，则有

$$g_m(i)=\begin{cases} b_m(i) & m=n-1 \\ b_m(i)\oplus b_{m+1}(i) & 0\leqslant m<n-1 \end{cases} \tag{11.2.23}$$

例 11.2.1　将 $\mathrm{wal_w}(13,t)$表示成 Rademacher 函数的乘积。

解　$(13)_2=1101$，转换成格雷码为$(13)_g=(1011)$，根据式(11.2.22)，有

$$\mathrm{wal_w}(13,t)=\mathrm{rad}(1,t)\mathrm{rad}(2,t)\mathrm{rad}(4,t)$$ ■

2. Walsh 函数的 Hadamard 序(自然序)

Walsh 函数的 Hadamard 序 $\mathrm{wal_h}(i,t)$与列率序 $\mathrm{wal_w}(i,t)$的关系由下式确定：

$$\mathrm{wal_h}(i,t)=\mathrm{wal_w}(j,t) \tag{11.2.24}$$

其中，j 与 i 的关系是：i 的二进制表示比特倒序后，再进行从格雷码到自然二进码的转换，即 i 是 j 的格雷码倒序，所以根据式(11.2.22)就有

$$\mathrm{wal_h}(i,t)=\prod_{m=0}^{n-1}[\mathrm{rad}(m+1,t)]^{c_m(i)} \tag{11.2.25}$$

其中，$(c_{n-1}(i),\cdots,c_0(i))$是 i 的自然二进码的倒序。

例 11.2.2　将 $\mathrm{wal_h}(13,t)$表示成 Rademacher 函数的乘积。

解　$(13)_2=1101$，$L=4$，而 1101 倒序为 1011，所以 $\mathrm{wal_h}(13,t)=\mathrm{rad}(4,t)\mathrm{rad}(2,t)\mathrm{rad}(1,t)$。■

3. Walsh 函数的 Paley 序(二进序)

Walsh 函数的 Paley 序 $\mathrm{wal_p}(i,t)$与列率序的关系由下式确定：

$$\mathrm{wal_p}(i,t)=\mathrm{wal_w}(k,t) \tag{11.2.26}$$

其中，k 为 i 的格雷码到自然二进码的转换。这样 Paley 序与 Rademacher 函数的关系就由下式确定：

$$\mathrm{wal_p}(i,t)=\prod_{m=0}^{n-1}[\mathrm{rad}(m+1,t)]^{b_m(i)} \tag{11.2.27}$$

例 11.2.3　将 $\mathrm{wal_p}(13,t)$表示成 Rademacher 函数的乘积。

解　$(13)_2=1101$，$L=4$，所以 $\mathrm{wal_h}(13,t)=\mathrm{rad}(4,t)\mathrm{rad}(3,t)\mathrm{rad}(1,t)$。■

11.3　离散正交变换

11.3.1　离散正交变换的性质

前面我们通过式(11.1.8)引入了离散正交变换的概念，在那里我们从信号分析的角度指出了正交变换与连续变换的关系。实际上，有些正交变换的基函数没有对应的连续时间正交函数。下面我们从线性代数的角度来研究正交变换的性质。

设取样后的信源矢量为 $\boldsymbol{x}=(x_0,x_1,\cdots,x_{N-1})^{\mathrm{H}}$，用 $N\times N$ 矩阵 $\boldsymbol{T}$ 将 $\boldsymbol{x}$ 变换成另一域的矢量 $\boldsymbol{y}=(y_0,y_1,\cdots,y_{N-1})^{\mathrm{H}}$，其中 H 为厄米特转置，即

$$\boldsymbol{y}=\boldsymbol{T}\boldsymbol{x} \tag{11.3.1a}$$

其中

$$T=\begin{pmatrix} t_{00} & t_{01} & \cdots & t_{0,N-1} \\ t_{10} & t_{11} & \cdots & t_{1,N-1} \\ \cdots & \cdots & & \cdots \\ t_{N-1,0} & t_{N-1,1} & \cdots & t_{N-1,N-1} \end{pmatrix} \tag{11.3.1b}$$

设信源矢量均值为 $E(\boldsymbol{x})=\bar{\boldsymbol{x}}$，自协方差矩阵为 $\boldsymbol{\Sigma}_{xx}=E[(\boldsymbol{x}-\bar{\boldsymbol{x}})(\boldsymbol{x}-\bar{\boldsymbol{x}})^{\mathrm{H}}]$，$E(\boldsymbol{y})=\bar{\boldsymbol{y}}=\boldsymbol{T}\bar{\boldsymbol{x}}$，那么变换后自协方差矩阵为

$$\boldsymbol{\Sigma}_{yy}=E[(\boldsymbol{y}-\bar{\boldsymbol{y}})(\boldsymbol{y}-\bar{\boldsymbol{y}})^{\mathrm{H}}]=E[\boldsymbol{T}(\boldsymbol{x}-\bar{\boldsymbol{x}})(\boldsymbol{x}-\bar{\boldsymbol{x}})^{\mathrm{H}}\boldsymbol{T}^{\mathrm{H}}]=\boldsymbol{T}\boldsymbol{\Sigma}_{xx}\boldsymbol{T}^{\mathrm{H}} \tag{11.3.2}$$

如果 $\boldsymbol{A}$ 是正交矩阵，那么就称正交变换，通常复正交变换称为酉变换，不过习惯上还称正交变换。正交变换的每个行矢量也称基函数。对于正交变换，有 $\boldsymbol{T}^{-1}=\boldsymbol{T}^{\mathrm{H}}$，所以正交变换的逆变换为

$$\boldsymbol{x}=\boldsymbol{T}^{\mathrm{H}}\boldsymbol{y} \tag{11.3.3}$$

如果 $\boldsymbol{T}$ 为实矩阵，那么 $\boldsymbol{T}^{\mathrm{H}}=\boldsymbol{T}^{\mathrm{T}}$。实际上，除离散傅里叶变换外，变换矩阵大多是实矩阵，因此除非特殊说明，后面均按实变换矩阵处理。

离散正交变换有如下主要性质。

1. 旋转特性：正交变换对变换的区域实施旋转。

例 11.3.1 设 $\boldsymbol{x}=(x_1,x_2)^{\mathrm{T}}$ 为二维高斯随机矢量，x_1 和 x_2 的均值都为零，方差都为 1，它们之间的相关系数为 ρ，$\boldsymbol{y}=(y_1,y_2)^{\mathrm{T}}$；现对 $\boldsymbol{x}$ 进行正交变换，$\boldsymbol{y}=\boldsymbol{T}\boldsymbol{x}$，变换矩阵为 $\boldsymbol{T}$，在如下两种情况下求 y_1 与 y_2 之间的相关系数：

(1) $\boldsymbol{T}=\frac{1}{\sqrt{2}}\begin{pmatrix}1 & 1\\ 1 & -1\end{pmatrix}$；(2) $\boldsymbol{T}=\frac{1}{2}\begin{pmatrix}\sqrt{3} & 1\\ -1 & \sqrt{3}\end{pmatrix}$。

解 (1) 由式(11.3.2)，有

$$\boldsymbol{\Sigma}_{yy}=\boldsymbol{T}\boldsymbol{\Sigma}_{xx}\boldsymbol{T}^{\mathrm{H}}=\frac{1}{\sqrt{2}}\begin{pmatrix}1 & 1\\ 1 & -1\end{pmatrix}\begin{pmatrix}1 & \rho\\ \rho & 1\end{pmatrix}\frac{1}{\sqrt{2}}\begin{pmatrix}1 & 1\\ 1 & -1\end{pmatrix}=\begin{pmatrix}1+\rho & 0\\ 0 & 1-\rho\end{pmatrix}$$

所以，y_1 与 y_2 之间的相关系数为 0。

(2) 同理，有

$$\boldsymbol{\Sigma}_{yy}=\frac{1}{2}\begin{pmatrix}\sqrt{3} & 1\\ -1 & \sqrt{3}\end{pmatrix}\begin{pmatrix}1 & \rho\\ \rho & 1\end{pmatrix}\frac{1}{2}\begin{pmatrix}\sqrt{3} & -1\\ 1 & \sqrt{3}\end{pmatrix}=\begin{pmatrix}1+\sqrt{3}\rho/2 & \rho/2\\ \rho/2 & 1-\sqrt{3}\rho/2\end{pmatrix}$$

所以 y_1 与 y_2 之间的相关系数为 $\rho/\sqrt{4-3\rho^2}$。可以证明 $\rho/\sqrt{4-3\rho^2}\leqslant\rho$。■

通过正交变换对矢量实施旋转的目的就是解除矢量各分量之间的相关性。当各分量之间的相关性较大时，正交变换可使各分量之间相关性减弱，有时可能完全解除。从上例还可看到，$\boldsymbol{\Sigma}_{xx}=\boldsymbol{T}^{\mathrm{H}}\boldsymbol{\Sigma}_{yy}\boldsymbol{T}=\begin{pmatrix}1 & \rho\\ \rho & 1\end{pmatrix}$，这就是说，对不相关矢量进行正交变换可以变成相关矢量。

2. 能量保持特性：正交变换保持矢量间距离不变。

如果 $\boldsymbol{y}_1=\boldsymbol{T}\boldsymbol{x}_1$，$\boldsymbol{y}_2=\boldsymbol{T}\boldsymbol{x}_2$ 为两个正交变换，那么 $E(\|\boldsymbol{y}_1-\boldsymbol{y}_2\|^2)=E(\|\boldsymbol{x}_1-\boldsymbol{x}_2\|^2)$。

证 $E(\|\boldsymbol{y}_1-\boldsymbol{y}_2\|^2)=E(\|\boldsymbol{T}\boldsymbol{x}_1-\boldsymbol{T}\boldsymbol{x}_2\|^2)=E((\boldsymbol{x}_1-\boldsymbol{x}_2)^{\mathrm{T}}\boldsymbol{T}^{\mathrm{T}}\boldsymbol{T}(\boldsymbol{x}_1-\boldsymbol{x}_2))=E(\|\boldsymbol{x}_1-\boldsymbol{x}_2\|^2)$■

(11.3.4)

在上式中，如果 $\boldsymbol{x}_2$ 是 $\boldsymbol{x}_1$ 的重建矢量，$\boldsymbol{y}_2$ 是 $\boldsymbol{y}_1$ 的压缩矢量，那么能量保持特性就意味着，正

交变换重建均方误差等于压缩均方误差。这种特性在数据压缩中是很重要的。

3. 方差不变特性:正交变换后随机矢量的方差不变。

证 根据式(11.3.2),有

$$\mathrm{tr}(\boldsymbol{\Sigma}_{yy}) = \mathrm{tr}(\boldsymbol{T}\boldsymbol{\Sigma}_{xx}\boldsymbol{T}^{\mathrm{H}}) = \mathrm{tr}(\boldsymbol{\Sigma}_{xx}\boldsymbol{T}^{\mathrm{H}}\boldsymbol{T}) = \mathrm{tr}(\boldsymbol{\Sigma}_{xx}) \blacksquare \tag{11.3.5}$$

从而可推出,正交变换后量化器的信噪比不变,即

$$\mathrm{SNR} = \frac{\mathrm{tr}(\boldsymbol{\Sigma}_{xx})}{E(\|\boldsymbol{x}-\hat{\boldsymbol{x}}\|^2)} = \frac{\mathrm{tr}(\boldsymbol{\Sigma}_{xx})}{E(\|\boldsymbol{y}-\hat{\boldsymbol{y}}\|^2)} = \frac{\mathrm{tr}(\boldsymbol{\Sigma}_{yy})}{E(\|\boldsymbol{y}-\hat{\boldsymbol{y}}\|^2)} \tag{11.3.6}$$

4. 体积不变特性:正交变换前后自协方差矩阵的行列式不变。

证 根据式(11.3.2),有

$$\det(\boldsymbol{\Sigma}_{yy}) = \det(\boldsymbol{T}\boldsymbol{\Sigma}_{xx}\boldsymbol{T}^{\mathrm{T}}) = \det(\boldsymbol{\Sigma}_{xx}) \blacksquare \tag{11.3.7}$$

因为矩阵行列式表示的是基矢量在多维空间所围成的平行多面体的体积,所以这种体积在正交变换后保持不变。

5. 能量集中特性:正交变换可使变换后能量集中。

例 11.3.2 (例 11.3.1 续)设 $\rho=0.95$,正交矩阵 $\boldsymbol{T}=\frac{1}{2}\begin{pmatrix}\sqrt{3} & 1\\ -1 & \sqrt{3}\end{pmatrix}$,求:(1) y_0 和 y_1 的方差;(2) y_0 能量占输出总能量的百分比。

解 (1) 由前面的结果,得

$$\mathrm{Var}(y_0)=1+0.95\times\sqrt{3}/2=1.8223,\mathrm{Var}(y_1)1-0.95\times\sqrt{3}/2=0.1777$$

(2) y_0 能量占输出总能量的百分比:1.823 3/2=91%。$\blacksquare$

此例说明,通过正交变换,信号能量大部分集中在第 1 个分量。这说明正交变换具有某种能量集中特性。对于多维矢量,正交变换后信号能量大部分集中在少数分量上。

11.3.2 变换系数的最佳量化

在一个编码系统中,通常包含若干个量化器(称为分量化器,以区别总量化器),而每个分量化器都可能有不同的参数,因此可能有不同的精度要求。这样每个分量化器都可能需要不同的量化比特数或码率,而编码器总的码率是固定的,这就产生所谓的码率分配问题。在变换编码中,变换后的系数要分别独立量化和编码,也要解决码率分配问题。将若干并行的信源序列与不同的标量量化器组合并进行最佳的比特分配是很多语音与图像有损编码所使用的基本技术。

比特分配问题实际上是一个有约束的优化问题,就是在总码率给定的条件下,适当分配给各个分量化器一定的码率,使得总平均失真最小。下面推导在高码率量化情况下的结果。

1. 固定码率量化最佳码率分配

设有一个 N 维信源,其中每个分量信源的方差分别为 $\sigma_i^2, i=0,1,\cdots,N-1$,参照第 8 章标量量化式(8.4.27)可知,在高码率情况下,固定码率最佳量化平均失真与信源方差和 2^{-2R}(其中,R 为码率)成正比,所以每个分量化器单独的失真可写成如下形式:

$$D(R_i)=\gamma_i\sigma_i^2 2^{-2R_i} \tag{11.3.8}$$

其中，γ_i 是与负载因子或量化器输入概率分布有关的常数。如果各分量有共同的概率分布，就可认为各 γ_i 都相同。设码率分配矢量 $\boldsymbol{R}=(R_0,\cdots,R_{N-1})$，即第 i 分量化器分配码率为 R_i，那么每维的平均失真为

$$D=(1/N)\sum_{i=0}^{N-1}D(R_i) \tag{11.3.9}$$

码率分配问题就是：求 $R_i(i=0,1,\cdots,N-1)$，使得在满足约束

$$\sum_{i=0}^{N-1}R_i\leqslant R \tag{11.3.10}$$

的条件下，使式(11.3.9)表示的平均失真最小。因为 D 随 R_i 的增加而减小，当式(11.3.10)取等号时，最有利于达到最小值，所以将码率的约束取等号。利用拉格朗日乘子法，求 $J=D+\lambda\sum_i R_i$ 的极值，其中 λ 为待定常数。令 $\partial J/\partial R_i=0$，得 $[\gamma_i\sigma_i^2 2^{-2R_i}\ln 2]/N=\lambda/2$，即 $D(R_i)=\gamma_i\sigma_i^2 2^{-2R_i}=N\lambda/(2\ln 2)$(常数)，$i=1,\cdots,N$。这就是说，当码率分配使得每个分量化器的平均失真都相同时，总失真 D 达到最小。此时有

$$\gamma_i\sigma_i^2 2^{-2R_i}=D\quad i=0,\cdots,N-1 \tag{11.3.11}$$

实际上，可采用如下更简单的方法求有约束极值。由式(11.3.9)，有

$$D=\frac{1}{N}\sum_{i=0}^{N-1}\gamma_i\sigma_i^2 2^{-2R_i}\geqslant(\prod_{i=1}^{N-1}\gamma_i\sigma_i^2 2^{-2R_i})^{1/N}=(\prod_{i=1}^{N-1}\gamma_i\sigma_i^2)^{1/N}2^{-2R/N}=\text{常数}$$

所以，当式(11.3.11)成立时，总失真 D 达到最小。所以，对所有分量化器失真取几何平均就得固定码率量化最佳码率分配的最小失真为

$$D_{\mathrm{f}}=(\prod_{i=0}^{N-1}\gamma_i\sigma_i^2 2^{-2R_i})^{1/N}=\Gamma\rho^2 2^{-2\bar{R}} \tag{11.3.12}$$

其中，常数因子几何平均

$$\Gamma=(\prod_{i=0}^{N-1}\gamma_i)^{1/N} \tag{11.3.13}$$

各分量化器输入方差几何平均

$$\rho^2=(\prod_{i=0}\sigma_i^2)^{1/N} \tag{11.3.14}$$

平均码率为

$$\bar{R}=R/N=(1/N)\sum_{i=0}^{N-1}R_i \tag{11.3.15}$$

根据式(11.3.11)和式(11.3.12)，得最佳码率分配为

$$R_i=\bar{R}+\frac{1}{2}\log\frac{\gamma_i\sigma_i^2}{\Gamma\rho^2} \tag{11.3.16}$$

如果量化器输入是正交变换后的系数，就可以认为，各 $\gamma_i=\gamma$，那么式(11.3.16)变为

$$R_i=\bar{R}+\frac{1}{2}\log\frac{\sigma_i^2}{\rho^2} \tag{11.3.17}$$

注意，上面 R_i 不能为负值，如果通过式(11.3.17)的计算，对某分量量化器得到负的 R_i 值，那么对其只能分配零码率，此时对应的失真为 σ_i^2。

2. 熵约束最佳码率分配

在熵约束下，设量化器输入为 N 维信源 $U=(U_0,\cdots,U_{N-1})$，每个量化器的码率 R_i 应满足

$$R_i=h(U_i)-(1/2)\log(12D_i) \tag{11.3.18}$$

总码率为

$$R=\sum_{i=0}^{N-1}R_i=\sum_{i=0}^{N-1}h(U_i)-\frac{1}{2}\sum_{i=0}^{N-1}\log(12D_i)$$

$$\geqslant \sum_{i=0}^{N-1} h(U_i) - \frac{N}{2}\log\left(\frac{12}{N}\sum_{i=0}^{N-1} D_i\right) \tag{11.3.19}$$

仅当各 D_i 相等时等式成立。此时有 $D_i = D$，得熵约束最佳码率分配最小平均失真为

$$D_s = \frac{1}{12} 2^{2\bar{h}_u} 2^{-2\bar{R}} = \frac{1}{12}\left(\prod_{i=0}^{N-1} 2^{2h(U_i)}\right)^{1/N} 2^{-2\bar{R}} \tag{11.3.20}$$

其中，$\bar{h}_u = (1/N)\sum_{i=0}^{N-1} h(U_i)$。作变换 $v_i = u_i/\sigma_i$，那么 v_i 是方差为 1 的归一化随机变量，有 $h(V_i) = h(U_i) - \log\sigma_i$，代入式(11.3.20)，得

$$D_s = \frac{1}{12} 2^{2\bar{h}_v} \left(\prod_{i=0}^{N-1} \sigma_i^2\right)^{1/N} 2^{-2\bar{R}} = \frac{1}{12} 2^{2\bar{h}_v} \rho^2 2^{-2\bar{R}} \tag{11.3.21}$$

其中，$\bar{h}_v = (1/N)\sum_{i=0}^{N-1} h(V_i)$。由式(11.3.18)，得最佳码率分配

$$R_i = h(V_i) + \frac{1}{2}\log[\sigma_i^2/(12D)] = h(V_i) - \bar{h}_v + \bar{R} + \frac{1}{2}\log\frac{\sigma_i^2}{\rho^2} \tag{11.3.22}$$

只要上式的值非负，所给出的比特分配就是最佳的。由式(11.3.21)，得

$$D_s = \frac{1}{12}\left(\prod_{i=0}^{N-1} 2^{2h(V_i)}\right)^{1/N} \rho^2 2^{-2\bar{R}} \leqslant \frac{1}{12}(2\pi e)\rho^2 2^{-2\bar{R}} = \frac{\pi e}{6}\rho^2 2^{-2\bar{R}} \tag{11.3.23}$$

仅当高斯随机变量时，等号成立。这说明对于输入方差给定的熵约束下最佳码率分配，非高斯信源的性能优于高斯信源的性能。

根据前面推导的结果可得高斯随机变量最佳码率分配的最小失真：对于固定码率量化为

$$D_f = (\sqrt{3}\pi/2)\rho^2 2^{-2\bar{R}} \tag{11.3.24}$$

对于熵约束量化为

$$D_s = (\pi e/6)\rho^2 2^{-2\bar{R}} \tag{11.3.25}$$

上面的结果表明，高斯随机变量最佳码率分配熵约束量化优于固定码率量化的性能，改善的程度与标量量化的结论相同。

3. 几点结论

实现最佳比特分配时：

(1) 如果计算 R_i 出现负值，就说明这个分量化器所分配的失真已经超出其最大可能失真。这时，分配的码率应该为零，分配的失真为 σ_i^2。

(2) 对于 R_i 是正值的分量化器：

- 各分量化器的平均失真都相同；
- 每个分量化器的量化电平数与其输入的标准差成正比。

(3) 量化器总失真与 ρ^2 成正比，ρ^2 越小则总失真越小，所以希望量化后，各分量化器输入的方差的差别应尽量大，以使得它们的几何平均尽量小。

4. 贪婪整数比特分配算法

可以看出，上面介绍的最佳比特分配方法不能保证各分量化器分配到整数比特。为使它们分配到整数比特，可采用贪婪整数比特分配算法。设 B 为总比特数，该算法采用 B 次迭代，每次都将 1 bit 分配给失真最大的量化器。设 $b_i(m)$ 表示第 i 个量化器在第 m 次迭代后所分配到的比特数，$D_i(b)$ 表示第 i 个量化器在分配到 b 比特后的平均失真，算法流程如下：

初始化：$m=0; b_i(0)=0(i=0,\cdots,N-1)$；

(1) 求对应最大 $D_i(b)$ $(i=0,\cdots,N-1)$的序号 j；

(2) $b_j(m+1)=b_j(m)+1; b_i(m+1)=b_i(m)$，对所有 $i\neq j; D_j(b)=D_j(b_j(m+1))$；

(3) 如果 $m<B-1$，则 $m=m+1$，并转到(1)；否则算法结束。

该算法不是最佳的，但实现简单且直观。当高分辨率情况下，量化器的失真正比于 2^{-2R_i}，如果用标准差代替算法中的平均失真，那么每分配到 1 bit 后，相当于标准差变为原来的 1/2，这样可以使算法简化。

11.3.3 变换编码增益

下面研究对线性变换系统输入与输出分别进行最佳码率分配条件下量化信噪比改善的情况。对于正交变换，变换前后输入与输出的方差不变，所以信噪比的改善就是由量化平均失真的减小引起的。而这个量化平均失真与 ρ^2 成正比。因此变换前后 ρ^2 的比值可以作为采用变换后信噪比改善程度的度量，这就是变换编码增益的概念。

设输入 k 维矢量 $\boldsymbol{x}$ 的自协方差矩阵为 $\boldsymbol{\Sigma}_x=(r_{ij})$，变换后 $\boldsymbol{y}$ 的自协方差矩阵为 $\boldsymbol{\Sigma}_y=(\sigma_{ij})$，令 $\sigma_{ii}=\sigma_i^2$，无变换量化 PCM 的平均失真和采用变换编码的平均失真分别为 D_{PCM}和 D_{TC}，那么编码增益定义为

$$G_{\text{TC}}=\frac{D_{\text{PCM}}}{D_{\text{TC}}}=\frac{\left(\prod_{i=0}^{N-1} r_{ii}\right)^{1/N}}{\left(\prod_{i=0}^{N-1}\sigma_i^2\right)^{1/N}} \tag{11.3.26}$$

上式中，分子是无变换 PCM 各分量方差的几何平均，而分母是变换后各分量方差的几何平均。可见，变换后如果各分量方差相差很大，就会使分母的值很小，能得到大的编码增益，因此变换后能量越集中在少数分量上，就意味着各分量方差相差很大，这样就可以减少方差小的分量所需比特数，从而总的码率降低。编码增益的值实际上是编码系统采用变换与不采用变换的量化信噪比的比值，因此编码增益大就意味着变换编码系统压缩性能好。

如果变换前 $\boldsymbol{x}$ 各分量的方差都相同，为 σ^2，那么编码增益定义为

$$G_{\text{TC}}=\frac{\sigma^2}{\left(\prod_{i=0}^{N-1}\sigma_i^2\right)^{1/N}} \tag{11.3.27}$$

当变换后各分量方差相同时，编码增益为 0 dB。

对于正交变换，变换前后的方差相同，所以有

$$N\sigma^2=\sum_{i=0}^{N-1}\sigma_i^2 \tag{11.3.28}$$

正交变换编码增益为

$$G_{\text{TC}}=\frac{N^{-1}\sum_{i=0}^{N-1}\sigma_i^2}{\left(\prod_{i=0}^{N-1}\sigma_i^2\right)^{1/N}} \tag{11.3.29}$$

上式中，分子是算术平均，而分母是几何平均，所以正交变换的编码增益总不小于 1。

11.3.4 KL 变换(KLT)

如果正交变换矩阵的行矢量是输入自协方差矩阵的特征矢量,那么称变换为 K-L 变换(简称 KLT)。设 $\boldsymbol{x}=(x_0,x_1,\cdots,x_{N-1})^{\mathrm{T}}$,$E(\boldsymbol{x})=\boldsymbol{0}$,$E(x_k x_l)=r_{kl}$,$x$ 的自协方差矩阵为

$$\boldsymbol{\Sigma}_{xx}=E(\boldsymbol{x}\boldsymbol{x}^{\mathrm{T}})=\begin{pmatrix} r_{0,0} & r_{01} & \cdots & r_{0,N-1} \\ r_{10} & r_{11} & \cdots & r_{1,N-1} \\ \vdots & \vdots & & \vdots \\ r_{N-1,0} & r_{N-1,1} & \cdots & r_{N-1,N-1} \end{pmatrix} \tag{11.3.30}$$

将 $\boldsymbol{\Sigma}_x$ 对角化,得

$$\boldsymbol{\Sigma}_{xx}=\boldsymbol{T}^{\mathrm{T}}\boldsymbol{\Lambda}\boldsymbol{T} \tag{11.3.31}$$

其中,$\boldsymbol{T}$ 为正交矩阵,每一行为 $\boldsymbol{\Sigma}_{xx}$ 的特征矢量,$\boldsymbol{\Lambda}=\mathrm{diag}(\lambda_0,\lambda_1,\cdots,\lambda_{N-1})$为对角阵, 其中 $\lambda_i(i=0,\cdots,N-1)$为 $\boldsymbol{\Sigma}_{xx}$ 的特征值,满足 $\lambda_0\geqslant\lambda_1\geqslant\cdots\geqslant\lambda_{N-1}$。

$\boldsymbol{x}$ 的 K-L 变换 $\boldsymbol{y}$ 定义为

$$\boldsymbol{y}=\boldsymbol{T}\boldsymbol{x} \tag{11.3.32}$$

其中,$\boldsymbol{T}$ 满足式(11.3.31)。

逆变换为

$$\boldsymbol{x}=\boldsymbol{T}^{\mathrm{T}}\boldsymbol{y} \tag{11.3.33}$$

因为 K-L 变换是正交变换,因此具有前面所研究的正交变换的所有特性,此外还具有其特殊的性质,包括如下几方面。

(1) 解除相关性:K-L 变换能完全解除输出矢量各分量之间的相关性,对于高斯分布,K-L 变换的系数是独立的。

证　由式(11.3.2)和式(11.3.33),得 $\boldsymbol{\Sigma}_{yy}=\boldsymbol{T}\boldsymbol{\Sigma}_{xx}\boldsymbol{T}^{\mathrm{T}}=\boldsymbol{\Lambda}$。

因为 $\boldsymbol{\Lambda}$ 矩阵为对角阵,所以输出矢量各分量之间是不相关的,对于高斯分布就是独立的。■

因为变换后各分量的方差是 $\boldsymbol{\Sigma}_{xx}$ 的特征值,所有特征值的和就是变换后的总能量,即 $\|\boldsymbol{y}\|^2=\sum\limits_{i=0}^{N-1}\lambda_i$。

(2) 对于给定信源,所进行的所有正交变换中,K-L 变换使失真最小。

证　给定变换前信号的自协方差矩阵,按上述符号约定,变换后各系数的方差分别为 σ_0^2,$\sigma_1^2,\cdots,\sigma_{N-1}^2$。那么,变换后对每个变换系数进行最佳量化和最佳比特分配,总均方失真由式(11.3.12)确定。对于一般的正交变换,总失真为

$$\begin{aligned} D &= N\Gamma\Big(\prod_{i=0}^{N-1}\sigma_i^2\Big)^{1/N}2^{-2\overline{R}} \underset{a}{\geqslant} N\Gamma(\det(\boldsymbol{\Sigma}_{yy}))^{1/N}2^{-2\overline{R}} \\ &\underset{b}{=} N\Gamma(\det(\boldsymbol{\Sigma}_{xx}))^{1/N}2^{-2\overline{R}} \end{aligned} \tag{11.3.34}$$

其中,a:根据线性代数中的常用不等式,矩阵对角线元素的乘积大于等于矩阵行列式的值,仅当为对角阵时等式成立,而 K-L 变换后使 $\boldsymbol{\Sigma}_{yy}$ 为对角阵;b:根据正交变换性质 3。■

(3) K-L 变换可达到最佳的能量集中,把大部分能量集中在最少的变换系数上。

与上述命题等价的描述如下:进行如式(11.3.32)的 K-L 变换,令 $\lambda_i\geqslant\lambda_{i+1}(i=0,\cdots,N-2)$,设置门限 α,删除 $\lambda_i<\alpha$,对所有 $i\leqslant j<N-1$;得到 $\hat{\boldsymbol{y}}=(y_1,y_2,\cdots,y_{i-1},0^{(i)},\cdots,0^{(N-1)})$,引入的失

真为 $D=\sum_{j=i}^{N-1}\lambda_j$。设$\boldsymbol{z}=\boldsymbol{T}_1\boldsymbol{x}$为任意正交变换，变换后，对所有 $i\leqslant j<N-1$，删除 z_i，得到 $\hat{\boldsymbol{z}}=(z_1,z_2,\cdots,z_{i-1},0^{(i)},\cdots,0^{(N-1)})$，引入的失真为 $D_1=\sum_{j=i}^{N-1}\mathrm{Var}(z_j)$；可以证明：

$$D\leqslant D_1 \tag{11.3.35}$$

证明见习题。

在数据压缩过程中，经变换后具有大方差的系数被保留进行处理，而方差小的系数被删除。接收端可以根据接收到的大方差系数外推，得到被删除的系数。

不过，K-L 变换也有缺点，表现在：①变换矩阵依赖于被处理数据的统计特性；②矩阵不能分解成稀疏矩阵的乘积，故无快速算法；③计算特征值和特征矢量需要较大计算量。

所以 K-L 变换虽然具有 MSE 意义下的最佳性能，但以上这些因素造成了 K-L 变换在工程实践中不能广泛使用。人们一方面继续寻求解特征值与特征向量的快速算法，另一方面则寻找一些虽不是"最佳"，但也有较好的去相关与能量集中的性能且容易实现的一些变换方法。而 K-L 变换就常常作为对这些变换性能的评价标准。

(4) 渐近最佳编码增益。

当利用 K-L 变换时，由式(11.3.29)，得最佳变换编码增益为

$$G_{\mathrm{KL}}=\frac{N^{-1}\sum_{i=0}^{N-1}\lambda_i}{\left(\prod_{i=0}^{N-1}\lambda_i\right)^{1/N}} \tag{11.3.36}$$

渐近最佳变换编码增益定义为

$$G_{\mathrm{TC}}^{\infty}=\lim_{N\to\infty}\frac{N^{-1}\sum_{i=0}^{N-1}\lambda_i}{\left(\prod_{i=0}^{N-1}\lambda_i\right)^{1/N}}=\lim_{N\to\infty}\frac{N^{-1}\sum_{i=0}^{N-1}\lambda_i}{\exp\left[N^{-1}\sum_{i=0}^{N-1}\ln\lambda_i\right]} \tag{11.3.37}$$

根据 Toeplitz 分布定理，对于任何函数 $\varphi(\cdot)$，有

$$\lim_{N\to\infty}N^{-1}\sum_k\varphi(\lambda_k)=\int_{-1/2}^{1/2}\varphi(S_x(f)\mathrm{d}f \tag{11.3.38}$$

其中，λ_k 为无限 Toeplitz 矩阵 $\boldsymbol{\Sigma}$ 的特征值，$S_x(f)$为无限信源序列的功率谱密度，f 为归一化数字频率，范围为$(-1/2,1/2)$，式(11.3.37)变为

$$G_{\mathrm{TC}}^{\infty}=\frac{\int_{-1/2}^{1/2}S_x(f)\mathrm{d}f}{\exp\left[\int_{-1/2}^{1/2}\log(S_x(f)\mathrm{d}f\right]} \tag{11.3.39}$$

与第 2 章的式(2.1.31)所表示的结果相同，而该式表示随机序列无限记忆预测增益。结合式(10.4.10)，可得如下定理。

定理 11.3.1 对于平稳离散时间序列无限维最佳变换加最佳码率分配与无限长最佳线性预测 DPCM 具有同样压缩性能。

应该注意：当变换编码维数和 DPCM 预测长度相同，但不是无限大时，两者的性能并不相同。可以证明，具有长度 N 的最佳预测 DPCM 系统性能优于 $N\times N$ 最佳变换加最佳码率分配系统的性能。

11.3.5 正交变换编码的性能

对于高斯变量，由式 (11.3.25)，得正交变换加熵约束最佳量化编码的输出信噪比为

$$\mathrm{SNR}=\frac{\mathrm{Var}(\boldsymbol{x})}{ND_{\mathrm{s}}}=\frac{6\times\mathrm{tr}(\boldsymbol{\Sigma}_{xx})}{\pi\mathrm{e}}\rho^{-2}2^{2\bar{R}} \tag{11.3.40}$$

对于相关的 N 维高斯矢量的率失真函数由式(7.3.27)给出，当 $D\leqslant\lambda_{\min}$时，有

$$D=(\det\boldsymbol{\Sigma}_{xx})^{1/N}2^{-2R(D)}\geqslant(\det\boldsymbol{\Sigma}_{xx})^{1/N}2^{-2\bar{R}}$$

由此可得理论上可达的最佳信噪比为

$$\mathrm{SNR}_{\mathrm{OPT}}=\frac{\mathrm{tr}(\boldsymbol{\Sigma}_{xx})}{ND}=\frac{\mathrm{tr}(\boldsymbol{\Sigma}_{xx})2^{2\bar{R}}}{(\det\boldsymbol{\Sigma}_{x})^{1/N}} \tag{11.3.41}$$

由式(11.3.40)和式(11.3.42)可得，变换加熵约束最佳量化编码与理论可达情况信噪比的恶化值为

$$\delta=\frac{\mathrm{SNR}_{\mathrm{OPT}}}{\mathrm{SNR}}=\frac{\pi\mathrm{e}}{6}\frac{\left(\prod\limits_{i=0}^{N-1}\sigma_i^2\right)^{1/N}}{(\det\boldsymbol{\Sigma}_{xx})^{1/N}}\overset{a}{\geqslant}\frac{\pi\mathrm{e}}{6}\frac{(\det\boldsymbol{\Sigma}_{yy})^{1/N}}{(\det\boldsymbol{\Sigma}_{xx})^{1/N}}\overset{b}{=}\frac{\pi\mathrm{e}}{6}\frac{(\det\boldsymbol{\Sigma}_{xx})^{1/N}}{(\det\boldsymbol{\Sigma}_{xx})^{1/N}}=\frac{\pi\mathrm{e}}{6} \tag{11.3.42}$$

其中，a：σ_i^2 为 $\boldsymbol{\Sigma}_{yy}$ 主对角线上的元素，仅当 $\boldsymbol{\Sigma}_{yy}$ 为对角阵时等号成立；b：由式(11.3.27)；这也从另一个角度证明，K-L 变换是最佳正交变换。从式(11.3.42)可以看出，该结论与高码率熵约束最佳标量量化的结论相同。由此可总结出如下定理。

定理 11.3.2 在高码率情况下，正交变换加熵约束最佳量化与理论可达最佳信噪比的恶化值为 $\pi\mathrm{e}/6\approx1.53$ dB，最佳正交变换为 K-L 变换。注意，此处并没有信源平稳性的假设。

11.4 常用离散正交变换

11.4.1 离散傅里叶变换(DFT)

离散傅里叶变换是使用最早、最普遍的正交变换，其很多性质可以在数字信号处理教科书中找到。离散傅里叶变换的完备正交归一函数集为

$$\left\{\varphi(i,k)=\frac{1}{\sqrt{N}}\mathrm{e}^{-\mathrm{j}2ki\pi/N},\quad i,k=0,1,\cdots,N-1\right\} \tag{11.4.1}$$

一个 N 点 DFT 可以写成如下形式：

正变换
$$y_i=\frac{1}{\sqrt{N}}\sum_{k=0}^{N-1}x_kW_N^{ki},i=0,\cdots,N-1 \tag{11.4.2}$$

逆变换
$$x_k=\frac{1}{\sqrt{N}}\sum_{i=0}^{N-1}y_iW_N^{-ki},k=0,\cdots,N-1 \tag{11.4.3}$$

其中，$W_N^{ki}=\mathrm{e}^{-\mathrm{j}2i\pi t/T}\big|_{t=kT/N}=\mathrm{e}^{-\mathrm{j}2ki\pi/N}$，$W_N=\mathrm{e}^{-\mathrm{j}2\pi/N}$。

可见，除归一化因子外，DFT 中的正交函数可通过对连续傅里叶变换正交函数在频域和时域采样(采样间隔分别为 $1/T$ 和 N/T)得到。

DFT 写成矩阵形式有

正变换 $$\boldsymbol{y}=\boldsymbol{T}_{\mathrm{DFT}}\boldsymbol{x} \tag{11.4.4}$$

逆变换 $$\boldsymbol{x}=\boldsymbol{T}_{\mathrm{DFT}}^{\mathrm{H}}\boldsymbol{y} \tag{11.4.5}$$

其中,H 为厄米特转置。变换矩阵为

$$\boldsymbol{T}_{\mathrm{DFT}}=\frac{1}{\sqrt{N}}\begin{pmatrix} 1 & 1 & 1 & \cdots & 1 \\ 1 & W_N & W_N^2 & \cdots & W_N^{N-1} \\ 1 & W_N^2 & W_N^4 & \cdots & W_N^{2(N-1)} \\ \vdots & \vdots & \vdots & & \vdots \\ 1 & W_N^{N-1} & W_N^{2(N-1)} & \cdots & W_N^{(N-1)^2} \end{pmatrix} \tag{11.4.6}$$

傅里叶变换的主要特点与应用如下。

(1) 傅里叶变换有明确的物理意义,即时-空域与频域的映射关系。

(2) 变换输出矢量各个分量间仍具有相关性,不过对强相关性的矢量,变换后相关性有所减弱。

(3) 变换后能量有所集中。

(4) 有快速算法(Fast Fourier Transform,FFT)。

(5) 在变换时容易产生寄生高频,不利于图像的压缩。这是因为,在计算 N 点 DFT 时,隐含着将长度为 N 的原始序列复制成周期为 N 的序列。如果样点 $x(0)$和 $x(N-1)$的值相差较大,那么在周期序列中,从第 $N-1$ 到第 N 个样值就会出现较大幅度跳跃,会使对应高频的变换系数产生较大幅度的值。

(6) 在数字信号处理与语音信号处理中得到广泛应用。

11.4.2 离散余弦变换(DCT)

离散余弦变换的完备正交归一函数集为

$$\left\{\varphi(i,k)=a_i\sqrt{\frac{2}{N}}\cos\frac{(2k+1)i\pi}{2N},\quad i,k=0,1,\cdots,N-1\right\} \tag{11.4.7}$$

其中,$a_0=1/\sqrt{2}$,$a_i=1$,对于 $i\neq 0$。

变换矩阵为

$$\boldsymbol{T}_{\mathrm{DCT}}=\sqrt{\frac{2}{N}}\begin{pmatrix} 1/\sqrt{2} & 1/\sqrt{2} & \cdots & 1/\sqrt{2} \\ \cos\frac{\pi}{2N} & \cos\frac{3\pi}{2N} & \cdots & \cos\frac{(2N-1)\pi}{2N} \\ \vdots & \vdots & & \vdots \\ \cos\frac{(N-1)\pi}{2N} & \cos\frac{3(N-1)\pi}{2N} & \cdots & \cos\frac{(2N-1)(2N-1)\pi}{2N} \end{pmatrix} \tag{11.4.8}$$

一个 N 点 DCT 可以写成如下形式:

正变换 $$y_i=\sqrt{\frac{2}{N}}a_i\sum_{k=0}^{N-1}x_k\cos\frac{(2k+1)i\pi}{2N},i=0,1,\cdots,N-1 \tag{11.4.9}$$

逆变换 $$x_k=\frac{1}{\sqrt{N}}y_0+\sqrt{\frac{2}{N}}\sum_{i=1}^{N-1}y_i\cos\frac{(2k+1)i\pi}{2N},k=0,1,\cdots,N-1 \tag{11.4.10}$$

DCT 写成矩阵形式有

正变换 $$y = T_{DCT} x \tag{11.4.11}$$

逆变换 $$x = T_{DCT}^{T} y \tag{11.4.12}$$

其中,T 为转置。

如前所述,DFT 容易产生寄生高频,克服的办法是,将原始数据序列偶扩展,消除时域样值幅度的跳变点。设序列$\{x_k, k=0,1,\cdots,N-1\}$,进行偶扩展,即令 $x_k = x_{2N-1-k}, k=N,\cdots,2N-1$,扩展后进行 $2N$ 点的 DFT,得

$$\begin{aligned} y_i(\text{DFT}) &= \frac{1}{\sqrt{2N}}\sum_{k=0}^{2N-1} x_k W_{2N}^{ki} = \frac{1}{\sqrt{2N}}\left[\sum_{k=0}^{N-1} x_k W_{2N}^{ki} + \sum_{k=N}^{2N-1} x_k W_{2N}^{ki}\right] \\ &= \frac{1}{\sqrt{2N}}\left[\sum_{k=0}^{N-1} x_k W_{2N}^{ki} + \sum_{k=0}^{N-1} x_k W_{2N}^{(2N-1-k)i}\right] = \frac{1}{\sqrt{2N}}\sum_{k=0}^{N-1} x_k\left[W_{2N}^{ki} + W_{2N}^{-(k+1)i}\right] \\ &= \sqrt{2/N}\,e^{j\frac{\pi i}{2N}}\sum_{k=0}^{N-1} x_k \cos\frac{(2k+1)i\pi}{2N} = e^{j\frac{\pi i}{2N}} y_i(\text{DCT}) \end{aligned}$$

上面利用了式(11.4.9)。可见,一个 N 维矢量的 N 点 DCT 的幅度与该矢量进行偶扩展再进行 $2N$ 点的 DFT 的幅度相同($i=0$ 除外)。因此利用 DCT 可以消除数据由于周期扩展所产生的寄生高频分量。

DCT 可以作为具有大的正相关系数 $\rho(\rho\to 1)$的一阶马氏过程的 K-L 变换近似,所以对于大的 ρ,DCT 可以使变换后的自协方差矩阵接近对角阵。可以证明,当变换的块长趋于无限时,DCT 渐近等价于一个任意平稳过程的 K-L 变换。实践证明,即使一阶马氏过程的假定不满足,DCT 也是 K-L 变换的一个很好的近似。

现总结 DCT 特点与应用如下。

(1) 变换后不产生寄生高频,因此比 DFT 更适于图像压缩。

(2) 可以作为 K-L 变换的一个很好的近似,具有较好的去相关性和能量集中特性。

(3) 有快速算法(快速余弦变换)。

(4) DCT 的缺点:由于成块处理,在数据边界处的相关性并未很好地解除,产生块效应。克服的办法是用梯形变换、子带编码或小波变换代替。

(5) 在图像压缩与处理中得到广泛应用。当前,DCT 已经用于若干语音、图像和视频压缩编码中,如电视电话/会议视频编码标准(H.261、H.263)、静止图像编码标准(JPEG)、活动图像编码标准(MPEG1、MPEG2 和 MPEG4)等。

11.4.3 Harr 变换

对时间连续 Harr 函数进行均匀取样就得到离散 Harr 变换的基函数。

设 $N=2^L$,$\mathbf{Ha}(L)$表示 $N\times N$ 的 Harr 变换矩阵。

正变换 $$y = \mathbf{Ha}(L)x \tag{11.4.13}$$

逆变换 $$x = \mathbf{Ha}(L)^{T} y \tag{11.4.14}$$

Harr 变换矩阵递归产生如下:

$$\mathbf{Ha}(1)=\frac{1}{\sqrt{2}}\begin{pmatrix}1 & 1\\ 1 & -1\end{pmatrix},\mathbf{Ha}(2)=\frac{1}{2}\begin{pmatrix}1 & 1 & 1 & 1\\ 1 & 1 & -1 & -1\\ \sqrt{2}(1 & -1 & 0 & 0)\\ \sqrt{2}(0 & 0 & 1 & -1)\end{pmatrix}$$

$$\mathbf{Ha}(3)=\frac{1}{\sqrt{8}}\begin{pmatrix}1 & 1 & 1 & 1 & 1 & 1 & 1 & 1\\ 1 & 1 & 1 & 1 & -1 & -1 & -1 & -1\\ \sqrt{2}(1 & 1 & -1 & -1 & 0 & 0 & 0 & 0)\\ \sqrt{2}(0 & 0 & 0 & 0 & 1 & 1 & -1 & -1)\\ 2 & -2 & 0 & 0 & 0 & 0 & 0 & 0\\ 0 & 0 & 2 & -2 & 0 & 0 & 0 & 0\\ 0 & 0 & 0 & 0 & 2 & -2 & 0 & 0\\ 0 & 0 & 0 & 0 & 0 & 0 & 2 & -2\end{pmatrix}$$

一般地，有

$$\mathbf{Ha}(k+1)=\frac{1}{2^{(k+1)/2}}\begin{pmatrix}2^{k/2}\mathbf{Ha}(k)\otimes(1\quad 1)\\ 2^{k/2}\boldsymbol{I}_{2^k}\otimes(1\quad -1)\end{pmatrix}=\frac{1}{\sqrt{2}}\begin{pmatrix}\mathbf{Ha}(k)\otimes(1\quad 1)\\ \boldsymbol{I}_{2^k}\otimes(1\quad -1)\end{pmatrix}\quad k>1 \tag{11.4.15}$$

Harr 变换矩阵中含有无理数，给快速运算带来不便。为此提出有理 Harr 变换，就是将矩阵中的无理数删除。有理 Harr 变换保留了 Harr 变换中所有的性质，并可以使用流水线结构有效实现。

11.4.4 Walsh 变换

对时间连续 Walsh 函数进行均匀取样就得到离散 Walsh 变换的基函数。与连续情况类似，不同的 Walsh 函数序对应不同的变换。

1. Walsh-Hadamad 变换(DWHT)

由列率序 Walsh 函数产生的变换矩阵通常称为 Walsh-Hadamad 变换或 Walsh 变换，变换矩阵的第 (i,k) 元素是

$$h_{\mathrm{w}}(i,k)=\frac{1}{\sqrt{N}}(-1)^{\sum_{m=0}^{n-1}g_{n-1-m}(i)b_m(k)} \tag{11.4.16}$$

其中，$(g_{n-1}(i),\cdots,g_0(i))$为 i 的格雷码，$(b_{n-1}(k),\cdots b_0(k))$为 k 的二进表示数，n 为 i 的二进表示数的位数。

当 $N=2^n$时，一维 Walsh 正变换核和逆变换核相似。

正变换
$$h_i=\frac{1}{\sqrt{N}}\sum_{k=0}^{N-1}x_k(-1)^{\sum_{m=0}^{n-1}g_{n-1-m}(k)b_m(i)}\quad i=0,1,\cdots,N-1 \tag{11.4.17}$$

逆变换
$$x_k=\frac{1}{\sqrt{N}}\sum_{i=0}^{N-1}h_i(-1)^{\sum_{m=0}^{n-1}g_{n-1-m}(k)b_m(i)}\quad k=0,1,\cdots,N-1 \tag{11.4.18}$$

根据式(11.4.16)可以构造 Walsh 变换矩阵：构造一个 $n\times N$ 阶矩阵 $\boldsymbol{R}$，其中矩阵的每一列依次是从 $0\sim N-1$ 的二进制表示；构造另一个 $N\times n$ 阶矩阵 $\boldsymbol{S}$，其中矩阵的每一行依次是从 $0\sim N-1$ 的二进格雷码的比特倒序。计算矩阵 $\boldsymbol{S}$ 与 $\boldsymbol{R}$ 的乘积(采用模二加运算)，再将 0 变成

1,1 变成 −1,就得到所需要的变换矩阵。实际上,矩阵 $\boldsymbol{R}$ 的每一行依次是序号 1～n 的 Rademacher 函数的离散采样序列(考虑到 0→1,1→−1 的转换),用矩阵 $\boldsymbol{S}$ 中的某一行乘矩阵 $\boldsymbol{R}$ 就得到与行号对应的 Walsh 序列。

例 11.4.1　构造 $N=8$ 阶的 Walsh 变换矩阵。

解

$$\boldsymbol{S}=\begin{pmatrix}0&0&0\\1&0&0\\1&1&0\\0&1&0\\0&1&1\\1&1&1\\1&0&0\\0&0&1\end{pmatrix},\boldsymbol{R}=\begin{pmatrix}0&0&0&0&1&1&1&1\\0&0&1&1&0&0&1&1\\0&1&0&1&0&1&0&1\end{pmatrix},\boldsymbol{SR}=\begin{pmatrix}0&0&0&0&0&0&0&0\\0&0&0&0&1&1&1&1\\0&0&1&1&1&1&0&0\\0&0&1&1&0&0&1&1\\0&1&1&0&0&1&1&0\\0&1&1&0&1&0&0&1\\0&1&0&1&1&0&1&0\\0&1&0&1&0&1&0&1\end{pmatrix}$$

矩阵 **SR** 再进行 0→1,1→−1 的转换就得到 8 阶的 Walsh 变换矩阵。■

2. Hadamad 变换

由 Hadamad 序 Walsh 函数产生的变换矩阵通常称为 Hadamad 变换,变换矩阵的第 (i,k) 元素是

$$h_{\mathrm{h}}(i,k)=\frac{1}{\sqrt{N}}(-1)^{\sum\limits_{m=0}^{n-1}b_m(i)b_m(k)} \tag{11.4.19}$$

其中,$(b_{n-1}(i),\cdots,b_0(i))$和$(b_{n-1}(k),\cdots,b_0(k))$分别为 i 和 k 的二进表示数。

可以用类似产生 Walsh 变换矩阵的方法构造 Hadamad 变换矩阵,不过,此时的 $N\times n$ 阶矩阵 $\boldsymbol{S}$ 的每一行依次是从 0～$N-1$ 的二进代码。Hadamad 矩阵也可以用递归方式产生,方法如下:

$$\boldsymbol{H}_{\mathrm{h}}(0)=(1),\boldsymbol{H}_{\mathrm{h}}(1)=\frac{1}{\sqrt{2}}\begin{pmatrix}1&1\\1&-1\end{pmatrix}$$

$$\boldsymbol{H}_{\mathrm{h}}(2)=\frac{1}{\sqrt{2}}\begin{pmatrix}1&1&1&1\\1&-1&1&-1\\1&1&-1&-1\\1&-1&-1&1\end{pmatrix}=\frac{1}{\sqrt{2}}\begin{pmatrix}\boldsymbol{H}_{\mathrm{h}}(1)&\boldsymbol{H}_{\mathrm{h}}(1)\\\boldsymbol{H}_{\mathrm{h}}(1)&-\boldsymbol{H}_{\mathrm{h}}(1)\end{pmatrix}$$

$$\boldsymbol{H}_{\mathrm{h}}(3)=\frac{1}{\sqrt{8}}\begin{pmatrix}1&1&1&1&1&1&1&1\\1&-1&1&-1&1&-1&1&-1\\1&1&-1&-1&1&1&-1&-1\\1&-1&-1&1&1&-1&-1&1\\1&1&1&1&-1&-1&-1&-1\\1&-1&1&-1&-1&1&-1&1\\1&1&-1&-1&-1&-1&1&1\\1&-1&-1&1&-1&1&1&-1\end{pmatrix}$$

一般的递推产生关系如下:

$$H_{h}(k+1)=\frac{1}{\sqrt{2}}\begin{pmatrix} H_{h}(k) & H_{h}(k) \\ H_{h}(k) & -H_{h}(k) \end{pmatrix} \quad k=0,1,\cdots \tag{11.4.20}$$

或
$$H_{h}(k+1)=H_{h}(1)\otimes H_{h}(k)=H_{h}(1)\otimes H_{h}(1)\otimes\cdots\otimes H_{h}(1) \tag{11.4.21}$$

此性质导出了一种快速 Hadamad 变换(FHT)，利用这个性质求 N 阶($N=2^{n}$)的 Hadamad 变换矩阵要比直接用定义式求此矩阵速度快得多。

3. Paley 变换

由 Paley 序 Walsh 函数产生的变换矩阵称为 Paley 变换，变换矩阵的第 (i,k) 元素是

$$h_{p}(i,k)=\frac{1}{\sqrt{N}}(-1)^{\sum\limits_{m=0}^{n-1}b_{n-1-m}(i)b_{m}(k)} \tag{11.4.22}$$

WCDMA 系统中使用的 OVSF 码就是 Paley 序的 Walsh 序列。可以用类似产生 Walsh 变换矩阵的方法构造 Paley 变换矩阵，不过，此时的 $N\times n$ 阶矩阵 $\boldsymbol{S}$ 的每一行依次是从 $0\sim N-1$ 的二进代码的比特倒序。例如，$N=8$ 的 Paley 序矩阵为

$$\begin{pmatrix} 0 & 0 & 0 \\ 1 & 0 & 0 \\ 0 & 1 & 0 \\ 1 & 1 & 0 \\ 0 & 0 & 1 \\ 1 & 0 & 1 \\ 0 & 1 & 1 \\ 1 & 1 & 1 \end{pmatrix}\begin{pmatrix} 0 & 0 & 0 & 0 & 1 & 1 & 1 & 1 \\ 0 & 0 & 1 & 1 & 0 & 0 & 1 & 1 \\ 0 & 1 & 0 & 1 & 0 & 1 & 0 & 1 \end{pmatrix}\overset{a}{=}\begin{pmatrix} 1 & 1 & 1 & 1 & 1 & 1 & 1 & 1 \\ 1 & 1 & 1 & 1 & -1 & -1 & -1 & -1 \\ 1 & 1 & -1 & -1 & 1 & 1 & -1 & -1 \\ 1 & 1 & -1 & -1 & -1 & -1 & 1 & 1 \\ 1 & -1 & 1 & -1 & 1 & -1 & 1 & -1 \\ 1 & -1 & 1 & -1 & -1 & 1 & -1 & 1 \\ 1 & -1 & -1 & 1 & 1 & -1 & -1 & 1 \\ 1 & -1 & -1 & 1 & -1 & 1 & 1 & -1 \end{pmatrix}$$

a：包含 $0\to1,1\to-1$ 的转换。

11.4.5 斜变换

斜变换(ST)矢量是在整个长度均匀变化的离散锯齿波，可以有效地表示电视图像一行中亮度的变化。ST 矩阵具有以下性质：①正交归一基矢量集合；②一个常数基矢量；③一个斜矢量(在整个长度均匀变化的离散锯齿波)；④基矢量可用序率解释；⑤可变尺寸的变换；⑥有快速算法；⑦高的能量集中。

ST 矩阵可以作为稀疏矩阵的乘积递归产生，从而产生快速算法。设 ST 矩阵为 $\boldsymbol{S}(1)$，$\boldsymbol{S}(2)$，…。递归产生如下：

$$\boldsymbol{S}(1)=\frac{1}{\sqrt{2}}\begin{pmatrix} 1 & 1 \\ 1 & -1 \end{pmatrix},\boldsymbol{S}(2)=\frac{1}{\sqrt{2}}\begin{pmatrix} 1 & 0 & 1 & 0 \\ a_{4} & b_{4} & -a_{4} & b_{4} \\ 0 & 1 & 0 & -1 \\ -b_{4} & a_{4} & b_{4} & a_{4} \end{pmatrix}\begin{pmatrix} \boldsymbol{S}(1) & \boldsymbol{0} \\ \boldsymbol{0} & \boldsymbol{S}(1) \end{pmatrix}$$

其中，a_{4}、b_{4} 为定标常数。计算得

$$S(2)=\frac{1}{\sqrt{2}}\begin{pmatrix}1 & 1 & 1 & 1\\ a_4+b_4 & a_4-b_4 & -a_4+b_4 & -a_4-b_4\\ 1 & -1 & -1 & 1\\ a_4-b_4 & -a_4-b_4 & a_4+b_4 & -a_4+b_4\end{pmatrix}$$

因为斜基矢量相邻两元素之间的阶距必须相等，所以有 $2b_4=2a_4-2b_4$，即 $a_4=2b_4$。

再依据正交归一条件，得 $b_4=1/\sqrt{5}$。最后得到

$$S(2)=\frac{1}{\sqrt{4}}\begin{pmatrix}1 & 1 & 1 & 1\\ (1/\sqrt{5})(3 & 1 & -1 & -3)\\ 1 & -1 & -1 & 1\\ (1/\sqrt{5})(1 & -3 & 3 & -1)\end{pmatrix}\quad\begin{matrix}\text{符号变化数}\\0\\1\\2\\3\end{matrix}$$

除归一正交外，矩阵的基矢量具有序率特性，即符号变化数随行号的增加而增加。$S(3)$与 $S(2)$的递推关系为

$$S(3)=\frac{1}{\sqrt{2}}\begin{pmatrix}1 & 0 & 0 & 0 & 1 & 0 & 0 & 0\\ a_8 & b_8 & 0 & 0 & -a_8 & b_8 & 0 & 0\\ 0 & 0 & 1 & 0 & 0 & 0 & 1 & 0\\ 0 & 0 & 0 & 1 & 0 & 0 & 0 & 1\\ 0 & 1 & 0 & 0 & 0 & -1 & 0 & 0\\ -b_8 & a_8 & 0 & 0 & b_8 & a_8 & 0 & 0\\ 0 & 0 & 1 & 0 & 0 & 0 & -1 & 0\\ 0 & 0 & 0 & 1 & 0 & 0 & 0 & -1\end{pmatrix}\times \mathrm{diag}(S(2),S(2))$$

其中，$a_8=3/\sqrt{21}$，$b_8=\sqrt{5/21}$。最后，得

$$S(3)=\frac{1}{\sqrt{8}}\begin{pmatrix}1 & 0 & 0 & 0 & 1 & 0 & 0 & 0\\ (1/\sqrt{21})(7 & 5 & 3 & 1 & -1 & -3 & -5 & -7)\\ (1/\sqrt{5})(3 & 1 & -1 & -3 & -3 & -1 & 1 & 3)\\ (1/\sqrt{105})(7 & -1 & -9 & -17 & 17 & 9 & 1 & -7)\\ 1 & -1 & -1 & 1 & 1 & -1 & -1 & 1\\ 1 & -1 & -1 & 1 & -1 & 1 & 1 & -1\\ (1/\sqrt{5})(1 & -3 & 3 & -1 & -1 & 3 & -3 & 1)\\ (1/\sqrt{5})(1 & -3 & 3 & -1 & 1 & -3 & 3 & -1)\end{pmatrix}$$

11.4.6 若干正交变换基函数的波形比较

图 11.4.1 画出了 $N=8$ 的若干正交变换基函数的波形，其中(a)为 K-L 变换（1948/1960），(b)为 Harr 变换(1910)，(c)为 Walsh-Hadamard 变换(1932)，(d) 为 ST 变换(Enomoto，Shibata，1971)，(e)为 DCT(Ahmet，Natarajan，Rao，1974)。可以看到 DCT 与 K-L 变换最接近。

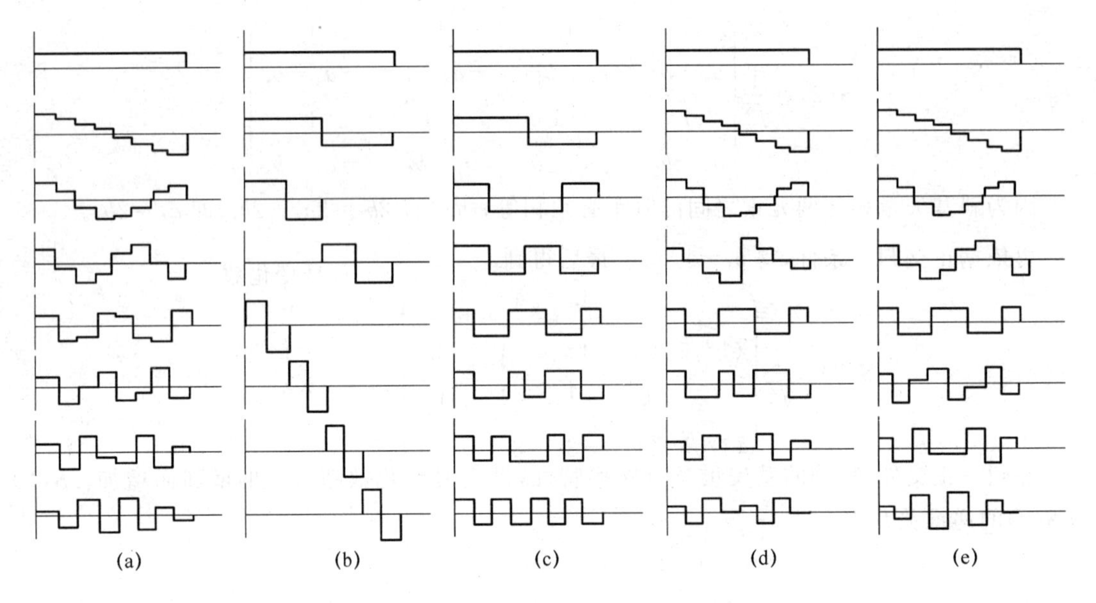

图 11.4.1　$N=8$ 的若干正交变换基函数的波形

11.5　二维变换

以上的变换只能解除或部分解除信源矢量内各分量间的相关性。如果信源输出是平面上的采样值，例如图像数据可以用矩阵来表示，这种数据不但每行的样值间有相关性，而且各行之间也有相关性。为得到更好的压缩效果，应该解除两个方向上的相关性，这就要用二维变换。

11.5.1　可分离的二维变换

二维变换是一维变换的扩展。设信源数据用矩阵表示为

$$\boldsymbol{X}=\begin{pmatrix} x_{0,0} & x_{0,1} & \cdots & x_{0,N-1} \\ x_{1,0} & x_{1,1} & \cdots & x_{1,N-1} \\ \vdots & \vdots & & \vdots \\ x_{N-1,0} & x_{N-1,1} & \cdots & x_{N-1,N-1} \end{pmatrix} \tag{11.5.1}$$

二维变换定义为

$$y_{i,k}=\sum_{n=0}^{N-1}\sum_{m=0}^{N-1} x_{m,n}\varphi_{i,k}^{*}(m,n) \tag{11.5.2}$$

其中，$\phi_{i,k}^{*}(m,n)$为归一化的二维正交函数集，也称正变换的核，i,k 为变换域的坐标，$*$ 为取共轭。满足

$$\sum_{m=0}^{N-1}\sum_{n=0}^{N-1}\varphi_{i,k}(m,n)\varphi_{u,v}^{*}(m,n)=\begin{cases}1 & i=u,k=v \\ 0 & \text{其他}\end{cases} \tag{11.5.3}$$

根据正交性，可得二维变换的逆变换

$$x_{m,n}=\sum_{i=0}^{N-1}\sum_{k=0}^{N-1} y_{i,k}\varphi_{i,k}(m,n) \tag{11.5.4}$$

如果二维变换满足

$$\varphi_{i,k}(m,n)=\varphi_i(m)\varphi_k(n) \tag{11.5.5}$$

那么就称为可分离的二维变换。

设一组正交矢量 $\boldsymbol{e}_0,\boldsymbol{e}_1,\cdots,\boldsymbol{e}_{N-1}$ 均为 N 维列矢量，其中 $\boldsymbol{e}_i=(e_i(0),e_i(1),\cdots,e_i(N-1))^{\mathrm{T}}$，并满足

$$\sum_{n=0}^{N-1}e_i(n)e_j^*(n)=\begin{cases}1 & i=j\\0 & i\neq i\end{cases} \tag{11.5.6}$$

则称$\{\boldsymbol{e}_i(n),n=0,\cdots,N-1\}$为正交函数集。可分离变换的二维正交函数集可以由式(11.5.6)所描述的一维正交函数集来产生，即

$$\phi_{i,k}(m,n)=e_i^*(m)e_k(n)\quad i,k,m,n=0,\cdots,N-1 \tag{11.5.7}$$

可以证明，这样定义的二维正交函数满足式(11.5.3)描述的正交归一性质。

将式(11.5.7)代入式(11.5.2)，得

$$y_{i,k}=\sum_{n=0}^{N-1}\Big[\sum_{m=0}^{N-1}x_{m,n}e_i(m)\Big]e_k^*(n)\quad i,k=0,\cdots,N-1$$

或

$$y_{i,k}=(e_i(0),e_i(1),\cdots,e_i(N-1))\begin{pmatrix}x_{0,0} & x_{0,1} & \cdots & x_{0,N-1}\\x_{1,0} & x_{1,1} & \cdots & x_{1,N-1}\\\cdots & \cdots & & \cdots\\x_{N-1,0} & x_{N-1,1} & \cdots & x_{N-1,N-1}\end{pmatrix}\begin{pmatrix}e_k^*(0)\\e_k^*(1)\\\vdots\\e_k^*(N-1)\end{pmatrix},$$

$$i,k=0,\cdots,N-1$$

写成矩阵形式为

$$\boldsymbol{Y}=\boldsymbol{T}\boldsymbol{X}\boldsymbol{T}^{\mathrm{H}} \tag{11.5.8}$$

其中，

$$\boldsymbol{T}=(\boldsymbol{e}_0,\boldsymbol{e}_1,\cdots,\boldsymbol{e}_{N-1})^{\mathrm{T}} \tag{11.5.9}$$

逆变换为

$$\boldsymbol{X}=\boldsymbol{T}^{\mathrm{H}}\boldsymbol{Y}\boldsymbol{T} \tag{11.5.10}$$

可以看出，二维正交变换可以通过两次一维正交变换实现。二维正交变换的过程可以这样来理解：首先对数据矩阵 $\boldsymbol{X}$ 的每一列利用正交矩阵 $\boldsymbol{T}$ 进行变换，以解除每一列元素之间的相关性；得到的矩阵 $\boldsymbol{TX}$ 的每行的元素之间仍具有相关性，再利用 $\boldsymbol{T}^{\mathrm{H}}$ 对 $\boldsymbol{TX}$ 的每一行的进行变换，以解除每一行元素之间的相关性。因此，通过二维正交变换可以解除二维相关数据的两个方向的相关性。

利用式(11.5.8)可以用前面介绍的一维正交变换构成二维正交变换。下面几种重要的二维正交变换都是根据一维正交变换构成的可分离二维正交变换。特别是，对于实对称正交矩阵，正变换与逆变换的形式相同。

11.5.2 常用的二维变换

1. 二维傅里叶变换

二维离散傅里叶变换正交函数集为

$$\{\phi_{i,k}(m,n)=\frac{1}{N}\exp(-\mathrm{j}\,\frac{2mi\pi}{N})\exp(\mathrm{j}\,\frac{2nk\pi}{N})\ i,k,m,n=0,\cdots,N-1\} \tag{11.5.11}$$

二维离散傅里叶变换是可分离的变换，可以写成如式(11.5.8)的矩阵形式，正变换展开后有如下形式：

$$y_{i,k}=\frac{1}{N}\sum_{n=0}^{N-1}\sum_{m=0}^{N-1}x_{m,n}\exp(\mathrm{j}\frac{2mi\pi}{N})\exp(-\mathrm{j}\frac{2nk\pi}{N})\quad i,k=0,\cdots,N-1 \quad (11.5.12)$$

2. 二维离散余弦变换

二维离散余弦变换正交函数集为

$$\{\varphi_{i,k}(m,n)=\frac{2}{N}a(u)a(v)\cos\frac{(2m+1)i\pi}{2N}\cos\frac{(2n+1)k\pi}{2N}\quad i,k,m,n=0,\cdots,N-1\}$$

其中，

$$a(i)=\begin{cases}1/\sqrt{2} & i=0\\ 1 & i\neq 0\end{cases} \quad (11.5.13)$$

二维离散余弦变换是可分离的变换，可以写成如式(11.5.8)的矩阵形式，正变换展开后有如下形式：

$$y_{i,k}=\frac{2}{N}a(i)a(k)\sum_{n=0}^{N-1}\sum_{m=0}^{N-1}x_{m,n}\cos\frac{(2m+1)i\pi}{2N}\cos\frac{(2n+1)k\pi}{2N}\quad i,k=0,\cdots,N-1$$

$$(11.5.14)$$

3. 二维 Hadamad 变换

二维离散 Hadamad 变换的正交函数集为

$$\{\varphi_{i,k}(m,n)=\frac{1}{N}(-1)^{\sum_{j=0}^{n-1}[b_j(m)b_j(i)+\sum_{j=0}^{n-1}b_j(n)b_j(k)}\quad i,k,m,n=0,\cdots,N-1\} \quad (11.5.15)$$

二维离散哈达玛变换是可分离的变换，可以写成如式(11.5.8)的矩阵形式，因为 Hadamad 变换矩阵是对称的，所以正变换与逆变换的形式相同，正变换展开后有如下形式：

$$y_{i,k}=\frac{1}{N}\sum_{n=0}^{N-1}\sum_{m=0}^{N-1}x_{m,n}(-1)^{\sum_{j=0}^{n-1}[b_j(m)b_j(i)+\sum_{j=0}^{n-1}b_j(n)b_j(k)}\quad i,k=0,\cdots,N-1 \quad (11.5.16)$$

11.6 变换编码实例

11.6.1 静止图像压缩编码

本节以 JPEG 静止图像压缩编码的过程为例说明变换编码的具体应用。JPEG 是一个复杂的针对彩色和灰度静止图像的有损/无损压缩编码方法。该方法对于连续色调图像的压缩非常有效，甚至在压缩比达到 10～20 的时候，人的眼睛也看不出图像质量的恶化。

图 11.6.1 为 JPEG 静止图像压缩编码原理框图。系统在编码前，首先将彩色图像从 RGB 空间变成亮度/彩色空间(YCbCr)，再对每一个分量进行单独压缩。因为人的眼睛对于小的亮度变化是敏感的，而对于色彩的变化是不敏感的。因此进行这种变换后，对于色彩部分可以加大压缩量，而不会影响恢复图像的质量。

将每个分量的图像分成若干 8×8 的块，称为数据单元，每个数据单元单独压缩。在数据单元中，先进行电平移动：从每个输入电平中减去 2^{P-1}，这里 P 是表示每个像素所用的比特数。通常 8 比特像素取值为 0～255，减去 128 后，像素的值在 −128～127 之间。对数据单元

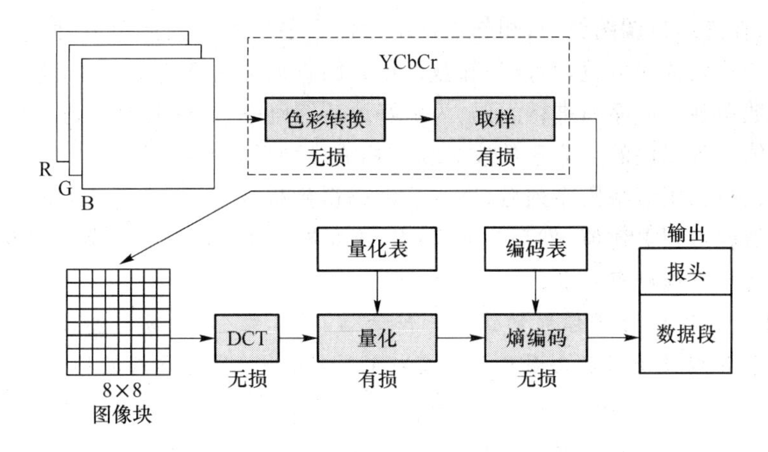

图 11.6.1 JPEG 静止图像压缩编码原理框图

作 8×8 的二维 DCT。变换后得到 8×8 的 DCT 系数矩阵，矩阵左上角第一个元素是直流系数，用 DC 表示，其他 63 个系数是交流系数，用 AC 表示。矩阵左上角表示图块的低频成分，右下角元素表示图块的高频成分。

图像压缩分为无损和有损两种。在无损压缩编码中，变换后的系数直接进行熵编码，然后传送到译码器。在有损压缩编码中，变换后系数要进行量化，然后进行熵编码。对变换系数的量化采用均匀 midtread 量化，使得量化输出电平含 0 值。JPEG 建议有一个量化表，每个量化值都有一个标号代表，对应于变换系数量化值的标号由下式确定：

$$\tilde{y}_{ij}=\left\lfloor \frac{y_{ij}}{q_{ij}}+0.5 \right\rfloor \tag{11.6.1}$$

其中，y_{ij} 为变换系数，q_{ij} 为量化表（或量化矩阵）的第(i,j)元素，$\lfloor x \rfloor$为上取整。实际上式(11.6.1)所表示的运算是四舍五入运算。

量化表根据人视觉系统的特点设计，使得从直流系数到高频系数，量化级差逐渐增加。在变换域中的不同系数对视觉有不同的影响，在直流和低频的量化误差比高频的量化误差更容易被发现，所以对视觉不太重要的系数就采用较大的量化级差。这就是说，高频分量系数具有更大的量化级差。

量化系数按 zigzag 的扫描方式排列的输出，如图 11.6.2 所示，就是从左上角开始按 Z 字形依次扫描到右下角。例如一个 8×8 矩阵 (a_{ij})按 zigzag 方式输出的顺序为：$a_{00}\rightarrow a_{01}\rightarrow a_{10}\rightarrow a_{20}\rightarrow a_{11}\rightarrow a_{02}\rightarrow\cdots\rightarrow a_{57}\rightarrow a_{67}\rightarrow a_{76}\rightarrow a_{77}$。由于进行了量化，输出的系数中不同的值大大减少，而且大部分重复值是 0。zigzag 的输出方式使得很多 0 连在一起，形成游程。而对于输出尾部的 0 没有必要编码，因此可以用一个块结束标志（EOB）来代表。输出序列进行熵编码，通常用游程编码和 Huffman 码的结合或 Golomb 码以及算术编码。

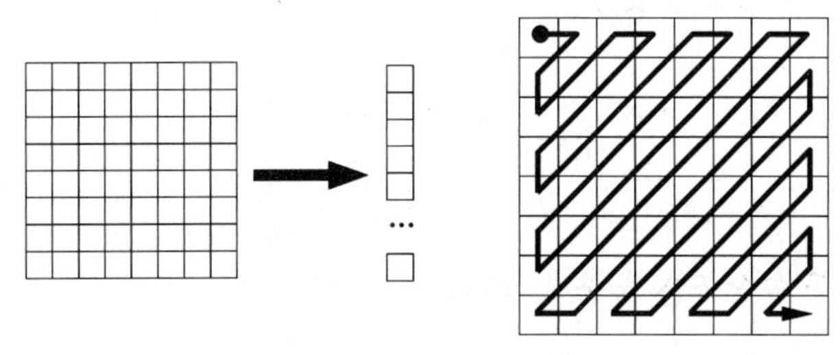

图 11.6.2 zigzag 扫描输出

经验表明，在连续色调图像中，相邻数据单元像素平均值相关性很大，而直流系数表示数据单元内像素的平均值的倍数，所以相邻数据单元的直流系数值变化不大，这样将各相邻数据单元的直流系数单独构成序列进行编码，为更好地压缩码率，使用差值编码。当然第一个图块的直流用原始值。各图块的交流系数按 zigzag 构成序列后各自编码。

当译码器接收到压缩编码序列后，进行熵译码得到标号值，再进行去量化，即将其乘以量化表中对应的值就得到重建值，然后进行 DCT 逆变换。由于 DCT 变换矩阵并不对称，逆变换与正变换的运算过程略有差别。

例 11.6.1 一个 4×4 图像块的像素矩阵为 $\boldsymbol{X}$，用二维 DCT 进行图像压缩，量化矩阵为 $\boldsymbol{Q}$，写出变换与量化以及译码器去量化和逆变换的过程，并计算重建后的均方误差，其中，

$$\boldsymbol{X}=\begin{pmatrix}40 & 30 & 20 & 10\\ 30 & 20 & 10 & 10\\ 20 & 10 & 10 & 10\\ 10 & 10 & 10 & 10\end{pmatrix},\qquad \boldsymbol{Q}=\begin{pmatrix}3 & 5 & 7 & 9\\ 5 & 7 & 9 & 11\\ 7 & 9 & 11 & 13\\ 9 & 11 & 13 & 15\end{pmatrix}$$

解 4×4 阶 DCT 矩阵如下：

$$\boldsymbol{T}_{\mathrm{DCT}}=\frac{1}{\sqrt{2}}\begin{pmatrix}1/\sqrt{2} & 1/\sqrt{2} & 1/\sqrt{2} & 1/\sqrt{2}\\ \cos(\pi/8) & \cos(3\pi/8) & \cos(5\pi/8) & \cos(7\pi/8)\\ \cos(2\pi/8) & \cos(6\pi/8) & \cos(10\pi/8) & \cos(14\pi/8)\\ \cos(3\pi/8) & \cos(9\pi/8) & \cos(15\pi/8) & \cos(21\pi/8)\end{pmatrix}$$

$$=\begin{pmatrix}0.5 & 0.5 & 0.5 & 0.5\\ 0.653\,3 & 0.270\,6 & -0.270\,6 & -0.653\,3\\ 0.5 & -0.5 & -0.5 & 0.5\\ 0.270\,6 & -0.653\,3 & 0.653\,3 & -0.270\,6\end{pmatrix}$$

- 编码器：做 4 点二维 DCT，得到

$$\boldsymbol{Y}=\boldsymbol{T}_{\mathrm{DCT}}\boldsymbol{X}\boldsymbol{T}_{\mathrm{DCT}}^{\mathrm{T}}=\begin{pmatrix}65.00 & 22.30 & 5.00 & 1.59\\ 22.30 & 17.07 & 0 & 0\\ 5.00 & 0 & -5.00 & 0\\ 1.59 & 0 & 0 & 2.929\,1\end{pmatrix}$$

量化后系数为

$$\tilde{\boldsymbol{Y}}=\begin{pmatrix}22 & 4 & 1 & 0\\ 4 & 2 & 0 & 0\\ 1 & 0 & 0 & 0\\ 0 & 0 & 0 & 0\end{pmatrix}$$

对应的 zigzag 方式输出为：22，4，4，1，2，1，EOB。

- 译码器：得到去量化后系数为

$$\hat{\boldsymbol{Y}}=\begin{pmatrix}66 & 20 & 7 & 0\\ 20 & 14 & 0 & 0\\ 7 & 0 & 0 & 0\\ 0 & 0 & 0 & 0\end{pmatrix}$$

做 4 点二维 IDCT，结果四舍五入成整数，得到

$$\hat{\boldsymbol{X}}=\boldsymbol{T}_{\mathrm{DCT}}^{\mathrm{T}}\hat{\boldsymbol{Y}}\boldsymbol{T}_{\mathrm{DCT}}=\begin{pmatrix}39&28&18&14\\28&19&12&10\\18&12&9&10\\14&10&10&13\end{pmatrix}$$

误差矩阵：
$$\boldsymbol{X}-\hat{\boldsymbol{X}}_1=\begin{pmatrix}1&2&2&-4\\2&1&-2&0\\2&-2&1&0\\-4&0&0&-3\end{pmatrix}$$

图像压缩恢复均方误差：$D_1=(1/16)\sum_{i=0}^{3}\sum_{j=0}^{3}(x_{ij}-\hat{x}_{ij})^2=50/16=3.125$。▌

11.6.2　音频压缩编码中的修正 DCT

如前所述，基于块的变换会引起在边界处的失真。应用重叠块处理方法可以克服这个缺点。在音频压缩中采用的修正 DCT(MDCT)应用于几乎所有的流行音频编码标准中。

通常，在这些算法中采用 50%的重叠，即当前块和前一块重叠一半和后一块重叠一半。所以，每个样值包含在两个块中。如果将这样的块分别进行正变换然后逆变换，会产生时域的重叠，所以应设计合适的变换使得这种重叠被消除。

设对块长为 N 的第 i 块数据 $\boldsymbol{x}_i=(\boldsymbol{p}\vdots\boldsymbol{q})$进行变换，这里 $\boldsymbol{p}$、$\boldsymbol{q}$ 都是长度为 $N/2$ 的序列。$\boldsymbol{x}_i$ 和 $\boldsymbol{x}_{i+1}$ 的公共数据为 $\boldsymbol{q}$，$N\times N$ 变换矩阵的前 $N/2$ 行构成子矩阵 $\boldsymbol{P}$，写成分块形式，有 $\boldsymbol{P}=(\boldsymbol{A}\vdots\boldsymbol{B})$，其中，$\boldsymbol{A}$、$\boldsymbol{B}$ 都是 $N/2\times N/2$ 矩阵。对 $\boldsymbol{x}_i$ 的正变换为

$$\boldsymbol{y}_i=(\boldsymbol{A}\vdots\boldsymbol{B})\begin{pmatrix}\boldsymbol{p}\\\boldsymbol{q}\end{pmatrix}\tag{11.6.2}$$

设对 $\boldsymbol{y}_i$ 逆变换矩阵为 $\boldsymbol{Q}=\begin{pmatrix}\boldsymbol{C}\\\boldsymbol{D}\end{pmatrix}$，$\boldsymbol{Q}$ 为 $N\times N/2$ 矩阵，其中，$\boldsymbol{C}$ 和 $\boldsymbol{D}$ 为 $N/2\times N/2$ 矩阵；$\boldsymbol{x}_i$ 的重建值 $\hat{\boldsymbol{x}}_i$ 为

$$\hat{\boldsymbol{x}}_i=\boldsymbol{Q}\boldsymbol{y}_i=\begin{pmatrix}\boldsymbol{C}\\\boldsymbol{D}\end{pmatrix}(\boldsymbol{A}\vdots\boldsymbol{B})\begin{pmatrix}\boldsymbol{p}\\\boldsymbol{q}\end{pmatrix}=\begin{pmatrix}\boldsymbol{CAp}+\boldsymbol{CBq}\\\boldsymbol{DAp}+\boldsymbol{DBq}\end{pmatrix}\tag{11.6.3}$$

重复对第 $i+1$ 块数据的处理，有

$$\hat{\boldsymbol{x}}_{i+1}=\boldsymbol{Q}\boldsymbol{y}_{i+1}=\begin{pmatrix}\boldsymbol{C}\\\boldsymbol{D}\end{pmatrix}(\boldsymbol{A}\vdots\boldsymbol{B})\begin{pmatrix}\boldsymbol{q}\\\boldsymbol{r}\end{pmatrix}=\begin{pmatrix}\boldsymbol{CAq}+\boldsymbol{CBr}\\\boldsymbol{DAq}+\boldsymbol{DBr}\end{pmatrix}\tag{11.6.4}$$

为消除块中的重叠，必须有

$$\boldsymbol{CAq}+\boldsymbol{CBr}+\boldsymbol{DAp}+\boldsymbol{DBq}=\boldsymbol{q}\tag{11.6.5}$$

因此，得

$$\boldsymbol{CB}=0,\boldsymbol{DA}=0,\boldsymbol{CA}+\boldsymbol{DB}=\boldsymbol{I}\tag{11.6.6}$$

满足最后条件的选择为

$$\begin{cases}\boldsymbol{CA}=(\boldsymbol{I}-\boldsymbol{J})/2\\\boldsymbol{DB}=(\boldsymbol{I}+\boldsymbol{J})/2\end{cases}\tag{11.6.7}$$

由此得到，MDCT 正变换：

$$y_i = \sum_{k=0}^{N-1} x_k \cos\left[\frac{2\pi}{N}(i+1/2)(k+1/2+N/4)\right] \quad i=0,1,\cdots,N/2-1 \quad (11.6.8)$$

MDCT 逆变换：

$$x_k = \frac{2}{N}\sum_{i=0}^{N/2-1} y_i \cos\left[\frac{2\pi}{N}(i+1/2)(k+1/2+N/4)\right] \quad k=0,1,\cdots,N-1 \quad (11.6.9)$$

MDCT 正变换矩阵表示为

$$(\boldsymbol{P})_{ik} = \cos\left[\frac{2\pi}{N}(i+1/2)(k+1/2+N/4)\right]$$
$$i=0,1,\cdots,N/2-1, k=0,1,\cdots,N-1 \quad (11.6.10)$$

MDCT 逆变换矩阵表示为

$$(\boldsymbol{Q})_{ki} = \frac{2}{N}\cos\left[\frac{2\pi}{N}(i+1/2)(k+1/2+N/4)\right]$$
$$k=0,1,\cdots,N-1, i=0,1,\cdots,N/2-1 \quad (11.6.11)$$

容易证明，当 N 值给定时，以上矩阵满足混叠消除条件。因此，当任何一块的逆变换有重叠时，应用临近块的逆变换可以消除重叠，但对于无临近块的数据，例如最后一块或第一块，解决重叠问题的方法就是，在数据序列的开头或结尾补 $N/2$ 个零样值。

本章小结

1. 变换编码基本模型

- 编码器：变换—量化—熵编码
- 译码器：熵译码—去量化—逆变换

2. 连续函数正交集

- 正弦函数集：复正弦函数集、实正弦函数集、采样函数集
- 非正弦函数集：Rademacher 函数集、Harr 函数集、Walsh 函数集

3. 离散正交变换

- 正变换：$\boldsymbol{y}=\boldsymbol{T}\boldsymbol{x}$
- 逆变换：$\boldsymbol{x}=\boldsymbol{T}^{\mathrm{H}}\boldsymbol{y}$
- 性质：旋转性、能量保持性、方差不变性、体积不变性、能量集中性
- 最佳比特分配：$R_i = R/N + \frac{1}{2}\log\frac{\gamma_i\sigma_i^2}{\Gamma\rho^2}$
- 变换编码增益：$G = \frac{1}{N}\sum_{i=0}^{N-1}\sigma_i^2 / (\prod_{i=0}^{N-1}\sigma_i^2)^{1/N}$
- 渐近变换编码增益：$G_{\mathrm{TC}}^{\infty} = \left[\int_{-1/2}^{1/2} S_x(f)\mathrm{d}f\right] / \exp\left[\int_{-1/2}^{1/2}\log(S_x(f)\mathrm{d}f\right]$
- 在高码率情况下，正交变换加熵约束最佳量化与理论可达最佳信噪比的恶化值为 $\pi e/6$（≈1.53 dB）

4. KLT 的性质

- 优点：完全解除相关性、失真最小的正交变换、达到最佳的能量集中

- 缺点：变换依赖于数据、无快速算法、计算量较大

5. 常用正交变换

①离散傅里叶变换(DFT)；②离散余弦变换(DCT)；③Harr 变换：正变换；④Walsh 变换：正变换；⑤斜变换；⑥修正 DCT。

6. 二维变换

①二维 DFT；②二维 DCT；③二维 Walsh 变换。

思　考　题

11.1　简述变换编码的基本原理。

11.2　列举几种传统的和非传统的正交函数集。

11.3　离散正交变换的性质有哪些？常用的正交变换有哪些？

11.4　固定码率和熵约束最佳码率分配与哪些参数有关？

11.5　最佳正交变换有哪些性质？

11.6　简述 DCT 用于静止图像压缩的基本原理。

11.7　简述音频压缩编码中的修正 DCT 技术。

习　　题

11.1　证明 Haar 函数是正交归一完备的函数集。

11.2　一随机信号 $x(t)$ 在 $(0,T)$ 用傅里叶级数展开，求展开式系数之间的相关函数 r_{ij}，并讨论与原始信号相关性的关系。

11.3　设量化器经可逆线性变换 $\boldsymbol{y}=\boldsymbol{A}\boldsymbol{x}$ 后进行量化编码，证明量化器重建均方误差为 $\boldsymbol{D}=\mathrm{tr}\{\boldsymbol{\Sigma}_e\boldsymbol{A}^{-\mathrm{T}}\boldsymbol{A}^{-1}\}/N$，其中，$N$ 为矢量维数，$\boldsymbol{\Sigma}_e$ 为 $\boldsymbol{y}$ 的量化误差自协方差矩阵。

11.4　二维信源 $X=(X_1,X_2)$ 在菱形内均匀分布，菱形四个顶点的坐标分别为：$(1+a,1+a)$，$(-1+a,1-a)$，$(-1-a,-1-a)$，$(1-a,-1+a)$，用下面两个线性变换

$$\boldsymbol{T}_1=\frac{1}{\sqrt{1-a^2}}\begin{pmatrix}1 & -a\\ -a & 1\end{pmatrix}\quad \boldsymbol{T}_2=\frac{1}{\sqrt{2}}\begin{pmatrix}1 & 1\\ 1 & -1\end{pmatrix}$$

分别对信源进行变换，对变换系数分别进行总码率为 R 的熵约束最佳码率分配和标量量化，求：

(1)量化器的最小均方误差 D_1、D_2；

(2)回答以下问题：①$\boldsymbol{T}_1$、$\boldsymbol{T}_2$ 中哪一个是正交变换？②$\boldsymbol{T}_1$、$\boldsymbol{T}_2$ 中哪一个使变换系数成为不相关的？③D_1、D_2 中哪个较小？

11.5　二维矢量分布在以原点为中心、边长为 2 的正方形内，用一可逆矩阵 $\begin{pmatrix}a & b\\ c & d\end{pmatrix}$ 对其进行变换，求证变换后的区域为平行四边形。

11.6　证明可逆线性变换将一个超立方体映射成一个平行六面体。

11.7　设 $\boldsymbol{x}=(x_0,x_1,\cdots,x_{N-1})^{\mathrm{T}}$，$E(\boldsymbol{x})=\boldsymbol{0}$，$E(x_jx_k)=\rho^{|j-k|}$，$0\leqslant\rho\leqslant1$，证明：

(1) 相关矩阵特征值为 $\lambda_m=(1-\rho^2)/(1-2\rho\cos\omega_m+\rho^2)$，$m=0,1,\cdots,N-1$；

(2) K-L 变换矩阵的元素 $(a_{j,m})=[2/(N+\lambda_m^2)]\sin[\omega_m(j-\frac{1}{2}(N-1))+\frac{1}{2}(m+1)\pi]$，$j$，$m=0,1,\cdots,N-1$；其中，$\omega_m$ 是下面超越方程的正根：$\mathrm{tg}(N\omega)=(1-\rho^2)\sin\omega/(\cos\omega-2\rho+\rho^2\cos\omega)$。

11.8　证明：

(1) $\sum\limits_{k=0}^{N-1}\cos\dfrac{(2k+1)n\pi}{2K}=\begin{cases}0 & n\neq0\\ N & n=0\end{cases}$

(2) 式(11.4.7)所示的函数集是正交归一化函数集。

11.9　证明 DCT 的基矢量集合是一类离散切比雪夫多项式。

11.10　矩阵的渐近等价。两 $N\times N$ 矩阵 $\boldsymbol{A}$ 和 $\boldsymbol{B}$ 称作是渐近等价的，如果

$$\|\boldsymbol{A}\|,\|\boldsymbol{B}\|\leqslant\infty \text{且} \lim_{N\to\infty}|\boldsymbol{A}-\boldsymbol{B}|=0$$

其中

$$\|\boldsymbol{A}\|=\max_{\boldsymbol{x}}[(\boldsymbol{x}^{\mathrm{H}}\boldsymbol{A}^{\mathrm{H}}\boldsymbol{A}\boldsymbol{x})/(\boldsymbol{x}^{\mathrm{H}}\boldsymbol{x})]^{1/2},\boldsymbol{x}=(x_0,x_1,\cdots,x_{N-1})^{\mathrm{T}}$$

$$|\boldsymbol{A}|=(\frac{1}{N}\mathrm{tr}(\boldsymbol{A}^{\mathrm{H}}\boldsymbol{A}))^{1/2}=(\frac{1}{N}\sum_{j=0}^{N-1}\sum_{k=0}^{N-1}|a_{jk}|^2)^{1/2}$$

证明：

(1) 对于一阶马氏过程，DCT 和 DFT 都与 K-L 变换渐近等价；

(2) 对于一阶马氏过程，DCT 比 DFT 提供对 K-L 变换更好的近似；

(3) 对于所有有限阶马氏过程，DCT 都与 K-L 变换渐近等价。

11.11　计算下面 8 个相关值的一维 DCT：11，22，33，44，55，66，77 和 88，并进行量化和 IDCT。

11.12　考虑下面数值序列：

10	11	12	11	12	13	12	11
10	−10	8	−7	8	−8	7	−7

(1) 用 8 点 DCT 对每行分别作变换，写出变换系数；

(2) 把这 16 个数组成一个矢量，作 16 点 DCT，写出变换系数；

(3) 比较两种结果，并提出为更大的压缩块长是选择 8 还是 16 的建议。

11.13　离散正弦变换(DST)。$N\times N$ 的 DST 变换矩阵的第 ij 元素由下式确定：$(S)_{ij}=\sqrt{2/(N+1)}\sin[\pi(i+1)(j+1)/(N+1)]$，$i,j=0,1,\cdots,N-1$，证明矩阵的正交性。

11.14　已知 $\boldsymbol{x}$ 为均值为零的 4 维随机矢量，自相关矩阵为

$$\boldsymbol{\Sigma}_x=\begin{pmatrix}a & b & b & 0\\ b & a & 0 & b\\ b & 0 & a & b\\ 0 & b & b & a\end{pmatrix}$$

，其中，$a>2b>0$；现对 $\boldsymbol{x}$ 进行离散变换，变换后的 4 维矢量为 $\boldsymbol{y}$；

(1) 求 K-L 变换后 $\boldsymbol{y}$ 的自相关矩阵和编码增益；

(2) 求 $N=4$ 的 Hadamad 变换后 $\boldsymbol{y}$ 的自相关矩阵和编码增益。

11.15　某信源输出序列 $\{x_i\}$，$i=1,2,\cdots$，满足 $E(x_i)=0$，$E(x_i^2)=1$，$E(x_ix_j)=\rho^{|i-j|}$，$\rho=0.9$，现对矢量 $\boldsymbol{x}=(x_1,x_2,x_3,x_4)$ 进行 $N=4$ 的离散余弦变换(DCT)；

(1) 写出 DCT 的变换矩阵 A；

(2) 计算 $\boldsymbol{x}$ 的 DCT：$\boldsymbol{y}=\boldsymbol{A}\boldsymbol{x}$；

(3) 求 $\boldsymbol{y}$ 的自相关矩阵 $\boldsymbol{\Sigma}_y$；

(4) 求 DCT 的编码增益 G(dB)。

11.16　四维矢量 (x_1,x_2,x_3,x_4)，其中 $E(x_i)=0, E(x_ix_j)=\sigma^2\rho^{|i-j|}$；

(1) 作一维 Haar 变换：①求变换后的四个系数 c_1,c_2,c_3,c_4；②求矢量 $c=(c_1\quad c_2\quad c_3\quad c_4)$ 的自协方差矩阵；③设 $\rho=0.8$，求变换的编码增益 G(dB)；

(2) 若此四维矢量是图像邻近的二维像素，即 $\begin{pmatrix} x_1 & x_3 \\ x_2 & x_4 \end{pmatrix}$，作二维 Haar 变换，得到四个系数 d_1,d_2,d_3,d_4，求矢量 $\boldsymbol{d}=(d_1,d_2,d_3,d_4)$ 的自协方差矩阵和编码增益 G(dB)。

11.17　已知二维随机矢量 $\boldsymbol{x}=(x_1,x_2)$ 的分布密度为

$$p(x_1,x_2)=\frac{13}{10\pi}\exp\left[-\frac{13(13x_1^2-24x_1x_2+13x_2^2)}{50}\right]$$

现对 $\boldsymbol{x}$ 进行有损压缩编码，码率限制为 10 bit；

(1) 对 x_1、x_2 分别进行理论可达最佳压缩编码，求最佳比特分配、最小平均失真和编码器的信噪比；

(2) 先对 $\boldsymbol{x}$ 进行 K-L 变换得到 $\boldsymbol{y}=(y_1、y_2)$，再对 y_1、y_2 分别进行理论可达最佳压缩编码，求：①K-L 变换矩阵和变换编码增益；②y 的自相关矩阵 $\boldsymbol{\Sigma}_{yy}$；③对 y_1、y_2 最佳比特分配和编码器的最小平均失真 D_2。

11.18　一个 4×4 图像块的像素矩阵为 X，Walsh 变换矩阵为 W，Hadamad 变换矩阵为 H，量化矩阵为 Q，其中，

$$\boldsymbol{X}=\begin{pmatrix} 40 & 30 & 20 & 10 \\ 30 & 20 & 10 & 10 \\ 20 & 10 & 10 & 10 \\ 10 & 10 & 10 & 10 \end{pmatrix},\boldsymbol{W}=\frac{1}{2}\begin{pmatrix} 1 & 1 & 1 & 1 \\ 1 & 1 & -1 & -1 \\ 1 & -1 & -1 & 1 \\ 1 & -1 & 1 & -1 \end{pmatrix},\boldsymbol{H}=\frac{1}{2}\begin{pmatrix} 1 & 1 & 1 & 1 \\ 1 & -1 & 1 & -1 \\ 1 & 1 & -1 & -1 \\ 1 & -1 & -1 & 1 \end{pmatrix},$$

$$\boldsymbol{Q}=\begin{pmatrix} 3 & 5 & 7 & 9 \\ 5 & 7 & 9 & 11 \\ 7 & 9 & 11 & 13 \\ 9 & 11 & 13 & 15 \end{pmatrix}$$

(1) 对像素块分别作二维 Walsh 变换 Y_1 和二维 Hadamad 变换 Y_2；

(2) 对变换后的数据 Y_1 和 Y_2 分别进行量化：$\tilde{y}_{ij}=\text{round}(y_{ij}/q_{ij})$；

(3) 用 zigzag 序表示两种量化后的输出；

(4) 对两种量化数据去量化 $\hat{y}_{ij}=\tilde{y}_{ij}\times q_{ij}$；

(5) 对去量化后数据分别进行逆变换，得到原图块的恢复图块 $\hat{\boldsymbol{X}}$；

(6) 分别求恢复的均方误差 $D=(1/16)\sum_{i=0}^{3}\sum_{j=0}^{3}(x_{ij}-\hat{x}_{ij})^2$

(7) 从压缩效果看，哪种变换更好些？

11.19　证明式(11.3.35)成立。

11.20　证明：式(11.6.10)和式(11.6.11)所表示的矩阵是正交的。

第 12 章　子 带 编 码

本章介绍一种重要且广泛应用的信源编码技术——子带编码(Subband Coding,SBC),这是一种在频率域将信号分割为若干个子频带,再对各子带分别进行量化编码的技术。本章首先介绍子带编码的基本原理和关键技术,然后介绍子带编码在压缩编码中的应用。通过学习我们将会看到,子带编码与下一章的小波变换有密切的关系。

12.1　概　　述

通过对上一章变换编码的研究可以看到,在这种编码系统中,编码器先将信号分解成若干分量,这些分量提供对原始信号更基本或更原始的表示,然后对这些分量进行量化和编码;译码器对这些译码后的量化分量进行综合,形成原始信号的重建。这种系统称为分析/综合编码系统。在信息处理过程中,这种分量通常表示成信号谱分解的形式,例如 DFT、DCT 等。子带编码可以视为一种特殊的变换编码,它将原始信号由时间域变换到频率域,然后进行压缩。与一般的变换编码不同,研究子带编码需要更多的信号处理的理论知识。本节首先介绍某些重要的信号处理技术作为本章学习的预备知识,然后简单介绍子带编码的基本原理。

12.1.1　预备知识

1. 若干重要的离散变换关系

设离散时间序列 $x(n)$ 和 $y(n)$ 的 Z 变换分别为 $X(z)=\sum_n x(n)z^{-n}$ 和 $Y(z)=\sum_n y(n)z^{-n}$,记为 $x(n)\leftrightarrow X(z)$ 和 $y(n)\leftrightarrow Y(z)$,那么有下面的关系成立:

$$(-1)^n x(n)\leftrightarrow X(-z) \tag{12.1.1}$$

$$x(-n)\leftrightarrow X(z^{-1}) \tag{12.1.2}$$

$$(-1)^n x(-n)\leftrightarrow X(-z^{-1}) \tag{12.1.3}$$

$$\sum_m x(m)y(n-m)\triangleq x(n)*y(n)\leftrightarrow X(z)Y(z) \tag{12.1.4}$$

$$(-1)^n x(n)*y(n)\leftrightarrow X(-z)Y(-z) \tag{12.1.5}$$

$$\sum_m x(m)y(m-n)\triangleq x(n)*y(-n)\leftrightarrow X(z)Y(z^{-1}) \tag{12.1.6}$$

注:* 表示离散卷积运算。利用映射 $z=e^{j\omega}$,可将 Z 变换转换成离散时间傅里叶变换(例如 $X(-z)=X(e^{j(\omega+\pi)})$),从而得到离散时间序列之间的运算与其傅里叶变换之间运算的关系。

2. 数字信号的抽取与内差

设时间离散数字序列 $x(n)$ 经 FIR 滤波器 $h(n)$ 滤波后，每 M 个连续输出样值取其中的第一位样值作为输出，这个过程称为抽取，M 为抽取因子。设进行抽取得到序列为 $y(n)$，那么

$$y(n)=\sum_k h(k)x(Mn-k)=\sum_k x(k)h(Mn-k) \tag{12.1.7}$$

特别是，当 $M=2$ 时，有

$$y(n)=\sum_k x(k)h(2n-k)\triangleq x(m)*h(m)\big|_{m=2n} \tag{12.1.8}$$

在 Z 域的关系为

$$Y(z)=\frac{1}{M}\sum_{k=0}^{M-1}X(\mathrm{e}^{-\mathrm{j}2k\pi/M}z^{1/M})H(\mathrm{e}^{-\mathrm{j}2k\pi/M}z^{1/M}) \tag{12.1.9}$$

其中，$Y(z)$、$X(z)$、$H(z)$ 分别为 $y(n)$、$x(n)$、$h(n)$ 的 Z 变换。特别是，当 $M=2$ 时，有

$$Y(z)=\frac{1}{2}[X(z^{1/2})H(z^{1/2})+X(-z^{1/2})H(-z^{1/2})] \tag{12.1.10}$$

信号进行抽取后，采样率减少到原来的 $1/M$，可能会发生频谱的混叠。

设数字序列 $x(n)$ 的相邻样值中间补 L 个零，再经 FIR 滤波器 $h(n)$ 滤波，这个过程称为内差，L 为内差因子，内差后的采样率变成原来的 L 倍。设内差后得到序列为 $y(n)$，那么

$$\begin{aligned}y(n)&=\sum_{k:k/L=r}h(n-k)x(k/L)\quad r\text{ 为整数}\\&=\sum_r h(n-rL)x(r)\end{aligned} \tag{12.1.11}$$

特别是，当 $L=2$ 时，有

$$y(n)=\sum_k x(k)h(n-2k) \tag{12.1.12}$$

在 Z 域的关系为

$$Y(z)=H(z)X(z^L) \tag{12.1.13}$$

数字信号的抽取与内差的原理框图如图 12.1.1 所示，其中 F 为采样率。

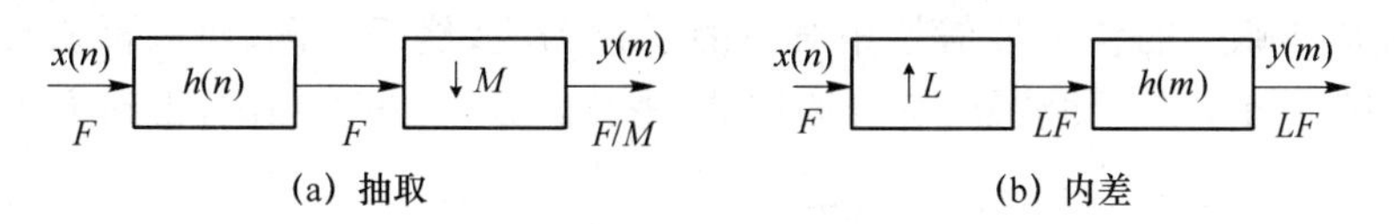

图 12.1.1　数字信号的抽取与内差

3. 双正交展开

在第 11 章，我们介绍了正交展开，但更一般的情况是双正交展开，是子带编码和小波变换中的重要概念。

设在某空间存在着一组线性独立完备的矢量集合 $\{\varphi_i\}$，还存在它的对偶集 $\{\tilde{\varphi}_i\}$，即

$$<\varphi_i,\tilde{\varphi}_j>=\delta(i-j) \tag{12.1.14}$$

其中，$<\boldsymbol{a},\boldsymbol{b}>$表示矢量 $\boldsymbol{a}$ 和 $\boldsymbol{b}$ 的内积，并满足

$$A\|\boldsymbol{y}\|^2\leqslant\sum_k\left|<\varphi_k,\boldsymbol{y}>\right|^2\leqslant B\|\boldsymbol{y}\|^2 \tag{12.1.15}$$

$$\tilde{A}\|\boldsymbol{y}\|^2\leqslant\sum_k\left|<\tilde{\varphi}_k,\boldsymbol{y}>\right|^2\leqslant \tilde{B}\|\boldsymbol{y}\|^2 \tag{12.1.16}$$

其中，$\boldsymbol{y}$ 为与 φ_k 同维的矢量，A、B、$\tilde{A}$、$\tilde{B}$ 为正常数。那么，就称 $\{\varphi_i,\tilde{\varphi}_i\}$ 为一对双正交基。一

矢量 $\boldsymbol{x}$ 表示成 φ_i 或 $\tilde{\varphi}_i$ 的线性组合,称作 $\boldsymbol{x}$ 的双正交展开,即

$$\boldsymbol{x} = \sum_k < \varphi_k, \boldsymbol{x} > \tilde{\varphi}_k = \sum_k < \tilde{\varphi}_k, \boldsymbol{x} > \varphi_k \tag{12.1.17}$$

如果 $\{\varphi_i\}$ 是正交的,那么它的对偶集就是其本身,式(12.1.17)就变成一般的正交展开。可见,正交展开可以看成双正交展开的特例。在双正交条件下的帕斯伐尔关系为

$$\| \boldsymbol{y} \|^2 = \sum_k < \varphi_k, \boldsymbol{y} >^* \cdot < \tilde{\varphi}_k, \boldsymbol{y} > \tag{12.1.18}$$

$$\begin{aligned} < \boldsymbol{y}_1, \boldsymbol{y}_2 > &= \sum_k < \varphi_k, \boldsymbol{y}_1 >^* \cdot < \tilde{\varphi}_k, \boldsymbol{y}_2 > \\ &= \sum_k < \tilde{\varphi}_k, \boldsymbol{y}_1 >^* \cdot < \varphi_k, \boldsymbol{y}_2 > \end{aligned} \tag{12.1.19}$$

例 12.1.1 已知 $e_0 = (1 \quad 0)^{\mathrm{T}}$ 和 $e_1 = (0 \quad 1)^{\mathrm{T}}$ 为标准二维欧氏空间中的标准基。

(1)验证 $\varphi_0 = (1 \quad 1)^{\mathrm{T}}/\sqrt{2}$ 和 $\varphi_1 = (1 \quad -1)^{\mathrm{T}}/\sqrt{2}$ 为归一化正交基;

(2)若 $\varphi_0 = e_0, \varphi_1 = (1 \quad 1)^{\mathrm{T}}, \tilde{\varphi}_0 = (1 \quad -1)^{\mathrm{T}}, \tilde{\varphi}_1 = e_1$,验证 $\{\varphi_i\}$ 与 $\{\tilde{\varphi}_i\}$ 构成双正交基。

解 (1)因为 $< \varphi_i, \varphi_j > = \delta(i-j), \quad i,j = 0,1$,所以 φ_0 和 φ_1 为归一化正交基;

(2)因为 $< \varphi_i, \tilde{\varphi}_j > = \delta(i-j), \quad i,j = 0,1$,所以 $\{\varphi_i\}$ 与 $\{\tilde{\varphi}_i\}$ 构成双正交基。▌

12.1.2 子带编码的基本原理

子带编码系统原理如图 12.1.2 所示。在发送端,用一组(N 个)带通滤波器(称为分析滤波器)把输入信号均匀分割成 N 个不同频段上的窄带信号(子带),根据奈奎斯特准则,对后者采样所需频率可下降到 $1/N$。这些子带信号经过频率搬移转变成基带信号,再对它们在奈奎斯特速率上分别重新采样。这等效于串行的样值变换成 N 个滤波器输出的并行的样值。一般情况下,这些窄带信号是相互独立的,也就是解除或减弱信号间样值的相关性,而且各样值的方差也不同,所以可达到压缩的目的。采样后的信号经过量化编码(例如,各自的自适应 PCM 编码器(ADPCM)编码),并合并成一个总的码流传送给接收端。这种将输入信号分解成若干个子带并对每个子带分别编码的方法称为子带编码。在接收端实现发送端的逆过程,首先把码流分成与原来的各子带信号相对应的子带码流,然后译码、将频谱搬移至原来的位置,最后用一组(N 个)带通滤波器(综合滤波器)进行滤波,对输出相加,得到重建信号。

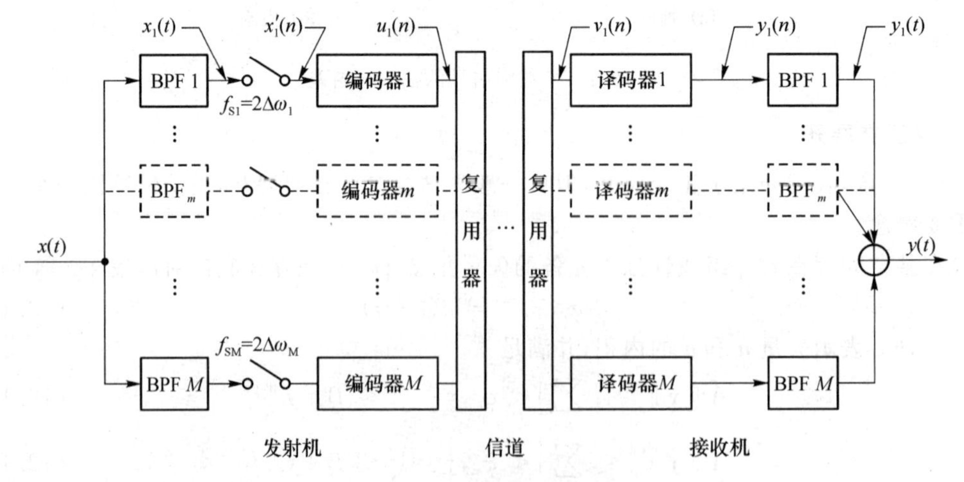

图 12.1.2 子带编码原理框图

下面以语音子带编码系统为例进行简单说明。音频频带可以用树形结构的式样进行划分。例如，可把整个音频信号带宽分成两个子带：高频子带和低频子带。然后对这两个子带用同样的方法划分，形成 4 个子带。这个过程按需要重复下去，可以产生 2^k 个等宽度子带，k 为分割的次数。如果每次分割时所选择的子带数目不同，也可以生成不等带宽的子带。例如，对带宽为 4 000 Hz 的音频信号，当 $k=3$ 时，可分为 8 个相等带宽的子带，每个子带的带宽为 500 Hz。也可生成 5 个不等带宽的子带，分别为[0,500)，[500,1 000)，[1 000,2 000)，[2 000,3 000)和[3 000,4 000]。把音频信号分割成相邻的子带分量之后，用 2 倍于子带带宽的采样频率对子带信号进行采样，就可以用它的样本值重构出原来的子带信号。例如，把4 000 Hz带宽分成 4 个等带宽子带时，子带带宽为 1 000 Hz，采样频率可用 2 000 Hz，它的总采样率仍然是 8 000 Hz。由于分割频带所用的滤波器不是理想的滤波器，经过分带、编码、译码后合成的输出音频信号会有混叠效应。采用正交镜像滤波器(Quadrature Mirror Filter，QMF)来划分频带，混叠效应在最后合成时可以抵消。

可以从不同角度来理解子带编码与变换编码的关系。子带编码也可以看作是一种变换编码。这里变换点数 N 是子带数，下采样率为 $k=N$，分析/综合滤波器的长度小于等于 N，子带编码中的滤波器也可能不正交。

12.1.3　子带编码的优缺点

子带编码有很多优点，主要表现在如下几个方面。

(1) 每个子带可单独选择最佳的算法。每个子带量化噪声的比例可以控制；每个子带可独立自适应，也可按每个子带的能量调节量化级差。

(2) 可根据心理声学(或视觉)原理对各个子带分配最佳的比特数。可以利用人耳(或人眼)对不同频率信号的感知灵敏度不同的特性，在人的听觉(或视觉)不敏感的频段采用较粗糙的量化，从而达到数据压缩的目的。在音频编码中，利用听觉的掩蔽效应，可以删除大功率子带附近的较弱的子带信号，以减小码率。在语音低频子带中，为了保护音调和共振峰的结构，就要求用较小的量化级差、较多的量化级数，即分配较多的比特数来表示样本值。而话音中的摩擦音和类似噪声的声音通常出现在高频子带中，对它分配较少的比特数。在图像编码中，可以根据人的视觉对不同频率子带的敏感度，合理分配每个子带的比特数。

(3) 各个子带的量化噪声都束缚在本子带内，这就可以避免能量较小的频带内的信号被其他频带中的量化噪声所掩盖。

(4) 可以实现并行处理。通过频带分割，各个子带的采样频率可以成倍下降。例如，若分成频谱宽度相同的 N 个子带，则每个子带的采样频率可以降为原始信号采样频率的 $1/N$，因而可以降低硬件实现的难度，便于并行处理。

(5) 用于图像压缩时，不存在块效应。

不过子带编码也有缺点，主要表现在：

① 最佳比特分配算法只适用于高码率系统；

② 不能像其他变换编码系统那样对多目标码率编码系统的工作进行简化

③ 系统难以实现一个精确的目标码率。

12.2 双通道分析/综合子带编码系统

从上面的介绍我们认识到，子带编码中的重要问题是分析/综合滤波器的设计和每个子带的编译码器的设计。在子带编码系统中最简单和最基本的是双通道子带编码系统，与其相关的理论与技术不仅可以推广到多子带的编码系统，而且它与小波变换有密切的关系。本节介绍双通道子带编码系统的有关技术。

双通道子带编码系统的原理如图 12.2.1 所示。设 $x(n)$ 和 $\hat{x}(n)$ 分别为编码系统输入和重建信号，Z 变换分别为 $X(z)$ 和 $\hat{X}(z)$；$h_0(n)$ 和 $h_1(n)$ 分别为两子带低通和高通分析滤波器的冲击响应，对应的 Z 变换分别为 $H_0(z)$ 和 $H_1(z)$；$y_0(n)$ 和 $y_1(n)$ 分别为通过下采样后低通和高通滤波器的输出，对应的 Z 变换分别为 $Y_0(z)$ 和 $Y_1(z)$；$\hat{y}_0(n)$ 和 $\hat{y}_1(n)$ 分别为两子带通过译码器的输出信号，对应的 Z 变换分别为 $\hat{Y}_0(z)$ 和 $\hat{Y}_1(z)$；$g_0(n)$、$g_1(n)$ 分别为两子带低通和高通综合滤波器的冲击响应，对应的 Z 变换分别为 $G_0(z)$ 和 $G_1(z)$ 。

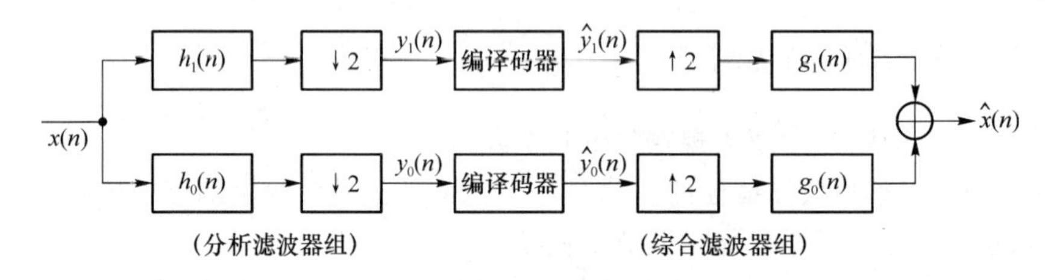

图 12.2.1　双通道子带编码系统原理框图

从原理图上可以看出，输入信号 $x(n)$ 经分析滤波器然后 2 倍下采样后的输出为

$$Y_0(z) = \frac{1}{2}[X(z^{1/2})H_0(z^{1/2}) + X(-z^{1/2})H_0(-z^{1/2})] \tag{12.2.1}$$

$$Y_1(z) = \frac{1}{2}[X(z^{1/2})H_1(z^{1/2}) + X(-z^{1/2})H_1(-z^{1/2})] \tag{12.2.2}$$

上述输出经编码、传输和译码的输出为 $\hat{Y}_0(z)$ 和 $\hat{Y}_1(z)$ 。对该输出进行 2 倍内插，并经综合滤波器滤波，得到重建信号为

$$\hat{X}(z) = \hat{Y}_0(z^2)G_0(z) + \hat{Y}_1(z^2)G_1(z) \tag{12.2.3}$$

如果在编译码和传输过程中无失真，即 $Y_i(z) = \hat{Y}_i(z), i = 0,1$，那么

$$\begin{aligned}\hat{X}(z) &= \frac{1}{2}[H_0(z)G_0(z) + H_1(z)G_1(z)]X(z) \\ &\quad + \frac{1}{2}[H_0(-z)G_0(z) + H_1(-z)G_1(z)]X(-z) \\ &= \frac{1}{2}(G_0(z) \quad G_1(z))\begin{pmatrix} H_0(z) & H_0(-z) \\ H_1(z) & H_1(-z)\end{pmatrix}\begin{pmatrix} X(z) \\ X(-z)\end{pmatrix}\end{aligned} \tag{12.2.4}$$

为保证不丢失信息，重建信号应该是系统输入的延迟和幅度伸缩形式，即要求

$$\hat{X}(z) = c \cdot X(z)z^{-l} \tag{12.2.5}$$

其中，l 为整数，表示时延；c 为常数，此时称为完全重建。

如果把式(12.2.4)中的因子 1/2 吸收到常数 c，那么当满足下面条件时，就可保证完全重建：

$$(G_0(z) \quad G_1(z))\begin{pmatrix} H_0(z) & H_0(-z) \\ H_1(z) & H_1(-z) \end{pmatrix} = (c \cdot z^{-l} \quad 0) \tag{12.2.6}$$

写成矩阵形式为

$$(G_0(z) \quad G_1(z))\boldsymbol{H}(z) = (c \cdot z^{-l} \quad 0) \tag{12.2.6$'$}$$

其中，

$$\boldsymbol{H}(z) = \begin{pmatrix} H_0(z) & H_0(-z) \\ H_1(z) & H_1(-z) \end{pmatrix} \tag{12.2.7}$$

式(12.2.6)意味着

$$H_0(z)G_0(z) + H_1(z)G_1(z) = c \cdot z^{-l} \tag{12.2.8}$$

$$H_0(-z)G_0(z) + H_1(-z)G_1(z) = 0 \tag{12.2.9}$$

解式(12.2.6)，得

$$\begin{pmatrix} G_0(z) \\ G_1(z) \end{pmatrix} = \frac{c \cdot z^{-l}}{\det(\boldsymbol{H}(z))}\begin{pmatrix} H_1(-z) \\ -H_0(-z) \end{pmatrix} \tag{12.2.10}$$

这里假定 $\boldsymbol{H}(z)$ 是非奇异的。由式(12.2.10)得

$$H_1(z) = \frac{\det(\boldsymbol{H}(-z))}{(-1)^l \cdot c \cdot z^{-l}} G_0(-z) \tag{12.2.11}$$

和

$$G_1(z) = \frac{-c \cdot z^{-l}}{\det(\boldsymbol{H}(z))} H_0(-z) \tag{12.2.12}$$

根据式(12.2.7)，可知 $\det(\boldsymbol{H}(-z)) = -\det(\boldsymbol{H}(z))$，所以

$$H_1(z)G_1(z) = (-1)^l H_0(-z)G_0(-z) \tag{12.2.13}$$

将上面的结果代入式(12.2.8)，就有

$$H_0(z)G_0(z) + (-1)^l H_0(-z)G_0(-z) = c \cdot z^{-l} \tag{12.2.14a}$$

和

$$H_1(z)G_1(z) + (-1)^l H_1(-z)G_1(-z) = c \cdot z^{-l} \tag{12.2.14b}$$

12.2.1　双正交滤波器组

1. 双正交条件

设 $l=0, c=2$，根据式(12.2.14a)以及式(12.1.4)、式(12.1.1)，有

$$\sum_k g_0(k)h_0(n-k) + (-1)^n \sum_k g_0(k)h_0(n-k) = 2\delta(n)$$

上式左边奇次项抵消，结果为

$$\sum_k g_0(k)h_0(2n-k) = \delta(n) \tag{12.2.15}$$

写成内积形式为

$$< g_0(k), h_0(2n-k) >= \delta(n) \tag{12.2.15$'$}$$

由式(12.2.14b)，利用类似的论证，可得

$$< g_1(k), h_1(2n-k) >= \delta(n) \tag{12.2.16}$$

将式(12.2.9)两边乘 $G_0(-z)$，再利用式(12.2.13)，得

$$H_1(z)G_0(z)+H_1(-z)G_0(-z)=0 \tag{12.2.17}$$

所以

$$\sum_k g_0(k)h_1(2n-k)=0 \tag{12.2.18}$$

写成内积形式为

$$<g_0(k),h_1(2n-k)>=0 \tag{12.2.18'}$$

由式(12.2.9)，得 $H_0(z)G_0(-z)+H_1(z)G_1(-z)=0$，两边乘 $G_1(z)$，再利用式(12.2.13)，得

$$<g_1(k),h_0(2n-k)>=0 \tag{12.2.19}$$

关系式(12.2.15)′、式(12.2.16)、式(12.2.18)′、式(12.2.19)称为双正交条件。完全重建就意味着双正交条件成立。

构建矢量集合 $\{\varphi_n(k)\}$ 和 $\{\tilde{\varphi}_n(k)\}$，其中 $\varphi_n(k)$ 由 $h_0(2n-k)$、$h_1(2n-k)$（n 为整数）构成，即 $\varphi_{2n}(k)=h_0(2n-k)$，$\varphi_{2n+1}=h_1(2n-k)$；$\tilde{\varphi}_n(k)$ 由 $g_0(k-2n)$、$g_1(k-2n)$（n 为整数）构成，即 $\tilde{\varphi}_{2n}(k)=g_0(k-2n)$，$\tilde{\varphi}_{2n+1}=g_1(k-2n)$，那么 $\{\varphi_n(k)\}$ 和 $\{\tilde{\varphi}_n(k)\}$ 就构成双正交基的两个对偶集。

2. 双正交滤波器组

可以证明，为实现信号的完全重建，如果分析滤波器为 FIR 滤波器，那么 $\det(\boldsymbol{H}(z))$ 应该是如下形式：

$$\det(\boldsymbol{H}(z))=\alpha\cdot z^{-(2k-1)} \tag{12.2.20}$$

其中，α 为常数，k 为整数，那么根据式(12.2.10)可知，若分析滤波器为 FIR 型，则综合滤波器也是 FIR 型，设 $l=0$，$\alpha=c=2$，那么

$$G_0(z)=z^{2k-1}H_1(-z) \tag{12.2.21}$$

$$G_1(z)=-z^{2k-1}H_0(-z) \tag{12.2.22}$$

这就是双正交滤波器组的条件。对应的冲激响应的关系为

$$g_0(n)=(-1)^{n+1}h_1(n+2k-1) \tag{12.2.23}$$

$$g_1(n)=(-1)^n h_0(n+2k-1) \tag{12.2.24}$$

可见，如果分析滤波器为因果滤波器，那么综合滤波器就不是因果滤波器。根据式(12.2.7)和式(12.2.20)，有

$$H_0(z)H_1(-z)-H_0(-z)H_1(z)=P(z)-P(-z)=2z^{-(2k-1)} \tag{12.2.25}$$

其中，

$$P(z)=H_0(z)H_1(-z)=H_0(z)G_0(z)z^{-(2k-1)} \tag{12.2.26}$$

为两低通滤波器 $H_0(z)$ 和 $G_0(z)$ 的乘积后接一个时延装置。式(12.2.25)说明，$P(z)$的所有奇次项除第 $2k-1$ 项之外都是零，而偶次项是任意的。$P(z)$ 对应时间序列

$$p(n)=\begin{cases}0 & n\text{ 为奇且 } n\neq 2k-1\\ 1 & n=2k-1\\ \text{任意} & n\text{ 为偶数}\end{cases} \tag{12.2.27}$$

因此，两通道滤波器的设计归结为如下两步：①设计满足式(12.2.27)的 $P(z)$；②将 $P(z)$ 分解为 $H_0(z)$ 和 $G_0(z)$，然后根据式(12.2.21)和式(12.2.22)计算 $H_1(z)$ 和 $G_1(z)$。

可以看到，对于 $P(z)$ 存在多种设计和分解方式。但其中最普遍的形式是

$$P(z) = (1 + z^{-1})^{2k} Q(z) = (1 + z^{-1})^{2k} \sum_{m=0}^{2k-2} a_m z^{-m} \tag{12.2.28}$$

其中，$Q(z)$ 为满足式(12.2.25)的 2k－2 阶多项式。此时，$P(z)$ 的阶数 N 为 $2(2k-1)$，而且有

$$p(n) = p(N - n) \tag{12.2.29}$$

这就是说，$P(z)$ 的系数的个数是奇数，为 N＋1。在 $P(z)$ 中存在 2k－1 个奇次幂，而且有 2k－1个系数要在 $Q(z)$ 中选择，所以 $Q(z)$ 是唯一的。

式(12.2.28)中的因子 $(1 + z^{-1})^{2k}$ 表示的是一种样条滤波器，而 $Q(z)$ 是为实现完全重建所必需的。可以证明，2k 是为保证完全重建，$P(z)$ 在频率 $\omega=\pi$(或 $z=-1$)处零点的最大数目。因此，由式(12.2.28)所定义的 $P(z)$ 称为最大平坦滤波器。

例 12.2.1　一个 $k=2$ 的最大平坦滤波器 $P(z) = (1 + z^{-1})^4 Q(z)$，试确定 $Q(z)$ 和 $P(z)$。

解　设 $Q(z) = a_0 + a_1 z^{-1} + a_2 z^{-2}$

$$\begin{aligned} P(z) &= (1 + 4z^{-1} + 6z^{-2} + 4z^{-3} + z^{-4})(a_0 + a_1 z^{-1} + a_2 z^{-2}) \\ &= a_0 + (4a_0 + a_1)z^{-1} + (6a_0 + 4a_1 + a_2)z^{-2} + (4a_0 + 6a_1 + a_2)z^{-3} \\ &\quad + (a_0 + 4a_1 + 6a_2)z^{-4} + (a_1 + 4a_2)z^{-5} + a_2 z^{-6} \end{aligned}$$

解方程组 $a_0 = a_2, 4a_0 + a_1 = 0, 4a_0 + 6a_1 + 4a_2 = 1, a_1 + 4a_2 = 0$，得

$$a_0 = a_2 = -1/16,\quad a_1 = 1/4$$

所以 $Q(z) = -(1 - 4z^{-1} + z^{-2})/16$，$P(z) = (-1 + 9z^{-2} + 16z^{-3} + 9z^{-4} - z^{-6})/16$。■

12.2.2　正交滤波器组

设分析和综合滤波器满足下面的条件：

$$H_1(z) = -z^{-(2k-1)} H_0(-z^{-1}) \tag{12.2.30}$$

和

$$G_0(z) = H_0(z^{-1}), G_1(z) = H_1(z^{-1}) \tag{12.2.31}$$

满足式(12.2.30)和式(12.2.31)的条件称为正交条件，此时，称为正交滤波器组。可见，双通道正交滤波器组可以通过一个模板滤波器 $H_0(z)$ 得到。容易证明利用正交滤波器组可实现完全重建。

根据式(12.2.14)和式(12.2.31)，并设 $c=2, l=0$，得

$$H_0(z) H_0(z^{-1}) + H_0(-z) H_0(-z^{-1}) = 2 \tag{12.2.32}$$

在时域的关系为

$$\sum_k h_0(k) h_0(k - 2n) = \delta(n) \tag{12.2.33}$$

写成内积形式为

$$\langle h_0(k), h_0(k - 2n) \rangle = \delta(n) \tag{12.2.33$'$}$$

将式(12.2.31)代入式(12.2.17)，得

$$H_1(z) H_0(z^{-1}) + H_1(-z) H_0(-z^{-1}) = 0 \tag{12.2.34}$$

在时域的关系为

$$\sum_k h_1(k) h_0(k - 2n) = 0 \tag{12.2.35}$$

写成内积形式为

$$< h_1(k), h_0(k-2n) > = 0 \tag{12.2.35$'$}$$

构建矢量集合 $\{\varphi_n(k)\}$，其中 $\varphi_{2n}(k)=h_0(k-2n)$，$\varphi_{2n+1}=h_1(k-2n)$，可见 $\{\varphi_n(k)\}$ 为正交集；同理也可构建矢量集合 $\{\tilde{\varphi}_n(k)\}$，其中 $\tilde{\varphi}_{2n}(k)=g_0(k-2n)$，$\tilde{\varphi}_{2n+1}=g_1(k-2n)$，那么 $\{\tilde{\varphi}_n(k)\}$ 也是正交集。

根据式(12.2.30)，有

$$|H_1(e^{j\omega})| = |H_0(e^{j(\omega+\pi)})| \tag{12.2.36}$$

如果 $H_0(z)$ 是低通滤波器，那么 $H_1(z)$ 就是高通滤波器。根据式(12.2.32)，得

$$|H_0(e^{j\omega})|^2 + |H_0(e^{j(\omega+\pi)})|^2 = 2 \tag{12.2.37}$$

这就是说，滤波器 $H_0(z)$ 与其调制形式是功率互补的，这种滤波器称作正交镜像滤波器(QMF)。根据式(12.2.36)，又有

$$|H_0(e^{j\omega})|^2 + |H_1(e^{j\omega})|^2 = 2 \tag{12.2.38}$$

各滤波器在时域的关系为

$$h_1(n) = (-1)^n h_0(2k-1-n) \tag{12.2.39}$$

$$g_0(n) = h_0(-n) \tag{12.2.40}$$

$$g_1(n) = h_1(-n) \tag{12.2.41}$$

关于正交滤波器组的设计归结于功率互补低通滤波器 $H_0(z)$的设计，将函数 $F(z)=H_0(z)H_0(z^{-1})$进行谱分解产生 $H_0(z)$，而 $F(z)$为零相位，非负频响的半带低通滤波器(见 13.4 节)。

现将两通道子带编码完全重建滤波器组的设计总结如下。

(1) 完全重建滤波器组的设计有两种：双正交滤波器组和正交滤波器组。

(2) 在双正交滤波器组中，分析滤波器的冲激响应和综合滤波器的冲激响应分别构成双正交集的一对对偶集；先设计分析低通滤波器和综合低通滤波器，然后再导出另外两个滤波器。

(3) 在正交滤波器组中，分析滤波器的冲激响应和综合滤波器的冲激响应各自构成正交集；先设计分析低通滤波器，通过镜像映射得到分析高通滤波器，然后再导出另外两个滤波器。

(4) 在正交滤波器组中，除 Harr 滤波器外，不存在线性相位 FIR 滤波器；而在双正交滤波器组中，可以设计线性相位 FIR 滤波器。

(5) 正交滤波器组中，具有能量保持特性，双正交滤波器组中，不具有能量保持特性。

12.3 多通道子带编码系统

一般的子带编码系统通常包含多个通道，这种系统称为多通道子带编码系统。构造多通道系统需要设计多通道滤波器组，通常有两种实现方式：树结构滤波器组和伪正交镜像滤波器(*PQMF*)组。前者以双通道滤波器组为基础通过多次迭代实现，而后者是设计 PQMF 直接实现多通道的分析与综合。

12.3.1 树结构滤波器组

构造多通道滤波器组的一个简单方法就是使用多个双通道滤波器组级联，形成一个树结构组。通常在进行子带分割时，使用同一对 QMF。树结构滤波器组实现过程如下：先用一对

QMF将信号分割成两个等带宽子带，再分别将这两个子带分割成等带宽子带……这样一直分割下去，称作均匀分割滤波器组。也可以先用QMF把输入信号分割成两个等带宽子带，再对其中的一个低通子带分割成等带宽子带……因为通道的带宽在对数标度上是均匀的，所以也称作对数滤波器组。由于每个后续高通的输出包含输入带宽的倍频，所以也称倍频带滤波器。图12.3.1是一个倍频带滤波器分割，这里迭代使用QMF对前一级的低通频带进行分割，整个系统总共包含5个子带，其中有两个最小带宽的子带，其他子带的宽度是最小带宽的2倍、4倍、8倍。

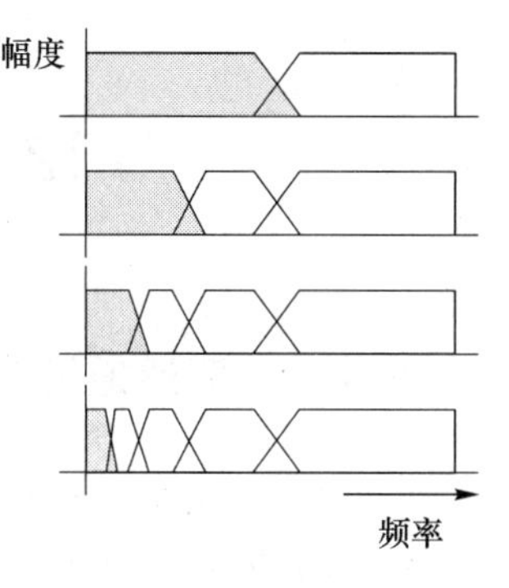

图12.3.1 倍频带子带分解例

12.3.2 伪QMF(PQMF)滤波器组

可以采用直接将输入分割成多个子带的方法进行子带编码，此时要设计多通道滤波器组。通过分析可知，如果通道数较大，那么设计多通道滤波器组要比双通道滤波器组复杂得多。为降低滤波器组设计的复杂度，提出了一种余弦调制滤波器组。这种滤波器组起初是在非相邻通道之间无任何混叠的假定下实现相邻通道的混叠接近完全删除而设计的，称为伪正交镜像滤波器(PQMF)。而实际上，即使这个假定不成立，但只要滤波器的阻带衰减足够大，那么也能提供满意的性能。

PQMF滤波器组是根据均匀DFT滤波器组的一种修正形式导出的。设

$$P_0(z) = \sum_{n=0}^{N} p_0(n) z^{-n} \tag{12.3.1}$$

表示实系数截止频率为$\pi/(2L)$的模板低通滤波器，通过在频率$(2k+1)\pi/(2L) = (k+0.5)\pi/L$上的复调制，得到滤波器组$\{Q_k(z), k = 0, L-1\}$

$$Q_k(z) = P_0(zW_{2L}^{k+0.5}) \quad 0 \leqslant k \leqslant 2L-1 \tag{12.3.2}$$

其中，$W_{2L} = \mathrm{e}^{-\mathrm{j}\pi/L}$。由于$Q_k(\mathrm{e}^{\mathrm{j}\omega}) = Q_{2L-1-k}(\mathrm{e}^{-\mathrm{j}\omega}) = Q_{2L-1-k}(\mathrm{e}^{\mathrm{j}\omega})^*$，所以$Q_k(z)$和$Q_{2L-1-k}(z)$的组合产生实冲击响应。设

$$U_k(z) = c_k Q_k(z), V_k(z) = c_k^* Q_{2L-1-k}(z) \tag{12.3.3}$$

分析滤波器有下面的形式：

$$H_k(z) = \sum_{n=0}^{N} h_k(n) z^{-n} = a_k U_k(z) + a_k^* V_k(z) \quad k = 0, L-1 \tag{12.3.4}$$

综合滤波器有下面的形式：

$$G_k(z) = \sum_{n=0}^{N} g_k(n) z^{-n} = b_k U_k(z) + b_k^* V_k(z) \quad k = 0, L-1 \tag{12.3.5}$$

上面的a_k、b_k、c_k都是单位幅度的常数。滤波器的选择要保证邻通道重叠的删除以及失真转移函数为线性相位。如果

$$G_k(z) = z^{-N} H_k(z^{-1}) \tag{12.3.6}$$

就可以实现线性相位。可以证明，分析和综合滤波器的冲激响应应该具有如下形式：

$$h_k(n) = 2p_0(n)\cos[(k+1/2)(n-N/2)\pi/L + (-1)^k \pi/4] \tag{12.3.7a}$$

$$g_k(n) = 2p_0(n)\cos[(k+1/2)(n-N/2)\pi/L - (-1)^k \pi/4] \tag{12.3.7b}$$

注意：如果$P_0(z)$是线性相位的，那么失真函数也是线性相位的，但分析和综合滤波器并不是线性相位的。

12.4 子带编码系统的性能

12.4.1 双通道子带编码率失真函数

对于如图 12.2.1 所示两个子带的子带编码系统，设输入 $x(n)$ 为实值广义平稳高斯过程，方差为 σ_x^2，谱密度为 $S_x(f)$，那么失真率函数为

$$D_x(R) = \gamma_x^2 \sigma_x^2 2^{-2R} \tag{12.4.1}$$

其中，

$$\gamma_x^2 \sigma_x^2 = \exp\left[\int_{-1/2}^{1/2} \log S_x(f) \mathrm{d}f\right] \tag{12.4.2}$$

为 $x(n)$ 的熵功率，γ_x^2 为 $x(n)$ 的谱平坦度。子带编码系统两通道输出的失真率函数为

$$D_i(R) = \gamma_i^2 \sigma_i^2 2^{-2R_i} \quad i = 1,2 \tag{12.4.3}$$

最佳码率分配后，两通道输出分配的码率为

$$R_i = R + \frac{1}{2}\log \frac{\gamma_i^2 \sigma_i^2}{\gamma_1 \sigma_1 \gamma_2 \sigma_2} \quad i = 1,2 \tag{12.4.4}$$

其中，$R=(R_1+R_2)/2$。

Fisher 提出了如下定理。

定理 12.4.1 设 $x(n)$ 为实值离散时间高斯过程，用上述子带分解进行编码，对于小的失真，子带失真率函数为

$$D(R) = 2\gamma_1 \sigma_1 \gamma_2 \sigma_2 2^{-2R} \tag{12.4.5}$$

其中，

$$2\gamma_1 \sigma_1 \gamma_2 \sigma_2 = \exp\left[\int_{-1/4}^{1/4} \log[\Delta(f) + S_x(f) S_x(f+1/2)] \mathrm{d}f\right] \geqslant \gamma_x^2 \sigma_x^2 \tag{12.4.6}$$

和

$$\Delta(f) = |H(f)|^2 \, |H(f+1/2)|^2 [S_x(f) - S_x(f+1/2)]^2 \tag{12.4.7}$$

（证明略）

由此可得到如下结论。

（1）对于理想带通滤波器，$\Delta(f)=0$，式(12.4.6)右边等号成立，子带编码无性能损失。

（2）若信源为白高斯过程或 $S_x(f)$ 关于 $f=1/4$ 对称，则 $\Delta(f)=0$，式(12.4.6)右边等号成立，子带编码无性能损失。

（3）若在区间 $[-1/4,1/4]$，$\Delta(f)>0$，式(12.4.6)右边为严格不等式，子带编码有性能损失。

一般地讲，对广义平稳高斯信源进行可实现的使用较少子带的编码，除某些特殊情况外，子带编码的性能通常劣于信源的率失真函数，为准最佳编码系统。

12.4.2 子带编码的压缩性能

假设一个平稳高斯过程 $\{x_n\}$，均值为零，方差为 σ_x^2，谱密度为 $S_x(f)$，采样率为 f_s，一个理想带通滤波器组为

$$H_m(f)=\begin{cases}1 & (m-1)f_s/(2M)<f<mf_s/(2M)\\ 0 & \text{其他}\end{cases} \tag{12.4.8}$$

可见,这个滤波器组包含 M 个子带滤波器,每个滤波器的带宽为 $f_s/(2M)$ 。x_n 通过第 m 个滤波器的输出的子带信号为 x_{mn} , $m=1,\cdots,M$ 。而且

$$x_n=\sum_{m=1}^{M}x_{mn} \tag{12.4.9}$$

可以证明,这些子带信号是互不相关的,即

$$E[x_{mn}x_{ls}]=0 \quad \text{对于 } m\neq l \tag{12.4.10}$$

$$\sigma_x^2=\sum_{m=1}^{M}\sigma_m^2 \tag{12.4.11}$$

其中,σ_m^2 为第 m 个子带信号的方差。

当将输入信号分解成 M 个不相关子带信号后,再分别对各子带信号进行量化编码。设对第 m 个子带信号的量化器为 Q_m,量化器输出为 $\hat{x}_{mn}=Q_m(x_{mn})$,x_n 的重建信号为

$$\hat{x}_n=\sum_{m=1}^{M}\hat{x}_{mn} \tag{12.4.12}$$

编码系统的均方误差为

$$D=E[(x_n-\hat{x}_n)^2]=\sum_{m=1}^{M}E[(x_{mn}-\hat{x}_{mn})^2] \tag{12.4.13}$$

上式说明,系统总均方误差等于各子带均方误差的和。在高码率条件下,如果在各子带之间进行最佳比特分配,那么最小可达的平均失真为

$$D_{\text{sbc}}=Mh_g\rho_s^2 2^{-2\bar{b}} \tag{12.4.14}$$

其中,$\bar{b}$ 为子带样值平均分配的比特数,$\bar{b}=\sum_{i=1}^{M}b_i/M$;$\rho_s^2$ 为子带方差的几何平均;h_g 为高斯变量高分辨率最佳量化参数,为 $\sqrt{3}\pi/2$ 。

为压低采样率,对各子带信号进行抽取,即

$$y_{mk}=\hat{x}_{mn} \quad \text{对于 } n=kM \tag{12.4.15}$$

如果没有量化,重建信号与原始信号之间无误差称为完全重建。下面分析临界采样和完全重建理想子带编码的性能。子带编码对 PCM 的性能增益由下式给出:

$$\frac{D_{\text{PCM}}}{D_{\text{SBC}}}=\frac{h_g\sigma_x^2 2^{-2\bar{b}}}{Mh_g\rho_s^2 2^{-2\bar{b}}}=\frac{\sigma_x^2}{M\rho_s^2}=\frac{(1/M)\sum_{m=1}^{M}\sigma_m^2}{\left(\prod_{m=1}^{M}\sigma_m^2\right)^{1/M}} \tag{12.4.16}$$

上面的结果与变换编码的编码增益结果类似。式(12.4.16)表明,子带编码的性能增益是子带方差的算术平均与几何平均之比,当不同子带的功率变化很大时就会得到很大的性能增益。所以,当输入信号谱密度在很宽范围内剧烈变化且子带数目足够多时,子带编码就会产生很明显的压缩效果。

具有高度预测增益的高度相关的信号非常适合于用子带编码有效地消除冗余度,达到与变换编码同样的性能。实际所使用的子带滤波器不是理想带通滤波器,相邻的子带滤波器频带的边缘有交叉,产生频谱的混叠,从而使重建信号质量下降。为减少这种混叠,实现接近完善的重建,需要设计专门的滤波器,即正交镜像滤波器(QMF)。

12.5 子带编码技术的应用

如前所述，子带编码具有很多优点，所以受到数据压缩界的重视。1976 年 Crochiere 等人首次将子带编码技术应用于语音编码，1986 年 Woods 等人又将其引入到图像编码，后来子带编码技术在视频压缩领域也得到了很大发展。在中等速率的编码系统中，SBC 的动态范围宽、重建质量高、成本低。在要求质量高于电话语音编码的某些应用（例如音频会议）中，需要宽带语音，采样率从通常的 8 kHz 提高到 14 kHz。在以子带编码为基本技术的音频压缩系统中要利用听觉系统的掩蔽效应，在保证话音的高质量的同时实现更有效压缩。当前，采用两个子带和 ADPCM 的语音编码系统已作为 ITU 的标准(G. 722)，使用子带编码的编译码器已用于话音存储转发（Voice Store-and-Forward）和话音邮件，MPEG 系列中的音频压缩广泛使用子带编码与心理声学模型相结合的技术，此外，基于小波变换的图像子带分解技术在图像压缩系统中也成为研究的热点。

12.5.1 语音子带编码

ITU-T 的 G. 722 是基于子带编码的宽带语音编码标准，其基本目标是提供在 64 kbit/s 速率的高质量语音。在该系统中，语音或音频信号首先通过截止频率为 7 kHz 的低通滤波器，以防止频谱混叠，然后用 16 kbit/s 的速率采样。每个样值用 14 bit 的均匀量化器编码，这个 14 bit 的样值通过两个 24 系数的 FIR 滤波器组（QMF 滤波器），低通 QMF 滤波器的频率范围是 0～4 kHz，滤波器输出进行 2 倍下采样，然后用 ADPCM 编码。对于低通 ADPCM 系统，每样值 6 bit，对于高通 ADPCM 系统，每样值 2 bit。如果在低频子带所有的 6 bit 都使用，那么这个低频子带所占的码率为 48 kbit/s，而高频带所占的码率为 16 kbit/s，所以系统的总码率为 64 kbit/s。

量化器应用 Jayant 算法的一个变种进行自适应。两个 ADPCM 编码器都使用过去的两个重建值和过去的 6 个量化输出预测下一个样值。

接收端由 ADPCM 译码器译码，每个输出进行 2 倍上采样，上采样信号通过重建滤波器变成重建信号，重建滤波器与分析滤波器相同。

12.5.2 高质量音频编码

如前所述，在音频压缩系统中要使用心理声学模型。在这种模型中，人的听觉系统可近似用滤波器组来模拟，这个滤波器组以临界带为基础。其特点是：①滤波器具有恒定的相对带宽；②主导的强音对一个临界带内和附近频带内的弱音产生掩蔽效应。

MPEG-1 使用子带编码来达到既压缩音频数据又尽可能保留音频原有质量的目的，其理论依据是听觉系统的掩蔽特性，且主要是利用频域掩蔽特性。在子带编码过程中保留信号的带宽而删掉被掩蔽的信号，尽管通过编码和译码后重构的音频信号与编码之前的音频信号不相同，但人的听觉系统却很难感觉到它们之间的差别。这也就是说，对听觉系统来说这种压缩是“无损压缩”。

MPEG-1 音频编码器的结构如图 12.5.1 所示。输入音频信号经过一个“时间-频率多相滤波器组”变换到频域里的多个子带。输入音频信号还经过“心理声学模型(计算掩蔽特性)”进行处理,该模型计算以频率为自变量的噪声掩蔽阈值(Masking Threshold),查看输入信号和子带中的信号以确定每个子带里的信号能量与掩蔽阈值的比率。“量化和编码”部分用信掩比(Signal-to-Mask Ratio,SMR)来决定分配给子带信号的量化比特数,使量化噪声低于掩蔽阈值。最后通过“数据帧组装”将量化的子带样本和其他数据按照规定帧格式组装成比特数据流。

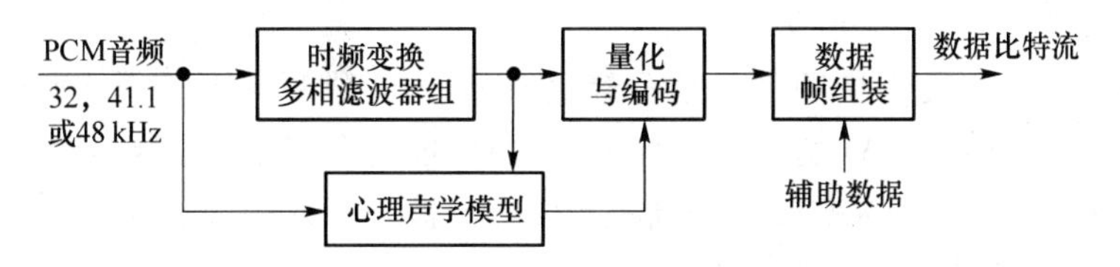

图 12.5.1　MPEG-1 音频编码器框图

信掩比(SMR)是指最大的信号功率与全局掩蔽阈值之比。图 12.5.2 表示某个临界频带中的掩蔽阈值和信掩比,人们把“掩蔽音”电平和“掩蔽阈值”之间的距离叫作信掩比。在图中所示的临界带中,“掩蔽阈值”曲线之下的声音可被“掩蔽音”掩蔽掉。

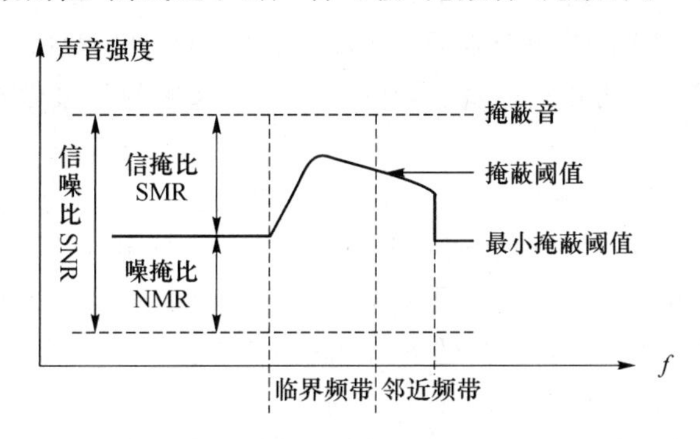

图 12.5.2　掩蔽阈值和 SMR

图 12.5.3 是 MPEG-1 音频译码器框图。译码器对比特数据流进行译码,恢复被量化的子带样本值以重建音频信号。由于译码器无须心理声学模型,只需拆包、重建子带样本以及把它们变换回音频信号,因此译码器就比编码器简单得多。

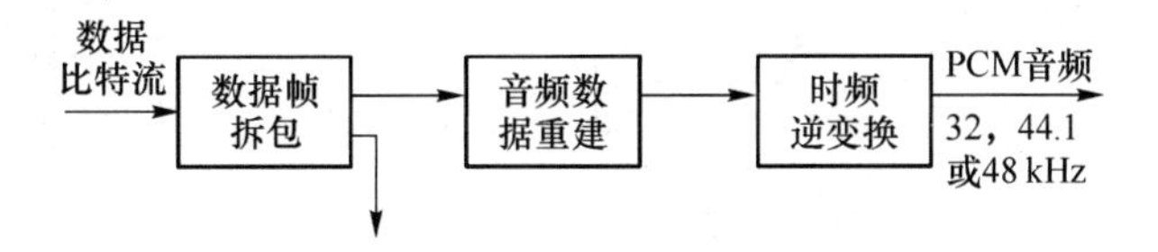

图 12.5.3　MPEG 音频译码器框图

12.5.3　图像子带编码

与语音和音频信号不同,图像信号是二维信号,在子带编码时要在水平和垂直两个方向上将信号分解成多个分量。这种分解可以通过设计二维滤波器来实现,也可以使用可分离的二维滤波器,通过两次一维滤波实现。当前大部分图像子带分解采用后者,下面我们重点研究这种方法。与一维信号相比,图像子带分割的方式上也有很大的灵活性,即存在多种分割方式,可以根据需要,选择所需要的方式,其中最重要的是标准分解和塔式分解。

在标准分解方式中，先进行行像素的分解，例如倍频带分解，然后进行列像素的分解。例如先进行3级行像素倍频带分解，那么原始图像变成4幅子图像：LLL、HLL、HL和H，在原始图像上从左至右排列，其中，LLL和HLL宽度相同，而HL为HLL的2倍，H为HL的2倍，如图12.5.4(a)所示；再进行3级列像素倍频带分解，最后的子带分解如图12.5.4(b)所示。

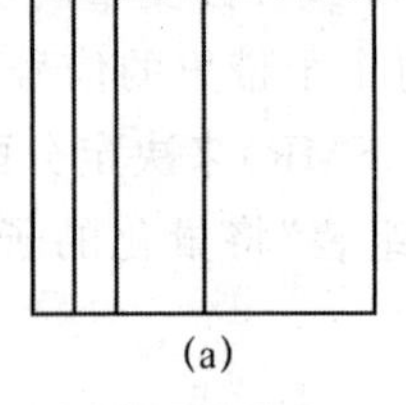

(a)

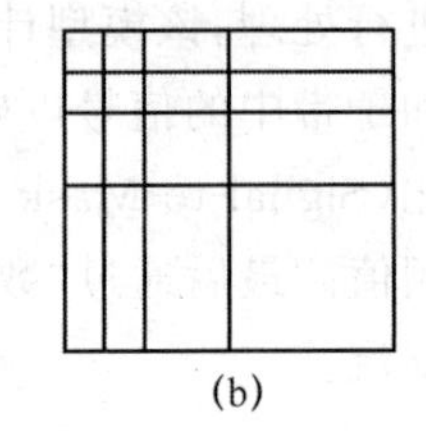

(b)

图 12.5.4　标准子带分解方式

塔式分解方式是小波变换图像子带分解最常用的方式。假定对一幅 $N\times M$ 的图像进行子带编码，现结合图12.5.5(a)说明对该图像进行子带分解的过程。首先用低通(H_0)和高通(H_1)滤波器分别对图像的每一行进行滤波，对滤波输出进行2∶1的抽取。这样就得到分别对应低频和高频的两幅 $N\times M/2$ 的子图像，分别用L和H表示。再用低通(H_0)和高通滤波器(H_1)分别对L和H的每一列进行滤波，对滤波输出也进行2∶1的抽取。这样就把原始图像分解成四幅 $N/2\times M/2$ 的子图像。L的低通和高通输出子图像分别用LL和HL表示，而H的低通和高通输出子图像分别用LH和HH表示。第一次分解分别得到LL1、HL1、LH1和HH1，对LL1再分解分别得到LL2、HL2、LH2和HH2，对LL2再分解分别得到LL3、HL3、LH3和HH3。根据需要还可以对这四幅子图像中的一个或多个再进行分解。通常高频子图像中的很多像素值接近于零，没有继续分解的必要。

由于四幅 $N/2\times M/2$ 的子图像与原始图像的像素数目相同，按如图12.5.5(b)所示的数据结构可以组成与原图像大小相同的图像，其中LL、HL、LH和HH分别位于整幅图像的左上、左下、右上和右下的位置。由于LL是原图像序列两次低通滤波的结果，它反映了图像近似的信息，而HH是原图像序列两次高通滤波的结果，它反映了图像的细节。如果滤波器设计合适，原图像的能量应该大部分集中于LL，而HH包含的能量应该很少，而且HL和LH中包含的能量也比LL小很多。这样，就可以把大部分比特数分配到LL上，而其他三个子图像可以分配较少的比特或不分配，从而实现了码率的压缩。

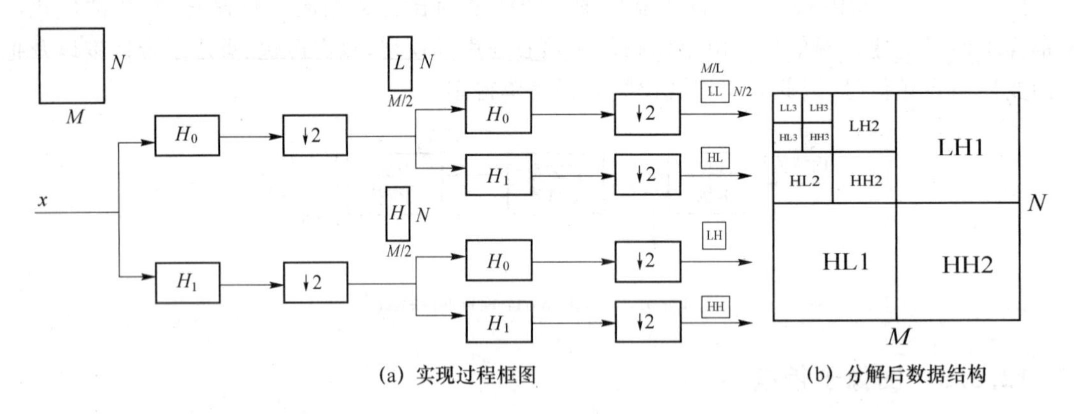

(a) 实现过程框图　　(b) 分解后数据结构

图 12.5.5　图像塔式子带分解

图像重建的过程实际上是分解的逆过程。

在滤波器的选取方面，图像压缩与音频压缩不同，图像子带编码的滤波器不需要很高的带外抑制，但要满足其他的约束。在图像子带编码中要使用线性相位滤波器，且应该是正交的，以使输入到各子带间的变换是正交的。这样总的失真是加性的，即总失真是各子带失真的和，总码率是各子带码率的和，从而可以使用最佳的比特分配算法。通常，设计良好的线性相位FIR滤波器组接近于正交。

在图像压缩中，不使用像音频压缩中所使用的长滤波器，而要使用短的平滑滤波器。在选择滤波器时，与音频压缩不同，在图像压缩中更多的是考虑时域方面的问题，例如阶跃响应问题，而并不太关心滤波器的频率选择性问题。实践证明，在图像压缩中需要使用正规滤波器，特别是高度正规滤波器可进一步改进压缩效果。在折叠频率具有若干零点的正交滤波器如果迭代总是趋于连续函数，那么这种滤波器就称为正规的。

图像的子带分解主要有两种量化方式，即各子带独立量化和考虑到子带间依赖性的量化。在各子带独立量化时以下条件成立：①最低频的子带是原始信号的低通和下采样形式，其性质与原始图像非常相像。因此可以使用传统的量化方法，例如DPCM或变换编码。②最高频带的能量很小，通常可以忽略而不会产生显著的视觉质量的损失。③除图像的边缘附近，在较高频子带之间相关性也很小，像素值的概率密度函数在零处具有峰值，而衰减很快，可以用Laplace分布或广义高斯分布来近似。

如果各子带独立量化后接熵编码，那么对各子带的均匀标量量化就是最佳的。不过也可以使用矢量量化，但复杂度很大，不太合算，因为各子带之间的相关性本来就很小。

在量化时还有一个重要的考虑因素，就是各个子带对视觉的重要性，因此要对各子带进行加权计算均方误差。由于人的视觉系统对于高频不太敏感，所以高频子带可以容忍较大的噪声。

考虑到子带间依赖性时的量化称为跨带量化。例如，假设图像中包含一个垂直边缘，那么在低通子带以及包含水平高通滤波的子带都能见到它，因此要使用跨带的矢量量化。但所带来的问题是在不同的子带之间难以预测。如果各子带的大小相同，那么直接使用矢量量化是比较容易的。

12.5.4　视频子带编码

视频子带编码大致分为两种：无运动补偿子带编码和运动补偿子带编码。

与语音、图像不同，视频信号是三维信号，因此无运动补偿子带编码需要用三维子带分解，原理图如图12.5.6所示。图(a)表示视频信号三维分解的顺序依次是：时域分解、水平分解和垂直分解，形成一个树结构的滤波器组。每一级分解都用一个双通道滤波器组实现，其中，LP和HP分别表示低通和高通滤波，图中的圆圈表示2倍的下采样。在一般情况下，信号大部分能量都集中在全通过低通滤波的子带内。对于各向同性的数据每维可采用相同的滤波器组。图(b)表示视频三维谱。在视频序列的处理中，时间维的处理不同于空间维，通常需要很短的滤波器，因为长滤波器可能使低通通道的运动模糊，在高通通道可能产生寄生高频。通过观察三维子带分解的输出可知，低通输出类似于原始数据，而能量较大的另一个通道是通过时域高通后接两个空间维的低通滤波。每当存在明显的运动时，这个通道就包含能量，所以可以用来作为运动的指示。

在运动补偿子带编码系统中，首先进行与运动有关的时域子带分解，然后再进行空间分解和编码。运动补偿方法可能优于时域子带分解，但后者方法简单，复杂度低，可以在信源信道联合编码环境中使用，而且子带的表示对于分层编码也很方便，已用于HDTV的压缩。为提高时域子带分解的性能，可以在子带分解中引入运动估计，但是这要比在原始序列中进行困难得多。

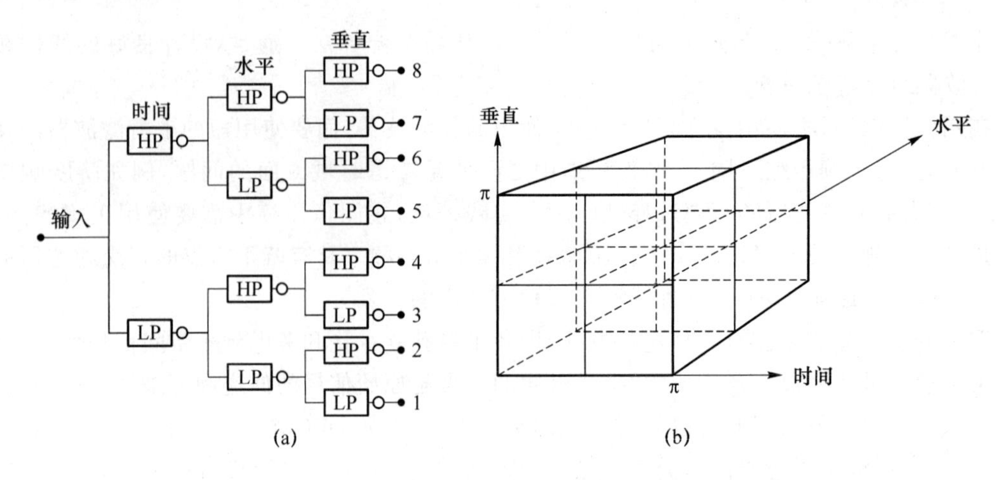

图 12.5.6　无运动补偿子带编码原理图

本章小结

1. 子带编码基本原理:发送端用分析滤波器组将输入信号分解成若干个子带并对其分别编码,在接收端对各子带分别译码,用综合滤波器组实现信号的重建

2. 双通道子带编码系统

• 完全重建条件

$$(G_0(z) \quad G_1(z))\begin{pmatrix} H_0(z) & H_0(-z) \\ H_1(z) & H_1(-z) \end{pmatrix} = (c \cdot z^{-l} \quad 0)$$

• 双正交滤波器组：　$G_0(z) = z^{2k-1}H_1(-z)$，　$G_1(z) = -z^{2k-1}H_0(-z)$

• 正交滤波器组：　$H_1(z) = -z^{-(2k-1)}H_0(-z^{-1})$，$G_0(z) = H_0(z^{-1})$，$G_1(z) = H_1(z^{-1})$

• 正交镜像滤波器的性质:功率守恒

$$|H_0(e^{j\omega})|^2 + |H_0(e^{j(\omega+\pi)})|^2 = 2$$

3. 多通道子带编码系统

• 树结构滤波器组。

• PQMF 滤波器组

分析滤波器：　$h_k(n) = 2p_0(n)\cos[(k+1/2)(n-N/2)\pi/L + (-1)^k\pi/4]$

综合滤波器：　$g_k(n) = 2p_0(n)\cos[(k+1/2)(n-N/2)\pi/L - (-1)^k\pi/4]$

4. 子带编码增益：$\dfrac{D_{PCM}}{D_{SBC}} = \dfrac{(1/M)\sum_{m=1}^{M}\sigma_m^2}{(\prod_{m=1}^{M}\sigma_m^2)^{1/M}}$

5. 双通道子带编码失真率函数：　$D(R) = 2\gamma_1\sigma_1\gamma_2\sigma_2 2^{-2R}$

6. 子带编码的应用

①语音子带编码;②高质量音频编码;③图像子带编码;④视频的子带分解

思考题

12.1　正交展开和双正交展开有什么区别和联系？

12.2　举例说明子带编码系统的工作原理。

12.3　双通道子带编码系统完全重建的条件是什么？

12.4　子带编码系统的性能是否达到率失真函数所指出的界限？

12.5　简述基于子带编码的宽带语音压缩系统的基本原理。

12.6　简述高质量音频编码系统中使用的子带编码技术。

12.7　简述图像子带编码的基本原理。

12.8　简述视频子带编码的基本原理。

习题

12.1　证明：对于离散变换，(12.1.4)、式(12.1.5)和式(12.1.6)成立。

12.2　在模式识别中经常用所需要的模式及其位移作为基函数对某信号进行展开。现考虑一个长度为 N 的信号 $x(n), n=0,\cdots,N-1$ 和一个模式 $p(n), n=0,\cdots,N-1$，选择基函数为 $\varphi_k(n)=p((n-k)\mathrm{mod}N), k=0,\cdots,N-1$，即 $p(n)$ 的循环位移。

(1) 导出 $p(n)$ 所满足的简单条件，使得 $x(n)$ 可以写成 $\{\varphi_k\}$ 的线性组合；

(2) 假定满足上述条件，确定下面展开式的系数 α_k：$x(n)=\sum_{k=0}^{N-1}\alpha_k\varphi_k(n)$。

12.3　证明：对于抽取系统，式(12.1.7)和式(12.1.9)成立。

12.4　证明：对于内差系统，式(12.1.11)和式(12.1.13)成立。

12.5　对于图12.2.1的双通道子带分析/综合系统，设 $h_0(n)$ 和 $h_1(n)$ 分别用 $h_0(-n)$ 和 $h_1(-n)$ 代替，求系统完全重建条件和双正交滤波器组条件。

12.6　证明下面定义的哈尔函数集 $\{\varphi_k\}$ 是归一化完备正交集：

$$\varphi_{2k}(n)=\begin{cases}1/\sqrt{2} & n=2k,2k+1\\ 0 & \text{其他}\end{cases},\quad \varphi_{2k+1}(n)=\begin{cases}1/\sqrt{2} & n=2k\\ -1/\sqrt{2} & n=2k+1\\ 0 & \text{其他}\end{cases}$$

12.7　设理想半带低通滤波器的冲激响应为 $g_0(n)=\dfrac{\sin n\pi/2}{\sqrt{2}\,n\pi/2}$，对应的高通滤波器响应为 $g_1(n)=(-1)^n g_0(1-n)$，根据这些滤波器响应及其偶位移得到基函数为：$\varphi_{2k}(n)=g_0(n-2k)$，$\varphi_{2k+1}(n)=g_1(n-2k)$，证明 $\{\varphi_k\}$ 是归一化完备正交集。

12.8　在一个正交FIR滤波器组中，由式(12.2.32)可知，$P(z)=H_0(z)H_0(z^{-1})$ 为低通滤波器的自相关，并满足 $P(z)+P(-z)=2$，证明滤波器的长度必须是偶数。

12.9　双通道滤波器组：考虑为得到正交和双正交滤波器组的 $P(z)$ 分解，

(1) 取 $P(z)=-(1/4)z^3+(1/2)z+1+(1/2)z^{-1}-(1/4)z^{-3}$，构造基于 $P(z)$ 的正交滤波器组；

(2) 计算线性相位分解，特别是选择 $H_0(z)=z+1+z^{-1}$，给出在该双正交滤波器组中的其他滤波器。

12.10　对于双通道子带分析与综合系统，设分析和综合滤波器满足以下条件：$H_1(z)=H_0(-z)$，$G_0(z)=H_0(z)$，$G_1(z)=-H_1(z)$，证明：

(1) 系统满足重叠删除条件，即 $H_0(-z)G_0(z)+H_1(-z)G_1(z)=0$；

(2) $H_0^2(z)-H_0^2(-z)=2z^{-l}$（设 $c=2$）；

(3) 若采用偶长度的线性相位 FIR 滤波器，则 $|H_0(e^{j\omega})|^2+|H_0(e^{j(\omega+\pi)}|^2=2$；

(4) 除因果哈尔滤波器（$|H_0(z)=(1+z^{-1})/\sqrt{2}$）外，对于其他所有的 FIR 滤波器(2)中的等式都不能精确满足。

12.11　利用例 12.2.1 中 $P(z)$ 的计算结果，若给定 $H_0(z)$ 为如下三种情况，求双正交滤波器组中其他滤波器的冲激响应 $g_0(n)$，$h_1(n)$，$g_1(n)$（假定都是因果滤波器）：

(1) $H_0(z)=1+z^{-1}$；

(2) $H_0(z)=(1+z^{-1})^2$；

(3) $H_0(z)=(1+z^{-1})^3$。

12.12　设有一个包含 N 个通道的理想子带编码系统（使用理想带通滤波器），输入 X 的功率谱为 $|X(e^{j\omega})|^2$，对下面两种情况求子带编码增益，并进行比较：

(1) $|X(e^{j\omega})|^2=1-|\omega|/\pi \quad |\omega|\leqslant\pi$；

(2) $|X(e^{j\omega})|^2=\exp(-\alpha|\omega|) \quad |\omega|\leqslant\pi$。

第 13 章　小波变换编码

本章首先介绍小波变换(Wavelet Transform,WT)的基本概念,然后依次介绍多分辨率分析、离散小波变换与计算、小波滤波器设计以及小波变换在图像压缩编码中的应用。

13.1　小波变换的基本概念

小波(Wavelet)的含义就是一个小的或局部化的波形,是一个均值为零的高通或带通信号。小波有很多重要性质,在信号处理领域得到广泛的应用。第一个小波是哈尔(Harr)于 20 世纪初发现的(即哈尔小波),而对小波广泛而深入的研究则始于 20 世纪 80 年代。当前,小波分析理论取得很大进展,小波作为一种强有力的信号处理工具已经应用于图像与语音的分析与压缩、计算机视觉、模式识别及其他信号处理领域的诸多方面。

小波变换的实现过程类似于子带编码的过程,因此本章小波变换和上一章的子带编码的内容是紧密而不可分的。本节主要介绍小波变换的基本概念和特点。

我们知道,傅里叶变换是一种传统的信号分析工具,但它也有很大的局限性,主要表现在:①不能反映所包含频率所处的精确时刻,因为通过变换得到的频率是一个时间段内的频率值,这就反映了所需分析频率的局部性和所使用分析时间全局性的矛盾;②适合分析平稳信号而不适合分析非平稳信号。

在分析非平稳信号时,经典的傅里叶变换不再适用,通常采用短时傅里叶变换(STFT)或加窗傅里叶变换。STFT 就是将信号和一个中心移动到分析时间位置上的窗函数相乘后进行的傅里叶变换,目的就是分析信号的频谱或功率谱随时间变化的情况。设信号 $x(t)$ 的短时傅里叶变换为 $X_{\mathrm{STFT}}(\tau,\omega)$,那么

$$X_{\mathrm{STFT}}(\tau,\omega)=\int_{-\infty}^{\infty}x(t)w(t-\tau)\mathrm{e}^{-\mathrm{j}\omega t}\,\mathrm{d}t \tag{13.1.1}$$

其中,$w(t)$ 为窗函数;τ 为选择的分析时刻。实际上,加窗的主要目的就是把所要分析的时刻强调出来,而且为减小频谱泄露,窗函数应该是平滑的。窗函数的选择有多种,例如矩形窗、汉明窗等其他平滑窗,而最早使用的高斯窗是 Gabor 在 1946 年提出的,所以利用这种窗的 STFT 称为 Gabor 变换。原始的高斯窗函数的形式为

$$w(t)=\sqrt[4]{\alpha/\pi}\,\mathrm{e}^{-\alpha t^2/2} \tag{13.1.2}$$

其中,窗函数的持续时间和频带宽度由 α 确定。可以证明,高斯窗达到时频不确定性乘积的下界,即 $\sigma_t\sigma_\omega=1/2$ 。这种变换不能分辨间隔比 σ_ω 更近的频率,也不能分辨间隔比 σ_t 更近的时间。

STFT 的分辨率与窗函数的时间长度有关,窗越短,时间分辨率越好,但频率分辨率越低;

窗越长，时间分辨率越差，但频率分辨率越好。因 STFT 分析窗长固定，故其分辨率也固定，因此 STFT 只能在精确的频谱结构和精确的时间起点之间选择其一，而不能两者兼顾。解决这种矛盾的方案就是，对具有不同频率分量的信号段使用不同长度的窗函数。小波变换克服了 STFT 固定分辨率的缺点，使用的分析窗长是可变的，所以分辨率也可变。在高频段使用短时间窗，从而时间分辨率高，而频率分辨率低；在低频段使用长时间窗，从而时间分辨率低，而频率分辨率高，如图 13.1.1 所示。

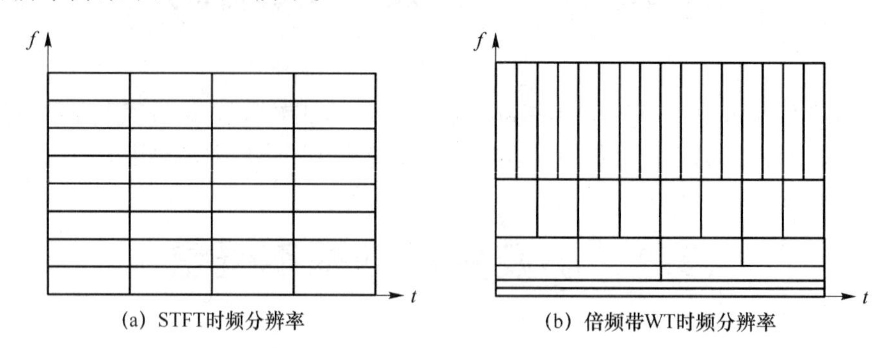

图 13.1.1　STFT 与小波变换的时域和频域分辨率比较

设时间连续函数 $\psi(t)$，其傅里叶变换为 $\Psi(\omega)$，如果满足下面给定条件：

(1)
$$\int_{-\infty}^{\infty} |\psi(t)|^2 \mathrm{d}t < \infty \tag{13.1.3a}$$

(2)
$$C_{\Psi} = \int_{-\infty}^{\infty} |\Psi(\omega)|^2 |\omega|^{-1} \mathrm{d}\omega < \infty \tag{13.1.3b}$$

则称 $\psi(t)$ 为母小波，由 $\psi(t)$ 通过伸缩和位移得到的正交函数族称为小波基函数，表示如下：

$$\psi_{a,b}(t) = |a|^{-1/2}\psi((t-b)/a) \tag{13.1.4}$$

其中，a 为尺度，决定了时间/频率分辨率；b 为位移，决定了分析时间的位置。可以证明，$\psi(t)$ 是一个在时间和频率都局部化的振荡波形。

小波变换是用小波函数族 $\psi_{a,b}(t)$ 按不同尺度对函数 $f(t) \in L^2(R)$ 进行的一种线性分解运算：

$$F_{\mathrm{WT}}(a,b) = |a|^{-1/2}\int_{-\infty}^{\infty} f(t)\psi^*((t-b)/a)\mathrm{d}t \tag{13.1.5}$$

对应的逆变换为

$$f(t) = \frac{1}{C_{\Psi}a^2}\int_{-\infty}^{\infty}\int_{-\infty}^{\infty} F_{\mathrm{WT}}(a,b)\psi((t-b)/a)\mathrm{d}a\mathrm{d}b \tag{13.1.6}$$

因为 $f(t)$ 为时间连续函数，所以式(13.1.5)和式(13.1.6)定义了连续小波变换（简称 CWT）。小波可以有无限多的选择，图 13.1.2 为典型的小波函数波形。

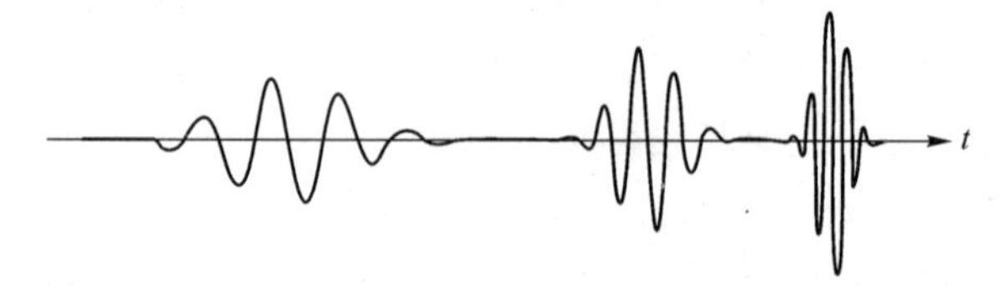

13.1.2　典型小波函数波形

在实际应用中，连续小波基函数常常离散化，令 $a = m^{-j}$，$b = km^{-j}$，j、k 都是整数，$m > 1$ 是固定的尺度参数，k 是固定的位移参数，式(13.1.4)变为

$$\psi_{j,k}(t) = m^{j/2}\psi(m^j t - k) \tag{13.1.7}$$

最通用的设置是 $m = 2$，式(13.1.7)变为

$$\psi_{j,k}(t) = 2^{j/2}\psi(2^j t - k) \tag{13.1.8}$$

这里 $j,k \in Z$（Z 为整数集合，下同）。

使用离散化小波基函数，式(13.1.6)中的积分变成求和，此时称为函数 $f(t)$ 的小波级数展开，表示如下：

$$f(t) = \sum_{j,k} < f(u),\ \psi_{j,k}(t) > \psi_{j,k}(t) \tag{13.1.9}$$

其中，$< f(t),\ \psi_{j,k}(t) > = \int f(t)\psi^*_{j,k}(t)\mathrm{d}t$，表示内积。

利用式(13.1.8)作为基函数的小波变换称为二进小波变换。因为二进小波变换是对连续小波变换的尺度因子和平移因子按一定规则采样而得到的，所以连续小波变换所具有的性质，二进小波变换一般仍具备。本章后面主要研究二进小波变换。

小波变换之所以有如此重要的应用，就在于它有如下重要的性质。

(1) 小波变换是一个满足能量守恒方程的线性运算，它把一个信号分解成在空间和尺度（相当于时间和频率）上独立的度量值，同时又不丢失原信号所包含的信息。

(2) 小波变换相当于一个具有放大、缩小和平移等功能的数学显微镜，通过检查不同放大倍数下信号的变化来研究其动态特性。

(3) 小波变换不一定要求是正交的，小波基不是唯一的。小波函数系的时宽—带宽乘积很小，且在时间和频率轴上都很集中，即展开系数的能量很集中。

(4) 小波变换具有非均匀分辨率，较好地解决了时间和频率分辨率的矛盾；在低频段有高的频率分辨率和低的时间分辨率（宽的分析窗口），而在高频段则有低的频率分辨率和高的时间分辨率（窄的分析窗口），这与时变信号的特征一致。

(5) 小波变换将信号分解为在对数坐标中具有相同宽度的频带集合，这种以非线性的对数方式而不是以线性方式处理频率的方法对时变信号具有明显的优越性。

(6) 小波变换是稳定的，是一个信号的冗余表示。进行小波变换时相邻分析窗的绝大部分是相互重叠的，相关性很强。

(7) 小波变换的正反变换具有完美的对称性。小波变换具有基于卷积的快速算法。

13.2 多分辨率分析

13.2.1 概述

多分辨率分析由具有以下特性的封闭子空间序列$\{V_j, j \in Z\}$构成。

(1) 子空间是嵌套的：$V_j \subset V_{j+1}$（序号高的空间包含序号低的空间，子空间嵌套关系由图 13.2.1 所示）。

(2) 子空间之间的尺度（分辨率）关系：$v(t) \in V_j \Leftrightarrow v(2t) \in V_{j+1}$（若某时间连续函数属于空间 j，则它的 2 倍压缩形式属于空间 $j+1$，反之亦然）。

(3) 子空间内的位移关系：$v(t) \in V_j \Leftrightarrow v(t+k) \in V_j$（某时间连续函数与其时间位移属于

同一空间）。

(4) 完备性：$\bigcup_{j=-\infty}^{\infty} V_j$ 是 $L^2(R)$ 中的致密集，且 $\bigcap_{j=-\infty}^{\infty} V_j = \{0\}$ 。

(5) 子空间的移不变基：一函数 $\varphi(t) \in V_0$，其整数移位 $\{\varphi(t-k) \mid k \in Z\}$ 构成 V_0 的基。

函数 $\varphi(t)$ 称为尺度函数，其伸缩形式可用来产生嵌套子空间 V_j 的基，形式为

$$\varphi_{j,k} = 2^{j/2}\varphi(2^j t - k) \tag{13.2.1}$$

子空间 V_j 为近似空间，因为某函数在 $\varphi_{j,k}$ 上的投影映射成该函数以尺度 j 的近似。子空间 V_j 在 V_{j+1} 中的补子空间称为小波空间，以 W_j 表示，有

$$V_{j+1} = V_j \oplus W_j \tag{13.2.2}$$

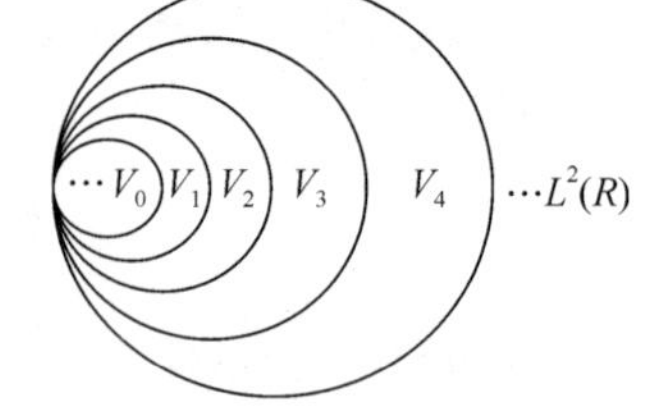

图 13.2.1　子空间嵌套关系

W_j 包含所有在 V_{j+1} 中的较高分辨率的细节，所以

$$\bigoplus_j W_j = L^2(R) \tag{13.2.3}$$

因为 $\varphi_{j,k}$ 构成子空间 V_j 的基，所以 $\varphi_{1,k} = 2^{1/2}\varphi(2t-k)$ 是 V_1 的基，$\varphi_{0,0} = \varphi(t) \in V_0$，又 $V_0 \subset V_1$，所以 $\varphi(t) \in V_1$，因此必存在唯一的序列 $h_0(k)$，使得

$$\varphi(t) = \sqrt{2}\sum_k h_0(k)\varphi(2t-k) \tag{13.2.4}$$

式(13.2.4)称为尺度方程，它表示由分辨率细的尺度函数的线性组合可以构成分辨率粗的尺度函数，相当于尺度加大，$h_0(k)$称为尺度系数。

因为在空间 V_j 中，$\varphi_{j,k}$ 是正交归一的，即

$$\int \varphi_{j,n}(t)\varphi_{j,k}(t)\mathrm{d}t = \int 2^{j/2}\varphi(2^j t - n)2^{j/2}\varphi(2^j t - k)\mathrm{d}t = \delta(n-k) \tag{13.2.5}$$

所以，由式(13.2.4)，得

$$\int \varphi(t)\varphi(2t-n)\mathrm{d}t = h_0(n)/\sqrt{2} \tag{13.2.6}$$

定义一个小波函数 $\psi(t) \in V_1$，具有高通或带通特性，其整数位移 $\{\psi(t-k) \mid k \in Z\}$ 构成 W_0 的稳定的基。因为 $W_0 \subset V_1$，因此必须存在唯一的序列 $h_1(k)$，使得

$$\psi(t) = \sqrt{2}\sum_k h_1(k)\varphi(2t-k) \tag{13.2.7}$$

式(13.2.7)称为小波方程，$h_1(k)$称为小波系数。

同一个子空间的尺度函数和小波函数是正交的，即

$$\int \varphi(t-n)\psi(t-k)\mathrm{d}t = 0 \tag{13.2.8}$$

由式(13.2.7)，有

$$\int \psi(t)\varphi(2t-n)\mathrm{d}t = h_1(n)/\sqrt{2} \tag{13.2.9}$$

某函数在 $\psi(2^j t)$ 的位移上的投影把该函数映射成尺度 j 的细节信号，因此，W_j 也称为细节空间，而且 $\{\psi(2^j t - k) \mid j,k \in Z\}$ 构成 $L^2(R)$ 的基。

尺度方程和小波方程是多分辨率分析中的基本方程，表明了同一子空间的尺度函数和小波函数都可以用高一阶子空间的尺度函数的线性组合来表示。

13.2.2　尺度方程分析

设 $\varphi(t)$ 的傅里叶变换为 $\Phi(\omega)$，对式(13.2.4)两边进行傅里叶变换，得

$$\Phi(\omega) = [H_0(e^{j\omega/2})/\sqrt{2}]\Phi(\omega/2) \tag{13.2.10}$$

其中，

$$H_0(e^{j\omega}) = \sum_k h_0(k)e^{-jk\omega} \tag{13.2.11}$$

是 $h_0(k)$的离散时间傅里叶变换，周期为 2π。当 $\omega = 0$ 时，式(13.2.10)也成立，所以有 $H_0(e^{j\omega})|_{\omega=0} = \sqrt{2}$ 。因此 $H_0(e^{j\omega})$ 具有低通特性。对式(13.2.10)不断进行分解，得

$$\begin{aligned}\Phi(\omega) &= [H_0(e^{j\omega/2})/\sqrt{2}][H_0(e^{j\omega/4})/\sqrt{2}]\Phi(\omega/4)\\ &= \prod_{k=1}^{\infty}[H_0(e^{j\omega/2^k})/\sqrt{2}]\Phi(0)\end{aligned} \tag{13.2.12}$$

令 $\Phi(0) = 1$，即 $\Phi(0) = \int_{-\infty}^{\infty}\varphi(t)\mathrm{d}t = 1$，此时 $\varphi(t)$ 是一个归一化的尺度函数，式(13.2.12)变为

$$\Phi(\omega) = \prod_{k=1}^{\infty}[H_0(e^{j\omega/2^k})/\sqrt{2}] \tag{13.2.13}$$

定理 13.2.1　函数集 $\{\varphi(t-k) \mid k \in Z\}$ 正交的充要条件是

$$\sum_k |\Phi(\omega + 2k\pi)|^2 = 1 \tag{13.2.14}$$

其中 $\Phi(\omega)$ 是 $\varphi(t)$ 的傅里叶变换(此结论类似于无码间干扰脉冲波形的频谱条件，证明略，留做习题)。

将式(13.2.10)代入式(13.2.14)左边，得

$$\begin{aligned}&\sum_k |H_0(e^{j(\omega/2+k\pi)})\Phi(\omega/2+k\pi)|^2/2\\ &= \sum_k |H_0(e^{j(\omega/2+2k\pi)})\Phi(\omega/2+2k\pi)|^2/2 + \sum_k |H_0(e^{j(\omega/2+\pi+2k\pi)})\Phi(\omega/2+\pi+2k\pi)|^2/2\\ &= |H_0(e^{j(\omega/2)})|^2 \sum_k |\Phi(\omega/2+2k\pi)|^2/2 + |H_0(e^{j(\omega/2+\pi)})|^2 \mid \sum_k \Phi(\omega/2+2k\pi+\pi)|^2/2\\ &= |H_0(e^{j\omega/2)}|^2/2 + |H_0(e^{j(\omega/2+\pi)}|^2/2 = 1\end{aligned}$$

所以

$$|H_0(e^{j\omega}|^2 + |H_0(e^{j(\omega+\pi)}|^2 = 2 \tag{13.2.15}$$

与式(12.2.35)形式完全相同，所以 $H_0(e^{j\omega})$ 是 QMF。

对尺度方程，我们有如下理解：

(1) 定义了在多分辨分析中的尺度间的关系。

(2) 确定了尺度函数是嵌套多分辨子空间中的典型基函数。

(3) 尺度函数是尺度方程的解，并唯一由尺度系数 $h_0(k)$ (QMF 的系数)所决定；给定一个合适的尺度系数的集合，尺度方程的迭代将收敛于一个有用的函数。

13.2.3　小波方程分析

设 $\psi(t)$ 的傅里叶变换为 $\Psi(\omega)$，对式(13.2.7)两边进行傅里叶变换，得

$$\Psi(\omega) = H_1(e^{j\omega/2})\Phi(\omega/2)/\sqrt{2} \tag{13.2.16}$$

其中，

$$H_1(e^{j\omega}) = \sum_k h_1(k)e^{-jk\omega} \tag{13.2.17}$$

是 $h_1(k)$ 的离散时间傅里叶变换,周期为 2π。

与定理 13.2.1 类似,可以得到下面的定理。

定理 13.2.2 函数集 $\{\varphi(t-n), n\in Z\}$ 和 $\{\psi(t-n), n\in Z\}$ 正交的充要条件是

$$\sum_k \Phi(\omega+2k\pi)\Psi^*(\omega+2k\pi)=0 \tag{13.2.18}$$

其中 $\Phi(\omega)$ 和 $\Psi(\omega)$ 分别是 $\varphi(t)$ 和 $\psi(t)$ 的傅里叶变换(证明略,留作习题)。

将式(13.2.10)和式(13.2.16)代入式(13.2.18)左边,得

$$\begin{aligned}
&\sum_k H_0(\mathrm{e}^{\mathrm{j}(\omega/2+k\pi)})\Phi(\omega/2+k\pi)H_1^*(\mathrm{e}^{\mathrm{j}(\omega/2+k\pi)})\Phi^*(\omega/2+k\pi)/2\\
&=\sum_k H_0(\mathrm{e}^{\mathrm{j}(\omega/2+2k\pi)})H_1^*(\mathrm{e}^{\mathrm{j}(\omega/2+2k\pi)})\ |\ \Phi(\omega/2+2k\pi)\ |^2/2\\
&+\sum_k H_0(\mathrm{e}^{\mathrm{j}(\omega/2+\pi+2k\pi)})H_1^*(\mathrm{e}^{\mathrm{j}(\omega/2+\pi+2k\pi)})\ |\ \Phi(\omega/2+\pi+2k\pi)\ |^2/2\\
&=0
\end{aligned}$$

所以

$$H_0(\mathrm{e}^{\mathrm{j}\omega})H_1^*(\mathrm{e}^{\mathrm{j}\omega})+H_0(\mathrm{e}^{\mathrm{j}(\omega+\pi)})H_1^*(\mathrm{e}^{\mathrm{j}(\omega+\pi)})=0 \tag{13.2.19}$$

该式与式(12.2.34)实际上是等价的。在时域上关系为

$$\sum_k h_0(k)h_1(k-n)+(-1)^n\sum_k h_0(k)h_1(k-n)=0$$

即

$$\sum_k h_0(k)h_1(k-2n)=0 \tag{13.2.20}$$

注意,该式与式(12.2.35)是等价的,该式的一个解为

$$H_1(\mathrm{e}^{\mathrm{j}\omega})=-\mathrm{e}^{-\mathrm{j}\omega}H_0^*(\mathrm{e}^{\mathrm{j}(\omega+\pi)}) \tag{13.2.21}$$

注意,此式相当于式(12.2.30)中取 $k=1$。对 $H_1(\mathrm{e}^{\mathrm{j}\omega})$ 进行逆变换,得

$$\begin{aligned}
h_1(k)&=\frac{1}{2\pi}\int H_1(\mathrm{e}^{\mathrm{j}\omega})\mathrm{e}^{\mathrm{j}\omega k}\mathrm{d}\omega=\frac{1}{2\pi}\int(-\mathrm{e}^{-\mathrm{j}\omega})H_0^*(\mathrm{e}^{\mathrm{j}(\omega+\pi)})\mathrm{e}^{\mathrm{j}\omega k}\mathrm{d}\omega\\
&=\frac{1}{2\pi}\left[\int H_0(\mathrm{e}^{\mathrm{j}(\omega+\pi)})\mathrm{e}^{\mathrm{j}\omega(1-k)}(-1)\mathrm{d}\omega\right]^*=(-1)\times(-1)^{1-k}h_0(1-k)\\
&=(-1)^k h_0(1-k)
\end{aligned}$$

或

$$h_0(k)=(-1)^{1-k}h_1(1-k) \tag{13.2.22}$$

上式的特点是:①小波滤波器与尺度滤波器的系数是反序和符号交替的关系;②尺度系数对应低通滤波器,而小波系数对应高通滤波器;③尺度滤波器系数正交于小波滤波器系数的偶位移;④尺度系数和小波系数分别对应完全重建双通道系统的低通和高通分析滤波器系数。

对小波方程,我们有如下理解。

(1) 给定一个尺度函数 $h_0(k)$ 和一个小波系数 $h_1(k)$ 的集合,小波方程唯一确定了小波函数,它构成细节子空间的典型基。

(2) 小波函数的重要性质由离散系数决定。

(3) 小波变换可以用尺度系数构成的离散尺度滤波器和小波系数构成的离散小波滤波器来计算。

例 13.2.1 对于某小波 $H_0(\mathrm{e}^{\mathrm{j}\omega})=(1+\mathrm{e}^{-\mathrm{j}\omega})/\sqrt{2}$,求 $h_0(n)$,$h_1(n)$,$\Phi(\omega)$,$\Psi(\omega)$,$\varphi(t)$,$\psi(t)$。

解　$H_0(e^{j\omega}) \leftrightarrow h_0(n) = (1/\sqrt{2})[\delta(n)+\delta(n-1)]$

$$h_1(n) = (-1)^n h_0(1-n) = (1/\sqrt{2})[\delta(n)-\delta(n-1)]$$

$$\Phi(\omega) = \prod_{k=1}^{\infty}[H_0(e^{j\omega/2^k})/\sqrt{2}] = \prod_{k=1}^{\infty}[(1+e^{-j\omega/2^k})/2]$$

$$= e^{-j\omega/2}\prod_{k=1}^{\infty}\cos(\omega/2^{k+1}) = e^{-j\omega/2}\frac{\sin(\omega/2)}{\omega/2}$$

$$\Psi(\omega) = H_1(e^{j\omega/2})\Phi(\omega/2)/\sqrt{2} = \frac{1-e^{-j\omega/2}}{2}e^{-j\omega/4}\frac{\sin(\omega/4)}{\omega/4}$$

$$= \frac{1}{2}(e^{-j\omega/4}-e^{-j3\omega/4})\frac{\sin(\omega/4)}{\omega/4}$$

$\varphi(t)\leftrightarrow\Phi(\omega)$，$\psi(t)\leftrightarrow\Psi(\omega)$。$\varphi(t)$ 和 $\psi(t)$ 的波形如图 13.2.2 所示，实际上就是 Harr 小波尺度函数和小波函数。█

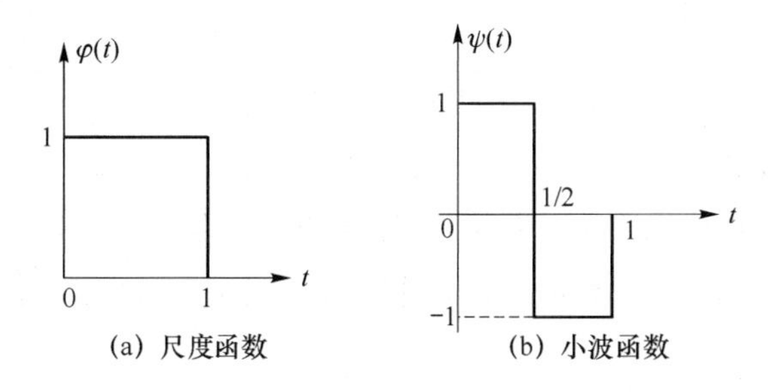

图 13.2.2　Harr 小波尺度函数和小波函数

13.3　离散快速小波变换

本节介绍离散时间小波变换(简称离散小波变换，DWT)的计算。首先介绍正交小波变换的快速算法，然后简短说明关于双正交小波变换的快速算法的基本结论。

设 $s(t)$为连续时间信号，在多尺度空间的二进小波级数展开为

$$s(t) = \sum_{m,n} d_{m,n}\psi_{m,n}(t) = \sum_{m,n} d_{m,n}2^{m/2}\psi(2^m t-n) \tag{13.3.1}$$

DWT 就是计算不同尺度 m 和不同位移 n 下的小波级数展开系数，即

$$d_{m,n} = 2^{m/2}\int s(t)\psi^*(2^m t-n)\mathrm{d}t \tag{13.3.2}$$

根据多分辨率分析理论，当 m 为有限值时，因为 $W_0\oplus\cdots\oplus W_{m-1}\subset V_m$，信号用尺度为 m 的尺度函数展开与式(13.3.1)展开的效果是一样，即

$$s(t) = \sum_{n} c_{m,n}\varphi_{m,n}(t) = \sum_{n} c_{m,n}2^{m/2}\varphi(2^m t-n) \tag{13.3.3}$$

而

$$c_{m,n} = 2^{m/2}\int s(t)\varphi*(2^m t-n)\mathrm{d}t \tag{13.3.4}$$

这样，计算由式(13.3.1)和式(13.3.2)所表示的 DWT 正变换和逆变换可通过计算式(13.3.4)和式(13.3.3)来实现，其中式(13.3.4)表示正变换，而式(13.3.3)表示逆变换。如果直接根据式(13.3.4)计算所需运算量很大，Mallat$n$ 提出基于双通道滤波器组实现从高分辨率尺度到低分辨

率尺度迭代计算变换系数 $c_{m,n}$ 的方法，减少了运算量，称快速正交小波变换，也称 Mallat 算法。

由尺度函数和小波函数的正交性可推出如下关系：

$$< \varphi_{m,k}(t), \varphi_{m-1,n}(t) > = h_0(k-2n) \tag{13.3.5}$$

$$< \varphi_{m,k}(t), \psi_{m-1,n}(t) > = h_1(k-2n) \tag{13.3.6}$$

根据 MRA 中空间的嵌套关系，有 $V_m = V_{m-1} \oplus W_{m-1}$，如果一个信号分别在尺度为 m 和尺度为 $m-1$ 的空间展开，就有

$$\sum_n c_{m,n}\varphi_{m,n}(t) = \sum_n c_{m-1,n}\varphi_{m-1,n}(t) + \sum_n d_{m-1,n}\psi_{m-1,n}(t) \tag{13.3.7}$$

其中，$c_{m,n}$、$c_{m-1,n}$、$d_{m-1,n}$ 分别为各自空间中展开式系数，也称变换系数。

(1) 正变换为求展开式系数。先求变换系数从高分辨率尺度到低分辨率尺度的递推关系。

由于 $c_{m-1,n} = < \sum_k c_{m,k}\varphi_{m,k}(t), \varphi_{m-1,n}(t) > = \sum_k c_{m,k} < \varphi_{m,k}(t), \varphi_{m-1,n}(t) >$

根据式(13.3.5)，得

$$c_{m-1,n} = \sum_k c_{m,k}h_0(k-2n) \tag{13.3.8}$$

参照式(12.1.8)可知，式(13.3.8)的运算相当于序列 $c_{m,k}$ 与 $h_0(-k)$ 卷积后再进行 2∶1 抽取。小波正变换过程的开始需要最高分辨率尺度的变换系数。当 m 很大时，有

$$\begin{aligned} c_{m,n} &= 2^{m/2}\int s(t)\varphi^*(2^m t - n)\mathrm{d}t = \frac{2^{-m/2}}{2\pi}\int S(\omega)\Phi^*(2^{-m}\omega)\mathrm{e}^{-\mathrm{j}2^{-m}\omega n}\mathrm{d}\omega \\ &\approx \frac{2^{-m/2}}{2\pi}\int S(\omega)\mathrm{e}^{-\mathrm{j}2^{-m}n\omega}\mathrm{d}\omega = 2^{-m/2}s(2^{-m}n) \end{aligned} \tag{13.3.9}$$

因此，小波分解过程中 $c_{m,n}$ 的初始值近似为 $s(t)$ 在时刻 $2^{-m}n$ 的采样值(乘系数 $2^{-m/2}$)。

由于 $d_{m-1,n} = < \sum_n c_{m,n}\varphi_{m,n}(t), \psi_{m-1,n}(t) > = \sum_k c_{m,k} < \varphi_{m,k}(t), \psi_{m-1,n}(t) >$

根据式(13.3.6)，得

$$d_{m-1,n} = \sum_k c_{m,k}h_1(k-2n) \tag{13.3.10}$$

参照式(12.1.8)可知，式(13.3.10)的运算相当于序列 $c_{m,k}$ 与 $h_1(-k)$ 卷积后再进行 2∶1 抽取。

式(13.3.8)和式(13.3.10)表示根据高分辨率尺度变换系数计算低分辨率尺度变换系数的递推关系。这个计算过程实际就是两通道分析滤波器的滤波过程。两分析滤波器就是尺度系数和小波系数对应的低通和高通滤波器的复共轭，其中，低通和高通滤波的输出分别为 $c_{m-1,n}$ 和 $d_{m-1,n}$。小波变换的正变换实现的过程就是多次对低通滤波输出进行两通道分析滤波分解过程，从最高分辨率的原始信号样值序列开始，最后变成最低分辨率的序列，原理如图 13.3.1(a)所示。其中，$h_0(-k) \leftrightarrow H_0^*(\mathrm{e}^{\mathrm{j}\omega})$，$h_1(-k) \leftrightarrow H_1^*(\mathrm{e}^{\mathrm{j}\omega})$。

(2) 逆变换：得到最高分辨率尺度的变换系数，重建原始信号。从低分辨率尺度到高分辨率尺度递推关系为

$$\begin{aligned} c_{m,n} &= < \sum_n c_{m-1,n}\varphi_{m-1,n}(t) + \sum_n d_{m-1,n}\psi_{m-1,n}(t), \varphi_{m,n}(t) > \\ &= \sum_k c_{m-1,k} < \varphi_{m-1,k}(t), \varphi_{m,n}(t) > + \sum_k d_{m-1,k} < \psi_{m-1,k}(t), \varphi_{m,n}(t) > \\ &= \sum_k c_{m-1,k}h_0(n-2k) + \sum_k d_{m-1,k}h_1(n-2k) \end{aligned} \tag{13.3.11}$$

参照式(12.1.12)可知,式(13.3.11)的运算相当于序列 $c_{m-1,k}$ 进行 1∶2 的内差补零后再与 $h_0(k)$ 卷积的输出与序列 $d_{m-1,k}$ 进行 1∶2 的内差补零后再与 $h_1(k)$ 卷积的输出相加,实际是两通道子带滤波的综合过程。两综合滤波器就是尺度系数和小波系数对应的低通和高通滤波器,其中,低通和高通滤波的输入分别为 $c_{m-1,k}$ 和 $d_{m-1,k}$。正交小波变换的逆变换实现的过程就是多次进行两通道滤波器的综合得到低通滤波输出,从最低的分辨率变成最高的分辨率,原理如图 13.3.1(b)所示。逆变换的输出通过式(13.3.3)的左边重建原始信号。

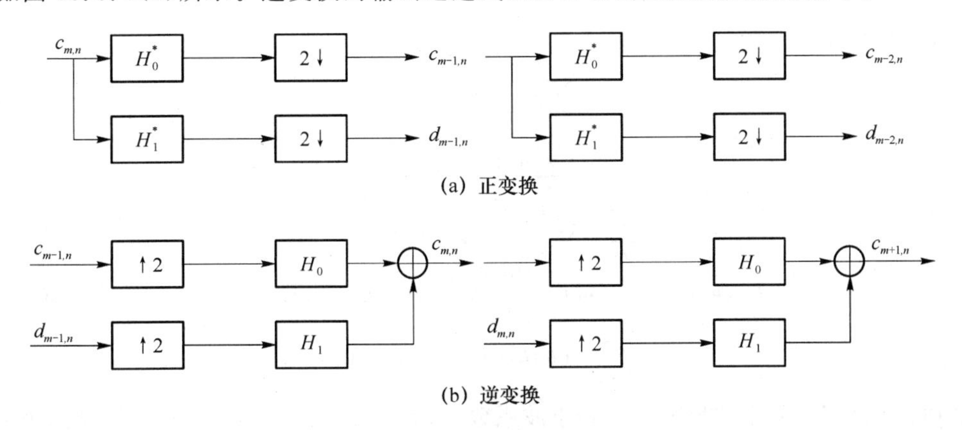

图 13.3.1　快速正交小波变换

上述小波系数的计算与信号重建过程称为离散快速正交小波变换。要点如下:

(1) 正变换用一对 FIR 滤波器后接 2 倍下采样,连续地把尺度为 j 的近似信号分解成尺度为 $j-1$ 的近似信号(低通输出)和细节信号(高通输出),低通滤波器冲激响应为尺度系数序列的反向,高通滤波器冲激响应为小波系数序列的反向。

(2) 逆变换与上述过程相反,滤波之前数据要 2 倍上采样,连续地把尺度为 $j-1$ 的近似信号和细节信号的相加得到尺度为 j 的近似信号;使用与正变换相同的滤波器组,但冲激响应序列不反向。

(3) 变换计算复杂度为 $O(LN)$,其中 L 为滤波器平均长度,N 为信号长度。

基于双正交滤波器组理论,也可以得到快速双正交小波变换算法。设双正交小波正变换尺度函数和小波函数分别为 $\varphi(t)$、$\psi(t)$,其对偶分别为 $\tilde{\varphi}(t)$、$\tilde{\psi}(t)$;正变换尺度系数和小波系数分别 $h_0(k)$ 和 $h_1(k)$,其对偶分别为 $g_0(k)$ 和 $g_1(k)$。可以证明,快速双正交小波变换可用双正交滤波器组分析/综合系统实现,其中正变换的低通和高通滤波器冲激响应分别为 $h_0(-k)$ 和 $h_1(-k)$,而逆变换的低通和高通滤波器冲激响应分别为 $g_0(k)$ 和 $g_1(k)$。具体推导过程见习题 13.10。

13.4　小波滤波器的设计

我们知道,实现小波变换需要设计尺度系数和小波系数对应的滤波器,这两种滤波器称为小波滤波器,可依据双通道滤波器组理论进行设计。实际上,并不是所有的双通道滤波器组都能用于产生有用的小波基函数,因为一个好的小波函数需要满足多项条件,即如支撑区域大小、消失矩数目、正规性和对称性等要求，而基于样条函数的 FIR 滤波器设计通常可以达到这些要求。样条函数是分段光滑、在连接点处具有一定光滑性的一类函数，其中基数 B 样条函数具有最小支撑范围，非常适合 FIR 小波滤波器的设计。本节仅简单介绍滤波器长度给定后基于样条函数进行正交和双正交小波 FIR 滤波器组的设计。

13.4.1 小波滤波器系数的性质

性质 1 设正交小波尺度系数和小波系数分别 $h_0(k)$ 为和 $h_1(k)$，那么

$$\sum_k h_0(k) = \sqrt{2} \tag{13.4.1}$$

$$\sum_k h_1(k) = 0 \tag{13.4.2}$$

$$\sum_k h_0^2(k) = \sum_k h_1^2(k) = 1 \tag{13.4.3}$$

$$\sum_k h_0(k)h_0(k-2m) = \sum_k h_1(k)h_1(k-2m) = \delta(m) \tag{13.4.4}$$

$$\sum_k h_0(k)h_1(k-2m) = 0 \tag{13.4.5}$$

性质 2 设双正交小波尺度系数和小波系数分别 $h_0(k)$ 为和 $h_1(k)$，其对偶分别为 $g_0(k)$ 和 $g_1(k)$，那么

$$\sum_k h_0(k) = \sum_k g_0(k) = \sqrt{2} \tag{13.4.6}$$

$$\sum_k h_1(k) = \sum_k g_1(k) = 0 \tag{13.4.7}$$

$$\sum_k h_0(k)g_0(k-2m) = \sum_k h_1(k)g_1(k-2m) = \delta(m) \tag{13.4.8}$$

$$\sum_k h_0(k)g_1(k-2m) = \sum_k h_1(k)g_0(k-2m) = 0 \tag{13.4.9}$$

例 13.4.1 求长度为 2 的尺度系数。

解 根据题意有 $h_0(0)+h_0(1)=\sqrt{2}$，$h_0^2(0)+h_0^2(1)=1$，解得 $h_0(0)=h_0(1)=1/\sqrt{2}$；结合例 13.2.1 可知，这就是哈尔小波的尺度系数。█

13.4.2 正交小波滤波器设计

正交小波滤波器设计方法有多种，本节仅介绍谱分解设计方法。通常是先设计低通滤波器得到尺度系数，然后根据尺度系数与小波系数的正交关系得到小波系数。

在利用正交滤波器组实现双通道滤波重建系统中，分析滤波器组和综合滤波器组都可用作正交小波变换。设分析低通滤波器为 $H_0(z)$，它对应尺度系数。设 $P(z)=H_0(z)H_0(z^{-1})$，根据式(12.2.32)，有

$$P(z)+P(-z)=2 \tag{13.4.10}$$

$P(z)$ 的性质类似于式(12.2.27)的描述，但不同的是，其常数项等于 1，而其他 z 的偶次幂项为零。利用谱分解求解过程如下：①求满足式(13.4.10)的 $H_0(z)$ 自相关序列 $P(z)$；②对 $P(z)$ 进行谱分解，原则是：单位圆内零点归于 $H_0(z)$，单位圆外零点归于 $H_0(z^{-1})$，单位圆上的零点对由两者各分其一；③根据式(13.2.21)得到小波系数。

为使所求滤波器能够导致连续时间小波基函数，应该使正交低通滤波器在 $\omega=\pi$ 处有更多的零点，所以 $P(z)$ 应具有如下形式：

$$P(z)=(1+z^{-1})^{k}(1+z)^{k}Q(z) \tag{13.4.11}$$

其中，在多项式 $Q(z)$ 中 z 的幂次从 $-k+1$ 到 $k-1$，系数是对称的。

例 13.4.2　给定式(13.4.11)中 $k=2$，求小波滤波器的尺度系数和小波系数。

解　由题意设 $Q(z)=az+b+az^{-1}$，代入式(13.4.10)；由于 $P(z^{k})\mid_{k=0}=1$，而其他偶次项的系数为 0，就得到关于 a 和 b 的方程组，解得 $a=-1/16$，$b=1/4$，得 $Q(z)=\frac{-z}{16}+\frac{b}{4}-\frac{z^{-1}}{16}=(\frac{1+\sqrt{3}}{4\sqrt{2}})^{2}[1-(2-\sqrt{3})z^{-1}][1-(2-\sqrt{3})z]$；作谱分解，得

$$H_{0}(z)=\frac{1+\sqrt{3}}{4\sqrt{2}}(1+z^{-1})^{2}[1-(2-\sqrt{3})z^{-1}]$$
$$=\frac{1}{4\sqrt{2}}[(1+\sqrt{3})+(3+\sqrt{3})z^{-1}+(3-\sqrt{3})z^{-2}+(1-\sqrt{3})z^{-3}]$$

尺度系数为

$$h_{0}(n)=[(1+\sqrt{3}),(3+\sqrt{3}),(3-\sqrt{3}),(1-\sqrt{3})]/(4\sqrt{2})$$

根据式(13.2.22)，得小波系数为

$$h_{1}(n)=[(1-\sqrt{3}),(-3+\sqrt{3}),(3+\sqrt{3}),(-1-\sqrt{3})]/(4\sqrt{2})$$ ■

注：①离散时间尺度系数或小波系数可通过迭代得到时间连续小波基函数；②本滤波器称为 Daubechies-4 正交小波滤波器(长度为 4)，系数不是有理数；③该小波具有紧密支撑且具有正交性，但尺度函数和小波函数不平滑，也不对称；④ 用满足式(13.4.5)的不同 k 值($k=2,3,4,\cdots$)设计的小波滤波器称为 Daubechies 小波滤波器。

13.4.3　双正交小波滤波器设计

可利用 12.2.1 节的结果设计双正交小波滤波器组，正变换使用分析滤波器组，逆变换使用综合滤波器组。当求得 $P(z)$ 后，根据式(12.2.26)，有 $P(z)=H_{0}(z)G_{0}(z)z^{-(2k-1)}$，从而得到 $H_{0}(z)$ 和 $G_{0}(z)$。可由式(12.2.21)和式(12.2.22)得到 $H_{1}(z)$ 和 $G_{1}(z)$，但当前最广泛使用的是如下的关系：

$$H_{1}(z)=z^{-1}G_{0}(-z^{-1}),\ G_{1}(z)=z^{-1}H_{0}(-z^{-1}) \tag{13.4.12}$$

如有需要，可将滤波器的转移函数乘 z 的整数次幂，把非因果滤波器转换成因果滤波器。

例 13.4.3　利用例 12.2.1 的结果，设计双正交小波滤波器组，要求 $H_{0}(z)$ 长度为 5。

解　题中 $k=2$，根据例 12.2.1 的结果可得

$$P(z)=(1+z^{-1})4(-1+4z^{-1}-z^{-2})/16$$
$$=[(1+2z^{-1}+z^{-2})/2][(-1+2z^{-1}+6z^{-2}+2z^{-3}-z^{-4})/8]$$
$$=[(z+2+z^{-1})/(2\sqrt{2})][(-z^{2}+2z+6+2z^{-1}-z^{-2})/(4\sqrt{2})]z^{-3}$$

式中，第 2 个因式满足滤波器长度要求，选为 $H_{0}(z)$，第一个因式作为 $G_{0}(z)$，所以

$$H_{0}(z)=(-z^{2}+2z+6+2z^{-1}-z^{-2})/(4\sqrt{2}),G_{0}(z)=(z+2+z^{-1})/(2\sqrt{2})$$

利用式(12.4.11),得

$$H_1(z)=z^{-1}G_0(-z^{-1})=z^{-1}(-z+2-z^{-1})/(2\sqrt{2})$$

$$G_1(z)=z^{-1}H_0(-z^{-1})=z^{-1}(-z^2-2z+6-2z^{-1}-z^{-2})/(4\sqrt{2})$$ ■

注:①非因果滤波器可转换因果滤波器形式;②该滤波器组称双正交 5/3 小波滤波器。

对于双正交小波的研究有如下结论:

(1) 优点:可使用线性相位滤波器;

(2) 缺点:变换不具有能量保持特性,但使用正交性约束进行加权,可近似达到正交;

(3) 常用于图像压缩中的变换编码,例如 JPEG2000t 图像压缩编码中使用双正交 9/7 小波滤波器。

13.5 基于小波变换的图像压缩

13.5.1 基本原理

图 13.5.1 为基于小波变换的图像压缩原理框图。一幅图像的小波变换可以通过分别实现行和列的低通和高通滤波,然后对近似(低通)子图像迭代来实现。可以看到除变换和逆变换与小波有关之外,框图中的其他模块与通常的变换编码基本相同。在利用 DWT 实现压缩时,由于大部分 DWT 的值很小,量化后变成零,从而可实现较大压缩。

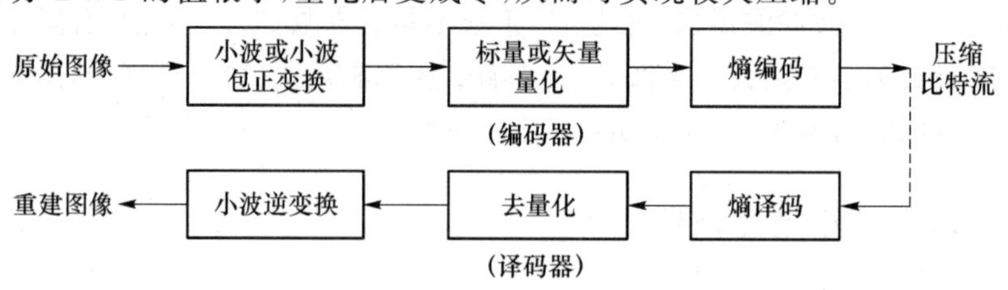

图 13.5.1 基于 DWT 的图像压缩编码

利用二维小波变换可将一幅图像进行分解。以原始图像为初始,不断将上一级图像分解成四个子带,分别对应频率平面上的不同区域。一般每次都对上一级的低频子带进行分解,类似于图 12.5.5(b)。经小波变换后的数字图像称为小波图像。

一幅图像进行小波分解后可得到不同分辨率的图像,其中高分辨率的图像对应图像中的高频部分,而低分辨率的图像对应图像中的低频部分,小波变换将图像中的人部分能量压缩到低频子带中,少部分能量分布于高频子带中。小波图像具有如下明显特点:①具有良好的空间方向选择性;②具有多分辨率;③存在塔式数据结构特点。正因为有了以上特点,小波变换在图像压缩方面与其他变换方式相比显得更有优势。

基于小波变换的压缩算法主要有:嵌套零树小波(Embedded Zero-tree Wavelet,EZW)和分层树集合划分(Set Partitioning in Hierarchical Tree,SPIHT)等算法。此外小波包变换能很好地适合于包含振荡内容的图像,例如指纹图像等,实现较好的压缩,但以增加计算量为代价。

EZW 编码器是 Shapiro 首先提出的,是一个基于零树数据结构的渐进嵌套图像压缩方法,该方法充分利用不同尺度间小波系数的相似特性,有效删除了高频小波系数的编码,大大提高了编码效率。SPIHT 编码算法是 Said 和 Pearlman 提出的以 EZW 为基础的更为高效的小波图像编码算法。该算法中提出了空间方向树的结构,不仅考虑了不同尺度下小波系数的相关性,而且考虑了相同尺度下小波系数的相关性,实现了更大的码率压缩。本节主要介绍 EZW 算法。

13.5.2 嵌套零树小波(EZW)压缩

EZW 编码器是一种利用小波分解的特点所采用的量化与编码策略。通过小波分解可知,在一幅图像的不同子带中存在表示同一空间位置的小波系数。例如在最常用的小波图像二维子带分解中,每次的分解使得子带的尺寸变小,而在较小子带中的某单个系数可能与别的子带中的多个系数表示相同的位置。图 13.5.2 为小波子带分解示意图。从图中可以看出,在子带Ⅰ左上角系数 a 与子带Ⅱ中 a_1、子带Ⅲ中 a_2、子带Ⅵ中 a_3 等系数表示相同的空间位置;而系数 a_1 又和子带Ⅴ中的 a_{11}、a_{12}、a_{13}、a_{14} 等系数表示相同的空间位置……因此这些系数的关系就构成一棵树,其中,a 为树根,有 3 个子节点 a_1、a_2、a_3,而 a_1 又有 4 个子节点 a_{11}、a_{12}、a_{13}、a_{14}……

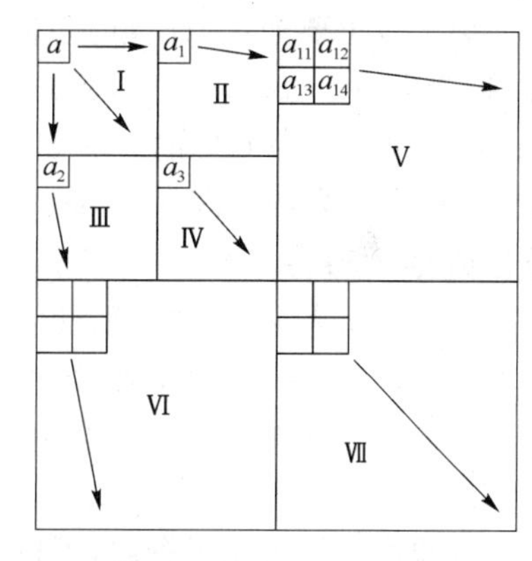

图 13.5.2 小波子带分解数据结构

如前所述,当一幅图像进行子带分解时,大部分能量集中于低频子带。在大部分情况下接近树根的系数比远离树根的系数具有更大的幅度。这就是说,如果一个小波系数在一个粗的尺度上小于某门限值,那么在大部分情况它的所有后续节点(在较细的尺度上)都小于这个值。如果这些小于门限值的节点都量化为零,那么就可使用于描述图像的系数个数大大减少,从而实现很大的码率压缩。

EZW 算法定义了 4 种符号。给定一个门限值 T,如果一个系数的绝对值大于 T,那么就称为 T 级重要系数;反之,就称为不重要系数。其中,正的重要系数用 sp 表示,负的重要系数用 sn 表示。如果一个不重要系数的所有后续节点都小于 T,那么就称为零树根,用 zr 表示;否则就称为孤立零点,用 ir 表示。如果用等长码,每种系数表示需2 bit。当一个系数是零树根时,其后续节点就不用表示。这种符号分配的过程称为重要性映射编码。

EZW 算法是一个多次通过算法,其中每次通过都包含两步:重要性映射编码(主要)通过和细化(从属)通过。如果 $c_{\max}$ 为最大的系数,那么门限的初始值 T_0 为

$$T_0 = 2^{\lfloor \log_2 c_{\max} \rfloor} \tag{13.8.1}$$

这种选择可以保证最大的系数位于区间$[T_0, 2T_0]$内。在每次通过时,将门限值减少到前一个门限值的一半,即 $T_i = T_{i-1}/2$。

重要性映射编码利用 3 电平中线量化器。设量化器输入为 x,则量化器的输出为

$$y = \begin{cases} 0 & |c| < T_i \\ 1.5T_i & c > T_i \\ -1.5T & c < -T_{i\ i} \end{cases} \tag{13.8.2}$$

当重要性确定后,就将重要系数放到一个列表中以便在细化过程中使用。在细化过程中,要确定列表中的系数是处于$[T, 2T)$的上半部还是下半部。在后续的细化过程中,随着 T 值的减小所包含重要系数的区间变窄,重建值也相应更新。在细化过程中,计算系数与其重建值的差,并用$\pm T/4$ 两电平量化器量化。这个量化值加到当前重建值中作为校正项。

小波系数按下述方式扫描:树中的每个父节点都在其后续节点之前扫描,同级节点从左至右扫描。现以一个简单的例子说明对一个7子带分解的图像进行EZW编码的过程,图13.5.3中的数字表示图像相应位置上的小波系数。

下面为EZW算法的主要步骤。

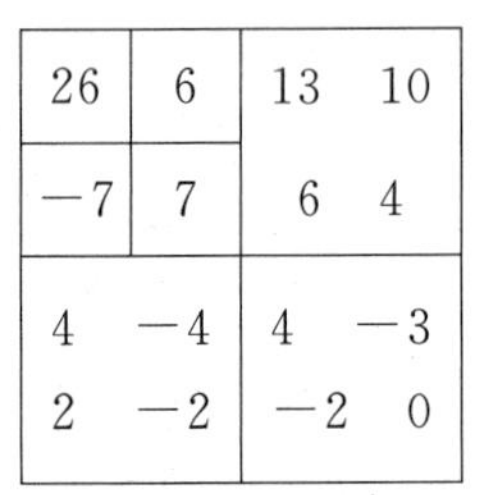

26	6	13	10
−7	7	6	4
4	−4	4	−3
2	−2	−2	0

图13.5.3 原始图像中的小波系数

第1步主要通过:计算初始门限值:$T_0=2^{\lfloor \log_2 26 \rfloor}=16$;扫描顺序:26,6,−7,7,13,…。因为26>16,所以26为sp,6与其后继节点13,10,6,4均小于16,所以6为zr,同理−7,7为zr,zr。编码序列为:sp,zr,zr,zr,编码共需8 bit。从属列表:$L_S=\{26\}$。系数重建值为$1.5T_0=24$。

第1步从属通过:两电平量化的值为$\pm T_0/4=\pm 16/4=\pm 4$,计算校正项:26−24=2;得校正项重建值为4,传送校正项需增加1 bit。校正后的重建值为24+4=28。第一次通过后,编码比特数为8+1=9。

第2步主要通过:计算门限值$T_1=T_0/2=8$;对没有判定为重要系数的其他系数进行扫描,顺序是:6,−7,7,13,10,6,4,…。虽然6<8,但其后继节点13与10都大于8,所以6为iz;而−7与7以及它们的后继节点均小于8,所以编为zr,zr;13和10编为sp,sp;6,4编为zr,zr。编码序列为:iz,zr,zr,sp,sp,iz,iz;编码需14 bit。从属列表:$L_S=\{26,13,10\}$;13和10的重建值为$1.5T_1=12$。

第2步从属通过:两电平量化的值为$\pm T_1/4=\pm 8/4=\pm 2$;由26−28=−2,得校正项为−2;由13−12=1,得校正项为2,由10−12=−2,得校正项为−2,传送校正项需增加1 bit。校正后的重建值为28−2=26,12+2=14,12−2=10。将其他系数清零,得到重建值如图13.5.4所示。

如果有足够的编码资源,可以进行多步通过。每一步的从属通过后,将编码序列发到接收端,接收端根据接收到的序列进行译码。

26	0	14	10
0	0	0	0
0	0	0	0
0	0	0	0

图13.5.4 重建图像中的小波系数

对EZW编码有如下结论。

(1) 每一步编码都是前一步编码的改进,因此是当前重建误差最小的,所以如果编码被中断,那么这一步的编码是当前压缩效果最好的;传送的比特数越多,压缩效果越好。

(2) 这种编码形式称为嵌套编码。

(3) 除定长码外,还可使用其他形式的熵编码。

13.5.3 DWT与DCT的比较

根据前面的介绍我们得知,DWT与DCT一样也是一种用于图像或视频的有效压缩技术,在不损失重要信息的前提下,能够达到合理的压缩比。由于DWT和DCT使用不同的变换方法,所以其压缩性能也不同,主要表现在如下几方面。

(1) 在达到相同压缩质量的前提下,DWT比DCT有更大的压缩比。

(2) DCT要将输入数据分成不重叠的二维块,使得重建图像产生方块效应;而DWT无须将输入数据分块,避免了方块效应。

(3) 在变换前,DCT要进行输入数据幅度调整,而DWT无须进行这种调整。

(4) DCT变换函数固定,分辨率也固定,而DWT有高的灵活性,可自由选择小波函数,也有较好的时频局部化分辨率。

(5) 对于二元信源，DCT 压缩效率不高，而 DWT 压缩效率不受影响。

(6) DWT 比 DCT 计算量大，处理时间长。

(7) 在低码率下，DWT 的图像质量可能比 DCT 差。

总之，两种压缩技术各有自己特点，从总体上看，DWT 的优点比 DCT 更多，但从应用上看，虽然在某些图像压缩标准中 DWT 已经代替了 DCT，但也不会全面取代 DCT。

本章小结

1. 连续小波变换

- 正变换：$F_{\mathrm{WT}}(a,b) = |a|^{-1/2}\int_{-\infty}^{\infty} f(t)\psi^*((t-b)/a)\mathrm{d}t$
- 逆变换：$f(t) = \dfrac{1}{C_\Psi a^2}\int_{-\infty}^{\infty}\int_{-\infty}^{\infty} F_{\mathrm{WT}}(a,b)\psi((t-b)/a)\mathrm{d}a\mathrm{d}b$

2. 二进小波函数　$\psi_{j,k} = 2^{j/2}\psi(2^j t - k)$

3. 小波级数展开　$f(t) = \sum_{j,k} < f(u),\ \psi_{j,k}(t) > \psi_{j,k}(t)$

4. 伸缩方程　$\varphi(t) = \sqrt{2}\sum_k h_0(k)\varphi(2t-k)$

5. 小波方程　$\psi(t) = \sqrt{2}\sum_k h_1(k)\varphi(2t-k)$

6. 离散快速正交小波变换

- 正变换：

初始系数：$c_{mn} = 2^{-m/2}s(2^{-m}n)$

$$c_{m-1,n} = \sum_k c_{m,k}h_0(k-2n)$$

$$d_{m-1,n} = \sum_k c_{m,k}h_1(k-2n)$$

- 逆变换：

$$c_{m,n} = \sum_k c_{m-1,k}h_0(n-2k) + \sum_k d_{m-1,k}h_1(n-2k)$$

7. 小波滤波器系数的性质

8. 正交小波滤波器设计：①谱分解法；②Daubechies 小波基函数族

9. 双正交小波滤波器设计：双正交 5/3 小波滤波器

10. 基于小波变换的图像压缩：①EZW 编码；②SPIHT 编码

思考题

13.1　小波变换有哪些重要性质？

13.2　多分辨率分析的主要内容是什么？

13.3　小波滤波器与尺度滤波器有什么关系？

13.4　DWT 快速算法是如何实现的？它与双通道子带编码系统有何联系？

13.5　小波滤波器系数的性质有哪些？

13.6　小波图像有哪些特点？基于小波变换的图像压缩编码有哪些？

13.7　DWT 与 DCT 各有什么技术特点？

习　题

13.1　根据式(13.1.5)定义的连续小波变换，应用中心在原点的 Harr 小波，即

$$\psi(t)=\begin{cases}1 & -1/2\leqslant t<0\\ -1 & 0\leqslant t<1/2\\ 0 & 其他\end{cases}$$

(1) 设信号 $f(t)$ 由下式给出：

$$f(t)=\begin{cases}1 & -1/2\leqslant t<1/2\\ 0 & 其他\end{cases}$$

① 计算 $f(t)$ 的 CWT，对于 $a=1,1/2,2$ 和所有 $b\in R$；

② 对所有的 $a>0$ 和 b，画出 CWT 的图形；

(2) 设 $f(t)=\psi(t)$，画出 CWT 的图形。

13.2　设函数 $f(t)$ 为(0,1)区间的矩形脉冲，幅度为 1，试以 Harr 小波为基函数将 $f(t)$ 进行小波级数展开。

(1) 求展开式的系数；

(2) 证明 $\sum\limits_{j,k}|<\psi_{j,k},f>|^2=1$。

13.3　Harr 小波的对偶，$H_0(\omega)=\begin{cases}1 & \omega\leqslant\pi/2\\ 0 & 其他\end{cases}$，求 $h_0(n)$，$h_1(n)$，$\Phi(\omega)$，$\Psi(\omega)$，$\varphi(t)$，$\psi(t)$。

13.4　证明定理 13.2.1：函数集 $\{\phi(t-k)\mid k\in Z\}$ 正交的充要条件是 $\sum\limits_k|\Phi(\omega+2k\pi|^2=1$，其中 $\Phi(\omega)$ 是 $\phi(t)$ 的傅里叶变换。

13.5　证明定理 13.2.2：函数集 $\{\phi(t-n),n\in Z\}$ 和 $\{\psi(t-n),n\in Z\}$ 正交的充要条件是 $\sum\limits_k\Phi(\omega+2k\pi)\Psi^*(\omega+2k\pi)=0$，其中 $\Phi(\omega)$ 和 $\Psi(\omega)$ 分别是 $\phi(t)$ 和 $\psi(t)$ 的傅里叶变换。

13.6　证明：$g_0(n)=1/\sqrt{2}\sin(n\pi/2)/(\pi/2)n$ 和 $g_1(n)=(-1)^n g_0(-n)$ 以及它们的偶位移不构成 $L^2(R)$ 的正交基，即式(13.2.22)中移 1 位对于完备性是必要的。

13.7　现有一使用 FCO(面心菱形)下采样的三维信号两通道滤波器组，低通滤波器为 $H_0(z_1,z_2,z_3)=2^{-1/2}(1+z_1z_2z_3)$，高通滤波器为 $H_1(z_1,z_2,z_3)=H_0(-z_1,-z_2,-z_3)$；

(1) 证明这对应 FCO 下采样的正交 Harr 分解；

(2) 给出此两通道 FCO 下采样分析/综合系统的输出、混叠形式以及滤波器。

13.8　证明式(13.3.5)和式(13.3.6)成立。

13.9　证明 13.4.1 所列举的小波滤波器系数的性质。

13.10　推导双正交小波变换快速算法。

13.11　利用式(13.4.5)设计 $k=2$ 和 3 的 Daubechies 正交小波滤波器。

13.12　设计 9/7 双正交小波滤波器。

第 14 章　分布信源编码

分布信源编码(Distributed Source Coding,DSC)指的是多个统计相关但物理上分离的信源的压缩。在 DSC 系统中,发送端的多个信源编码器在压缩时不能互相通信(分布编码),而接收端共用一个译码器,利用各信源之间的相关性重建信源序列(联合译码)。DSC 的理论基础建立于 20 世纪 70 年代,但成为研究的热点还仅仅是最近十多年,特别是无线传感网络出现以后开始的。由于与 DSC 有关的理论与技术发展很快,全面掌握有关技术需要较深的信息理论基础,所以本章仅限于介绍 DSC 最基本的理论与技术,主要包括无损与有损分布信源编码的基本概念及主要应用。

14.1　概　　述

本章前面所介绍的数据压缩技术中,所有被压缩的信息都是在同一个地理位置处理的,也称集中化的信源编码。但是随着多媒体、传感器以及 ad hoc 网的出现,所需压缩的信息产生于多个地理上分离的终端,而这些信息之间还具有某些相关性,这就需要 DSC 理论与技术。DSC 可分为无损与有损两大类。Slepian 和 Wolf 在 1973 年研究了无损分布信源编码问题,奠定了其理论基础,提出了 Slepian-Wolf 定理(简称 SW 定理),所对应的编码器称为 SW 系统或 SW 编码器。有损分布信源编码是一个率失真问题,Wyner 和 Ziv 在 1976 年解决了在译码器具有边信息的有损信源编码的理论问题,提出了 Wyner-Ziv 定理(简称 WZ 定理),所对应的编码器称为 WZ 系统或 WZ 编码器。以这些定理为基础的信源编码系统通常称为分布信源编码(或 DSC)系统。

无记忆 DSC 的一般模型如图 14.1.1 所示,图中,$U_1,\cdots,U_M$ 是 M 个在地理上分散的信源,各自的信源字母表为 $A_m(m=1,2,\cdots,M)$。信源的联合概率分布为 $p(u_1u_2\cdots u_M)$,联合熵为 $H(U_1U_2\cdots U_M)$,信源的输出是独立同分布随机矢量序列$(u_{11},u_{21},\cdots,u_{M1})$、$(u_{12},u_{22},\cdots,u_{M2})$,$\cdots$,$(u_{1n},u_{2n},\cdots,u_{Mn})$,其中,$u_{ij}$ 表示信源符号 u_i 在时刻 j 的取值。注意,$u_{ij}(i=1,\cdots,M)$ 对所有给定的 j 是相关的,而 $u_{ij}(j=1,2,\cdots)$ 对所有给定的 i 是独立的。DSC 就是利用各信源之间的相关性实现信源总体剩余度的压缩,以提高网络传输的有效性。通常信源在地理上是分散的,所以编码也是分散独立进行的,有 M 个编码器与各自的信源相连并对该信源输出分别进行编码。这 M 个

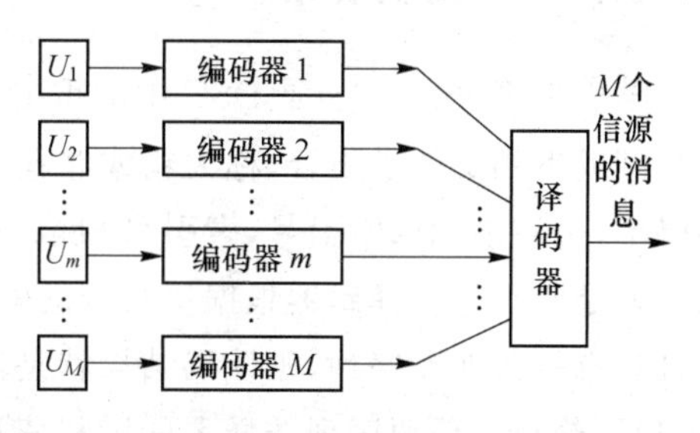

图 14.1.1　DSC 的一般模型

编码器的输出符号都输入到唯一的一个译码器，以恢复 M 个信源的消息。所以分布信源编译器的特点是各信源独立编码，译码器联合译码。由于译码器要利用分布信源之间的相关性，其结构要比编码器复杂得多。所以与集中式编码器相比，DSC 更适用于编码器工作任务较为简单而译码器工作量较大的场合。

DSC 非常适合于无线传感网络的应用。在无线传感网络中，多个传感器节点向一个中心节点发送相关性很强的数据。因为各传感节点只有有限的电源供给，所以编码器的结构必须简单。译码器必须充分利用各节点信息的相关性进行联合译码，才能完整重建原始信息。与传统译码器相比，这种译码器有较大的复杂度。

DSC 的另一种重要应用就是分布视频编码。我们知道，视频信号是一种帧间高度相关的数据。常规的视频帧间编码系统使用运动补偿预测解除帧间相关性，但运动的估计对于编码器是很沉重的负担。所以在常规视频压缩系统中，编码器要比译码器复杂得多。利用 DSC 技术的分布视频编码可以把常规视频编码器过重的负担转移到译码器，这在需要低功耗视频编码器的场合是很合适的。

此外，DSC 技术还应用在生物计量安全、超光谱图像压缩、数字内容认证以及加密数据的盲压缩等领域中。

近几年来 DSC 理论与技术得到很大发展。在无损 DSC 技术方面，使用接近信道容量的编码，例如 Turbo 码和 LDPC 码，可以使 SW 编码器达到接近理论上的极限性能，在有损 DSC 技术方面，利用嵌套码实现的 WZ 编码器也可接近 WZ 编码的理论极限。但在实际应用方面，WZ 视频编码器与常规视频编码器相比还有差距。

14.2 无损 DSC 的理论基础

与集中式无损信源编码一样，无损 DSC 是指通过译码器的联合译码能够无差错地重建各信源序列。如前所述，无损 DSC 理论基础是 SW 定理，但该定理是用随机装箱方法证明的，是非构造性的证明，并未给出编码的具体构造方法。为更好地理解该定理，首先介绍随机装箱的概念。

14.2.1 随机装箱

随机装箱(Binning)是 DSC 中的重要概念，它指的是将一个信源所有可能输出序列的空间分割成不相交的子集合，称为箱或储仓。对每条长度为 n 的信源序列 $\boldsymbol{x}$ 都从 2^{nR}（R 为编码的码率）个箱中抽取索引号，索引号和箱一一对应，从一个箱中抽取的索引号是相同的，编码器输出就是索引号。译码器根据接收到的索引号，寻找对应箱中的典型序列，如果在箱中存在一条且只有一条典型序列，则译码结果就是该序列，否则译码输出就出现差错。随机装箱的基本思想是：给每条信源序列选择大的随机索引号。如果典型序列集合 $A_{\varepsilon}^{(n)}$ 足够小，那么不同的序列就会以很高的概率具有不同的索引号，从而可以根据索引号渐近无差错地恢复信源序列。

下面利用随机装箱方法证明无失真信源编码定理的可达性。

设 $f(\boldsymbol{x})$ 是对应于序列 $\boldsymbol{x}$ 的索引号，译码函数为 g，那么错误概率为

$$p_{\mathrm{E}}=P(g(f(\boldsymbol{x}))\neq\boldsymbol{x})\leqslant P(\boldsymbol{x}\notin A_{\varepsilon}^{(n)})+\sum_{\boldsymbol{x}}P(\exists\,\boldsymbol{x}'\neq\boldsymbol{x}:\boldsymbol{x}'\in A_{\varepsilon}^{(n)},f(\boldsymbol{x}')=f(\boldsymbol{x}))p(\boldsymbol{x})$$

$$\overset{a}{\leqslant}\varepsilon+\sum_{\boldsymbol{x}}\sum_{\boldsymbol{x}'\in A_{\varepsilon}^{(n)},\boldsymbol{x}'\neq\boldsymbol{x}}P(f(\boldsymbol{x}')=f(\boldsymbol{x}))p(\boldsymbol{x})\overset{b}{=}\varepsilon+\sum_{\boldsymbol{x}}\sum_{\boldsymbol{x}'\in A_{\varepsilon}^{(n)}}2^{-nR}p(\boldsymbol{x})$$

$$=\varepsilon+\sum_{\boldsymbol{x}'\in A_{\varepsilon}^{(n)}}2^{-nR}\sum_{\boldsymbol{x}}p(\boldsymbol{x})\leqslant\varepsilon+\sum_{\boldsymbol{x}'\in A_{\varepsilon}^{(n)}}2^{-nR}\overset{c}{\leqslant}\varepsilon+2^{n(H(X)+\varepsilon)}2^{-nR}\overset{d}{\leqslant}2\varepsilon$$

其中,a:非典型序列出现的概率之和不大于 ε;b:在序列 $\boldsymbol{x}$ 对应某索引号的条件下,存在其他典型序列 $\boldsymbol{x}'$ 具有同一索引号的概率为 2^{-nR};c:典型序列的个数不大于 $2^{n(H(X)+\varepsilon)}$;d:如果 $R>H(X)+\varepsilon$,选择 n 使得 $2^{-n[R-H(X)-\varepsilon]}<\varepsilon$。所以,如果码率大于熵,那么就可以通过选择适当的 n,使得错误概率任意小。

注意,装箱系统并不要求编码器对典型序列进行描述,而只是在译码器需要这种描述,因此这种编码特别适用于分布信源的编码。

14.2.2 Slepian-Wolf(SW)定理

现在研究两个统计依赖的独立同分布有限字母表信源的编译码模型,如图 14.2.1 所示。图中,X 和 Y 是两个相关信源,分别由编码器 1 和编码器 2 进行独立压缩编码,用译码器进行联合译码,$\hat{X}$和$\hat{Y}$分别为对应的无损译码输出。这种压缩模型的理论问题是由 D. Slepian 和 J. K. Wolf 提出并解决的,所以也称作 Slepian-Wolf 相关信源编码模型,简称 SW 编码模型。

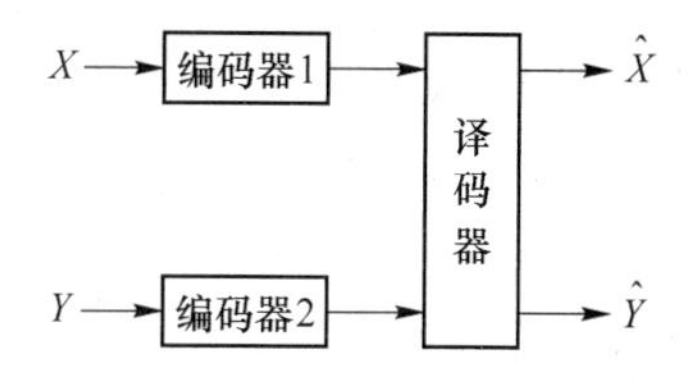

图 14.2.1　Slepian-Wolf 模型

下面的定理给出了这种压缩模型可达速率(信源编码码率)的区域。

定理 14.2.1　(Slepian-Wolf 信源编码定理)对于给定两离散无记忆相关信源 X、Y 的分布信源编码问题,可达速率区域为

$$\begin{aligned}R=\{(R_X,R_Y):R_X\geqslant H(X|Y),R_Y\geqslant H(Y|X),\\R_X+R_Y\geqslant H(XY)\}\end{aligned}\tag{14.2.1}$$

其中,R_X、R_Y 分别为信源 X、Y 的码率;$H(X|Y)$、$H(Y|X)$、$H(XY)$分别为条件熵和联合熵。

下面证明定理的可达性。可达性是指,当满足式(14.2.1)条件时,存在译码错误率任意小的编码。证明采用随机装箱方法,即编码器将$\boldsymbol{X}^n$ 的空间分成 2^{nR_1} 个箱,将$\boldsymbol{Y}^n$ 的空间分成 2^{nR_2} 个箱,译码器采用联合典型序列译码。

证　(可达性)

(1) 随机编码的产生:给每一个 $\boldsymbol{x}\in\boldsymbol{X}^n$ 独立等概率地分配 2^{nR_1} 个箱中的一个索引号,映射关系为 f_1;给每一个 $\boldsymbol{y}\in\boldsymbol{Y}^n$ 独立等概率地分配 2^{nR_2} 个箱中的一个索引号,映射关系为 f_2。编译码器都知道映射关系 f_1 和 f_2。

(2) 独立编码:编码器 1 和 2 独立编码,分别发送 $\boldsymbol{x}$ 和 $\boldsymbol{y}$ 所在箱的索引号 i_0 和 j_0。

(3) 联合译码:译码器接收到两个索引号,构成索引号对(i_0,j_0)(每个索引号对对应一个箱,称为乘积箱)。当且仅当乘积箱(i_0,j_0)中只有一个序列对$(\boldsymbol{x},\boldsymbol{y})$,使得 $f_1(\boldsymbol{x})=i_0$,$f_2(\boldsymbol{x})=j_0$,且$(\boldsymbol{x},\boldsymbol{y})\in A_{\varepsilon}^{(n)}$,($A_{\varepsilon}^{(n)}$ 为联合典型序列集,下同)时,译码结果为:$(\hat{\boldsymbol{x}},\hat{\boldsymbol{y}})=(\boldsymbol{x},\boldsymbol{y})$,否则宣布

译码出错。

下面计算平均译码错误率。定义事件：

$E_0=\{(\boldsymbol{x},\boldsymbol{y})\notin A_e^{(n)}\}$，

$E_1=\{\exists\boldsymbol{x}'\neq\boldsymbol{x}:f_1(\boldsymbol{x}')=f_1(\boldsymbol{x})\wedge(\boldsymbol{x}',\boldsymbol{y})\in A_e^{(n)}\}$，

$E_2=\{\exists\boldsymbol{y}'\neq\boldsymbol{y}:f_2(\boldsymbol{y}')=f_2(\boldsymbol{y})\wedge(\boldsymbol{x},\boldsymbol{y}')\in A_e^{(n)}\}$，

$E_2=\{\exists(\boldsymbol{x}',\boldsymbol{y}'):\boldsymbol{x}'\neq\boldsymbol{x},\boldsymbol{y}'\neq\boldsymbol{y},f_1(\boldsymbol{x}')=f_1(\boldsymbol{x})\wedge f_2(\boldsymbol{y}')=f_2(\boldsymbol{y})\wedge(\boldsymbol{x}',\boldsymbol{y}')\in A_e^{(n)}\}$

只要$(\boldsymbol{x},\boldsymbol{y})$不是典型序列对或在同一个箱中出现另一个典型序列对，就宣布出现译码错误。平均译码错误概率为

$$p_e^{(n)}=P(E_0\cup E_1\cup E_2\cup E_{12})\leqslant P(E_0)+P(E_1)+P(E_2)+P(E_{12})$$

根据 AEP，当 n 足够大时，有 $P(E_0)<\varepsilon$。其次，有

$$\begin{aligned}P(E_1)&=P\{\exists\boldsymbol{X}'\neq\boldsymbol{X}:f_1(\boldsymbol{X}')=f_1(\boldsymbol{X})\wedge(\boldsymbol{X}',\boldsymbol{Y})\in A_e^{(n)}\}\\&=\sum_{(\boldsymbol{x},\boldsymbol{y})}p(\boldsymbol{x},\boldsymbol{y})P\{\exists\boldsymbol{x}'\neq\boldsymbol{x}:f_1(\boldsymbol{x}')=f_1(\boldsymbol{x})\wedge(\boldsymbol{x}',\boldsymbol{y})\in A_e^{(n)}\}\\&\leqslant\sum_{(\boldsymbol{x},\boldsymbol{y})}p(\boldsymbol{x},\boldsymbol{y})\sum_{\boldsymbol{x}':\boldsymbol{x}'\neq\boldsymbol{x},(\boldsymbol{x}',\boldsymbol{y})\in A_e^{(n)}}P(f_1(\boldsymbol{x}')=f_1(\boldsymbol{x}))\\&=\sum_{(\boldsymbol{x},\boldsymbol{y})}p(\boldsymbol{x},\boldsymbol{y})2^{-nR_X}\mid A_e(X\mid y)\mid<2^{-nR_X}2^{nH(X|Y)+\varepsilon)}\end{aligned}$$

如果 $R_X>H(X|Y)$，对于足够大的 n，可使 $P(E_1)<\varepsilon$。类似地，对于足够大的 n，如果 $R_Y>H(Y|X)$，可使 $P(E_2)<\varepsilon$；如果 $R_1+R_2>H(XY)$，可使 $P(E_{12})<\varepsilon$。因此，$p_e^{(n)}$ 小于 4ε，所以至少存在一种编码使得平均译码错误概率小于 4ε，即可以构造一种编码使得平均译码错误概率趋近于零。

也可证明定理的逆，这需要利用费诺不等式，此处略。

关于 SW 定理有如下注释。

(1) SW 定理的证明是建立在随机装箱概念的基础之上的，所用的方法是非构造性的，只证明了编码的存在性，但未给出如何进行编码的具体方法。

(2) SW 定理表明，式(14.2.1)是定理成立的充分条件(可达性)，也是必要条件(逆定理)。

(3) 可达速率区域由图 14.2.2 来描述，有截角的阴影部分表示无损压缩可达码率区域，其中 $R_X\geqslant H(X)$ 且 $R_Y\geqslant H(Y)$ 的区域为无差错区域，而在其他区域译码是有差错的，不过当信源序列足够长时，译码差错率趋近于零。与集中式无损压缩不同，在 DSC 中所指的无损压缩含义不包括无差错编码，也就是说 SW 定理不适用于无差错编码。

(4) 为实现高效编码，码率应该尽量靠近阴影区域的左下边。如果码率在线段 AB 上，那么就称编码器达到 SW 界，这是最佳情况。此时满足

$R_X\geqslant H(X|Y),R_Y\geqslant H(Y|X),R_1+R_2=H(XY)$

(5) 在图中可达率区域角点 A，可达码率分别 $R_Y=H(Y),R_X=H(X|Y)$。这就是说，如果对 Y 以等于其熵率的码率编码，而对 X 以低于其熵率的码率编码，在接收端联合译码，仍然能够无失真恢复 X。实际上，编码器 1 并不知道 Y 的情况，却能以小于 $H(X)$的码率对 X 进行编码，这在集中化编码器中是不能实现的，但用 DSC 就能够实现。关键问题是，当译码器知道完整的关于 Y 的信息的条件下，能无差错地恢复 X，此时 Y 称为边信息。

(6) 利用典型序列概念的解释：根据 AEP，对序列 $\boldsymbol{Y}^n$，我们可以用 $nH(Y)$比特进行有效的

编码，且译码器能够以任意小的差错率恢复 $\boldsymbol{Y}^n$；而与每一个序列 $\boldsymbol{Y}^n$ 构成联合典型序列的 $\boldsymbol{X}^n$ 的个数约为 $2^{nH(X|Y)}$。将这些 $\boldsymbol{X}^n$ 分别装在不同的箱内，大约有 $2^{nH(X|Y)}$ 个箱，这样当 n 足够大时使得在同一个箱内的每个 $\boldsymbol{Y}^n$ 只与一个 $\boldsymbol{X}^n$ 与其构成联合典型序列。在对 $\boldsymbol{X}^n$ 编码时，先确定其所在箱的索引号，再对此索引号进行编码，那么所需编码的比特数约为 $nH(X|Y)$。译码器根据接收到索引号和 $\boldsymbol{Y}^n$ 的精确信息，就可以在对应的箱内找到与 $\boldsymbol{Y}^n$ 构成联合典型序列的唯一的 $\boldsymbol{X}^n$，实现正确译码。

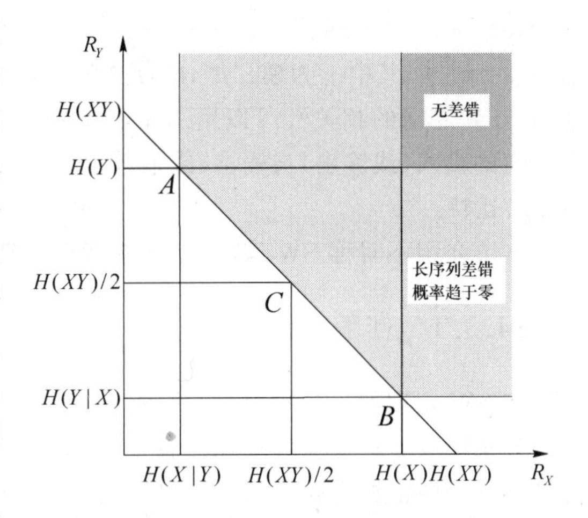

图 14.2.2　无损 DSC 可达率区域

SW 定理可以推广到多信源的情况，有下面的定理。

定理 14.2.2　设 $(X_{1i}, X_{2i}, \cdots, X_{mi})$ 为独立同分布矢量序列，每个矢量的联合概率为 $p(x_1, x_2, \cdots, x_m)$，那么对于分别独立编码和联合译码的 DSC 可达速率矢量集合为

$$R=\{R(S)\geqslant H(X(S)\,|\,X(S^c))\} \tag{14.2.2a}$$

对所有 $S\subseteq\{1,2,\cdots,m\}$，其中，

$$R(S) = \sum_{i\in S} R_i \tag{14.2.2b}$$

且 $X(S)=\{X_j : j\in S\}$。该定理的证明与两相关信源的情况的证明类似。很明显，定理 14.2.1 可以看成定理 14.2.2 的特例。

SW 定理的可达性可以推广到满足 AEP 的任意联合信源，特别是联合遍历信源的情况，此时可达速率域中的熵用熵率来代替。

14.3　SW 编码的实现：不对称 SW 编码

本节与下一节研究 SW 编码的实现问题。SW 编码可以分为不对称 SW 编码和非不对称 SW 编码。下面参考图 14.2.2 作相应的说明。

不对称 SW 编码是指一个信源(例如 Y)以其熵率压缩，在译码器独立地重建，用作另一个信源(例如 X)译码器的边信息，而另一个信源(例如 X)则以小于其熵率的码率压缩，而且仅当译码器接收到边信息(例如 Y)时，另一个信源(例如 X)才能无损恢复。不对称 SW 编码理想情况对应图中的角点 A(或者角点 B)。在这种编码中，两信源 X 和 Y 起不同的作用，所以称为不对称 SW 编码。

非不对称 SW 编码指的是两个信源都以低于其各自熵率的码率传输。最佳编码对应图中 A、B 之间的线段上(不包括 A 和 B)。当两信源都以相同的码率传输时，称为对称编码，最佳编码对应 AB 线段上坐标为($(H(XY)/2, H(XY)/2)$的点。

在 SW 编码系统中所研究的相关信源主要是二元相关信源。设二元 0、1 对称信源 X 与边信息 Y 之间的联合概率为

$$p(x,y)=(1-p)\delta_{x,y}/2+p(1-\delta_{x,y})/2 \tag{14.3.1}$$

其中，$\delta_{x,y}=1(x=y)$或$\delta_{x,y}=0(x\neq y)$，$0\leqslant p\leqslant 1/2$，那么 X 与 Y 的 0、1 符号等概率，还可以表示为 $\boldsymbol{y}=\boldsymbol{x}\oplus\boldsymbol{u}$，其中$\oplus$为模二加，$\boldsymbol{u}$ 为独立于 $\boldsymbol{x}$ 的 0、1 二元随机变量，且 $\boldsymbol{u}=1$ 的概率为 p。因此 X 与 Y 之间的相关性可以用一个交叉概率为 p 的虚拟二元对称信道来描述，X 与 Y 分别为信道的输入(或输出)与输出(或输入)，条件熵 $H(X|Y)=1-H_2(p)$比特，信道容量为 $1-H_2(p)$比特。

本节介绍不对称 SW 编码，主要有两种实现的方法：伴随式法和奇偶校验法。

14.3.1 伴随式法

在 SW 定理的证明中提出了装箱的概念，即将信源序列的空间分割成子集(箱)使得在箱中的矢量尽可能地远离。Wyner 提出了用二元线性码构造这种装箱，并证明了这种构造的最优性。如果两信源之间的相关性可以用一个二元对称信道来描述，那么达到这个信道容量的二元线性码可以作为 SW 码。这种编码也称为 Wyner 装箱编码系统。

1. 伴随式法的基本原理

设二元(n,k)线性码 C 的奇偶校验矩阵 $\boldsymbol{H}$ 为$(n-k)\times n$ 阶矩阵，信道编码的码率为 k/n。根据有噪信道编码定理，存在二元(n,k)线性码使得当码率接近信道容量且 n 足够大时，译码差错率任意小，即对于任意 $\varepsilon>0$，存在二元(n,k)线性码，使得当 $k/n\geqslant 1-H(p)-\varepsilon$，或

$$n-k\leqslant(H(p)+\varepsilon)n \tag{14.3.2}$$

时，只要 n 足够大，就会使传输差错任意小。

一个好的信道编码，所有的码矢量之间都有最大的码距离。这个编码把包含 2^n 个序列的空间分成 2^{n-k} 个陪集，每个陪集用一个长度为 $n-k$ 的伴随式 s 表示，就是说，同一个陪集中的序列具有相同的伴随式。设陪集为 C_S，那么编码 C 与陪集 C_S 的关系为

$$\forall\,\boldsymbol{u}\in C_S, C_S=C\oplus\boldsymbol{u} \tag{14.3.3}$$

实际上，每个陪集都可以看成一种信道编码，只不过是原编码 C 的平移，保持着与编码 C 相同的距离特性。

在利用边信息 $\boldsymbol{y}$ 的 DSC 系统中，编码器确定长度为 n 的信源序列 $\boldsymbol{x}$ 所在陪集 C_S，这可通过计算伴随式实现，然后向译码器发送陪集索引号，这需要 $n-k$ 比特，所以对 $\boldsymbol{x}$ 编码码率为 $R_x=(n-k)/n$ 比特。由式(14.3.2)得，$R_X=(n-k)/n\leqslant H(p)+\varepsilon=H(X|Y)+\varepsilon$，而压缩 Y 所需码率为 $R_y=H(Y)$比特，所以 $R_X+R_Y\leqslant H(X|Y)+\varepsilon$。当 n 足够大时，ε 可以任意小，码率达到 SW 界。

伴随式法编码算法如下：

(1) 计算伴随式
$$\boldsymbol{s}=\boldsymbol{x}H^{\mathrm{T}} \tag{14.3.4}$$

(2) 发送陪集 C_S的索引号(即伴随式)。

译码器利用边信息 $\boldsymbol{y}$ 在陪集 C_S中译码，边信息 $\boldsymbol{y}$ 可以模拟成码字 $\boldsymbol{x}$ 通过一个错误概率为 p 的 BSC 传输的输出，采用最大似然译码方法，寻找与 $\boldsymbol{y}$ 汉明距离最小的矢量(在 BSC 信道条件下，最小汉明距离译码与最大似然译码等价)，就是重建的信源序列$\hat{\boldsymbol{x}}$。

伴随式法译码算法如下：

(1) 接收陪集 C_S的索引号；

(2) 利用边信息 $\boldsymbol{y}$，采用最大似然译码，重建信源序列：

$$\hat{\boldsymbol{x}}=\arg\min_{\boldsymbol{x}:\boldsymbol{x}\in C_S} d_{\mathrm{H}}(\boldsymbol{x},\boldsymbol{y}) \tag{14.3.5}$$

伴随式法无损分布信源编码原理如图 14.3.1 所示。

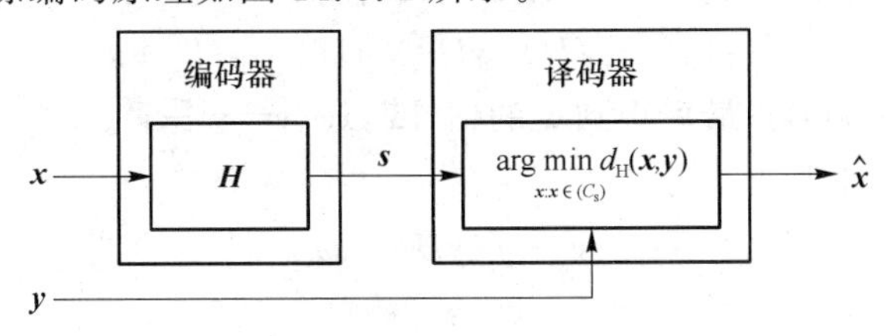

图 14.3.1　伴随式法无损 DSC 原理图

例 14.3.1　X 与 Y 均为含 8 个等概率二元三维矢量离散无记忆信源，如果给定 $y=(y_1y_2y_3)$，那么 x 等概率地取自 $\{(y_1y_2y_3),(\bar{y}_1y_2y_3),(y_1\bar{y}_2y_3),(y_1y_2\bar{y}_3)\}$，其中，$y_i(i=1,2,3)$ 取值为 0 或 1，$\bar{y}_i$ 为 y_i 的反号，试设计分布信源编码系统，使得当 Y 作为译码器边信息的条件下实现 X 的最佳无损压缩；如果 $x=(110)$，$y=(100)$，试写出编译码过程。

解　$H(X)=H(Y)=3$ bit，$H(X|Y)=2$ bit，$H(XY)=H(Y)+H(X|Y)=5$ bit。因为 Y 作为译码器边信息，所以传送所需码率为 $R_Y=H(Y)=3$ bit，而根据 SW 定理，用 $H(X|Y)=2$ bit 而不是 3 bit 的码率传送 X，在译码器无损恢复是有可能的。现把 Y 看成是 X 通过一个虚拟信道传输的结果，而此信道最多出现一个错误，那么使用可纠一个错误的信道编码，就可以依据边信息 Y 完全恢复 X。而重复码{000,111}就是能够纠一个错误的编码。

分布信源编码系统工作原理如下：将 8 个二元三维矢量分成 4 个陪集：{000,111}，{001,110}，{010,101}和{100,011}，对应的索引号分别为：(00)，(01)，(10)，(11)。编码器仅发送 X 所在的陪集索引号，需 2 bit。译码器根据接收的陪集号，确定 X 所在的陪集。在此陪集中，把与边信息 y 汉明距离最小的矢量作为译码输出。

重复码的奇偶校验矩阵为 $H=\begin{pmatrix}1&1&0\\1&0&1\end{pmatrix}$；已知 $x=(110)$，编码器：$s=xH^{\mathrm{T}}=(01)$，发送(01)；译码器：确定陪集为{001，110}，在此陪集中寻找与 $y=(100)$ 最近的矢量，得 $\hat{x}=(110)$。■

上例所描述的问题可以推广到一般情况：设 $x,y\in\{0,1\}^n$ 且 $d_H(x,y)\leqslant t$，这里 y 和 x 可视为一个二元信道的输入与输出，每次传输所出现的错误数 $\leqslant t$，设传输出现错误（包括 0 错误）的事件是等概率的，那么可以采用能纠 t 个错误的信道编码解决 SW 问题。具体实现过程如下：① 选择一个 $(n,k,2t+1)$ 线性分组码；② 根据式(14.3.4)确定 x 所在的陪集，发送此陪集的索引号 i，传送码率为 $(n-k)/n$；③ 译码器在陪集 i 中寻找与 y 汉明距离最小的矢量作为译码输出。容易证明，仅当编码满足球填充(Sphere Packing)界，即 k 满足

$$k=n-\log\sum_{i=0}^{t}C_n^i \tag{14.3.6}$$

时，编码达到 SW 界。

由于译码器在陪集 C_S 中译码，当码字数很多时，译码很不方便。我们总是希望利用码 C 译码，所以需对译码算法作进一步改进。由式(14.3.5)，有

$$\hat{x}=\arg\min_{x:x\in C_S} d_H(x\oplus v,y\oplus v)=\arg\min_{x':x'\in C} d_H(x',y') \tag{14.3.7}$$

其中，$v=f(s)$，为 s 的陪集首；$x'=x\oplus v$，$y'=y\oplus v$，而 $x'\in C$。式(14.3.7)意味着可以在 C 中译码，此时 y' 为信道输出，译码结果为对 $x\oplus v$ 估计。根据伴随式信道译码方法，先计算 y' 的伴随式 s'，然后确定陪集首 v'，就得到 $x\oplus v$ 的估计，从而得到 x 的估计 $\hat{x}$。这样，在译码时，首

先计算编码器发送的陪集首：$v=f(s)$；再计算新的伴随式

$$s'=(y\oplus v)H^{T}=yH^{T}\oplus vH^{T}=yH^{T}+s \tag{14.3.8}$$

然后计算新陪集首：$v'=f(s')$；最后得到 x 的估计 $\hat{x}$：$\hat{x}\oplus v=y'\oplus v'$。

改进的译码器算法如下：

(1) 计算陪集首： $$v'=f(yH^{T}+s) \tag{14.3.9}$$

(2) 译码输出： $$\hat{x}=y\oplus v' \tag{14.3.10}$$

改进的伴随式法实现 SW 编码的原理框图如图 14.3.2 所示，图中的 mod C 运算是指计算伴随式并求陪集首的运算，即

$$v'=y\oplus v(\mathrm{mod}\ C) \tag{14.3.11}$$

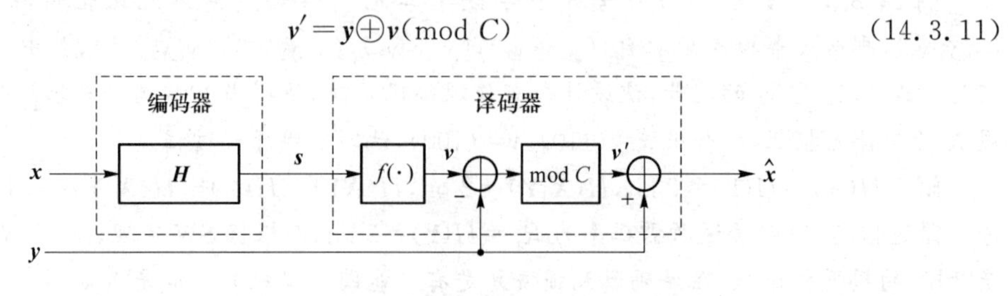

图 14.3.2 改进的伴随式法实现 SW 编码的原理框图

例 14.3.2 X、Y 均为长度 7 的等概率二元随机序列集合，$d_H(x,y)\leqslant 1$，其中 d_H 表示汉明距离。现用(7,4)汉明码对 x 进行压缩，而 y 作为译码器边信息。设 $x=(1\ 010\ 011)$，$y=(1\ 110\ 011)$；试写出 DSC 系统的编译码过程，并说明是否达到 SW 编码界。

解 (7,4)汉明码奇偶校验矩阵： $H=\begin{pmatrix}1&1&1&0&1&0&0\\1&1&0&1&0&1&0\\1&0&1&1&0&0&1\end{pmatrix}$

编码器： $s=xH^{T}=(001)$

译码器： $v'=f(yH^{T}+s)=f((110))=(0\quad 1\quad 0\quad 0\quad 0\quad 0\quad 0)$

$\hat{x}=y\oplus v'=(1110011)+(0100000)=(1010011)$

汉明码为完备码，有 $4=7-\log(C_7^0+C_7^1)$，满足式(14.3.6)，所以编码达到 SW 编码界。■

2. 卷积码实现伴随式法

除上面介绍的分组码之外，利用卷积码也可实现伴随式分布信源编码，而且使用系统卷积码比较容易实现。下面进行简单介绍。

设系统卷积码校验矩阵为 $H(D)$，信源分组多项式为 $X(D)=\sum\limits_{i=1}^{n}x_iD^{n-1}$，其中 n 为信源分组的长度。与分组码的实现方式类似，编码器首先计算伴随式 $S(D)=X(D)H(D)^{T}$。对于长度为 L 的信源序列，分成 L/n 个信源分组，计算出长度为 L/n 的伴随式序列，发送到译码器。对于码率为 k/n 的卷积码，每 k 个信息位对应着 $n-k$ 个校验位，也对应着网格图中从一个状态转移到另一个状态的一段。伴随式 $S(D)$ 也是由 $n-k$ 个符号组成。译码器利用卷积码的网格图使用 Viterbi 算法进行译码，不过这里是修正网格图。

对于系统卷积码，码字的陪集代表是 k 个零与 $n-k$ 长的伴随式的连接，即陪集代表 $a(D)=(\mathbf{0}|S(D))$，这里，$\mathbf{0}$ 表示长度为 k 的全零行矢量。如果 $S(D)=0$，说明信源分组是卷积码的码字，对应段的网格图就使用原始图，否则就使用 $S(D)$ 所对应的一段网格图。这一段图是将对应原始图一段每条支路的输出序列与 $a(D)$ 模二加所构成的修正网格图。译码器将

边信息 $y(D)$ 作为接收序列，利用 Viterbi 译码算法依据修正的网格图确定与 $y(D)$ 距离最近的序列作为重建的信源序列 $\hat{x}(D)$。然而，利用上述方法在进行译码时，译码器要实时地转换网格图，这在一定程度上给译码带来不便，故可以将译码器作如下改进：在译码前，先将边信息 $y(D)$ 和 $a(D)$ 进行模 2 加，这样所得到的矢量都划归到了 $s=0$ 的陪集中，译码器只需根据 $s=0$ 的网格图，即原始网格图对序列进行译码，然后将译码结果再次与 $a(D)$ 进行模 2 相加，将码字还原回各自原在的陪集。

修正后译码器算法如下：计算 $y'(D)=y(D)+a(D)$，$y'(D)$ 作为接收序列，利用卷积码原始网格图进行 Viterbi 译码，确定与 $y'(D)$ 距离最近的矢量 $x'(D)$，重建 $\hat{x}(D)=x'(D)+a(D)$。卷积码伴随式法实现 SW 编译码过程如图 14.3.3 所示。图中，ISF 为逆伴随式产生器，作用是计算与伴随式对应的陪集代表，其输出 $(0,\boldsymbol{s})$ 就表示 $a(D)$。

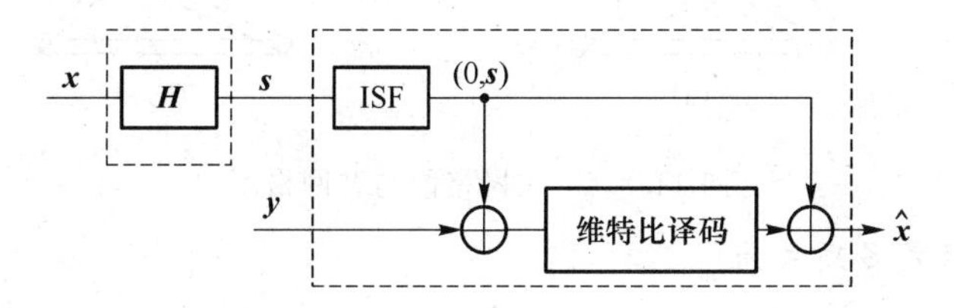

图 14.3.3 卷积码伴随式法实现 SW 编译码过程框图

例 14.3.3 用图 14.3.4 所示 TCM 四状态 2/3 码率系统卷积编码器实现伴随式法无损分布信源码，并用实例描述编译码的主要过程。

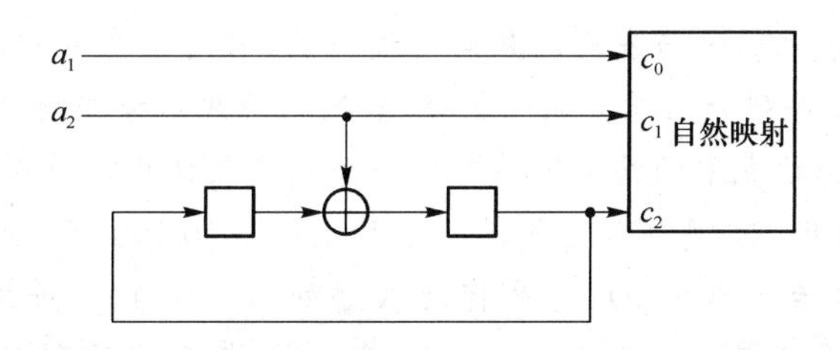

图 14.3.4 2/3 码率系统卷积码编码器框图

解 TCM 四状态 2/3 码率系统卷积编码器是一种陪集码，编码输出有 8 个信号点。设整数 n 与编码序列分组 $(c_0c_1c_2)$ 映射关系为 $n=(c_0c_1c_2)_2$，映射关系如表 14.3.1 所示。

表 14.3.1 整数 n 与二进制代码的映射关系

二进编码	000	001	010	011	100	101	110	111
十进数	0	1	2	3	4	5	6	7

其中，$(c_0c_1)_2$ 确定了信号集合中陪集的选择，共有 4 个陪集，分别为 {0,4}，{1,5}，{2,6} 和 {3,7}。卷积码的生成矩阵 $\boldsymbol{G}(D)=\begin{pmatrix}1 & 0 & 0\\ 0 & 1 & D/(1+D^2)\end{pmatrix}$，奇偶校验矩阵 $\boldsymbol{H}(D)=\begin{pmatrix}0 & D/(1+D^2) & 1\end{pmatrix}$；编码器有 4 个状态，分别为 00，01，10 和 11。

根据编码器电路图可知，伴随式 s 有两个值 0 和 1，图 14.3.5 中 (a) 和 (b) 分别对应 $s=0$ 和 1 的卷积码网格图中的一节。对应 $s=0$ 网格图就是原卷积码网格图，而对应 $s=1$ 网格图为原网格图的补图，是通过原卷积码网格图的各边所对应的输出分别加上矢量 (001) 得到的。

图中，左侧四个数值分别为当前时刻从某状态到下一时刻某状态时的输出。例如，图(a)中，0426 表示状态 00 到状态 00 和 01 的 4 条边对应输出依次分别为 0、4、2、6，转换成二进制代码就是：000、100、010 和 110。当前从 00 状态到下一时刻 01 状态的输出，在主网格图中是下面两条边，分别对应 2 和 6，而补网格图中对应的下面两条边分别对应 3 和 7，而 $2=(010)_2$，$(010)_2+(001)_2=(011)_2=3$，$6=(110)_2$，$(110)_2+(001)_2=(111)_2=7$。

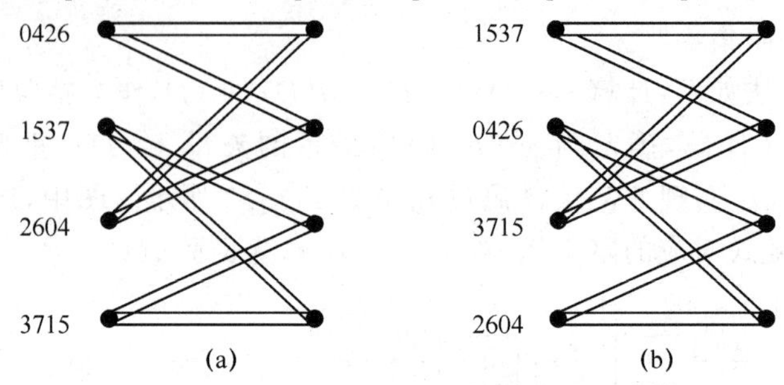

图 14.3.5　主网格图与补网格图

该卷积码的伴随式多项式为

$$\boldsymbol{S}(D)=\boldsymbol{X}(D)\boldsymbol{H}(D)^{\mathrm{T}}=(x_0\quad x_1\quad x_2)\begin{pmatrix}0\\ D/(1+D^2)\\ 1\end{pmatrix}=x_1\frac{D}{1+D^2}+x_2$$

实际上，把将要压缩的信源序列视为可能出现错误的信道编码序列，伴随式生成电路的实质就是，将接收到的信息元通过与发送端相同的编码器，再与接收的校验位进行模二加运算，如果结果为 0，那么信源序列分组属于码字集合，否则信源序列分组就属于码字的补集合。

为书写方便，下面将按表中的映射关系对同一序列交叉使用二进制表示和十进制表示，设信源序列十进制表示为 6 324 015(二进制表示为 110 011 010 100 000 001 101)，边信息序列为 6324115。在编码端(初始状态为 0)，产生伴随式序列为 0010110，并发送到译码端，码率为 1 比特/信源符号。在译码端(初始状态为 0)，首先将伴随式序列转换成陪集代表序列：0010110→000 000 001 000 001 001 000，再计算修正的接收序列：6324115→6334005，将 6334005 作为接收序列，利用原始网格图对其进行 Viterbi 译码，译码输出为：6334105，将译码输出与陪集代表序列相加，得重建序列 $\hat{x}(D)$ 为：6324015。■

14.3.2　奇偶校验法

虽然伴随式法可以达到最优，但不能进行码率的自适应调整，下面介绍奇偶校验法。

设一个二元$(2n-k,n)$系统线性码 C' 的生成矩阵 $\boldsymbol{G}=(\boldsymbol{I}\vdots\boldsymbol{P})$ 为 $n\times(2n-k)$ 矩阵，

$$C'=\{\boldsymbol{xG}=(\boldsymbol{x}\ \boldsymbol{x}_{\mathrm{p}}):\boldsymbol{x}\in\{0,1\}^n\}\tag{14.3.12}$$

编码时，长度为 n 信源序列 $\boldsymbol{x}$ 进入编码器，得到奇偶校验比特 $\boldsymbol{x}_{\mathrm{p}}$ 的长度为 $n-k$。编码器仅发送 $\boldsymbol{x}_{\mathrm{p}}$，而不发送信源序列 $\boldsymbol{x}$。这样编码的码率为$(n-k)/n$。如果 X 与 Y 之间的相关性可以用一个如前所述的虚拟二元对称信道来描述，那么$(\boldsymbol{y}\boldsymbol{x}_{\mathrm{p}})$可以视为$(\boldsymbol{x}\boldsymbol{x}_{\mathrm{p}})$通过有噪信道的输出，这个信道由两个并联子信道组成，其中一个是 BSC 信道，另一个是一一对应的无损信道。译码器就是要通过 $\boldsymbol{x}_{\mathrm{p}}$ 和边信息 $\boldsymbol{y}$ 来估计信源序列 $\boldsymbol{x}$。奇偶校验法分布信源编码原理如图 14.3.6 所示。

利用很多信道编码都可以实现奇偶校验法。例如在 Turbo 码编码系统中，两个码率为 $n/$

$(n+1)$的并联递归系统卷积编码器和一个交织器构成 Turbo 码的编码器，对长度为 n 的信源序列进行压缩。编码器在计算两个校验位序列$\boldsymbol{x}_{\mathrm{p}}=(\boldsymbol{x}_{\mathrm{p}}^{1}\boldsymbol{x}_{\mathrm{p}}^{2})$后，无差错地传送到译码器。译码器由两个最大后验概率(MAP)译码器组成，每个译码器接收校验比特并和边信息 $\boldsymbol{y}$ 组合即$(\boldsymbol{y}\ \boldsymbol{x}_{\mathrm{p}})$，形成码序列$(\boldsymbol{x}\ \boldsymbol{x}_{\mathrm{p}})$的有噪形式，这里信道是一个 BSC 信道和一个一一对应的无损信道的并联组合。因此，Turbo 码必须与这个组合信道相匹配。该编码器压缩比可以达到$n:2$。

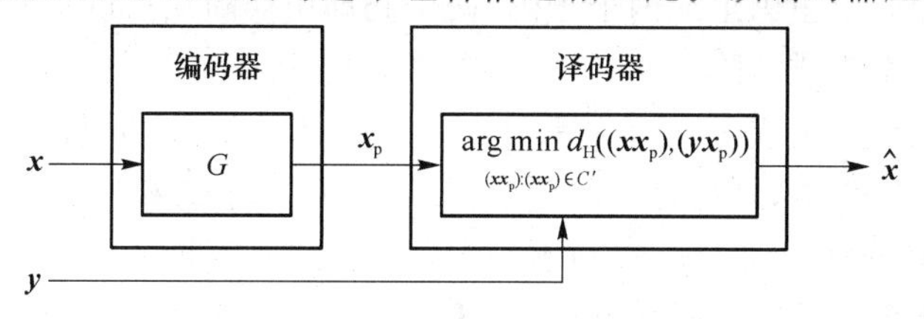

图 14.3.6　奇偶校验法分布信源编码原理图

14.4　SW 编码的实现：非不对称 SW 编码

本节研究两相关信源都被压缩的 SW 编码，称为非不对称 SW 编码。如前所述，在这种系统中，可以任意规定两个信源的码率，而保持总的码率不变。

14.4.1　时分系统

设 $\boldsymbol{x}$、$\boldsymbol{y}$ 分别为两信源 X、Y 产生的长度为 n 的序列，假定它们之间的相关性可以用一个错误概率为 p 的虚拟二元对称信道来描述。在可达码率区域图中线段 AB 上任意一点的码率都可以通过 A、B 两点的码率进行时分来实现。这就是说，非不对称 SW 编码可以通过不对称 SW 编码的时分来实现。例如，αn 个符号在 A 点编码，$\boldsymbol{x}$、$\boldsymbol{y}$ 的码率分别为$(H(X|Y),H(Y))$，$(1-\alpha)n$ 个符号在 B 点编码，$\boldsymbol{x}$、$\boldsymbol{y}$ 的码率分别为$(H(X),H(Y|X))$，所以

$$R_X=\alpha H(X|Y)+(1-\alpha)H(X)\geqslant H(X|Y)$$

$$R_Y=(1-\alpha)H(Y|X)+\alpha H(Y)\geqslant H(Y|X)$$

$$R_X+R_Y=H(XY)$$

14.4.2　奇偶校验法

将长度为 n 的两条信源序列 $\boldsymbol{x}$、$\boldsymbol{y}$ 分别通过两个线性信道编码器(例如，Turbo 码或 LDPC 码)，产生两条信息序列：$\boldsymbol{x}^{h}=(x_1,\cdots,x_l)$、$\boldsymbol{y}^{h}=(y_{l+1},\cdots,y_n)$和两条校验序列：$\boldsymbol{x}^{p}=(x_1^{p},\cdots,x_k^{p})$、$\boldsymbol{y}^{p}=(y_1^{p},\cdots,y_m^{p})$，其中，$k\geqslant(n-l)H(X|Y)$，$m\geqslant lH(Y|X)$。用奇偶校验法进行编码。每个信源的可达速率为

$$R_X\geqslant(l/n)H(X)+k/n\geqslant(l/n)H(X)+[(n-l)/n]H(X|Y)$$

$$R_Y\geqslant[(n-l)/n]H(Y)+m/n\geqslant[(n-l)/n]H(Y)+(l/n)H(Y|X)$$

通过在(0,1)区间改变比率 l/n，可以达到码率的界。与时分情况不同，校验位是通过对整个长度为 n 的输入序列求得的。序列$(\boldsymbol{x}^{h}\ \boldsymbol{x}^{p})$可以看成是序列$(\boldsymbol{y}^{p}\ \boldsymbol{y}^{h})$的有噪声形式，信道可以看成是一个 BSC 与一个无损信道的并联。译码器的任务就是在给定$(\boldsymbol{x}^{h}\ \boldsymbol{x}^{p})$和$(\boldsymbol{y}^{p}\ \boldsymbol{y}^{h})$的条件下，估计 $\boldsymbol{x}$ 和 $\boldsymbol{y}$。

奇偶校验法的首次出现是用 Turbo 码，并把对称 SW 编码作为特例，以后有人用 LDPC 码予以实现。

14.4.3 伴随式法

伴随式法就是由一个主码生成两个子码，两子码都用伴随式法以不同的码率压缩，在接收端联合译码。给定一个生成矩阵为 $\boldsymbol{G}_{k\times n}$、奇偶校验矩阵为 $\boldsymbol{H}_{(n-k)\times n}$ 的二元 (n,k) 系统线性码 C 作为主码。从这个主码的生成矩阵 $\boldsymbol{G}_{k\times n}$ 中分别抽出 m_1 和 m_2 行构成两个独立的二元线性子码 C^1 和 C^2 的生成矩阵 $\boldsymbol{G}_1$ 和 $\boldsymbol{G}_2$，且满足 $m_1+m_2=k$。设两子码 C^1 和 C^2 的奇偶校验矩阵分别为 $\boldsymbol{H}_1$ 和 $\boldsymbol{H}_2$，那么两矩阵分别为 $(n-m_1)\times n$ 和 $(n-m_2)\times n$ 阶矩阵。

编码器分别计算伴随式 $\boldsymbol{s}_x=\boldsymbol{x}H_1^{\mathrm{T}}$ 和 $\boldsymbol{s}_y=\boldsymbol{y}H_2^{\mathrm{T}}$（分别表示包含 x 和 y 的 C^1 和 C^2 的陪集的索引号），并发送到译码器。总码率为 $(n-m_1+n-m_2)/n=(2n-k)/n$。两子码 C^1 和 C^2 设计的关键就是，当译码器接收到两陪集的索引号时能唯一确定 $\boldsymbol{x}$ 和 $\boldsymbol{y}$。

设 C^1 和 C^2 中的码字分别由 $\boldsymbol{u}_xG_1$ 和 $\boldsymbol{u}_yG_2$ 产生，由于是系统码，矢量 $\boldsymbol{x}$ 和 $\boldsymbol{y}$ 可以表示成 $\boldsymbol{x}=\boldsymbol{u}_xG_1\oplus\boldsymbol{t}_x$ 和 $\boldsymbol{y}=\boldsymbol{u}_yG_2\oplus\boldsymbol{t}_y$，其中 $\boldsymbol{t}_x=(\boldsymbol{0}|\boldsymbol{s}_x)$ 和 $\boldsymbol{t}_y=(\boldsymbol{0}|\boldsymbol{s}_y)$ 分别为 C^1 和 C^2 中的伴随式 $\boldsymbol{s}_x$ 和 $\boldsymbol{s}_y$ 的陪集代表。当译码器接收到伴随式 $\boldsymbol{s}_x$ 和 $\boldsymbol{s}_y$ 后，先寻找主码字中与矢量 $\boldsymbol{t}=\boldsymbol{t}_x\oplus\boldsymbol{t}_y=(\boldsymbol{0},\boldsymbol{s}_x)\oplus(\boldsymbol{0},\boldsymbol{s}_y)$ 最近的码字 c。与 $\boldsymbol{t}$ 在同一个陪集中的重量最小的码字就是 $\boldsymbol{x}\oplus\boldsymbol{y}$ 的错误图样。对于系统码，重建序列为 $\hat{\boldsymbol{x}}=\hat{\boldsymbol{u}}_xG_1\oplus\boldsymbol{t}_x$ 和 $\boldsymbol{y}=\hat{\boldsymbol{u}}_{\mathbf{y}}\mathbf{G}_2\oplus\boldsymbol{t}_y)$，其中，$\hat{\boldsymbol{u}}_x$ 和 $\hat{\boldsymbol{u}}_y$ 是码字 c 的系统位。

可以证明，如果主码达到等价相关信道（即 $\boldsymbol{x},\boldsymbol{y}$ 之间的信道）容量，那么该方法压缩的和码率就可以达到 SW 界。而且通过主码矩阵行数的选择，可以在可达速率曲线的 A、B 两点之间变化码率。该方法可以进一步扩展到非系统线性码和非均匀分布的二元编码。

例 14.4.1 $\boldsymbol{X}$、$\boldsymbol{Y}$ 均为长度 7 的等概率二元随机序列，$d_{\mathrm{H}}(\boldsymbol{x},\boldsymbol{y})\leqslant 1$，其中 d_{H} 表示汉明距离。现用(7,4)汉明码对 $\boldsymbol{x}$ 和 $\boldsymbol{y}$ 进行对称压缩，设 $\boldsymbol{x}=(1010011)$，$\boldsymbol{y}=(1110011)$；试写出 DSC 系统的编译过程。

解 (7,4)汉明码生成矩阵和奇偶校验矩阵分别为

$$\boldsymbol{G}=\begin{pmatrix}1&0&0&0&1&1&1\\0&1&0&0&1&1&0\\0&0&1&0&1&0&1\\0&0&0&1&0&1&1\end{pmatrix},\boldsymbol{H}=\begin{pmatrix}1&1&1&0&1&0&0\\1&1&0&1&0&1&0\\1&0&1&1&0&0&1\end{pmatrix}$$

编码器：设

$$\boldsymbol{G}_1=\begin{pmatrix}1&0&0&0&1&1&1\\0&1&0&0&1&1&0\end{pmatrix},\boldsymbol{G}_2=\begin{pmatrix}0&0&1&0&1&0&1\\0&0&0&1&0&1&1\end{pmatrix}$$

$$\boldsymbol{H}_1=\begin{pmatrix}0&0&1&0&0&0&0\\0&0&0&1&0&0&0\\1&1&0&0&1&0&0\\1&1&0&0&0&1&0\\1&0&0&0&0&0&1\end{pmatrix},\boldsymbol{H}_2=\begin{pmatrix}1&0&0&0&0&0&0\\0&1&0&0&0&0&0\\0&0&1&0&1&0&0\\0&0&0&1&0&1&0\\0&0&1&1&0&0&1\end{pmatrix}$$

$$\boldsymbol{s}_x=\boldsymbol{x}H_1^{\mathrm{T}}=(10100),\boldsymbol{s}_y=\boldsymbol{y}H_2^{\mathrm{T}}=(11110)$$

译码器：

$$t_x=(0010100),t_y=(1100110),t=t_x\oplus t_y=(1110010)$$

$$s=tH^{\mathrm{T}}=(110),e=(0100000),c=t\oplus e=(1010010)$$

$$\hat{u}_x=(10),\hat{u}_y=(10),\hat{x}=\hat{u}_xG_1\oplus t_x=(1010011)$$

$$\hat{y}=\hat{u}_yG_2\oplus t_y=(1110011)$$

因为 $H(XY)=H(X)+H(Y|X)=7+3=10$ bit，而 $R_x=R_y=5$ bit，所以是对称压缩。■

14.4.4　关于 SW 编码的注释

关于 SW 编码的实现有如下几点注释。

(1) SW 分布信源编码可用信道编码来实现：如果两信源之间的相关性可用一个二元对称信道来模拟，那么就可以用达到信道容量界的线性分组码通过装箱操作实现达到 SW 界的信源编码。

(2) 装箱是压缩编码中重要的概念之一，与陪集码含义类似，但装箱可以是随机的，而陪集码是有结构的。

(3) 如果一个线性分组码是用于上述相关信道的好的信道编码，那么由该码构成的 SW 码也是这类相关信源的好的信源编码。

(4) 接近信道容量的信道编码，例如 Turbo，LDPC 码可用作接近 SW 界的分布信源编码。

14.5　具有边信息的有损 DSC 理论

本节介绍有损 DSC 的基本理论，仍然参照图 14.2.1 的 Slepian-Wolf 模型，但编码引入失真。问题是在满足给定平均失真约束下确定可达速率区域。设 X、Y 为两相关信源，在有损 DSC 中主要研究两种相关性。一种是，当 X、Y 均为二元对称信源时，把 X 看成是 Y 通过一个错误率为 p 的二元对称信道得到的，这与无损 DSC 情况同。另一种是，X 和 Y 为相关的无记忆连续随机变量，且 Y 为 X 的有噪形式，即 $Y_i=X_i+N_i$，其中 N 为独立于 X 的独立同分布的连续高斯随机变量，X 和 N 的均值为零，其方差之比称为相关性 SNR，即 $C_{\mathrm{SNR}}=\sigma_X^2/\sigma_N^2$。在译码器可知边信息 Y 时，有损 DSC 的目标是，给定 X 的传输速率为每符号 R 比特，对 X 进行最佳估计；或者说在平均失真小于给定值 D 的条件下，最小化 X 的传输速率 R。

在有损 DSC 系统中，在编码之前要对各信源进行量化，然后将量化值装箱。这个过程称为“量化和装箱”(Quantize-and-Bin)。Berger、Turg 以及 Housewright 提出了如下结果。

14.5.1　基本定理

定理 14.5.1　“量化和装箱”。给定信源 X、Y，失真函数分别为 d_x、d_y，那么可达率失真区域包含如下集合：

$$\begin{aligned}R=\{(\boldsymbol{R},\boldsymbol{D}):&E[d_1(X,U)]\leqslant D_1,E[d_2(Y,V)]\leqslant D_2\\&R_X>I(X;U|V),R_Y>I(Y;V|U)\\&R_X+R_Y>I(XY;UV)\}\end{aligned}\tag{14.5.1}$$

其中，$\exists U,V$，且 $U-X-Y-V$ 构成马氏链。证明略。

关于量化装箱的定理在多于两个信源情况下的证明由 Han 等给出。但是“量化和装箱”

的可达策略是否为最佳仍然是未解决的问题。

我们知道，在 Slepian 和 Wolf 可达速率区角点（例如 A 点），译码器具有边信息 Y，可以无失真地恢复关于 X 的信息。译码器具有边信息的无损分布信源编码结果由 Wyner 和 Ziv 推广到有损压缩的情况，前者可认为是后者的一个特例。可以证明，在译码器具有边信息的条件下，“量化和装箱”的可达策略是最佳的。本节我们重点介绍两相关信源具有边信息的有损 DSC 理论，图 14.5.1(a)为对应的信源编码模型。

设$\{(x_k,y_k)\}_{k=1}^{\infty}$是从一对具有相关性的随机变量 X、Y 中抽取的独立序列，X 取自有限集合。将长度为 n 的序列$\{x_k\}$编成码率为 R 的二进制码流，译码器的重建序列为$\{\hat{x}_k\}$，平均失真为 $(1/n)\sum_{k=1}^{n}E[d(x_k,\hat{x}_k)]$，这里 $d(x,\hat{x})$是预先规定的失真测度。假定编码器不使用边信息$\{y_k\}$，而译码器使用边信息，即图 14.5.1 中开关 A 断开，而开关 B 接通。设 $R^*(D)$为平均失真不超过 $D+\varepsilon$ 的可靠通信的码率的下界，那么

$$R^*(D)=\min_{p(u|x),p(\hat{x}|u,y)}[I(X;U)-I(Y;U)] \tag{14.5.2}$$

其中，下确界是通过所有辅助变量 U 求得的，并且满足：(1)Y、U 在给定 X 的条件下是独立的，即 $Y\to X\to U$ 构成马氏链；(2)存在一个函数 $f:Y\times U\to\hat{X}$，即 $X\to(U,Y)\to\hat{X}$构成马氏链，并使得 $E[d(x,f(y,u))]\leqslant D$。为记忆以上的结论可参考图 14.5.1(b)。条件(1)中马氏链说明的是编码器不能直接得到边信息，也就是说辅助变量 u 和边信息 y 的依赖性是通过 x 实现的，条件(2)中的马氏链说明的是译码器不能直接得到信源的消息，也就是说消息的重建是通过 u 和 y 实现的。

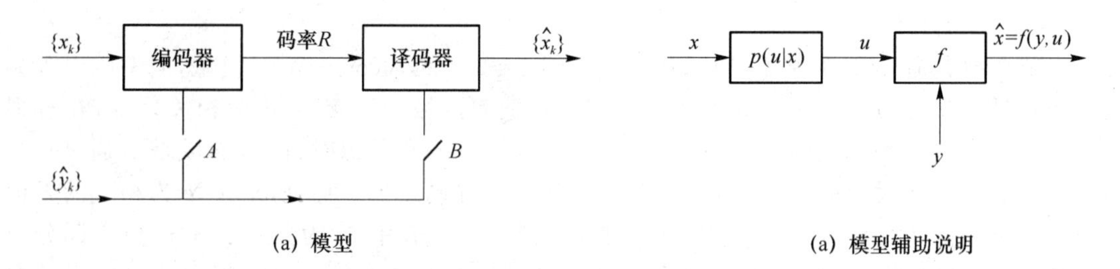

图 14.5.1　具有边信息的有损 DSC 模型

根据条件(1)，有 $I(X;U)=I(XY;U)=I(Y;U)+I(X;U|Y)$，将上述说明写成如下定理。

定理 14.5.2　(Wyner-Ziv 信源编码定理)给定离散时间无记忆信源 X、离散时间无记忆边信息 Y 和有界的失真函数，那么在译码器具有边信息 Y 的 X 有损编码可达率 R 的区域为

$$R>R_{X|Y}^{WZ}(D)=\min_{p(u|x),p(\hat{x}|u,y)}I(X;U|Y) \tag{14.5.3}$$

证明略。译码器具有边信息的有损分布信源编码通常称作 Wyner-Ziv 信源编码问题。

设 $R_{X|Y}(D)$为编码器和译码器都利用边信息$\{y_k\}$的情况(即图 14.5.1 中开关 A 和 B 都接通)下的率失真函数，那么

$$R_{X|Y}(D)=\min_{p(\hat{x}|x,y)}I(X;\hat{X}|Y) \tag{14.5.4}$$

满足 $E[d(x,\hat{x}|y)]\leqslant D$。

给定 $Y=y$，有 $I(X;U|Y=y)\geqslant I(X;\hat{X}|Y=y)$，所以 $I(X;U|Y)\geqslant I(X;\hat{X}|Y)$。因此

$$R_{X|Y}^{WZ}(D) \geqslant R_{X|Y}(D) \quad D \geqslant 0 \tag{14.5.5}$$

仅当

$$I(X;U|\hat{X}Y)=0 \tag{14.5.6}$$

时，等号成立。如果 $D>0$，那么式(14.5.5)中等号成立的充要条件是：达到式(14.5.4)最小值的概率分布可以表示成图 14.5.1(b)的形式，并满足条件(1)和式(14.5.6)。实际上这些条件是很严格的，一般不容易满足。除有些情况外（高斯信源、均方失真测度等少数情况），都有 $R_{X|Y}^{WZ}(D)>R_{X|Y}(D)$。这就是说，给定失真条件下只有译码器利用边信息，与编译码器都使用边信息相比，在很多情况下都有传输码率的损失。这个结论与无损压缩情况不同。

14.5.2　二元对称信源的 $R_{X|Y}^{WZ}(D)$

设 X 和 Y 均为二元信源，符号集均为{0,1}，联合概率满足式(14.3.1)，那么 X 与 Y 之间的相关性可以用一个虚拟的交叉概率为 p 的二元对称信道来描述，其中 $0\leqslant p\leqslant 1/2$。如采用汉明失真测度，条件率失真函数为

$$R_{X|Y}(D)=\begin{cases}H(p)-H(D) & 0\leqslant D\leqslant p\\ 0 & D>p\end{cases} \tag{12.5.7}$$

而在这种情况下，Wyner-Ziv 率失真函数为

$$R_{X|Y}^{WZ}(D)=\text{l. c. e}\{G(D)\},0\leqslant D\leqslant p \tag{14.5.8}$$

其中，

$$G(D)=\begin{cases}H(p*D)-H(D) & 0\leqslant D<p\\ 0 & D=p\end{cases} \tag{14.5.9}$$

l. c. e 的含义为低凸包络(Lower Convex Envelope)，且 $p*D\triangleq D(1-p)+(1-D)p$，可以证明，$G(D)$是下凸函数。具体的表达式为

$$R_{X|Y}^{WZ}(D)=\begin{cases}G(D) & 0\leqslant D\leqslant D_C\\ -(p-D)G'(D_C) & D_C<D\leqslant p\end{cases} \tag{14.5.10}$$

其中，D_C 满足

$$G(D_C)=\frac{G'(D_C)}{D_C-p} \tag{14.5.11}$$

可见，$R_{X|Y}^{WZ}(D)$曲线由两部分组成，$0\leqslant D\leqslant D_C$ 部分是下凸曲线。而 $D_C\leqslant D\leqslant p$ 部分是一直线段。通过式(14.5.7) 和式(14.5.10)比较，得 $R_{X|Y}^{WZ}(D)\geqslant R_{X|Y}(D)$。对于 $p\leqslant 0.5$，只有在两个率失真点：零率点$(p,0)$和零失真点$(0,H(p))$上，上式中等号成立。在零失真点，有 $R_{X|Y}^{WZ}(0)=R_{X|Y}(0)=H(X|Y)=H(p)$。因此对于对称二元信源，与编译码器都使用边信息的情况相比，除个别特殊点之外，WZ 编码有码率损失。

14.5.3　高斯信源的 $R_{X|Y}^{WZ}(D)$

前面提到，与编译码器都使用边信息的情况相比，Wyner-Ziv 编码在很多情况下都有码率损失。但在 XY 为联合高斯，均方失真测度下，Wyner-Ziv 编码没有码率损失。

设 X 和 Y 都是零均值平稳无记忆高斯信源，XY 的自协方差矩阵为

$$\boldsymbol{\Sigma}=\begin{pmatrix}\sigma_X^2 & \rho\sigma_X\sigma_Y\\ \rho\sigma_X\sigma_Y & \sigma_Y^2\end{pmatrix}$$

采用均方失真测度，下面求 $R_{X|Y}(D)$ 和 $R_{X|Y}^{WZ}(D)$。

设均方失真约束为 $E[(x-\hat{x})^2]\leqslant D$ 求，首先求 $R_{X|Y}(D)$，

$$I(X;\hat{X}|Y)=h(X|Y)-h(X|\hat{X}Y)=h(X|Y)-h(X-\hat{X}|\hat{X}Y)\overset{a}{\geqslant}h(X|Y)-h(X-\hat{X})$$

其中，a：条件熵小于无条件熵。下面证明上面不等式中的等号是可以成立的。

根据已知条件，可得 $p(x|y)=\dfrac{1}{\sqrt{2\pi(1-\rho^2)}\sigma_x}\exp\left[-\dfrac{(x-\rho y\sigma_x/\sigma_y)^2}{2(1-\rho^2)\sigma_x^2}\right]$，所以 $\mathrm{Var}(x|y)=\sigma_x^2(1-\rho^2)$，作反向信道，使 $x=\hat{x}+w$，且 $\mathrm{Var}(\hat{x}|y)=\sigma_x^2(1-\rho^2)-D$，$\mathrm{Var}(w=x-\hat{x}|y)=D$；因为 x 为高斯随机变量，所以 $\hat{x}$，w 也为高斯随机变量，而且 $\hat{x}$，w 在 y 条件下独立；又因为 w 的条件均方值和无条件均方值都为 D，故 w 还独立于 y。所以，$h(X-\hat{X}|\hat{X}Y)=h(X-\hat{X}|Y)=h(X-\hat{X})=h(W)=(1/2)\log(2\pi eD)$，因此

$$I(X;\hat{X}|Y)=h(X|Y)-h(W)=\frac{1}{2}\log[(2\pi e)\sigma_x^2(1-\rho^2)]-\frac{1}{2}\log(2\pi eD)$$
$$=(1/2)\log[\sigma_x^2(1-\rho^2)/D]$$

根据式(14.5.4)，得

$$R_{X|Y}(D)=\frac{1}{2}\log^+\frac{\sigma_X^2(1-\rho^2)}{D} \tag{14.5.12}$$

其中，$\log^+x=\max\{0,x\}$。下面求 $R_{X|Y}^{WZ}(D)$。

根据定理 14.5.2，有

$$I(X;U|Y)=h(X|Y)-h(X|UY)\overset{a}{=}h(X|Y)-h(X-\hat{X}|UY) \tag{14.5.13}$$
$$\overset{b}{\geqslant}h(X|Y)-h(X-\hat{X})=R_{X|Y}(D)$$

其中，a：$\hat{x}$ 为 u,y 的函数；b：条件熵小于无条件熵；当 $\hat{x}=f(u,y)$ 为 x 的 MMSE 估计时，估计误差 $x-\hat{x}$ 与观测矢量 (u,y) 正交，当 x,u,y 均为高斯变量时，$x-\hat{x}$ 也为高斯变量，所以 $x-\hat{x}$ 与 (u,y) 独立，此时等号成立。因此，可总结为如下定理。

定理 14.5.3 对于高斯信源，WZ 编码没有码率的损失，即

$$R_{X|Y}^{WZ}(D)=R_{X|Y}(D) \tag{14.5.14}$$

并且：

(1) 如果 X 和 Y 之间的相关性可描述为 $y=x+z$，其中 $x\sim N(0,\sigma_x^2)$，$z\sim N(0,\sigma_z^2)$，且相互独立，那么

$$R_{X|Y}^{WZ}(D)=\frac{1}{2}\log^+\left[\frac{\sigma_z^2}{(1+\sigma_z^2/\sigma_x^2)D}\right] \tag{14.5.15}$$

(2) 如果 X 和 Y 之间的相关性可描述为 $x=y+z$，其中 $y\sim N(0,\sigma_y^2)$，$z\sim N(0,\sigma_z^2)$，且相互独立，那么

$$R_{X|Y}^{WZ}(D)=\frac{1}{2}\log^+\left(\frac{\sigma_z^2}{D}\right) \tag{14.5.16}$$

目前已经知道，对于 $x=y+z$，其中 z 为独立高斯，x 和 y 可能服从更一般的分布，WZ 编码也没有码率的损失。

14.6　具有边信息的有损 DSC 的实现

如前所述，装箱思想是解决 DSC 问题的关键技术之一，Wyner 提出实现装箱的陪集码，但针对的是无损 DSC。Shamai 等把代数装箱方法扩展到具有边信息的有损 DSC，提出嵌套码的概念，证明在高维情况下，嵌套线性码和嵌套格码可以达到 Wyner-Ziv 率失真函数，并给出了理论上的编译码算法。研究表明，为达到 Wyner-Ziv 界，需要使用达到率失真界的信源编码和达到信道容量界的信道编码。实用的具有边信息的有损信源编码的设计是从 2000 年以后开始的。Pradhan、Servetto 等提出了基于嵌套格码的设计，Xiong 等提出了嵌套格型量化器后接 SW 编码器的设计。

本节首先介绍嵌套码的基本概念，然后介绍在离散二元信源和高斯信源情况下的基于嵌套码的有损 WZ 编码系统的结构，最后总结当前主要的 WZ 编码方法，并进行性能比较。

14.6.1　嵌套码

嵌套码是一对线性码或格码(C_1, C_2)，满足

$$C_2 \subset C_1 \tag{14.6.1}$$

即 C_2 中的每一个码字都是 C_1 中的码字，称 C_1 为细码，C_2 为粗码。就是说，粗码嵌套在细码中。这里重要的问题是，要求细码是好的信源编码而粗码是好的信道编码。粗略地说，好的信源编码就是在给定平均失真条件下码率达到 $R(D)$ 函数的编码，而好的信道编码就是可靠传输的速率达到信道容量的编码。好码的含义随着嵌套码的不同而有所不同，也就是说，嵌套码线性码和嵌套码格码各自有不同的好码含义。

1. 嵌套奇偶校验码

奇偶校验码也就是线性分组码。对于通过 BSC(p)信道好的(n,k)分组码，有

$$k/n > C - \varepsilon = 1 - H(p) - \varepsilon \tag{14.6.2}$$

（见式(14.3.2)）。对于对称信源，在汉明失真测度下好的信源编码，有

$$k/n < R(D) + \varepsilon = 1 - H(D) + \varepsilon \tag{14.6.3}$$

（见式(14.5.7)，式中 $H(p)=1$ bit）。因此，有

$$k/n + H(p) \approx 1 \text{ 或 } k/n + H(D) \approx 1 \tag{14.6.4}$$

对于同一种编码可以同时是以上两种意义上的好码。

如果一对奇偶校验码 $C_1=(n,k_1)$，$C_2=(n,k_2)$，$(k_1>k_2)$，满足式(14.6.1)，那么对应的奇偶校验矩阵$\boldsymbol{H}_1$、$\boldsymbol{H}_2$ 之间的关系为

$$\boldsymbol{H}_2 = \begin{pmatrix} \boldsymbol{H}_1 \\ \cdots \\ \Delta \boldsymbol{H} \end{pmatrix} \tag{14.6.5}$$

其中，$\boldsymbol{H}_1$ 是$(n-k_1)\times n$ 矩阵，$\boldsymbol{H}_2$ 是$(n-k_2)\times n$ 矩阵，$\Delta\boldsymbol{H}$ 是$(k_1-k_2)\times n$ 矩阵。设 $\boldsymbol{x}$ 为 n 维行矢量，那么 C_1码的伴随式 $\boldsymbol{s}_1=\boldsymbol{x}\boldsymbol{H}_1^{\mathrm{T}}$，$C_2$码的伴随式$\boldsymbol{s}_2=\boldsymbol{x}\boldsymbol{H}_2^{\mathrm{T}}$，并且

$$\boldsymbol{s}_2 = (\boldsymbol{s}_1, \Delta\boldsymbol{s}) \tag{14.6.6}$$

这里，$\Delta\boldsymbol{s}$ 的长度为(k_1-k_2)比特。如果 $\boldsymbol{x}\in C_1$，则有$\boldsymbol{s}_2=(0,\cdots,0,\Delta\boldsymbol{s})$。因此。可以通过令

$s_1=0$,改变 Δs 把 C_1 划分成 $2^{k_1-k_2}$ 个 C_2 的陪集。所以

$$C_1=\bigcup_{\Delta s\in(0,1)^{k_1-k_2}} C_{2,s_2} \tag{14.6.7}$$

一个线性(n,k_2)二元分组码将长度为 n 的所有二元序列构成的空间分成 2^{n-k_2} 个各包含 2^{k_2} 元素的箱,每一个箱用一个唯一的伴随式的值来代表。在这 2^{n-k_2} 个箱中,只用 $2^{k_1-k_2}$ 个箱$(k_1>k_2)$作码字,而其余的 $2^{n-k_2}-2^{k_1-k_2}$ 个箱中的元素量化到距这 $2^{k_1-k_2}\times 2^{k_2}=2^{k_1}$ 码字中汉明距离最小的码字。如果 C_1 和 C_2 都是好的信道编码,那么就有 $k_1/n+H(q_1)\approx 1$ 和 $k_2/n+H(q_2)\approx 1$,其中 q_1、q_2 分别是 BSC 相关信道的交叉概率,所以陪集数为

$$2^{k_1-k_2}\approx 2^{n[H(q_2)-H(q_1)]} \tag{14.6.8}$$

2. 嵌套格码

一个 n 维格 Λ 由 n 个基矢量的整数组合构成,即

$$\Lambda=\{l=\boldsymbol{G}\cdot\boldsymbol{i}:\boldsymbol{i}\in Z^n\} \tag{14.6.9}$$

其中,Z 为整数集合,$\boldsymbol{G}$ 为生成矩阵,$\boldsymbol{i}$ 为整数矢量,$\boldsymbol{G}=(\boldsymbol{g}_1\quad \boldsymbol{g}_2\cdots\boldsymbol{g}_n)$,其中 $\boldsymbol{g}_i(i=1,\cdots,n)$为 n 维列矢量,与 Λ 有关的最近邻量化器 $Q(\cdot)$定义为

$$Q(x)=l\in\Lambda,\text{如果}\ \|x-l\|\leqslant\|x-l'\|,\ \forall l'\in\Lambda \tag{14.6.10}$$

其中,$\|\cdot\|$表示欧几里得范数。Λ 的基本 Voronoi 域就是最接近零码字的点集合,即

$$\nu_0=\{\boldsymbol{x}:Q(\boldsymbol{x})=0\} \tag{14.6.11}$$

与每个 $l\in\Lambda$ 相联系的 Voronoi 域就是 ν_0 移动 l。模 Λ 运算定义为

$$\boldsymbol{x}\bmod\Lambda=\boldsymbol{x}-Q(\boldsymbol{x}) \tag{14.6.12}$$

上式实际上表示的就是量化误差。最小可能的归一化二阶矩的值用 G_n 表示,可以证明,

$$G_n\geqslant 1/(2\pi\mathrm{e}),\ \forall n \tag{14.6.13}$$

如果一对 n 维格(Λ_1,Λ_2)存在相应的生成矩阵 G_1 和 G_2,使得

$$G_2=G_1\cdot J \tag{14.6.14}$$

其中,J 为行列式的值大于 1 的 $n\times n$ 整数矩阵,那么就称 Λ_1、Λ_2 在式(14.6.1)的意义上是嵌套的,即 $\Lambda_2\subset\Lambda_1$。$\Lambda_1$ 和 Λ_2 的 Voronoi 域的体积满足:

$$V_2=\det(J)\cdot V_1 \tag{14.6.15}$$

Λ_1 和 Λ_2 的 Voronoi 域的交形成的集合

$$\{\Lambda_1\bmod\Lambda_2\}\triangleq\{\Lambda_1\cap\nu_{0,2}\} \tag{14.6.16}$$

中的点称作 Λ_2 相对于 Λ_1 的陪集首。对于每一个 $v\in\{\Lambda_1\bmod\Lambda_2\}$,移动格 $\Lambda_{2,v}=v+\Lambda_2$ 称为 Λ_2 相对于 Λ_1 的陪集。如果 v 为零矢量,那么 $\Lambda_{2,0}=\Lambda_2$,而其他陪集是 $\Lambda_{2,0}$ 的平移。

存在 $V_2/V_1=\det\{J\}$个不同的陪集,它们的并构成细格:

$$\Lambda_1=\bigcup_{v\in\{\Lambda_1\bmod\Lambda_2\}}\Lambda_{2,v} \tag{14.6.17}$$

图 14.6.1 表示嵌套二维正六边形格的一部分,设图中小正六边形边长为 1,那么

$$\boldsymbol{G}_1=\frac{\sqrt{3}}{2}\begin{pmatrix}0&\sqrt{3}\\2&1\end{pmatrix},\boldsymbol{G}_2=\frac{\sqrt{3}}{2}\begin{pmatrix}0&\sqrt{3}\\2&1\end{pmatrix}\begin{pmatrix}3&0\\0&3\end{pmatrix},\boldsymbol{J}=\begin{pmatrix}3&0\\0&3\end{pmatrix},|\boldsymbol{J}|=9$$

图中,Λ_1 为细格,由小正六边形的中心构成;Λ_2 为粗格,由大正六边形的中心构成;Λ_2 相对于 Λ_1 的陪集首由中间大正六边形中的 9 个小正六边形的中心(图中编号为 1～9)构成;Λ_1 的中所有相同编号的点属于 Λ_2 的同一陪集(例如编号为 9 的点)。

与离散情况类似,这里重要的问题是,要求细格的编码是好的信源编码,而粗格的编码是好的信道编码。好的信道格码和好的信源格码有如下含义。

(1) 在 AWGN 信道下"好的信道格码"的含义是：对于任意 $\varepsilon>0$ 和充分大的 n，存在一个 n 维格，其胞腔体积 $V<2^{n[h(Z)+\varepsilon]}$，其中 $h(Z)=(1/2)\log(2\pi e\sigma_z^2)$ 和 σ_z^2 分别为 AWGN 噪声 Z 的差熵和方差，使得

$$P_e=P_r\{Z\notin v_0\}<\varepsilon \tag{14.6.18}$$

这种达到 AWGN 信道每单位体积容量的格码称为"好的 AWGN 信道 σ_z^2 码"。

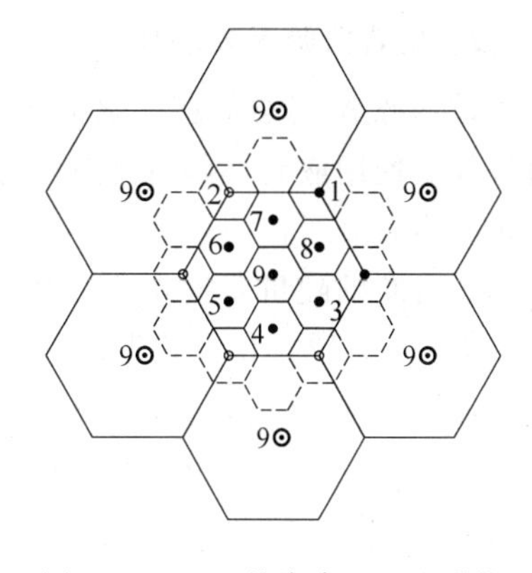

图 14.6.1　二维嵌套正六边形格

(2) 在均方失真测度下的"好的信源格码"的含义是：对于任意 $\varepsilon>0$ 和充分大的 n，存在一个 n 维格，使得

$$\log(2\pi e G_n)<\varepsilon \tag{14.6.19}$$

这就是说，好的格码随 n 趋近无限大归一化二阶矩达到上界 $1/(2\pi e)$。设所需平均失真为 D，那么在高码率量化条件下，码率达到 $R(D)$ 函数。这种编码称为"好信源 D 码"。

因此，满足以上好码含义的好的格码的基本 Voronoi 域近似为半径为 $\sqrt{n\sigma_z^2}$ 或 $\sqrt{nD}$ 的 n 维球，即好的 δ 码（$\delta=\sigma_z^2$ 或 $\delta=D$）的 Voronoi 胞腔体积渐近满足

$$n^{-1}\log V\approx(1/2)\log(2\pi e\delta) \tag{14.6.20}$$

一般地讲，一种格码未必能同时满足以上两种含义上的好码条件。

根据式(14.6.16) 和式(14.6.20)，得 Λ_2 相对于 Λ_1 的陪集数为

$$|\{\Lambda_1 \bmod \Lambda_2\}|=V_2/V_1\approx(\sigma_z^2/D)^{n/2} \tag{14.6.21}$$

14.6.2　嵌套码用于 WZ 编码

1. 二元信源 WZ 编码

设一个嵌套奇偶校验码(C_1,C_2)的奇偶校验矩阵 $\boldsymbol{H}_1$、$\boldsymbol{H}_2$ 之间的关系由式(14.6.5)规定，其中，C_1 是好的信源 D 编码，C_2 是好的 $p*D$ 信道编码，最佳编码过程如下。

编码过程：将 $\boldsymbol{x}$ 量化到 C_1 中最近的一点，得到 $\boldsymbol{x}_q=\boldsymbol{x}\oplus f(\boldsymbol{x}\boldsymbol{H}^{\mathrm{T}})\in C_1$；然后发送 $\Delta\boldsymbol{s}=\boldsymbol{x}_q\cdot\Delta\boldsymbol{H}^{\mathrm{T}}$。这需要 $k_1-k_2\approx n[H(p*D)-H(D)]$比特。

译码过程：通过补零，即 $\boldsymbol{s}_2=(\boldsymbol{0},\Delta\boldsymbol{s})$，计算 $\boldsymbol{s}_2=\boldsymbol{x}_q\boldsymbol{H}_2^{\mathrm{T}}$；寻找在 C_{2,s_2} 中与 $\boldsymbol{y}$ 最近的点来重建 $\boldsymbol{x}$。可以写成如下运算：

$$\hat{\boldsymbol{x}}=\boldsymbol{y}\oplus\hat{\boldsymbol{w}}，其中\ \hat{\boldsymbol{w}}=f_2(\boldsymbol{s}_2\oplus\boldsymbol{y}\boldsymbol{H}_2^{\mathrm{T}}) \tag{14.6.22}$$

可以证明，$\hat{\boldsymbol{x}}$以很高的概率等于$\hat{\boldsymbol{x}}_q$。对应的编译码框图如图 14.6.2 所示。

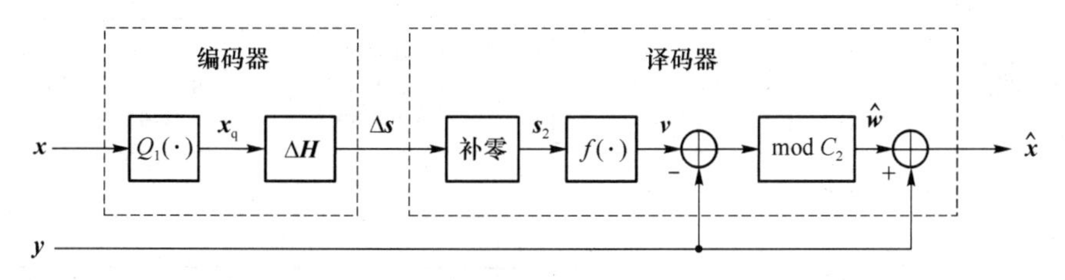

图 14.6.2　嵌套码用于二元信源 WZ 编码原理图

2. 高斯信源 WZ 编码

设信源 X 与边信息 Y 之间的关系为 $\boldsymbol{x}=\boldsymbol{y}+\boldsymbol{z}$，其中 $\boldsymbol{z}$ 为独立的、均值为零、方差为 σ_z^2 的高斯过程。使用嵌套格码对高斯信源进行 WZ 编码，要求 Λ_1 是好的 D 码，Λ_2 是好的 σ_z^2 码。为使量化噪声独立于信源，采用抖动量化器。这种量化器的基本思想就是，信源 $\boldsymbol{x}$ 在量化前加上一个均匀分布的随机变量 $\boldsymbol{u}$，假定编译码器可以共享 $\boldsymbol{u}$，译码器再减去 $\boldsymbol{u}$，得到的量化噪声基本独立于信源 $\boldsymbol{x}$。设量化平均失真为 D，那么 D 的最大值不能超过 σ_z^2，否则无须传送关于 X 的编码。这样在 X 量化前需乘一个因子 $\alpha=\sqrt{1-D/\sigma_z^2}$。

编码：将 $\alpha\boldsymbol{x}+\boldsymbol{u}$ 量化到 Λ_1 中最近的一点，得到 $\boldsymbol{x}_q=Q_1(\alpha\boldsymbol{x}+\boldsymbol{u})$；然后发送一个索引号 $\boldsymbol{v}_2=\boldsymbol{x}_q \bmod \Lambda_2$，是包含 $\boldsymbol{x}_q$ 的陪集首。传送索引号所需比特数为

$$R=\log(V_2/V_1)\approx(n/2)\log(\sigma_z^2/D) \tag{14.6.23}$$

该系统每信源符号传送码率与式(14.5.16)表示的 WZ 界一致。

译码：对陪集首 $\boldsymbol{v}_2$ 进行译码，重建 $\boldsymbol{x}$，运算如下：

$$\hat{\boldsymbol{x}}=\boldsymbol{y}+\alpha\hat{\boldsymbol{w}} \tag{14.6.24}$$

其中，

$$\hat{\boldsymbol{w}}=(\boldsymbol{v}_2-\boldsymbol{u}-\alpha\boldsymbol{y}) \bmod \Lambda_2 \tag{14.6.25}$$

可以证明，量化均方误差 $n^{-1}E\|\boldsymbol{x}-\hat{\boldsymbol{x}}\|^2\approx D$。对应的编译码系统框图如图 14.6.3 所示。

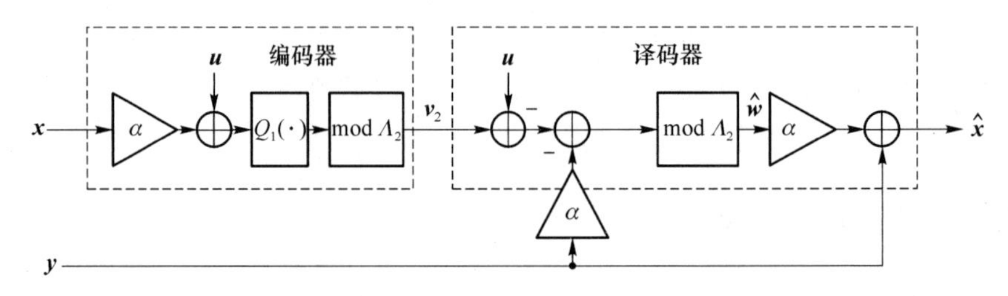

图 14.6.3　嵌套码用于高斯信源 WZ 编码原理图

14.6.3　实际 WZ 编码系统与性能比较

1. WZ 编码系统中的映射关系

Pradhan 等将 WZ 编码系统总结成如图 14.6.4 所示的框图，它包括信源编码、信道编码和估计等五个映射关系：M_1、M_2、M_3、M_4 和 M_5。下面分别进行简单说明。

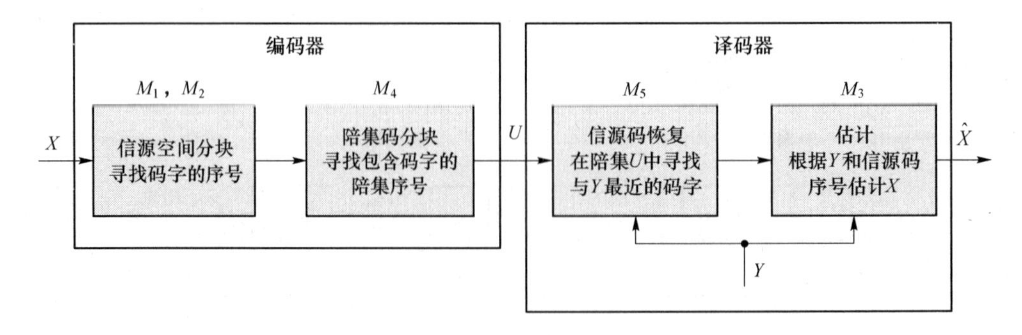

图 14.6.4　SW 编码器和译码器中的映射关系

- 映射 M_1：编码器对信源 X 进行量化，将 L 维的信源空间 $\mathcal{R}^L$ 划分成 2^{LR_s} 个不相交的区

域，其中 R_s 表示信源编码的速率：

$$M_1:\mathcal{R}^L\rightarrow\{1,2,\cdots,2^{LR_s}\} \tag{14.6.26}$$

可以根据 X 的概率分布通过 Lloyd 算法等来设计信源空间的划分 Γ。

- 映射 M_2：设 $\Gamma=\{\Gamma_1,\Gamma_2,\cdots,\Gamma_{2^{LR_s}}\}$ 代表量化后的 2^{LR_s} 个不相交区域的集合，每个区域内的点用一个码字表示，码字集合称为码书 $\mathcal{S}$，

$$M_2:\{1,2,\cdots,2^{LR_s}\}\rightarrow\mathcal{R}^L \tag{14.6.27}$$

如果用陪集码进行陪集的划分，那么编码序列和信号空间的点之间具有某种确定的关系，并使得在陪集中的点之间欧几里得距离最大。如果采用均方失真测度，那么 M_2 映射关系也是这种关系，只不过是信号点到码字的映射。

信源编码的目标是设计映射 M_1 和 M_2：将信源 X 量化为 $\mathbb{S}$ 的码字 W，码字 W 的编码速率为 R_s 比特/符号。

由于信源 X 量化后码字 W 和边信息 Y 之间也具有相关性，可以利用虚拟信道来模拟这种相关性，其中 W 为该虚拟信道的输入，Y 为输出，信道容量为 $I(W;Y)$。译码器接收边信息 Y 后，W 中剩余的不确定性为 $H(W|Y)=H(W)-I(W;Y)$ 即为 W 需要的传输速率，而节约的速率为 $I(W;Y)$。编码器将信源码书 $\mathcal{S}$ 的空间划分为该信道码的陪集，要求采用良好的信道码，使得节省的传输速率尽量接近 $I(W;Y)$。

- 映射 M_4：编码器计算量化后的码字 W 对应的信道码的陪集序号：

$$M_4:\{1,2,\cdots,2^{LR_s}\}\rightarrow\{1,2,\cdots,2^{LR}\} \tag{14.6.28}$$

其中，$R=R_s-R_c$ 为将陪集序号传送到译码端所需的传输速率(比特/符号)，2^{LR_c} 表示信道码中码字的数目，其中 R_c 为信道速率，L 为码组的长度。

- 映射 M_5：给定边信息 Y 时，译码器通过信道译码的方案在陪集码字中寻找最有可能的码字，即

$$M_5:\mathcal{R}^L\times\{1,2,\cdots,2^{LR}\}\rightarrow\{1,2,\cdots,2^{LR_s}\} \tag{14.6.29}$$

- 映射 M_3：根据边信息 Y 和包含 X 的 Γ 中元素，译码器最佳估计 X，使得失真最小

$$\hat{x}=\arg\min_{a\in\mathcal{R}^L}E\left[\rho(X,a)\left|\begin{matrix}X\in\Gamma_i\\Y=y\end{matrix}\right.\right] \tag{14.6.30}$$

其中，i 为接收到的消息，y 为边信息，即

$$M_3:\mathcal{R}^L\times\{1,2,\cdots,2^{LR_s}\}\rightarrow\mathcal{R}^L \tag{14.6.31}$$

估计误差为 R_s 的函数，即需要通过选择合适的 R_s，把失真维持在给定的范围之内。

在这种编码方法中，译码错误概率不为零，但可以通过设计有效的信道码使得译码错误概率任意小。这种码字设计的框架称为使用伴随式的分布式信源编码(Distributed Source Coding Using Syndromes，DISCUS)。下面举例说明。

例 14.6.1　一高斯信源的 WZ 编码器采用 8 电平的固定码率最佳标量量化，利用 TCM 四状态 2/3 码率系统卷积编码进行陪集划分。分析该 WZ 编码器的各种映射关系。

解　映射 M_1：利用 Lloyed-Max 量化算法，量化级数 V 设为 8，算法将 1 维实数轴划分成 $2^3=8$ 个不相交的区域，信源码率为 3，重建电平集合为：$\{r_0,r_1,\cdots,r_7\}$，其中，$r_4=-r_3=0.245\ 1$，$r_5=-r_2=0.756\ 0$，$r_6=-r_1=1.344$，$r_7=-r_0=2.152$。

映射 M_2：8 个不相交的区域的集合中每个区域内的点用一个码字表示，构成码书 $\mathbb{S}$，如表

14.6.1 所示。

表 14.6.1　8 码字的码书

r_0	r_1	r_2	r_3	r_4	r_5	r_6	r_7
000	001	010	011	100	101	110	111

映射 M_4：分为两个陪集，为使陪集中任意两个码字之间的最小距离最大，将 r_0，r_2，r_4，r_6 分到陪集 0，而剩下的 r_1，r_3，r_5，r_7 分到另一个陪集 1 中。信道码 C 可以定义为 $C=\{000,010,100,110\}$，所以 $R_c=2$，$R=R_s-R_c=1$ bit/sample。编码器根据映射 $\boldsymbol{M}_2$ 形成的信源序列和卷积码的校验矩阵，计算伴随式序列，发送到译码器。

映射 $\boldsymbol{M}_5$：设边信息 $\boldsymbol{Y}$ 为虚拟信道输出，根据伴随式序列选择所对应不同陪集的卷积码网格图，进行 Veterbi 译码，得到码字序列。

映射 $\boldsymbol{M}_3$：根据码字序列和边信息 $\boldsymbol{Y}$ 重建信源序列。■

2. 实际 WZ 编码的几种结构

从本例可以看出，WZ 码编码系统和 SW 编码系统最大的差别在于编码端有量化过程，译码端有信源序列重建过程。从上例还可看到，编码端实际上可视为一维的嵌套格型编码。

实际的 WZ 码编码大致可以分为信源编码和信道编码组合的三种嵌套结构：(1) 嵌套格码或嵌套格码 TCQ 结构；(2) SW 编码嵌套量化结构；(3) 均匀量化后接 SW 编码结构。

(1) 嵌套格码结构

在 DISCUS 系统中，研究了两种信源编码：标量量化(SQ)与网格编码量化(TCQ)和两种信道编码：标量陪集码和基于网格的陪集码。信源编码与信道编码组合共产生四种方案，用于设计 WZ 系统。其中，标量量化与标量陪集码的组合可视为嵌套标量量化，另一个 TCQ 与基于网格的陪集码可视为嵌套 TCQ。如果在 WZ 系统中利用相同维数的嵌套格码实现信源和信道编码，虽然结构比较简单，但此时信道码性能不够强。在维数相同时，信源格码与性能界之间的距离比信道格码要小，而且随着维数的增长，信源格码达到零失真性能界比信道格码逼近容量的速度要快。这表明为获得与信源码同样的失真，需要更高维的信道码，即 WZ 界需通过嵌套码中包含不同维的信源码和信道码来逼近。

(2) SW 编码嵌套量化(SW Coded Nested Quantization，SWC-NQ)

SWC-NQ 是在信源嵌套量化之后接一个 SW 编码器，进行第二层的装箱，相当于增加信道码的维数，以克服方案(1)的不足，如图 14.6.5 所示。当速率较高时，SWC-NQ 的渐近性能界与传统信源编码的性能相近；通过一维或者二维的嵌套格型量化和不规则的 LDPC 码实现 SW 编码，可以达到理论上的性能界。研究表明，理想的 SW 编码和一维/二维的嵌套格型量化比 WZ 失真率函数差 1.53/1.36 dB。

(3) 基于理想 SW 编码的均匀标量量化(SWC-USQ)。

在这种方案中，用传统的标量量化器(量化中没有装箱操作)加强大的 SW 编码，将装箱工作交给 SW 编码来完成，可以进行最好的装箱操作(即采用高维信道码)，这可以将 WZ 编码的性能损失只限制在信源编码方面。可使用嵌套 TCQ 与强大的信道编码，例如 Turbo 码或 LDPC码结合，实现 WZ 编码系统，在高码率下，非常接近 WZ 理论界限。

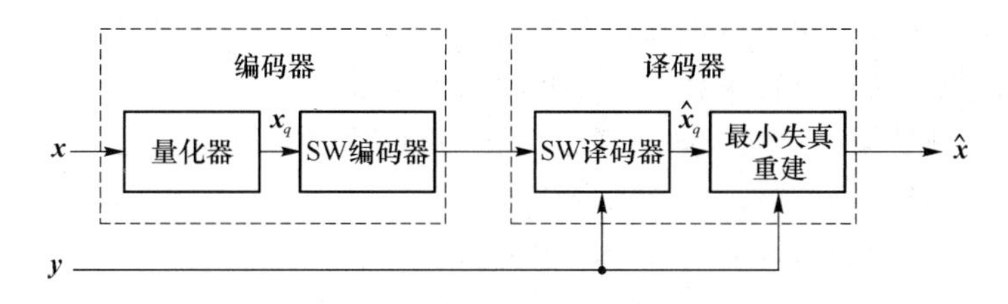

图 14.6.5　WZ 编码嵌套量化结构

14.6.4　关于 WZ 编码的注释

对于 WZ 编码有如下几点注释。

(1) WZ 编码可通过一个信源编码和信道编码的结合来实现。

(2) WZ 编码可用信源编码和信道编码构成的嵌套码实现:将达到信道容量界的信道编码(粗码)嵌套在达到率失真函数的信源编码(细码)内,可使 WZ 编码达到理论性能界。

(3) 嵌套奇偶校验码实现对相关二元信源的压缩,嵌套格码实现对相关高斯信源的压缩。

(4) 有多种实现 WZ 编码的实际嵌套码结构,其中最佳结构的性能接近 WZ 性能界。

14.7　DSC 的应用

14.7.1　无线传感网络

DSC 方法在无线传感器网络系统中得到广泛应用。在这种环境下,需配置低功率无线传感器节点,并通过增大节点密度的方法来提高传输可靠性。但这也引起了数据的冗余,使得空间邻近节点采集的数据之间高度相关。这种数据的相关性以及从不同的节点到同一个目的节点的多对一的传输结构,非常适合使用 DSC 技术。

与传统的信源压缩编码技术相比,对各个传感器节点数据使用分布式编码,能适应传感器阵列的数据量大、冗余度高、单独节点计算能力和存储能力弱的特点,不需要节点间的通信,使得在每个节点的编码器设计尽可能简单而高效,而且独立于其他节点进行编码,把编码端的复杂度转移到译码端。目的节点译码器则需要具备足够的计算能力和功率支持,利用各节点信号之间的相关性,实现联合译码,因此减少了网络中通信的数据量和传感器节点的功耗,从而节约了整个网络系统的硬件成本。

在传感器网络中通常使用不对称 DSC 方法,即将网络节点分组,在组中进行协作,使得一个节点传送边信息,而另一个节点压缩码率到 SW 或 WZ 界。这种两个或三个传感器节点的协作意味着使用不太复杂的译码器,可节省译码器的处理功率。另一个方法就是使用多信源的 DSC 系统,但多信源的有损 DSC 的一般方法仍然难以解决。

DSC 在无线传感器网络使用中需要考虑如下几个主要问题。

(1) 网络各节点之间相关模型建立问题。在很多面向不同应用的传感器网络中,特别是在传感器阵列拓扑结构未知的情况下,通常很难得到各节点的联合概率模型和分布函数。在有些情况下，如监控系统中的摄像机阵列系统，各节点之间的相关关系通常与节点位置密切相关，可以根据摄像机的物理位置来计算节点间的相关关系。

（2）网络中的测量噪声问题。如不考虑存在的相关噪声，可能引起信源和边信息之间相关性的失配，从而降低压缩性能。解决的办法之一就是进行鲁棒的编码设计。但如果噪声的统计特性已知，那么就可将这种特性包含在相关模型之中。

（3）跨层设计问题。DSC 可以认为处于传感网络协议栈的顶层，即应用层，因此 DSC 可以对低层提出要求，特别是传输层，例如对相关节点数据包间同步问题的要求。DSC 也可设计与传输层一起工作，实现重传机制，也可进行与协议栈低层物理层的联合设计。因为在网络中传送的数据包中的相关压缩数据可能比报头防护弱，因此为节省开销，在译码节点可以为这种较弱的保护而建立可用的边信息。

当前在用于传感器网络的远程信源编码模型中一个特别有吸引力的课题就是 CEO 问题。该问题模型如图 14.7.1 所示，描述如下：一个 CEO 对估计某一随机过程感兴趣，要求 M 个助手观察该随机过程的有噪声的形式，用无噪传输通道以有限的码率向 CEO 传送分析结果，但要求这些助手之间不能相互通信。CEO 的目的就是在助手总速率的和最小的约束下，根据所得到的有噪观察尽可能多地恢复信息。当前，CEO 模型已经用于传感器网络模型，其中编码器对应传感器，每个传感器都具有对某一环境的有噪观察。对于二次高斯信源，CEO 问题已经完全解决，对应模型中，信源是无记忆高斯，观察噪声是独立同分布均值为零的高斯随机变量。而对于一般的信源，CEO 问题仍然没有解决。

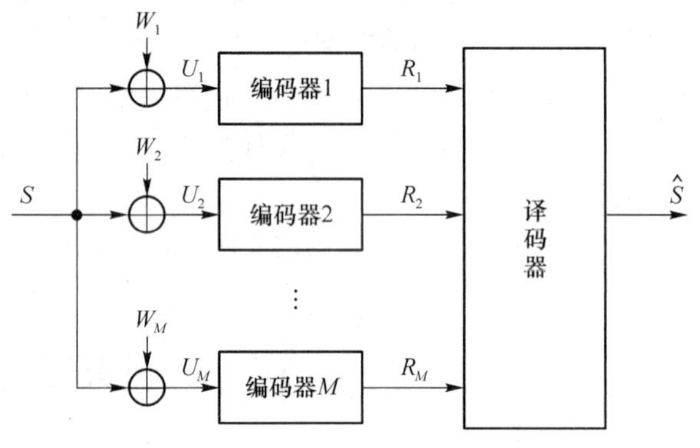

图 14.7.1 CEO 问题模型

14.7.2 分布视频编码

我们知道在视频信号中存在着多种冗余度，特别是时间和空间冗余度。在传统的视频编码系统中，编码器要利用视频帧间的时间冗余度和帧内的空间冗余度来压缩码率，导致相当复杂的编码器和较简单的译码器。这种方案比较适合视频广播和视频存储等应用。

当前，随着无线传感器网络的出现，无线数码摄像阵列、低功率视频传感器网络以及视频监控系统等已广泛使用。在这种环境中，很多网络节点将采集的数据发送到一个中心节点。由于各节点拍摄的图像或视频重叠区域较多、数据冗余量大，这就要求编码系统具有很高的压缩效率。由于网络处于一种资源有限的环境，各单独节点的能量供给和处理能力有限，这就要求使用轻便、灵活的编码器，而且发送节点之间不能相互通信。因此利用各节点信息之间相关性实现视频压缩的任务必须放在译码节点。这就要求设计新的视频编码系统以适应这种需求，分布视频编码(DVC)系统就是在这种背景下出现的。

当前 DVC 是以 Wyner-Ziv 定理为基础的 WZ 视频编码系统。随着信道编码技术的重大进展，特别是达到香农限的纠错码，例如 Turbo 码和 LDPC 码出现后，在 2002 年左右开始了实际的 WZ 视频编码器的设计。早期的 WZ 视频编码方案是由斯坦福大学和加利福尼亚大学(伯克利)提出的。斯坦福大学方案的主要特点是：基于帧的 SW 编码(用 Turbo 码)和在译码器用反馈信道实现码率控制。加利福尼亚大学方案的主要特点是：基于块的编码和在译码器进行运动估计。当前世界上很多研究组织都在从事 DVC 的研究活动，其中很多人也在对早期的 WZ 视频编码器进行改进，主要是改进率失真性能。

DVC 系统的基本原理是：使用非对称分布信源编码，在 DCT 域进行压缩。在发送的视频帧中，每隔一个或多个帧，就插入一个独立编码独立译码的关键帧，这些关键帧的图像使用 JPEG 标准进行编译码。其他称为 SW 帧，这些帧独立编码。在译码端根据已经译码的邻近关键帧图像作为边信息对 SW 帧进行译码。

DVC 有如下优点：①可以灵活分配视频编码器总的复杂度；②改进差错恢复能力；③编码器可以独立调整；④多视角相关编码器之间无须相互通信。

当前比较先进的分布视频编码系统称为 DISCOVER，是以早期斯坦福 WZ 视频编码结构为基础的系统，结构如图 14.7.2 所示。下面简单描述该系统的工作过程。

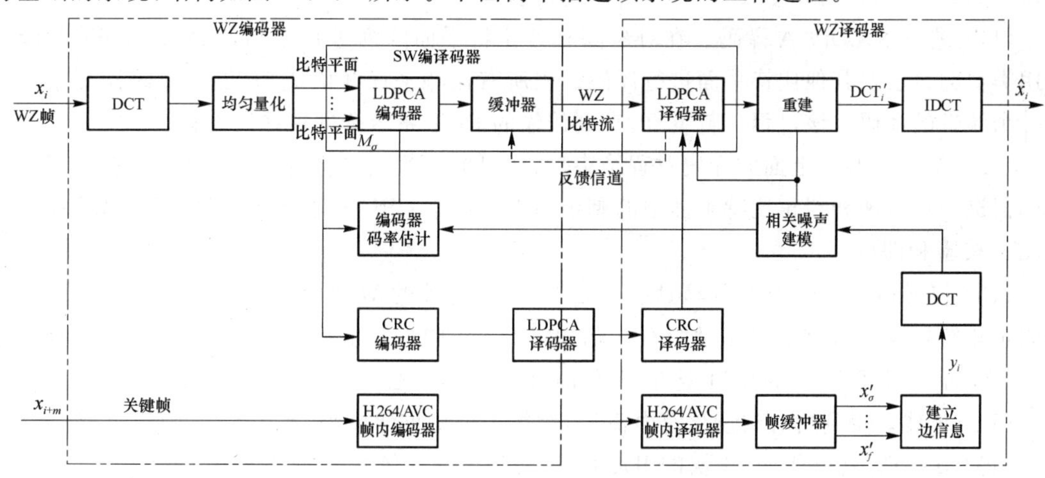

图 14.7.2　分布视频编码 DISCOVER 系统结构图

在编码器：

(1) 帧分类。一条视频序列首先被分成 WZ 帧和关键帧，对应着 WZ 编码中的待压缩序列 X 和边信息 Y。关键帧根据图片组(GOP)的大小周期插入，通常 GOP 的大小为 2，这时奇偶帧分别为关键帧和 WZ 帧。关键帧进行帧内编码，不利用信号的时间冗余度，不进行任何运动估计。

(2) 离散余弦变换(DCT)。对每个 WZ 帧进行基于 4×4 块的整数 DCT，然后按照每个 DCT 系数在块中的位置对整个 WZ 帧中的 DCT 系数进行分组，形成 DCT 系数带(Band)。

(3) 量化。变换后，每个 DCT 系数带用 2^{M_k} 个电平进行均匀量化(量化电平数 2^{M_k} 依赖于系数带 b_k)，再根据量化的数据流实现比特平面抽取，然后进行 LDPC(或 Turbo)编码。

(4) LDPCA 编码。使用 LDPC 积累码(LAPCA)(一个 LDPC 码与一个累加器级联)，从比特平面的最高有效位开始，对 DCT 系数带进行编码。编码器对每一个比特平面所产生的奇偶校验信息存储于缓冲器并根据译码器的要求通过反馈信道以 chunks/packets 方式发送。

(5) 编码器码率的估计。为限制译码器所需要的比特数以及译码器的复杂度和时延，编码器在接到译码器的请求之前要估计每一个比特平面要发送的初始比特数。

在译码器：

(6) 建立边信息。译码器使用运动补偿帧内插方法对每一个 WZ 帧建立边信息，以该帧前一帧和下一个时间较近的基准帧(关键帧的译码结果)产生该帧的估计。每帧的边信息对应原始 WZ 帧的估计。这个估计的质量越好，正确译码所需码率越小。

(7) DCT 估计。对边信息进行基于 4×4 块的 DCT，得到的 DCT 系数作为 WZ 帧 DCT 系数的估计。

(8) 相关噪声建模。假定在 WZ 帧 DCT 系数和边信息 DCT 系数之间的剩余统计相关性为拉普拉斯分布，对该分布的参数进行在线估计。

(9) LDPCA 译码。当知道 DCT 变换的边信息和给定 DCT 的剩余统计特性之后，可以通过 LDPCA 进行译码。译码器在通过反馈信道提出请求后从编码器接收连续的校验比特。

(10) 请求停止准则。为判定对某比特平面进行成功译码是否需要更多的比特，译码器使用一种简单的请求停止准则，即检查所有的 LPDC 码的奇偶校验方程是否完成。如果对该比特平面的译码不需要更多的比特，就开始下一个比特平面的译码，否则该比特平面的译码工作必须再用另一个请求，并接收另一组奇偶校验比特。

(11) 进一步 LDPCA 译码。在对最高有效比特平面阵列进行成功译码后，LDPCA 译码器用类似的方法对其他比特平面进行译码。当所有比特平面译码成功以后，译码器开始进行下一个频带的译码。该过程一直重复，直到传输的 DCT 系数全部被译码为止。

(12) CRC 检验。上面的译码过程结束后，还可能残留某些差错，发送 CRC 校验和以帮助译码器进一步检测和纠正比特平面中的剩余错误。由于 CRC 并不要求很强，每比特平面只需 CRC-8 校验和即可。

(13) 符号组装。LDPCA 译码后，与 DCT 带 b_k 有关的 M_k 个比特平面组装成与 b_k 对应的译码量化符号流。这个过程针对所有传输 WZ 比特的 DCT 系数频带进行，而那些没有传输 WZ 比特的 DCT 系数带用 DCT 边信息的 DCT 系数带代替。

(14) 重建。得到所有的量化符号流后，对每一个块重建译码 DCT 系数矩阵。

(15) IDCT。在基于 4×4 块的 IDCT 后，得到重建的像素域的 WZ 帧。

(16) 帧重新混合。将译码的关键帧和 WZ 帧适当混合，得到译码视频序列。

在 DISCOVER 项目大部分的时间，SW 视频编码器部分用的是基于 Turbo 码的，以后又用 LDPC 码代替，主要是因为后者有较好的 RD 性能，特别是在译码器端低的复杂度。

通过测试证明，在率失真性能上，对大部分测试序列，GOP＝2 情况下，DISCOVER 编译码器优于 H. 264/AVC 帧内编译码器；对于更多的静态序列，DISCOVER 编译码器比 H. 264/AVC 无运动补偿编译码器更优；对较长 GOP 情况，DISCOVER 编码器劣于 H. 264/AVC 帧内编码器。而 DISCOVER 编码器的复杂度总是远低于 H. 264/AVC 帧内编码器，即使在 GOP＝2 的情况。这样在对编码器复杂度要求严格的条件下，WZ 视频编码器是一种有竞争性的选择，例如在深空视频传输、视频监控和视频传感网络等环境。

14.7.3 生物计量安全

安全存储生物计量数据的问题是生物计量技术中的一个重要问题。安全生物计量技术有两种基本应用：存取控制和密钥管理。在存取控制中，系统通过对候选用户生物识别信息的观察对其存取进行控制。用伴随式法的 DSC 技术可以用于这种安全生物识别系统。

图 14.7.3 为使用 SW 编码的安全生物识别系统。在注册过程中，选择一个用户，并按惯例确定其原始生物识别信息 $\boldsymbol{b}$，它是一个从某一分布 $p(\boldsymbol{b})$ 抽取的随机矢量。一个感知、特征抽取和量化的联合函数 $f_{\text{feat}}(\cdot)$ 把这个原始生物识别信息码映射为 n 长的注册生物识别码 $\boldsymbol{x}=f_{\text{feat}}(\boldsymbol{b})$。

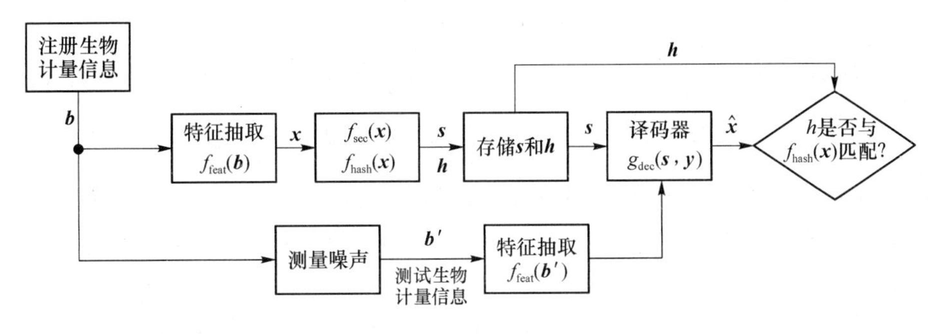

图 14.7.3　使用 SW 编码安全生物识别系统

接着函数 $f_{sec}(\cdot)$把这个注册生物识别信息映射为安全生物识别信息码 $\boldsymbol{s}=f_{sec}(\boldsymbol{x})$和注册加密哈什函数 $\boldsymbol{h}=f_{hash}(\cdot)$。存取控制点存储 $\boldsymbol{s}$ 和 $\boldsymbol{h}$ 以及 $f_{sec}(\cdot)$和 $f_{hash}(\cdot)$，不存储 $\boldsymbol{b}$ 和 $\boldsymbol{x}$。在认证阶段，用户要求存取并提供生物识别信息的第二次读数。假定不同用户的生物识别信息是统计独立的。因此，如果 $\boldsymbol{b}'$来自一个非法用户，那么 $p(\boldsymbol{bb}')=p(\boldsymbol{b})p(\boldsymbol{b}')$；而如果 $\boldsymbol{b}'$是合法的，那么 $p(\boldsymbol{bb}')=p(\boldsymbol{b})p(\boldsymbol{b}'|\boldsymbol{b})$，其中 $p(\boldsymbol{b}'|\boldsymbol{b})$可认为是对生物识别信息读数之间噪声的建模。从第二次读数抽取的特征是 $\boldsymbol{y}=f_{feat}(\boldsymbol{b}')$。根据 $p(\boldsymbol{bb}')$可以推出 $p(\boldsymbol{xy})$。所以如果用户是非法的，那么 $p(\boldsymbol{xy})=p(\boldsymbol{x})p(\boldsymbol{y})$；而如果用户是合法的，那么 $p(\boldsymbol{xy})=p(\boldsymbol{x})p(\boldsymbol{y}|\boldsymbol{x})$。译码器 $g_{dec}(\cdot)$把安全生物识别信息与 $\boldsymbol{y}$ 组合，要么产生注册的估计 $\hat{\boldsymbol{x}}=g_{dec}(\boldsymbol{s},\boldsymbol{y})$，要么指示译码失败。最后，将存储的 $\boldsymbol{h}$ 值与 $f_{hash}(\hat{\boldsymbol{x}})$ 作比较。如果匹配，就允许存取，否则存取就被拒绝。

用伴随式编码生成安全生物识别信息码

$$\boldsymbol{s}=f_{sec}(\boldsymbol{x})=\boldsymbol{x}\boldsymbol{H}^{\mathrm{T}}$$

其中，$\boldsymbol{H}$ 为$(n-k)\times n$ 阶二进制奇偶校验矩阵。

在这类安全生物识别系统中，一个典型的实例就是基于变换的安全指纹信息识别系统，如图 14.7.4 所示。在系统中，$f_{feat}(\cdot)$从注册或探查指纹中提取指纹的细节图，把二维的细节图变换为一维的二元特征矢量。这个特征矢量对于不同的用户是独立的 0、1 等概率分布，但对同一用户的不同时间的测量是相关的，而且这种相关性可用一个交叉概率小于 0.5 的二元对称信道来描述。

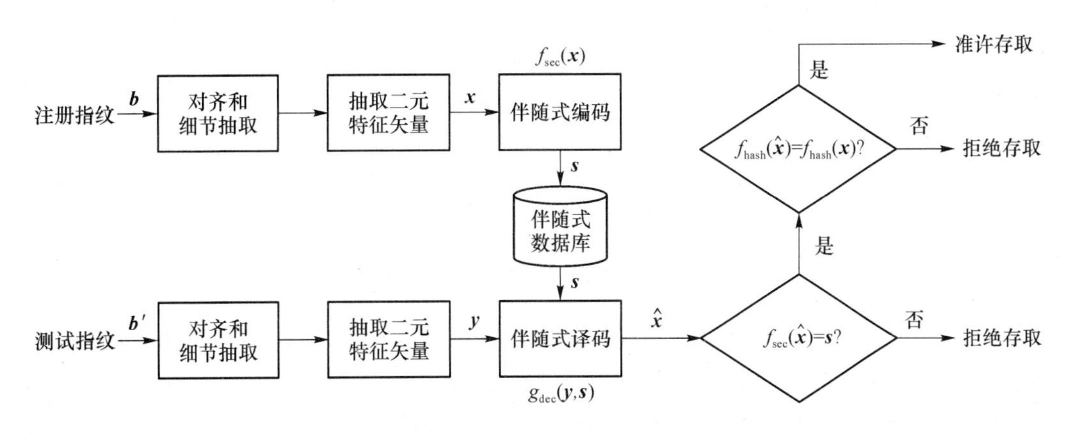

图 14.7.4　基于变换的安全指纹生物信息识别系统

现分析该系统的安全性。假设一攻击者已得到生物识别信息码 $\boldsymbol{s}$，欲以此估计 $\boldsymbol{x}$。计算条

件熵

$$H(\boldsymbol{X}^n|\boldsymbol{S}^n)=H(\boldsymbol{X}^n\boldsymbol{S}^n)-H(\boldsymbol{S}^n)\overset{a}{=}H(\boldsymbol{X}^n)-H(\boldsymbol{S}^n)\overset{b}{\geqslant}nH(\boldsymbol{X})-(n-k)H(\boldsymbol{s})$$
$$=n\left[H(\boldsymbol{X})-\left(1-\frac{k}{n}\right)H(\boldsymbol{s})\right]\overset{c}{=}n[H(\boldsymbol{X})-(1-R)H(\boldsymbol{s})]$$

因为：a：$\boldsymbol{X}$ 与 $\boldsymbol{s}$ 是确定性关系；b：$\boldsymbol{X}^n$ 为独立序列，且 $\boldsymbol{s}$ 的长度为 $n-k$；c：$R=k/n$ 为信道编码码率。如果 x 为 0、1 等概率，那么 $H(\boldsymbol{X}^n|\boldsymbol{S}^n)\geqslant n[1-(1-R)H(\boldsymbol{S})]\approx nR>0$ 上面利用了 $H(\boldsymbol{S})\approx1$。因此，所使用的信道编码的码率越高，那么，条件熵 $H(\boldsymbol{X}^n|\boldsymbol{S}^n)$ 越大，攻击者依赖生物识别信息码 $\boldsymbol{s}$ 攻击成功的概率越小。如果采用 LDPC 码，码率可以取得很高，所以整个识别系统是安全的。

14.7.4 超光谱图像压缩

超光谱图像是由几百幅空间图像组成的立体图像。每幅空间图像，或称谱带，在一个特殊的波长上捕捉地面目标的响应。沿谱方向的谱带的像素值可以有效地表示所捕捉目标的频谱，它可以提供识别目标的有用信息。例如可以使用超光谱图像确定一个像素是否对应植被、土壤或水面，它们具有相当不同的响应。基于特殊吸收带的频率位置可以推断目标的分子组成。由于具有丰富的空间和频谱信息量，超光谱图像已经成为各种遥感和扫描的重要工具，广泛用于地矿的探测与发现、地球资源的监视、军事侦察等领域。

由于超光谱图像的原始数据量很大。例如，一组超光谱图像可能包含多达 140 MB 的原始数据。所以对于实际的超光谱图像应用，有效的压缩是很必要的。而且通常超光谱图像都是从卫星或空间飞行器上采集的，采集设备具有有限的资源，所以编码的复杂度是一个重要的问题，而且在一个超光谱图像数据库中很多谱带是相关的，因此使用 DSC 是很适合的。

图 14.7.5 为基于 DSC 的超光谱图像压缩原理框图。设当前谱带为 B_i，为去掉像素间的相关，需进行某种变换，变换系数 X 用 DSC 编码压缩，用邻近的重建谱带的数据作为译码器的边信息 Y。与典型的谱带间预测方法相比，编码器不需译码器的译码环来复制重建信息，即编码器工作在开环状态。如果 X 与 Y 之间的相关性很弱，编码器可以切换到帧内编码方式压缩 X。在 DSC 编码前，也可以使用帧内预测。在实际应用中，编码器可能需要估计相关性，这项工作可能不是很容易。

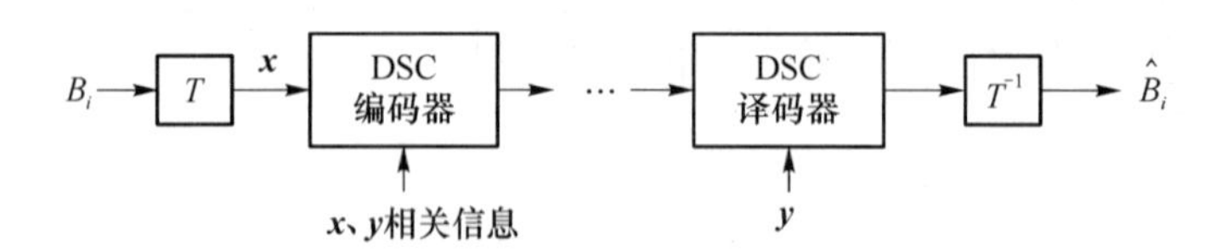

图 14.7.5 基于 DSC 的超光谱图像压缩原理框图

采用 DSC 进行超光谱图像压缩，有如下优点：(1) 降低了编码器的复杂度；(2) 实现并行编码；(3) 具有可调节性。

利用 DSC 技术对超光谱图像压缩仍然面临的很大的挑战。

(1) DSC 的编码效果对相关模型的精确性依赖很大，而实际的超光谱图像数据可能具有不平稳和复杂的相关结构，因此通常使用的独立噪声模型可能不适用。如果使用更复杂的相关模型可以导致高性能。

(2) 估计相关信息可能需要在复杂的约束条件下进行，但由于 DSC 编码器的功率消耗或其他条件的限制，运算量大的估计技术可能不太适合。

(3) 为有效使用相关信息，编码器应该能够对空间和谱的相关的局部变化高度自适应。现有的 DSC 编码使用达到容量的纠错码，需要很长的编码长度，否则会导致性能恶化，而长码就不能适应相关性短时间的变化。不过，有人提出分布算术编码，能够在码长较短的条件下达到性能要求。

一个基于小波变换使用类似 SPIHT 比特平面抽取的 SW 超光谱图像压缩编码器框图如图 14.7.6 所示。图中，当前 B_i 频带被压缩，而 B_{i-1} 频带为边信息。

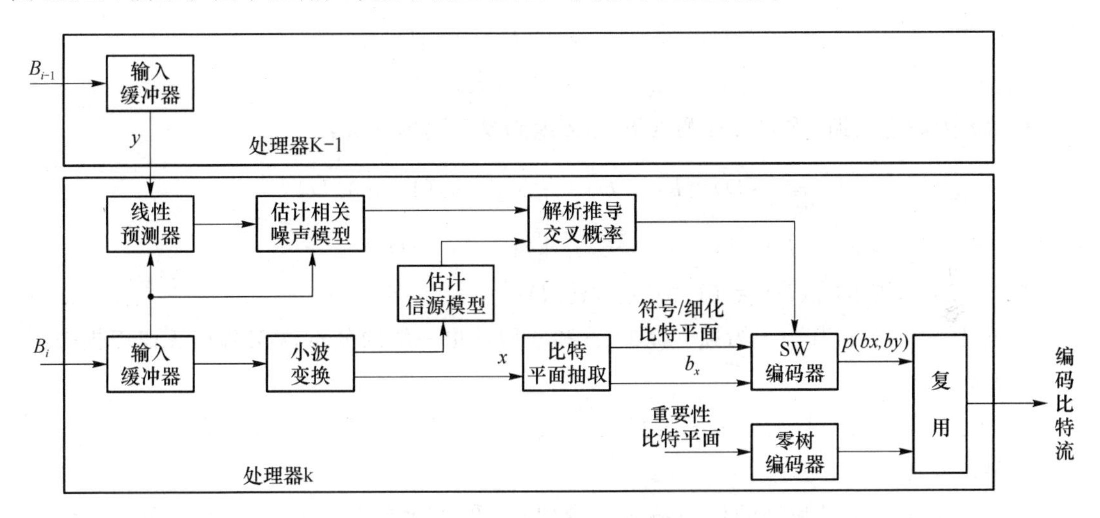

图 14.7.6　SW 超光谱图像压缩系统框图

本章小结

1. 分布信源编码(DSC)就是利用各信源之间的相关性实现信源总体剩余度的压缩，特点是各信源独立编码，译码器联合译码

2. 相关信源主要有两种：① 对称二元相关信源；② 联合高斯信源

3. Slepian-Wolf 编码定理(无损 DSC 的理论基础)

- 对于两离散无记忆相关信源 X、Y 的分布信源编码，可达速率区域：

$$R=\{(R_X,R_Y):R_X\geqslant H(X|Y)$$
$$R_Y\geqslant H(Y|X),R_X+R_Y\geqslant H(XY)\}$$

- 多信源的情况可达速率矢量集合为

$$R=\{R(S)\geqslant H(X(S)|X(S^c))\}\text{，对所有 } S\subseteq\{1,2,\cdots,m\}$$

其中

$$R(S)=\sum_{i\in S}R_i$$

4. Wyner-Ziv 编码定理(具有边信息的有损 DSC 理论基础):给定无记忆信源 X 和无记忆边信息 Y,那么在译码器具有边信息的有损编码可达率 R 失真区域为

$$R>R_{X|Y}^{WZ}(D)=\min_{p(u|x),p(\hat{x}|u,y)} I(X;U|Y)$$

• 一般情况:

$$R_{X|Y}^{WZ}(D)\geqslant R_{X|Y}(D)=\min_{p(\hat{x}|x,y)} I(X;\hat{X}|Y)$$

• 设 X 和 Y 均为二元信源,汉明失真测度,条件率失真函数为

$$R_{X|Y}(D)=\begin{cases}H(p)-H(D) & 0\leqslant D\leqslant p\\ 0 & D>p\end{cases}$$

$$R_{X|Y}^{WZ}(D)=\text{l. c. e}\{G(D)\},0\leqslant D\leqslant p$$

$$R_{X|Y}^{WZ}(D)>R_{X|Y}(D)$$

• XY 为联合高斯,均方失真测度下,WZ 编码没有码率损失:

$$R_{X|Y}^{WZ}(D)=R_{X|Y}(D)=\frac{1}{2}\log^{+}[\sigma_X^2(1-\rho^2)/D]$$

若 $y=x+z$,则 $R_{X|Y}^{WZ}(D)=(1/2)\log^{+}\{\sigma_z^2/[(1+\sigma_z^2/\sigma_x^2)D]\}$

若 $x=y+z$,则 $R_{X|Y}^{WZ}(D)=(1/2)\log^{+}(\sigma_z^2/D)$

• 对于 $x=y+z$,其中 z 为独立高斯,x 和 y 服从更一般的分布,WZ 编码无码率损失

5. SW 编码

① 用达到信道容量界的信道编码实现;② 包括不对称编码和非不对称编码

6. WZ 编码

① 用好的信源编码和好的信道编码嵌套实现;② 嵌套线性码用于二元信源 WZ 编码;③ 嵌套格码用高斯信源 WZ 编码;④ 几种嵌套 WZ 编码方案

7. DSC 应用:①无线传感器网络;② 分布视频编码;③ 生物计量安全;④ 超光谱图像压缩

思考题

14.1 什么是分布信源编码?

14.2 无损分布信源编码的理论基础是什么?简述其主要内容。

14.3 什么是不对称 SW 编码?什么是非不对称 SW 编码?

14.4 具有边信息的有损分布信源编码的理论基础是什么?简述其主要内容。

14.5 具有边信息的有损分布信源编码如何实现?

14.6 简述嵌套码实现 WZ 编码的基本原理。

14.7 列举你所了解的无损分布信源编码的应用场合。

习　题

14.1　确定性相关信源的 Slepian-Wolf 定理。对(X,Y)同时压缩，其中 $y=f(x)$为 x 确定性函数，求速率区域，并画出图形。

14.2　已知 x_i、z_i都为独立同分布的贝努里序列，0 出现的概率分别为 p 和 r，且 x、z 相互独立，设 $y=x\oplus z$(模 2 加)；x 用速率 R_1 描述，y 用速率 R_2 描述；确定允许以趋近于零的错误概率恢复 x、y 的速率区域，并画图。

14.3　离散无记忆信源 X 和 Y 的符号集均为{1,2,3}，其联合概率如题表 14.1 所示。

题表 14.1

$p(xy)$　x \ y	1	2	3
1	α	β	β
2	β	α	β
3	β	β	α

其中，$\beta=1/6-\alpha/2$。在编码器对 X、Y 分别进行独立编码，而在译码器则对其进行联合译码，对 X 和 Y 压缩的速率分别为 R_X 和 R_Y；

(1) 求编码的可达速率区域(有关的表达式用 α 的函数表示)；

(2) 若 $\alpha=1/3$，求编码的可达速率区域并画出对应的图形；

(3) 若 $\alpha=1/9$，求编码的可达速率区域并画出对应的图形。

14.4　设随机变量 Z_1和 Z_2相互独立，且 $p(z_1=0)=p(z_2=0)=p$；$U=Z_1Z_2$，$V=Z_1+Z_2$；(U_i, V_i)为独立同分布序列，且与(U,V)分布；发信机 1 以速率 R_1 发送 U^n，发信机 2 以速率 R_2 发送 V^n；

(1) 求接收机重建(U^n,V^n)的 Slepian-Wolf 速率区；

(2) 求接收机存在的关于(U^n,V^n)的残留不确定性(条件熵)。

14.5　设 Z_1、Z_2、Z_3为参数 p 的独立贝努里信源，求描述(X_1,X_2,X_3)的 Slepian-Wolf 速率区域，其中

$$X_1=Z_1$$
$$X_2=Z_1+Z_2$$
$$X_3=Z_1+Z_2+Z_3$$

14.6　两发射机分别发送随机变量 u_1，u_2，设 u_1u_2联合分布如题表 14.2 所示。

题表 14.2

$u_1\backslash u_2$	0	1	2	…	$m-1$
0	α	$\beta/(m-1)$	$\beta/(m-1)$	…	$\beta/(m-1)$
1	$\gamma/(m-1)$	0	0	…	0
2	$\gamma/(m-1)$	0	0	…	…
⋮	⋮	⋮	⋮		⋮
$m-1$	$\gamma/(m-1)$	0	0	…	0

其中，$\alpha+\beta+\gamma=1$；求允许一个公共接收机对两随机变量都可靠译码的速率(R_1,R_2)区域。

14.7 两独立信号z_1、z_2的和与差单独压缩后输出到一个公共接收机，设z_1为贝努里p_1，z_2为贝努里p_2，$x=z_1+z_2$，$y=z_1-z_2$；

(1) 求(R_X,R_Y)的 Slepian-Wolf 可达速率区；

(2) 该速率区与(R_{Z_1},R_{Z_2})的 Slepian-Wolf 速率区相比是小还是大？

14.8 设$\boldsymbol{x},\boldsymbol{y}\in\{0,1\}^n$且$d_H(\boldsymbol{x},\boldsymbol{y})\leqslant t$，当$\boldsymbol{y}$给定时$\boldsymbol{x}$出现的各种情况等概率，现以$\boldsymbol{y}$作为边信息，用能纠$t$个错误的$(n,k)$信道编码解决 SW 问题，证明仅当编码满足球填充界，即式(14.3.6)成立时，编码达到 SW 界。

14.9 利用图 14.6.3 所示的 WZ 编译码系统框图，证明量化均方误差$n^{-1}E\|\boldsymbol{x}-\hat{\boldsymbol{x}}\|^2\approx D$。

参考文献

［1］ 周炯槃，丁晓明．信源编码原理．北京：人民邮电出版社，1996．

［2］ 周炯槃．信息理论基础．北京：人民邮电出版社，1984．

［3］ 吴伟陵．信息处理与编码．北京：人民邮电出版社，1999．

［4］ 田宝玉，等．信息论基础．2 版．北京：人民邮电出版社，2015．

［5］ Shannon C E. A Mathematical Theory of Communication. Bell Syst. Tech. J.，1948，27：379-423.

［6］ Shannon C E. Coding Theorems for a Discrete Source with a Fidelity Criterion. In IRE International Convention Records，1959，7:142-163.

［7］ Thomas M Cover，Joy A Thomas. Elements of Information Theory. Jone Wiley & Sons，Inc.，1991.

［8］ Gersho A，Gray R M. Vector Quantization and Signal Compression. Kluwer Academic Pub.，1992.

［9］ Robert M，Gray R M. Source Coding Theory. Kluwer Academic Pub.，1990.

［10］ Hankerson D，et al. Information Theory and Data Compression. 2nd ed. Chapman &Hall/CRC，2003.

［11］ Davisson L D. Universal noiseless coding. IEEE Transactions on Information Theory，1973，IT-19：783-795.

［12］ Berger T. Rate Distortion Theory：A Mathematical Basis for Data Compression. Englewood Cliffs，NJ：Prentice-Hall，1971.

［13］ Rissanen J. Complexity of strings in the class of Markov processes. IEEE Transactions on Information Theory，1986，IT-32：526-532.

［14］ Elias P. Universal codeword sets and representations of the integers. IEEE Transactions on Information Theory，1975，21(2):194-203.

［15］ Golomb S W. Run-length encodings. IEEE Transactions on Information Theory，1966，IT-12:399-401.

［16］ Willems F M J，Shtarkov Y M，Tjalkens T J. The context-tree weighting method：Basic properties. IEEE Transactions on Information Theory，1995，41：653-664.

［17］ Wyner D，Wyner A J. Improved redundancy of a version of the Lempel-Ziv algorithm. IEEE Trans. Inform. Theory，1995，41:723-732.

［18］ Bell T，Witten I H，Cleary J G. Modeling for Text Compression. ACM Computing Surveys，1989，21:557-591.

［19］ Cleary J G，Witten I H. Data compression using adaptive coding and partial string matching. IEEE Transactions on Communications, 1984, 32(4): 396-402.

[20] Linde Y, Buzo A, Gray R M. An algorithm for vector quantization design. IEEE Transactions on Communications,1980, COM-28:84-95.

[21] Makhoul J, Roucos S, Gish H. Vector Quantization in Speech Coding. Proceedings of the IEEE, 1985,73:1551-1588.

[22] Sayood, Khalid. Introduction to Data Compression. 2nd Ed. San Francisco, CA: Morgan Kaufmann, 2000.

[23] Vetterli M, Kovacevic J. Wavelets and Subband Coding. Englewood Cliffs, NJ: Prentice-Hall,1995.

[24] Conway J, Slone N. Sphere packing, lattices and groups. 3rd ed. New York: Springer-Verlag, Inc. ,1998.

[25] Dragotti P L, et al. Distributed source coding: theory, algorithms, and applications. British Library Cataloguing in Publication Data.

[26] Gray R M, et al. Quantization. IEEE Transactions on Information Theory, 1998, IT-44: 2325-2383.

[27] Ze-Nian Li, et al. Fundamentals of Multimedia(中文版). 北京:机械工业出版社,2004.

[28] Slepian D, Wolf J. Noiseless coding of correlated information sources. IEEE Transactions on Information Theory, 1973, 19: 471-480.

[29] Wyner, Ziv J. The rate-distortion function for source coding with side information at the Decoder. IEEE Transactions on Information Theory, 1976, 22:1-10.

[30] Stephane Mallat. A Wavelet Tour of Signal Processing(英文版). 2 版. 北京:机械工业出版社,2003.